薄膜基荧光传感技术与应用

（第二版）

房喻　等　著

科学出版社

北京

内 容 简 介

薄膜基荧光传感是基于分子材料的激发态实现传感的技术，在微痕量CBRN（化学、生物、放射性物质和核素）类物质探测中具有巨大的应用潜力。本书修订版涵盖了荧光传感基本原理、敏感薄膜制备策略、薄膜器件化方式、典型薄膜基荧光传感器结构与性能，以及薄膜基荧光传感器发展趋势等内容，比较完整地反映了薄膜基荧光传感技术的发展和应用现状。

本书内容丰富、理论联系实际，可以作为相关专业高年级本科生和研究生教学用书，对于从事荧光、分子材料、传感器领域科学研究、产品开发与应用的人员也有重要的参考价值。

图书在版编目（CIP）数据

薄膜基荧光传感技术与应用 / 房喻等著. -- 2 版. 北京 : 科学出版社，2024. 9. -- ISBN 978-7-03-079400-0

Ⅰ. TP212.2

中国国家版本馆 CIP 数据核字第 20241PY844 号

责任编辑：张淑晓　高　微 / 责任校对：杜子昂
责任印制：吴兆东 / 封面设计：东方人华

科学出版社 出版
北京东黄城根北街 16 号
邮政编码：100717
http://www.sciencep.com
北京富资园科技发展有限公司印刷
科学出版社发行　各地新华书店经销
*
2024 年 9 月第　一　版　开本：720×1000　1/16
2025 年 3 月第二次印刷　印张：23 1/2　插页：4
字数：480 000

定价：138.00 元

（如有印装质量问题，我社负责调换）

第二版前言

从上次为自己的拙著《薄膜基荧光传感技术与应用》撰写前言算起，不知不觉中五年时间已经过去。正如在初版前言中所指出的，“在科技含量高、研发难度大的高端传感器研发过程中，化学家扮演的角色会越来越重要，这主要得益于当代化学学科强大的‘合成+组装’新物质创造能力。因为高性能敏感材料永远是高性能传感器的基础，也是高端传感器最核心的技术”。事实上，几年来，聚焦高端传感器研制的化学论文数量日益增多。仅就薄膜基荧光传感器(film-based fluorescent sensors，FFSs)这一细分领域而言，全球论文发表数已经从20年前的每年不足百篇增加到每年近千篇。

值得注意的是，在聚焦物质探测的各类高性能CBRN(化学、生物、放射性物质和核素)传感器研制中，FFSs的小体积、小重量、低功耗、低成本，以及传感单元的可设计性、激发态可调控性、聚集结构的多样性等优势进一步彰显。尤为可贵的是，在过去的几年，FFSs的感知对象也从物质探测开始向应力、应变、振动、光、电、磁等非物质量探测拓展，呈现出诱人的发展前景，这就不难理解为什么FFSs能够以第四名入选2022年度国际纯粹与应用化学联合会(IUPAC)化学领域十大新兴技术。

不过，还要注意，虽然文献报道的FFSs能够探测的物质种类和非物质量日益增多，但到目前为止真正能够走向市场的FFSs却只有针对隐藏爆炸物、毒品、氧气和温度等为数很少的几种。具体来讲，生产厂家最多、销量最大的是氧气FFSs、温度FFSs，其次是隐藏爆炸物FFSs，毒品FFSs目前全球仅有一家企业能够生产，且探测毒品种类不超过10种。而且，除了氧气探测和温度测量之外，爆炸物、毒品荧光探测大多还停留在定性，最多半定量阶段。因此，无论是从探测对象的种类，还是探测性能等方面来看，FFSs 的应用还处于初期阶段，发展空间巨大。由于历史原因，我国传感器研发能力、生产能力相对落后，市场竞争力不强，到目前为止能够生产的主要还是量大面广、附加值比较低的普通传感器。因此，亟需布局发展高端传感器，特别是基于新材料、新原理的高端新概念传感器。只有这样，才有可能建立比较优势，扭转在传感器这一重要的高技术领域的被动局面，服务国家现代化建设。

众所周知，在全世界范围内，商品传感器已有约 3 万种，但能够满足便携探测需要的 CBRN 传感器极其有限，主要原因是微纳机电系统(micro-/nano-electro mechanical systems，MEMS/NEMS)存在个性化设计不强、表面功能化不易、小批量制备困难、难以进行复杂物质探测等问题；便携化气相/液相色谱、离子迁移谱(ion mobility spectrometry，IMS)、表面增强拉曼光谱(surface enhanced Raman spectroscopy，SERS)、光离子化检测器(photo-ionization detector，PID)、光腔衰荡光谱(cavity ring-down spectroscopy，CRDS)、电化学等方法或技术存在微型化、集成化困难，检测对象有限，以及检测成本居高不下等突出问题。为此，亟需提出新的传感原理，发展新的传感技术。基于这一现实需求，以及 FFSs 的激发态传感固有优势和最新进展，经与业内同行多次讨论，决定对《薄膜基荧光传感技术与应用》进行修订再版。

本次修订的原则是：①保留原版内容架构；②订正原版存在的问题；③充实原版内容，反映领域研究新进展；④新增“荧光纳米膜特点与传感应用”。增加这一章的原因主要是，在过去的几年里，以界面限域动态聚合得到的荧光纳米膜能够比较好地兼顾高性能传感所需要的敏感单元光化学稳定性和高传质效率，在传感应用上已经表现出巨大的发展潜力。除此之外，该类薄膜还有望在非物质量感知领域获得突破，从而为化学工作者涉足需求量大、商机多，且其他学科学者难以解决的微小应力、微小应变、微小振动、微小外场改变的感知领域提供难得的机遇。

本次修订特别邀请了从事光物理技术理论与应用研究的一些年轻学者参与。王刚副教授、彭浩南教授、刘静教授、丁立平教授、王红月副教授、刘太宏副教授分别参与了对第 1 章、第 2 章、第 3 章、第 4 章、第 5 章以及第 7 章的修订。何刚教授参与了第 6 章荧光纳米膜特点与传感应用的撰写。对原第 7 章现第 8 章总结与展望的修订由本人完成。在团队修订基础上，本人对书稿进行了通读定稿。还需要说明的是，本次修订，刘静教授除了承担自己的修订任务之外，还就书稿修订工作的协调督导付出了诸多努力。同样，丁立平教授除了承担自己的修订任务之外，还与学校研究生院积极沟通，将图书再版列入到学校研究生院支持计划。

在书稿修订过程中与科学出版社的各项联系事宜均由丁立平教授承担。

经过大家共同努力，《薄膜基荧光传感技术与应用》已经基本修订完成，即将付梓出版。此刻，我要深深感谢多年来参与薄膜基荧光传感研究的同事、学生、产业界的朋友，参与纳米膜研究的唐嘉祺博士、吴颖博士、李敏博士，以及杨经纶、赖发燕、韩甜、翟宾宾、刘向泉、罗艳、刘倩倩、梁晶晶、王挺屹等同学，没有他们的努力，就没有本次修订工作的基础。

同时，我也要再次感谢国家自然科学基金委员会、科技部以及陕西师范大学，没有他们持续的经费支持和条件保障，薄膜基荧光传感研究也不会坚持至今。对深圳砺剑防卫技术有限公司也必须予以感谢。虽然公司因作者团队的成果而组建，但公司组建后的发展和已经具备的超强系统集成能力完全得益于公司管理和技术团队的精诚合作和不懈努力，作者团队的研究和人才培养也因之受益颇多。

借此机会，我要再次向科学出版社编辑张淑晓表示感谢，书稿初版编写校订经历至今回想起来，依然历历在目。出版人特有的那种认真负责的工作态度、一丝不苟的做事习惯给我留下了极为深刻的印象，真的需要向她们学习。

当然，对我的夫人宁云霞、我的女儿房小华的感谢也绝对不能少，没有她们多年来的支持，我将难以专心我自己的研究。最后，也是最重要的，我必须感谢我的外孙女房一涵，姥爷的沐洙，她的出生让我多了很多乐趣。多了外孙女的陪伴，我的工作更有效率，我的生活更加丰富多彩。

房　喻

2024 年 4 月 9 日于陕西师范大学长安校区

第一版前言

从严格意义上讲，传感器是一类具有信息感受和物理量转换功能的有形器件。一般而言，传感器主要由敏感元件、转换元件、变换电路和辅助电源等四个部分组成，四者协同才能完成对信息的感知、转化、加工和输出功能。

根据感知类型，传感器可分为光敏、磁敏、声敏、热敏、力敏、湿敏、气敏、色敏、味敏和放射线敏感等十大类别。从传感信息的属性讲，又可将传感器分为物理传感器、化学传感器和生物传感器三大类。传统上，传感器的研发主要局限于半导体专业、信息专业和分析化学专业，其他专业人士介入相对较少。然而随着信息化的普及，智能化时代的到来，人们对传感器的类别要求越来越多，对传感器的性能要求越来越高，而新的传感器往往又涉及化学物质和生命活性物质的高选择、高灵敏传感，这就必将涉及越来越多和越来越深入的表界面科学基本问题，也必将对特定结构的理性设计和控制制备能力提出越来越高的要求。因此，当代高性能传感器的研制必须有新的力量加入。

事实上，近年来，越来越多的物理化学、有机化学、高分子化学，乃至无机化学专业人士陆续加入到传感器研究队伍中来。不过需要指出的是，化学科学专业人士擅长的通常是敏感材料的创制，以及化学物质和生命活性物质传感的分子机理研究，而传感器的研制则需要不同学科背景人士的通力合作，甚至需要产业界的介入。也就是说，传感器的研制具有突出的跨学科、跨领域特点，跨界研究是传感器研制的必需。

实践表明，有商业价值的传感器的研制具有投入高、周期长、风险大的特点，需要长期坚守、稳定支持，才能见效。著名传感器专家，德国学者 Wolfbeis 就曾指出，一种化学或生物传感器从概念的提出到产品的推出一般需要至少 15 年的坚守，也正因此，一些重要传感器的研制往往被列为国家计划。

除了上述特点之外，传感器的研制还需要构建链条完整的研发体系。这个体系至少包括以下几个环节：①围绕敏感材料设计制备和传感机理进行的基础研究；②工况条件下的敏感材料性能评价和器件化研究；③电路、信号、结构工程师等专业人员参与的配套研究；④系统集成、结构与性能优化研究；⑤实际测试与评价等。由此可见，传感器研制确实具有跨领域、技术密集和研发门槛高等特点。这就是传感器技术被视为高新技术，而且传感器的研发能力被认为是反映一个国家和地区科技创新能力与科技发展水平的重要标志之一的原因。

业界普遍认为，传感器技术与通信技术、计算机技术一样，是构成信息技术产业的三大支柱之一，是发展人工智能、物联网的基础。正是得益于世界各国对传感器技术的重视，以及资金和人才的持续投入，传感器行业近年来得到了迅猛发展，至今全球有 2.6 万余种传感器，全球传感器研发机构与生产厂商数量也达到了 6500 家左右。这些研发机构和生产厂商主要集中于美国、日本和欧盟，俄罗斯的传感器研发和生产能力也不容小觑。

不过，需要指出的是，在科技含量高、研发难度大的高端传感器研发过程中，化学家扮演的角色会越来越重要，这主要得益于当代化学学科强大的“合成+组装”新物质创造能力。因为高性能敏感材料永远是高性能传感器的基础，也是高端传感器最核心的技术。正是基于这样的认识，在过去的二十年里，我领导的团队坚持开展薄膜基荧光传感科学与技术研究，在敏感薄膜材料创新制备、薄膜和薄膜器件性能评价条件建设、跨学科研究队伍组建以及跨界研发体制建设等方面均做出了努力，取得了一些重要进展，为性能更加优异的薄膜基荧光传感器的研制奠定了良好的基础。《薄膜基荧光传感技术与应用》一书正是在这些努力的基础上撰写而成的。

本书主要由七章构成。第 1 章简要介绍荧光传感器研究涉及的基本光物理知识；第 2 章主要介绍文献已经报道、比较常见的薄膜制备技术与策略；第 3 章主要介绍普通荧光物理薄膜的制备方法和传感应用；第 4 章主要介绍基于表面化学组装的荧光薄膜的制备方法和传感应用；第 5 章主要介绍分子凝胶基荧光物理薄膜的制备策略，以及由此而来的荧光薄膜的传感性能与应用；第 6 章主要介绍薄膜器件化过程和典型的薄膜基荧光传感器，以使读者对薄膜基荧光传感器有更加直接的认识；第 7 章主要结合薄膜基荧光传感器研究现状和信息化、智能化社会发展对高端化学和生物传感器发展的迫切需要，简要论述薄膜基荧光传感器的发展趋势和面临的挑战。

需要说明的是，虽然我曾经有过从事生物无机化学、蛋白质与碳水化合物工程学习和研究的经历，但终归因时间久远，未敢将具有重要研究价值和巨大应用潜力、与生命过程密切相关的薄膜基荧光传感列入本书。同样，本书也未涉及各界极为看好、发展势头强劲的柔性传感。不过，我相信，随着薄膜基荧光传感研究的深入，柔性传感、生命过程相关薄膜基荧光传感研究必然会受到越来越多的关注。

另外，还需要说明的是，三十多年前，我对荧光技术一无所知，但却经由荧光探针(1,6-二苯基己三烯)将静态荧光偏振用到了黄芩类药物对细胞膜流动性的影响研究，而且还得到了很不错的结果。自此，我被荧光技术所吸引。有幸的是，20世纪90年代初，我有机会加入著名光物理学家Ian Soutar教授研究组，开始接受光物理，特别是荧光技术方面的系统训练，并因此而有机会聆听多位世界级前辈学者的教诲。不幸的是，在20世纪末我回国后不久，导师Ian Soutar教授就因突发疾病而不幸辞世。在本书稿撰写过程中，我不时会想到他，想到他那难以企及的学识高度，想到他那至今都有些令人生畏的将化学当作哲学讲的课程，想到他那苏格兰人所特有的厚道，想到每到酒吧所有学生的第一杯酒永远都是他买单的那些情景，想到他给过我的点点滴滴的帮助，甚至还能想到他永远都是来去匆匆，即便是在大雪天也只着短袖的身影。可以说，没有他，我就不会真正进入荧光这一领域，更不会使“荧光”成为我个人的教学科研人生标签。本书基本成稿，凝视电脑屏幕，思绪万千，我很是觉得，冥冥之中，似乎什么都是上苍早已安排好了的，唯有此，才能理解Ian与我的邂逅，Ian对我的知遇。回国服务二十多年，能够从事薄膜基荧光传感研究，能够坚守这一几乎是冷门的领域，而且独立完成了书稿，也算是对他的一个交代。但愿他在天之灵能够感知我这个为数不多的异国学生对他的祝福和深切思念。

在本书即将付梓出版之际，我要深深感谢这么多年来参与薄膜基荧光传感研究工作的同事、学生，特别是要感谢辛云宏教授、丁立平教授、高莉宁教授、张淑娟教授、何刚教授、刘静副教授、吕凤婷副研究员、刘太宏副教授、彭浩南副教授、王渭娜博士等，没有他们的辛勤付出，就没有撰写这本书的基础。同时，我也要深深感谢国家自然科学基金委员会、科技部、教育部、财政部、陕西省科技厅以及陕西师范大学，没有他们持续的经费支持和条件保障，相关研究也不会坚持至今。

与此同时，我还要感谢佟振合院士、李永舫院士、张生勇院士，是他们的支持和推荐才使得本书获得国家科学技术学术著作基金的资助。我深知，这份资助是一份荣誉，更是一份责任，唯有努力将本书质量做好，才能对得起这份珍贵的荣誉。此外，我也要感谢陕西师范大学研究生院的经费支持。

最后，还要感谢科学出版社张淑晓女士，没有她几年来看似不经意，然而长时间也不曾间断的提醒与督促，这本书可能还要拖很长时间才能完稿。我现在的学生，尚丛娣、刘建飞、王朝龙、黄蓉蓉、李敏、徐文君、杨经纶，以及萌萌也必须在感谢之列，因为他们在书稿形成过程中给予了太多的帮助。

我还必须将我的感谢之意送给我的夫人宁云霞，我的女儿房小华，没有她们的包容和理解，我将一事无成。

房　喻

2019年2月20日于陕西师范大学长安校区

目 录

第1章

荧光技术原理概述

荧光技术的出现和广泛应用得益于100多年来人们对荧光产生本质的不懈研究，相关学科的发展，以及理论方法与实验技术的不断进步。

在过去几十年里，随着化学科学向生命科学等领域的渗透和化学学科自身的发展，荧光技术得到了极大的普及。与关注物质基态(ground state)行为的紫外-可见吸收光谱、红外光谱、拉曼光谱、核磁共振波谱、顺磁共振波谱等化学学科常用谱学技术不同，荧光技术关注的是物质的激发态行为。因此，在理论上任何影响荧光物质激发态形成、存在和变化的因素都会引起物质荧光性质的变化，这就使得荧光分子常作为探针(probe)或标记物(label)使用。这种技术对于当今化学学科特别关注的超分子体系、动态体系中分子间弱相互作用的发生和变化显得特别重要，这就不难理解为什么化学学科发展进入超分子化学阶段后，荧光技术随之得到了迅速普及和发展。

基于探针或标记物的荧光技术具有灵敏度高、可采集信号丰富、仪器结构相对简单等优点，然而，可靠荧光信号的获得，荧光技术的恰当使用，以及对相关实验结果的准确解释均依赖于对可资选用的主要荧光技术和所涉及的光物理过程的正确理解。

1.1 常见荧光技术

荧光技术有稳态荧光技术(steady-state fluorescence technique)和时间分辨荧光技术(time-resolved fluorescence technique)之分。其中，稳态荧光(含磷光)技术主要包括：①荧光激发光谱(fluorescence excitation spectrum)和荧光发射光谱(fluorescence emission spectrum)测量；②荧光猝灭(fluorescence quenching)；③荧

光能量转移，特别是荧光共振能量转移(fluorescence resonance energy transfer，FRET)；④荧光各向异性或荧光偏振(fluorescence anisotropy or fluorescence polarization)等。荧光激发光谱和荧光发射光谱统称为荧光光谱。荧光光谱测量关注的主要是光谱所在波长区段、光谱峰值强度和光谱形状等。

与静态荧光技术不同，基于荧光衰减(fluorescence decay)速度测量的相关技术称为时间分辨荧光技术。例如，荧光寿命(fluorescence lifetime)测量，时间分辨荧光发射光谱(time-resolved fluorescence emission spectroscopy，TRES)，时间分辨荧光各向异性测量(time-resolved fluorescence anisotropy measurement，TRAMS)，以及基于荧光寿命测量的时间分辨荧光猝灭、时间分辨荧光共振能量转移等。

理解分子基本光物理过程是恰当运用荧光技术的基础，而对荧光激发态过程的理解离不开 Jablonski 能级图。

1.2 Jablonski 能级图和跃迁[1-5]

所有有机化合物都有其固有的能级结构。图 1-1 示意出了有机分子的常见能级图，可以看出，一个分子拥有一系列电子能级，而每一个电子能级又都包含一系列振动能级。实际上，振动能级又是由一系列转动能级构成的。

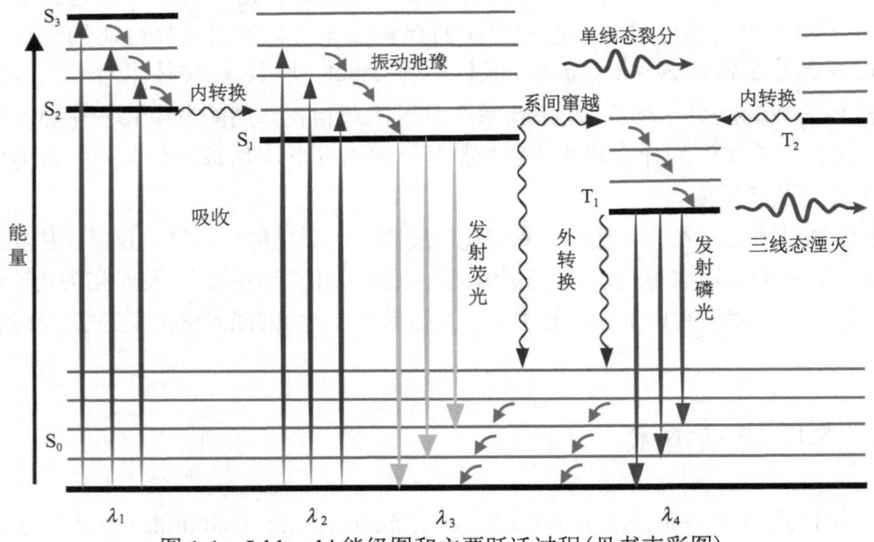

图 1-1 Jablonski 能级图和主要跃迁过程(见书末彩图)

通常条件下，分子处于基态。基态时，分子中的电子多以成对但自旋相反的形式在分子轨道中运动。因此，基态分子的总自旋量子数(S)一般为零，自旋多重度(M=2S+1)为 1，即基态分子处于单重态(singlet state)(图 1-2)。为方便叙述，往往以 S_0 表示单重基态。类似地，以 S_1，S_2，S_3，…表示第一、第二、第三等单重激发态。当因光照等原因使得分子中的最高占据分子轨道(highest occupied molecular orbital，HOMO)配对电子拆分时，其中一个电子跃迁至未被占据的空轨道，导致两个单电子分别运动于不同的分子轨道。如果其中一个电子的自旋方向发生反转，相应分子总自旋量子数将从 0 变成 1，自旋多重度变成 3。这样的分子称为三重态(triplet state)分子(图 1-2)。当然，也有反例存在，如基态氧分子为三重态，而第一、第二激发态氧分子则为单重态。

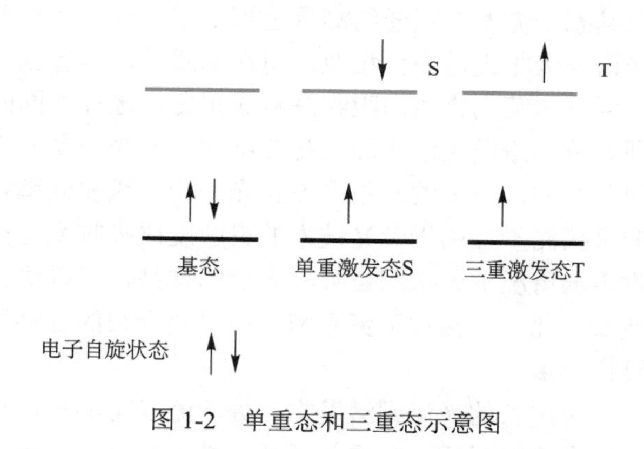

图 1-2　单重态和三重态示意图

因能量的吸收或发射，分子可以在不同的能级间跃迁。如果吸收和发射涉及光能，且不涉及化学反应，则相应的过程被称为光物理过程。分子体系的光物理过程主要包括以下几方面。

1.2.1　光吸收过程

光吸收(photo absorption)过程主要是指基态分子吸收光能从基态(S_0)某一振动能级跃迁到任一电子激发态(S_1，S_2，…)的某一振动能级的过程。光吸收过程也是激发态产生的过程。因此，了解荧光分子的光吸收对于研究其光物理与光化学过程极其重要。在弱光激发下，每个分子只能吸收一个能量合适的光子而进入激发态，可用式(1-1)表示：

$$M + h\nu \longrightarrow M^* \tag{1-1}$$

式中，M 表示基态分子；$h\nu$ 表示吸收的光子；M^* 表示激发态分子。由此可以根据对称选择规则、旋转选择规则、富兰克-康顿(Franck-Condon)原理对物质对不同波长光的吸收进行预测。光吸收过程具有量子化、一次到位的特点，且特定分子具有本身特定的吸收特征，即吸收光谱(absorption spectrum)。由于光吸收是一个分子从基态到激发态的过程，因此光吸收也被称为光激发。

在透明溶液中，溶质对光的吸收符合比尔-朗伯(Beer-Lambert)定律：

$$I = I_0 \times 10^{-\varepsilon bc} \tag{1-2}$$

式中，I 表示出射光强度；I_0 表示入射光强度；ε 为摩尔吸光系数[L/(mol·cm)]；b 为光程的长度(cm)；c 为荧光分子的物质的量浓度(单位一般为 mol/L)。对吸收程度的波长或频率分布测量可以获得吸收光谱，用荧光光谱仪测量激发光谱的过程也是一个分子由基态到激发态跃迁的测量过程。因此，虽然在形状和位置上，荧光物质的激发光谱与吸收光谱十分相似，但在本质上，两者完全不同。主要原因是，样品的发光强度与荧光物质的吸收系数成正比，选择不同的激发波长，样品的发光强度不同。荧光激发光谱实际上是在不同波长光的激发下，测量一给定波长的荧光强度而获得的，体现的是不同波长光的相对激发效率。而吸收光谱则是对光吸收过程的直接测量。由于荧光技术的灵敏度比吸收光谱技术高得多，对于在低浓度或吸收很弱情况下无法测量吸收光谱的样品，可以测试其激发光谱来选择合适的激发波长。此外，相对于荧光和其他将要介绍的各种激发态过程，分子的光吸收过程要快得多。

荧光物质吸收一定波长的光达到激发态，处于激发态的分子反应活性高、寿命短，非常迅速地经由辐射跃迁、非辐射跃迁、能量转移、电子转移和光化学反应等光物理或光化学过程回到基态。

1.2.2 荧光发射

荧光发射(fluorescence emission)是激发态分子通过光辐射释放额外能量回到基态的过程，一般是 $S_1 \rightarrow S_0$ 的过程。跃迁过程中不涉及电子自旋的改变，因此，荧光是一个自旋允许过程，速度快。一般有机分子的荧光寿命多在几纳秒到几十纳秒之间。在某些情况下，荧光寿命可长达毫秒级，甚至秒级，即与磷光寿命相当，具体原因将在磷光部分述及。实际上，荧光发射可源于高激发态至基态的辐射跃迁，即第二和第一电子激发态能级差(ΔE)足够大时，荧光发射也可由第二电子激发态产生，也就是 $S_2 \rightarrow S_0$ 跃迁产生的荧光，这种发射明显违背了卡莎规则(参见 1.3.2 节)，是一种典型的反卡莎发射(anti-Kasha emission)。薁(azulene)就是这类荧光物质的典型代表[4]。原因在于，薁的第二和第一电子激发态能级差高达 1.7 eV，同时也有足够大的 $S_2 \rightarrow S_0$ 的跃迁谐振子强度，因此，可以产生源自第二电子激发态的荧光。在某些特定条件下，实验上可以观察到源自第二和第一电子激发态的两组荧光发射，就是所谓的双荧光现象。图 1-3 给出了具有反卡莎特征的双荧光发射过程。实际上，除了上述荧光现象之外，还有一种所谓的热荧光(hot fluorescence)。热荧光是指产生于第一电子激发态较高振动能级的荧光现象。

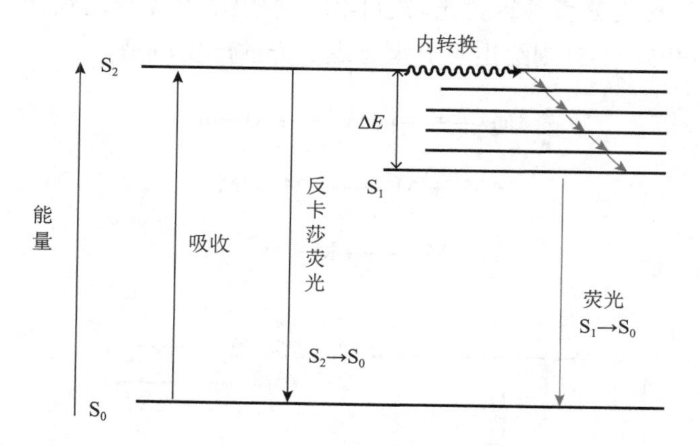

图 1-3　具有反卡莎特征的双荧光发射过程示意图

1.2.3　磷光发射

与荧光发射类似，磷光发射(phosphorescence emission)也是激发态分子通过光辐射释放额外能量回到基态的过程。不过，磷光发射所涉及的是 $T_1 \rightarrow S_0$ 的跃迁，即分子最低三重激发态到基态的衰变。很显然，这一过程的发生需要激发态分子中相关电子自旋方向的反转，是自旋禁阻过程，因此，相比于荧光，磷光发射速度要慢得多。一般而言，磷光寿命(phosphorescence lifetime)多在毫秒到秒之间。此外，分子的三重激发态一般不能通过直接激发形成，需要从单重激发态转变而来。这种单重激发态到三重激发态的转变还可通过适当途径发生逆转，产生所谓的延迟荧光(delayed fluorescence)。除了寿命与磷光相近外，延迟荧光在本质上与普通荧光没有区别。

延迟荧光可以经由两条途径发生。其一是因三重激发态与单重激发态能级接近，三重激发态分子吸收热量，通过反系间窜越返回单重激发态，从而产生荧光。因最先发现曙红(eosin)呈现这种类型的延迟荧光，所以将此类延迟荧光称为 E 型延迟荧光，也称为热活化延迟荧光(thermally activated delayed fluorescence，TADF)。图 1-4(a)示意出了产生热活化延迟荧光的过程。当然，这样的荧光寿命要比常规荧光长得多。例如，对苯二腈-三苯胺的延迟荧光寿命是其常规荧光寿命的近 30 倍[图 1-4(b)][6]。在电激发下，由于热活化延迟荧光材料的发光效率比常规荧光材料高得多，因此，具有这类性质的荧光材料在有机发光二极管等领域得到了广泛应用。其二是两个三重激发态分子经由碰撞交换能量，从而产生一个能量更高的单重激发态分子和一个回到基态的分子，随后生成的单重激发态分子可经由常规途径产生荧光。因最先发现芘(pyrene)呈现这种类型的延迟荧光，所以将此类延迟荧光称为P型延迟荧光。式(1-3)示意出了E型延迟荧光产生的可能机理，而式(1-4)和式(1-5)则给出了P型延迟荧光的产生机理。

$$^3M^* \xrightarrow{ISC} {}^1M^* \longrightarrow {}^1M + h\nu \tag{1-3}$$

$$^3M^* + {}^3M^* \longrightarrow {}^1M^* + {}^1M \tag{1-4}$$

$$^1M^* \longrightarrow {}^1M + h\nu \tag{1-5}$$

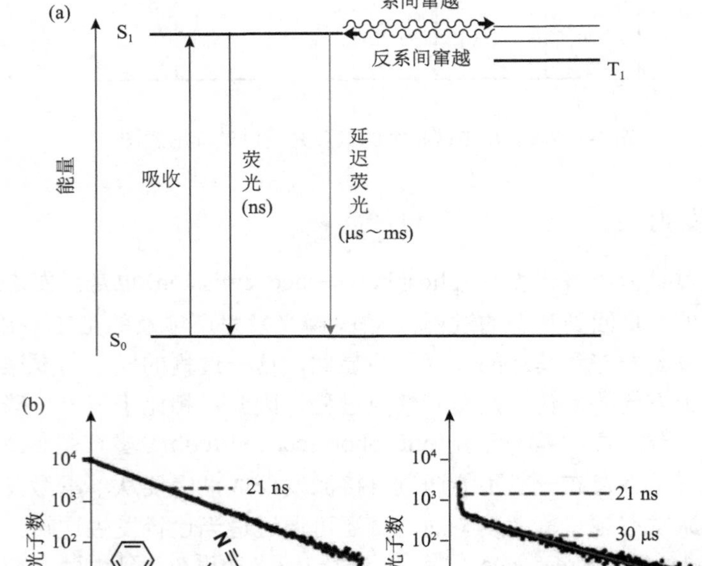

图 1-4 (a)热活化延迟荧光过程示意图；(b)对苯二腈-三苯胺荧光和延迟荧光衰减曲线

实际上，对于金属螯合物类发光物质而言，情况要复杂得多，其发光虽然也是激发态到基态的辐射释能过程，但不能简单被归结于荧光或者磷光，因为在很多情况下，要涉及配体到中心离子，或者中心离子到配体轨道之间的跃迁。金属配合物发光寿命一般介于荧光和磷光之间，即数百纳秒到毫秒级。

1.2.4　内转换和外转换

内转换(internal conversion，IC)是激发态分子在相同多重度、不同激发态电子能级间进行的无辐射等能交换过程，从而可以使处于较高电子能级的激发态分子进入较低电子能级。内转换速度比荧光、磷光快得多。需要注意的是：内转换速度极大地依赖于过程发生的始态和末态电子能级之间的能量差，能级差越小，内转换过程越容易发生，反之，则困难，这就是为什么激发态能级间隔过大时会出现双荧光。内转换速率常数可以用能隙定则(energy gap law)描述[式(1-6)][7]，其中α是富兰克-康顿(Franck-Condon)因子，其大小正比于始态和末态能级波函数的重叠度；ΔE 为能级差。

$$k_{\mathrm{IC}}=10^{13}\mathrm{e}^{-\alpha\Delta E}(\mathrm{s}^{-1}) \tag{1-6}$$

所谓能隙定则是指，孤立分子或凝聚态分子中的非辐射电子过程(光物理过程)的速度依赖过程始态和终态所处电子态间能隙的大小。这种能隙越大，相关过程越难发生。内转换过程是典型的非辐射电子过程，因此也要遵循这一定则。

外转换(external conversion，EC)则是激发态分子与溶剂或邻近分子发生碰撞释放多余能量，并以非辐射方式回到基态的过程。与内转换不同，外转换不是等能交换，随过程发生能量的释放。此外，外转换可以发生在不同多重度电子能级之间，且与荧光或磷光发射过程相竞争，是荧光或磷光效率降低的重要原因。因此，降低温度、增加黏度等有助于抑制分子运动或碰撞的因素都会导致荧光发射或磷光效率的提高。

1.2.5　振动弛豫

振动弛豫(vibrational relaxation，VR)是指分子以热释能方式从较高振动能级返回较低振动能级的过程。振动弛豫比内转换过程更快。正是由于内转换和振动弛豫过程的存在，荧光物质的荧光或磷光发射大多源自第一电子激发态的最低振动能级。

1.2.6　系间窜越

处于第一单重激发态的分子可由于电子自旋方向的反转而进入最低三重激发态。相反，处于最低三重激发态的分子也可由于同样的原因回迁到最低单重激发态，这种不同自旋多重度激发态之间的转化被称为系间窜越(inter-system crossing，ISC)。因为涉及电子自旋方向的反转，在量子力学上，系间窜越属于典型的自旋禁阻过程，因此，系间窜越概率小，这就是为什么磷光寿命一般比较长，发光效率比较低。

纵观上述激发态过程，可以看出，分子吸收光子进入激发态后，可以经由一系列过程回到基态，这些不涉及物质化学变化的光物理过程可以分为辐射跃迁和无辐射跃迁两种类型。此外，上述光物理过程主要发生在分子内，因此，这些光物理过程也称单分子过程(unimolecular process)。表 1-1 归纳了主要的单分子光物理过程及其寿命范围。实际上，处于激发态的分子是不稳定的，甚至在一定条件下还可以与环境物质发生化学反应，也可自身分解生成新的物质，这些涉及物质化学本性改变的过程称为光化学过程。与单分子过程相对应，激发态分子也可与邻近分子发生能量交换、电子交换，引起体系更多的变化，这些涉及两个分子的光物理、光化学过程称为双分子过程(bimolecular process)。

表 1-1 主要的单分子光物理过程及其寿命范围

光物理过程	跃迁类型	速率常数	寿命/s
$S_0 \rightarrow S_1$ 或 S_n	吸收(激发)	k_{abs}	10^{-15}
$S_n \rightarrow S_{n-1}$	内转换	k_{IC}	$10^{-14} \sim 10^{-10}$
$S_1 \rightarrow S_1$	振动弛豫	k_{VR}	$10^{-12} \sim 10^{-10}$
$S_1 \rightarrow S_0$	荧光发射	k_f	$10^{-9} \sim 10^{-7}$
$S_1 \rightarrow T_1$	系间窜越	k_{ST}	$10^{-10} \sim 10^{-8}$
$S_1 \rightarrow S_0$	非辐射跃迁(外转换)荧光猝灭	$k_{nr}(k_{EC})$，k_q^f	$10^{-7} \sim 10^{-5}$
$T_1 \rightarrow S_0$	磷光发射	k_p	$10^{-3} \sim 100$
$T_1 \rightarrow S_0$	非辐射跃迁磷光猝灭	k_{nr}，k_q^p	$10^{-3} \sim 100$

1.3 荧光发射特征[2-5,8-17]

1.3.1 斯托克斯位移

对一种荧光分子而言，在给定溶剂的溶液态或固态，其最大荧光光谱峰与最大激发光谱峰所对应的波长之差($\lambda_{em}^{max} - \lambda_{ex}^{max}$)就是所讨论体系的斯托克斯位移(Stokes shift)。斯托克斯位移是荧光物质的重要属性，其大小除了取决于自身的化学本性之外，也受溶剂效应、激发态作用或反应、复合物形成以及能量转移等影响。因此，在荧光技术研究和应用中，斯托克斯位移扮演着重要的角色。

1.3.2　卡莎规则

在光物理研究中，人们观察到的重要光物理过程主要源自最低激发单重态或最低激发三重态，这就是所谓的卡莎规则(Kasha's rule)。卡莎规则的另外一种解读是，对于一种给定的荧光物质，在不同波长下激发，所得到的荧光光谱形状基本不变。同样，在不同发射波长下监测，所得到的荧光激发光谱形状基本不变。不难理解，依据此规则可以初步确定荧光物质的光学纯度。这是因为，当不同荧光物质混合时，在给定激发或监测波长下不同物质的荧光发射或激发效率不同，这样，必然得到形状随激发或监测波长改变而不断改变的荧光或激发光谱，由此就可以发现其混合物属性。

1.3.3　镜像规则

大多数情况下，荧光物质的荧光光谱形状恰好是其激发光谱的镜像，这种荧光物质普遍遵循的规律称为镜像规则(mirror image rule)。当然，在此所指的激发光谱是 $S_0 \rightarrow S_1$ 的跃迁。产生这一结果的原因在于，基态时分子因玻尔兹曼分布而大多分布在最低振动能级，即 S_0 的 $\upsilon=0$ 能级，也就是说，分子的激发或吸收是以这一能级为始态的。同样，如前所述，分子的荧光发射大多源于 S_1 的 $\upsilon=0$ 能级。量子力学计算表明，分子各电子能级所包含的振动能级结构类似，加之第一、第二电子能级能量不同，这些因素导致分子的荧光光谱精细结构恰好是其激发光谱精细结构的镜像，图 1-5 示意出了镜像规则的结构本源。

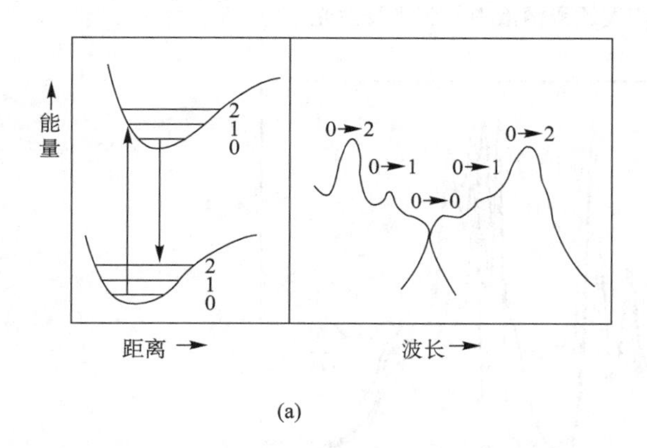

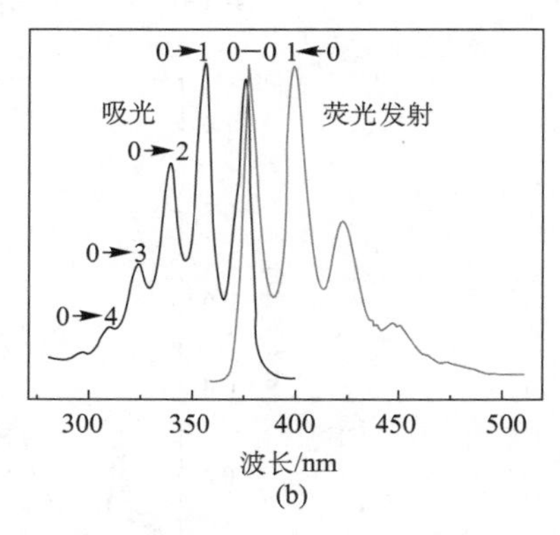

图 1-5　(a) 镜像规则的结构本源；(b) 镜像规则示例——蒽的乙醇溶液荧光发射光谱和吸收光谱

了解镜像规则有助于认识分子的激发态变化或反应。例如，如果激发态时分子构象与基态很不相同，则镜像规则将不再成立。激发三联苯的环己烷溶液所得荧光光谱具有精细结构，而与其对应的激发光谱则是一个宽峰，不包含任何精细结构，造成这一现象的原因是在激发态时三联苯更加倾向于平面结构。同样，在形状上，蒽在二乙基苯胺溶液中的荧光光谱完全不同于其激发光谱，原因在于激发态蒽分子可与二乙基苯胺形成电荷转移异质激基缔合物(exciplex)。类似地，芘的荧光光谱与激发光谱也会很不相同。图 1-6 和图 1-7 分别给出了芘在不同浓度乙醇溶液中的荧光发射光谱及芘在不同溶剂中的荧光激发和荧光发射光谱。可以看出，当浓度高时，芘易于形成电荷转移同质激基缔合物(excimer)，当浓度低时，单体荧光光谱的精细结构易受溶剂本性扰动，而激发光谱很少受溶剂本性影响，由此也会导致镜像规则的破坏。实际上，除了上述蒽和二乙基苯胺可以形成异质

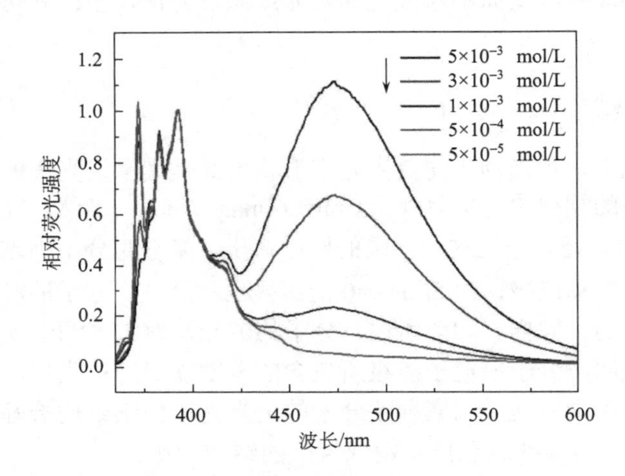

图 1-6　芘在不同浓度乙醇溶液中的荧光发射光谱

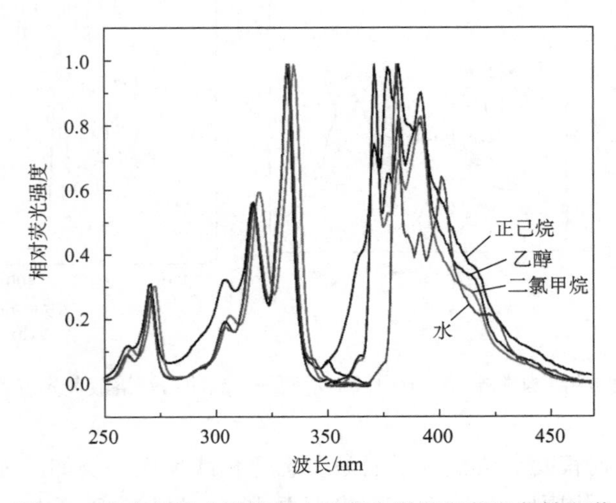

图 1-7　芘在几种典型溶剂中的荧光激发和荧光发射光谱

激基缔合物之外，多环芳烃类荧光物质还可与其他有机胺类化合物形成异质激基缔合物。由于同质激基缔合物更为常见，因此除特别说明之外，此后凡讲到激基缔合物时都是指同质激基缔合物，也就是对应于英文“excimer”概念。

需要注意的是，电荷转移激基缔合物，特别是同质激基缔合物的形成在光物理技术应用，尤其是探针设计、溶液结构变化探测研究中具有重要的价值。芘荧光光谱精细结构对溶剂本性(主要是极性)的依赖是以芘作为极性探针的基础，由此产生了用于溶剂极性测量的“芘标度”一说。芘标度(pyrene scale)是指芘的荧光光谱第三峰强度与其第一峰强度之比，是溶剂极性的直接量度，此值越小，溶剂极性越大，反之溶剂极性越小。例如，对水来讲，该比值约为 0.6，而对小极性的正己烷而言，此值可达 1.6 以上。在光物理技术应用中，芘差不多是普遍使用的极性探针，原因就在于其极性区分能力强，而且在不同极性溶剂中都有一定的溶解度，加之芘的荧光量子产率不因溶剂本性的变化而发生大的变化。当然，这种极性测量与一般的宏观极性测量还是有很大的不同。在实际使用中，作为探针，芘主要用来监测其所在微区域的极性。此外，也要注意一般实验条件下，在芘的单体(monomer)荧光发射中，通常得不到 5 个精细结构，只能得到 3 个或者 4 个精细结构。不过，峰 3 和峰 1 观测相对比较容易。

1.3.4　荧光量子产率和荧光寿命

荧光量子产率(fluorescence quantum yield，Φ)是指荧光物质发射光子数与吸收光子数的比值[式(1-7)]。在理论上，一种荧光物质的荧光量子产率最大值为 1，这是由于伴随荧光发射，往往会有与其相竞争的非辐射跃迁——外转换过程的存在。此外，系间窜越、光化学反应等也是不可忽略的去激发态过程，因此对于一种荧光物质而言，测量得到的荧光量子产率往往小于 1。

$$\Phi = \frac{\text{荧光物质发射光子数}}{\text{荧光物质吸收光子数}} \tag{1-7}$$

荧光寿命(τ或τ_f)是指当一种物质被一束脉冲光激发后，该物质的一些分子吸收能量后由基态跃迁至激发态，由此产生的激发态分子再通过荧光发射等途径回到基态，这个过程中体系荧光强度衰减到最大强度的 1/e 所需要的时间被称为荧光寿命。荧光物质的荧光寿命除了取决于自身的结构外，还与许多环境因素，特别是与温度有关，这是荧光寿命测量作为一种重要的光物理技术的基础。事实上，对于最简单的单指数衰减荧光体系而言，在激发脉冲之后时间 $t=\tau$ 时，已经有 63%的激发态分子通过荧光发射等途径回到了基态，而其余 37%要在之后才能回到基态。

图 1-8 示意出了仅涉及第一单重电子激发态的激发、发射、非辐射跃迁(外转换)，以及导致激发态能级变化的溶剂弛豫过程。其中，k_r 和 k_{nr} 分别表示荧光发射和非辐射跃迁过程的速率常数。很显然，根据荧光量子产率和荧光寿命与这些过程的关系，可以得到式(1-8)和式(1-9)。

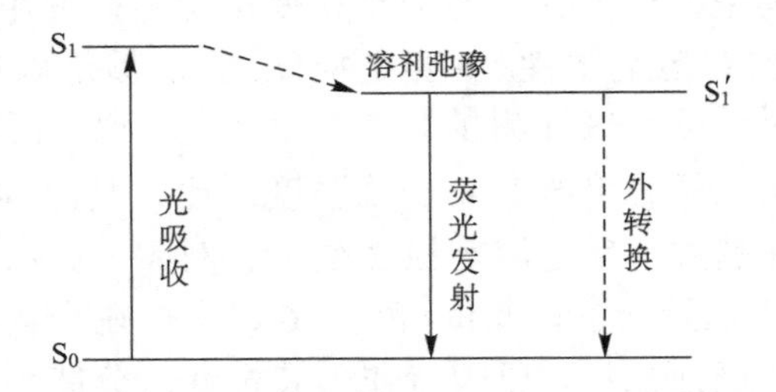

图 1-8　第一单重电子激发态相关光物理过程

$$\Phi = \frac{k_r}{k_r + k_{nr}} \tag{1-8}$$

$$\tau_f = \frac{1}{k_r + k_{nr}} \tag{1-9}$$

从式(1-8)和式(1-9)出发很容易推导得到式(1-10)和式(1-11)。

$$k_r = \frac{\Phi}{\tau_f} \tag{1-10}$$

$$k_{nr} = 1 - \frac{\Phi}{\tau_f} \tag{1-11}$$

不难看出，极端情况是非辐射跃迁为零，激发态分子只能通过荧光发射回到基态，此时的荧光寿命称为内在或本源荧光寿命(intrinsic/natural fluorescence lifetime)，一般用 τ_0 表示。这一数值的大小仅仅取决于荧光物质的结构本质，因此，其可以看作荧光物质的本征值。在荧光技术运用中，了解荧光物质这一性质对于选取恰当的探针、标记物有重要帮助。

1.3.5　内滤效应与自吸收现象

内滤效应(inner-filtering effect)主要是指溶液中含有能够吸收激发光或者荧光物质发出的荧光的物质，这种吸收作用的存在会严重影响实验测定光谱的强度、形状，因而引起实验结果的偏差，乃至错误。此外，实验所用的溶液如果浑浊也会导致激发和发射光的吸收、散射，由此也会引起实验结果的偏差。这些现象被称为内滤效应。与内滤效应不同，自吸收现象(self-absorption phenomenon)则由荧光物质自身引起。主要是荧光物质发射光谱的短波长端往往与其吸收光谱的长波长端重叠[参见图 1-5(b)所示蒽的吸收和发射光谱]，从而会产生自吸收，影响荧光光谱的真实形状和重叠段的强度，这就是所谓的自吸收现象。自吸收现象和内滤效应在荧光物质浓度大时会表现得更加突出，因此，基于荧光测量的光物理技术应用一般都要在较低的浓度下进行。不得已时，也可将荧光常规测量改为前表面反射测量，这样可以有效缩短光程，减少内滤效应和自吸收现象对荧光测量的影响。

1.3.6 荧光产生的结构基础

荧光产生的本源十分复杂，不同类型物质产生荧光的结构基础可以完全不同。目前已知的在可见光区域能够显著发光的物质可以是有机分子、自由基分子、无机半导体、多孔硅、碳量子点、贵金属原子簇、金属有机骨架(MOF)材料，以及某些有机磺酸盐等。但是，人们至今只是对有机分子荧光产生的基础有了比较深入的了解。在个别情况下，可以理论预测某些荧光分子的存在，乃至它们的基本光物理性质。例如，作为供电子结构，氮杂环丁烷的引入有助于提高几乎所有已知有机荧光分子的荧光量子产率，这一认识的获得就是一个典型的依靠理论计算进行预测的成功案例。

就有机化合物而言，分子要产生荧光必须具备一定的结构特点，而且荧光量子产率要高。从分子激发态过程可以看出，荧光只是若干激发态释能过程的一种，其量子产率的高低取决于与其他释能过程的竞争。例如，外转换速度过快时，荧光就难以产生。就化合物结构来讲，在各种可能的跃迁类型中，$\pi^*\rightarrow\pi$跃迁的荧光量子产率一般都比较高，主要是由于与这种跃迁相对应的系间窜越过程速度慢，激发态分子进入三重激发态的概率小，因此有利于荧光的产生。此外，分子共轭程度增加有利于荧光量子产率的提高，同时也使荧光向长波方向移动。苯、萘到芘的荧光发射波长就依次由 280 nm 左右、350 nm 左右到 400 nm 左右。类似地，分子刚性增加，特别是刚性平面的形成，十分有助于减少分子振动，抑制其与溶剂分子的碰撞，防止激发态分子通过外转换释能，从而使荧光量子产率提高。例如，酚酞与荧光素结构极为相似，但荧光素具有很强的荧光，而酚酞几乎不发荧光，原因就在于荧光素具有相对刚性的结构。类似地，具有刚性结构的芴在结构上与能够自由旋转的联苯十分类似(图 1-9)，但前者的荧光量子产率要比后者高得多。取代基的类型对芳烃分子的荧光量子产率也有极大的影响。一般而言，供电子基的引入有助于荧光量子产率的提高，这就是为什么很多稠环芳烃类荧光分子都含有二甲氨基结构。氮杂环丁烷的引入几乎可以使所有荧光分子的量子产率提高这一事实也说明了供电子结构对荧光分子发光效率提高的重要性。实际上，有机化合物分子在溶液中的聚集状态或在固态时的堆积方式对其荧光性质也有极大的影响。

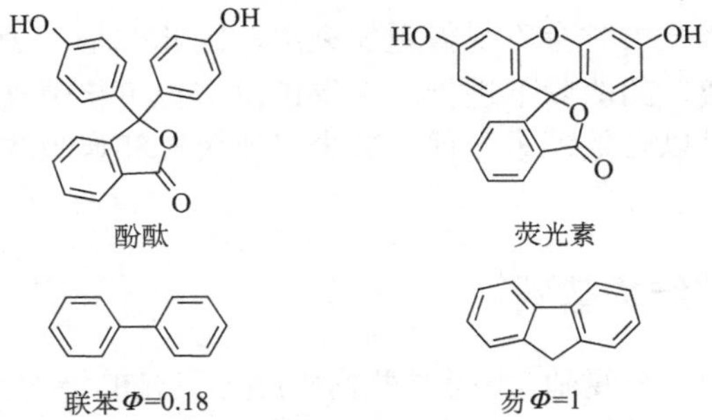

酚酞　　荧光素

联苯 Φ=0.18　　芴 Φ=1

图 1-9　分子刚性对荧光量子产率的影响

1.3.7　双荧光发射

双荧光发射(dual-fluorescence emission)通常是指两个共存的单重激发态荧光中心同时发出荧光的现象[11]。一般而言，可以将产生双荧光发射的系统分为三种类型。

第一类是源自同一分子的两个不同发射态的双荧光发射系统。在策略上可以经由两种方法构造此类系统。其一是调节荧光分子两个电子激发态间的能隙，使得第一激发态(S_1)和高阶激发态至基态的跃迁都可发出荧光，此高阶激发态在实际中通常为第二激发态(S_2)，图 1-10(a)示意出了此种分子设计原理[12]。此类双荧光分子的特点是：S_2 与 S_1 态间能隙大，以至于由 S_2 回到基态的过程可以与 S_2 到 S_1 的内转换过程相竞争；S_2 态是发光态(亮态)。满足这两个条件就有可能产生源自高能级的反卡莎荧光。目前，对于产生此类反常双荧光发射的激发态电子结构有了一定的规律性认识，但总体来讲已经报道的此类荧光分子还相当有限。其二是调节荧光分子的激发态过程。具体来讲就是在 S_1 态势能面构造两个可以维持一定平衡的荧光发射中心，图 1-10（b）示意出了此种分子的设计原理。例如，可以通过改变荧光分子的取代基种类、位置、数目等调节激发态分子内质子转移(ESIPT)的热力学和动力学平衡，调控源于正常 S_1 态(normal form，简称 N^*)和质子转移产物(tautomer，简称 T^*)，以此有可能得到既有 N^* 又有 T^* 的双荧光分子[13]。除此之外，还可基于光异构化、光诱导结构平面化(PISP)、扭转分子内电荷转移(TICT)等设计制备具有双荧光发射性质的荧光分子[14,15]。

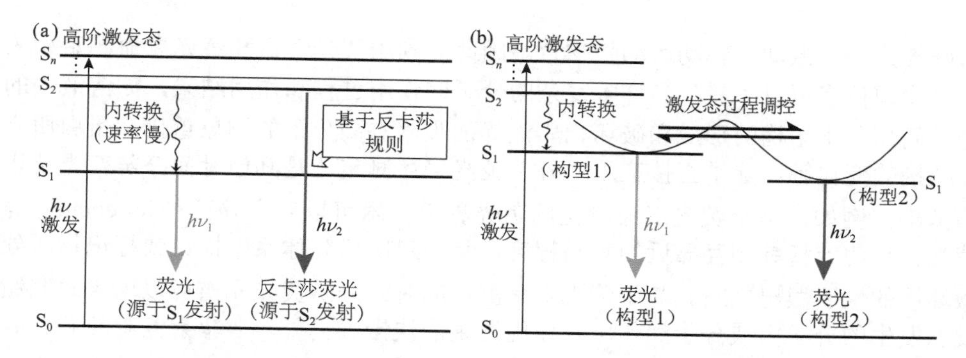

图 1-10 基于反卡莎规则(a)和调控激发态过程(b)的双荧光分子的设计原理示意图

第二类是源自两个激发态相关联的荧光物种的双荧光发射系统[11]。此类体系中，其中一个荧光物种先被激发，随后经过非辐射过程活化另一个荧光物种或同另一个荧光物种形成一个新的荧光发射物种，涉及的非辐射过程包括后续详尽论述的荧光共振能量转移、激基缔合物形成等。

第三类是源自两个相互独立的荧光物种的双荧光发射系统[16]。常见的一些基于化学反应的比例型荧光探针呈现出此种类型的双荧光发射。两组荧光发射分别源自探针分子及其同待检测物反应后生成的产物。实际上，除了此种情况之外，两组荧光发射也可源自两个处于不同构象的基态分子，即荧光分子的发射波长依赖于分子所处的构象，当处于两个不同构象的基态分子共存并被同时激发时发出双荧光。笔者团队[17]经理论计算研究发现，通过苯环将邻碳硼烷和共轭杂稠环片段连接的 D-π-A 型分子，作为电子供体和受体的杂稠环和邻碳硼烷均可围绕同苯环相连的 C—C 键旋转，并且在基态的旋转势垒基本为零，赋予其在基态的构象多样性，其中杂稠环同邻碳硼烷 C—C 键处于同一平面与二者趋近于相互垂直的构象的荧光发射波长不同。进一步的实验研究发现，当选用合适的溶剂体系制备出的晶体可同时包含这两个构象，表现出激发波长依赖的多色发射。当采用合适的波长激发晶体，可观察到源于两个不同构象的双荧光发射。此类分子材料有望在信息存储和防伪等领域获得应用。

1.4 荧光寿命测定[1,2,18]

荧光寿命是指荧光分子在单重激发态的统计平均停留时间。荧光物质的荧光寿命不仅取决于自身的结构，也与测定时的浓度、温度，以及介质的极性和黏度等因素有关。因此，通过荧光寿命测定(fluorescence lifetime measurement)可以直接了解所研究体系发生的变化。此外，荧光现象多发生在纳秒级，这一时间尺度恰好与分子的振动、转动运动相吻合。因此，利用荧光寿命和荧光寿命测定相关的光物理技术可以“看”到许多复杂的分子间作用过程和作用结果，如溶液中的分子间超分子结构的形成和破坏、固-液界面吸附态高分子的构象重排和蛋白质高级结构的变化等。除了直接应用之外，荧光寿命测定还是其他时间分辨荧光技术的基础。例如，基于荧光寿命测定的荧光猝灭技术可以研究猝灭剂(quencher)与荧光标记物或探针相互靠近的难易程度，从而对所研究体系中探针或标记物所处微环境的性质做出判断。基于荧光寿命测定的时间分辨荧光光谱可以用来研究激发态发生的分子内或分子间作用及作用发生的快慢。另外，非辐射能量转移、时间分辨荧光各向异性测量等主要荧光技术都离不开荧光寿命测定。因此，荧光寿命测定是时间分辨荧光光谱技术的基础，为此，本节将简要介绍现代荧光寿命测定的主要方法和数据分析的基本策略。

1.4.1 荧光寿命测定的主要方法

现代荧光寿命测定的主要方法包括：①时间相关单光子计数(time-correlated single-photon counting，TCSPC)法；②相调制法(phase modulation method)；③脉冲取样技术或频闪技术(pulse sampling technique/strobe technique)。在这些现代荧光寿命测定方法出现之前，人们也曾利用如式(1-12)所示的 Perrin 方程，通过测定荧光物质在溶液中的荧光偏振(P)、初始荧光偏振 P_0、溶液黏度(η)及估算荧光化合物的分子体积(V_0)来计算荧光寿命。虽然这种方法所用的仪器比较简单，但测定过程烦琐，而且不管荧光衰减机理多么复杂，都只能给出平均寿命，因此其实际应用意义有限。

$$\frac{1}{P}-\frac{1}{3}=\left[\frac{1}{P_0}-\frac{1}{3}\right]\left[1+\frac{RT\tau_{\mathrm{f}}}{\eta V_0}\right] \tag{1-12}$$

TCSPC: TCSPC 是目前主要应用的荧光寿命测定技术，1975 年由 PTI(Photon Technology International)公司最先商业化。此外，Edinburgh Instruments、IBH、HORIBA 等公司也在生产基于 TCSPC 的时间分辨荧光光谱仪。TCSPC 的工作原理如图 1-11(a)所示，光源发出的脉冲光使起始光电倍增管产生电信号，该信号通过恒分信号甄别器 1 启动时幅转换器工作，时幅转换器产生一个随时间线性增长的电压信号。另外，光源发出的脉冲光通过激发单色器到达样品池，样品产生的荧光信号再经过发射单色器到达终止光电倍增管，由此产生的电信号经由恒分信号甄别器 2 及可调延迟装置到达时幅转换器并使其停止工作。这时时幅转换器根据累积电压输出一个数字信号并在多通道分析仪(multichannel analyzer)的相应时间通道计入一个信号，表明检测到寿命为该时间的一个光子。几十万次重复以后，不同的时间通道累积下来的光子数目不同。以光子数对时间作图可得到如图 1-11(b)所示直方图，此图经过平滑处理得到荧光衰减曲线。

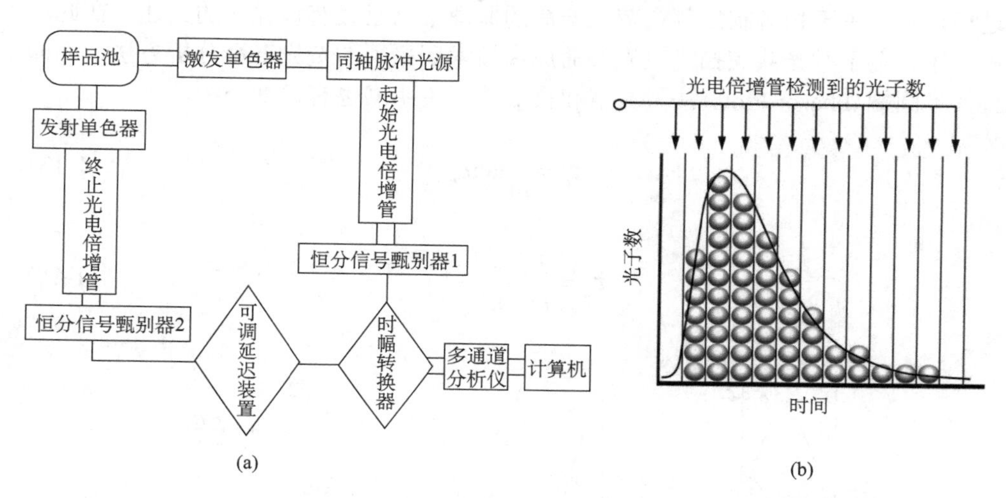

图 1-11　时间相关单光子计数法工作原理(a)和荧光衰减曲线形成示意图(b)

在实际测定中，必须调节样品的荧光强度，确保每次激发后最多只能产生一个荧光光子。假若一次激发产生了多个荧光光子信号，则一定是短寿命的荧光光子最先到达光电倍增管，从而导致时幅转换器停止工作，而长寿命光子被忽略，造成荧光衰减曲线向短寿命方向移动。在荧光测量中，这一现象被称为堆积效应(pile-up effect)。为了避免堆积效应，在实际测量时，多通道分析仪存储的光子数大致只有光源脉冲数的 1%。也就是说，100 次光源脉冲，大约只有 1 次是有效激发。如果在预设时间内没有荧光信号到达终止光电倍增管，则时幅转换器自动恢复到零，不输出信号。TCSPC 法的突出优点在于灵敏度高、测定结果准确、系统误差小，这是荧光寿命测定的现代方法出现之后最为流行的一种方法。但是这种方法所用仪器的结构复杂、价格昂贵，而且测定速度慢，无法满足某些特殊体系荧光寿命测定的要求。因此，发展其他荧光寿命测定方法也是时间分辨荧光技术获得广泛应用的现实要求。

相调制法： 相调制法也称频域法(frequency domain method)。相调制法与 TCSPC 法的不同之处在于激发样品的光源经过正弦调制，由于发射光是激发光的受迫响应，因此发射光和激发光有着相同的圆频率(ω)，但是由于激发态的时间延迟——荧光寿命，调制发射波在相位上会滞后激发波一个相角ϕ。此外，相对于激发波，发射波被部分解调，因此振幅相对于激发波会有所减小。利用实验测定的相角和解调参数 m(发射波振幅与激发波振幅之比)可计算出相寿命(τ_ϕ)和调制寿命(τ_m)[式(1-13)和式(1-14)]，相应符号的物理含义参见图 1-12，对于单指数衰减而言，τ_ϕ与τ_m 相等。如果测定结果τ_ϕ与τ_m 显著不同，则意味着体系荧光衰减过程复杂。关于相调制法测定荧光寿命的原理文献已经有很详尽的论述，在此不再赘述。至于激光共焦扫描荧光寿命成像技术所采用的荧光寿命分析方法，亦即直读半圆规(Phasor Plots)法，文献和仪器使用说明书也有详细介绍。

$$\tau_\phi = \frac{1}{\omega}\tan\phi_\omega \tag{1-13}$$

$$\tau_m = \frac{1}{\omega}\left(\frac{1}{m^2}-1\right)^{\frac{1}{2}} \tag{1-14}$$

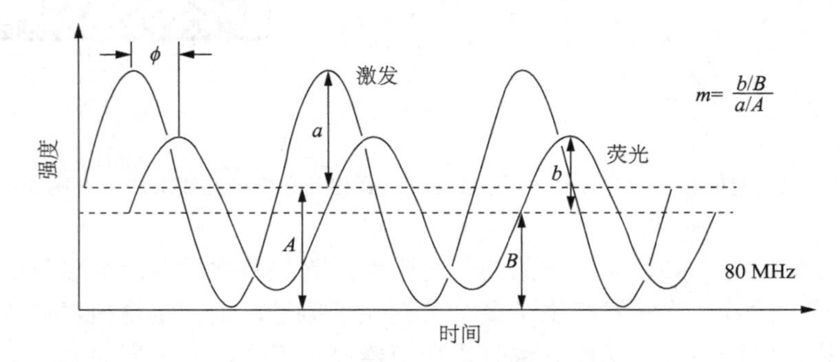

图 1-12 相角与荧光发射调制参数的物理含义

假设荧光衰减时间 5 ns，光调制频率 80 MHz

与 TCSPC 法不同，相调制法所用仪器相对比较便宜，测定速度也快，但在相调制法出现初期，实验能够选择的频率数有限，限制了相调制法的测量精度。20 世纪 80 年代之后，多频相技术得到发展，相调制法测定荧光寿命的精度也随之提高，从而使复杂体系荧光寿命测定成为可能。但与此同时，仪器的价格也不再便宜，实验测定的技术难度也有所增加。

频闪技术：频闪技术也称脉冲取样技术，仪器工作原理如图 1-13(a)所示。在测定中，样品被脉冲光源激发。与脉冲光源同步，电压脉冲启动或按一定程序延迟启动光电倍增管，光电倍增管按预设时间门(time gate，Δt)检测样品的荧光强度及其波长分布。一般检测时间门比荧光寿命短得多，这样通过逐渐改变光电倍增管的延迟时间，可以得到样品被脉冲光源激发后在不同时刻不同波长下一系列的荧光强度，结果如图 1-13(b)所示。

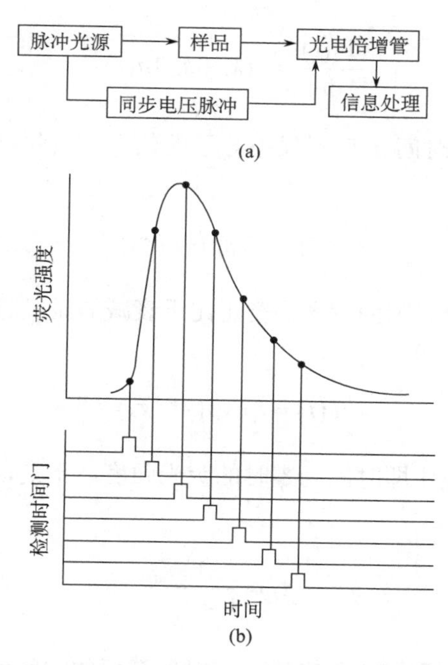

图 1-13　频闪技术测定荧光寿命工作原理

(a) 工作原理图；(b) 检测时间门与荧光强度关系示意图

早在 20 世纪 60 年代初，人们就提出了荧光寿命测定的频闪技术的原理，然而由于当时技术的局限性，依此技术测定的荧光寿命只能在毫秒级，实用价值不大，因此其没有得到关注。之后，随着计算机技术的发展，频闪技术也得以进步。事实上，到 1987 年，PTI 公司就正式推出了基于频闪技术的纳秒级荧光寿命测定仪。进入 21 世纪后，PTI 公司又推出了新一代频闪时间分辨光谱仪，据称这款新的频闪时间分辨光谱仪拥有 TCSPC 的准确性，测定速度比相调制法还要快，操作也十分简便，且仪器价格大大降低。不过由于这种方法难以去除仪器噪声对实际测量荧光信号的干扰等，实际推广应用没有当初预期的那么好，以至于到目前，世界上广泛使用的荧光寿命测定仪器依然是基于 TCSPC 法或相调制法的。

除了上述三种荧光寿命测定方法外，条纹相机(streak camera)法、上转换法(up-conversion method)近年来也开始受到人们的关注。

1.4.2　荧光寿命测定中的数据处理

假定一个无限窄的脉冲光(δ函数)将 n_0 个荧光分子激发到其激发态，处于激发态的荧光分子将通过辐射或非辐射跃迁返回基态，同时再假定两种衰减跃迁速率常数分别为 k_r 和 k_{nr}，则激发态总衰减速率可用式(1-15)表示：

$$\frac{\mathrm{d}n(t)}{\mathrm{d}t}=-(k_{\mathrm{r}}+k_{\mathrm{nr}})n(t) \tag{1-15}$$

式中，$n(t)$为脉冲之后时间 t 时激发态分子的数目，由此可得到激发态的单指数衰减方程[式(1-16)]。

$$n(t)=n_0\exp(-t/\tau_{\mathrm{f}}) \tag{1-16}$$

式中，τ_{f} 为激发态寿命。因为荧光强度正比于衰减的激发态分子数，所以可将式(1-16)改写为

$$I(t)=I_0\exp(-t/\tau_{\mathrm{f}}) \tag{1-17}$$

式中，I_0 为脉冲刚刚发生即时间为零时的荧光强度。于是，荧光寿命可定义为总衰减速率常数的倒数：

$$\tau_{\mathrm{f}}=\frac{1}{k_{\mathrm{r}}+k_{\mathrm{nr}}} \tag{1-18}$$

也就是说荧光强度衰减到初始强度的 1/e 时所需要的时间就是该荧光物质在测定条件下的荧光寿命。实际上以荧光强度的对数对时间作图，直线的斜率即为荧光寿命倒数的负值。荧光寿命也可以理解为荧光物质在激发态的统计平均停留时间。事实上当荧光物质被激发后，有些激发态分子立即返回基态，有的甚至可以延迟到 5 倍或 6 倍于荧光寿命时才返回基态，这样就形成了实验测量时所得到的荧光衰减曲线。

由于实际体系的复杂性，同样的荧光物质的不同分子往往可以处于不同的微环境，而微环境的不同又会影响所在区域荧光分子的激发态寿命，因此通过实验测定得到的荧光衰减曲线往往要用如式(1-19)所示的多指数衰减方程，甚至非指数衰减方程来描述：

$$I(t)=\sum_i \alpha_i\exp(-t/\tau_i) \tag{1-19}$$

式中，α_i 为第 i 项的指前因子。衰减方程的复杂性反映了体系中荧光物质的多样性或一种荧光物质存在状态的复杂性。

荧光衰减曲线：考虑到在实际荧光寿命测定中，TCSPC 法的应用最为普遍，而且由其所得到的结果公认程度也最高，因此仅以 TCSPC 实验结果简要说明实际荧光衰减曲线及其分析方法。图 1-14 给出了用 TCSPC 法测得的芘的荧光衰减曲线。图中有三条曲线，分别是实测荧光衰减曲线 $N(t_k)$、仪器响应函数 $L(t_k)$ 和拟合函数 $N_{\mathrm{c}}(t_k)$（与拟合曲线重合）。注意这些函数都是对于离散变量 t_k 而言的，

这是由于在实际测量中，将检测到的光子数计入相关的通道，而每一个通道都有自己确定的时间 t_k 和通道宽度(Δt)。仪器响应函数又称光源函数，实际工作中多以胶体 SiO_2(常用商品为 Ludox®)为虚拟样品进行测定，所得到的衰减曲线就是图中的 $L(t_k)$，仪器响应函数表明了仪器能够测定的最短荧光寿命。就仪器响应函数来讲，靠近横坐标左侧的主尖峰为 Ludox®的散射峰，其半高宽为 60 ps 左右，而右边的小峰则由光电倍增管引起，其强度约为主峰强度的 0.05%，对实际测定影响很小。图中第二条曲线为样品的实测荧光衰减曲线 $N(t_k)$，它实际上为 $L(t_k)$ 与脉冲响应函数 $I(t)$ 的卷积，即式(1-20)：

$$N\left(t_k\right)=L\left(t_k\right)\times I\left(t\right) \tag{1-20}$$

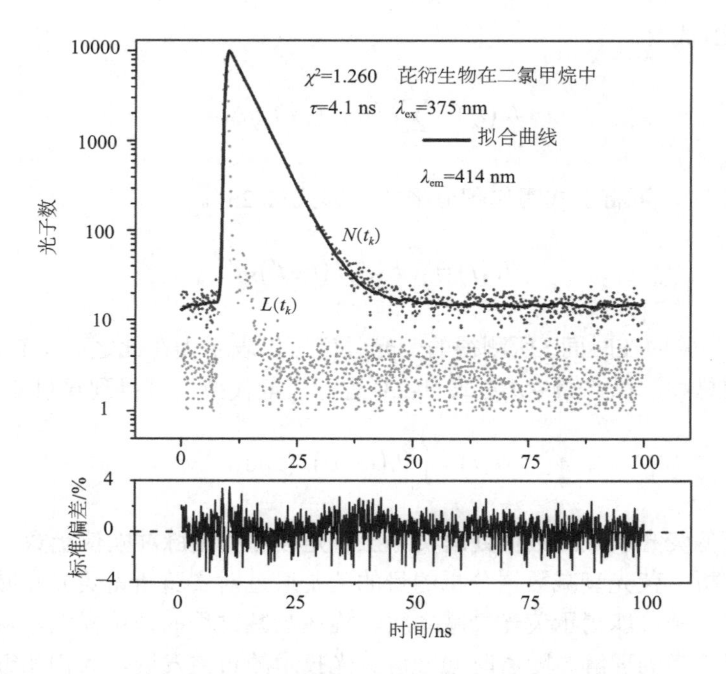

图 1-14 芘衍生物的荧光衰减曲线及其拟合曲线

第三条曲线是实测荧光衰减曲线的拟合函数 $N_c(t_k)$。因此，根据式(1-20)所示关系，就可以通过解卷积的办法获得真正需要的脉冲响应函数 $I(t)$，进而求得描述样品荧光衰减本质的荧光寿命(τ_f)等有关参量。

卷积积分：测定得到的荧光衰减曲线是仪器响应函数和实测荧光衰减函数的卷积。假设样品被一个无限窄的脉冲(δ函数)所激发，而且仪器为瞬时响应(δ响应)，则脉冲响应函数 $I(t)$ 就应该是样品的真实荧光衰减函数。然而，在实际工作中，不可能有这样的仪器存在，真实仪器的响应多在纳秒级，而且光源脉冲也有一定的宽度，不可能为δ 脉冲。因此，可以认为实际激发脉冲由一系列具有不同振幅的极短脉冲(δ函数)构成。每一个短脉冲激发产生一个脉冲响应，响应的强度正比于脉冲强度(δ函数振幅)。据此可以认为实验测得的 $N(t_k)$是由一系列具有不同振幅、在不同时间发生的δ函数引发的脉冲响应的总和。假定一个极短脉冲在时间 t_k 引发一个脉冲响应，则上述思想可用式(1-21)表示：

$$N(t_k)=L(t_k)I(t-t_k)\Delta t \quad (t>t_k) \tag{1-21}$$

式中，$I(t-t_k)$为相应于t_k时的δ函数脉冲所激发的响应函数；$N(t_k)$为$I(t-t_k)$与仪器响应函数$L(t_k)$的卷积。实测荧光衰减函数$N(t_k)$可看作一系列$N_k(t)$的加和，于是式(1-22)成立。

$$N(t_k)=\sum_{t=0}^{t=t_k}L(t_k)I(t-t_k)\Delta t \tag{1-22}$$

当 Δt 足够小时，可将上式写作积分形式，即式(1-23)。

$$N(t)=\int_0^t L(t')I(t-t')\mathrm{d}t' \tag{1-23}$$

此式表明，实验中在时间 t 所测得的荧光强度可以表示为在此之前所有δ函数所引发的荧光的总和。以$t'=t-\mu$ 对式(1-23)进行变量代换，可得到式(1-24)。

$$N(t)=\int_0^t L(t-\mu)I(\mu)\mathrm{d}\mu \tag{1-24}$$

由此可见荧光衰减的数据处理实际上就是设法找出脉冲响应函数 $I(\mu)$。

数据分析：荧光衰减数据分析的目的就是通过对实验所得荧光衰减曲线的数学拟合建立一种最能揭示荧光衰减本质、描述衰减过程的理论模型，从而对所研究体系做出恰当的理解。随着时间分辨荧光技术的日益发展，人们相继提出了多种荧光衰减数据分析方法，主要包括非线性最小二乘法、矩阵法、拉普拉斯(Laplace)变换法、最大熵法以及正弦变换法等。限于篇幅，在此仅简要介绍普遍使用的非线性最小二乘法。

如果要以一个适当的数学表达式(模型)描述所要分析的数据，那么就要求通过变换模型中的有关参量以使计算衰减曲线 $N_c(t_k)$与实验测定衰减曲线 $N(t_k)$尽可能吻合，模型的好坏可以由数学拟合的程度，即拟合优度(goodness of fit)参数χ^2的大小衡量，χ^2的计算可按式(1-25)进行。

$$\chi^2=\sum_{k=1}^{n}\frac{1}{\sigma_k^2}[N(t_k)-N_c(t_k)]^2=\sum_{k=1}^{n}\frac{[N(t_k)-N_c(t_k)]^2}{N(t_k)} \tag{1-25}$$

式中，n 为实验数据组数或多通道分析仪开通的通道数；σ_k 为第 k 个数据点的标准偏差。根据 Poisson 分布，每一个通道数据的标准偏差应该是其中所记录光子数的均方根，即$\sigma_k=[N(t_k)]^{1/2}$。

由式(1-25)不难看出，一个通道对拟合优度参数的最优贡献为 1，因此，一组高质量荧光衰减实验数据的拟合优度参数χ^2应接近于实验数据组数。如果选用多指数函数为模型函数，则拟合过程中需要通过改变参量α_i 和τ_i 使χ^2 最小[式(1-19)]。具体讲就是以高斯-牛顿(Gauss-Newton)算法或其他算法改变α_i和τ_i两个参量，得到假定衰减函数 $I(t)$，然后将其与仪器响应函数卷积，卷积结果与实验测定 $N(t_k)$进行比较，直到两者之差最小，这一过程被称为解卷积。为了便于判断拟合的好坏，通常需要对拟合优度参数χ^2 按式(1-26)进行折算，以使其接近 1。

$$\chi_R^2=\frac{\chi^2}{n-p}=\frac{\chi^2}{\nu} \tag{1-26}$$

式中，n 为实验所用多通道分析仪的通道数(或实验数据组数)；p 为模型式中的变量数；ν 为自由度数。显然，理想拟合结果的相对拟合优度参数 χ_R^2 应该接近 1。在实际工作中，判断一种拟合的质量如何，不仅仅要看相对拟合优度参数，也要结合标准偏差在整个实验测量时间范围内的分布情况。好的拟合结果应该是各数据点的标准偏差沿零轴均衡分布(图 1-14)。此外，也要防止过度拟合(over fitting)，即不能将简单过程复杂化。一般来讲，能用简单函数拟合的就不用复杂函数拟合。需要强调的是，在对荧光寿命进行实验测定中，多通道分析仪的设定也很重要，每个通道表示的时间间隔要依据测定体系的不同而进行恰当的设定，以使荧光衰减过程完整地呈现在画面之内。与此同时，也要避免荧光信号局限在少数通道内，造成不必要的测量误差，以及在数据分析时出现虚假的 χ_R^2 值和残差均衡分布。

1.5　荧光猝灭技术[2,3,19]

荧光猝灭是最常用的荧光技术之一。然而，在实际工作中，猝灭剂(Q)可以经由不同途径引起体系荧光强度降低，即荧光猝灭。根据猝灭剂与荧光分子(F)作用本质的不同，一般可将荧光猝灭区分为静态荧光猝灭和动态荧光猝灭。当然，也有其他形式的荧光猝灭存在。

1.5.1 静态荧光猝灭

猝灭剂与荧光分子络合形成荧光惰性复合物或新的荧光物质(F-Q)，使 F 失去荧光活性，与之相应的荧光猝灭称为静态荧光猝灭(static fluorescence quenching)。静态荧光猝灭的程度取决于 F-Q 的形成效率，即反应式(1-27)的平衡常数(K_S)。这一常数越大，F 转化为 F-Q 的份额越大，因此，荧光猝灭效率也就越高。

$$F + Q \rightleftharpoons F\text{-}Q \tag{1-27}$$

$$\frac{[F_0]}{[F]} = 1 + K_S[Q] \tag{1-28}$$

式中，K_S 为给定温度下猝灭反应的平衡常数。假定荧光物质的总浓度为$[F_0]$，猝灭达到平衡后，猝灭剂的浓度为$[Q]$，荧光物质的浓度为$[F]$，经过简单推导，就可以得到式(1-28)。

假设荧光强度正比于荧光物质的浓度，即没有猝灭剂时，体系荧光强度为 I_0；猝灭达到平衡时，体系荧光强度为 I，则由式(1-28)可以得到常见的静态荧光猝灭式(1-29)。

$$\frac{I_0}{I} = 1 + K_S[Q] \tag{1-29}$$

静态荧光猝灭一般发生在液相，也可发生在固-液、固-气界面，气相静态荧光猝灭并不多见。此外，需要注意的是，静态荧光猝灭的发生并不影响 F 的寿命。温度升高，往往导致静态荧光猝灭效率下降。

1.5.2 动态荧光猝灭

动态荧光猝灭(dynamic fluorescence quenching)是猝灭剂分子与激发态荧光分子发生碰撞，荧光分子将激发态能量转移给不发光的猝灭剂分子使其回到基态的过程。动态荧光猝灭的效率取决于猝灭剂分子与激发态荧光分子的碰撞频率。因此，根据 Einstein 扩散方程就可以推导出描述动态猝灭的 Stern-Volmer 方程[式(1-30)]。

$$\frac{I_0}{I} = \frac{\tau_0}{\tau} = 1 + K_D[Q] = 1 + k_q\tau_0[Q] \tag{1-30}$$

式中，I_0 为没有猝灭剂时体系的荧光强度；I 为猝灭达到平衡时体系的荧光强度；τ_0 与 τ 为与之对应的荧光寿命；K_D 为 Stern-Volmer 常数，单位为[浓度]$^{-1}$。需要注意的是，k_q 被称为双分子猝灭常数，单位一般为浓度$^{-1}$·s^{-1}。理论上，扩散控制的双分子猝灭常数 k_q 可达 5×10^9 (mol/L)$^{-1}$·s^{-1}。

相对于静态荧光猝灭而言，动态荧光猝灭具有可逆、去激发态能量后的荧光分子可被再次激发的特点，因此其用于传感研究具有诸多优势，如传感器易于再生、可重复使用。此外，与静态荧光猝灭不同，动态荧光猝灭不但可以在液相、固-液界面、固-气界面发生，而且更容易在气相发生。需要注意的是，对于纯粹的动态荧光猝灭而言，以荧光寿命测定所得到的结果与以荧光强度测定所得到的结果一致。温度变化对动态荧光猝灭的影响与静态刚好相反。

根据温度变化对静态荧光猝灭和动态荧光猝灭的效应不同可以区分静态荧光猝灭和动态荧光猝灭。同样，根据静态荧光猝灭和动态荧光猝灭对体系荧光寿命影响的不同也可以区分两种不同的猝灭机理。图 1-15 给出了静态荧光猝灭和动态荧光猝灭的温度效应。图 1-16 示意说明动态荧光猝灭的发生将导致荧光物质激发态寿命的缩短，而静态荧光猝灭只会减小被激发至激发态的荧光物质浓度，而不会影响其荧光寿命。此外，动态荧光猝灭和静态荧光猝灭对黏度的依赖程度也不同，动态荧光猝灭对黏度变化十分敏感，而静态荧光猝灭则对黏度变化不很敏感。

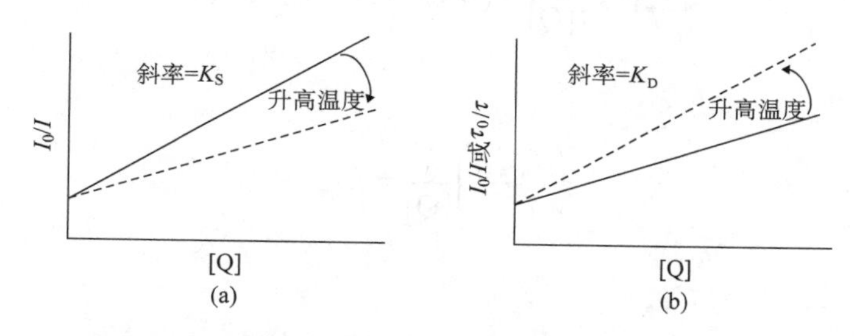

图 1-15　静态荧光猝灭(a)与动态荧光猝灭(b)的温度效应

然而，在实际工作中，情况要复杂得多，往往碰到的是静态-动态复合型荧光猝灭机理。此时，荧光猝灭方程将变为式(1-29)和式(1-30)的结合形式，即式(1-31)。

$$\frac{I_0}{I}=1+\left(K_D+K_S\right)[Q]+K_DK_S[Q]^2 \tag{1-31}$$

需要注意的是，在这种情况下，以寿命测量研究荧光猝灭过程依然得到的是τ_0/τ对猝灭剂浓度的线性依赖关系，主要是因为静态荧光猝灭不在测量之内。然而以荧光强度对猝灭过程进行测量时，只能得到向上弯曲的结果，具体见图 1-17。

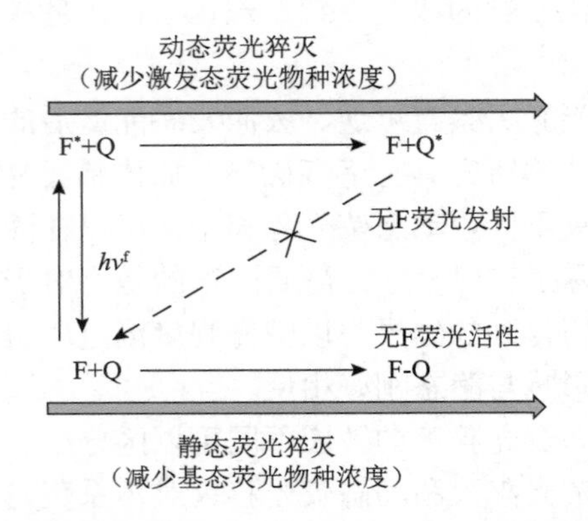

图 1-16 静态荧光猝灭与动态荧光猝灭对激发态的影响

F-Q 为失去 F 荧光活性的荧光惰性复合物或新的荧光物质

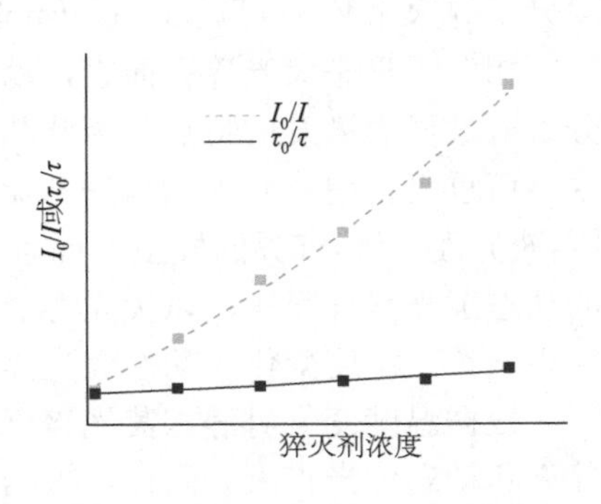

图 1-17 静态-动态复合型荧光猝灭

然而，对式(1-31)稍作整理，就可以得到式(1-32)。

$$\left(\frac{I_0}{I}-1\right)\frac{1}{[\mathrm{Q}]}=(K_\mathrm{D}+K_\mathrm{S})+K_\mathrm{D}K_\mathrm{S}[\mathrm{Q}] \tag{1-32}$$

如果令

$$\left(\frac{I_0}{I}-1\right)\frac{1}{[\mathrm{Q}]}=K_\mathrm{app} \tag{1-33}$$

即

$$K_\mathrm{app}=(K_\mathrm{D}+K_\mathrm{S})+K_\mathrm{D}K_\mathrm{S}[\mathrm{Q}] \tag{1-34}$$

这样就有

$$\frac{I_0}{I}=1+K_\mathrm{app}[\mathrm{Q}] \tag{1-35}$$

此时，以 K_app 对猝灭剂浓度作图，就应该得到一条直线，且斜率为 $K_\mathrm{D}K_\mathrm{S}$，截距则为 $K_\mathrm{D}+K_\mathrm{S}$，解联立方程就可得到相应的动态和静态荧光猝灭常数。

在某些情况下，体系中荧光分子所处的微环境不同，也会导致荧光猝灭动力学的复杂化。在最简单的双环境体系中，一种荧光物质的分子分别处于两种不同微环境，实验观察到的荧光是两种微环境荧光的叠加，即式(1-36)成立：

$$I_0=I_{0\mathrm{a}}+I_{0\mathrm{b}} \tag{1-36}$$

假如两种环境中的荧光分子只有 a 可以被猝灭，而 b 则因猝灭剂不能到达荧光物种所处位置而不被猝灭，此时引入 Stern-Volmer 关系，就可将式(1-36)演化为

$$I = \frac{I_{0a}}{1 + K_a[Q]} + I_{0b} \tag{1-37}$$

消去 I_{0b}，经过整理可以得到式(1-38)。

$$\Delta I = I_0 - I = I_{0a}\left(\frac{K_a[Q]}{1 + K_a[Q]}\right) \tag{1-38}$$

利用此关系式可以测量在该体系中究竟有多大比例的荧光分子可以被猝灭，或者说究竟有多大比例的荧光分子处于环境 a 中。如果以 f_a 表示该比例，则有式(1-39)和式(1-40)。

$$f_a = \frac{I_{0a}}{I_{0a} + I_{0b}} \tag{1-39}$$

$$\frac{I_0}{I} = \frac{1}{f_a K_a[Q]} + \frac{1}{f_a} \tag{1-40}$$

典型的例子就是，在表面活性剂水溶液中，荧光分子可以存在于疏水性胶束内部，也可存在于胶束外部的本体水相中，这时猝灭剂分子对两者的猝灭效率将大不相同。类似的情况也发生在蛋白质、薄膜态上。因此，根据实验结果对理想猝灭模型的偏离就可以判断体系中荧光分子的分布特征，以及猝灭剂与体系的相容性特征，从而对体系的结构做出有意义的判断。例如，可以利用荧光猝灭技术研究水体中聚甲基丙烯酸构象的介质 pH 依赖性。这是因为聚甲基丙烯酸在酸性介质中，侧链众多甲基的存在使得聚合物分子以压缩线团的形式溶于水相，而在碱性介质中，羧基的解离使得聚合物分子侧链富含羧基负离子，负电荷间的排斥作用决定了聚合物分子要采取开放的线团构象。在这两种情况下，疏水性荧光探针或标记物的微环境将大不相同，因此荧光猝灭效率也不同。类似地，聚(*N*-异丙基丙烯酰胺)的最低临界溶解温度(LCST)行为也可以用荧光猝灭技术进行研究。原因在于在此温度之上，聚合物分子呈非溶解态，体系浑浊；在此温度之下，聚合物溶解，体系变得清澈透明。也就是说，在最低临界溶解温度上下，聚(*N*-异丙基丙烯酰胺)水溶液发生了均相到微多相或相反的变化。同样，随表面活性剂在水溶液中的聚集也会出现疏水微区，体系相态复杂化，当然也可以利用荧光猝灭技术对这种变化进行研究。需要强调的是，荧光分子与猝灭剂分子的结合或碰撞所引起的荧光变化是荧光传感技术的重要基础。

需要注意的是，在溶液相研究中，荧光猝灭技术的运用除了使用合适的探针

或者标记物之外，还要用到合适的猝灭剂。根据研究对象的不同，可以选用不同的猝灭剂，一般来讲，比较常见的猝灭剂包括碘离子、铊离子、丙烯酰胺以及硝基甲烷等。这些所谓的普适性猝灭剂既包含阴离子、阳离子，又包含中性分子，而且在中性分子中有亲水性丙烯酰胺，也有相对疏水的硝基甲烷。在工作中，要根据体系本性的不同选用不同的猝灭剂。运用荧光猝灭技术还要注意的一点是，做猝灭实验时，要尽可能多选几种猝灭剂，这样可以对测定结果相互印证，确保结果的真实可靠。

1.5.3 荧光猝灭的其他形式

实际上，还存在其他形式的荧光猝灭(other types of fluorescence quenching)。例如，一个处于激发单重态的荧光团与相邻基态荧光团相互作用而形成两个三重态荧光团的单重态裂分(singlet fission，基本过程参见图 1-18)[20]，因光照引起荧光物质发生化学反应而引起的光漂白(photo-bleaching)等。其中，光漂白是一种常见而又不可逆的荧光猝灭形式。从荧光技术应用角度而言，要尽可能避免这种类型的荧光猝灭。如果对一些特殊的荧光猝灭机理加以合理运用，能够设计出在某一方面性能突出的荧光分子。例如，某些荧光分子在激发态发生异构化(isomerization)反应使其失去荧光活性，基于此过程可设计用于高分辨荧光成像的荧光开关分子。此外，基于某些超分子结构的荧光体系，在存在猝灭剂时也可能因猝灭剂与超分子结构的特殊作用而引起这种超分子结构的解离或改变，从而引起体系荧光发射发生变化，这种猝灭对于可视化检测具有重要的意义。

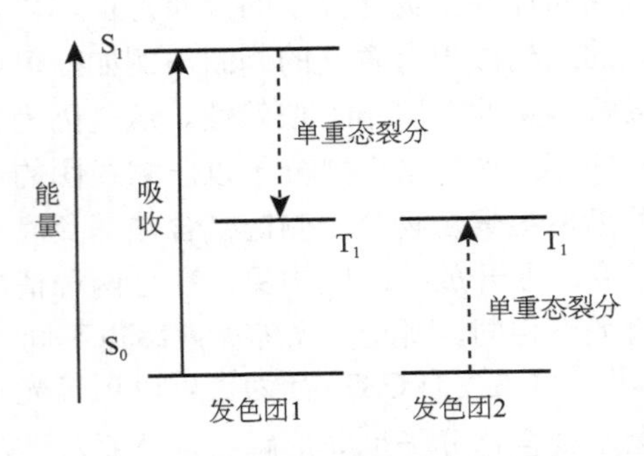

图 1-18　单重态裂分过程示意图

1.6 荧光各向异性测量[19,21–23]

在本质上，荧光各向异性与荧光偏振没有区别，只是同一物理现象的不同描述形式。荧光偏振的实验研究始于1929年Perrin对荧光小分子在溶液中寿命的测定。直到二十多年后，这一技术才被Weber等用于对蛋白质分子运动的研究。自此以后，荧光偏振技术在蛋白质变性、酶与底物相互作用等研究中才获得了越来越广泛的应用。然而早期的工作大多基于静态荧光偏振技术的应用，这是由于时间分辨荧光偏振或时间分辨荧光各向异性测量（time-resolved fluorescence anisotropy measurement）对所用光源、检测系统的质量及数据处理模型的选择都有特殊的要求，因而直到20世纪70年代末以后，这种时间分辨技术的应用才成为可能。为了方便理解荧光各向异性技术，并在实践上能够恰当使用这种重要的光物理技术，需要对荧光偏振现象有一个基本的认识。

1.6.1　荧光偏振和荧光各向异性

任何荧光分子都可用其“吸收跃迁矩”（absorption transition moment，$\boldsymbol{M}_{\mathrm{A}}$）和“发射跃迁矩”（emission transition moment，$\boldsymbol{M}_{\mathrm{E}}$）来描述。对于给定分子而言，其$\boldsymbol{M}_{\mathrm{A}}$和$\boldsymbol{M}_{\mathrm{E}}$均有固定取向。荧光和磷光是分子的两种不同发光性质，因而相应的发射跃迁矩具有不同的空间取向。具体来讲，分子的吸收跃迁矩和发射跃迁矩的取向取决于分子内电子跃迁本质，也就是说取决于分子的结构。分子对偏振光的吸收概率正比于其吸收跃迁矩与偏振光取向（B）间夹角α的余弦平方（$\cos^2\alpha$）。类似地，发光强度$\boldsymbol{I}$正比于发射跃迁矩与检偏器取向（A）间夹角β的余弦平方（$\cos^2\beta$）。因此，对于一个起偏器和检偏器取向分别为B和A的系统而言，观测到的发光强度正比于$\cos^2\alpha\cdot\cos^2\beta$。在实际测量中，检偏器通常取平行于或垂直于起偏器的方向，由此得到的发光强度分别记作$I_{/\!/}$和$I_{\perp}$。据此，偏振度（polarization，P）定义为

$$P=\frac{I_{/\!/}-I_{\perp}}{I_{/\!/}+I_{\perp}} \tag{1-41}$$

相应地，荧光各向异性定义为

$$r=\frac{I_{/\!/}-I_{\perp}}{I_{/\!/}+2I_{\perp}} \tag{1-42}$$

显然，偏振度和各向异性是对同一现象的两种不同的数学描述方式，它们之间的换算可以通过式（1-43）进行。

$$r=\frac{2P}{3-P} \tag{1-43}$$

偏振度概念一般只用于荧光偏振的静态测量，在时间分辨荧光偏振测量中，主要使用荧光各向异性这一概念。这种习惯产生的原因主要是以荧光偏振定义导出的时间分辨分析表达式太过复杂，而以荧光各向异性定义得到的分析表达式要简单得多。如前面提到的，每一种荧光化合物的分子都可以用一对跃迁矢量来描述，但不同种类的荧光分子的 $\boldsymbol{M}_{\mathrm{A}}$ 和 $\boldsymbol{M}_{\mathrm{E}}$ 的夹角不同，因而具有不同的荧光各向异性，这一由化合物本性决定的荧光各向异性值被称为本征荧光各向异性(intrinsic fluorescence anisotropy)，以 r_0 表示。如果假定一种分子的 $\boldsymbol{M}_{\mathrm{A}}$ 和 $\boldsymbol{M}_{\mathrm{E}}$ 夹角为γ，则有

$$r_0 = 0.4\left(3\cos^2\gamma - 1\right)/2 \tag{1-44}$$

可见，当分子的 $\boldsymbol{M}_{\mathrm{A}}$ 和 $\boldsymbol{M}_{\mathrm{E}}$ 平行或反平行时(γ 为 0°或 180°)，r_0 值最大，为 0.4。此值被称为荧光分子的极限各向异性(limit anisotropy)。相反，当 $\boldsymbol{M}_{\mathrm{A}}$ 和 $\boldsymbol{M}_{\mathrm{E}}$ 垂直时(γ 为 90°或 270°)，r_0 取最小值，为–0.2，此值被称为基础荧光各向异性(fundamental fluorescence anisotropy)。值得注意的是，当γ为 54.73°时，r_0=0，在荧光技术中，此角被称为魔角(magic angle)，有时被用来消除偏振效应。这就是说实验测得的各向异性应该介于–0.2～0.4。如果测得结果在此范围之外则意味着有杂散光干扰或仪器系统不可靠。

相应于不同能级的电子跃迁，分子有不同的跃迁矩，因而有不同的固有各向异性。例如，对应于 S_0 到 S_1 的跃迁，总有正的 r_0 值，而相应 S_0 到 S_2 的跃迁，r_0 总为负值。此外，磷光的 r_0 也恒为负值。荧光各向异性测定结果除了受这些结构因素和跃迁类型影响之外，荧光分子的激发态能量转移、分子的各种运动等也会引起去偏振。正是这些外在因素对荧光各向异性的影响才使得荧光各向异性测量可以用于实际体系的研究。

由于分子在激发态有一定的寿命，即激发与发射不会同时发生，因此分子的运动，特别是旋转运动，使得分子发光时的发射跃迁矩取向一般不同于吸收光子时的吸收跃迁矩取向，因此实际观察到的是去偏振或部分去偏振发光。假如分子的旋转运动是各向同性的，则分子的运动快慢可以用旋转相关时间(rotational correlation time，τ_{c})来描述。该值越大，分子的旋转运动越慢。对简单旋转运动而言，τ_{c} 与各向异性值 r 之间存在 Perrin 方程[式(1-45)]所示的关系。

$$r^{-1} = r_0^{-1}\left(1 + \tau_{\mathrm{f}} / \tau_{\mathrm{c}}\right) \tag{1-45}$$

式中，τ_{f} 为激发态分子的寿命。应当注意，文献上有时用旋转弛豫时间(rotational relaxation time，Q)来描述分子的旋转运动，在数值上 Q 为 τ_{c} 的 3 倍。

1.6.2　旋转相关时间的实验测定

荧光各向异性测量是一种研究高分子链段运动(segmental motion)、溶液体系微区黏度、分子聚集体运动的有力手段。荧光各向异性测量实际上是旋转相关时间的测定。众所周知，高分子材料的力学性质取决于高分子自身的运动以及高分子之间的相互作用。就高分子自身运动来讲，链段运动是其不同于小分子的一种独特运动形式。这种运动的快慢和幅度决定了高分子的韧性和硬度，固态高分子材料的玻璃化转变实际上是其大幅度链段运动的启动。在溶液态，高分子的链段运动取决于其所采取的构象，因此无论是就高分子的凝聚态性质还是就溶液态高分子的结构来讲，高分子链段运动研究都具有十分重要的意义。针对高分子链段运动的光物理研究一般都要通过对标记物旋转相关时间或荧光各向异性的测定进行。在实验上，可以通过静态法，也可以通过时间分辨法测定标记物在体系中的旋转相关时间。静态法测定的基础是 Perrin 方程[式(1-45)]，不难发现τ_c的求得有赖于r_0和τ_f的分别测定。其中荧光寿命的测定可以经由常规途径进行，而r_0只能由间接的 Weber 法或 Weill 法测得。

Weber 法：此方法的基础是 Stokes-Einstein 扩散方程[式(1-46)]。此方程定量描述了布朗运动导致的粒子在给定温度、黏度流体中的扩散能力。

$$D = kT / 3\pi\eta d \tag{1-46}$$

式中，D为粒子的扩散系数；k为玻尔兹曼常量；T为热力学温度；η为介质黏度；d为粒子的流体力学直径。很显然，粒子的扩散能力正比于热力学温度与黏度的比值，即温度越高、黏度越小，粒子扩散越快。因为旋转相关时间越长，荧光标记物的旋转运动越慢，因此，可以认为旋转相关时间正比于介质黏度与热力学温度的比值。由此，Perrin 方程可以改写为式(1-47)：

$$r^{-1} = r_0^{-1}\left(1 + \frac{RT\tau_f}{\eta V}\right) \tag{1-47}$$

式中，V为标记物的摩尔体积。可见在恒定激发态寿命下，当介质黏度趋于无穷大时，实验测得的荧光各向异性即为标记物的内在荧光各向异性。至于荧光各向异性的一般实验测定方法可以参考 Lakowicz 等文献所述方法。实际上，Weber 法的实际应用价值有限，几乎不能用于高分子水溶液的r_0值测定。

Weill 法：仔细分析 Perrin 方程可以发现，在τ_c保持不变的条件下，当τ_f趋于零时，实验测得的荧光各向异性就是其内在荧光各向异性。实验中，可以利用动态荧光猝灭法改变待测荧光分子的激发态寿命，这样可以得到相应猝灭剂浓度下的r^{-1}，然后以其对τ/τ_0(或I/I_0)作图，外推至τ/τ_0为零时所得到的r^{-1}轴上的截距为

r_0^{-1}。其中τ_0和I_0分别为没有猝灭剂时激发态寿命和发光强度，τ和I分别为加入不同猝灭剂时激发态寿命和发光强度。

图1-19给出了苊烯(acenaphthylene，ACE)标记聚甲基丙烯酸(1×10^{-2} wt%，wt%表示质量分数)甲醇溶液的内在荧光各向异性测量结果。在该实验中，四氯化碳为猝灭剂，标记物苊烯在聚合物中的含量约0.3 mol%(mol%表示摩尔分数)，以Weill法测得r_0约为0.1，由其求得τ_c约为4.3 ns，与文献报道的时间分辨荧光各向异性测定结果(4.2 ns)十分接近，但要显著大于聚丙烯酸的链段运动特征值(1.3 ns)，表明侧链甲基的存在使得聚甲基丙烯酸的链段运动比没有侧链甲基的聚丙烯酸慢得多。一般来讲，对于这类在溶液中呈开放型构象的大分子体系而言，总可以找到适当的标记物和纯粹的动力学猝灭剂，因而可以用静态法测定其链段运动特征参数，即旋转相关时间τ_c。然而在实际体系中，特别是水溶液体系中，情况要复杂得多，往往很难找到合适的标记物及其相应的动力学猝灭剂，因此时间分辨荧光各向异性测量技术的运用就成了唯一的选择。

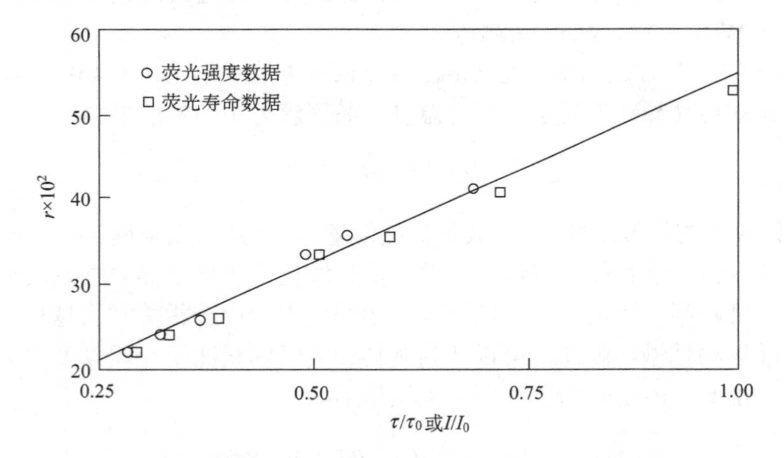

图1-19 苊烯标记聚甲基丙烯酸甲醇溶液的内在荧光各向异性测定结果

1.6.3 时间分辨荧光各向异性测量

在时间分辨荧光各向异性测量实验中，以脉冲偏振光为激发光源，仪器系统随时间自动交替记录相互垂直的两组发光强度$I_{/\!/}(t)$和$I_{\perp}(t)$，这样式(1-42)所示的荧光各向异性定义式就可改写为式(1-48)。

$$R(t)=\frac{I_{/\!/}(t)-I_{\perp}(t)}{I_{/\!/}(t)+2I_{\perp}(t)}=\frac{D(t)}{S(t)} \tag{1-48}$$

式中，$S(t)$和$D(t)$分别为和函数和差函数。应当注意的是实验测得的发光强度函数$I_{/\!/}(t)$和$I_{\perp}(t)$不仅包含因高分子链段运动使标记物重新取向的信息，也包括因激发光源脉冲的非瞬时性所造成的函数畸变，也就是说$I_{/\!/}(t)$和$I_{\perp}(t)$是理想强度函数$i_{/\!/}(t)$和$i_{\perp}(t)$与仪器响应函数$N(t)$的卷积[式(1-49)和式(1-50)]。所谓理想强度函数是指由无限窄脉冲激发所引起的强度函数。

$$I_{/\!/}(t)=N(t)\times i_{/\!/}(t) \tag{1-49}$$

$$I_{\perp}(t)=N(t)\times i_{\perp}(t) \tag{1-50}$$

对一个激发态以单指数函数形式衰减，且旋转弛豫也为单指数函数过程的体系来讲，理想强度函数具有式(1-51)和式(1-52)所示形式。

$$i_{/\!/}(t)=\left[1+2r_0\exp\left(\tau_{\mathrm{f}}/\tau_{\mathrm{c}}\right)\right]\exp\left(\tau_{\mathrm{f}}/\tau_0\right) \tag{1-51}$$

$$i_{\perp}(t)=\left[1-r_0\exp\left(\tau_{\mathrm{f}}/\tau_{\mathrm{c}}\right)\right]\exp\left(\tau_{\mathrm{f}}/\tau_0\right) \tag{1-52}$$

需要注意的是，这时

$$r(t)=r_0\exp\left(-\tau_{\mathrm{f}}/\tau_0\right) \tag{1-53}$$

且

$$r(t)=\frac{i_{/\!/}(t)-i_{\perp}(t)}{i_{/\!/}(t)+2i_{\perp}(t)}=\frac{d(t)}{s(t)} \tag{1-54}$$

注意式(1-54)与式(1-48)的区别。式(1-54)中的各函数均为“理想”函数，没有因激发光的非瞬时性而发生畸变。式(1-51)～式(1-53)中的τ_0为激发态寿命。另外，还要注意在旋转相关时间的静态法测定中，实际上是假定所有体系中荧光标记物的旋转弛豫过程均为单指数函数过程，因而实验所得旋转相关时间为平均结果。而旋转相关时间的时间分辨法测定则不同，可对实际过程的属性进行检查，如果实际弛豫过程为单指数函数形式，则式(1-51)～式(1-53)成立。反之，体系的旋转弛豫则要用多个旋转相关时间描述。不同的旋转相关时间对应于不同的物理过程。

与普通的荧光测定不同，能够用于时间分辨荧光各向异性测量的荧光仪器需要配备高强度、高稳定光源和高品质检测系统，否则，很难得到有价值的实验结果。就目前可以获得的光源而言，单(电子)束(single bunch)工作条件下的同步辐射光源是最为理想的用于时间分辨荧光各向异性测量的光源，此外，短脉冲高品质激光光源也可用于时间分辨荧光各向异性测量。用于时间分辨荧光各向异性测量的样品体系应该是不含悬浮颗粒的透明溶液，体系的荧光强度也要足够大。提出这些要求主要是由于起偏器和检偏器的存在将大大弱化可以检测到的荧光信号强度，导致荧光信号质量下降。再加上杂散光没有偏振，任何取向的偏振器件都无法排除其干扰。另外，选择恰当的荧光探针或标记物也很关键，这是因为并不是所有的荧光物质都可以作为荧光各向异性测量探针或标记物。事实上，只有那些内在荧光各向异性相对比较大的荧光物质才有可能作为此类荧光测量的探针或标记物。此外，理想荧光各向异性探针或标记物的荧光寿命不能太短，否则，仪器系统很难满足要求。如果相关荧光各向异性测量在同步辐射光源条件下进行，那么探针或标记物的荧光寿命又不能太长，否则，上一级脉冲形成的荧光发射尚未完全衰减，下一级脉冲激发引起的荧光发射又开始，这样就会导致不同脉冲荧光信号的叠加，使得实验测量失去意义。

用于荧光各向异性测量的荧光探针或标记物也被称为荧光黏度探针，苊烯、乙烯基萘、1,6-二苯基己三烯、*N*-乙烯基咔唑、丹磺酰氯等都是比较理想的荧光各向异性标记物或探针。这些荧光物质不仅内在荧光各向异性值比较大，而且荧光寿命合适。需要注意的是，最为常见的溶剂极性探针——芘就不是一个合适的黏度探针，主要是因为芘的内在荧光各向异性值很小(< 0.1)。当然，黏度探测也可以不经探针分子的旋转弛豫进行，近年来，通过构象变化进行黏度或分子链刚性探测也获得了极大的成功，分子信标(molecular beacon)的使用就是一例。

1.7 时间分辨荧光光谱[2,3,24-26]

TRES 是一种十分有效的研究激发态过程的荧光技术。TRES 的直接表现形式是在样品激发态寿命范围内，获得一系列对应于脉冲激发之后不同时间段(时间门)的荧光光谱，通过比较不同时间段荧光光谱形状的差异，可以获得激发态荧光物质的行为信息。

在 TCSPC 条件下，TRES 的获得一般是经由一系列荧光衰减曲线的测量而实现的。具体来讲，就是在最优激发波长下，在样品荧光光谱所在波长范围内由短波长(或长波长)向长波长(或短波长)每隔几纳米测定该发射波长下的荧光衰减曲线，这样经过一系列测量，可以获得一组对应于不同发射波长的荧光衰减曲线。以这些荧光衰减曲线为基础，按预设时间门(如 0～1 ns，1～3 ns，5～10 ns，…)获得不同波长下相应时间段的荧光积分强度，由此可以获得相应时间门下荧光强度随发射波长的分布，这就是该时间门对应的 TRES。重复这一过程，就可以获得一系列 TRES。图 1-20 给出了化合物双胆固醇双芘衍生物(ECPS)的结构及其在不同水含量甲醇溶液中的静态荧光光谱。图 1-21 则给出了该化合物在相应条件下的 TRES。

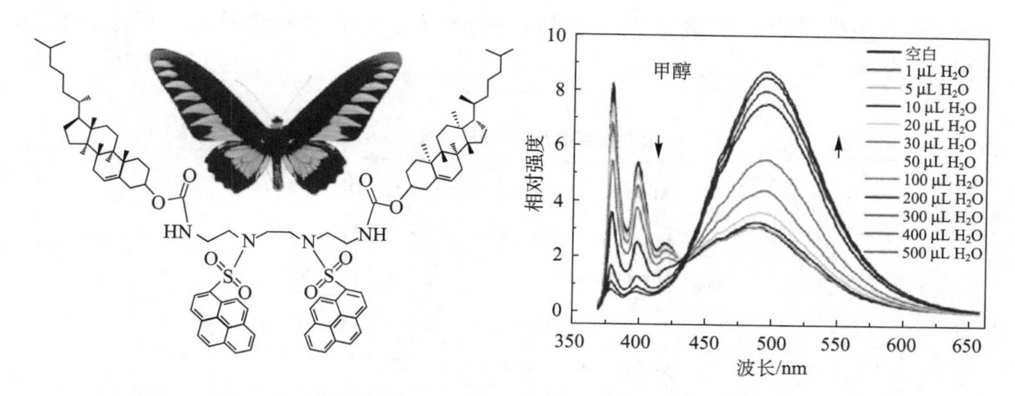

图 1-20　化合物 ECPS 结构及其在不同水含量甲醇溶液中的静态荧光光谱[26]

浓度：1×10^{-4} mol/L；激发波长：350 nm

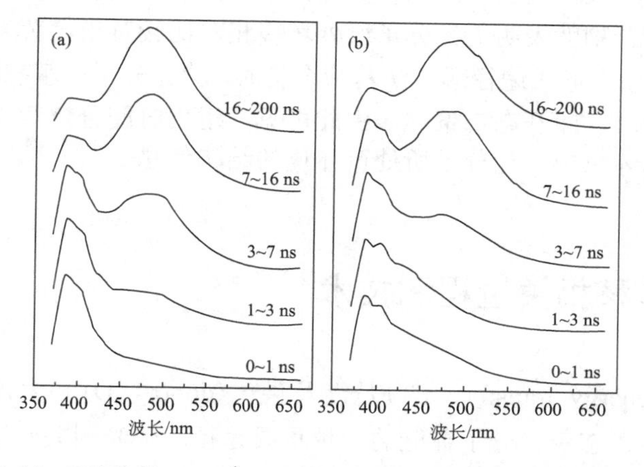

图 1-21　ECPS 的 1×10^{-4} mol/L 甲醇溶液的时间分辨荧光光谱[26]

(a) 不加入水；(b) 加入 300 μL 水

观察图 1-21 (a) 可以看出，在纯甲醇中，ECPS 的早期时间门 (0～1 ns) 荧光光谱由芘单体荧光主导，激基缔合物荧光贡献很少，而水的引入，导致早期时间门荧光光谱中缔合物荧光贡献明显增加[图 1-21 (b)]。之后时间门荧光光谱中，激基缔合物荧光贡献依次增加。除了缔合物荧光寿命较长这一因素之外，激发态缔合物的形成是毋庸置疑的主要原因。据此，可以认为 ECPS 激基缔合物主要通过图 1-22 所示 Birks 机理 (Birks scheme) 形成，即一个荧光团被激发至激发态后，再与邻近一个处于基态的荧光团结合形成一个激基缔合物，由其产生激基缔合物荧光，而不是图 1-22 所示的预先形成机理 (pre-formed scheme)，即基态荧光分子预先缔合，形成基态二聚体，然后吸收光子进入激发态，形成所谓的激基缔合物。

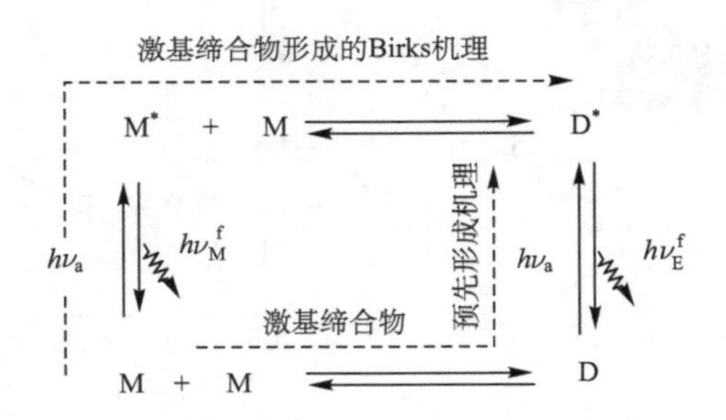

图 1-22　激基缔合物形成的两种机理示意图

激基缔合物形成机理的不同说明荧光分子所处微环境的不同，例如，以 Birks 机理形成激基缔合物就表明荧光分子所处环境相对比较宽松，荧光分子拥有一定的自由度。而以预先形成途径形成激基缔合物时，荧光分子在基态时已高度聚集，生成新的荧光物质，即基态二聚体。由此可见，运用时间分辨荧光光谱技术可以直接了解所研究体系中荧光分子所处微环境的结构信息。

1.8　能量转移相关过程和技术[2,3,27−31]

能量转移(energy transfer，ET)是涉及供体(donor，D)和受体(acceptor，A)间相互作用的激发态荧光分子释能的一种重要途径。荧光相关能量转移主要分为辐射能量转移(radiative ET)和非辐射能量转移(non-radiative ET)两大类。实际上，能量转移不仅可以经由单重激发态到单重激发态进行，也可以经由三重激发态到三重激发态进行。这几种能量转移过程不仅机理不同，在荧光技术应用中也扮演着不同的角色。

1.8.1　辐射能量转移

因为辐射能量转移在光物理技术应用中没有特别的意义，所以这种能量转移也被称为常规能量转移。这一过程实际上是指式(1-55)和式(1-56)所表示的一个激发态供体发出的荧光被受体吸收的过程。

$$D^* \longrightarrow D + h\nu \tag{1-55}$$

$$A+h\nu \longrightarrow A^* \tag{1-56}$$

发生这一过程的唯一要求是受体吸收光谱能够覆盖或者至少部分覆盖供体的荧光光谱。除了光谱重叠之外，能量转移效率的高低还取决于受体摩尔消光系数的大小。受体摩尔消光系数越大，能量转移效率也相应越高。此种能量转移虽可引起体系发射光谱的变化，但不会影响能量供体的荧光寿命。

1.8.2　荧光共振能量转移

荧光共振能量转移也称共振能量转移，是一种具有广泛应用的重要荧光技术。在本质上，荧光共振能量转移是由带电粒子间的库仑作用引起的。在荧光共振能量转移中，激发态分子(供体)可被看作一个振动偶极子，可以引起另一个分子(受体)的电子振动，当两个振动符合共振耦合条件时，就能发生激发态供体到基态受体之间的共振能量转移。其中，共振条件为$\Delta E\left(D^* \to D\right) = \Delta E\left(A \to A^*\right)$，这就是说，受体的吸收光谱要与供体的荧光光谱尽可能重叠。此外，在讨论荧光共振能量转移时要特别注意以下几点：①不要求受体是荧光物质；②这一能量转移过程并不涉及供体的荧光发射，即共振能量转移过程中，供体并不发光；③荧光共振能量转移不是供体荧光发射被受体吸收的结果；④荧光共振能量转移过程中也没有光子的出现，这一过程是一个纯粹的偶极-偶极作用过程。也就是说，荧光共振能量转移是两个荧光团间的能量通过弱的偶极-偶极耦合作用以非辐射方式从供体传递给受体的现象。

荧光共振能量转移的程度主要取决于能量供体与受体之间的距离(r)、供体电偶极与受体电偶极间的夹角，以及供体的荧光光谱与受体的吸收光谱间的重叠程度。为了方便起见，通常以 Förster 距离(R_0)代表供体-受体之间的光谱重叠程度。Förster 距离实际上是指能量转移效率达到 50%时供体与受体之间的距离，此值一般多为 20～60 Å。需要注意的是，不同的供体-受体对具有不同的 Förster 距离。对于给定的荧光共振能量转移对，能量转移效率可以经由式(1-57)计算。

$$E = \frac{R_0^6}{R_0^6 + r^6} \tag{1-57}$$

而相应的能量转移速率常数可以通过式(1-58)计算：

$$k_{\mathrm{ET}}\left(r\right) = \frac{1}{\tau_{\mathrm{D}}}\left[\frac{R_0}{r}\right]^6 \tag{1-58}$$

式中，τ_{D} 为没有受体时，供体的荧光寿命。由这两个公式可以看出，荧光共振能量转移的速度和效率都反比于供体与受体间距离的六次方，也就是说荧光共振能量转移的程度对距离异常敏感。考虑到荧光共振能量转移对距离的敏感性，以及其 Förster 距离又与蛋白质等大分子尺寸相当，因此将荧光共振能量转移技术称为量度分子大小变化的光谱尺子(optical ruler)。

荧光共振能量转移技术用途极其广泛。例如，聚合酶链反应(PCR)技术中经常用到的分子信标的设计原理之一就是将一对典型的水溶性能量供体和受体与已知寡聚核苷酸连接，扩增片段的存在将使得信标连接臂由单链变成双链，从而使得供体与受体相互靠近的机会减少。换言之，供体与受体间的平均距离显著增加，导致荧光共振能量转移效率也极大降低，由此可以指导扩增片段的生成。通过对以荧光双标记技术引入的供体和受体，或者以蛋白质的内在荧光活性氨基酸残基间的能量转移效率的检测可以监测蛋白质的变性和复性。类似地，荧光共振能量转移技术也可用于大分子间的络合作用研究等。除此之外，文献报道的用于高分辨成像的荧光开关分子，以及大量生物活性物质、阴阳离子、中性分子荧光传感器也是基于荧光共振能量转移原理而设计的。

1.8.3 经由电子交换的能量转移

经由电子交换实现供体激发态能量到受体的转移需要供体与受体之间的碰撞(Dexter 机理)。同 Förster 机理一样，以 Dexter 机理进行的能量转移对供体与受体间的距离也十分敏感，而且这种能量转移的有效进行也要求供体的荧光光谱要被受体吸收光谱显著覆盖。Dexter 型能量转移的速率常数(k_{ET})可以由式(1-59)计算。

$$k_{\mathrm{ET}} = KJ\exp\left(-2r_{\mathrm{DA}} / L\right) \tag{1-59}$$

式中，K 为供体-受体对本质相关特征轨道相互作用常数；J 为供体荧光光谱与受体吸收光谱重叠积分；r_{DA} 为供体与受体之间的距离；L 为供体与受体之间的范德瓦耳斯半径。

经由 Dexter 机理进行的能量转移可以通过两条途径实现：一是供体激发态电子转移给受体和受体基态电子转移给供体同步进行，这一过程不产生电荷分离中间态；二是供体激发态电子首先转移给受体，形成一个缔合态电荷分离中间体，之后受体再将一个基态电子归还供体。可见这两条途径的最大区别就是有无电荷分离态的形成，正是由于这一差别，它们对溶剂的极性表现出截然不同的敏感度。当然，利用这一差别也可以区分两种机理。图 1-23 示意出了经由两种电子交换途径进行的能量转移过程。

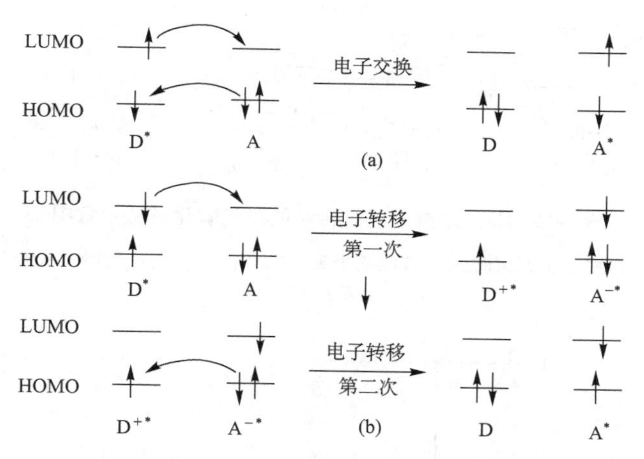

图 1-23　经由两种电子交换途径进行的能量转移过程示意图

三重态至三重态能量转移：三重态至三重态能量转移(triplet-triplet energy transfer，TTET)是光敏化的重要途径，在现实生活中，光敏化具有重要的应用，AgX 的光敏化就是一例。未经敏化的 AgX 只对紫外光和蓝光敏感，而经过敏化的 AgX 除了对紫外光和蓝光敏感之外，对其他波段的可见光也变得敏感，这就构成了 AgX 作为感光材料的基础。因此，未经敏化的 AgX 感光片被称为色盲片。已经付诸临床应用的光动力治疗也有赖于光敏剂的使用。在实践中，光敏化既可经由电子转移实现，也可经由能量转移实现。

对通过能量转移途径实现的光敏化而言，似乎能量只能从高能态转移至低能态。也就是说对于吸收波长相对靠长波的敏化剂(sensitizer)而言，应该没有机会将能量转移给吸收波长相对靠短波的发光物质。不过要说明的是，这种说法只在不涉及系间窜越时成立，当有三重态参与时将不再是这样。当然，这种条件下的三重态能量转移过程要复杂一些。具体来讲，三重态能量转移需要满足以下几个条件：①就敏化剂而言，其第一三重激发态能量应该与第一单重激发态能量接近，即ΔE($E^{S_1}-E^{T_1}$)要尽可能小，从而使得经过系间窜越形成的三重态具有较高的能量；②对发光物质而言，情况则相反，该差值应该尽可能大，这样使得发光物质的第一三重激发态能量尽可能低。这样就有可能实现从敏化剂到发光物质的能量转移。当然，此时的能量转移必须通过三重态实现，具体过程和关系见图 1-24。敏化后的发光既可以是源自三重态的磷光，也可以是源自三重态湮灭(triplet-triplet annihilation，TTA)后生成的单重激发态荧光，即 P 型延迟荧光，具体过程如图 1-25 所示。

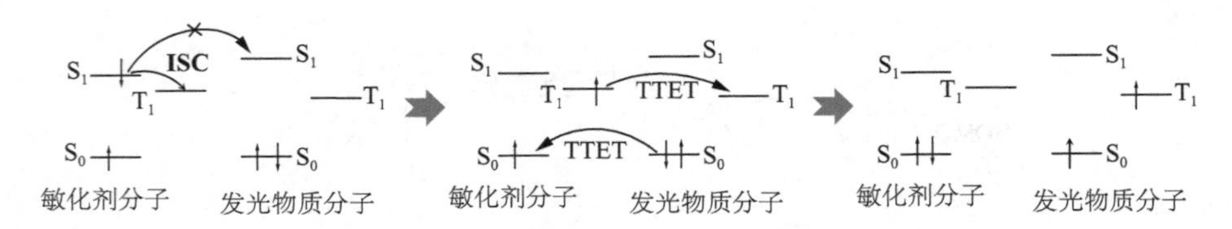

图 1-24　经由三重态能量转移的发光敏化过程示意图

作为敏化剂，$\Delta E = E^{S_1} - E^{T_1}$ 应该尽可能小；作为光敏物质，该值则应尽可能大。此外，敏化剂的 E^{T_1} 应高于发光物质的 E^{T_1}

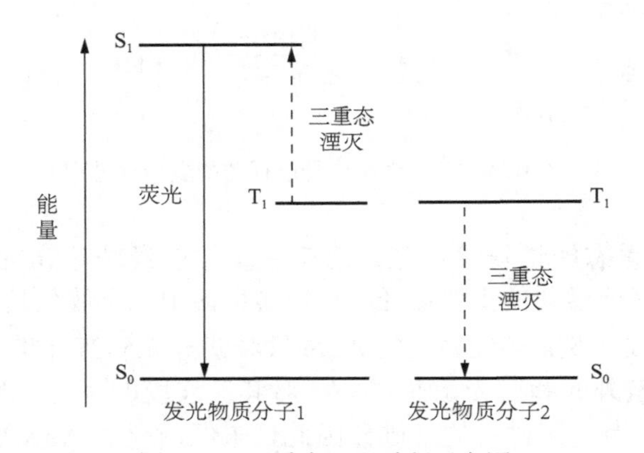

图 1-25　三重态湮灭过程示意图

在实践中，三重态敏化剂多为二苯酮、苯甲醛、苯乙酮、苯丙酮、米氏酮、联苯酰以及芴酮等有机酮类化合物。与一般有机化合物不同，这些化合物的单重激发态和三重激发态能量十分接近，而且三重激发态能量比一般荧光物质的三重激发态能量要高，这就决定了经由三重态进行能量转移的可能性。根据能隙定则，三重激发态与单重激发态能级接近决定了分子内非辐射跃迁——系间窜越的高效性。作为三重态敏化剂，除了满足上述要求之外，一般还要求敏化剂的三重态能量要高出荧光物质三重态能量 4 kcal/mol 以上。例如，二苯酮的激发单重态（E^{S_1}）和三重态（E^{T_1}）能量分别为 74 kcal/mol 和 69 kcal/mol，ΔE 仅为 5 kcal/mol；苯甲醛的 E^{S_1} 和 E^{T_1} 分别为 76 kcal/mol 和 72 kcal/mol，相应的 ΔE 为 4 kcal/mol。与之不同的是，常见光敏剂萘的 E^{S_1} 和 E^{T_1} 分别为 89 kcal/mol 和 61 kcal/mol，ΔE 高达 28 kcal/mol。而作为敏化剂的二苯酮和苯甲醛的三重态能量分别高出萘的三重态能量 8 kcal/mol 和 11 kcal/mol。因此，可以说无论是二苯酮还是苯甲醛的单重态能量都很难直接转移给萘的单重激发态，而前两者的三重态能量转移给萘的三重态则是完全可能的。此外，三重态寿命长，磷光效率低也有助于上述敏化过程的发生。在实际工作中，除了酮类化合物外，某些过渡金属配合物也是很好的三重态敏化剂。

1.8.4 不同形式能量转移的比较

在荧光技术应用中，Förster 能量转移和 Dexter 能量转移最受人们关注。如前面已经述及，Förster 能量转移，即荧光共振能量转移实际上就是供体-受体间的偶极-偶极作用，是一种与距离相关和偶极-偶极相对取向相关的远程能量转移。Dexter 能量转移是另一种重要的能量转移形式，这种转移主要是供体与受体之间通过电子的交换而实现能量的转移，表现为放热过程。这种能量转移也是一种与距离密切相关的过程，由于要通过电子交换才能实现能量的转移，因此，这种能量转移一般只可以发生在 10 nm 以内，而 Förster 能量转移可达 100 nm。此外，Dexter 能量转移对温度有一定的依赖性，而 Föster 能量转移不受温度影响。对于 Dexter 能量转移，可以经一步发生，也可经两步发生。两者的一大不同之处就是两步法将会产生一个电荷分离缔合物中间体，因此，经这种途径进行的能量转移，其效率对介质极性有依赖。而一步法则不涉及中间体的形成，因此，介质极性对其影响很小。需要注意的是，与上述两种能量转移相对应，还有一种通过供体光的发射和受体光的吸收而进行的激发态能量转移，不过这种能量转移的效率对距离的依赖性远没有上述两种能量转移形式敏感，在实际工作中意义不大，因此，人们关注得不多。

1.8.5 H 聚集与 J 聚集

在不良溶剂中，多环芳烃类化合物及其衍生物易于聚集形成超分子聚集结构，从而引起一系列性质的变化。对于荧光化合物而言，因内滤效应和自吸收的存在，荧光化合物簇集的结果往往导致荧光的猝灭。相反，也有簇集引起荧光增强现象的发生，这就是所谓的聚集诱导发光(aggregation induced emission，AIE)。有学者将聚集诱导发光的产生归因于分子振动转动弛豫的抑制。例如，二苯亚甲基芴在分子可自由运动的状态下，被光激发后可通过 C═C 双键的旋转运动弛豫至 S_1 与 S_0 间锥形交叉(conical intersection，CI)区域，经过快速的内转换过程跃迁至基态，失去荧光活性。而在聚集态或固态，C═C 双键的旋转运动受限，激发态分子通过荧光发射实现去激发态过程，表现出 AIE 特性[32]。图 1-26 示意出了 AIE 分子在溶液态和固态可能的荧光猝灭和增强机理。实际上，这一过程可能要复杂得多，原因可能是聚集结构的产生使得分子的能级结构发生了根本改变，从而表现出的不是通常观察到的内滤或者自吸收，而是增加了量子产率的发光。在超分子聚集体形成中，需要特别注意 H 聚集和 J 聚集。

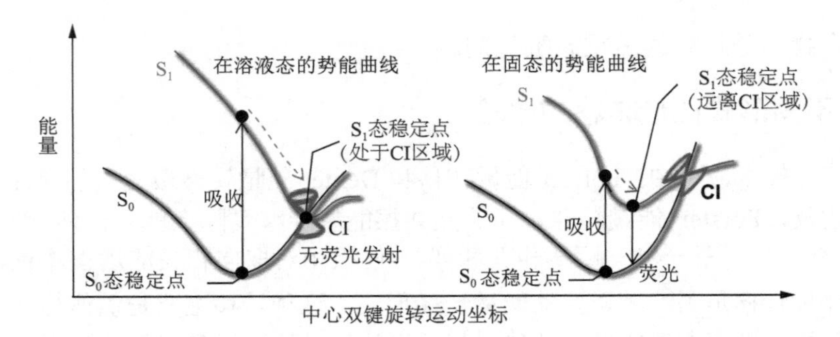

图 1-26　AIE 分子在溶液态和固态可能的荧光猝灭和增强机理示意图

如图 1-27 所示，H 聚集是指参与聚集体的分子相互平行，分子偶极头-头(head-to-head)、尾-尾(tail-to-tail)相叠，且分子中心连线与各自头尾连线相垂直的聚集形式。与之不同，在 J 聚集中，参与聚集体的分子虽然也相互平行，但分子偶极头-尾(head-to-tail)相叠。这是分子处于两种极端情况下的堆叠形式，在一般情况下，聚集体中两个分子的偶极之间有一个夹角。依据激子耦合理论，这一夹角不同，两个相邻的聚集分子的激子耦合作用大小不同。当夹角为 54.7°(称为魔角)时，耦合作用为零，此时的能级结构和单体的相同。当夹角小于魔角时，随着夹角逐渐减小，激子耦合作用逐渐增大，最终同极端的 J 聚集体中耦合作用相同。当夹角大于魔角时，随着夹角逐渐增大，激子耦合作用逐渐增大，最终同极端的 H 聚集体中耦合作用相同。因此，常把两个相邻分子的偶极夹角小于 54.7° 的聚集体，称为 J 聚集体，把大于 54.7° 的聚集体，称为 H 聚集体[33]。

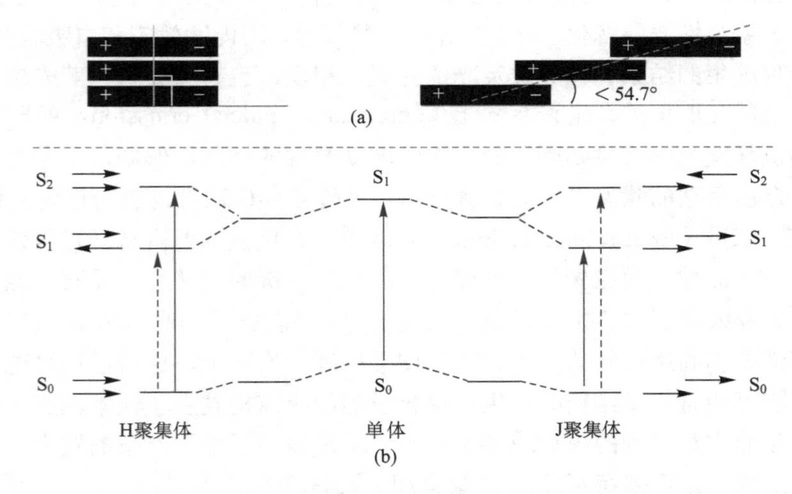

图 1-27　H 聚集体与 J 聚集体结构(a)及其能级结构(b)示意图

可以经由吸收光谱测量区分 H 聚集与 J 聚集。如图 1-27 所示能级结构，两种聚集体的激发态结构不同，相应允许吸收跃迁也不同，导致相对于单体态吸收，H 聚集体的允许吸收能隙增大，因此吸收光谱蓝移(blue shift)。与之相反，J 聚集体的形成引起允许吸收能隙减小，因而吸收光谱红移(red shift)。

此外，还要注意的是，对于多环芳烃的聚集结构而言，H 聚集体的荧光量子产率比 J 聚集体要低得多。因此，基于荧光效率也可以对聚集体的结构本质做出判断。当然，实际情况要复杂得多，例如，相对于单体态吸收光谱而言，苝酰亚胺类化合物的 H 聚集体吸收光谱往往表现为宽化，蓝移并不明显。当然，对应的荧光发射确实很弱。在给定条件下，溶液中荧光物质处于单体态与聚集体缔合-解离平衡态，温度改变必然引起平衡的移动，从而影响聚集体的形成。因此，在聚集体结构和性质研究中，变温实验显得十分重要。

为了方便理解 H 聚集和 J 聚集，图 1-28(a)和图 1-28(b)分别给出了两种苝二酰亚胺衍生物在甲基环己烷溶液中的紫外-可见吸收光谱和荧光光谱。可以看出，低浓度时化合物 a 呈现出典型的苝二酰亚胺单体态吸收光谱和荧光光谱。当浓度增加时，化合物溶液吸收光谱的单体态部分相对蓝移，与此同时，出现了聚集体吸收。与之相应，化合物的荧光光谱同时包含了单体态荧光和缺乏精细结构的聚集体(激基缔合物)荧光，即 H 聚集体荧光。对于化合物 b，情况则有所不同，温度降低，吸收

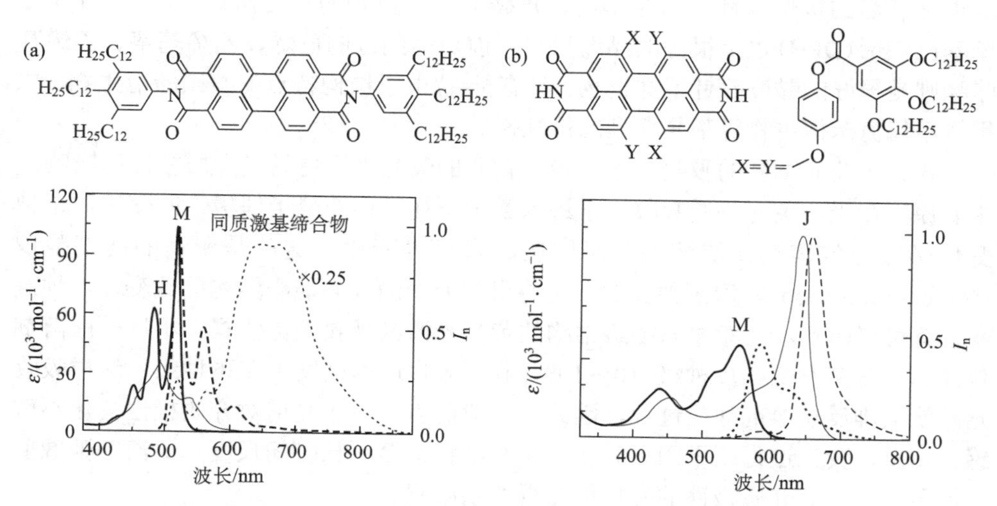

图 1-28 苝二酰亚胺衍生物 a 和 b 在甲基环己烷溶液中的紫外-可见吸收光谱和荧光光谱[34,35]

(a)浓度为 2×10^{-7} mol/L 时，化合物 a 的紫外-可见吸收光谱(粗实线)和荧光光谱(粗虚线)，以 M 表示；浓度为 1×10^{-3} mol/L 时，化合物 a 的紫外-可见吸收光谱(细实线)和荧光光谱(细虚线)，分别以 H 和同质激基缔合物表示。(b)浓度为 6×10^{-7} mol/L 时，化合物 b 在温度分别为 90 ℃和 15 ℃时的紫外-可见吸收光谱(粗和细实线)；浓度为 2×10^{-7} mol/L 时，化合物 b 在温度分别为 90 ℃和 15 ℃时的荧光光谱(粗和细虚线)，其中粗线条为单体态，以 M 表示，细线条为聚集态，以 J 表示

光谱和荧光光谱都显著红移，说明J聚集体的形成。需要注意的是，与H聚集体荧光光谱不同，J聚集体荧光发射峰比较尖锐。此外，H型或J型二聚体在基态能够稳定存在，当被激发后，可直接观察到无振动结构的激基缔合物荧光。与此不同，一个激发态荧光分子同邻近的一个基态荧光分子虽然可以形成激基缔合物，也可以发射激基缔合物荧光，但形成效率受发光体系中荧光分子扩散的控制。具体表现为，在时间分辨荧光光谱测量中，其荧光光谱形貌呈现出随时间激基缔合物荧光特征不断强化的趋势。此外，这类体系的激发光谱形貌同单体态的完全相同，这一点与直接激发基态二聚体所产生的激基缔合物荧光完全不同。不过要注意，激基缔合物无论以何种机理（Birks机理和预先形成机理）形成，其始终只存在于激发态。

1.9 荧光发射中的溶剂效应[36-38]

在荧光技术应用中，需要特别注意溶剂效应。溶剂本质的不同，决定着溶剂将具有不同的极性。因而，荧光物质在不同溶剂中的激发态性质也将不同。于是就出现了所谓的荧光极性探针（polarity probe）和黏度探针（viscosity probe）。前者对介质极性敏感，后者对介质黏度敏感。芘是一种最典型的荧光极性探针，丹磺酰也是著名的极性探针。与芘不同，丹磺酰还是很好的黏度探针。此外，1,6-二苯基己三烯（DPH）也是很好的黏度探针。前边提到过的苊烯、乙烯基萘、乙烯基咔唑则是很好的黏度探针或标记物。具有推-拉电子结构特点的萘磺酸衍生物、二甲氨基偶氮苯衍生物等都是典型的极性探针。

相比于荧光物质的吸收光谱，荧光物质的荧光光谱更易受介质极性的影响。主要原因在于，荧光物质吸收光子进入激发态往往伴随分子偶极矩的变化，这种变化必然导致溶剂化层溶剂分子取向、数目等变化，这就是所谓的溶剂弛豫（solvent relaxation）。溶剂弛豫的发生将引起分子激发态能级结构的改变，这种改变就有可能影响涉及激发态能级结构的荧光光谱或吸收光谱位置。不过一般溶剂弛豫的速度多发生在皮秒级（10～100 ps），吸收过程则发生在飞秒级，这样吸收光谱就很难反映溶剂弛豫过程，因此，一般而言，吸收光谱对介质极性变化不敏感。相反，荧光过程则不同，其多发生在纳秒甚至更长时间尺度，比溶剂弛豫要慢得多，因此对介质极性的变化就显得特别敏感。

在实际工作中，溶剂效应有一般溶剂效应和特种溶剂效应之分，前者是由溶剂分子极性的不同所引起的，可以用Lippert方程[式(1-60)]描述。

$$\bar{\nu}_{\mathrm{A}}-\bar{\nu}_{\mathrm{F}}=\frac{2}{hc}\left(\frac{\varepsilon-1}{2\varepsilon+1}-\frac{n^2-1}{2n^2+1}\right)\frac{(\mu_{\mathrm{E}}-\mu_{\mathrm{G}})^2}{a^3}+C \tag{1-60}$$

式中，$\bar{\nu}_A$和$\bar{\nu}_F$分别为荧光物质的最大吸收和最大发射波数；h和c分别为普朗克常量和光速；n和ε分别为溶剂的折射指数和介电常数；μ_E和μ_G分别为激发态和基态偶极矩；a为荧光分子所占据空间的估算半径；C则为一个常数。很显然，荧光物质的斯托克斯位移大小主要取决于激发引起的偶极矩变化的大小。当然，溶剂的介电常数、折射指数等与溶剂极性密切相关的物性参数也显著影响荧光物质斯托克斯位移的大小。由于荧光物质的吸收光谱位置基本不受溶剂效应影响，因此斯托克斯位移大小的变化实际上就反映了溶剂效应大小的变化。

特种溶剂效应主要是由溶剂分子与荧光物质之间的特别超分子化学作用所引起的。例如，吲哚环己烷溶液的荧光光谱具有精细结构，与其吸收光谱具有很好的镜像关系，然而不足5%乙醇的引入会引起吲哚荧光光谱的精细结构迅速消失。研究表明这种溶剂效应是因为乙醇与吲哚形成了分子间氢键。

有时候，荧光速度可与溶剂弛豫速度相当，体系会出现两种处于不同波长位置的荧光发射峰，这种现象称为双荧光现象。出现在短波长一端的荧光发射峰源自局域激发态(local excited state)，而出现在长波长一端的荧光发射峰则源自溶剂弛豫激发态(solvent relaxed excited state)。此外，一些具有激发态分子内质子转移性质的化合物也表现出极性依赖的双荧光发射。例如，随着介质极性的增加和溶剂分子的给质子能力增强，3-羟基黄酮类分子的激发态分子内质子转移反应被抑制程度增强，对应的质子转移异构体荧光发射相对强度也随之改变[14]。

研究溶剂效应时，还要注意所有对溶剂效应的讨论都是建立在荧光物质单分子行为基础上的。实际体系中，往往会出现荧光分子的聚集与解聚集，这种聚集和解聚集过程也会受溶剂效应的影响。因此，辩证地、综合地考虑问题和分析问题，以不同荧光技术相互印证进行多方位、多视角研究显得弥足珍贵。在荧光技术应用中，只关注其一，不关注其他的研究很容易被假象所迷惑。

1.10　时间分辨荧光技术应用概述[2,3,38]

虽然相比于时间分辨荧光技术，静态荧光技术对仪器的要求相对较低，但静态荧光技术只能给出平均化结果，分子动态信息也因平均化的原因而丢失。例如，在蛋白质和合成高分子研究中，不管实际荧光各向异性衰减多么复杂，静态荧光各向异性测定总是，也只能假定体系荧光各向异性以单指数函数衰减，而实际上绝大多数大分子体系荧光各向异性衰减都是复杂过程，至少需要双指数函数才可以描述。因此，平均化的结果就掩盖了实际体系的复杂性，丢掉了实际体系中不同荧光单元所处环境的差异性等信息。通过时间分辨测定得到的实际荧光各向异性衰减曲线反映了研究对象——大分子的构象、链段刚柔性等信息。因此，对于这种时间分辨荧光测量所得结果的深度研究可以获得许多静态荧光技术根本无法得到的分子结构、运动信息。

即便是荧光衰减曲线，也包含着十分有用的信息。例如，表面活性剂水溶液体系，在临界胶束浓度(critical micelle concentration，CMC)之下，溶液基本上是均相体系，该浓度之上，表面活性剂的聚集导致众多疏水微区(hydrophobic microdomain)的形成，溶液成为微多相体系。若以疏水性荧光小分子作为探针研究该体系在表面活性剂临界胶束浓度前后的变化，则会发现探针的荧光衰减曲线在此前后有很大的不同，如果探针选择恰当，此浓度之前探针荧光衰减呈单指数形式，之后则为双指数衰减。原因就在于疏水微区的出现使得荧光探针分子部分处于微区之内，部分则分布于本体水相，环境的不同使得两种微环境荧光分子具有不同的寿命，因此，体系荧光衰减曲线因疏水微区的出现而变得复杂。当然，探针分子的平均荧光寿命在疏水微区形成前后会有一个突变。

用时间分辨荧光各向异性研究供体和受体间的能量转移时，不仅可以得到能量转移效率，而且可以揭示受体在供体周围的分布形式。利用时间分辨荧光技术还可以揭示荧光猝灭是自由扩散控制(动态猝灭)还是特异性结合控制(静态猝灭)。时间分辨荧光技术对激发态的研究几乎是全方位的，例如，在静态荧光测量中，很容易发现稠环芳烃类荧光分子的激基缔合物荧光，但这种涉及二聚体的荧光究竟是因为荧光分子浓度大在基态就聚集而形成，还是因为相关分子运动较快，且空间距离较近，其中一个分子被激发以后才与另外一个基态分子作用而形成，这个问题的解决对于了解相关分子微环境结构无疑具有重要的意义。对静态荧光技术而言，这是一个不可能解决的问题，但通过时间分辨荧光光谱测量，或者通过高分辨荧光衰减曲线的测量和解析就可以知道该激基缔合物产生的本源。

除了水体中表面活性剂分子的聚集之外，其他分子间或分子内的弱相互作用信息，特别是动态信息，也可以通过时间分辨荧光技术得到。例如，表面活性剂分子与蛋白质、合成高分子等相互作用，表面活性剂分子的界面组装、高分子络合、蛋白质和合成高分子固-液界面吸附中的构象调整等都有可能通过时间分辨荧光技术进行深入研究。此外，时间分辨(荧光)成像(time-resolved imaging)技术在临床检验、重要疾病诊断等方面也获得了日益广泛的应用。时间分辨荧光技术的应用还有助于进一步提高荧光检验技术的选择性，因为不同检验对象可能与探针或标记物荧光分子的作用强度、本质不同，导致作用的动力学、可逆性不同，借此可以实现对某些重要检测对象的区分。相信随着时间分辨荧光仪器和技术的日渐普及，以及我国几个同步辐射加速器分时光谱站的建立和正常运行，时间分辨荧光技术必将在未来的研究中发挥越来越重要的作用。

1.11　荧光传感策略[2,3,39,40]

近年来，人们对于荧光传感的研究日渐深入，光诱导电子转移、分子内电荷转移、荧光共振能量转移、激基缔合物形成，以及化学反应利用已经成为最为典型的几种设计荧光传感分子与材料的策略。

1.11.1　光诱导电子转移

基于光诱导电子转移（photo-induced electron transfer，PET）机理的荧光探针一般由三部分组成，即荧光报告基团、连接臂及传感对象受体等。其中，荧光报告基团是光能吸收和荧光发射的场所。作为受体，则需要满足以下两个条件：①要含有供电子基团，②要能够和待分析物有特异的相互作用。二者通过连接臂相连构成探针分子。在受体与待分析物结合之前，受体的 HOMO（最高占据分子轨道）能级高于荧光团 HOMO 能级，电子会由受体中的供电子结构向被激发的荧光团转移，与荧光团 HOMO 中的单电子配对，此时荧光团 LUMO（最低未占分子轨道）中的电子无法回到 HOMO，荧光发射被阻断，因而，在此状态下，探针分子不能发射荧光。受体与待分析物结合之后，受体的 HOMO 能级低于荧光团 HOMO 能级，上述电子转移过程受到抑制甚至被完全阻断，此时荧光团 LUMO 中的电子跃迁回到 HOMO，并伴随荧光的发射，从而实现对待分析物的检测，整个过程如图 1-29 所示。例如，Kim 和其合作者[41]设计合成了连有哌嗪的萘二酰亚胺衍生物，在碱性条件（pH > 8）下，该化合物哌嗪上的氮原子所含电子会转移到萘二酰亚胺，发生光诱导电子转移，因而不能产生荧光。当化合物处于酸性条件（pH < 8）时，氮原子质子化，光诱导电子转移过程被抑制，发出荧光。另外，该化合物所包含的三苯基膦和苄基氯等结构有助于其与线粒体结合，从而实现对线粒体中酸度的实时监测，传感机理如图 1-30 所示。类似地，基于此机理，也可以实现对金属离子[42]、磷酸盐[43]及伴刀豆球蛋白[44]等传感识别。

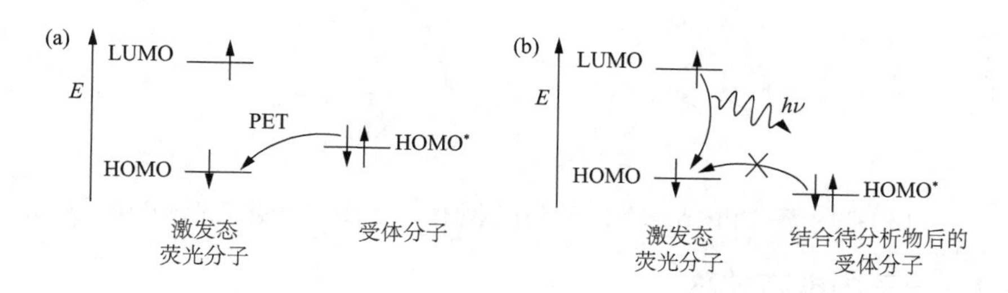

图 1-29　PET 过程中的分子轨道能级示意图

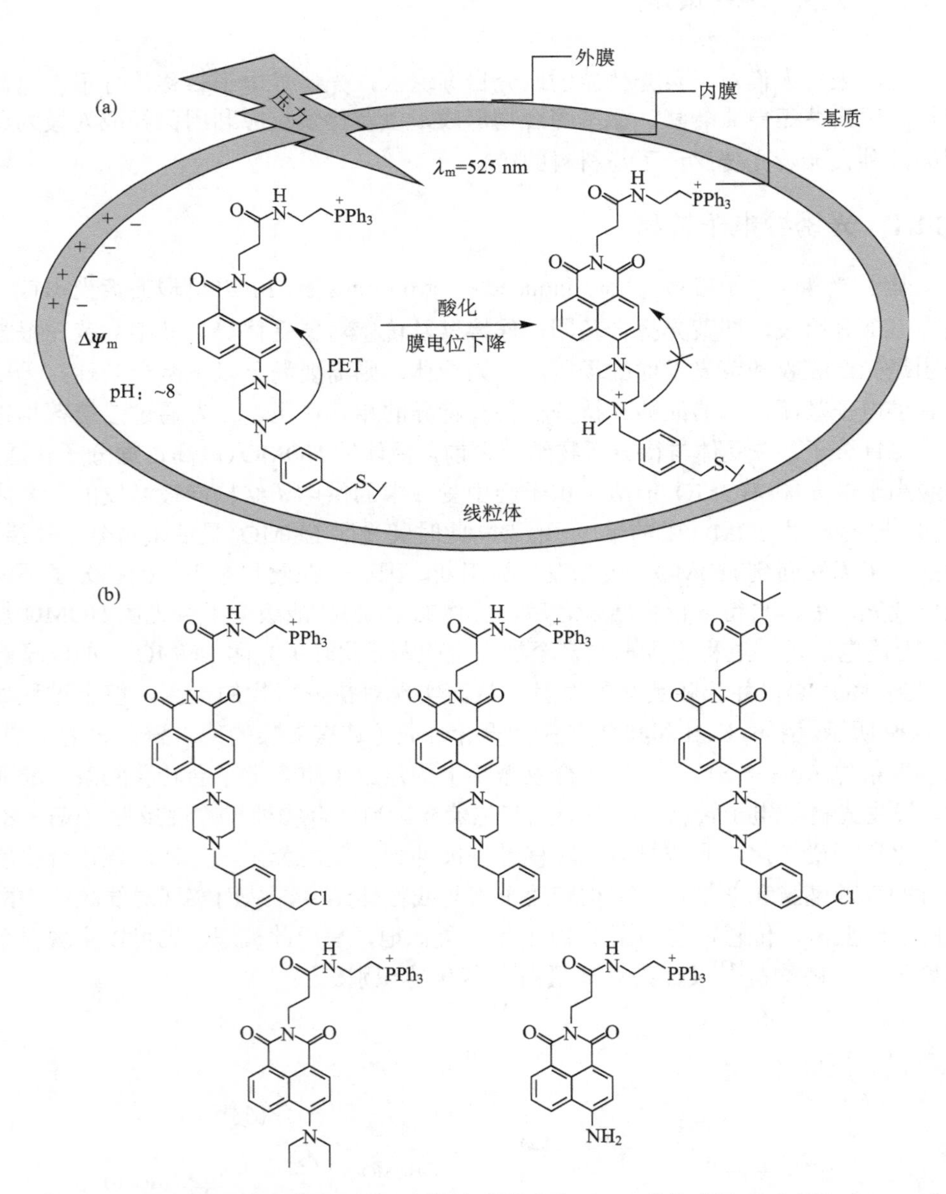

图 1-30 萘二甲酰亚胺荧光探针在线粒体中对 pH 的传感机理示意图

1.11.2 分子内电荷转移

基于分子内电荷转移(intramolecular charge transfer，ICT)的荧光探针在分子结构上同时连接推电子基(electron-donating group)和拉电子基(electron-withdrawing group），也就是说这类荧光分子多为推-拉电子体系。其中，推电子基和拉电子基由荧光结构（多为π体系）连接，在光激发下会发生从电子供体向电子受体的电荷转移，由此产生的偶极矩远高于基态的电荷分离激发态，即 ICT 态。需要注意的是，这类分子具有同时产生未发生电荷转移的激发态（LE 态）和发生电荷转移或分离的 ICT 态的可能，因此具有从两个不同激发态同时产生荧光，即双重荧光的可能。对于这类荧光探针而言，其识别基团往往是推-拉电子体系中的一部分，当与待分析物结合时，探针分子的电子结构发生改变，从而影响相应的电荷转移过程，进而引起荧光强度或光谱形态的变化，借以达到对待分析物识别的目的。此外，这类荧光探针分子一般都具有比较大的斯托克斯位移，且具有比较显著的溶致变色效应（solvatochromic effect），因此，在极性或黏度探测等方面具有广泛的应用。

例如，围绕生命体系中颇具挑战性的 Zn^{2+}检测，He 和 Guo 及其合作者[45]以小分子 7-硝基苯并呋喃（NBD）为荧光团，将其与辅助识别基团三个吡啶分子共价连接，得到荧光活性 NBD 衍生物（NBD-TPEA），其结构如图 1-31 所示。研究表明，该荧光分子表现出明显的分子内电荷转移吸收带、比较大的斯托克斯位移，以及良好的生物相容性等优势。当 pH 为 7.1～10.1 时，化合物荧光激发波长和发射波长分别为 496 nm 和 550 nm，与 Zn^{2+}结合后，发射峰蓝移至 534 nm，吸收峰蓝移至 478 nm，这无疑是 NBD 结构 4 位上氨基与吡啶对 Zn^{2+}协同络合导致相应的 ICT 过程被阻断所致。利用此化合物还可以实现对生物体系中 Zn^{2+}的原位成像分析。

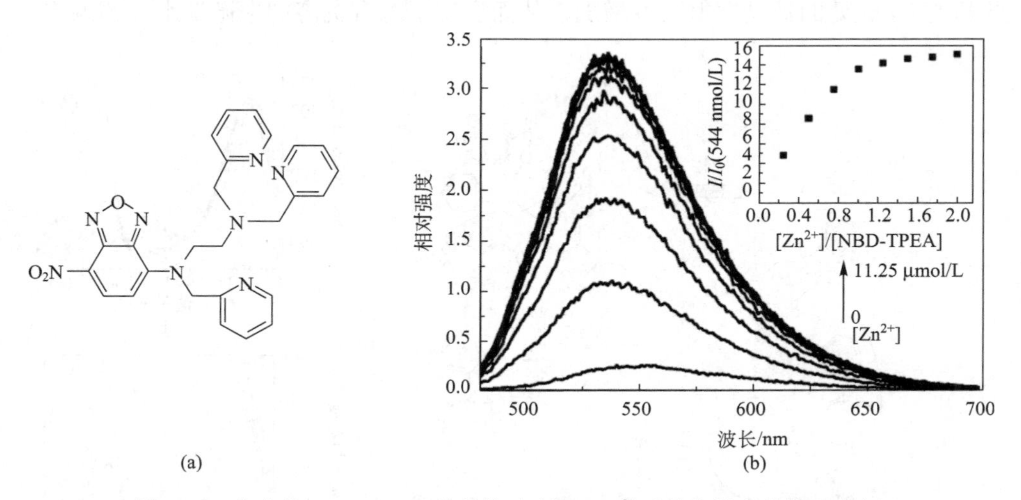

图 1-31　化合物 NBD-TPEA 的结构式（a）及 Zn^{2+}对其发射光谱的影响（b）

1.11.3　非辐射能量转移

如前所述，非辐射能量转移是激发态荧光分子（即能量供体，energy donor）以非辐射形式将激发态能量转移给基态荧光分子(即能量受体，energy acceptor)的过程。此类能量转移可以通过电子交换(Dexter 机理)发生，也可通过偶极-偶极作用(Förster 机理)发生。影响非辐射能量转移效率的因素包括能量供体发射光谱与受体激发光谱的重叠程度、能量供体与受体之间的距离、能量供体与受体跃迁偶极之间的空间关系、介质折射率、供体荧光量子产率、荧光寿命及受体的消光系数[2,3]等。对于用于荧光传感的非辐射能量转移而言，通常见到的几乎都是基于偶极-偶极作用的荧光共振能量转移，即 FRET 机理。

一般而言，以荧光共振能量转移机理制备的荧光传感分子可以分为两类，第一类是初始化合物本身不能发生共振能量转移，与待分析物结合后，可以发生共振能量转移，从而引起荧光强度或者荧光光谱形状的变化，以此实现传感。第二类是初始化合物本身可以发生共振能量转移，与待分析物结合后，共振能量转移效率发生改变，因而体系的荧光强度或荧光光谱形状发生变化，从而实现对待分析物的选择性识别。例如，Chattopadhyay 及其合作者[46]利用罗丹明 B 酰氯和 2-氨基苯基苯并咪唑合成了化合物 L(图 1-32)。化合物 L 中只有一个可以发射荧光的基团，其最大发射波长在 420 nm 左右。在此化合物的乙腈、甲醇、二甲基亚砜(DMSO)或者四氢呋喃(THF)溶液中加入微量水，就会引发分子中电子迁移，发生开环反应并产生一个新的荧光基团，其与原有荧光基团刚好构成一个 FRET 对，引起原有荧光的猝灭，新的荧光产生，即图 1-32 所示 420 nm 左右的荧光强度降低和 570 nm 处的荧光发射强度增加，从而实现了对有机溶剂中微量水分的测定。

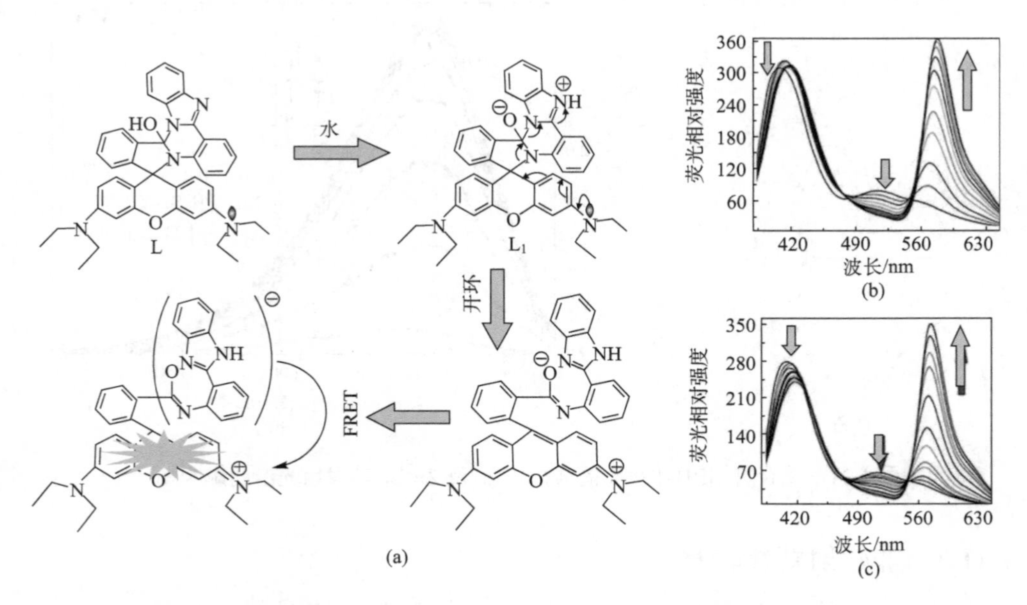

图 1-32　化合物 L 对水的传感机理(a)及水对 L 在乙腈(b)和四氢呋喃(c)中的荧光发射光谱

类似地，Misra 等[47]以吖啶黄为供体，罗丹明 6G 为受体构建了荧光共振能量转移体系。研究表明，在水溶液中随着 pH 的变化，供体的荧光光谱与受体的激发光谱重叠程度会逐渐发生变化，从而引起能量转移效率的变化，依此可以实现对溶液 pH 的大范围(1.4～12)监测。

1.11.4 激基缔合物形成

在众多的荧光化合物中，有一类化合物在稀溶液中没有荧光，但在浓溶液或者薄膜态能够产生荧光，这就是所谓的聚集诱导荧光效应[48]。与之不同，还有一类荧光化合物，分子间的相互聚集会产生激基缔合物荧光 [49]。芘作为常见的可形成激基缔合物的荧光化合物，由于量子产率高、化学稳定性好、荧光寿命长等性质而受到人们的广泛关注。此外，芘单体荧光光谱的精细结构，芘单体荧光发射与激基缔合物发射强度的比例对微环境极其敏感，这种光谱形貌的环境依赖性为其传感应用奠定了基础。例如，几年前，笔者小组[26]以芘作为荧光基团，胆固醇为辅助结构，氨基作为识别基团，设计合成了蝴蝶型双胆固醇双芘衍生物(图1-20)。溶剂效应研究表明，此化合物只有在水、甲醇、乙醇和乙腈等极性较大的溶剂中才会出现激基缔合物的荧光，在小极性溶剂中，激基缔合物荧光几乎完全消失，这被归因于化合物在不同极性溶剂中溶解能力的不同。为了证明激基缔合物的形成是分子内(化合物中含有两个芘单元)还是分子间作用的结果，笔者特别考察了化合物荧光发射光谱结构的浓度依赖性，结果发现，随着化合物浓度的增加，激基缔合物荧光发射比例明显增大，由此揭示了其分子间作用本质。但是，值得一提的是，在化合物浓度低至 1×10^{-7} mol/L 时，仍有激基缔合物荧光峰，说明通过分子内作用形成激基缔合物的可能也不能被完全排除。正是该化合物荧光光谱对微环境的敏感性才使得其在有机溶剂中微量水测定中获得了应用。实验表明，该化合物对乙腈中水的检出限可达 0.0007%(*V*/*V*)。此外，不同于芘和单芘衍生物，所讨论化合物还可以作为黏度探针使用。

1.11.5 化学反应利用

灵敏度和选择性是判断荧光传感器好坏的重要指标。为了得到性能优异的荧光传感分子或材料，人们将特异化学反应引入传感分子或材料的设计中，由此形成了所谓的反应型荧光传感器。由于化学反应的专一性，由此得到的传感器往往具有较高的选择性。此外，选择恰当的化学反应还可以获得比较高的传感灵敏度。作为常见的信号分子，NO 在心血管、免疫及中枢神经等生理系统中发挥着重要作用，围绕 NO 检测，Guo 等[50]将派洛宁与邻苯二胺中的氨基直接结合得到了荧光探针 **1**(图 1-33)。研究发现，在此荧光探针溶液中通入 NO 后，随着时间延长，探针在 450 nm 处的吸收峰逐渐降低，在 590 nm 处出现一个新的吸收且强度逐渐增强，说明 NO 与探针分子之间发生了作用，形成了一种新的物质。由于在探针 **1** 中氨基能够向荧光基团转移电子，发生所谓的 PET 效应使体系荧光猝灭，与 NO 反应后氨基不复存在，因此 PET 过程被阻断，体系荧光增强。在谷胱甘肽(GSH)和半胱氨酸(Cys)存在时，这个反应产物可以继续与二者反应，分别形成发红光和发绿光的产物，使检测信号进一步放大，从而实现对 NO 的选择性测定。

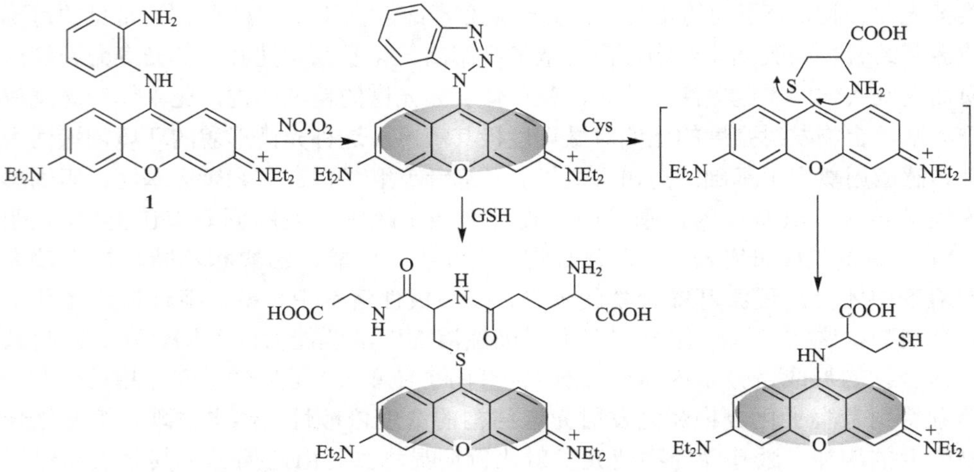

图 1-33 Cys 和 GSH 存在时，荧光探针 **1** 对 NO 的传感机理

一般来讲，上述基于单分子作用的荧光传感可以用图 1-34 概括。从图中可以看出，在均相体系中，荧光传感主要通过待检测分子与荧光活性单元之间的一对一相互作用实现，相对来讲过程比较清楚，机理也可以比较清楚地描述，因此，这类传感有可能经由分子设计来实现。不过对于涉及界面过程的薄膜基荧光传感而言，情况要复杂得多，传感既可以通过检测对象与传感单元之间的一对一或者一对多相互作用实现，更多的则是通过检测对象与传感单元之间的多对一实现。也就是说传感对象在传感单元附近的富集改变了传感单元的聚集状态或者改变了其微环境，从而导致荧光性质的改变，由此实现传感(图 1-35)。

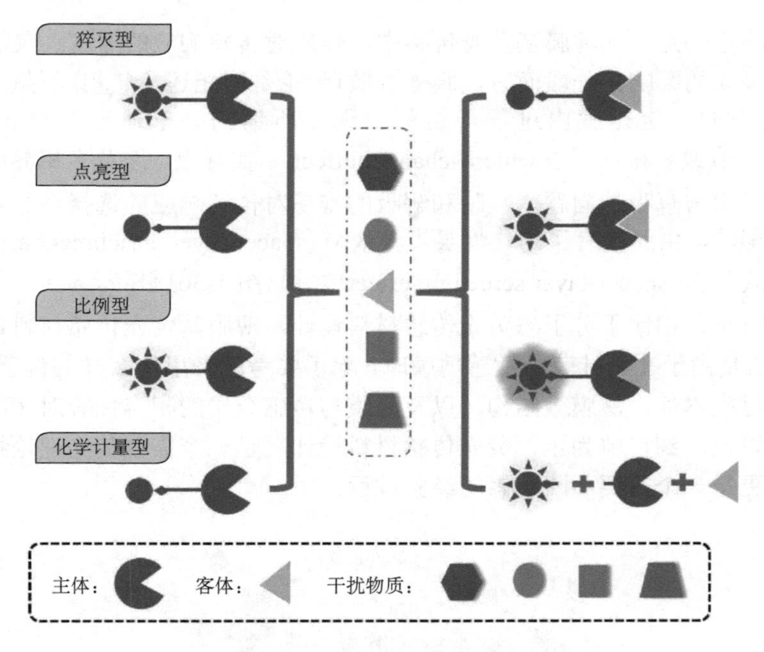

图 1-34　基于单分子作用的均相荧光传感示意图

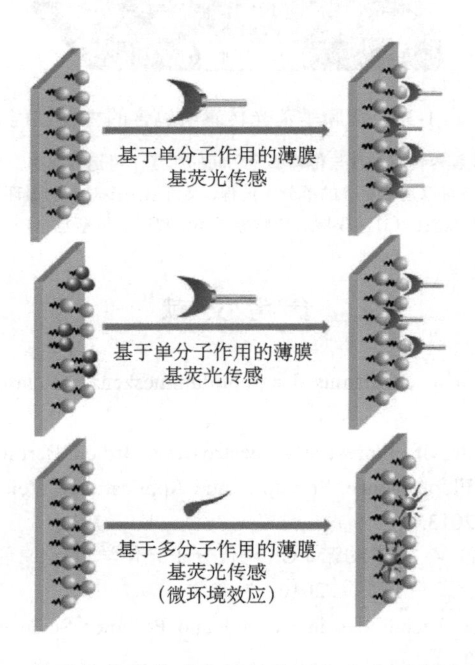

图 1-35　薄膜基荧光传感中的单分子与多分子作用示意图

需要注意的是，在薄膜基荧光传感中，传质对传感响应的速度、灵敏度、可逆性均有极大的影响。一般而言，膜外扩散(无论是液相还是气相)不是问题，决定扩散速率的一定是膜内过程，这就出现了所谓的分子通道效应(molecular channel effect)或者微孔效应(micro-channel effect)。实际上，涉及多相界面的传感还有一个吸附与解吸的问题。吸附和解吸的难易对传感响应的选择性、可逆性也有极大的影响，由此就有了连接臂层富集效应(spacer-layer enrichment effect)和连接臂层屏蔽效应(spacer-layer screening effect)之说(图 1-36)[51-53]。

由此可见，相比于分子态荧光传感材料设计，薄膜基荧光传感材料设计要复杂得多。这是由于在设计荧光敏感薄膜时，除了要考虑采用什么样的传感机理外，还要考虑衬底本性、薄膜微结构，以及薄膜与传感介质的相容性等对传感检测的影响。可以说，到目前为止，荧光传感材料设计既是一个需要荧光理论指导的理性过程，更是一个需要不断积累的经验过程。

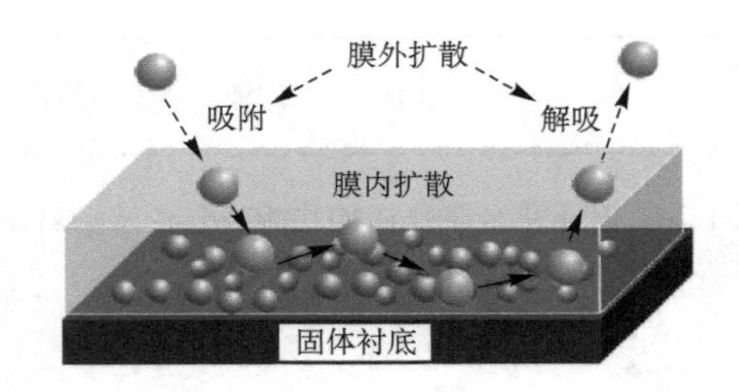

图 1-36 薄膜基荧光传感所包含的主要过程

(1)吸附、膜内扩散、解吸，以及膜内传感对象与传感单元之间的相互作用是实现薄膜基荧光传感必须经历的过程。(2)传感对象与传感单元之间既可以是一对一的单分子过程，又可以是多对一的微环境扰动过程。这种作用可以经由静态发生，也可以经由动态发生。(3)薄膜层对传感分子的富集或者屏蔽也会极大地影响薄膜的传感响应性能

参 考 文 献

[1] Jablonski A. Über den mechanismus der photolumineszenz von farbstoffphosphoren. Z Phys, 1935, 94: 38-46.

[2] Lakowicz J R. Principles of Fluorescence Spectroscopy. 3rd ed. Berlin: Springer-Verlag, 2006.

[3] Valeur B. Molecular Fluorescence: Principles and Applications. Weinheim: Wiley-VCH Verlag GmbH & Co. kGaA, 2013.

[4] 图罗 N J, 拉马穆尔蒂 V, 斯卡约诺 J C. 现代分子光化学(1)：原理篇. 吴骊珠, 佟振合, 吴世康, 译. 北京: 化学工业出版社, 2016.

[5] Fang Y. Fluorescence Techniques in Colloid and Polymer Science. Xi'an: Shaanxi Normal University Press, 2002.

[6] Sommer G A, Mataranga-Popa L N, Czerwieniec R, et al. Design of conformationally distorted donor-acceptor dyads showing efficient thermally activated delayed fluorescence. J Phys Chem

Lett, 2018, 9: 3692-3697.

[7] Bixon M, Jortner J, Cortes J, et al. Energy gap law for nonradiative and radiative charge transfer in isolated and in solvated supermolecules. J Phys Chem, 1994, 98: 7289-7299.

[8] Marx V. Probes: Paths to photostability. Nat Methods, 2015, 12: 187-190.

[9] Grimm J B, English B P, Chen J, et al. A general method to improve fluorophores for live-cell and single-molecule microscopy. Nat Methods, 2015, 12: 244-250.

[10] Ai X, Evans E W, Dong S, et al. Efficient radical-based light-emitting diodes with doublet emission. Nature, 2018, 563: 536-540.

[11] Behera S K, Park S Y, Gierschner J. Dual emission: classes, mechanisms, and conditions. Angew Chem Int Ed, 2021, 60: 22624-22638.

[12] Shi L, Yan C, Guo Z, et al. *De novo* strategy with engineering anti-Kasha/Kasha fluorophores enables reliable ratiometric quantification of biomolecules. Nat Commun, 2020, 11: 793.

[13] Chen C, Chen Y, Demchenko A P, et al. Amino proton donors in excited-state intramolecular proton-transfer reactions. Nat Rev Chem, 2018, 2: 131-143.

[14] Klymchenko A S. Solvatochromic and fluorogenic dyes as environment-sensitive probes: Design and biological applications. Acc Chem Res, 2017, 50: 366-375.

[15] Chen W, Chen C, Zhang Z, et al. Snapshotting the excited-state planarization of chemically locked *N,N'*-disubstituted dihydrodibenzo[*a,c*]phenazines. J Am Chem Soc, 2017, 139: 1636-1644.

[16] Hu D, Xu W, Wang G, et al. A mild-stimuli-responsive fluorescent molecular system enables multilevel anti-counterfeiting and highly adaptable temperature monitoring. Adv Funct Mater, 2022, 32: 2207895.

[17] Huang R, Wang C, Tan D, et al. Single-fluorophore-based organic crystals with distinct conformers enabling wide-range excitation-dependent emissions. Angew Chem Int Ed, 2022, 61: e202211106.

[18] 房喻, 王辉. 荧光寿命测定的现代方法与应用. 化学通报, 2001, 64: 631-636.

[19] Braslavsky S E. Glossary of terms used in photochemistry. 3rd ed (IUPAC Recommendations 2006). Pure Appl Chem, 2009, 79: 293-465.

[20] Casanova D. Theoretical modeling of singlet fission. Chem Rev, 2018, 118: 7164-7207.

[21] 房喻. 时间分辨(荧光)各向异性及其在高分子科学研究中的应用. 感光科学和光化学, 1998, 16: 274-288.

[22] Vogel S S, Thaler C, Blank P S, et al. Flim Microscopy in Biology and Medicine (Chapter 10: Time Resolved Fluorescence Anisotropy). Boca Raton: Taylor & Francis, 2009.

[23] Ameloot M, van De Ven M, Acuña A U, et al. Fluorescence anisotropy measurements in solution: Methods and reference materials (IUPAC Technical Report). Pure Appl Chem, 2013, 85: 589-608.

[24] Diamandis E P. Immunoassays with time-resolved fluorescence spectroscopy: Principles and applications. Clin Biochem, 1988, 21: 139-150.

[25] Koti A S R, Periasamy N. Application of time resolved area normalized emission spectroscopy to multicomponent systems. J Chem Phys, 2001, 115: 7094-7099.

[26] Zhao K, Liu T, Fang Y, et al. A butterfly-shaped pyrene derivative of cholesterol and its uses as a fluorescent probe. J Phys Chem B, 2013, 117: 5659-5667.

[27] Medintz I L, Hildebrandt N. FRET-Förster Resonance Energy Transfer: From Theory to Applications. Weinheim: Wiley-VCH Verlag GmbH & Co. KGaA, 2014.

[28] Wu P, Brand L. Resonance energy transfer: Methods and applications. Anal Biochem, 1994, 218: 1-13.

[29] Prev B, Peterman E J G. Förster resonance energy transfer and kinesin motor proteins. Chem Soc Rev, 2014, 43: 1144-1155.

[30] Spano F C, Silva C. H- and J-aggregate behavior in polymeric semiconductors. Annual Rev Phys Chem, 2014, 65: 477-500.

[31] Zeng Q, Li Z, Tang B, et al. Fluorescence enhancement of benzene-cored luminophors by restricted intramolecular rotation: AIE and AIEE effects. Chem Commun, 2007: 70-72.

[32] Li Q, Blancafort L. A conical intersection model to explain aggregation induced emission in diphenyl dibenzofulvene. Chem Commun, 2013, 49: 5966-5968.

[33] Würthner F, Saha-Möller C R, Fimmel B, et al. Perylene bisimide dye assemblies as archetype functional supramolecular materials. Chem Rev, 2016, 116: 962-1052.

[34] Chen Z, Stepanenko V, Dehm V, et al. Photoluminescence and conductivity of self-assembled π-π stacks of perylene bisimide dyes. Chem Eur J, 2007, 13: 436-449.

[35] Kaiser T E, Wang H, Stepanenko V, et al. Supramolecular construction of fluorescent J-aggregates based on hydrogen-bonded perylene dyes. Angew Chem Int Ed, 2007, 46: 5541-5544.

[36] Reichardt C. Solvatochromic dyes as solvent polarity indicators. Chem Rev, 1994, 94: 2319-2358.

[37] Marini A, Munõz-Losa A, Biancardi A, et al. What is solvatochromism? J Phys Chem B, 2010, 114: 17128-17135.

[38] Cabot R, Hunter C A. Molecular probes of solvation phenomena. Chem Soc Rev, 2012, 41: 3485-3492.

[39] Evans R C, Douglas P, Burrows H D. Applied Photochemistry. Dordrecht: Springer, 2013.

[40] Lakowicz J R. Topics in Fluorescence Spectroscopy. Vol. 4. Probe Design and Chemical Sensing. New York: Kluwer Academic Publishers, 2002.

[41] Lee M, Park N, Kim J. Mitochondria-immobilized pH-sensitive off-on fluorescent probe. J Am Chem Soc, 2014, 136: 14136-14142.

[42] Zhang L, Clark R, Zhu L. A heteroditopic fluoroionophoric platform for constructing fluorescent probes with large dynamic ranges for zinc ions. Chem Eur J, 2008, 14: 2894-2903.

[43] Coskun A, Deniz E, Akkaya E. A sensitive fluorescent chemosensor for anions based on a styryl-boradiazaindacene framework. Tetrahedron Lett, 2007, 48: 5359-5361.

[44] Kikkeri R, Rubio I G, Seeberger P H. Ru(Ⅱ)-carbohydrate dendrimers as photoinduced electron transfer lectin biosensors. Chem Commun, 2009: 235-237.

[45] Qian F, Zhang C, Zhang Y, et al. Visible light excitable Zn^{2+} fluorescent sensor derived from an intramolecular charge transfer fluorophore and its *in vitro* and *in vivo* application. J Am Chem

Soc, 2009, 131: 1460-1468.

[46] Pal S, Mukherjee M, Sen B, et al. Development of a rhodamine-benzimidazol hybrid derivative as a novel FRET based chemosensor selective for trace level water. RSC Adv, 2014, 4: 21608-21611.

[47] Misra V, Mishra H, Joshi H C, et al. Excitation energy transfer between acriflavine and rhodamine 6G as a pH sensor. Sens Actuators B Chem, 2000, 63: 18-23.

[48] Hu R, Leung N L C, Tang B. AIE macromolecules: Synthesis, structures and functionalities. Chem Soc Rev, 2014, 43: 4494-4562.

[49] Wang G, Zhao K, Fang Y. Fluorescence sensors based on aggregation induced excimer emission. Huaxue Tongbao, 2014, 77: 292-301.

[50] Sun Y, Liu J, Zhang H, et al. A mitochondria-targetable fluorescent probe for dual-channel NO imaging assisted by intracellular cysteine and glutathione. J Am Chem Soc, 2014, 136: 12520-12523.

[51] Lü F, Fang Y, Gao L, et al. Spacer layer screening effect: A novel fluorescent film sensor for organic copper（Ⅱ）salts. Langmuir, 2006, 22: 841-845.

[52] He G, Peng H N, Liu T H, et al. A novel picric acid film sensor via combination of the surface enrichment effect of chitosan films and the aggregation-induced emission effect of siloles. J Mater Chem, 2006, 19: 7347-7353.

[53] Ding L, Fang Y. Chemically assembled monolayers of fluorophores as chemical sensing materials. Chem Soc Rev, 2010, 39: 4258-4273.

其他相关读物

[1] 曹怡，张建成. 光化学技术. 北京：化学工业出版社, 2004.

[2] 吴世康. 超分子光化学导论. 北京：科学出版社, 2005.

[3] 吴世康. 高分子光化学导论. 北京：科学出版社, 2003.

[4] 樊美公，佟振合. 分子光化学. 北京：科学出版社, 2013.

[5] 许金钩，王尊本. 荧光分析法. 3 版. 北京：科学出版社, 2006.

[6] 张建成，王夺元. 现代光化学. 北京：化学工业出版社, 2006.

[7] 中国科学院. 光化学. 北京：科学出版社, 2008.

第2章

荧光薄膜制备的一般策略

薄膜基荧光传感的基础是衬底担载荧光活性表面材料的设计制备，研究相关界面现象，揭示相关界面过程与反应的本质对于此类材料的性能持续改进具有极其重要的意义。

相对于均相（溶液）化学传感器而言，薄膜传感器具有不污染待测体系、可重复使用、易于器件化等优点，因而备受人们青睐。其中，以荧光为传感信号的薄膜化学传感器具有灵敏度高、检测信号丰富、不消耗试剂、无需参考物，甚至可实现远程检测等优点，近几十年来得到了迅猛发展。2005 年，Bosch 及其合作者[1]综述了荧光小分子修饰高分子基薄膜基荧光传感器研究进展；2007 年，Reinhoudt 等[2]综述了通过荧光小分子的高分子膜、溶胶-凝胶材料、介孔材料、玻璃、金纳米颗粒等表面担载发展荧光敏感薄膜的研究进展；2010 年，笔者团队[3]就基于化学自组装的单分子层荧光敏感薄膜研究情况进行了全面综述；2015 年，Lu 及其合作者[4]又综述了近年来用于化学和生物传感的荧光薄膜研究进展，在这篇综述中，他们特别强调了薄膜结构与薄膜传感性质之间的关系。2016 年，笔者团队[5]从传感分子设计、界面工程和器件化等方面总结了荧光敏感薄膜和薄膜基荧光传感器研究进展。可以说，经过数十年的积累，荧光敏感薄膜研究正面临一个由基础研究走向实际应用的重大机遇。

最近，国际著名传感器专家、德国科学家 Wolfbeis[6]专门撰文指出，以探针、传感器、标记物为主题的研究论文发表数量与日俱增，但能够付诸应用、真正意义上的传感器极其稀少。在他看来，所谓传感器是指能够独立工作的单元或器件。传感器不同于分析仪器中的检测器，更不是一种分子就能够成为一种传感器。Wolfbeis 的观点实际上与国际纯粹与应用化学联合会（IUPAC）的化学传感器定义相一致，也与剑桥大学有关专家的传感器概念相一致[7]。由此看来，一种功能分子或材料的创制及其对某种待分析物的特异响应并不能够说明这种功能分子或材料就是一种传感器，即传感不等于传感器。所谓传感器，应该是指那些看得见、摸得着，经过了器件化，能够独立工作，或者能够作为检测仪器的核心发挥作用的单元、部件或器件。由此可见，除了活性物质设计和创制之外，器件化也是传感器发展的关键环节。

2.1 衬底表面修饰与荧光薄膜制备

毫无疑问，相比于溶液，薄膜或颗粒的器件化要容易得多。从这个意义上讲，传感活性物质的薄膜化或颗粒担载及其功能在薄膜或颗粒态的再现是从功能分子到传感器的基础。就荧光传感器研究而言，基于衬底(包括颗粒)表面担载的荧光敏感薄膜创制是基础，因此，需要了解固体表面修饰的一般策略。

根据活性物质与固体衬底表面作用本性的不同，可将包含活性物质的修饰层区分为物理薄膜与化学薄膜。根据有序度的不同，又可将物理薄膜分为无序物理薄膜和有序物理薄膜，其中无序物理薄膜主要包括通过旋涂、浸涂、喷涂以及高分子掺杂等物理过程所得到的薄膜。此外，邻苯二酚、壳聚糖，以及最近发展起来的多巴胺、溶菌酶的衬底表面化学交联等也能够用于无序物理薄膜的制备。在有序物理薄膜中，根据薄膜制备策略的不同，又可将其分为：层层自组装膜、Langmuir-Blodgett(LB)技术的二维组装膜和基于分子凝胶技术的三维组装膜等。化学薄膜情况更加复杂，但在荧光敏感薄膜创制中，经常使用的主要是各种表面化学自组装技术，主要包括：硅烷化试剂的二氧化硅表面反应、有机磷酸酯的表面反应、硅氢表面的自由基反应、贵金属表面的巯基化反应等。实际上，羧酸酯、有机胺等也可用来对固体衬底表面进行修饰或功能化。近年来，基于界面限域动态聚合的共价有机骨架膜、准二维纳米膜受到人们的关注，其制备方法主要包括：液-液界面限域动态聚合、气-液界面限域动态聚合等技术。此外，利用电化学合成技术将特定荧光单体的溶液在电极表面发生电化学反应，从而在电极上形成薄膜，为表面结构、形貌可调的荧光薄膜制备提供了新思路。

为便于理解，图 2-1 概括给出了常见的物理薄膜和化学薄膜制备策略。

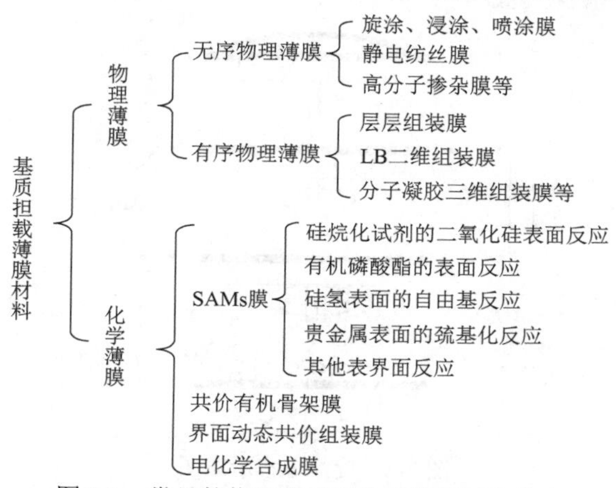

图 2-1　常见的物理薄膜和化学薄膜制备策略

2.2 衬底表面物理修饰

物理修饰是获得表面功能材料的基本策略。物理修饰具有适应性强、对衬底化学本性几乎没有要求、实施方便快捷、易于放大制备等优点。此外，根据需要，物理薄膜还可以随时剥离、洗脱，从而实现衬底的再生和重新使用。这些优点使得物理薄膜在功能表界面材料制备方面获得了极为广泛的应用。根据制备技术的不同，物理修饰主要包括图 2-1 所示的物理涂覆、静电纺丝以及高分子掺杂等三种策略。

2.2.1 物理涂覆

物理涂覆主要包括旋涂、浸涂和喷涂等方式。其中，浸涂只需将衬底浸入预先配制好的活性物质溶液中，通过单次或多次匀速提拉将活性物质尽可能均匀地涂覆于衬底表面，然后通过适当后续处理和干燥获得所需要的功能化薄膜材料。在物理涂覆策略中，这种涂覆技术最为简单，不需要特别的设备，也几乎不受衬底形状、体积等因素的影响，因此，在实践上很容易实现。与之相应的旋涂成膜技术则需要特别的旋涂机。这种旋涂机结构虽然并不复杂，但要获得高质量的旋涂膜，就要求机器转速必须能够严格控制，使用过程中仪器卡盘(chuck)必须严格保持水平。

如图 2-2 所示，旋涂制膜时，将预先经过清洁活化的衬底置于旋涂机卡盘之上，经过水平调节，检查无误后，开启旋涂机，使其以一定转速旋转，稳定后，

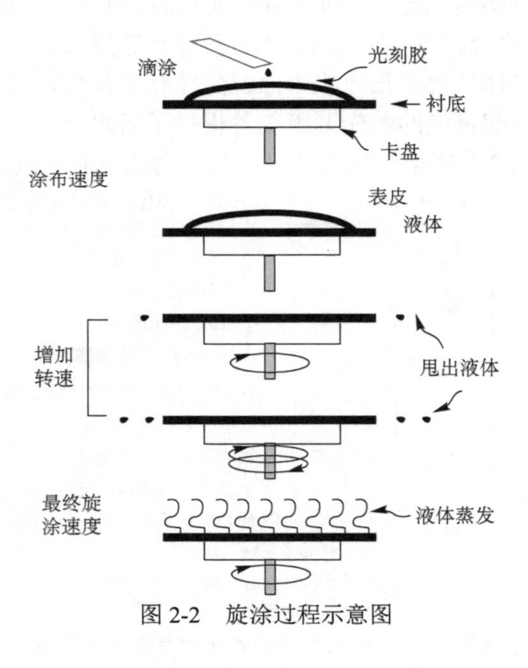

图 2-2 旋涂过程示意图

向衬底中央滴加恰当量的成膜溶液，经过一定时间，衬底表面形成一层均匀薄膜，再经过干燥、退火等后续处理得到所需要的功能薄膜。相比于浸涂，以旋涂法得到的薄膜一般更加密实，结构稳定性要相对好一些。当然，样品体系不同，旋涂条件会大不相同，需要在实践中不断摸索。

与浸涂、旋涂相对应，还有一种流延成膜技术。这种技术的具体操作过程是将预先处理好的衬底置于水平表面，将一定量成膜溶液滴加至衬底中央，利用溶液自身的流动性，并经过恰当的方式干燥和后续处理，获得均匀薄膜。

与旋涂、浸涂和流延成膜不同，喷涂需要特别的设备，例如，广泛使用的电喷雾就是一种典型的物理喷涂成膜技术。为了得到高质量的有机发光、太阳能等器件，近年来不断有新的喷涂设备问世。图 2-3 给出了一种典型的电喷雾制膜实验装置。薄膜厚度和织构等可由电极间电压、喷嘴结构、喷嘴与衬底间的距离、溶液黏度以及喷涂实验温度等因素调控。

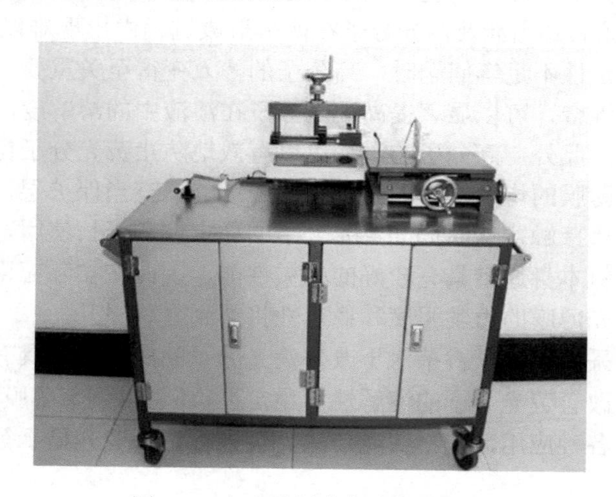

图 2-3 电喷雾制膜实验装置示例

2.2.2 静电纺丝

静电纺丝是一种基于电场作用的先进制备技术，主要原理是通过施加高电压来克服高分子溶液的表面张力，进而实现稳定的静电纺丝过程。这项技术最早的概念可以追溯到 20 世纪初，其间研究人员首次发现在高电压的影响下，液滴会形成一个锥形尖端并最终拉伸成纤维[8]。然而，由于当时的技术和理论限制，这些早期实验并没有得到广泛应用或深刻理解。随着时间的推移，从 20 世纪 70 年代开始，研究人员逐步改进了静电纺丝技术，其中包括对电场强度、喷丝距离、溶液性质等参数的精确控制，从而实现更加稳定和可控的纤维制备过程。该技术的不断改进使得静电纺丝从实验室逐渐走向工业应用阶段。

在静电纺丝过程中，由于高电场的作用，高分子溶液被拉伸并喷射出来，最终形成连续的纤维结构。与此同时，纤维形成过程中溶剂逐渐蒸发，从而逐步形成稳定的纤维构造。这些纤维的直径通常很小，介于几十纳米至几十微米之间。正是因为这些纤维具有高比表面积和其他一些独特的物理、化学性质，它们在科学研究和工业应用中受到了广泛关注。这些特性使得静电纺丝纤维在诸如纳米材料、生物医学、材料科学和纺织等多个领域展现出广泛的应用潜力。因此，静电纺丝技术成为一个引人瞩目的领域，为各种创新应用提供了可能。

2.2.3 高分子掺杂

在荧光薄膜的制备过程中，高分子掺杂是一种广泛采用的方法。在这种高分子掺杂膜中，掺杂物通常是通过物理混合的方式与高分子基质相结合。这种结合能够显著改变薄膜的性能和功能，如增强导电性、提高选择性分离能力以及增强稳定性等特点。尤其是当涉及荧光分子在薄膜形成过程中出现难以溶解、易聚集、可能析出或者稳定性不足等问题时，高分子的掺入变得至关重要。通过将这些荧光分子与高分子混合，可以显著提高荧光分子在溶液中的溶解度，从而更加便于制备均匀的薄膜。此外，高分子的添加可以有效地防止荧光分子自聚集的现象，从而有助于保持薄膜的均匀性。同时，高分子还能够充当保护层，降低荧光分子与外部环境的直接接触，从而提高荧光分子的稳定性和延长使用寿命。值得注意的是，高分子材料本身通常具有较好的机械性能，因此在实际应用过程中，通过掺杂高分子，荧光薄膜的力学强度和稳定性将得到显著提升。

总而言之，采用高分子掺杂对于改善荧光分子的成膜性能具有重要作用。这种方法不仅可以改善荧光分子的溶解性和稳定性，还可以调节薄膜的形态和结构，使其更加适用于各种应用，包括荧光传感、荧光标记、荧光显示等领域。

2.2.4 层层自组装

层层自组装(layer-by-layer self-assembly，LBL)是 20 世纪 90 年代由 Iller 和 Decher 等[9]最先提出的一种简易高效表面修饰方法。早期，层层自组装技术只是以带电衬底(substrate)为载体，通过携带相反电荷聚电解质的交替沉积来制备聚电解质多层膜。经过几十年的发展，层层自组装技术的适用范围日益拓展，能够制备的薄膜类型和功能不断丰富。到目前为止，层层自组装技术不仅能够用于聚电解质多层膜的制备，也可用于树枝状聚电解质、荷电无机微纳米颗粒等多层膜的制备。组装介质也从水相逐渐拓展至有机相，乃至离子液体，层层自组装的驱动力由静电作用发展到氢键、卤键、配位键，甚至化学键作用。层层自组装膜已经成功用于分离、传感等。此外，在超疏水表面构建方面，层层自组装技术也获得了重要应用。

图 2-4 示意出了以表面携带正电荷的高分子 **1**(聚阳离子)和表面携带负电荷的高分子 **2**(聚阴离子)为组分的层层自组装膜制备过程[10]。如图 2-4 所示，首先将经过特殊处理，表面带有负电荷的衬底浸入高分子 **1** 的溶液，吸附一定时间后，拿出沥干、洗净、干燥，再将其浸入高分子 **2** 的溶液，再沥干、再洗净、再干燥，重复上述操作，如此反复，两种聚电解质因阴阳离子间的相互作用而在衬底上“一层一层”地组装起来，得到如图 2-4 所示结构的多层聚电解质薄膜。很显然，这种薄膜制备技术操作十分简单，也无需特殊设备，而且薄膜组成和厚度均可调控，因此，一经出现就受到了广泛的关注，得到了迅速的发展。

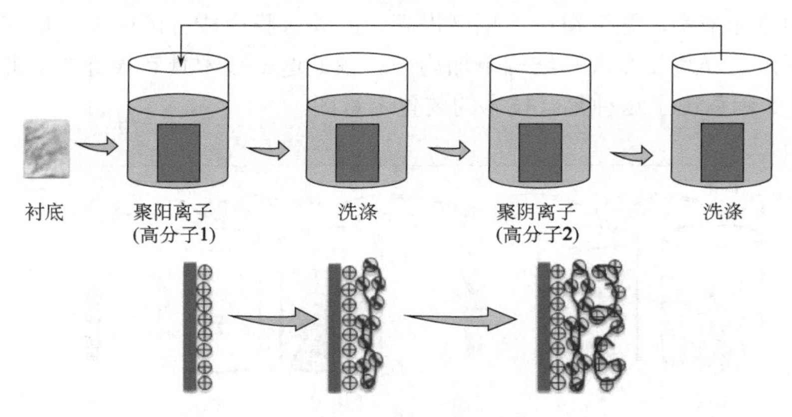

图 2-4　层层自组装过程示意图

实际上，层层自组装膜的真实结构要比模型描述的结构复杂得多。就高分子层层自组装膜而言，膜中高分子链并不是模型所描述的层层堆积结构，而是高分子链的相互穿插。复杂结构的形成被认为是热力学作用的结果，这是由于决定组装过程焓变的离子键数目不因链间穿插而减少，即形成层层自组装膜的焓变与穿插膜的焓变差异不大，但穿插的结果一定是薄膜混乱度的增加，因此导致薄膜熵的增大。可以说，静电作用层层自组装膜的形成不仅仅是静电作用的驱动结果，熵增大也是很重要的驱动力。此外，层层自组装技术不仅适用于对平整表面的修饰，也适用于对不规则表面的修饰，甚至还可用于微型胶囊等空心结构的制备，这也部分说明了为什么层层自组装技术一经出现就特别受重视。

2.2.5　旋涂-喷雾-层层组装联用技术

最近，Gittleson 及其合作者[11]将上述旋涂、喷雾和层层自组装技术结合，发展了一种所谓的旋涂-喷雾-层层自组装联用技术(spin-spray layer-by-layer，SSLBL)。发展这种复合技术的目的之一是提高层层自组装制膜效率，强化薄膜结构。事实上，在层层自组装过程中，每次沉积之后都须经过沥干、清洗、干燥等环节，才能进入下一次沉积操作。这些过程严重制约着制膜效率。为此，Gittleson等在对衬底旋转、加热干燥等因素对薄膜制备效率和薄膜结构影响研究的基础上，提出了 SSLBL 技术。通过对溶液浓度、喷雾时间、衬底旋转速度、干燥时间、干燥时空气流速等因素的调控可以实现对多层组装薄膜结构的精细调控。这种努力的结果不但使薄膜制备过程变得简单，而且使得薄膜制备的条件优化效率极大提高。与此同时，薄膜放大制备也更加容易。特别需要指出的是，利用这种复合制膜技术所得到的薄膜厚度大大减小，即层间距离可缩小至 0.8 nm，而通过普通层层自组装技术所得到的薄膜，其层间距离则要超过 3 nm，因此复合技术制得的薄膜的结构更加密实，强度得以大幅度提高。此外，膜内成分流失或层间渗透得以有效抑制，这样就使得薄膜结构更加均一。预期这一技术具有很好的工业应用潜力，图 2-5 示意出了这种复合技术的装置示意图。

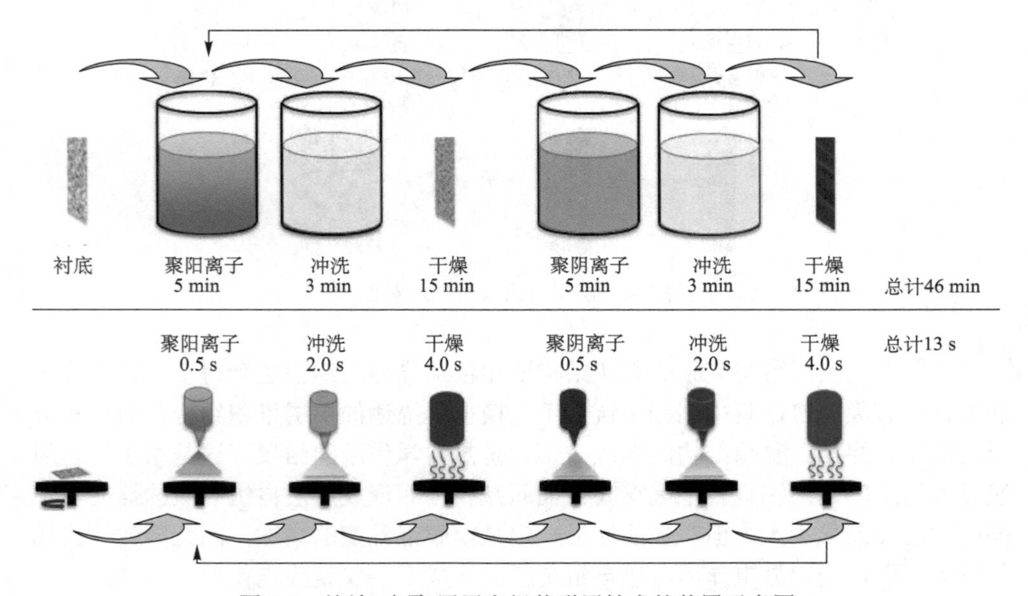

图 2-5 旋涂-喷雾-层层自组装联用技术的装置示意图

2.2.6 LB 膜技术

与前述物理制膜技术不同，以 LB 膜技术获得的薄膜具有相对规整的结构，而且在一定程度上，这种结构还可以人为控制。具体来讲，LB 膜技术是 20 世纪 20～30 年代由美国科学家 Langmuir 和学生 Blodgett 发展起来的一种独特的单分子膜制备技术[12]。利用这种技术可以在适当的条件下，将不溶于亚相(一般为水)，但能分散于亚相的物质经由一定的操作转移到固体衬底表面，从而得到一种在分子水平上排列有序的薄膜。习惯上将漂浮在水面上的单分子膜称为Langmuir膜，而将转移到衬底表面的膜称为Langmuir-Blodgett膜，简称LB膜。需要说明的是，LB膜可以是单分子层膜，也可以是多分子层膜，而且根据膜提拉策略(图2-6)的不同，多层膜内的分子可以是头-头接触，也可以是头-尾接触。尽管这种制膜技术还存在一定的问题，但在问世近百年以来，LB膜技术一直因其独特性而备受关注。特别是因超分子化学的发展，作为典型自组装技术的LB膜技术更是受到了前所未有的重视。这是因为，利用LB膜技术，人们有望得到分子水平上真正有意义的规整单分子层膜或多分子层膜，而且有可能将在亚相表面存在的规整结构完整地转移到固体衬底表面。

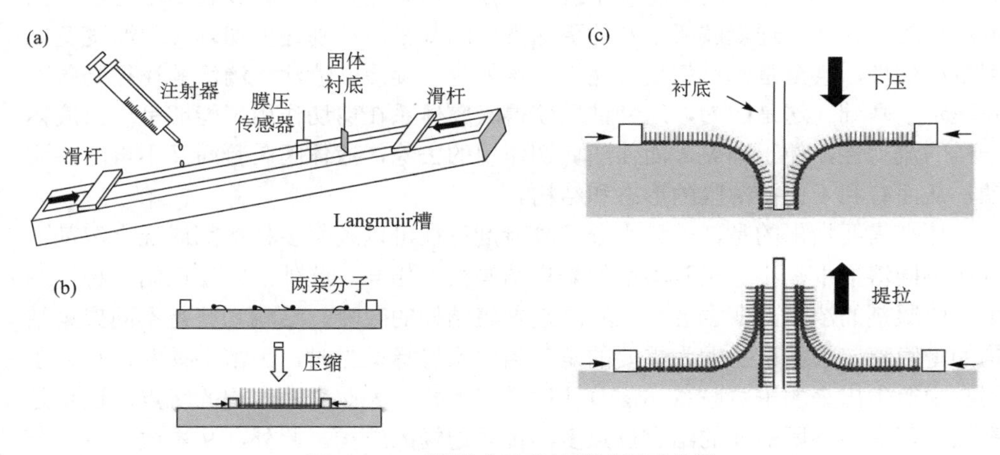

图2-6 LB膜形成及其转移过程示意图

(a) Langmuir拉膜仪基本结构；(b) 单分子层膜的形成；(c) 单分子层膜的转移

事实上，除了人们熟悉的传统LB膜技术之外，近年来，结合固体衬底移动的亚相表面Langmuir有序膜的形成研究受到了特别关注。与传统Langmuir膜不同，在这类体系中，未达平衡态的Langmuir膜成分在固体物质参与下受压趋向平衡，并发生相结构的转变(图2-6)，与之相应产生不同尺寸的周期性有序结构(图案化)。这些有序结构尺寸为几十纳米到几百微米。无论是从基础研究还是从应用研究的角度看，LB膜技术的这一最新发展都引起了多方的关注，研究的体系也已经涉及了磷脂、脂肪酸、碱基，以及它们的混合物等体系。事实上，这类工作已经成为薄膜物理化学研究的一个新领域。

实际上，膜的转移也可以平拉方式实现，这种单层膜技术称为Langmuir-Schaefer(LS)膜技术。相较于LB膜技术，LS膜技术更容易实现，因此得到了日益广泛的应用。

2.2.7 分子凝胶制膜技术

在本质上，分子凝胶制膜实际上就是胶凝剂分子通过分子凝胶策略形成有序或部分有序结构之后，利用分子凝胶的剪切相变或温度敏感特性在旋涂、喷涂等作用下，形成有序或部分有序三维薄膜的过程。众所周知，与化学凝胶、基于高分子的物理凝胶不同，分子凝胶是以小分子化合物为胶凝剂的物理凝胶[13-16]。在这类凝胶中，小分子胶凝剂通过分子间的范德瓦耳斯作用、氢键、π-π堆积、疏溶剂作用、偶极-偶极作用、卤键等弱相互作用形成遍布凝胶体系的三维网络结构，这种结构利用表面张力、毛细作用等将溶剂固定于其中，使其失去流动性，从而形成凝胶。这种小分子间的超分子弱相互作用本质使得分子凝胶表现出化学凝胶所没有的，其他物理凝胶所不及的更加突出的刺激，特别是剪切刺激和温度变化刺激相变性，甚至是刺激相变可逆性，这就为以旋涂、喷涂、滴涂等途径制备薄膜奠定了基础。这是因为，这种性质使得凝胶体系在剪切作用下能够呈现出液体一样的流动性，便于铺展，而伴随剪切作用的去除，液体因胶凝而又不再能够流动，从而有利于保持薄膜的形态和结构。

特别需要指出的是，一种小分子胶凝剂往往可以胶凝多种溶剂或混合溶剂，且在不同溶剂中，小分子胶凝剂的聚集结构很不相同。此外，即便在同一种溶剂中，胶凝剂的浓度改变也会导致胶凝剂聚集结构的改变，这就为获得不同聚集结构的薄膜奠定了基础。尤为重要的是，当体系选择适当时，因溶剂挥发，从分子凝胶中衍生出来的干凝胶(xerogel)往往具有多孔、大比表面结构的特点，这正是高效、可逆传感所需要的结合位点多、传质通畅的结构。此外，从本质上讲，分子凝胶的形成过程类似于溶液中的结晶过程。在超分子作用驱动下，小分子化合物自组装形成有序或部分有序的聚集结构(凝胶网络)，当这种聚集结构的形成与解聚集，即溶解过程达到平衡时，也就达到了介于结晶析出和溶质溶解的凝胶态。可见，凝胶网络结构具有一定的有序性。因此，可以通过分子凝胶介导，获得有序或部分有序的物理薄膜，而且以这种策略得到的薄膜在结构上会更加丰富。

概括起来讲，分子凝胶制膜技术至少具有以下几个特点：一是薄膜制备过程简单；二是不需要特别的制备设备；三是薄膜结构易于调控，且易于形成有利于传感物质扩散的分子通道；四是当小分子胶凝剂为荧光活性物质时，荧光单元面密度大；五是除了 LB 膜外，相比于其他物理薄膜，以分子凝胶法得到的薄膜有序度高。图 2-7 给出了基于图示荧光胶凝剂，以分子凝胶策略得到的荧光薄膜显微结构[17]。当然，此类薄膜也存在其他物理薄膜共有的问题，例如，衬底表面黏附性低，易于脱落，在溶液中使用时还有可能发生活性物质泄漏，从而使得薄膜性能随使用时间的延长而快速衰减等问题。为此，有必要发展其他更加优异的薄膜制备方法。

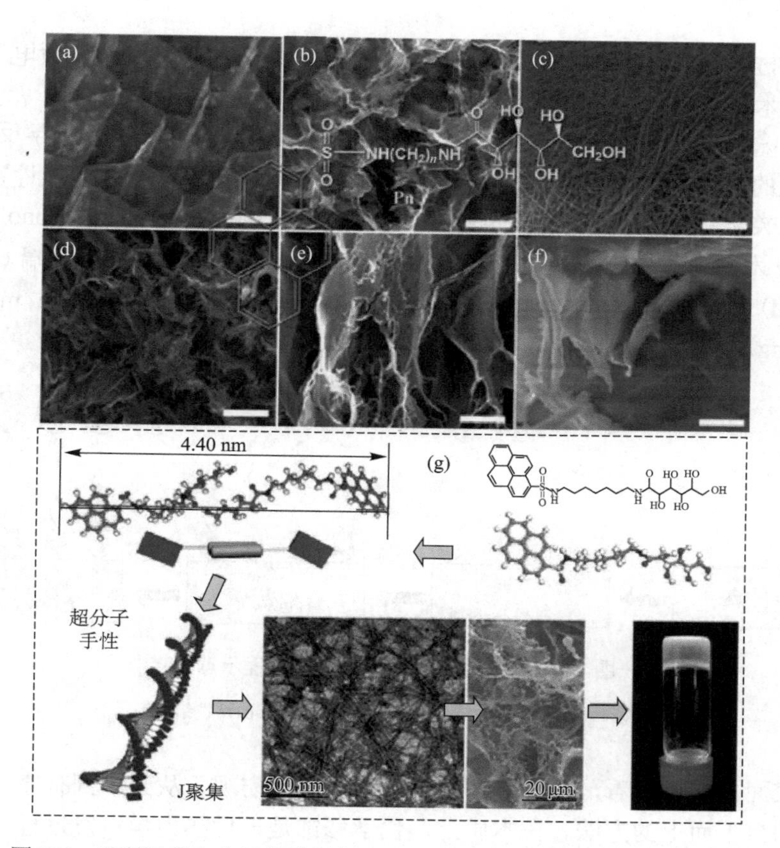

图 2-7 以所示荧光分子为胶凝剂用分子凝胶法得到的荧光薄膜显微结构

(a～f) 连接臂长度极大地影响着凝胶的三维网络结构；(g) 两个分子以尾-尾的方式组成一个独立的堆积单元，并经由螺旋聚集形成最终的分子凝胶

2.3 衬底表面化学修饰

尽管物理制膜技术具有诸多突出的优点，但所得薄膜稳定性差这一事实极大地限制了其在荧光敏感薄膜创制领域的应用。因此，在过去的几十年里，人们围绕结构更加稳定、性能更加优异的荧光敏感薄膜制备研究开展了大量的工作，发展了各种各样的表面化学修饰或功能化方法。概括起来讲，这些方法的总体思路是通过活性物质的衬底表面化学键合实现薄膜结构的稳定化。事实上，化学修饰是材料表面改性和材料表面功能化的主要途径。而在表面化学修饰中，又以材料表面的有机单分子层化学修饰最为有效，过程最易实现精细调控，以至于形成了单分子层化学(single-molecular-layer chemistry，SMLC)这一表面化学重要分支[3,18]。用于表面修饰的有机分子可以是高分子、普通有机小分子、功能有机小分子以及

无机颗粒材料等。目前，SMLC 技术已经在生物材料、自洁净材料、微电子材料、功能微纳米材料以及传感薄膜材料创制中获得了重要的应用。

与旋涂、层层自组装和 LB 膜等物理成膜方法不同，这些经由化学反应制备功能薄膜的技术具有一个共同的特点，那就是在衬底表面要引入反应性基团（图 2-8）。这类基团的引入一般都是经由自组装单层（self-assembled monolayers，SAMs）技术引入，也可以以氢封端（hydrogen terminated）或氯封端（chlorine terminated）的方式引入。相关反应已经成为表面分子工程（surface molecular engineering）的重要基础。

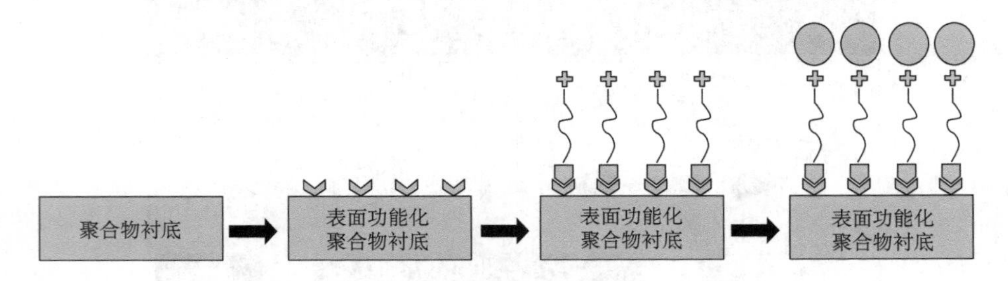

图 2-8 固体衬底表面化学修饰过程示意图

衬底表面符号分别为结合位点、连接臂、（荧光）活性结构等

从表面修饰过程看，化学方法是一种从微观到宏观、从无序到有序、从低级到高级的自下而上的方法。在本质上，化学修饰是一种热力学自发过程，得到的薄膜接近于热力学平衡态，具有比较高的稳定性。此外，化学成膜过程还具有自愈合（self-healing）或缺陷自消除（defect rejection）能力，因此，所形成的薄膜往往堆积紧密、排列有序。目前，常见的表面化学修饰方法主要包括：氧化物型衬底表面的硅烷化反应、有机磷酸酯反应、羧酸反应、邻苯二酚（儿茶酚）反应、硅氢表面的自由基反应、贵金属表面的巯基化反应以及其他表面化学反应等。图 2-9 概括性给出了相关过程[19]。

除了贵金属、硅氢、硅氯表面之外，作为荧光敏感薄膜的衬底，在大多数情况下都需要经过活化，才能通过图 2-9 所示方法进行表面功能化修饰。活化的目的主要包括：一是清洁表面，以利于界面反应的发生；二是在衬底表面产生尽可能多的羟基等反应性基团，借以保证表面活性物质的功能化密度。目前，能够作为荧光敏感薄膜衬底的材料主要包括各种金属氧化物和可以转化为以通式 MO_x 表示的氧化物材料，如 Al、Fe、Cr、Si 和不含氧元素的 SiC、CrN 等其他有机或无机材料。

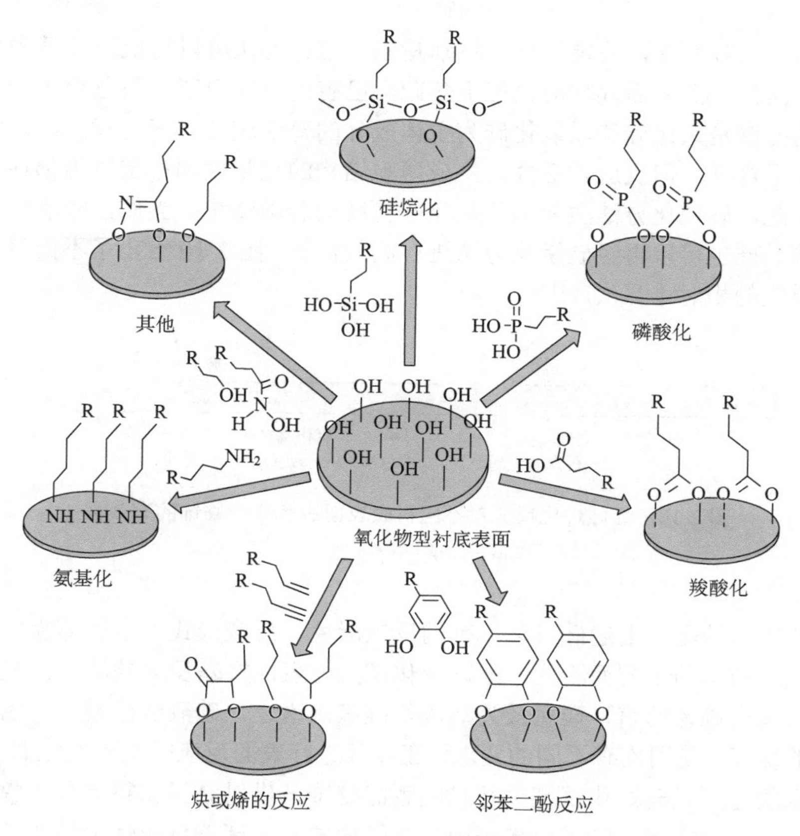

图 2-9　氧化物型衬底表面的化学修饰

用于表面预处理或活化的方法主要包括湿法刻蚀、干法刻蚀、等离子体处理等，其中氧化物型衬底是到目前为止最为常见的荧光敏感薄膜衬底。理论上，羟基表面均可通过单分子层化学反应进行修饰，从而获得所需要的功能表面。根据衬底化学本性的不同，羟基活性的不同，以及对最终所获得修饰结构稳定性要求的不同，可以选择不同的反应试剂进行表面修饰，就已有的认知而言，图 2-9 所示的几种反应均可直接或间接用于氧化物型衬底表面的单分子层化学修饰。

2.3.1　硅烷化反应

硅烷化反应是一种最为常见也最为重要的氧化物表面单分子层修饰方法[20-22]。硅烷化试剂主要包括 $RSiX_3$、R_2SiX_2 和 R_3SiX，其中 R 代表烷基或末端携带功能基团的烷基，X 代表离去基团，主要包括氯原子、烷氧基、氢原子等。硅烷化反应的本质是这些硅烷化试剂与衬底表面的羟基发生缩合反应，形成硅氧键，从而将烷基或末端功能化烷基化学结合于衬底表面。这一表面修饰方法的最大优点是反应速率快、效率高，稳定性好。特别是通过这种方法可以将反应性基团高效引入衬底表面，从而为后续功能化打下基础。已有的研究表明，最适合于硅烷化方法修饰的衬底是氧化硅和以氧化硅为主体成分的普通玻璃。其他表面，即便经由活化产生了羟基，但反应的活性、生成薄膜结构的完整性和稳定性等都存在诸多问题，因此，硅烷化方法主要用于氧化硅衬底的表面修饰。当然，经氧化和活化处理的单晶硅也可以再经硅烷化方法进行高效修饰。图 2-10 给出了不同衬底表面硅烷化反应的相对难易次序[19]。

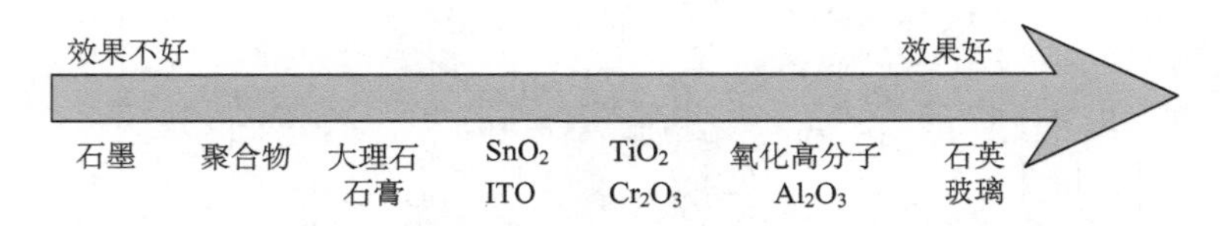

图 2-10 经硅烷化反应对不同衬底表面进行化学修饰的有效性

ITO 代表氧化铟锡

需要指出的是，上述硅烷化试剂的反应活性、反应形式，生成薄膜的内部结构等因试剂结构的不同而不同。就硅烷化试剂与表面羟基反应的活性，或作为离去基团的离去难易而言，硅氯最为活泼，硅氧烷次之，硅氢活性最低。因此，相关试剂的保存、使用均有不同的要求，在以其进行表面反应时要特别注意。此外，还要注意的是，以硅烷化试剂进行衬底表面修饰，借以获得完整单分子膜几乎是不可能的。原因在于，除了衬底表面羟基结构缺陷、环境反应性杂质的参与或干扰之外，多位点反应性试剂的使用也是一个重要的因素。例如，由于三烷基氯硅烷（R_3SiCl）或三烷基硅氧烷（R_3SiOR'）活性太高，试剂保存、使用不方便，人们常常以单烷基三氯硅烷（$RSiCl_3$）或单烷基三烷氧基硅烷（$RSiOR'_3$）作为反应性试剂，进行氧化硅表面修饰。这样一来，反应性氯硅键或烷氧基不仅可以和衬底表面的羟基缩合形成硅氧硅键，也可以与邻近的氯硅键或硅烷化试剂反应形成硅氧硅键。这种非衬底表面反应的存在极易导致多层膜的出现，这就是为什么以硅烷化试剂修饰氧化硅表面时通常得到的是粗糙表面。当然，薄膜内部交联反应的发生有助于获得高聚集密度薄膜材料，而与之相反，单一反应位点硅烷化试剂的使用虽然具有易于获得真正意义上的单分子薄膜的优点，但衬底表面的功能化程度也往往较低。例如，以图 2-11 所示的三种氨丙基硅烷化试剂修饰氧化硅表面时，得到的薄膜结构就很不相同。以其中的 APDMES 修饰氧化硅表面时，在得到的薄膜中，一个硅烷化试剂分子平均占据面积 32～38 $Å^2$，是烷基链截面面积的两倍左右。由此可见，由单一反应位点硅烷化试剂修饰所得薄膜的功能化基团的面密度确实比较低，原因主要是在表面反应过程中，非活性基团（就

APDMES 而言，即两个甲基)的伸出效应(stick out)或占位效应的存在妨碍了高面密度结构的形成。

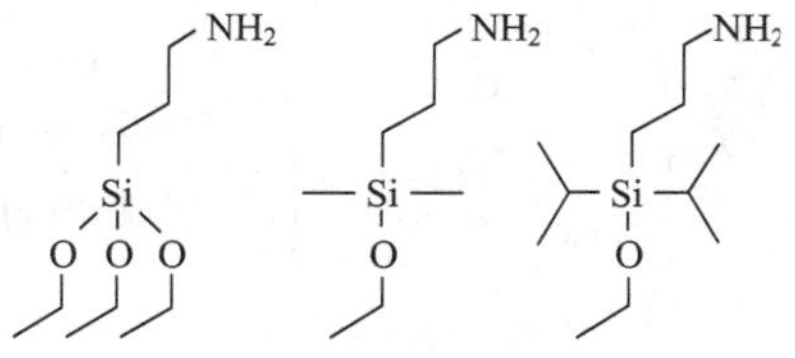

APTES　　APDMES　　APDIPES

图 2-11　用于氧化硅表面修饰的几种常见氨丙基硅烷化试剂

事实上，氧化硅表面的硅烷化试剂修饰是一件十分讲究的事情，需要根据实际情况(特别是环境湿度)仔细摸索。一般而言，衬底表面的硅烷化修饰既可经由溶液相反应进行，又可经由气相反应进行。通常溶液相反应多在室温下进行，但溶剂的选择则要复杂得多。选择溶剂时需要考虑的因素主要是溶剂的黏度和极性，以及水加入量。水太少导致反应不完全，难以形成完整的单层膜，但是水太多则会引起硅烷化试剂在溶液相的自聚，以及薄膜表面的粗糙化。Sagiv 等[23-26]认为联环己烷是最为理想的溶剂，主要是由于这种溶剂表面张力大、挥发性小，对水和硅烷化试剂与衬底表面羟基反应形成的极性中间体均有一定的溶解性，而与此同时，又与反应形成的密堆积烷基链不相容。除了联环己烷之外，正庚烷、甲苯、环己烷、苯以及十六烷等也是比较理想的硅烷化溶剂。一般而言，氧化硅表面硅烷化修饰的合理水浓度约为 0.15%(mg/mL)。与之相反，THF、1,4-二氧六环、CH_2Cl_2、$CHCl_3$ 和戊烷等与水相容性太好或太差的溶剂均不适用于氧化硅表面的硅烷化修饰，主要是由于水分太多会引起硅烷化试剂在衬底表面的高分子化，水分太少又会抑制硅烷化试剂中烷氧基的水解，从而影响表面反应的进行。

至于气相修饰，通常是将待修饰衬底在 50～120 ℃置于硅烷化试剂气氛中，放置几小时到几天。一般而言，相对于溶液相修饰，以气相法得到的硅烷化层堆积密度要高得多，有序度也会更高，且可以有效避免溶液相硅烷化修饰所存在的缺陷多、不均匀，以及局部寡聚化、颗粒化等问题。可以说，气相法是到目前为止最为有效的获得均一单分子层修饰结构的策略。气相沉积能否成功主要取决于实验者的经验，为此，Chidsey 及其合作者[27]发展了一种几乎不依赖于经验的硅烷化气相沉积方法。图 2-12 示意性给出了相关反应过程。需要说明的是，以这种方法进行氧化硅表面修饰时，要求反应在减压(约1 mmHg)和加热(约 110 ℃)条件下进行，通常以水合硫酸镁为水分提供者。

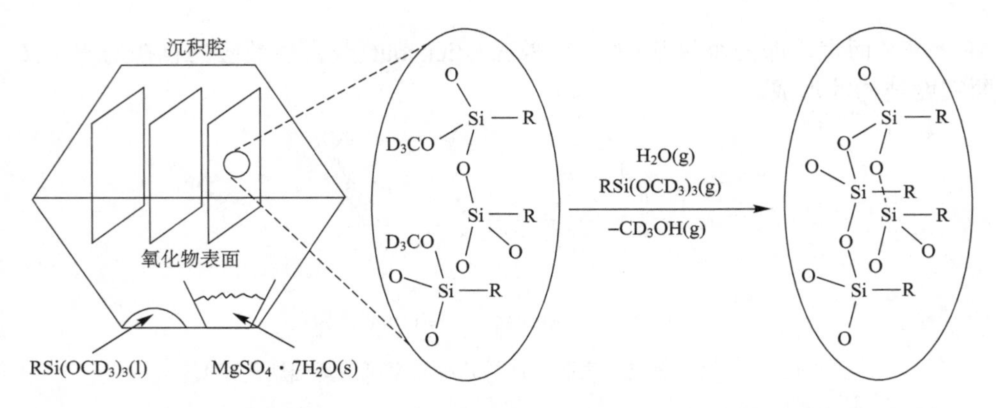

图 2-12　以烷基三氘代甲氧基硅烷和七水硫酸镁为起始物的氧化硅表面的硅烷化气相沉积法修饰

中间为水解不完全硅烷化薄膜；右边为水解完全密实堆积硅烷化薄膜

2.3.2　有机磷酸酯的表面反应

早在 20 世纪 50 年代，Ries 和 Cook 就开展了表面磷酸化研究工作。之后，经过多年的发展和完善，磷酸化已经成为一种十分有效的表面化学修饰方法[28-30]。用于表面化学修饰的磷酸化试剂主要包括各种烷基膦酸和烷基膦酸酯(图 2-13)。表面磷酸化反应可以在水相中进行，也可以在有机相中进行。以烷基膦酸为表面反应试剂时，由于溶解度的缘故，通常以水为反应介质。而以烷基膦酸酯为反应试剂时，反应则需要在有机溶剂中进行。实验发现，溶剂本性对表面磷酸化反应的效率，反应后形成的烷基化表面的结构、稳定性都有极大的影响。就深入研究过的 ITO 玻璃的表面磷酸化而言，一般来讲溶剂介电常数小，其与衬底表面作用弱，往往易形成密实稳定的烷基磷酸化层；反之，溶剂介电常数大，与衬底表面作用强，则不利于稳定修饰结构的形成。通常情况下，表面磷酸化反应都是通过浸涂或浸入方式进行的，反应时间因体系的不同而不同，可以从几分钟到几小时，甚至几天。

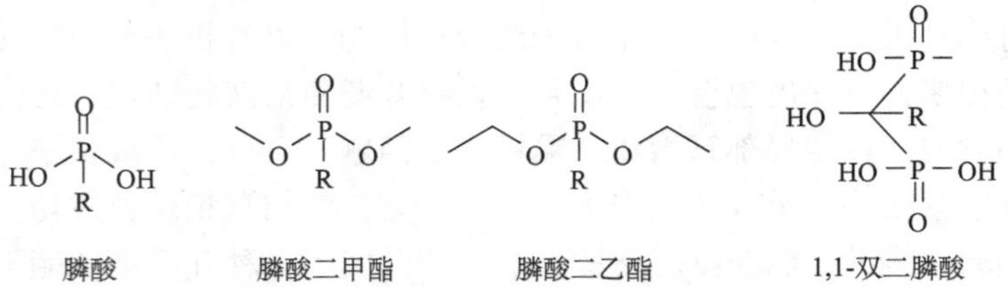

膦酸　　膦酸二甲酯　　膦酸二乙酯　　1,1-双二膦酸

图 2-13　常见表面修饰用烷基膦酸和烷基膦酸酯

但是需要注意，以浸涂或浸入法进行氧化硅表面烷基磷酸化修饰时，往往难以得到稳定的薄膜结构，主要是由于衬底表面与修饰层的作用仅限于范德瓦耳斯作用、氢键等弱物理作用，以至于所得薄膜很容易因洗涤而流失。为此，Schwartz 小

组[31]和 Thissen 小组[32]分别提出了著名的 T-BAG（tethering by aggregation and growth）策略（图 2-14）。以这种策略对氧化硅表面进行修饰，一般要经由两个阶段才能完成。首先将表面浸涂有烷基磷酸化试剂的衬底垂直放置以使溶剂缓慢挥发，直至溶剂挥发至干，然后将其置于低湿度的真空干燥箱中加热至 140 ℃进行退火，依此形成致密的化学吸附层。

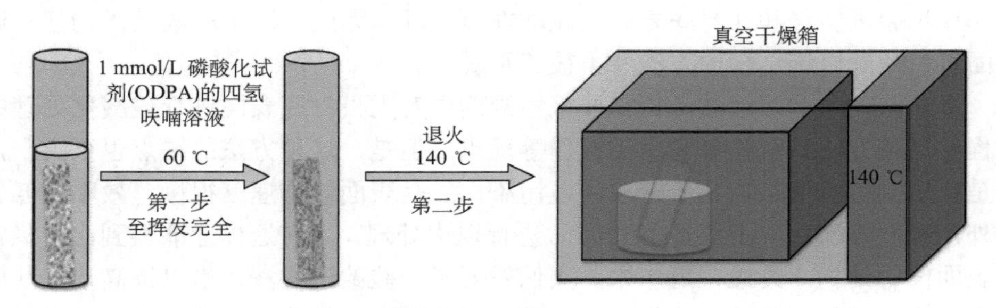

图 2-14 表面磷酸化 T-BAG 工艺示意图

需要注意，相对于氧化硅，烷基磷酸化试剂对云母片和氧化铝表面的结合能力更加突出。因此，在以氧化硅为衬底时，可以预先在其表面沉积一层氧化铝，然后进行烷基磷酸化反应，依此可以得到更加致密稳定的有机层，从而达到稳定修饰的目的。

鉴于湿法修饰的不易实现，近年来，Tsud 及其合作者[33]又发展了干法（气相）磷酸化表面修饰方法。例如，以苯基磷酸修饰无定形氧化铝就可以得到相对稳定的有机修饰层，而且还可以通过控制试剂沉积速度来调控有机层的厚度。类似地，在气相中可以辛基磷酸修饰氧化铝表面，依此也可以得到良好的有机修饰层。而且难能可贵的是通过长时间热蒸发可以脱除表面物理吸附层，使得衬底表面仅仅保留化学结合的单分子层结构。

2.3.3 有机羧酸的表面反应

尽管通过有机羧酸表面组装技术实现无机材料的表面有机化技术远没有硅烷化和磷酸化技术使用得那么普遍，但表面有机羧酸自组装确实是至今研究最早，也最为系统的无机衬底表面单分子层有机修饰策略。出现这种局面的原因主要包括：①有机羧酸品种繁多，易于得到；②有机羧酸毒性较小；③羧酸根可以和金属形成单齿或双齿配位结构。当然，与其他表面有机修饰策略一样，基于有机羧酸的表面修饰也需要进行退火处理，因此才有可能得到比较稳定的表面有机结构。

总体而言，可以通过三条途径在金属氧化物表面构建基于羧酸的有机薄膜。这些途径就是 LB 膜技术、溶液法与气相法等[34,35]。所用的活性试剂可以是有机羧酸，也可以是有机酸的锂盐、钠盐或者四丁基铵盐。不过，无论是使用什么样的试剂，经过什么样的途径进行修饰，其驱动力都是羧酸根阴离子与氧化物表面金属离子的络合作用。

LB 膜技术：LB 膜是早期使用最多的一种将有机羧酸固定于无机衬底表面的技术。这种技术的优点和缺点同样突出。优点是所得薄膜有序性高，这是由于有机羧酸经过压缩在槽水体表面能够形成致密的有序膜，而后经由转移覆盖到衬底表面。缺点是薄膜稳定性比较差，主要是由于衬底表面大量水的存在削弱了衬底表面对羧酸或羧酸根的结合能力，从而使得薄膜易于流失或破损。此外，薄膜的有序性也会因转移和在衬底表面的流动性而下降。因此，以 LB 膜技术构建衬底表面有机羧酸修饰结构的方法并不被特别看好。

溶液法：所谓溶液法是指在非极性溶剂中对无机衬底表面进行羧酸化处理的过程。这种方法具有简单和易于操作等优点。但是，这种方法的缺点也很突出，一是要用到有机溶剂，易于造成环境污染；二是表面修饰速度很慢，效率很低。此外，一般修饰后，还需要在 120 ℃进行退火处理，只有这样才能得到比较稳定的表面修饰结构。为此，近年来，人们发展了一些改进方法，借以提高溶液法的效率和所得薄膜的品质。例如，以硝酸水溶液处理二氧化钛颗粒可以显著增加其表面正电荷密度，从而加快有机羧酸或羧酸根在颗粒表面的沉积速度。此外，也可以在高压釜中通过溶剂热合成进行相关表面修饰，从而显著提高表面修饰效率，改善所得有机层结构，提高薄膜稳定性。图 2-15 示意出了二氧化钛表面有机羧酸修饰过程和最终结构示意图[36]。

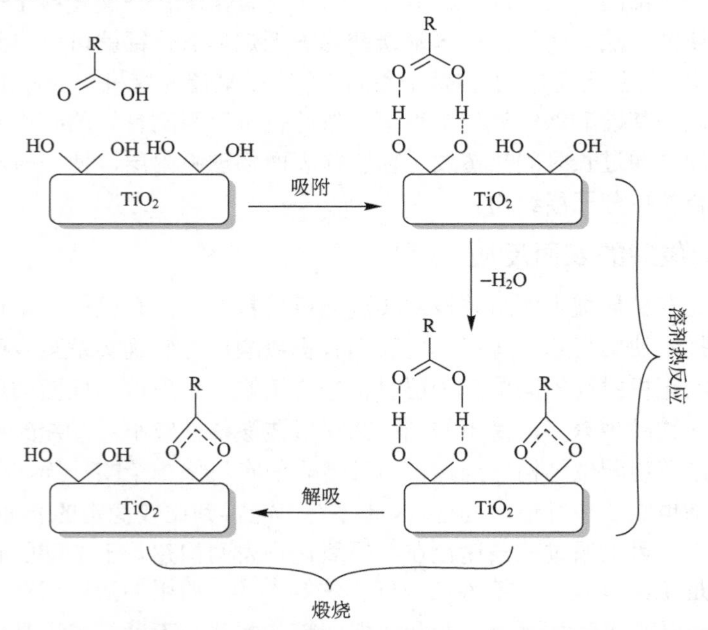

图 2-15 采用溶剂热法对二氧化钛表面进行有机羧酸修饰的过程和最终结构示意图

气相法：由于无机衬底表面的溶液法修饰存在一定的问题，加之对衬底适应性较差，近年来，人们将气相法用于以羧酸或羧酸盐对无机衬底表面的有机修饰。例如，Nüesch 和 Martz 等[37,38]就通过气相生长的方法将某些羧酸衍生物结合于 ITO、Al 和经由等离子体处理的 GaAs 表面，获得了比较稳定的表面结构。这种方法至少有三个突出的优点：一是反应在真空下进行，不需要溶剂；二是由于排除了溶剂分子与衬底表面的作用，所得薄膜在结构上更加均一；三是与溶液法相比，气相法反应更快，更加易于放大制备。考虑到羧酸及其衍生物与氧化物表面难以反应这一事实，多年前，Bernasek 和 Schwartz 及其合作者[39]发展了一种氧化物表面羧酸间接修饰法。具体来讲，就是首先用四叔丁醇锆处理经过特殊方法活化的氧化物表面，以此获得比较稳定的表面结合二叔醇锆的活性表面，然后以羧酸与此表面反应，得到如图 2-16 所示锆介导表面有机结构。以这种气相方法所得有机表面的稳定性要好得多。氧化物表面的气相有机羧酸修饰也可以经由喷雾方式完成[34,40-42]。例如，可以将羧酸溶于无水 THF 中，然后以喷雾方式将其喷涂于冰冻的氧化物表面，然后快速将样品转至 100～150 ℃炉内处理 30～45 min。以这种方法所得的薄膜结构均一程度和稳定性比一般的溶液法要好得多。当然，不同衬底、不同修饰羧酸会对反应条件有不同的要求，需要进行条件优化。

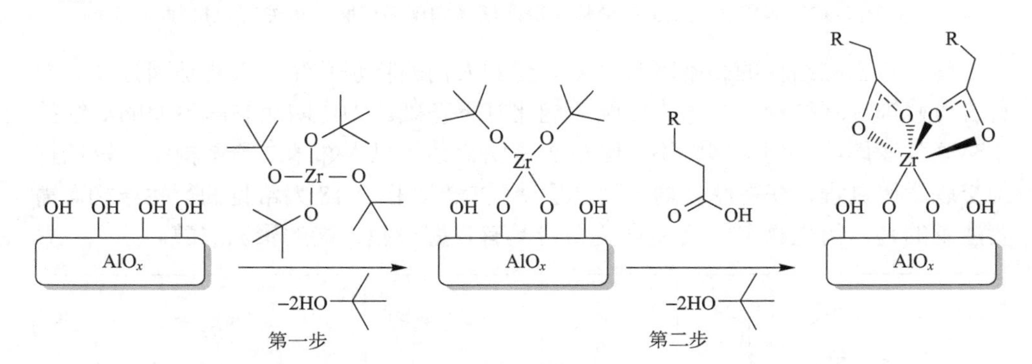

图 2-16　四叔丁醇锆介导铝表面有机羧酸修饰法示意图

2.3.4　邻苯二酚的表面反应[43-45]

邻苯二酚（儿茶酚）的表面反应主要是指那些包含邻苯二酚结构的芳香族化合物（如多巴胺）的表面结合反应。这类化学物质的表面结合实际上是一种仿生过程。众所周知，海洋生物——蚌类往往会分泌出一种黏垫蛋白（adhesive-pad protein），其对固体表面呈现出极强的黏附能力。这类黏垫蛋白也被称为蚌类黏附蛋白（mussel adhesive protein，MAP）。在某些 MAP 中，邻二羟基苯丙氨酸（DOPA）含量可达 30%以上。事实上，基于 DOPA 的黏附物质的表面黏附或结合具有三个突出的特点，即①对材料表面的化学本性和干燥程度没有特别的要求，即便是特氟龙（Teflon）这样的超疏水表面也可以很好地黏合；②利用具有特定结构的邻苯二酚衍生物可以获得极强的表面黏附结构；③黏附不需要加热老化，加工工艺简单。

邻苯二酚类化合物的表面黏附机理相当复杂，一般来讲，主要包含邻二羟基的表面铆接以及随后的氧化交联两个过程，从而在衬底表面形成一个结合紧密的坚固高分子薄膜。以多巴胺为例，典型的氧化交联模式可用图 2-17 表示。

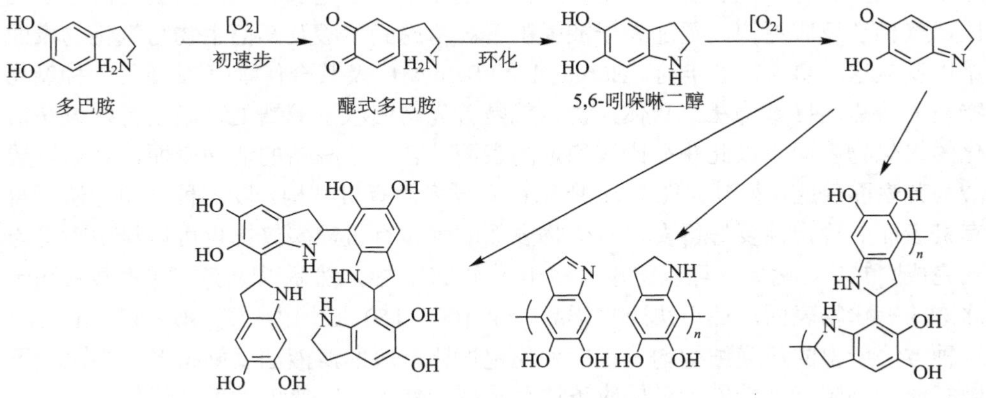

图 2-17　多巴胺到 5,6-二羟基吲哚四聚体和聚多巴胺的可能转化机理

基于多巴胺结构的黏附薄膜之所以受到人们的特别关注，主要是因为其表面富含可修饰羟基结构，从而为后续功能化打下基础。为了防止黏附表面的后续持续交联和变厚，人们尝试将不同吸电子基团或结构引入邻苯二酚结构中，以期抑制交联增厚过程，获得厚度均一的单层薄膜[46,47]。图 2-18 为常见的衍生结构。需要注意的是，衍生物中的 R 基团为自身具有良好成膜性能的聚乙二醇。

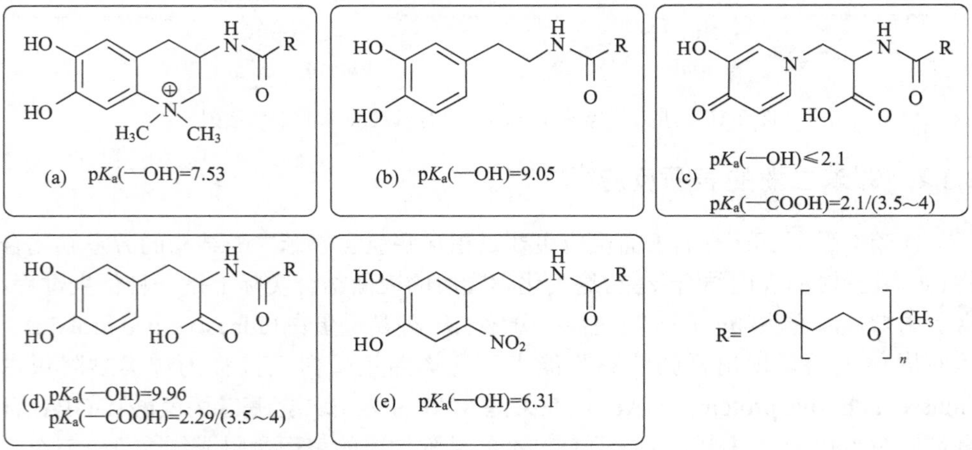

图 2-18　几种能够促进单分子膜形成的典型缺电子型邻苯二酚衍生物

(a) Anacat；(b) 多巴胺；(c) 含羞草素；(d) 多巴；(e) 硝基多巴胺

针对邻苯二酚衍生物在衬底表面的结合模式，人们也开展了大量的研究工作。例如，在以羟基为结构末端的氧化物衬底表面，邻苯二酚及其衍生物就可以以单核双齿、双核双齿、单核结合但同时存在桥连氢键等三种不同的结合形式存在(图2-19)。

单分子力谱测量研究表明，邻苯二酚在钛金属表面的平均结合强度可达800 pN，是含苯酚结构的同类化合物在同一金属表面结合强度的8倍左右，可见螯合作用的重要性[48]。

基于邻苯二酚衍生物的表面修饰方法具有极其广泛的应用，这些应用的基础是衬底表面具有交联结构的高分子薄膜的形成。不过，目前人们更加关注的是构建结构和功能更加明确的修饰表面，例如纳米颗粒的稳定化、吸光材料制备、可逆氧化还原界面的构建，以及用于改善太阳能电池性能的带隙工程等。总之，基于邻苯二酚及其衍生物的表面修饰方法是一种极其高效且具有很高普适性的表面修饰和改性方法。就荧光活性表面的构建而言，引入邻苯二羟基也是一个不错的选择，其最大的特点就是对衬底表面结构和化学本性的广泛适应性。

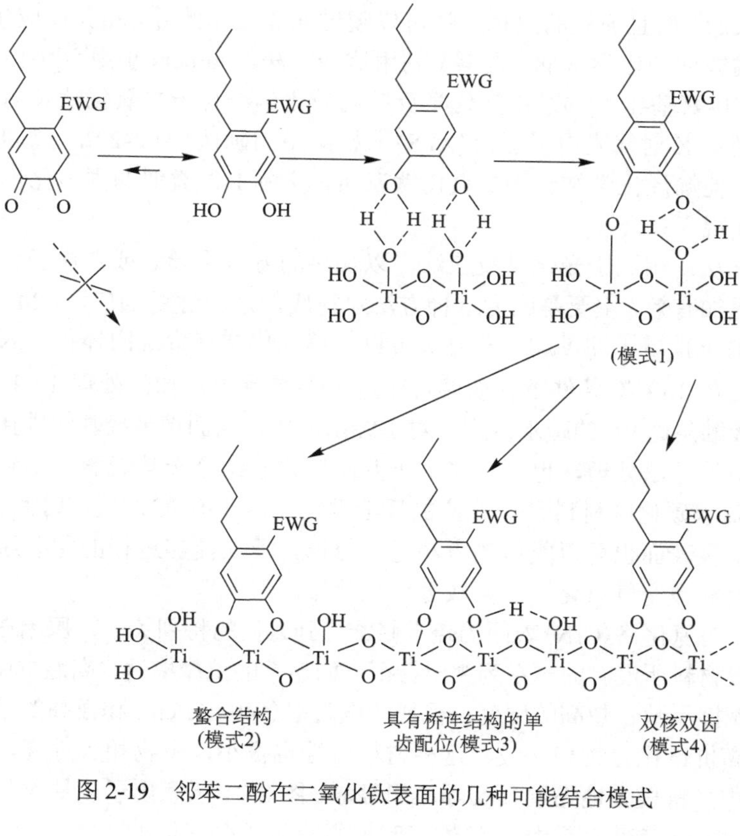

图2-19 邻苯二酚在二氧化钛表面的几种可能结合模式

2.3.5 含烯键或炔键化合物在衬底表面的固定化

可以经由不同途径将炔或烯类化合物固定于衬底表面。这些方法主要包括光化学反应法和热活化法。

光化学反应法：本章前几节所介绍的方法均属于热活化或热反应修饰法。而在利用光刻技术进行的表面图案化(包括阵列结构)修饰过程中，需要用到光刻胶，借以保护某些区域不被刻蚀，从而形成所需要的图案，这就是为什么人们要设法建立或者筛选能够用于构建有序单分子膜光化学反应。在这一领域，以 Zuilhof 及其合作者的工作最早、最具开拓性，且最系统[49-51]。

Zuilhof 等以 254 nm 的紫外光辐照烯烃覆盖的碳化硅表面，得到了化学键合的有机薄膜。需要说明的是，处理之前，碳化硅表面预先经氟化氢(HF)处理，因此，其表面实际上是 Si—OH 和 C—OH。这样经过光照处理，得到的实际是共价结合的烷基表面，表面接触角增加到 100°以上。随后的工作表明这一方法可以拓展到氧化硅、玻璃等衬底表面，由此所得薄膜表面结构相对均一，可以耐受铂原子沉积等反应，而且薄膜的热稳定性可以超过 400 ℃。此外，相关反应条件温和，不需要高腐蚀性的化学试剂参与等。利用这一方法，Hamers 小组[52]将由三氟乙酰基保护的 10-氨基-1-癸烯经由光化学反应高效化学结合于二氧化钛表面。反应的有效性得到了 X 射线光电子能谱(XPS)分析结果的确认(图 2-20)。以同样的方法还可以将其他烯烃化学结合于二氧化钛表面。实际上，类似的固定化也可以经由热活化法实现[53]。

热活化法：相比于光化学反应法，以加热的方法将烯烃或者炔烃化学结合于衬底表面更加有效，主要是因为这种方法对衬底的适应性更加广泛。Mischki 及其合作者[54]最早报道了通过加热的办法可以将烯烃化学结合于固体衬底表面。具体来讲，就是在 150 ℃条件下将玻璃衬底置于 1-癸烯中，加热处理 16 h 可以得到表面对水接触角达 91°的疏水衬底。对于经由活化，表面携带羟基的碳化硅表面而言，以类似的方法处理，也可以将 1-十八碳烯化学结合于其表面，得到接触角可达 107°的疏水碳化硅材料[51]。相应的反应温度仅为 130 ℃，反应时间只需 6 h。甚至对铂电极表面也可以类似的方法进行修饰，反应能够进行的主要原因在于铂电极表面已经被空气氧化，主要成分为氧化铂。

最近，对氮化铬(CrN)表面的疏水修饰受到人们的特别关注，原因在于这种材料具有一般材料所没有的一系列突出特征，如超常的抗摩擦性、高温抗腐蚀性，以及超低的摩擦系数、超高的硬度、很低的电阻率(640 μΩ·cm)和很高的熔点等[55]。此外，与高价铬化合物相比较，这种材料毒性也很小，生物相容性高，因此，表面有机修饰必将极大地拓展其实际应用领域。图 2-21 示意出了以炔类化合物或烯类化合物对 CrN 表面进行修饰的过程和所得有机单分子层的可能结构。需要注意的是，在对 CrN 表面进行修饰之前，一般需要对其进行等离子体辐照，借以形成大量的羟基，使其获得与双键、三键反应的能力。

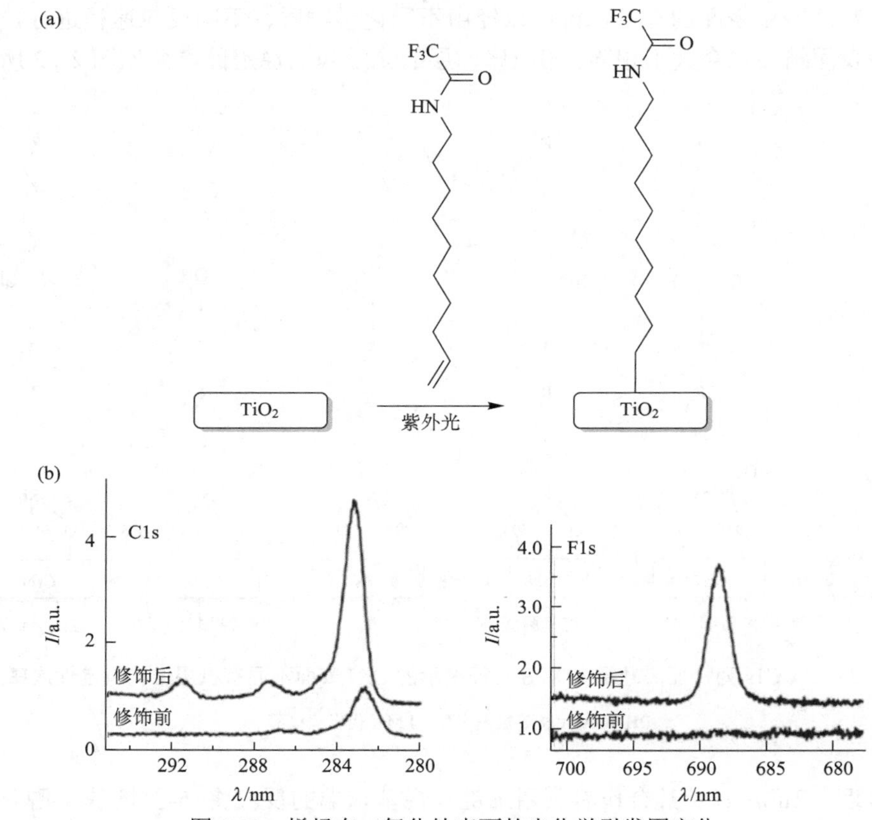

图 2-20　烯烃在二氧化钛表面的光化学引发固定化

(a) 反应过程和薄膜结构；(b) XPS 对二氧化钛表面修饰前后的碳和氟元素含量的表征结果

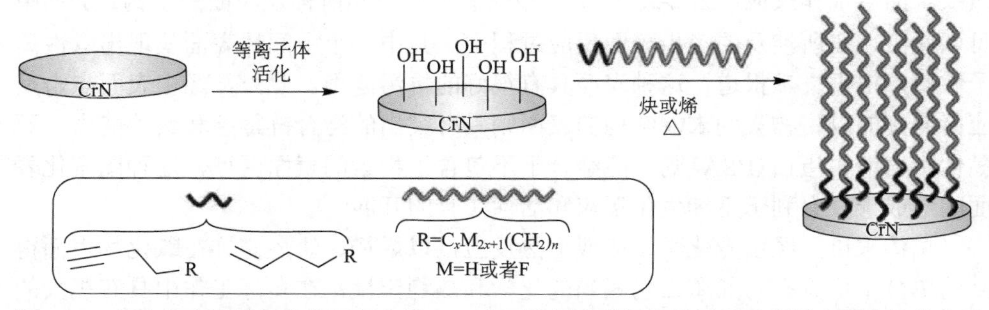

图 2-21　经由等离子体活化的羟基末端 CrN 表面炔烃和烯烃修饰过程及所得表面有机单分子层结构示意图

需要注意的是，仅就以加热法进行表面修饰而言，炔烃的反应活性比烯烃要高得多，反应条件相对也更加温和，反应效率更高。

当然，CrN 表面的有机修饰可以经由不同化学物质、不同反应途径进行，所获得的表面结构也会大不相同。相应修饰层的化学和热稳定性遵循如图 2-22 所示次序[56]。

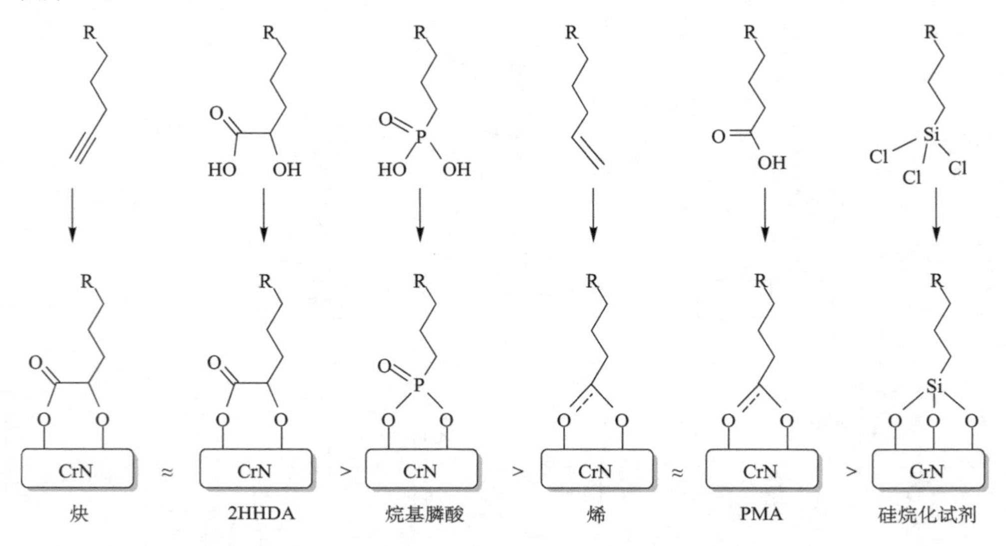

图 2-22　以 C1s 为特征信号经由 XPS 表征揭示的 CrN 表面不同有机层结构稳定性次序

2HHDA 代表 2-羟基辛酸；PMA 代表棕榈酸

最近，Zuilhof 及其合作者利用烯键与羟基末端的反应将 5-己烯基-1-醇化学结合于 ITO 玻璃表面，借以构建能够结合特定生物试剂的所谓的梦幻表面(romantic surface)[57]。当然，要得到最终功能化表面结构和材料还需要一系列的后续表面修饰和反应。图 2-23 给出了相关表面反应和所构建表面的结构。从图中可以看出，在所涉及的多步表面反应过程中，其中一个中间体表面呈现出双性离子性质，根据文献报道，这种表面具有很好的抗污能力。此外，经由表面点击反应所得到的以生物素为末端结构的表面则具有突出的结合链霉亲和素的能力，而黏性牛血清白蛋白(BSA)则只能结合于不包含生物素的表面区域，这种图案化表面的形成十分有利于后续生化反应和活性实验的开展。

总体来讲，经由光化学反应或加热反应，以烯烃、炔烃修饰在氧化物表面得到的单分子层具有与邻苯二酚相当的化学和热稳定性，在实际工作中具有极大的应用潜力，相关研究尚在进行中。

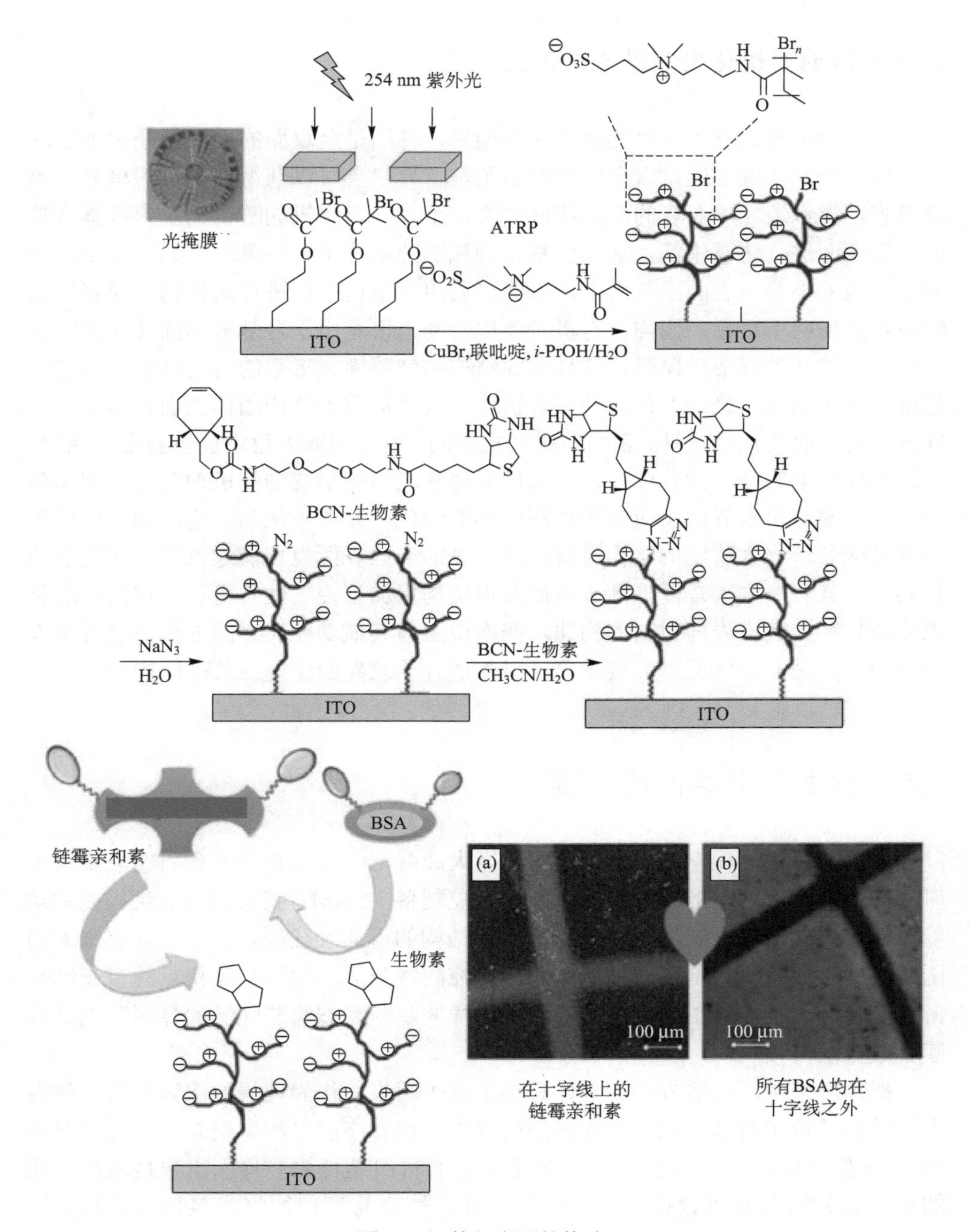

图 2-23　梦幻表面的构建

原子转移聚合(ATRP)引发剂的表面均匀沉积，掩膜存在下，光刻蚀除去引发剂后形成所需要的图案，再经相关单体表面引发聚合得到图案化表面两性离子高分子刷，最后与生物素反应得到具有对蛋白结合性质可调控功能的薄膜材料

2.3.6 其他有机化合物的表面反应

人们对携带巯基的有机化合物在贵金属，特别是金表面的反应已经进行过深入研究，由此明确了通过贵金属表面的巯基特异结合可以获得高质量的单分子组装薄膜。类似地，硼对氧的高亲和性，决定了可以以有机硼酸试剂对含羟基末端的衬底表面进行化学修饰，从而获得含硼氧键的单分子组装薄膜。然而需要说明的是，巯基很难与表面羟基反应，因此，利用巯基化合物进行氧化物表面修饰已经被实践证明不可行。同样，有机胺类化合物也很难用于羟基末端固体衬底的表面修饰，即便勉强形成薄膜，这种薄膜结构的完整性、形貌的均匀性以及稳定性都很难令人满意。最近，羟肟酸类有机化合物也被用于修饰固体表面。当然，不同试剂对衬底的化学本性、表面结构要求不同，得到的薄膜稳定性也会很不相同。不过需要注意的是，到目前为止，人们对衬底表面化学修饰的机理研究还相当薄弱，相信随着对表界面反应本质理解的不断深化，原本被认为不稳定的一些结构很有可能被转化为稳定的结构，有序度不高的一些表面也可能通过对反应过程的控制而使其有序度大幅度提高，从而获得结构更加可控、性质更加多样的功能化表界面材料。荧光表面材料的构建，在本质上与其他功能表界面的构建没有根本的不同，只是需要将适当的荧光单元引入适合于表界面修饰的试剂结构中。

2.4 界面动态共价组装膜

尽管单分子层化学技术已经取得了巨大成就，但是还有一系列问题需要深入研究和解决，例如，SAMs 膜的大面积可控制备，SAMs 膜表面功能化程度和功能单元分布的精确控制，SAMs 膜组成和结构的可靠表征等。因此，近年来人们围绕具有大面积可控制备、功能单元精确控制、表面均匀平整等特点的荧光纳米薄膜制备开展了大量工作，发展了各种各样的基于动态组装化学的界面荧光纳米膜合成方法。

概括起来讲，这些方法的总体思路是以平面界面作为理想的组装模板，使得含有动态共价组装基团的单体在界面处发生长程有序的二维自组装。目前主要分为液-液界面动态共价组装和气-液界面动态共价组装技术。界面组装技术所合成的纳米膜材料具有可设计性强、结构多样、性质易于调控等诸多特点，解决了 SAMs 膜难以大面积制备、功能单元分布不能精确控制等缺点。目前，界面动态共价组装技术已经在微电子器件、分子分离材料、生物材料以及传感薄膜材料创制中获得了重要的应用。

2.4.1　动态共价键

动态共价键近年来受到人们的普遍关注，它将超分子作用的动态性与共价键的稳定性融合于一体，在构筑功能分子、组装材料等领域备受瞩目，也构成了通过界面动态共价组装制备功能薄膜的重要基础[58,59]。早期，人们合成目标有机化合物主要通过调整反应动力学来实现，亦即，在合成过程中，选择合适的试剂(或催化剂)和反应条件，以确保产物得以高效生成。在本质上，目标产物能否如期获得关键在于其是否经由最低能量路径生成，因为只有这样，其他可能的产物才会被显著抑制。反应的不可逆性可以确保特定产物一旦形成，便不会发生重组。正是通过这些努力，化学家才能够高效地合成天然和非天然产物。然而在超分子化学领域中，共价键的形成和断裂变得可逆，获得特定产物的策略也将发生改变。

动态共价化学是研究在平衡条件下可以可逆发生的化学反应的化学。正是这种反应的可逆性为经由动态共价化学合成引入了“错误检查”和“纠错”的可能。由于产物形成受热力学控制，因此产物的分布取决于各产物的相对稳定性。图 2-24 展示了几种常见的动态共价键反应类型。

2.4.2　液-液界面动态共价组装

液-液界面是指两种不相容或部分不相容的液体互相接触的物理界面[60,61]。早在 1907 年，Pickering 首次提出了胶体粒子在弯曲液体界面上的自组装现象，将这些胶体粒子稳定的乳状液体称为 Pickering 乳液。类似于弯曲液体界面的自组装，两种不相容流体之间的平面界面也可以被用作理想的模板，以生成具有长程有序的二维自组装膜。2004 年，Vanmaekelbergh 等首次观察到在诱导剂的作用下，金纳米晶可以在油-水界面自发组装成单层膜的现象。这一现象是通过首先在水溶胶金表面覆盖一层不相容的庚烷，然后在金溶胶中加入乙醇来实现的。在这种情况下，庚烷-水界面会立即形成一层蓝色的金纳米晶薄膜，而且该膜在界面处可以稳定存在。通过水平或垂直提拉可以将其转移到不同衬底表面。

液-液界面动态共价组装是指利用液-液界面处不同成分之间的可逆共价键的形成和断裂实现纳米膜制备的过程。这种方法融合了砌块的界面自组装和砌块之间的动态共价反应特性，为制备自支撑、无缺陷、大尺寸纳米膜奠定了基础。图 2-25 示意出了经由液-液界面动态共价组装进行纳米膜制备的过程。相比于传统方法，液-液界面动态共价组装更为简便、更为可控，在制备特殊功能纳米膜材料等方面具有重要的应用价值。

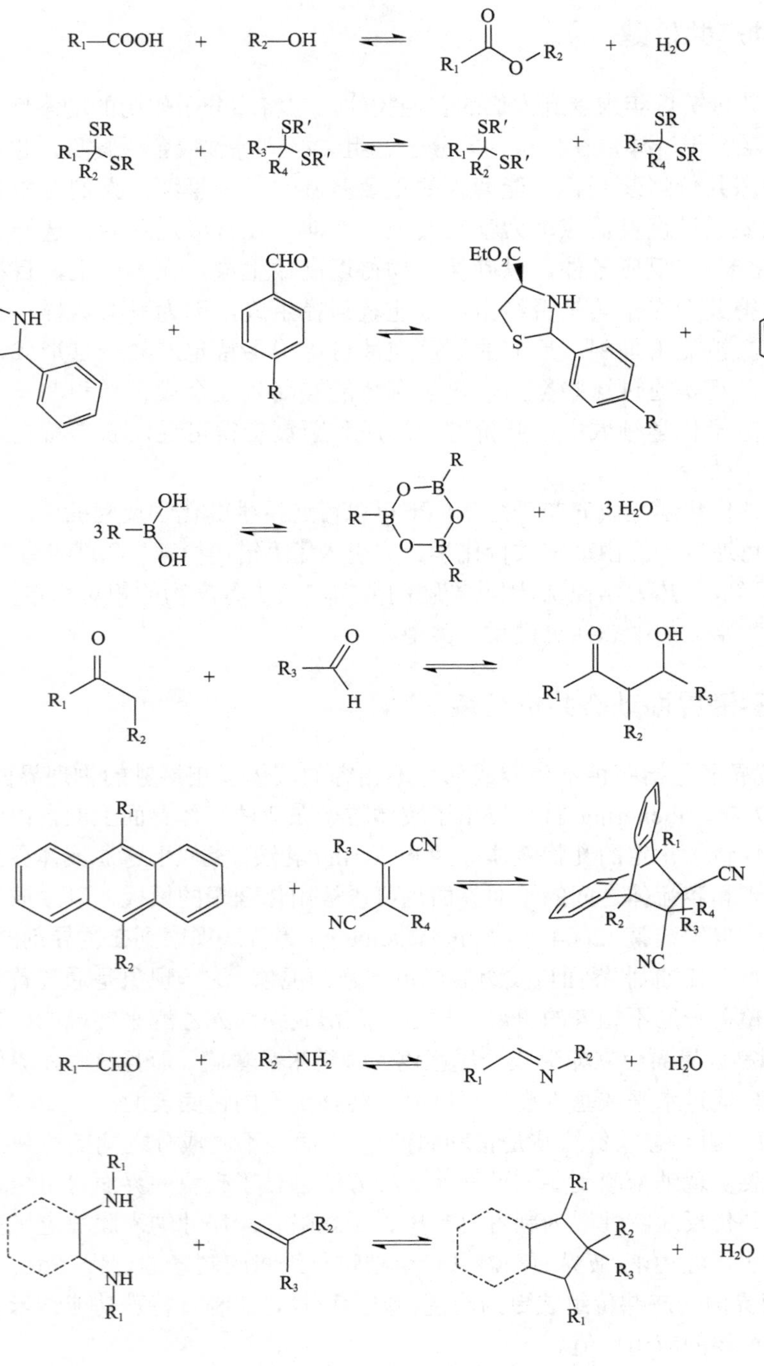

$$R_1\text{—COOH} + R_2\text{—OH} \rightleftharpoons R_1C(=O)OR_2 + H_2O$$

$$R_1R_2C(SR)_2 + R_3R_4C(SR')_2 \rightleftharpoons R_1R_2C(SR')_2 + R_3R_4C(SR)_2$$

EtO$_2$C, NH, S + CHO, R $\rightleftharpoons$ EtO$_2$C, NH, S, R + CHO

$$3\,R\text{—B(OH)}_2 \rightleftharpoons (RBO)_3 + 3\,H_2O$$

R$_1$, O, R$_2$ + R$_3$, O, H $\rightleftharpoons$ O, OH, R$_1$, R$_3$, R$_2$

R$_1$, R$_2$ + R$_3$, CN, NC, R$_4$ $\rightleftharpoons$ R$_1$, CN, R$_2$, R$_4$, R$_3$, NC

$$R_1\text{—CHO} + R_2\text{—NH}_2 \rightleftharpoons R_1CH{=}NR_2 + H_2O$$

R$_1$, NH, NH, R$_1$ + R$_2$, R$_3$ $\rightleftharpoons$ R$_1$, R$_2$, R$_3$, R$_1$ + H$_2$O

图2-24 常见的动态共价键反应类型

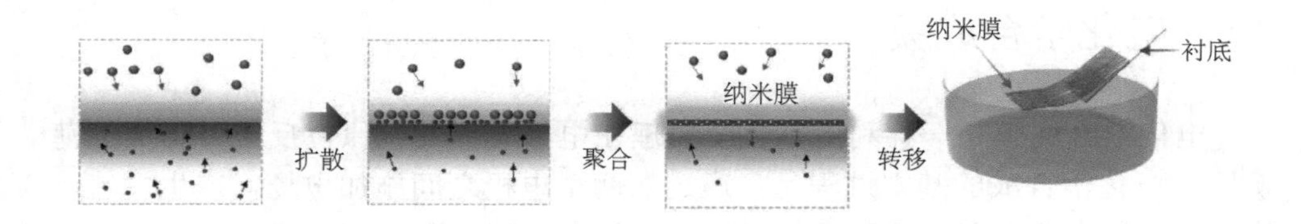

图 2-25　液-液界面动态共价组装示意图

2.4.3　气-液界面动态共价组装

相较于液-液界面，气-液界面稳定性更高，能够在一定程度上克服外界因素扰动对界面组装过程造成的影响。同时，气相单体扩散速度大，从而大幅提高单体的反应速率，此外，气相湿度的改变也可以用于调控界面组装和界面反应，从而得到具有不同结构特征的纳米膜[62,63]。近年来，笔者团队利用气-液界面动态共价反应制备了一系列自支撑、无缺陷、表面均匀平整的荧光纳米薄膜。所得到的薄膜厚度可在数十到数百纳米范围内调控。此外，这类薄膜富含孔道结构，可以很好地满足高性能传感所要求的高效传质和传感单元高效利用等要求。

上述界面限域制膜方法不仅有效解决了传统薄膜存在的传感单元利用率不高问题，而且可以大幅度提高薄膜的光化学稳定性。此外，界面限域膜往往具有柔性，可以自支撑。因此，这类薄膜不仅可以贴附到衬底表面使用，也可以独立使用，还可以贴附到柔性衬底表面使用。这一特点使得发展柔性薄膜基荧光传感器成为可能。

2.4.4　界面共价有机骨架膜

共价有机骨架(COF)材料研究备受科学界关注[64]。在结构上，COF 是有机分子通过共价键连接而成的周期性晶体结构。这一多孔结构特点使得 COF 材料在气体存储、分离、催化、光电、传感等领域展现出巨大的应用潜力。

近年来，科学家们开始探索在气-液、液-液等界面利用动态共价化学方法来实现对 COF 膜的控制制备。动态共价化学为 COF 膜材料的制备提供了一种创新且高效的途径。它通过在气-液、液-液等界面条件下引导 COF 膜的生长和组装过程，实现了对薄膜生长的精确控制。这一方法的优势在于其能够调控反应速率、砌块取向以及最终的薄膜结构。然而，需要指出的是，尽管动态共价化学为 COF 膜制备提供了新的途径，但在实际应用中仍面临一些挑战。例如，反应条件的优化、界面上反应的动力学研究以及大规模制备等问题需要进一步深入探索。

2.5 电化学合成膜

电化学合成膜是一种利用电化学原理在电极表面发生原位反应并形成的薄膜[65]。电化学合成的基本过程是，通过在两个电极之间施加电场，产生电流，从而驱动预先溶解在电解质中的反应前驱体在电极表面发生化学反应，以此得到所需要的产物或者材料。在实践中要实现理想的电化学合成，有很多因素需要考虑，图 2-26 示意出了一些主要的因素。目前电化学技术已经被广泛用于金属、合金、纳米材料、聚合物以及有机和无机化合物等的制备或合成。近年来，有人开始将电化学技术用于荧光薄膜的制备，取得了可喜的进展，由此有望实现对薄膜表面结构和形貌的精细调控。

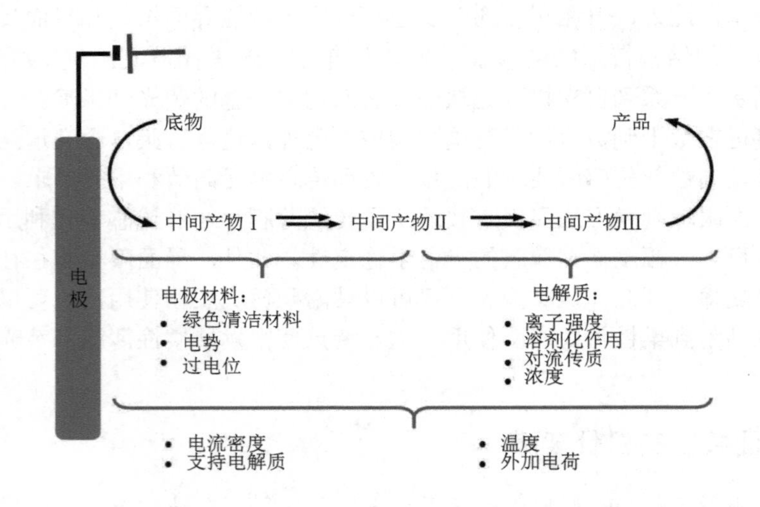

图 2-26 电化学反应装置示意图

2.5.1 电化学有机合成技术简介

电化学有机合成技术的历史可以追溯到 19 世纪初，然而，直到近年来，科学界才开始广泛关注和深入研究这一领域[66]。与传统的热反应或光化学方法相比，电化学合成具有一些独特的优势，如选择性高、环境友好、无需使用有害试剂以及可调控性高等。

在电化学合成中，通常使用电解质溶液作为反应介质，并将工作电极和对电极浸泡其中。通过施加外部电场，电解质中的有机物分子发生氧化还原反应，从而得到所需要的有机产物。这种合成方法可通过调整施加电场的强度来控制反应速率和产物的选择性。利用电化学有机合成可以得到有机酸、有机碱、酮、醛、烯烃、芳香化合物等。此外，对于复杂分子，利用电化学有机合成还可以提高选择性，避免或减少副产物的形成。

2.5.2 电化学聚合

20 世纪 70 年代和 80 年代，研究人员开始研究电聚合技术。电化学聚合是一种利用电化学原理合成高分子产物的技术[67,68]。在合成过程中，通过施加外部电场，驱动单体分子在电极表面发生聚合反应，形成高分子产物。电化学聚合可以用于合成普通聚合物、共聚物和复合材料等不同类型的高分子材料。此外，利用电化学聚合还可以实现对高分子产物分子量、分子量分布，以及高分子链功能化的调控。目前，电化学聚合已经在材料科学、化学工程和生物技术等领域得到广泛应用。此外，电化学聚合还可用于催化、传感器和能源储存等领域。

总体来说，电化学聚合是一种高效的合成方法。选择合适的荧光单体，通过改变电化学聚合条件，不仅可以调控聚合物薄膜的光学性质，还可以改变薄膜的孔隙度和表面特性，从而优化传感薄膜的性能。图 2-27 给出了一些常见的电化学聚合反应。

2.5.3 电化学合成膜调控因素

了解调控因素，对于荧光薄膜的电化学控制制备十分重要。在电化学反应过程中，可以通过调节电解质组成、电极电位、电流密度以及其他反应条件，实现对合成过程的精确控制[69]。这种调控可以影响反应速率、产物选择性、合成产率和合成产物的性质，从而达到预期的合成目标。以电解质的选择为例，电解质的选择决定了溶液中存在的离子种类，从而影响反应的本质，如反应的速率和产物的选择性。在实践中，可以以水溶液、有机溶剂和离子液体等作为电解质。

总体来说，虽然经过几个世纪的探索和发展，电化学合成技术在多个领域获得了重要应用，但电化学合成技术仍然面临应用领域的拓展、制备的可重复性，以及复杂电极过程的理解等诸多挑战。就荧光敏感薄膜的制备而言，电化学合成技术的应用尚处在起步阶段，如何发挥电化学合成优势，制备性能独特的敏感材料还有广阔的空间需要去探索。

2.6 薄膜表征

无论是以物理方法还是以化学方法获得的衬底担载有机薄膜都存在对其结构

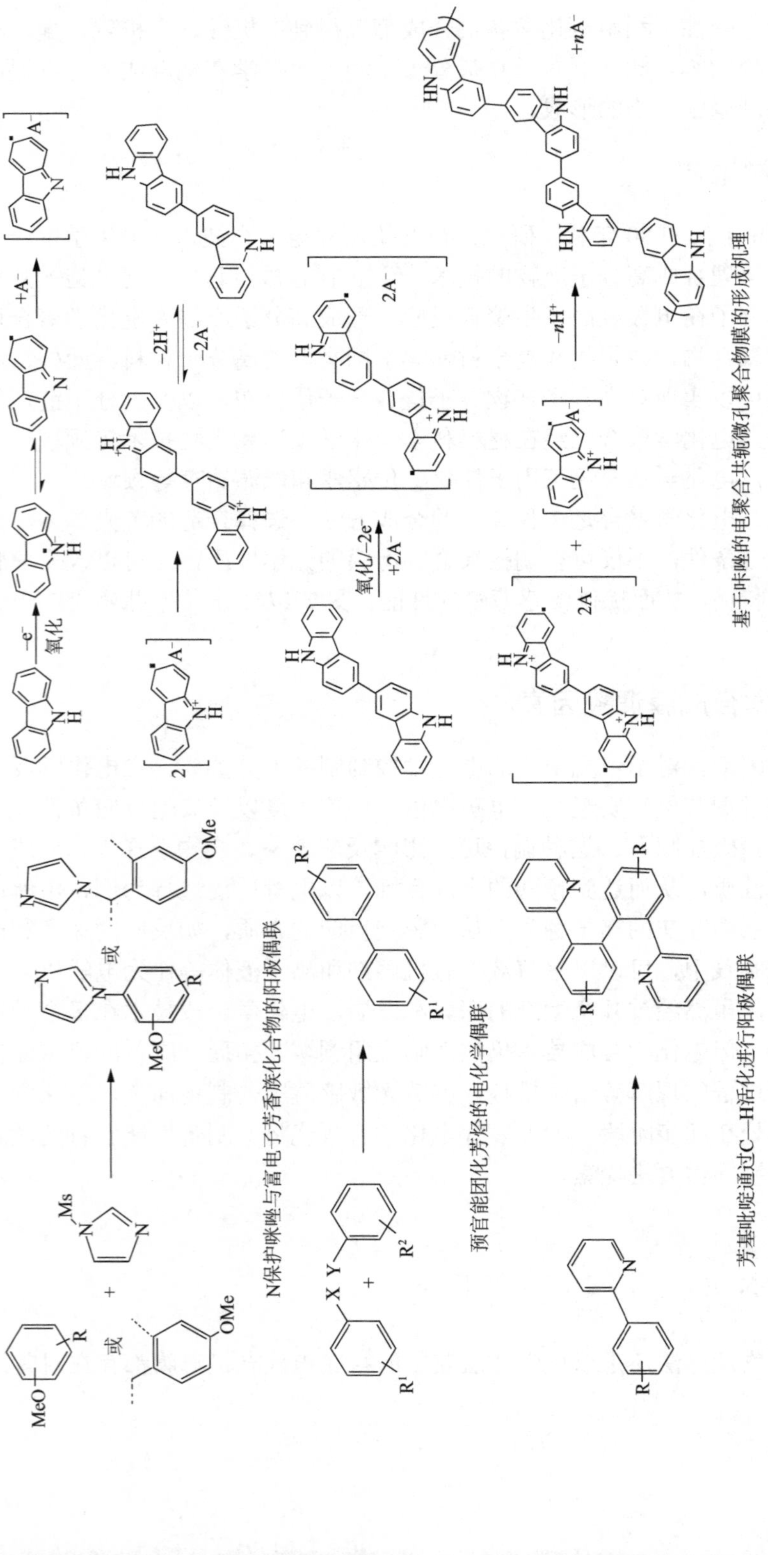

N保护咪唑与富电子芳香族化合物的阳极偶联

预官能团化芳烃的电化学偶联

芳基吡啶通过C—H活化进行阳极偶联

基于咔唑的电聚合共轭微孔聚合物膜的形成机理

图2-27 常见的电化学聚合反应类型

和性质进行表征的问题。具体怎么表征则主要取决于表面的预期结构、性质和可以利用的仪器设备[18]。根据表征方法的本性不同，可以将其分为非光谱学方法和光谱学方法。就荧光薄膜而言，材料表面的表征最终还要反映在荧光性质的变化上，因此，材料表面的荧光表征具有直接也最为重要的作用。

2.6.1　非光谱学方法

与随后要介绍的光谱学方法相比较，非光谱学方法具有设备简单、测试方便、效率高和易于实施等特点。因此，此类方法特别适合于对一些活性表面的表征。当然，这类表征大多属于定性、宏观表征，且在多数情况下仅用于对修饰表面的初步表征。非光谱学方法主要包括接触角、表面 Zeta 电位(ζ)和石英晶体微天平测量等。

对水接触角：对水接触角实际上是通过测定水滴在表面的铺展性了解修饰表面的亲水性情况。如图 2-28 所示，表面对水接触角越小，表明表面越亲水。一般而言，表面氧化性成分越多，表面可电离结构越多，表面与水形成氢键的机会越多、能力越强，则表面越亲水。

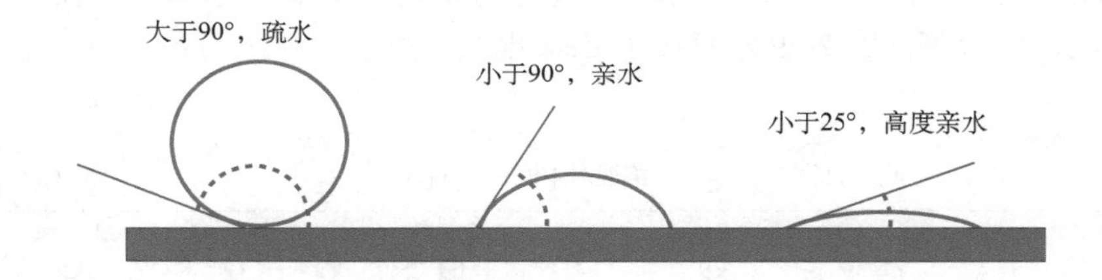

图 2-28　表面接触角示意图及亲水亲油性的划分

接触角有前进接触角和后退接触角之分。前进接触角(advancing contact angle)是通过测量特定水滴在表面铺展平衡后的高度和宽度而获得。而后退接触角(receding contact angle)则是通过测量移去水滴时刚好引起水滴宽度变化时的水滴高度来获得。表面接触角可以通过式(2-1)进行计算。

$$\tan\left(\frac{\theta_s}{2}\right)=\frac{h}{x} \tag{2-1}$$

式中，θ_s为静态接触角；h 为液滴高度；x 为液滴宽度的一半。接触角的滞后性(CAH)则可以由式(2-2)计算。

$$\text{CAH}=\theta_a-\theta_r \tag{2-2}$$

其中，θ_a 为前进接触角；θ_r 为后退接触角。

一般而言，静态接触角已经足以说明一种表面的亲疏水性，但是需要注意的是前进接触角与后退接触角的差异确实与表面结构本质有关，深入分析这种差异的本源有助于对表面结构的认识更加深入。此外，还要特别注意，接触角测量给出的表面亲疏水性仅限于性质层面，无法通过接触角测量了解亲疏水性的化学本源。此外，接触角的测量结果受诸多因素的影响，例如，测量时的温度、湿度、操作人的习惯，以及水的 pH、硬度等不同因素均可能对测定结果构成影响。当然，利用接触角对水 pH 的依赖性可以揭示表面的酸碱性，了解这一点对于理解表面结构具有直接的帮助。

表面 Zeta 电位：相对于未经修饰的表面，经过化学或物理方法修饰的表面往往具有高得多的表面电荷密度，这就使得当表面与液体接触时就会在该固-液界面形成双电层。其中靠近固体表面的一侧为固定层（fixed layer），而靠近液体的一侧则是活动层（mobile layer）。所谓 Zeta 电位实际上就是指这两个电荷层之间的电位变化。与表面水接触角测量和表面滴定类似，通过表面 Zeta 电位的测量可以了解表面等电点，了解修饰前后或作用前后表面可电离基团或结构数量的变化。此外，表面 Zeta 电位的测量还有助于了解荧光薄膜与相关物质作用的本性，如是静态结合还是动态结合等。图 2-29 示意出了 Zeta 电位产生的本源。

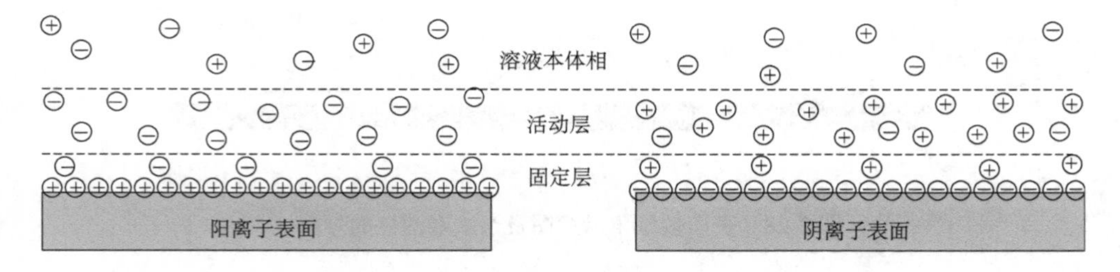

图 2-29　Zeta 电位产生的本源及固定层和活动层示意图

石英晶体微天平（QCM）：QCM 是一种基于高灵敏质量传感器的仪器，可以直接用于研究薄膜材料表面气体分子的吸附、脱附等行为，也可用于研究材料的润湿性等其他有关性质。QCM 主要由石英晶体传感器、信号收集和数据处理等部分组成。其中，石英晶体传感器是核心部件。QCM 的作用原理是利用石英晶体的压电效应将其表面的质量变化转化为谐振频率变化，从而经由谐振频率的测量获知质量的改变。QCM 结构简单、成本低、灵敏度高，可以达到对纳克级质量变化的监控。因此，QCM 在化学、物理、生物、医学等学科领域获得了广泛的应用。QCM 测量的特点之一就是能够获得宝贵的含时质量改变信息，因此可以用于相关过程的机理研究。例如，与椭偏仪联用，可以精确测量吸附层的含水量。将 QCM 与荧光薄膜传感相结合，有可能实现对基于静态作用的传感机理进行定量研究。

2.6.2 光谱分析和显微分析方法[70-72]

用于表面分析的光谱和显微方法主要包括 XPS、飞行时间次级离子质谱(ToF-SIMS)、傅里叶变换红外光谱(FTIR)、原子力显微镜(AFM)以及扫描电子显微镜(SEM)等。

XPS：XPS 又被称为用于化学分析的电子光谱(ESCA)，其主要功能是测定固体表面几纳米厚度内的原子组成。受 X 射线激发，固体表面发射出电子，不同原子的电子结合能不同，通过与已知数据的比较，可以确定产生这些光电子的原子本性、价态和微环境差异。此外，所得 XPS 也反映了强度对结合能的变化，因此，也可以利用 XPS 对衬底表面组成进行定量分析，由此判断修饰前后材料表面结构的变化。

ToF-SIMS：ToF-SIMS 是一种测定固体衬底最表层可电离基团性质和密度的方法。当衬底表面受到离子束轰击时，衬底表面随之会产生与其不同的次级离子束，因质荷比不同而被质谱仪检测。所得光谱反映了信号强度对质荷比的分布，由此可以确定表面不同化学物种的相对浓度。此外，利用这种方法还可以得到衬底表面化学物种及其面密度的二维分布图，从而确定衬底表面结构的均一性等。相对于 XPS 而言，ToF-SIMS 的灵敏度要高得多，一般可达十亿分之几。不过要注意的是，同一结构的 ToF-SIMS 信号还与衬底的本性有关，因此，浓度或面密度测量仅具有相对意义。事实上，在实际工作中，ToF-SIMS 技术通常被用于区分 XPS 信号相似的衬底表面，由此对衬底表面结构的微细差别做出判断。

FTIR：FTIR 是一种利用红外辐射测定样品化学功能基团的技术。当样品受到红外线辐照时，其化学键因能量匹配会发生拉伸、收缩和弯曲运动，从而引起特定波长或波数处红外辐射的吸收，以此得到相应的光谱。解析这些光谱，可以获得材料的结构信息。对于薄膜材料而言，衬底合适时，还可以利用全内反射(ATR)FTIR 技术获得与前述两种技术相应的衬底表面结构信息。需要说明的是，相比于 XPS 和 ToF-SIMS 而言，FTIR 测量不需要在高真空条件下进行，而且测定速度也要快得多，因此是一种应用极为广泛的表面分析方法。

AFM 和 SEM：实际上，AFM 就是一种利用安装在悬臂梁一端的微细针尖对样品表面进行原子尺度的扫描，从而获得样品表面形貌的技术。目前 AFM 的横向分辨率可达几十埃，纵向分辨率甚至可达 1 Å 以下。SEM 技术则是利用电子轰击样品，由此产生次级电子和 X 射线，次级电子的强度被用于构建样品表面的三维图像，而 X 射线则可用于确定样品的表面原子组成。不过，就大多数有机样品来讲，对其进行 SEM 分析之前，需要对表面进行喷金处理，借以增加表面的导电性，这样就限制了 SEM 技术对样品表面化学本性的分析能力。当然，随着 SEM 技术的进步，最近几年出现了不需要表面喷金处理的新型 SEM 技术，只是其分辨率尚需进一步提高，所得图像的质量也有待改进。不过，无论如何，SEM 都是目前用得最为普遍、对衬底适应性最好的显微分析手段，通过 SEM 测量可以直接获得薄膜表面的拓扑结构和表面结构的均一性信息。

总之，上述方法各自独立，但所得信息相互补充。在实际工作中，只有通过对多种技术的综合运用，才可以对薄膜表面的结构获得比较真实、完整的认识。然而，就荧光薄膜而言，所获得薄膜的结构如何，最终要反映在薄膜的荧光性质上，只有荧光性质稳定，且能够发挥预期功能的荧光薄膜才是能够获得实际应用的功能薄膜，因此，对这类薄膜的荧光性质的表征就显得特别重要。

2.6.3 薄膜荧光性能的一般表征

对于具有荧光活性的薄膜体系也可以通过荧光测量获得一些有关薄膜结构的信息。这类荧光测量主要包括静态荧光技术和时间分辨荧光技术。前者在测量时，激发光来自连续光源，后者则需要以脉冲光为激发光源。光源脉冲的频率以及后续测量系统的测量能力决定了测量系统的时间分辨能力。就一般荧光测量而言，由于有机荧光分子的荧光寿命多在纳秒级，因此使用最为普遍的是具有纳秒分辨能力的荧光测量系统。

通过静态荧光测量可以获得薄膜的激发光谱和发射光谱，通过不断改变激发或检测波长，可以获得一系列荧光发射光谱或荧光激发光谱。通过对由不同激发波长(检测波长)获得的荧光光谱(激发光谱)形貌的比较，可以判断薄膜所包含荧光活性物质的种类、荧光活性物质单元所处微环境的均一性。通过对薄膜不同区域荧光性质的测量，则可以对薄膜中荧光物质或结构二维分布做出判断。此外，通过对薄膜特定区域荧光性质的连续测量可以得知薄膜荧光物质或结构的光化学稳定性。如果这种测量在溶液中进行，则由测量结果还可以判断薄膜所结合荧光物质或结构的泄漏情况。了解这些性质对于深入研究薄膜结构、功能，探索其潜在应用具有重要的作用。

通过时间分辨荧光测量除了可以获得上述静态荧光测量所能够获得的所有信息之外，还可以获得薄膜中荧光物质或结构微环境均一性信息。这是由于微环境复杂必然导致荧光衰减函数的复杂化，这些均可以通过时间分辨测量完成。此外，利用时间分辨荧光测量还可以了解薄膜中荧光物质或结构之间的相互作用，例如，邻近荧光结构之间是否存在基态或激发态作用。

需要说明的是，不同于透明溶液测量，在进行薄膜荧光测量时要特别注意杂散光对测量结果的干扰，因此，薄膜荧光测量一般都采用前表面法(front face method)测量，借以减少杂散光对测定结果的影响。

为了便于比较，表 2-1 列出了常见的薄膜表征技术及各自能够提供的主要信息。

表 2-1　常见薄膜表征技术及各自能够提供的主要信息

表征技术	主要信息
接触角测量	润湿性、粗糙度
石英晶体微天平(QCM)/表面声波测量(SAW)	质量随沉积的变化
衰减全反射(ATR)红外光谱	功能基团、分子取向等
紫外-可见吸收光谱	堆积密度、分子印迹等
荧光光谱	堆积密度、分子印迹等
椭圆偏振光谱	薄膜厚度、折射指数等
表面等离子体共振(SPR)	薄膜厚度等
X 射线光电子能谱(XPS)	元素组成等
俄歇(Auger)电子光谱(AES)	元素组成等
离子散射光谱(ISS)	元素组成等
X 射线反射谱(XRR)	厚度、粗糙度等
近边 X 射线吸收精细光谱(NEXAFS)	化学本性、分子取向等
二次离子质谱(SIMS)	分子组成等
原子力显微镜(AFM)	形貌、结构、堆积等
扫描隧道显微镜(STM)	形貌、结构、堆积等
扫描电子显微镜(SEM)	成像、增益结构等
透射电子显微镜(TEM)	原子结构、化学键
X 射线衍射(XRD)	晶相、应力、厚度等
低能电子衍射(LEED)	微结构、有序度、周期性等
循环伏安法(CV)	表面覆盖度、缺陷、厚度、动力学性质等
阻抗谱	表面覆盖度、缺陷、厚度、动力学性质等

参 考 文 献

[1] Bosch P, Catalina F, Corrales T, et al. Fluorescent probes for sensing processes in polymers. Chem Eur J, 2005, 11: 4314-4325.

[2] Basabe-Desmonts L, Reinhoudt D N, Crego-Calama M. Design of fluorescent materials for chemical sensing. Chem Soc Rev, 2007, 36: 993-1017.

[3] Ding L, Fang Y. Chemically assembled monolayers of fluorophores as chemical sensing materials. Chem Soc Rev, 2010, 39: 4258-4273.

[4] Guan W, Zhou W, Lu J, et al. Luminescent films for chemo- and biosensing. Chem Soc Rev, 2015, 44: 6981-7009.

[5] Miao R, Peng J, Fang Y. Recent advances in fluorescent film sensing from the perspective of both molecular design and film engineering. Mol Syst Des Eng, 2016, 1: 242-257.
[6] Wolfbeis O S. Probes, sensors, and labels: Why is real progress slow? Angew Chem Int Ed, 2013, 52: 9864-9865.
[7] Hulanicki A, Geab S, Ingman F. Chemical sensors: Definitions and classification. Pure App Chem, 1991, 63: 1247-1250.
[8] Tucker N, Stanger J J, Staiger M P, et al. The history of the science and technology of electrospinning from 1600 to 1995. J Eng Fibers Fabrics, 2012, 7, 155892501200702S10.
[9] Decher G, Eckle M, Schmitt J, et al. Layer-by-layer assembled multicomposite films. Curr Opin Colloid Interface Sci, 1998, 3: 32-39.
[10] Decher G. Mulitlayer Films （Polyelectrolytes）//Salamone J C. Polymeric materials encyclopedia: Synthesis, properties and applications. Vol 6. Boca Raton: CRC Press, 1996: 4540-4546.
[11] Gittleson F S, Kohn D J, Li X, et al. Improving the assembly speed, quality, and tunability of thin conductive multilayers. ACS Nano, 2012, 6: 3703-3711.
[12] Roberts G G. An applied science perspective of Langmuir-Blodgett films. Adv Phys, 1985, 34: 475-512.
[13] Sangeetha N M, Maitra U. Supramolecular gels: Functions and uses. Chem Soc Rev, 2005, 34: 821-836.
[14] Weiss R G. The past, present, and future of molecular gels. What is the status of the field, and where is it going? J Am Chem Soc, 2014, 136: 7519-7530.
[15] Terech P, Weiss R G. Low molecular mass gelators of organic liquids and the properties of their gels. Chem Rev, 1997, 97: 3133-3160.
[16] Liu X. Gelation with small molecules: From formation mechanism to nanostructure architecture. Top Curr Chem, 2005: 256, 1-37.
[17] Yan N, He G, Zhang H, et al. Glucose-based fluorescent low-molecular mass compounds: Creation of simple and versatile supramolecular gelators. Langmuir, 2010, 26: 5909-5917.
[18] Goddard J M, Hotchkiss J H. Polymer surface modification for the attachment of bioactive compounds. Prog Polym Sci, 2007, 32: 698-725.
[19] Pujari S P, Scheres L, Marcelis A T M, et al. Covalent surface modification of oxide surfaces. Angew Chem Int Ed, 2014, 53: 6322-6356.
[20] Plueddemann E P. Silane Coupling Agents. New York: Plenum, 1982.
[21] Ulman A. Formation and structure of self-assembled monolayers. Chem Rev, 1996, 96: 1533-1554.
[22] Ulman A. An Introduction to Ultrathin Organic Films: From Langmuir-Blodgett to Self-assembly. Boston: Academic Press, 1991.
[23] Wen K, Maoz R, Cohen H, et al. Postassembly chemical modification of a highly ordered organosilane multilayer: New insights into the structure, bonding, and dynamics of self-assembling silane monolayers. ACS Nano, 2008, 2: 579-599.
[24] Gun J, Sagiv J. On the formation and structure of self-assembling monolayers. Ⅲ. Time of

formation, solvent retention, and release. J Colloid Interface Sci, 1986, 112: 457-472.

[25] Maoz R, Cohen H, Sagiv J. Specific nonthermal chemical structural transformation induced by microwaves in a single amphiphilic bilayer self-assembled on silicon. Langmuir, 1998, 14: 5988-5993.

[26] Liu S, Maoz R, Sagiv J. Planned nanostructures of colloidal gold via self-assembly on hierarchically assembled organic bilayer template patterns with *in-situ* generated terminal amino functionality. Nano Lett, 2004, 4: 845-851.

[27] Lowe R D, Pellow M A, Stack T D P, et al. Deposition of dense siloxane monolayers from water and trimethoxyorganosilane vapor. Langmuir, 2011, 27: 9928-9935.

[28] Ries Jr H E, Cook H D. Monomolecular films of mixtures. I. Stearic acid with isostearic acid and with tri-*p*-cresyl phosphate. Comparison of components with octadecylphosphonic acid and with tri-*o*-xenyl phosphate. J Colloid Sci, 1954, 9: 535-546.

[29] Queffélec C, Petit M, Janvier P, et al. Surface modification using phosphonic acids and esters. Chem Rev, 2012, 112: 3777-3807.

[30] Clearfield A, Demadis K. Metal Phosphonate Chemistry: From Synthesis to Applications. London: RSC, 2012.

[31] Hanson E L, Schwartz J, Nickel B, et al. Bonding self-assembled, compact organophosphonate monolayers to the native oxide surface of silicon. J Am Chem Soc, 2003, 125: 16074-16080.

[32] Vega A, Thissen P, Chabal Y J. Environment-controlled tethering by aggregation and growth of phosphonic acid monolayers on silicon oxide. Langmuir, 2012, 28: 8046-8051.

[33] Tsud N, Yoshitake M. Vacuum vapor deposition of phenylphosphonic acid on amorphous alumina. Surf Sci, 2007, 601: 3060-3066.

[34] Raman A, Quiñones R, Barriger L, et al. Understanding organic film behavior on alloy and metal oxides. Langmuir, 2010, 26: 1747-1754.

[35] Garland E R, Rosen E P, Clarke L I, et al. Structure of submonolayer oleic acid coverages on inorganic aerosol particles: Evidence of island formation. Phys Chem Chem Phys, 2008, 10: 3156-3161.

[36] Qu Q, Geng H, Peng R, et al. Chemically binding carboxylic acids onto TiO_2 nanoparticles with adjustable coverage by solvothermal strategy. Langmuir, 2010, 26: 9539-9546.

[37] Nüesch F, Carrara M, Zuppiroli L. Solution versus vapor growth of dipolar layers on activated oxide substrates. Langmuir, 2003, 19: 4871-4875.

[38] Martz J, Zuppiroli L, Nüesch F. Benzoic and aliphatic carboxylic acid monomolecular layers on oxidized GaAs surface as a tool for two-dimensional photonic crystal infiltration. Langmuir, 2004, 20: 11428-11432.

[39] Aronoff Y G, Chen B, Lu G, et al. Stabilization of self-assembled monolayers of carboxylic acids on native oxides of metals. J Am Chem Soc, 1997, 119: 259-262.

[40] Buckholtz G A, Gawalt E S. Effect of alkyl chain length on carboxylic acid SAMs on Ti-6Al-4V. Materials, 2012, 5: 1206-1218.

[41] Allara D L, Nuzzo R G. Spontaneously organized molecular assemblies. 1. Formation, dynamics, and physical properties of *n*-alkanoic acids adsorbed from solution on an oxidized aluminum

surface. Langmuir, 1985, 1: 45-52.
[42] Allara D L, Nuzzo R G. Spontaneously organized molecular assemblies. 2. Quantitative infrared spectroscopic determination of equilibrium structures of solution-adsorbed *n*-alkanoic acids on an oxidized aluminum surface. Langmuir, 1985, 1: 52-66.
[43] Sapsford K E, Algar W R, Berti L, et al. Functionalizing nanoparticles with biological molecules: Developing chemistries that facilitate nanotechnology. Chem Rev, 2013, 113: 1904-2074.
[44] Ye Q, Zhou F, Liu W. Bioinspired catecholic chemistry for surface modification. Chem Soc Rev, 2011, 40: 4244-4258.
[45] Brubaker C E, Messersmith P B. The present and future of biologically inspired adhesive interfaces and materials. Langmuir, 2012, 28: 2200-2205.
[46] Malisova B, Tosatti S, Textor M, et al. Poly(ethylene glycol) adlayers immobilized to metal oxide substrates through catechol derivatives: Influence of assembly conditions on formation and stability. Langmuir, 2010, 26: 4018-4026.
[47] Rodenstein M, Zürcher S, Tosatti S G P, et al. Fabricating chemical gradients on oxide surfaces by means of fluorinated, catechol-based, self-assembled monolayers. Langmuir, 2010, 26: 16211-16220.
[48] Lee H, Scherer N F, Messersmith P B. Single-molecule mechanics of mussel adhesion. Proc Natl Acad Sci, 2006, 103: 12999-13003.
[49] Rosso M, Giesbers M, Arafat A, et al. Covalently attached organic monolayers on SiC and Si_xN_4 surfaces: Formation using UV light at room temperature. Langmuir, 2009, 25: 2172-2180.
[50] Rosso M, Arafat A, Schroën K, et al. Covalent attachment of organic monolayers to silicon carbide surfaces. Langmuir, 2008, 24: 4007-4012.
[51] Arafat A, Schroën K, de Smet L C P M, et al. Tailor-made functionalization of silicon nitride surfaces. J Am Chem Soc, 2004, 126: 8600-8601.
[52] Li B, Franking R, Landis E C, et al. Photochemical grafting and patterning of biomolecular layers onto TiO_2 thin films. ACS Appl Mater Interfaces, 2009, 1: 1013-1022.
[53] Schwarz S U, Cimalla V, Eichapfel G, et al. Thermal functionalization of GaN surfaces with 1-alkenes. Langmuir, 2013, 29: 6296-6301.
[54] Mischki T K, Donkers R L, Eves B J, et al. Reaction of alkenes with hydrogen-terminated and photooxidized silicon surfaces. A comparison of thermal and photochemical processes. Langmuir, 2006, 22: 8359-8365.
[55] Pujari S P, Scheres L, van Lagen B, et al. Organic monolayers from 1-alkynes covalently attached to chromium nitride: Alkyl and fluoroalkyl termination. Langmuir, 2013, 29: 10393-10404.
[56] Pujari S P, Li Y, Regeling R, et al. Tribology and stability of organic monolayers on CrN: A comparison among silane, phosphonate, alkene, and alkyne chemistries. Langmuir, 2013, 29: 10405-10415.
[57] Li Y, Giesbers M, Gerth M, et al. Generic top-functionalization of patterned antifouling zwitterionic polymers on indium tin oxide. Langmuir, 2012, 28: 12509-12517.
[58] Rowan S J, Cantrill S J, Cousins G R L, et al. Dynamic covalent chemistry. Angew Chem Int Ed,

2002, 41: 898-952.
[59] Lehn, J M. Dynamic combinatorial chemistry and virtual combinatorial libraries. Chem Eur J, 1999, 5, 2455-2463.
[60] Pickering S U. CXCVI.-Emulsions. J Chem Soc Trans, 1907,91, 2001-2021.
[61] Reincke F, Hickey S G, Kegel W K, et al. Spontaneous assembly of a monolayer of charged gold nanocrystals at the water/oil interface. Angew Chem Int Ed, 2004, 43: 458.
[62] Jin Y, Hu Y, Ortiz M, et al. Confined growth of ordered organic frameworks at an interface. Chem Soc Rev, 2020,49: 4637-4666.
[63] Ding N, Liu T, Peng H, et al. Film-based fluorescent sensors: From sensing materials to hardware structures. Sci Bull, 2023, 68: 546-548.
[64] Wang H, Zeng Z, Xu P, et al. Recent progress in covalent organic framework thin films: Fabrications, applications and perspectives. Chem Soc Rev, 2019, 48: 488-516.
[65] Wiebe A, Gieshoff T, Möhle S, et al. Electrifying organic synthesis. Angew Chem Int Ed, 2018, 57: 5594.
[66] Ali T, Wang H, Iqbal W, et al. Electro-synthesis of organic compounds with heterogeneous catalysis. Adv Sci, 2022, 10: 2205077.
[67] Berkes B B, Bandarenka A S, Inzelt G. Electropolymerization: Further insight into the formation of conducting polyindole thin films. J Phys Chem C, 2015, 119, 4: 1996-2003.
[68] Zhao M, Zhang H, Gu C, et al. Electrochemical polymerization: An emerging approach for fabricating high-quality luminescent films and super-resolution OLEDs. J Mater Chem C, 2020,8, 5310-5320.
[69] Saleh T A. Polymer hybrid materials and nanocomposites: Fundamentals and applications. Norwich: William Andrew, 2021.
[70] Vickerman J C, Gilmore I S. Surface Analysis: The Principal Techniques. 2nd ed. Chichester: Wiley, 2009.
[71] Ulman A. An Introduction to Ultrathin Organic Films: From Langmuir-Blodgett to Self-assembly. San Diego: Academic Press, 2013.
[72] Flink S, van Veggel F C J M, Reinhoudt D N. Sensor functionalities in self-assembled monolayers. Adv Mater, 2000, 12: 1315-1328.

第3章

普通荧光物理薄膜的特点与传感应用

可设计、易制备是基于有机结构的普通物理薄膜的最大特点，但因通透性不好导致的传质困难也极大地影响着其传感应用。

荧光传感以灵敏度高、可采集信号丰富及仪器操作方便等特点备受人们青睐，近年来得到了迅速发展。荧光传感可以经由荧光分子或荧光薄膜进行，相应的传感器分别被称为均相荧光传感器和薄膜基荧光传感器。前者主要用于溶液传感，后者则既可用于溶液传感，又可用于气相传感，两者最大的不同在于薄膜基荧光传感器可以重复使用。

均相荧光传感器因可设计、灵敏度高和类型丰富而被广泛应用于金属离子、阴离子、中性分子，特别是生物分子的传感检测。然而，均相荧光传感器所固有的污染待测体系和一次性使用等缺点使其应用受到限制。与之不同，将荧光传感分子或荧光传感单元固定于衬底表面所得到的薄膜基荧光传感器则可部分克服上述缺点，实现传感器的重复使用、减少乃至避免传感过程对待检测体系的污染，这就是为什么近年来薄膜基荧光传感器的研究受到人们的特别关注。如第2章所介绍，薄膜基荧光传感器的制备既可经由物理方法获得，又可经由化学方法获得。而在物理制膜工艺中又因所采用制备策略的不同可以得到具有不同有序度的传感薄膜，本章主要介绍无序荧光物理薄膜的特点及其传感应用。

以小分子化合物作为荧光传感单元时，其无序荧光薄膜主要经由高分子包埋、物理吸附、溶胶-凝胶和层层自组装等过程将荧光物质固定于固体衬底担载的薄膜中或其表面制得。而当以共轭荧光高分子作为传感单元时，直接旋涂、流延、滴涂、喷涂等则是获得无序荧光敏感薄膜的主要途径。

3.1　高分子包埋法所得荧光薄膜

高分子膜以其特有的三维网络结构，常用作固定荧光小分子的衬底。荧光小分子在高分子膜中的固定化方法可以分为物理方法和化学方法两大类。以物理方法固定时，首先将荧光小分子按一定比例掺杂在高分子溶液中，然后通过甩胶干燥，得到高分子包埋的复合膜。而以化学方法固定时，则要首先将荧光小分子化学结合到易于成膜的高分子链上，然后通过旋涂、流延等方法使其在固体衬底表面成膜，进而得到荧光高分子薄膜。当然，这类荧光薄膜也可经由其他途径得到，例如，首先以化学合成法得到可聚合荧光单体，然后将其与荧光单体或非荧光单体共聚，最后利用所得到的荧光聚合物制备薄膜。此外，也可以在已有的高分子或高分子薄膜上接枝荧光小分子得到荧光高分子薄膜。相关制备策略可以用图 3-1 概括表示。

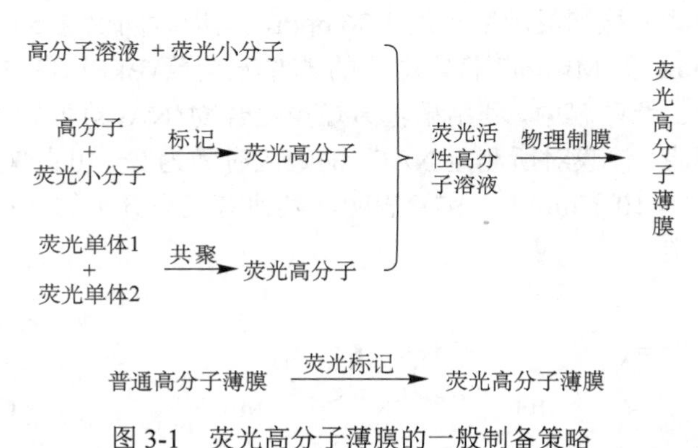

图 3-1　荧光高分子薄膜的一般制备策略

对以高分子包埋法制备的荧光敏感薄膜而言，多年前，笔者团队[1]以戊二醛(Glu)交联壳聚糖(chitosan，CS)膜为载体，芘(Py)为介质极性探针，制备了一种对醇-水混合溶剂组成以及介质极性敏感的传感薄膜(CS-Glu-Py 膜)。利用该膜可以方便地监测水体中十二烷基硫酸钠(SDS)和十二烷基磺酸钠(SLS)胶束的形成。

需要说明的是，荧光物质 Py 以物理包埋形式固定于薄膜中，在理论上，确实存在一个在溶液中使用时有可能发生荧光物质泄漏的问题，因此，在薄膜制备表征中，需要特别注意对荧光物质泄漏的监测。这是由于在荧光物质泄漏的情况下，实验所测定的荧光信号将不仅仅来自薄膜，泄漏至溶液中的荧光物质的信号贡献也不容忽视，这样就会影响对实验结果的定量分析。与此同时，荧光物质的泄漏也必然导致待测体系的污染，缩短荧光薄膜的使用寿命。因此，在该工作中，专门考察了 CS-Glu-Py 薄膜在纯水和乙醇中 Py 的泄漏情况。实验表明，在纯水中 10 min 内探针泄漏不明显，然而随着薄膜在水中浸泡时间的延长，荧光物质泄漏问题开始显现，不过 1 h 后，泄漏出的 Py 荧光强度只相当于薄膜初始荧光强度的 7%。该膜在乙醇中的探针泄漏则完全可以忽略不计。这是因为长达 48 h 的乙醇浸泡后也没有出现可以检测到的泄漏 Py 荧光。CS-Glu-Py 膜在水和乙醇中的探针泄漏差异被归因于薄膜在两种溶剂中溶胀行为的差异。由此可见，以高分子包埋法制备荧光敏感薄膜时需要特别注意高分子衬底的选取。也就是说，在考虑高分子自身成膜性的同时，必须考虑其与介质和所选用荧光活性物质的兼容性和匹配性。

壳聚糖包含丰富的氨基和羟基，具有良好的成膜性质，可作为薄膜基质担载荧光分子，获得性能优异的荧光敏感薄膜。Akhil Kumar 和 Biju[2]利用 8-羟基喹啉衍生物(HQSA)结构中的羟基和壳聚糖氨基之间的氢键作用，将 HQSA 修饰在壳聚糖薄膜表面，制备了 CS-HQSA 荧光薄膜。酸性气体可与 8-羟基喹啉骨架上的吡啶氮原子作用，敏化 CS-HQSA 薄膜的荧光，据此实现了对酸性气体三氟甲酸的高灵敏快速检测，检测灵敏度可达 1.36 ppm，响应时间仅需 5 s。

类似地，Patra 和 Mishra[3]将富电子的苯并[*k*]荧蒽(BkF)(图 3-2)物理包埋于戊二醛交联的聚乙烯醇膜中，利用硝基芳烃类化合物(NACs)的缺电子特性，得到了 NACs 传感薄膜。该膜对所测定 NACs 的响应时间为 2～10 s，对 *p*-硝基苯酚的响应灵敏度可达 1×10^{-5} mol/L。实验表明，其他有机小分子的存在基本不干扰该膜对 NACs 的测定。

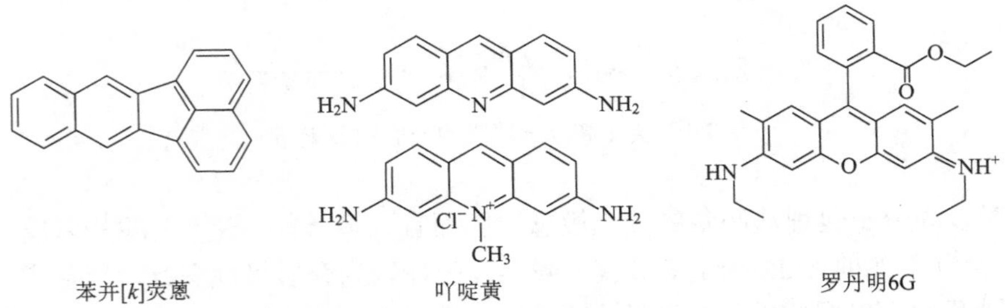

苯并[*k*]荧蒽　　吖啶黄　　罗丹明6G

图 3-2　苯并[*k*]荧蒽、吖啶黄和罗丹明 6G 的结构

之后，Mishra 等[4]将供体-受体对吖啶黄和罗丹明 6G(图 3-2)包埋于结构异常稳定、性质极为独特的全氟磺酸 Nafion®膜中(图 3-3)，利用系统荧光共振能量转移效率对溶液 pH 的依赖性得到了一种 pH 敏感荧光薄膜。以类似的方法，人们还得到了对 Fe^{3+}[5]和湿度[6]敏感的荧光敏感薄膜。

以高分子包埋法制备的薄膜基荧光传感器在气相氧和溶解氧检测方面也获得了应用。例如，Rao 等[7]将一种荧光活性含磷和硫的铂配合物 dppe-Pt2P(图 3-4)包埋于醋酸纤维素膜中，利用其荧光各向异性对氧气的敏感性发展了一种可用于气相氧气浓度测定的荧光敏感薄膜。类似地，将铂或钌的卟啉配合物包埋于聚苯乙烯或其他高分子膜中，利用氧气对卟啉铂配合物荧光的动态猝灭性质，也可以实现对氧气的传感[8]，而以聚砜包埋 Ru(dpp)$_3$Cl$_2$ 所得到的荧光薄膜则可用于测定细胞耗氧量[9]。值得一提的是，Meyerhoff 等[10]以芘-苝作为能量供体-受体对，将其按照一定比例包埋于硅橡胶膜中，得到一种性能优异的生物相容性氧气传感薄膜。

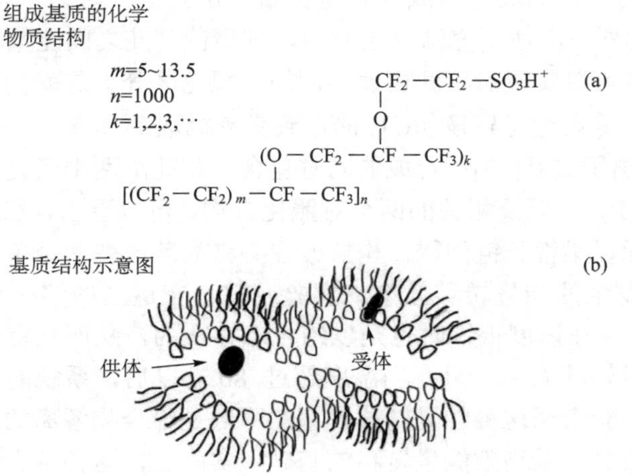

组成基质的化学物质结构

m=5~13.5
n=1000
k=1,2,3,⋯

$$\begin{array}{c} CF_2-CF_2-SO_3H^+ \quad (a) \\ | \\ O \\ | \\ (O-CF_2-CF-CF_3)_k \\ | \\ [(CF_2-CF_2)_m-CF-CF_3]_n \end{array}$$

基质结构示意图　(b)

供体　受体

图 3-3　全氟磺酸(a)和 Nafion®膜(b)的结构

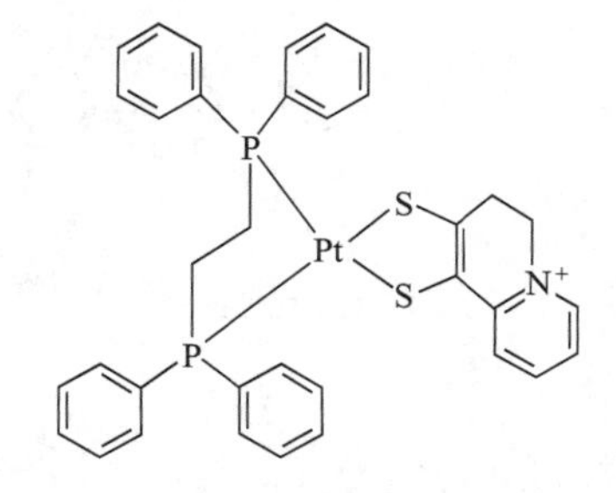

图 3-4　铂配合物 dppe-Pt2P 的结构

值得注意的是，芘和苝虽然被人们用作高效能量转移对使用，但很少有人真正明白芘到苝的能量转移本质。这是由于供体芘的荧光光谱与苝的吸收光谱重叠很少，因此，无论是从 Förster 机理看还是从 Dexter 机理看，芘与苝都不会构成一个高效能量转移对。然而实际情况却不是这样，通常被观察到的是芘到苝的高效能量转移。为此，笔者团队[11-13]设计合成了一系列含芘和苝的小分子荧光物质，以及若干仅含一种荧光物质的对照化合物，通过静态和动态荧光技术系统研究了芘到苝之间的能量转移，发现：①芘到苝的高效能量转移只能通过芘的激基缔合物介导发生，同预期的一样，芘单体到苝的高效能量转移确实难以发生；②空间关系恰当时，苝的存在可以完全抑制芘激基缔合物荧光的出现，这与芘激基缔合物荧光光谱几乎被苝吸收光谱完全覆盖一致；③改变温度、改变溶剂等能够影响芘激基缔合物形成效率的因素均会显著影响芘到苝的能量转移效率。

另外，还需要注意的是，实验过程中未能观察到芘激基缔合物荧光并不意味着芘激基缔合物没有形成，这或许就是文献中讲到的“暗态激基缔合物”(dark excimer)[14]。此外，上述研究结果还表明，利用芘到苝之间能量转移效率的溶剂本性依赖性，也可以实现对不同极性溶剂的可视化区分。这就构成了一种不同于常规的分子内光诱导电荷转移(PCT)的溶致变色机理。

图 3-5 给出了文献[13]所合成的同时包含芘和苝酐两个荧光单元的小分子化合物(PBI-TOA-Py)，以及相关的两个对照化合物。可以看出，在这一设计中，芘和苝酐两个单元以柔性长链间隔，构象改变必将显著改变两个单元的空间距离，从而影响可能发生的能量转移效率。实验发现，在适当的溶剂体系中，化合物 PBI-TOA-Py 即使在浓度很低时也是以缔合态存在的，从而在室温下体系始终表现出很高的能量转移效率，只有当温度超过 80 ℃以后，系统能量转移效率才显著下降，多种实验表明这种能量转移效率的降低是缔合物解离的结果，由此证明了缔合物的形成是体系高效能量转移的基础。实际上，这种缔合物的形成才使得溶液中 PBI-TOA-Py 有机会形成芘激基缔合物。

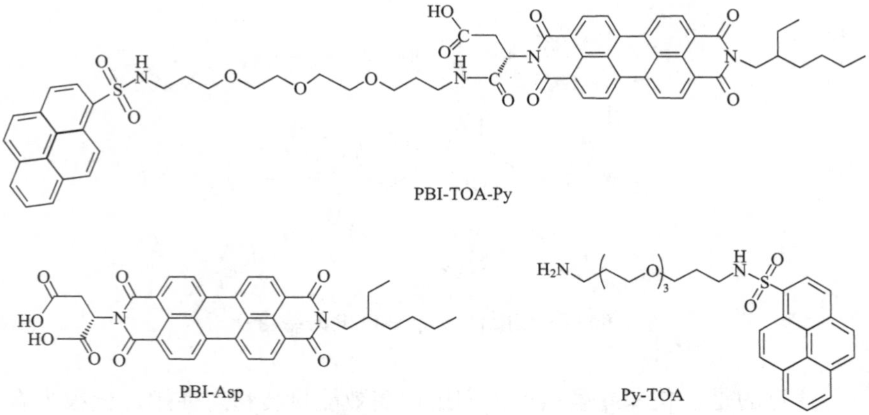

PBI-TOA-Py

PBI-Asp

Py-TOA

图 3-5 一种典型的包含芘和苝酐两种荧光单元的双荧光系统(PBI-TOA-Py)结构，以及相关单荧光对照化合物结构

进一步的研究还发现，芘-苝体系中不仅仅是芘有形成激基缔合物的趋势，苝酐也有强烈缔合的趋势，因此实验观察到的苝酐荧光往往并不是来自苝酐单体，而是来自其不同形式缔合物。图 3-6 总结了溶液态 PBI-TOA-Py 系统的荧光行为和能量转移机理。

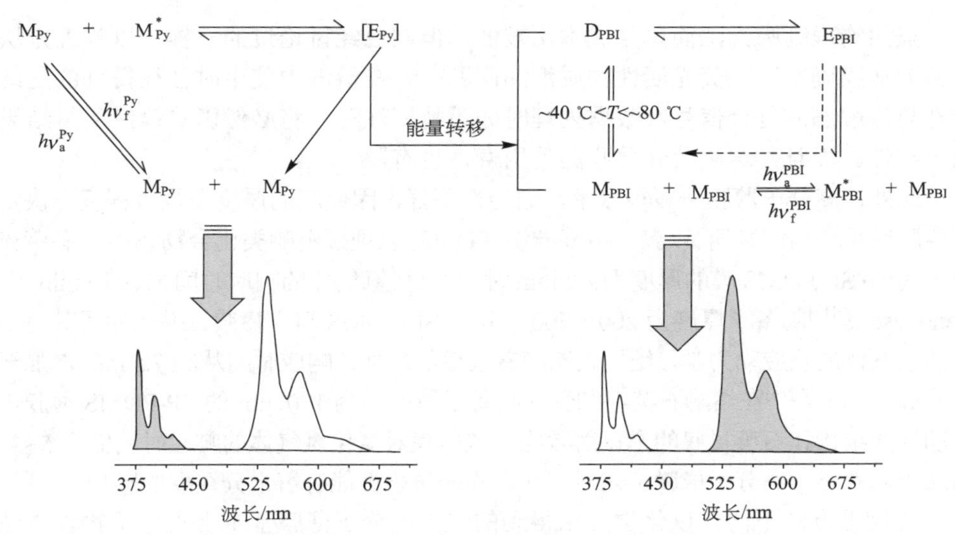

图 3-6　溶液态 PBI-TOA-Py 系统的荧光行为和能量转移机理

M：单体；D：二聚体；E：同质激基缔合物；$h\nu_a^{Py}$：Py 光吸收；$h\nu_a^{PBI}$：PBI 光吸收；$h\nu_f^{Py}$：Py 荧光发射；$h\nu_f^{PBI}$：PBI 荧光发射；M^*_{Py}：Py 单体激发态；M^*_{PBI}：PBI 单体激发态

观察双荧光系统 PBI-TOA-Py 的结构，以及图 3-7 所示系统荧光行为，可以看出溶剂本性一定会显著影响系统的能量转移效率，即引起两个单元对系统总荧光发射贡献比例的变化，在外观上将呈现为荧光颜色的改变(图 3-7)。据此，可以实现对溶剂的区分检测。

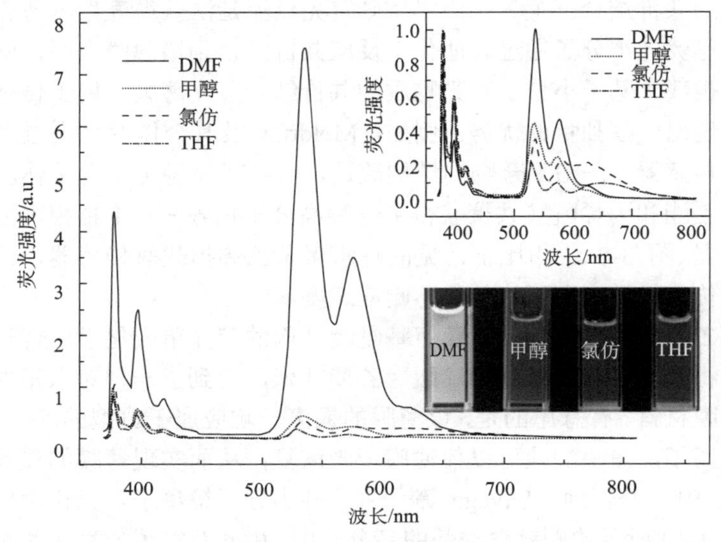

图 3-7　PBI-TOA-Py 荧光发射的溶剂依赖性

虽然物理制膜方法简单且成本比较低，但同已经讨论过的一样，以物理方法制备的薄膜确实存在荧光活性物质泄漏问题[15]，在溶液中使用时往往得到的是结合态与溶解态的复合信号，数据处理时如不特别注意，将必然影响最终所得结果的可靠性。而且，这类荧光薄膜的使用寿命也有限。

此外，高分子薄膜一般很致密，通透性不好，因此膜的厚度在很大程度上决定了传质过程和响应时间。以聚二甲基硅烷(PDMS)包埋螺吡喃类化合物(SP)制备荧光薄膜为例：SP-PDMS 膜的厚度为 2.2 mm 时，对氯化氢气体的响应时间长达 10 min[16]。Genovese 等[17]制备了厚度为 200～500 μm 的 SP-PDMS 自支撑膜，并考察了其对三氟乙酸气体的响应动力学，结果表明随着膜厚的增加，响应时间从约 7.5 min 增加至 16 min。Guo 等[18]在熔融石英毛细管内制备了厚度约为 100 μm 的 SP-PDMS 薄膜，借助管式结构和石英衬底的全反射效应，该薄膜对氯化氢气体的响应时间低至 5 s。由此可以看出，高分子成膜工艺对荧光薄膜的传感性能有着十分重要的影响。

与物理方法不同，以化学方法得到的荧光高分子薄膜基本上克服了物理方法的缺点。因此，人们更加倾向于用化学方法在高分子薄膜上固定荧光小分子。例如，Leblanc 小组[19]将荧光小分子丹磺酰化学修饰于含有硝基肉桂酸酯基团的多肽链上，然后将该多肽与同样含有硝基肉桂酸酯的聚乙烯醇混合，在紫外光照条件下以流延法在玻璃衬底上成膜，这样所得薄膜因硝基肉桂酸酯间的反应而得到化学交联薄膜，从而使薄膜的稳定性与一般的聚乙烯醇薄膜相比大为改善。

Tsuneda 等[20]先将缩水甘油甲基丙烯酸酯(GMA)共聚到聚乙烯链中，然后利用 GMA 上的环氧基与溶液中乙二胺和丹磺酰氯的化学反应，实现了丹磺酰在高分子薄膜上的共价结合。笔者小组[21,22]则首先以流延法获得壳聚糖薄膜，然后将芘、丹磺酰等荧光小分子通过表面化学反应共价结合到该薄膜表面，同样也可以得到高分子担载、基于小分子荧光物质的共价结合荧光薄膜。用于传感时，这类薄膜确实表现出一些独特的优势。例如，Meldrum 及其合作者[23]通过对一种常见氧荧光化学传感器——铂配合物的结构改造，获得了一种可聚合单体，将其与甲基丙烯酸羟乙酯和丙烯酰胺共聚获得了一种高分子担载——生物相容性溶解氧荧光化学传感器(图 3-8)。相比于常见的疏水聚苯乙烯担载氧传感器，该传感器呈现出更高的传感灵敏度和更快的传感响应速度。

Tian 和 Zhu 等[24]将包含二氰亚甲基吡喃结构的荧光单元化学结合于甲基丙烯酸上，然后将其与亲水性甲基丙烯酸羟乙酯共聚，得到了一种对水相中铜离子敏感的荧光薄膜材料。有意思的是，该薄膜的铜离子响应属于典型的静态猝灭机理。通过结合铜离子，焦磷酸盐可以使薄膜荧光恢复，从而实现薄膜的重复使用和多功能化(图 3-9)。类似地，Savage 等[25]将一种小分子镉离子荧光化学传感器化学键合于如图 3-10 所示的侧链含羧基的高分子中，由此获得了一种快速响应性水相镉离子荧光敏感薄膜。

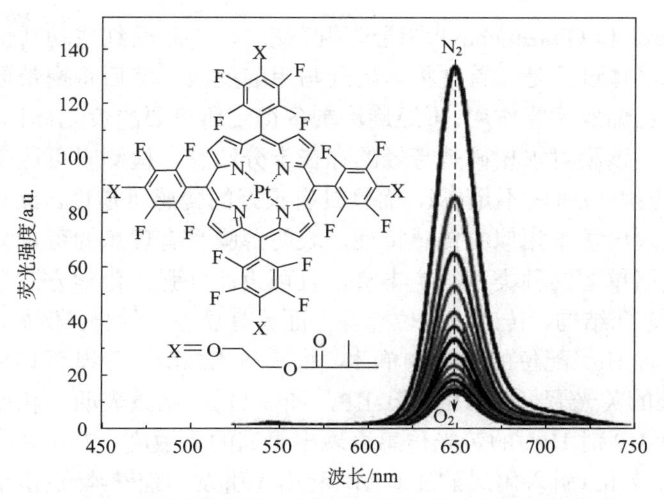

图 3-8　高分子担载铂配合物对溶解氧的荧光化学传感

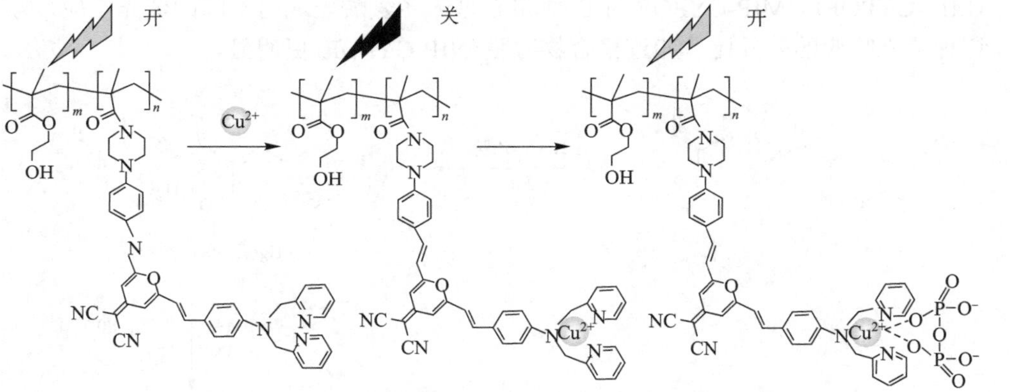

图 3-9　铜离子与焦磷酸根离子双功能荧光敏感薄膜结构

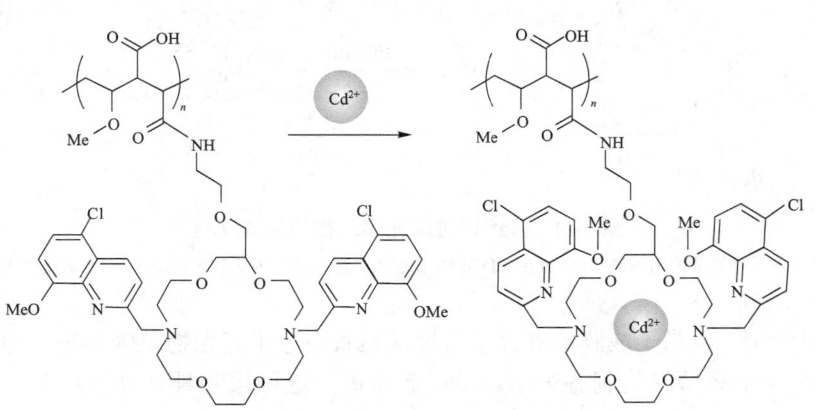

图 3-10　高分子担载镉离子荧光敏感薄膜结构

最近，Zarei 和 Ghazanchayi[26]通过甲醛交联，将苯酚红成功共价结合到聚乙烯醇薄膜中。具体过程是，首先将苯酚红与甲醛反应，然后将携带羟甲基的苯酚红衍生物与聚乙烯醇薄膜作用，再经旋涂制备得到所需要的荧光标记高分子薄膜。传感研究表明，该膜对水相硝基芳烃的存在十分敏感，检测限可达毫摩尔甚至亚毫摩尔级，薄膜响应时间不足 1 s，而且具有很好的传感可逆性。此外，不同批次制备的薄膜表现出基本相似的传感特性，表明薄膜具有理想的可重复制备性。

由于所采用单体的种类和结构丰富，且可设计性强，化学方法在调控荧光薄膜的网络结构、孔结构、传感识别位点等方面具有显著的优势。例如，Hande 等[27]设计合成了一种 Hg^{2+}配位的络合物单体，将其与乙二醇二甲基丙烯酸酯共聚，制备了 Hg^{2+}印迹的荧光聚合物[Hg(Ⅱ)-IIP，图 3-11]。结果表明，相比于非印迹聚合物，Hg(Ⅱ)-IIP 对 Hg^{2+}的荧光传感表现出更高的灵敏度。Zhu 等[28]在苝酰亚胺的湾位(1-位和 7-位)引入丙烯酸酯基团，利用光引发的巯基-烯点击反应在同轴聚合物光纤的端截面原位制备了天冬氨酸(D-Asp)分子印迹的荧光聚合物薄膜(MIP-CYPOF)。MIP-CYPOF 对 D 型和 L 型天冬氨酸表现出不同的荧光响应，且这种荧光响应的差异比非印迹聚合物薄膜(NIP-CYPOF)更明显。

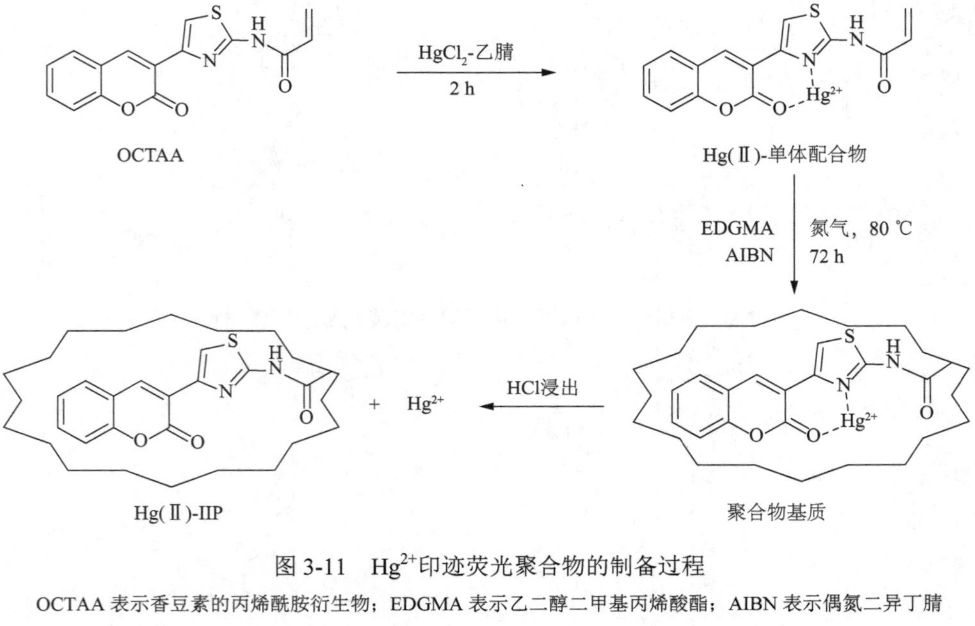

图 3-11 Hg^{2+}印迹荧光聚合物的制备过程

OCTAA 表示香豆素的丙烯酰胺衍生物；EDGMA 表示乙二醇二甲基丙烯酸酯；AIBN 表示偶氮二异丁腈

综上所述，以易于成膜的高分子包埋或担载小分子荧光物质确实是一种简单而有效的荧光敏感薄膜的制备策略。概括起来讲，这种策略具有以下几个突出的特点：①制备方法简单，制备过程易于重复；②适应性好，该策略可用于不同荧光小分子在不同成膜高分子中的固定或担载，适用于不同化学本性固体衬底的表面成膜；③以化学担载方式制备薄膜时，根据需要可以通过预先修饰(pre-modification)或后修饰(post-modification)两种不同的途径获得荧光活性高分子及其薄膜。

然而，以这种策略所获得的荧光敏感薄膜还存在诸多问题，有些甚至还是比较致命的问题。例如，薄膜稳定性往往不够高，在溶液中使用时易于发生荧光物质泄漏等问题，用于气相传感虽然没有荧光物质泄漏这一问题，但在薄膜再生，特别是以清洗方法进行再生时，这一问题依然会暴露出来。此外，薄膜有序度不高，荧光活性分子微环境复杂，而且膜厚难以严格控制，这就使得薄膜的荧光行为变得复杂，在传感应用中会出现一些诸如响应动力学复杂、背景荧光强度高等难以理解的现象或消除的问题，从而影响薄膜的传感应用，为此，有必要发展新的荧光薄膜制备策略。

3.2　溶胶-凝胶法所得荧光薄膜

溶胶-凝胶技术主要用来制备均匀的金属氧化物粉体，其基本过程是，将易水解的硅烷化试剂、金属醇盐等前驱体在水或有机溶剂中与水反应，通过水解和缩聚形成溶胶，再经进一步缩聚得到凝胶，加热除去有机物后即可得到金属氧化物粉体。利用这一技术制备基于有机小分子的荧光薄膜，则是将荧光小分子按一定比例加入前驱体中形成预聚液，再通过浸渍、提拉、旋涂、喷涂、刷涂或流延等方法将形成的溶胶转移到固体衬底表面，缩聚形成凝胶，经过特定条件下热处理除去有机溶剂，即可得到溶胶-凝胶型荧光薄膜。例如，陈曦等[29]就利用这种溶胶-凝胶技术将荧光活性物质——铝-桑色素包埋于凝胶膜中，由此制备了对水体中 PO_4^{3-} 离子有良好响应性的光纤荧光化学传感器。这种响应的原理在于 PO_4^{3-} 对铝离子的竞争性结合。事实上，当将该传感膜浸于含有 PO_4^{3-} 离子的水溶液时，PO_4^{3-} 离子在膜表面逐渐富集并竞争性结合 Al^{3+}离子，从而使得铝-桑色素配合物分解，引起配合物荧光猝灭。

此外，陈曦等[30]还以甲基硅氧烷和二甲基二甲氧基硅烷为共聚前驱体，制备了五种包埋不同钌配合物的溶胶-凝胶薄膜，系统研究了配体、溶剂等对薄膜荧光行为和薄膜对氧气传感行为的影响。类似地，Jorge 等[31]以钌配合物作为传感元素，通过溶胶-凝胶法制备得到了一种荧光薄膜，利用该薄膜可以同时实现对气相氧和溶解氧的测定。

沈家骢等[32]以甲基丙烯酸丙酯基三甲氧基硅烷为单体，制备了包埋 $Ru(bpy)_2^{3+}$ 染料的溶胶-凝胶薄膜，发现该薄膜对气相氧也有比较理想的传感性质。Brennan 等[33]将色氨酸包埋于溶胶-凝胶薄膜中，研究了不同离子型猝灭剂对色氨酸荧光发射强度、荧光寿命和荧光各向异性的影响。Dunbar 等[34]还系统地研究了含芘溶胶-凝胶薄膜对氧气传感性能的时间依赖性，结果发现，薄膜传感性能随时间显著衰减，此种衰减可能与芘的光化学漂白相关[35]。

Higgins 等[36]将 pH 敏感染料 SNARF-1 包埋于溶胶-凝胶薄膜中，利用 SNARF-1 质子化和去质子化时的荧光发射位置不同(分别为 580 nm 和 640 nm)确定了薄膜的局部酸度(图 3-12)。类似地，Williams 和 Hupp[37]将乙醇脱氢酶(ADH)和还原态烟酰胺腺嘌呤二核苷酸(NADH)共同包埋于溶胶-凝胶薄膜中，利用 ADH 对底物乙醇脱氢反应的催化作用，以及该过程对辅酶存在形态(NADH 或者 NAD)和辅酶荧光发射强度对其形态的依赖性，实现了对水、有机溶剂和气相中短链醇的检测。特别有意思的是，将检测过乙醇的薄膜传感器置于醛类化合物气氛中进行处理可以实现薄膜荧光的再生，因此可以实现薄膜的重复使用。此外，以该薄膜也可以实现对醇和醛的交替检测。

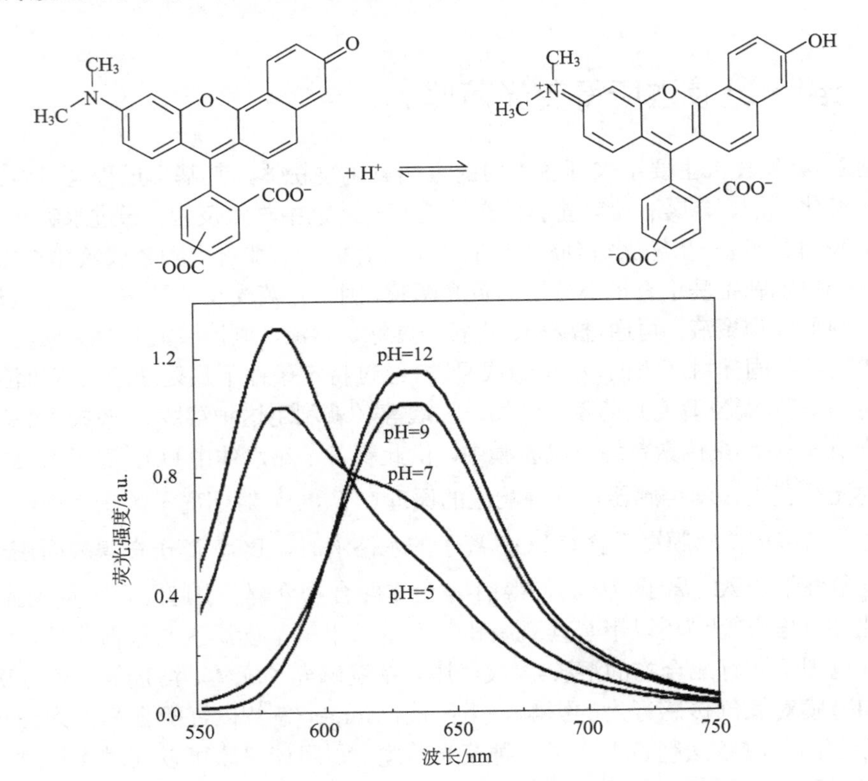

图 3-12 SNARF-1 的质子化结构及其荧光光谱的 pH 依赖性

通过在溶胶-凝胶薄膜中引入手性化合物，可以赋予薄膜对手性化合物的识别能力。例如，Fireman-Shoresh 等[38]将具有两个手性中心的阳离子型表面活性剂十烷双胺(DMB)包埋于混合硅烷化试剂溶胶中，旋涂得到溶胶-凝胶薄膜，然后将此薄膜通过溶剂抽提，除去多余的 DMB，得到包含手性区域的凝胶薄膜。该薄膜对不同手性分子的结合能力显著不同，据此实现了对手性分子的识别。

Shi 和 Seliskar[39]将一种聚电解质溶胶旋涂于固体衬底表面，利用静电相互作用将 8-羟基芘-1,3,6-三磺酸三钠盐固定于该薄膜上，得到了一种寿命长、响应快的 pH 传感薄膜。Graham 等[40]将分子印迹技术与溶胶-凝胶技术结合，以极性敏感荧光物种 NBD 为探针，制备了对农药滴滴涕(DDT)及其类似物响应良好的传感薄膜。该薄膜工作的基本原理是，NBD 荧光量子产率强烈依赖于介质的极性，极性小，其荧光量子产率高，反之则其荧光量子产率低。实验表明，DDT 的存在会降低 NBD 的微环境极性，使薄膜荧光急剧增强，从而实现对 DDT 的传感。Rei 及其合作者[41]将寿命显著依赖于介质黏度的溶致变色荧光染料 *p*-DASPMI(图 3-13)包埋于某些硅烷化试剂形成的溶胶-凝胶薄膜中，通过对该染料的荧光量子产率、荧光寿命的测定，以及对水-甘油辅助体系的研究，揭示了溶胶-凝胶薄膜形成的微观过程和可能机理。

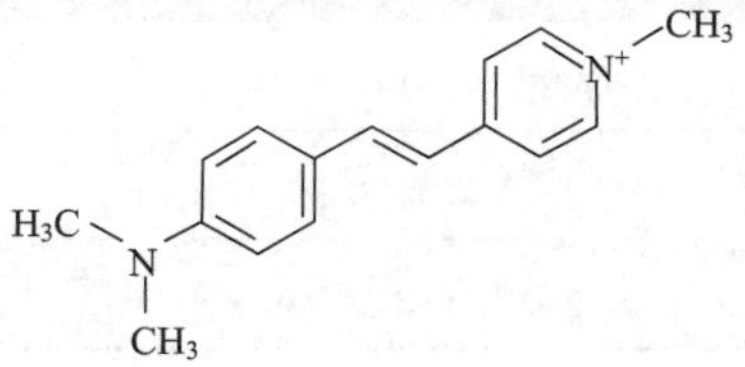

图 3-13 黏度敏感荧光探针 *p*-DASPMI 的结构

Sampathkumaran 和 Xue 及其合作者[42]将 1-羟基-芘-3,6,8-三磺酸盐(HPTS)包埋于溶胶-凝胶薄膜中，利用 CO_2 对 HPTS 的猝灭作用(图 3-14)，获得了一种对 CO_2 敏感且鲁棒性极好的荧光敏感薄膜。该薄膜对 CO_2 的检出限可达 0.008%(80 ppm)，线性范围 0.03%～30%，定量检测限可达 0.02%(200 ppm)。也就是说，利用该传感薄膜可以方便地检测大气中的气态 CO_2(CO_2 浓度为 387 ppm)，表现出很高的应用价值。此外，溶胶-凝胶薄膜的高黏附性，使得光纤传感器的制备成为可能，由此还可以实现对 CO_2 的远程检测。

Baleizão 及其合作者[43]报道了一种对 pH 和温度双重敏感的溶胶-凝胶荧光薄膜。该薄膜中包含两种荧光染料，一种为荧光量子产率和寿命对温度敏感的钌邻菲咯啉配合物，另一种为热活化所产生的延迟荧光强度和寿命对氧气敏感的富勒烯 C_{70}。前者被包埋于不透氧的聚丙烯腈薄膜中，而后者则置于透氧的甲基纤维素或者经由有机硅烷化试剂水解-缩合所得到的薄膜中，以此避免氧气和温度的交叉响应。幸运的是，两种荧光染料的荧光光谱互不干扰，由此通过荧光强度和寿命的检测可以获得环境温度和氧气浓度的双重信息。该传感器对温度的响应为 0～120 ℃，对氧气的响应范围可从 ppb 到 50 ppm 级。图 3-15 和图 3-16 分别给出了该传感器的结构截面示意图和两种荧光物质的荧光寿命对温度和氧气浓度变化的成像结果。

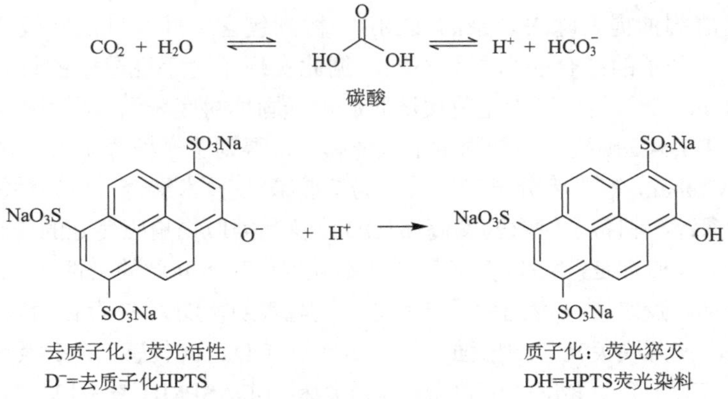

$$CO_2 + H_2O \rightleftharpoons \text{HO-C(=O)-OH} \rightleftharpoons H^+ + HCO_3^-$$

碳酸

$$D^- + H^+ \longrightarrow DH$$

去质子化：荧光活性

D⁻=去质子化HPTS

质子化：荧光猝灭

DH=HPTS荧光染料

图 3-14 CO_2 探测原理与 HPTS 的结构

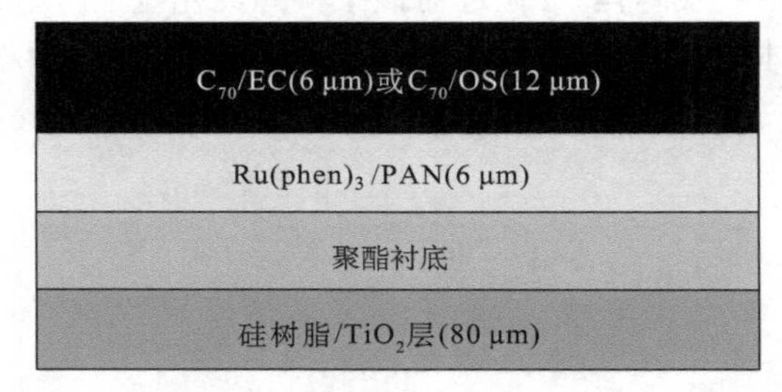

图 3-15 溶胶-凝胶法所得双指示剂温度氧气双功能荧光敏感薄膜结构截面

PAN 表示聚丙烯腈

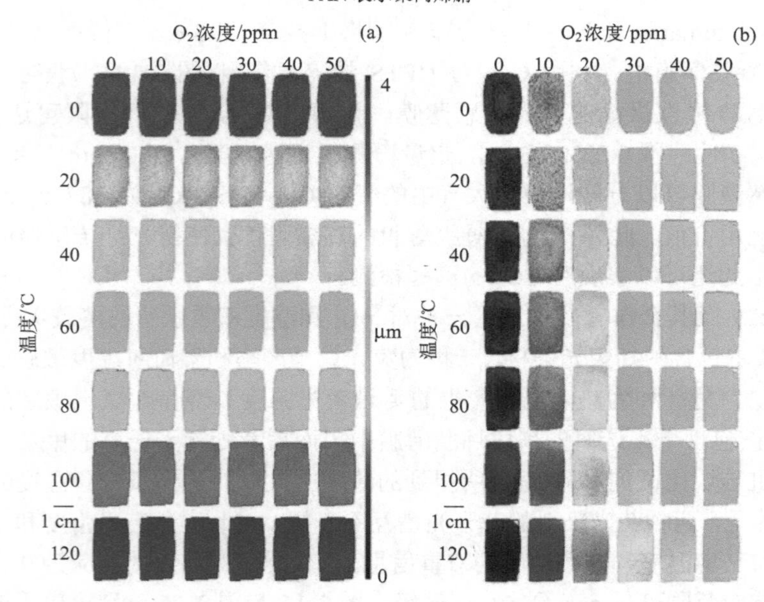

图 3-16 常压下溶胶-凝胶法所得温度和氧气双功能荧光传感器中 Ru(phen)$_3$/PAN(a)和 C_{70}/EC(b)对不同温度和氧气浓度的荧光寿命成像图

最近，Suzuki 及其合作者[44]创造性地发展了一种比例型 pH 荧光传感薄膜材料，即所谓的 pH 光极材料(图 3-17)。与一般的溶胶-凝胶敏感薄膜不同，这种 pH 敏感薄膜包含两层活性结构，内层包埋两种量子点，外层则浸入吸光 pH 指示剂，这样在不同的 pH 水溶液中，薄膜将呈现出不同形状的荧光光谱，据此可以实现对溶液 pH 的测定。实验表明，该 pH 光极材料稳定性优异，使用半年后性能没有显著变化，在 1 mol/L 盐酸中浸泡也不会造成薄膜性能的衰减。更为可喜的是，通过选择适当的 pH 指示剂和进行指示剂搭配，该材料对 pH 的可靠测量范围可覆盖 4～10，展现出巨大的应用前景。

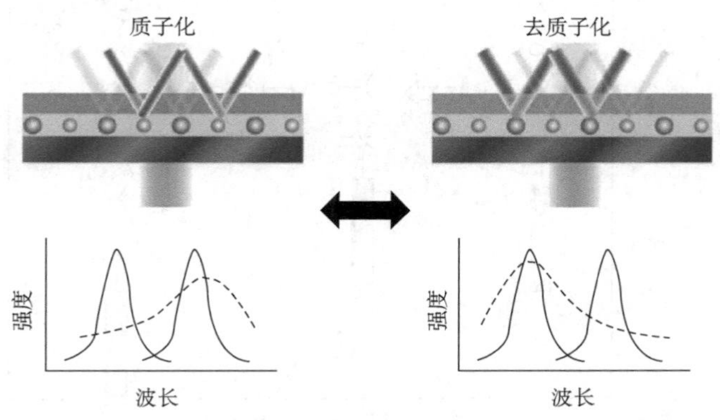

图 3-17　双层荧光活性物质型 pH 光极材料设计原理与传感机理

Rhee 等[45]利用溶胶-凝胶法制备了灵敏度高、恢复快、光稳定性好的 pH 动态响应的荧光传感薄膜，可以检测废水的 pH，检测结果和标准 pH 缓冲液一致。为了防止荧光物质泄漏，他们将荧光素胺和 8-羟基芘-1,3,6-三磺酸三钠盐分别掺杂在二氧化硅颗粒中，并包埋到 3-缩水甘油丙氧基三甲氧基硅烷、3-氨基丙基三甲氧基硅烷聚氨酯的溶胶-凝胶和聚氨酯水凝胶的混合基质中，制备了四种对 pH 敏感的荧光薄膜。发现含荧光胺的荧光薄膜 pH 的检测范围为 2～6，而含 8-羟基芘-1,3,6-三磺酸三钠盐荧光薄膜对 pH 的检测范围为 3～8。具有快速离子传输能力的溶胶-凝胶载体赋予薄膜快的响应速度以及高的灵敏度和光稳定性。Figueira 等[46]通过在溶胶-凝胶膜中引入能发生质子化/去质子化的咪唑衍生物，制备了有机-无机杂化(OIH)的溶胶-凝胶荧光薄膜(图 3-18)，能检测 pH 在 9～13 的物质，OIH 膜含有 Jeffamine THF170 和(3-缩水甘油氧基丙基)三甲氧基硅烷(GPTMS)前驱体，因此有很好的稳定性和耐用性。通过检测 pH 变化可监测混凝土和强化混凝土结构，进而监测混凝土的碳酸化和强化混凝土的耐腐蚀性。

实际上，以有机小分子荧光染料为基础，以溶胶-凝胶法制备得到的薄膜不仅可以用于传感，而且在薄膜荧光显示方面获得了应用。例如，del Monte 和 Levy 及其合作者[47]将水杨酸钠物理包埋于硅烷化试剂水解-缩合薄膜中，获得了一种

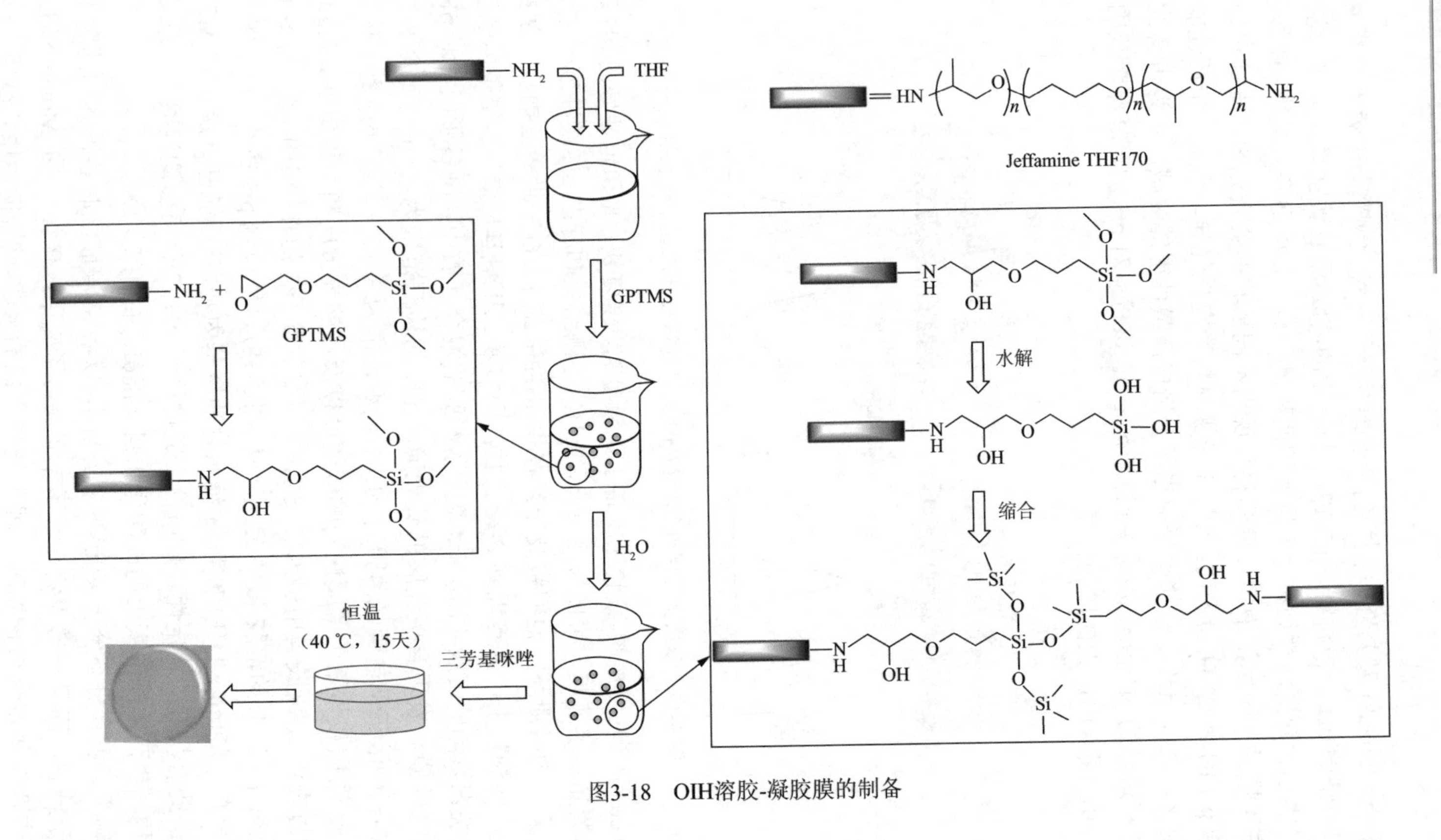

图3-18 OIH溶胶-凝胶膜的制备

性能相当优异的荧光显示屏。考虑到水杨酸钠良好的化学稳定性，特别是光化学稳定性、高荧光量子产率、高硅烷化薄膜强度、高黏附性，以及这种材料的抗辐射性质和快速响应性(约 4 ns)等特点，可以说该薄膜的综合性能比已经报道的其他荧光显示屏更加优异。

考虑到溶胶-凝胶法在制备基于有机小分子的荧光薄膜方面的重要性，几年前，Brennan 及其合作者[48]专门对此类材料的创新制备和光学传感，特别是生物传感应用进行了比较全面的综述。根据 Brennan 及其合作者的观点，溶胶-凝胶法之所以特别受人欢迎，是因为其反应前驱体的可修饰性(图 3-19)，所得材料结构和性质的可调控性，以及后续成膜方式的多样性。此外，就可包埋的物质而言，

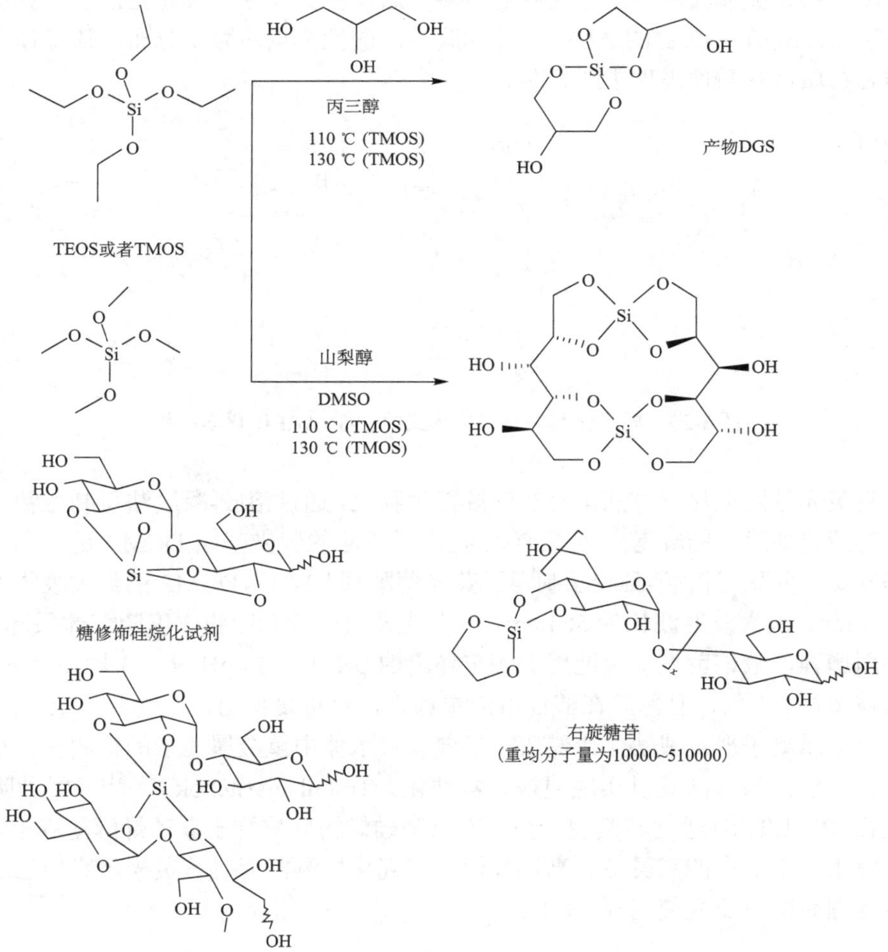

图 3-19 溶胶-凝胶前驱体的糖、多糖和多羟基化合物修饰

TEOS 表示三乙氧基硅烷；TMOS 表示三甲氧基硅烷；DGS 表示二甘油基硅烷

小到小分子荧光染料，大到多糖、DNA 和蛋白质等生物大分子都在包埋固定化之列。特别令人震撼的是，经由前驱体的恰当修饰，处于固定态的生物大分子往往还可保留自身的生物活性及对相关客体分子的结合能力。Brennan 及其合作者预期，经过更加深入细致的工作，此类材料有望在薄膜传感、光纤传感、微阵列传感以及生物亲和色谱等领域获得重要应用。

单分子荧光光谱技术是探测材料微观结构的有效手段，Hohn 等[49]利用溶胶-凝胶法将对 pH 敏感的荧光化合物 C-SNARF-1 掺杂在介孔铝硅酸盐（Al-Si）中，制备了具有双发射性质的荧光薄膜（图 3-20）。利用 C-SNARF-1 在 580 nm 和 640 nm 处发射谱带的比值对 pH 敏感特性，探测了介孔材料酸性位点的微观分布，此外，该薄膜材料还被成功用于体相酸度的检测。通过测量单分子荧光光谱，可获得不同 Al_2O_3 含量（0～30%）的 Al-Si 介孔薄膜中的酸性位点的微观分布，该工作为探测固态物质微观酸性提供了新思路。

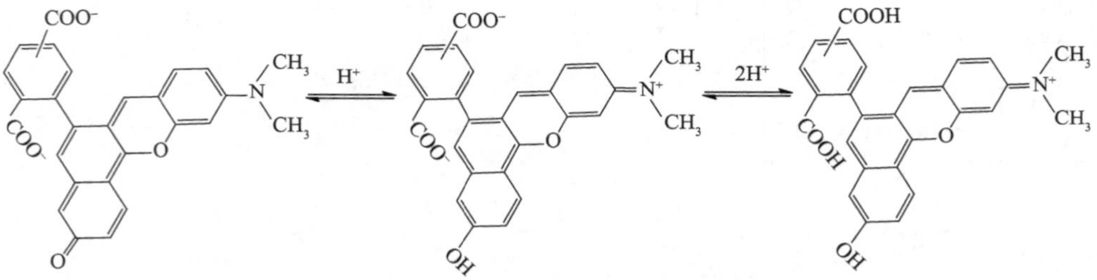

图 3-20 质子化和去质子化形式的 C-SNARF-1 化学结构

将荧光基团以化学方法键合在硅烷衍生物上，通过溶胶-凝胶法可制备稳定性良好的荧光薄膜。Kim 等[50]将具有推-拉电子效应的荧光基团 DCMP 键合到三乙氧基硅烷上并采用溶胶-凝胶法制得了荧光薄膜（图 3-21），DCMP 的最大吸收波长为 374 nm，最大发射波长为 564 nm，其荧光发射强度和吸收强度随着体系 pH 的增加而增强，故该荧光薄膜能用于测定环境的 pH 值，当 pH 从 0.3 增加至 6.5，荧光被敏化 2.1 倍，且薄膜在酸性溶液中稳定，可重复使用。

重金属离子严重威胁生命健康，目前有关水体中重金属离子的检测多为均相探针，显然，该方法难以实现便携、器件化。Trakulsujaritchok 等[51]将罗丹明 B 衍生物（RB-UTES）通过异氰酸丙基三乙氧基硅烷桥联修饰于聚乙烯醇薄膜上，实现了对水体中 Fe^{3+} 的高灵敏、高选择性、可视化检测，而且该荧光薄膜经乙二胺溶液处理后即可反复使用（图 3-22）。

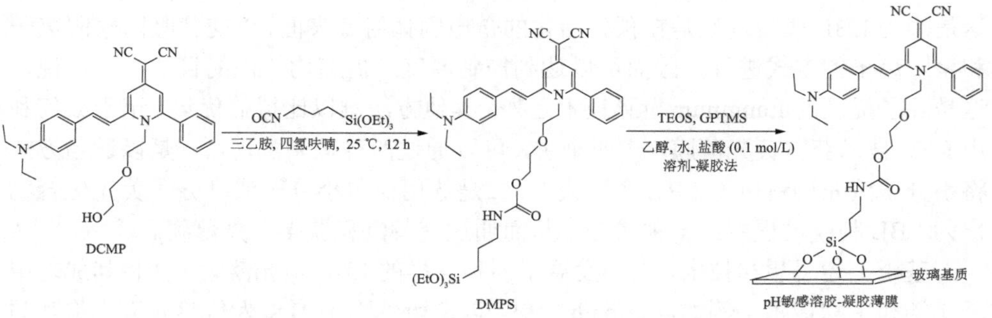

图 3-21 DCMP 修饰的溶胶-凝胶膜的制备

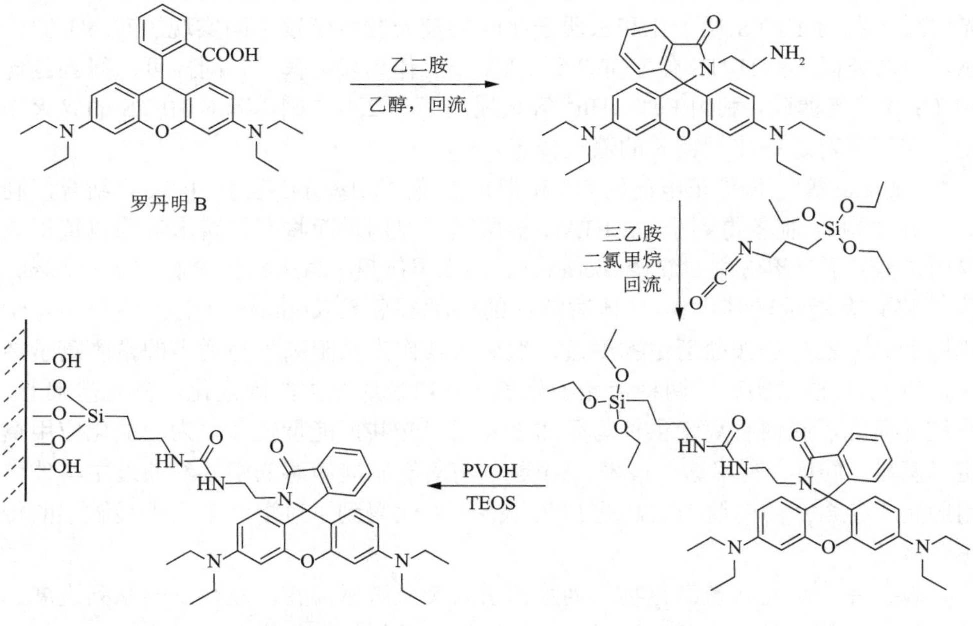

图 3-22 罗丹明衍生物修饰荧光薄膜的制备

3.3 层层自组装和 Langmuir 荧光薄膜

溶胶-凝胶包埋法虽然具有这样那样的优点，但因旋涂、滴涂、喷涂等成膜方法的运用使得溶胶-凝胶膜厚度往往难以控制，膜的均匀性和可重复制备性等都显得比较差。与之相比较，以层层自组装(LBL)所得薄膜的厚度和均一性要好得多。

这是因为 LBL 成膜过程是在预先活化的带电固体衬底表面，以交替吸附聚阴离子和聚阳离子的方式进行，因而可以达到控制厚度、提高均一性的目的。可以说，这是除了提及的 Langmuir 拉膜技术之外，其他方法难以比拟的优势。至于如何利用 LBL 技术获得荧光薄膜，一般来讲，可以通过两种策略实现，一是以适当方式将小分子荧光染料引入 LBL 多层膜中，二是选用荷电小分子或高分子荧光化合物作为 LBL 制膜过程中的一种成分，从而通过交替沉积获得荧光薄膜。

基于上述思想和技术，人们发展了各种各样的 LBL 荧光薄膜，并将其成功用于化学和生物传感。例如，Tripathy 等[52]以芘衍生物 HPTS 为传感元素，将其与聚丙烯酸(PAA)混合作为聚阴离子，以聚烯丙胺盐酸盐(PAH)作为聚阳离子，利用 LBL 技术使其交替沉积在带有负电荷的玻璃衬底表面，得到了包含 HPTS 的荧光薄膜。利用 HPTS 质子化和去质子化时的荧光发射位置不同实现了对 pH 的传感。与之类似，将 HPTS 化学键合到 PAA 链上作为聚阴离子，同样可以得到包含 HPTS 的荧光薄膜。利用 Fe^{2+}、Hg^{2+}等金属离子和 2,4-二硝基苯对 HPTS 的猝灭作用，实现了对这些化学物质的液相传感。

Leblanc 等[53]将带正电荷的 CS 和带负电荷的聚噻吩-3-乙酸(PTAA)结合，利用 LBL 技术，制备得到了 CS/PTAA 多层膜。他们进而将有机磷水解酶包覆于该膜内，实现了对溶液中对氧磷(paraoxon)的高灵敏度、高选择性检测。Laschewsky 等[54]将具有能量转移供体-受体对特征的两种香豆素(coumarin)衍生物分别化学修饰于聚苯乙烯季铵盐衍生物侧链，然后将其作为聚阳离子与适当的聚阴离子结合，以 LBL 技术实现了两种荧光小分子在聚电解质膜中的固定化。在此基础上，系统地研究了膜内香豆素供体与受体之间的荧光共振能量转移，为功能化应用奠定了基础。同样，利用这一技术，Yu 等[55]将对石胆酸敏感的中性红通过主客体作用固定于包含β-环糊精磺酸盐的 LBL 膜中，以此得到了对溶液中石胆酸敏感的传感薄膜。

Wei 等[56]将层状氢氧化物作为主体引入荧光敏感薄膜，取得了一系列进展。他们的基本策略是，将荧光染料分子设法插入层状氢氧化物(LDH)内，使其与携带相反电荷的高分子结合，利用 LBL 技术获得荧光薄膜。通过这种策略，他们成功获得了以荧光染料 ABTS[2,2-叠氮基-双(3-乙基苯并噻唑啉-6-磺酸盐)]为活性成分的 ABTS/Zn-Al 型 LDH(Zn-Al LDH)超薄膜。研究表明，该膜光化学稳定性好，在水相中的荧光发射对 Cd^{2+}的存在十分敏感，经过乙二胺四乙酸(EDTA)的络合洗涤，薄膜结构可以获得再生，从而使传感过程得以重复进行。在微观形貌上，薄膜结构也因传感洗涤而呈现周期性变化，图 3-23 给出了薄膜的示意结构和传感洗涤可逆过程。

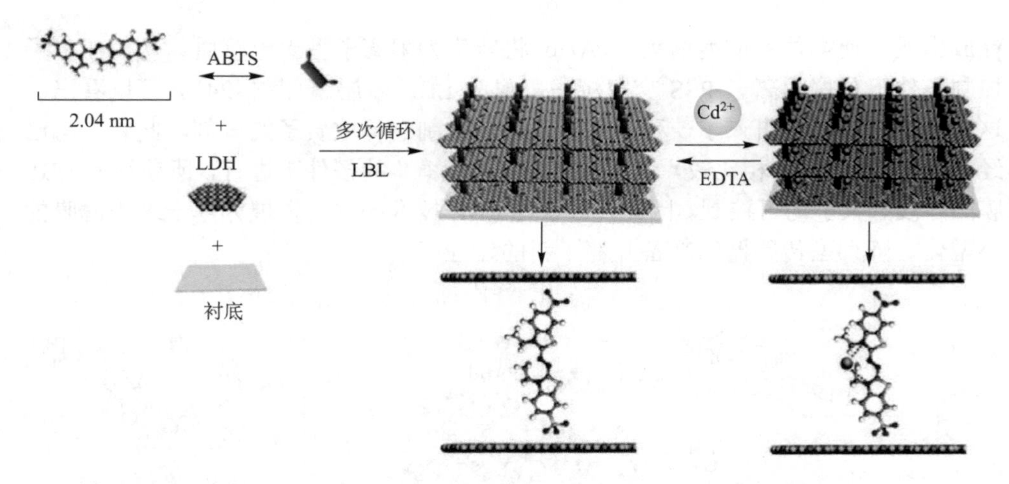

图 3-23　ABTS/Zn-Al 型 LDH 超薄膜制备、使用和再生过程示意图

此外，Wei 和 Liang 等[57]利用类似的策略，将碳量子点物理包夹于 LDH 内，通过引入带负电荷的聚苯乙烯磺酸盐，以 LBL 技术获得了温度敏感电致发光和光致发光荧光薄膜，实现了对温度的精准测定。

Lu 及其合作者[58]将中性聚乙烯咔唑(PVK)与磷光活性铱配合物[Ir(F_2ppy)$_3$]同时包夹到 LDH 纳米片中，以与 Wei 等相似的方法获得了有机-无机杂化 LBL 型超薄膜。光物理研究表明，该体系可以同时产生源自三重态铱离子到配体电荷转移和配体自身单重态跃迁的两种不同波长的光辐射(约 471 nm 和 491 nm)。有意思的是，以 PVK 的特征吸收(294 nm)激发该超薄膜获得的是金属配合物的发光，表明体系中存在 PVK 到金属配合物的能量转移。进一步的研究揭示了这种能量转移的偶极-偶极作用本质。由于能量转移发生在 LDH 的片层之间，因此，他们将这种能量转移称为二维 Förster 共振能量转移。有意思的是，这一薄膜体系的能量转移效率因某些挥发性有机物(VOCs)的存在而显著改变，由此实现了对这些 VOCs 的传感。

Egawa 及其合作者[59]利用 LBL 技术将阴离子型荧光染料四磺酸苯基卟啉(TPPS)与聚氨基丙烯在酸性条件下交替沉积，获得了一种荧光薄膜。实验发现 TPPS 的聚集结构因介质 pH 的不同而变化，具体来讲，当溶液 pH 小于 1.5 时，其以 J 聚集体形式存在，当溶液 pH 大于 3 时，该聚集体转化为 H 型，而且两种聚集结构因 pH 的变化而可逆变化，由此实现了对其聚集结构的可逆调控。

Schaaf 和 Boulmedais 及其合作者[60]根据 LBL 原理，发展了一种电场控制的近乎普适性的聚电解质薄膜制备方法。他们将二甲基马来酸酐修饰的聚氨基丙烯(PAHd)与聚苯乙烯磺酸盐(PSS)混合，在正常条件下，二者均为带负电荷的聚电解质，不会发生界面交替沉积。但在通电条件下，溶液中的氢醌可以发生电离，释放出质子使得体系酸度增大，PAHd 将转化为阳离子型聚电解质，从而在电场控制条件下与聚阴离子 PSS 交替沉积，形成 LBL 多层膜(图 3-24)。可以看出，这种方法的核心是引入了一种能够经由电场控制的释放质子的试剂。此外，与已经报道的 LBL 技术相比较，该方法是在“一锅煮”的条件下进行，所获得的 LBL 膜的厚度、大小均可控制。因此，可以说 LBL 技术的这一发展为基于这类薄膜的小型化、阵列型传感器的制备开辟了新的途径。

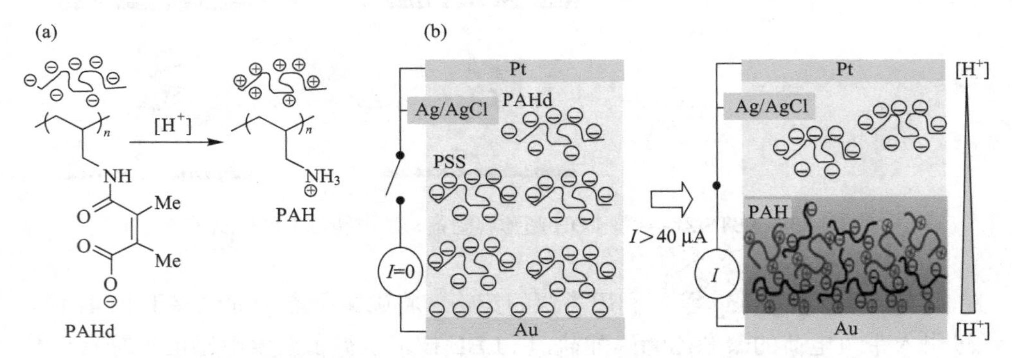

图 3-24 (a) PAHd 到 PAH 的电性转变原理；(b) 在氢醌、支持电解质硝酸钠和恒电流条件下体系 pH 降低导致 PAH/PSS 超薄膜在电极表面的形成

实际上，将中性荧光染料包埋于 LBL 薄膜中不是一件容易的事情，几年前，Manna 和 Patil[61]发展了一种用于在 LBL 薄膜中包埋荧光染料的普适性方法。其基本策略是，以荷电表面活性剂所形成的胶束溶解有机染料分子，然后将这种携带荧光物质的表面活性剂体系与带相反电荷的聚电解质组合，最后利用 LBL 技术获得所需要的荧光薄膜或荧光胶体微球。

Prashanth 等[62]发展了基于喷洒的 LBL 方法制备多层聚电解质膜(图 3-25)，此种方法比传统的旋涂制膜和浸渍制膜更方便，且可方便地包覆抗生物素蛋白。通

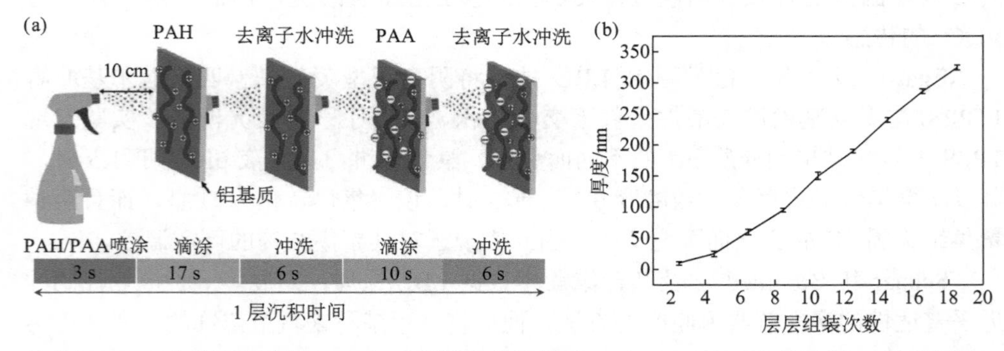

图 3-25 (a) 喷洒方法制备 LBL 聚电解质膜示意图；(b) PAH/PAA 薄膜厚度与层层组装次数的关系图

过比较基质效应发现，金属基质可有效增强标记于生物素上的荧光素的荧光，且增强效果是玻璃衬底的 9 倍，甚至与沃特曼蛋白芯片片基(Whatman FAST Slides)相当。研究表明：包覆的抗生物素蛋白具有良好的生物活性，可用于生物传感。

Lu 和 Zhou 等[63]通过 LBL 将非共轭的高分子 PAA 与聚乙烯亚胺(PEI)组装到石英基质表面，PAA 与 PEI 通过氢键、静电作用等形成的多层薄膜可发射出蓝色、绿色、红色等不同颜色的荧光，且荧光强度与膜的层数正相关。金属离子可与该荧光薄膜中的氨基和羧基发生络合而猝灭其荧光发射，这一发光现象可以用于金属离子检测。研究表明：Ag^{+}、Fe^{3+}与 Cu^{2+}对该薄膜的荧光猝灭效率可分别达 0.98、0.96、0.75，因此，该薄膜可用于此类金属离子的检测。

传统 LB 膜是指将长链脂肪酸等两亲性分子在气-液界面紧密有序排列，所形成的单分子层通过外力转移到固体衬底表面而形成的单分子膜[64]。以 LB 膜技术得到的膜厚度、膜内分子的结构和有关功能分子的位置均可人工调控，因此，将荧光传感元素化学修饰到脂肪酸分子链上，然后通过 LB 膜技术将该荧光标记脂肪酸转移到固体衬底表面，由此可以得到荧光活性成分在薄膜中有序排列的荧光薄膜(图 3-26)。

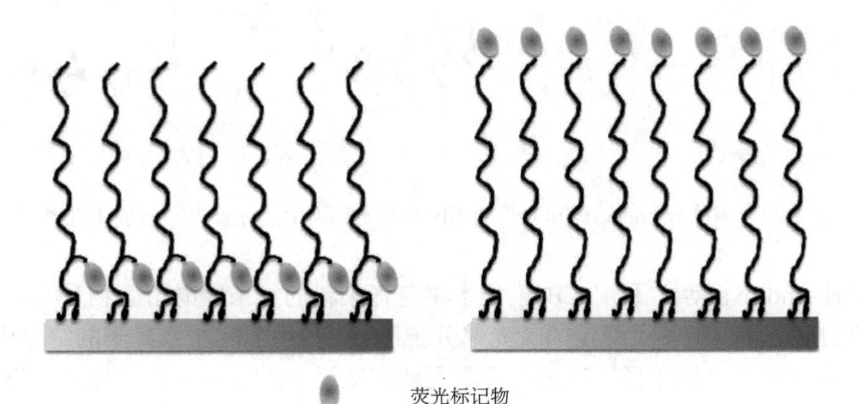

图 3-26　荧光小分子在传统 LB 膜上的固定化

Yamazaki 及其合作者是最早利用 LB 膜技术制备荧光薄膜的小组之一[65]。他们将末端携带芘的十六烷基羧酸和硬脂酸混合制备芘标记 LB 膜，并通过时间分辨荧光光谱等技术研究了 LB 膜中芘激基缔合物的形成及激发态能量转移等光物理过程。

Leblanc 等[66]将丹磺酰修饰的多肽分子化学结合到硬脂酸末端，然后利用 LB 膜技术将其转移到固体衬底表面，由此得到了丹磺酰修饰的硬脂酸单层膜。图 3-27 分别给出了几种多肽的结构和 Cu^{2+}对 LB 膜的两种猝灭机理。Leblanc 等认为，当荧光报告基团丹磺酰和离子捕获单元连接于同一多肽 A 分子时，Cu^{2+}的存在使得距离捕获单元很近的丹磺酰的荧光被猝灭。而将荧光报告基团丹磺酰和离子捕获单元分别连接于多肽 C 和多肽 B 上时，多肽 B 中的离子捕获单元首先将 Cu^{2+}捕获，然后通过离子捕获单元和荧光物种之间的跨空间(through-space)作用猝灭丹磺酰的荧光。此外，他们还制备了以荧光素异硫氰酸酯(FITC)标记的磷酸脱水酶(OPAA)的 LB 膜，用于检测二异丙基氟磷酸酯(DFP)[67]。

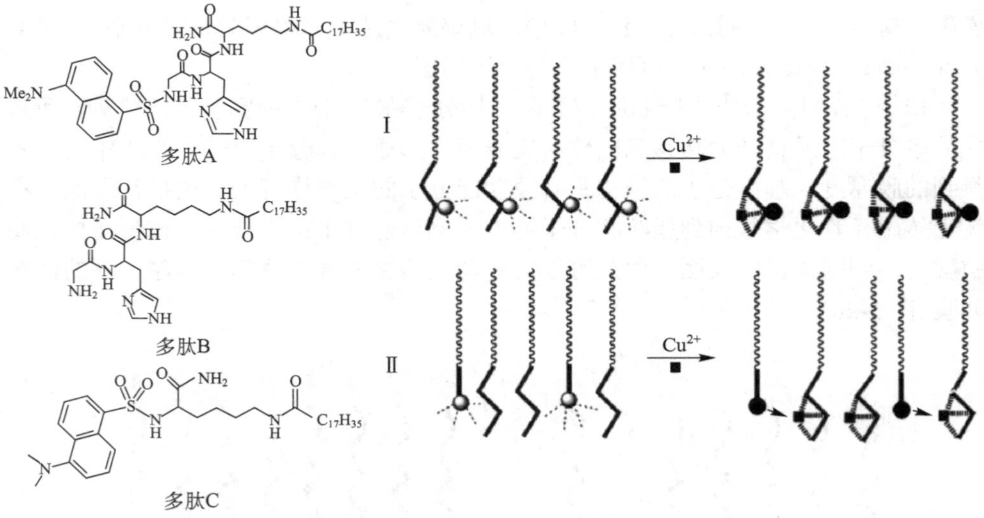

图 3-27　多肽分子的结构和 Cu^{2+}对 LB 膜荧光猝灭中的分子内和分子间机理

Aleksandrova 等[68]利用 LB 膜技术将花青染料的氮杂冠醚衍生物(HCS)组装于石英衬底表面，制备了稳定的荧光单分子层膜。利用冠醚对汞离子的络合作用，实现了对汞离子的高选择性传感，检测灵敏度低至 10^{-10} mol/L，且传感薄膜可重复使用。Zuckermann 等[69]先利用 LB 膜技术将线型类肽单分子膜组装到玻璃纤维表面，再利用 LS 膜技术将其他类肽分子组装成第二层传感单元，利用环状肽与毒素蛋白质的特异作用实现对相关蛋白质的检测。需要说明的是，这种策略可通过更换类肽及环状肽而实现检测性能的调控，并可利用光刻技术制作不同形状的传感阵列。

Péres 等[70]利用 9,9-二正辛基芴与 3-己基噻吩的共聚物在水-空气界面形成单分子膜并吸附亚相中的植酸酶，形成复合 Langmuir 膜。该复合膜可轻易转移至固体基质表面，且不影响酶的活性，利用紫外吸收光谱研究了薄膜的酶活性，获得了酶促反应的米氏常数为 13.08 mmol/L，表明薄膜对植酸具有良好的响应，但需要注意的是，这个响应会受到膜形貌和层数的影响。

Lu 等[71]通过二十酸与水滑石(LDH)的静电作用形成基质表面的 LB 膜，再利用 LBL 方法吸附 CdTe 量子点制备纳米复合薄膜。薄膜结构中，LDH 的二维限域效应和二十酸的两亲性连接臂效应使得 CdTe 量子点发光强度增加 10 倍。挥发性有机胺不可逆地猝灭该薄膜的荧光，而不含氨基的挥发性有机物则可逆地敏化薄膜荧光，据此实现了对挥发性有机物的区分识别。

值得注意的是，虽然利用 LB 膜技术可以实现荧光小分子的有序排列，但这种有序结构仅靠脂肪酸头基与衬底表面的物理吸附及其尾链间弱的相互作用维系，因而薄膜耐热性差，力学强度不高，很难获得实际应用。此外，在这类荧光薄膜中，荧光单元流动性大，易于发生簇集而分布不均匀，影响膜性质的均一性，而这正是构建光功能薄膜最忌讳之处[72]。近年来，人们发现高分子表面活性剂也可以在气-液界面上形成稳定的单层膜，而且可以将其转移到固体衬底表面。相对于脂肪酸类 LB 膜，高分子 LB 膜的稳定性和力学性能都要好得多，因此开始受到人们的广泛关注[73]。

某些高分子具有良好的形成 LB 膜的性质，因此对其进行荧光标记，然后将空白高分子与荧光标记高分子混合拉膜，由此可以实现荧光分子在高分子单层膜中的均匀分布[74,75]。考虑到高分子 LB 膜比脂肪酸类 LB 膜具有更高的稳定性和力学强度，可以预期其在光功能分子器件的开发上将具有更大的优越性。

Yamamoto 等[76]将供体咔唑和受体 4-溴基-1-萘同时共价结合于高分子聚甲基丙烯酸十八烷酯[poly(octadecyl methacrylate)]形成的 LB 膜中，得到了研究单层膜内三重态能量迁移和转移的良好模型。能量迁移和转移研究要求严格控制荧光发色团在空间上的分布，实验时将疏水结构作为侧链结合到亲水性主链上，得到了取向性较高的高分子 LB 膜，这种高分子 LB 膜十分稳定，即使加热处理也不会使其取向性发生显著变化。

近年来，人们又推出了一种新的高分子 LB 膜材料，即带纤毛的棒(hairy-rod)型高分子。在结构上，这种高分子包含两个部分，即具有刚性结构的高分子主链[又被称为棒(rod)]，以及呈辐射状的可用来标记荧光单元的柔性烷基侧链[即纤毛(hair)]，如图 3-28 所示[77]。前者可以提供良好的刚性骨架结构，而后者则可保证该刚性结构可以溶解在有关溶剂中。由这种高分子制成的 LB 膜具有一些独特的性质，如高分子链更易沿涂覆方向排列。此外，所得的 LB 膜热稳定性和剪切稳定性显著改善。Ito 及其合作者[78]将荧光小分子萘和蒽共价结合到 hairy-rod 型聚谷氨酸盐(polyglutamate，PG)的柔性侧链上，运用能量转移等荧光技术表征了由这种 hairy-rod 型高分子形成的 LB 膜的内部结构及其热稳定性。研究发现该高分子 LB 膜在 120 ℃仍然比较稳定。

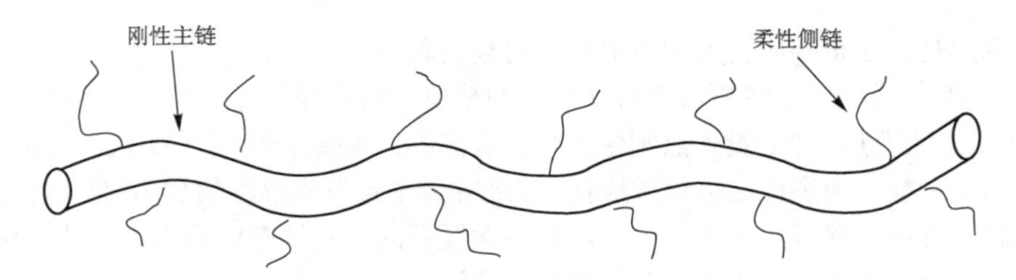

图 3-28　荧光小分子修饰的用于构建 LB 膜的 hairy-rod 型高分子

若组装 LB 膜的高分子侧链带有可交联功能的基团，则可通过紫外光照引发聚合，使高分子链间发生交联，形成有规则的网络结构，从而可以进一步增强 LB 膜的稳定性。Miyashita 小组[79]利用高分子单体 *N*-十二烷基丙烯酰胺(*N*-dodecylaacrylamide，DDA)的易于铺展性和能够形成稳定 LB 膜的特点，通过引入不同的功能基团，制备得到了多种共聚高分子 LB 膜。该小组近来又将荧光小分子芘和能够结合可交联基团的乙烯吡啶基同时引入到了 DDA 高分子 LB 膜中(图 3-29)[80]。由于乙烯吡啶基在 DDA 高分子 LB 膜中的量可以有效控制，因此引入 LB 膜中的可交联基团丙烯酰基的量也可以得到控制。然后通过紫外光照使丙烯酰基交联，以此实现对 LB 膜的光刻蚀，从而得到高分辨图案化薄膜。

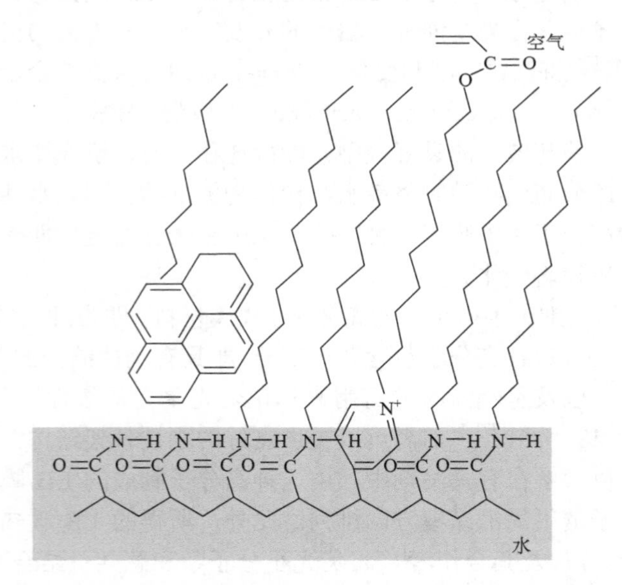

图 3-29　芘修饰可交联高分子在气-液界面形成的 Langmuir 膜

除了上述的高分子膜和 LB 膜可用来固定荧光小分子外，两亲分子通过化学吸附在固体衬底表面的自组装策略也可以用来固定荧光小分子。实际上，也有人将荧光配合物用作传感活性单元，通过与适当的成膜试剂和助剂结合，获得荧光敏感薄膜材料。例如，Crutchley 及其合作者[81]将一种具有荧光活性并携带羧基的金属铱配合物与具有良好成膜性的侧链部分氨基化的聚二甲基硅氧烷(silamine)结合，按照如图 3-30 所示反应，制备得到了一种荧光薄膜。为了增加薄膜的力学强度，在制膜过程中他们还特异引入了微晶纤维素。以此方法所得到的薄膜对氧气表现出良好的传感特性，以氧气分压表述时，Stern-Volmer 猝灭常数可达 0.502，线性范围可达 0.007～45 psi(磅力/英寸 ^{2})。

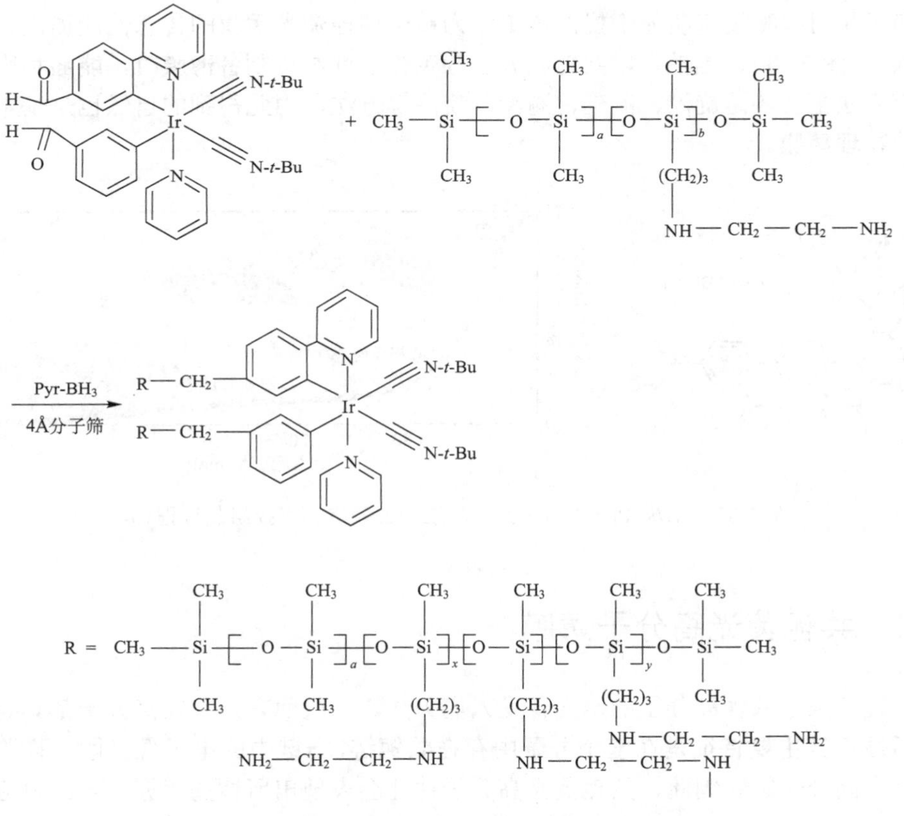

图 3-30 通过原位还原胺化反应获得的荧光薄膜

除了可以利用上述方法制备荧光薄膜外，通过某种作用将荧光活性物质直接沉积于衬底表面也可以得到荧光薄膜。例如，笔者实验室曾经模拟生物矿化，在有机物调制下通过异相成核生长制备了担载于 CS 薄膜表面的 CdS 纳米颗粒复合薄膜(CS/CdS)[82]。研究发现，该薄膜的荧光发射对水体中的吡啶十分敏感，微量吡啶的存在会引起薄膜荧光发射急剧增强。除 Cu^{2+}离子和 I^-离子外，水体中其他常见离子对薄膜荧光发射几乎没有影响。de Luca 等[83]将不连续的微米级卟啉颗粒通过紫外光照沉积于 SiO_2 衬底表面，发现卟啉的吸收和荧光发射强烈依赖于酸性或碱性气体的存在，由此发展了相应的传感薄膜。最近，笔者团队[84]将金配合物通过炔键连接在苝二酰亚胺的邻位，设计合成了新型分子 *ortho*-PBI-Au。通过调节表面压力可以获得一系列不同堆积结构的 LB 薄膜，而薄膜的微结构显著影响其传感性能，表面压力为 5 mN/m 时制备的薄膜的厚度适宜、堆积松散、分子平展排列，其传感性能最好。利用此薄膜实现了对苯乙胺的高效检测，该薄膜对苯乙胺的检出限低至 4 ppb，响应时间小于 1s，恢复时间少于 5s，且大多数日用品和毒品对检测没有明显干扰，该工作为精确调控荧光薄膜的传感性能提供了重要依据(图 3-31)。当然，以共轭高分子为荧光活性结构制备薄膜时，能够利用的制膜方法主要还是旋涂、流延、滴涂、喷涂等方法，由此得到的自然也是基本无序的物理薄膜。

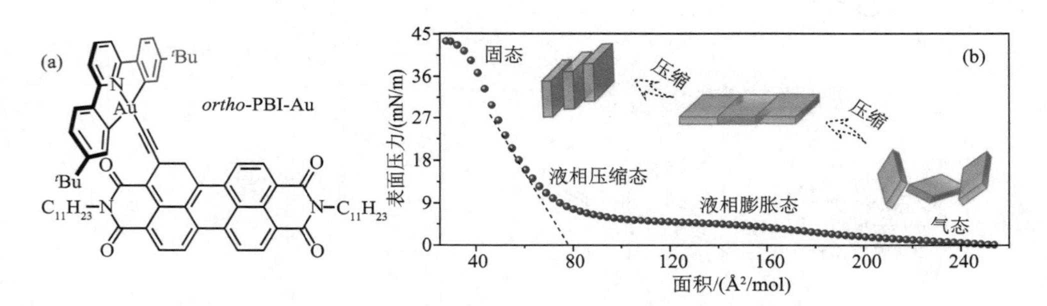

图 3-31 *ortho*-PBI-Au 的分子结构式(a)及界面可控组装过程(b)

3.4 共轭荧光高分子薄膜

近年来，共轭高分子的研究备受人们关注。一般而言，共轭高分子都具有荧光活性，其主要特征是在整个分子中存在共轭链，π键中的电子像云团一样弥漫于整个高分子链。因此，共轭荧光高分子往往会表现出所谓的“分子导线效应”(molecular wire effect)、“超级猝灭效应”(super-quenching effect)和“一点接触、多点响应”(one-point contact，multiple-point response)的信号放大效应。这些效应或特点使其能在不改变功能基团与识别分子结合常数的情况下，成百上千倍地放大传感响应信号。与一般小分子荧光物质不同，共轭荧光高分子还拥有巨大的吸收截面，摩尔消光系数可达 10^6 L/(mol·cm)，因而表现出很强的光吸收能力。此外，涉及共轭荧光高分子的光诱导电子转移或能量转移均可在 1 ps 时间内完成，比正常的辐射衰变快差不多 4 个数量级。这就是为什么共轭高分子与猝灭剂作用时可以表现为超级猝灭。由于这些原因，在过去的几十年里，基于共轭高分子的荧光传感研究受到了人们特别的、持续的关注，而且大有继续下去的趋势。对此，Swager 等、Diamond 等、Wang 等、Crego-Calama 等先后进行了详尽的综述[85-93]。

事实上，早在 1995 年，Zhou 和 Swager[94]就将共轭高分子用于分析检测中，他们将含冠醚官能团的聚苯炔衍生物成功用于百草枯(paraquat)的检测，其荧光猝灭的效率为模型单体分子的 70～100 倍。此后，将共轭荧光高分子用于离子[95]、小分子[96]和蛋白质[97]检测的报道也相继出现。然而，以普通物理方法获得的共轭荧光高分子薄膜用于分析检测时都存在一个通透性问题。事实上，待分析物在传感薄膜中的传质及其与传感单元的结合能力是决定这类传感薄膜响应速度、传感灵敏度和传感可逆性的最主要的因素。为了提高分析物在共轭荧光高分子薄膜中的传质效率，Yang 和 Swager[98]在共轭高分子侧链引入大体积刚性基团，以期通过这些基团的几何支撑在薄膜中形成分子通道，以此减少分析物在膜中的扩散阻力，同时抑制薄膜荧光自猝灭，从而改善薄膜的荧光特性和传感性能。例如，在铂催化条件下，他们在聚苯炔链中引入刚性侧链结构，得到一种十分特殊的、携带庞大侧链结构的荧光活性聚苯炔衍生物，通过物理旋涂得到如图 3-32 所示的共轭荧光高分子薄膜。

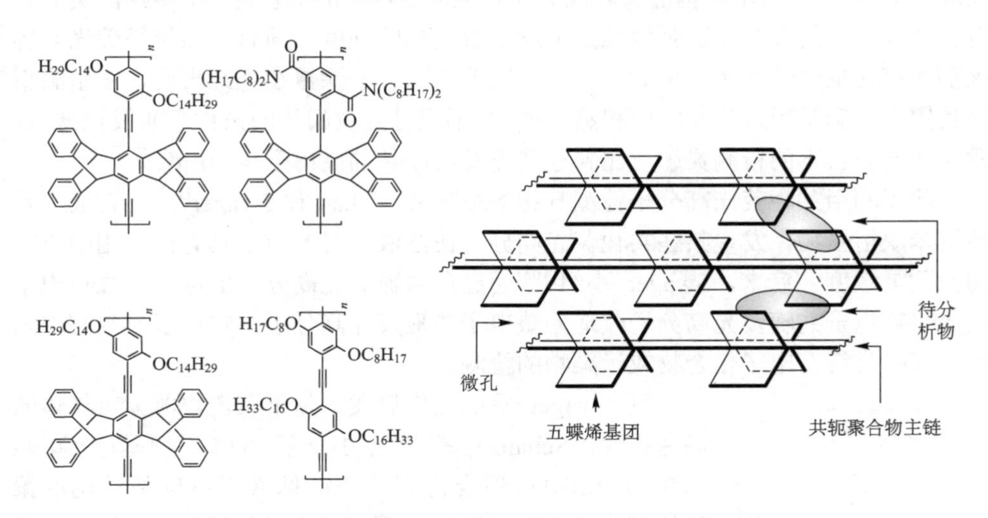

图 3-32　含刚性侧链的聚苯炔结构及其传感薄膜通透性示意图

在理论上，这类薄膜内部应该存在如图 3-33 所示的分子通道。考虑到硝基芳烃类化合物(NACs)的缺电子特性和共轭荧光高分子的富电子特点，两者靠近，且共轭荧光高分子处于激发态时，两者之间就会发生电子转移，由此必然引起共轭高分子的荧光猝灭，以此 Swager 等实现了对 NACs 的气相传感。实验表明，膜中分子通道的存在确实提高了薄膜对 NACs 的响应速度。其他工作进一步证实了这一点。例如，Whitten 等将适量表面活性剂掺杂到共轭聚电解质薄膜中，确实提高了膜对中性分析物的传感性能[99]。

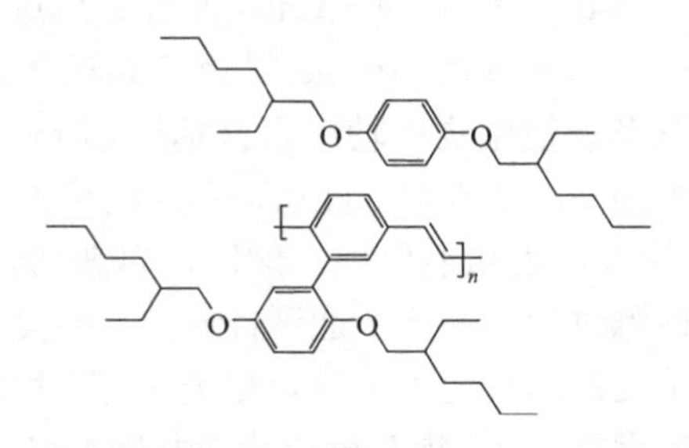

图 3-33 具有特殊激发光强度依赖荧光发射效应的共轭高分子结构

此外，Swager 等[100]还系统地研究了共轭荧光高分子中激子的迁移机理，为进一步改善共轭荧光高分子的传感性能奠定了基础。为了改善基于共轭高分子的荧光薄膜的传感性能，特别是提高检测灵敏度，Swager 等[101]以激光为激发光源，发现了如图 3-33 所示结构的共轭高分子在波长 535 nm 处呈现一个特殊的荧光发射。该波长下的荧光发射强度强烈依赖于激发光的强度。同时，该特征荧光对猝灭剂的存在也十分敏感。例如，将该共轭荧光高分子涂覆在光纤表面，在室温下使其置于三硝基甲苯(TNT)饱和蒸气中，在不超过能量阈值的条件下激发该薄膜，发现在此波长下的检测灵敏度比普通荧光发射波长的高出至少 30 倍。

除了利用共轭荧光高分子检测气相 NACs 外，Zhao 和 Swager[102]还合成了其他聚苯炔衍生物，发现某些共轭荧光高分子在溶液中对 NACs 具有比气相中更高的检测灵敏度。后来，Swager 小组[103]通过在共轭荧光高分子侧链引入强拉电子基团将富电子共轭荧光高分子改造为缺电子共轭荧光高分子，实现了对气相中酚类和吲哚类等富电子化合物或污染物的检测。

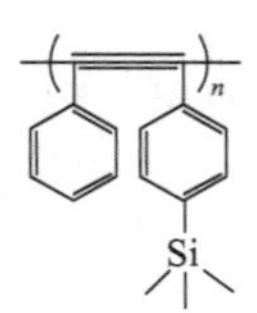

图 3-34 聚乙炔衍生物

受 Swager 等的工作启发，基于聚乙炔薄膜对气体的高通透性，Schanze 等[104]将 1-苯基-2-(4-三甲基硅)苯基-乙炔(TMSDPA)聚合得到了侧链携带三甲硅基结构的聚乙炔衍生物(PTMSDPA，图 3-34)。同预期的一样，该薄膜具有很高的荧光量子产率和自由体积，在膜厚度适当时，对挥发性极小的 NACs 仍表现出很高的传感灵敏度。Schanze 等认同 Swager 提出的电子转移猝灭机理，并指出该薄膜的大自由体积是其具有良好传感特性的重要因素。

Lin 等[105]利用带有电子供体的树枝状高分子薄膜实现了对 NACs 的气相检测。实验表明将该薄膜在间二硝基苯(*m*-DNB)蒸气中放置 5 min，荧光猝灭效率可达 90%。与直链高分子不同，电子供体的存在使这类树枝状高分子表现出极强的荧光特性。分子模拟研究表明，在树枝状高分子所形成的薄膜中存在大量的孔洞结构，从而使缺电子化合物 NACs 类分子可在膜内快速扩散，由此表现出对其很高的检测灵敏度。Hsieh 等[106]认为大多数共轭荧光高分子薄膜都拥有足够的孔洞或自由体积，适合于检测 NACs。基于这种认识，他们将三种经典的共轭荧光高分子分别加工成薄膜，实现了对 NACs 的灵敏检测。

Hsieh 等指出薄膜与待分析物的相容性，薄膜中高分子链间的能量转移，以及高分子与待分析物间的相互作用等都是影响此类薄膜传感特性的重要因素。除有机共轭荧光高分子可用来检测 NACs 外，利用无机共轭荧光高分子也可以实现对溶剂(如 THF 和水)中 NACs 的灵敏探测。例如，Fujiki 等[107]利用氟化聚硅烷薄膜对 NACs 进行了探测，发现其检测灵敏度比非氟代聚硅烷高出近 200 倍，可达 10^{-6} 量级。他们认为，这种高效猝灭作用也是聚硅烷同 NACs 间发生电子转移的结果。

Naddo 等[108]合成了一种由 4 个咔唑乙炔撑围成的环状分子，并且以长链烷氧基取代其 9-位，借以改善该化合物的溶解性(图 3-35)。通过物理旋涂得到了对 NACs 类爆炸物敏感的荧光敏感薄膜。实验发现，在室温下 TNT 和二硝基甲苯(DNT)饱和蒸气对该薄膜的荧光猝灭效率在 60 s 内可分别达到 83%和 90%。机理研究表明该材料的优良传感性能与其独有的孔状结构关系密切。Zhang 等[109]设计合成了两种包含芴结构、咔唑基团以及蒽或苝片段的三组分的共轭高分子，并通过旋涂法制备了基于该高分子的荧光敏感薄膜。该荧光薄膜不仅可实现对 DNT 高灵敏、高选择性检测，DNT 气体可在 5 s 内分别猝灭两种薄膜 93%和 96%的荧光，而且可以实现对痕量 DNT 的可视化检测，且此类荧光薄膜可反复使用。所测试的其他硝基爆炸物气体如 2,4,6-三硝基苯基甲基硝胺(Tetryl)、季戊四醇四硝

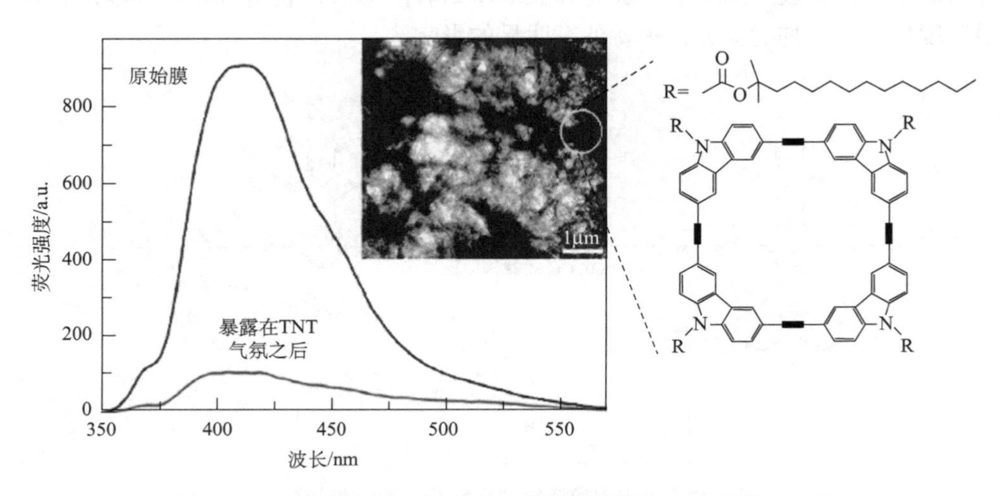

图 3-35　咔唑乙炔撑环状分子涂覆薄膜对气相 TNT 的猝灭光谱

酸酯(PETN)、八氢-1,3,5,7-四硝基-1,3,5,7-四唑嗪(HMX)、1,3,5-三硝基-1,3,5-三氮杂环己烷(RDX)对荧光薄膜的影响较小，但 TNT 也可部分猝灭薄膜的荧光，表明 TNT 会在一定程度上干扰该荧光薄膜对 DNT 的检测。

Cheng 等[110]报道了一种荧光量子产率较高的含芴类聚合物(图 3-36)。与 Swager 的蝶烯类结构不同，该聚合物包含两类侧链结构，分别是含羟基的短碳链和不含功能结构的饱和长烷基链。这种长碳链的引入使得聚合物在薄膜中具有更高的取向度，由此也就提高了激子在聚合物链内和链间的传输能力。引入羟基的目的是通过与待检测对象 NACs 的硝基氢键作用来提高聚合物薄膜对其结合能力，从而提高薄膜对 NACs 的传感灵敏度。研究发现，当末端含羟基的单体占到单体总量的 57%时，TNT 饱和蒸气对相应聚合物薄膜的荧光猝灭效率在 20 s 内可达到 50%，是当时乃至之后很长一段时间内对 TNT 荧光检测最为灵敏的材料之一。

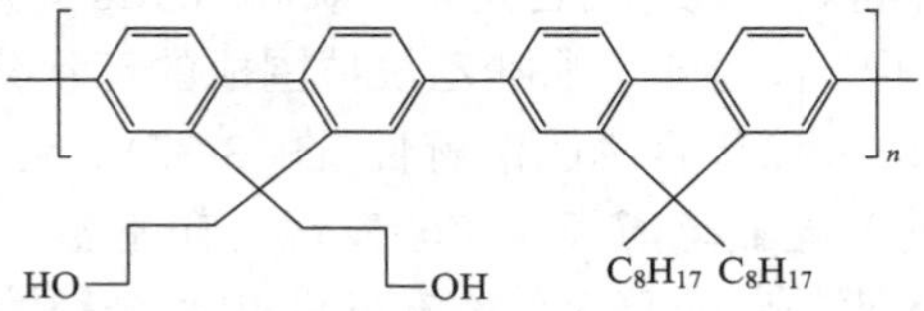

图 3-36 芴类荧光共轭聚合物的结构

2010 年，Wang 等[111]采用 Sonogashira 偶联反应合成了以胆固醇为侧链，含刚性五蝶烯的 PPE 衍生物(图 3-37)。通过改变衬底材料和薄膜的厚度，考察了 DNT 对该聚合物薄膜的荧光猝灭效应，结果发现，当以玻璃为衬底，膜厚度约为 2 nm 时，该聚合物薄膜在 DNT 饱和蒸气中放置 60 s，荧光发射可被猝灭约 51%。将衬底换为硅胶板，则薄膜的荧光猝灭效率则有所降低，表明衬底化学本性和薄膜厚度均对聚合物的荧光传感特性有明显的影响。

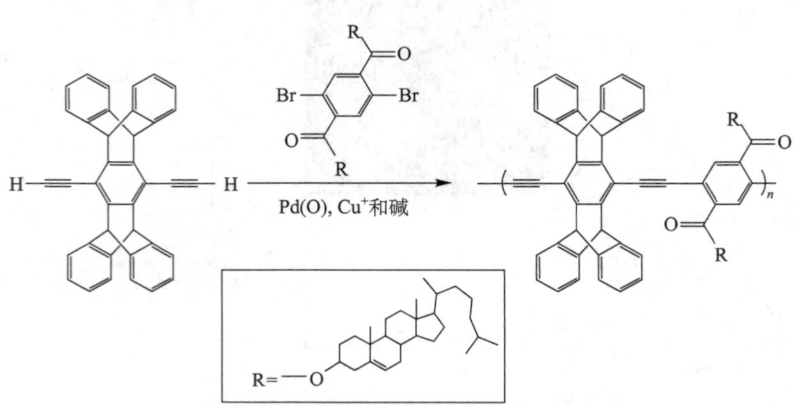

图 3-37 含胆固醇侧链的交替共轭聚合物的合成

之后，笔者实验室[112]设计合成了两种含芘单元的荧光共轭聚合物 PyPE-1、PyPE-2 及不含芘单元的共轭聚合物 PPE(图 3-38)，将其旋涂成膜，并分别命名为薄膜 1、薄膜 2 和薄膜 3。实验发现，薄膜 1 和薄膜 2 在水相中对 TNT 十分敏感，当 TNT 浓度增加到 60 μmol/L 时，薄膜荧光可被猝灭约 70%。酸、碱等常见化学物质，甚至 DNT、硝基苯(NB)和苦味酸(PA)等对薄膜 1 的荧光发射几乎没有影响。可见，该薄膜具有很好的传感选择性。这种传感选择性被归因于共轭聚合物与猝灭剂(TNT)之间的特异π-π作用，以及前者的富电子性和后者的缺电子性。进一步的研究发现，该薄膜对 TNT 的传感在海水及地下水环境中照样可以实施，而且没有明显的性能衰减。此外，该传感过程还具有比较好的可逆性。令人特别高兴的是，该薄膜还具有超常的化学稳定性，在妥善保管下，性能至少可稳定 6 个月。考虑到该荧光聚合物薄膜所具有的优异性能，制备过程的简单性，以及地下水、海水对检测过程和检测结果的无干扰性，笔者认为该薄膜是一种极具潜力的水相 TNT 灵敏检测材料。

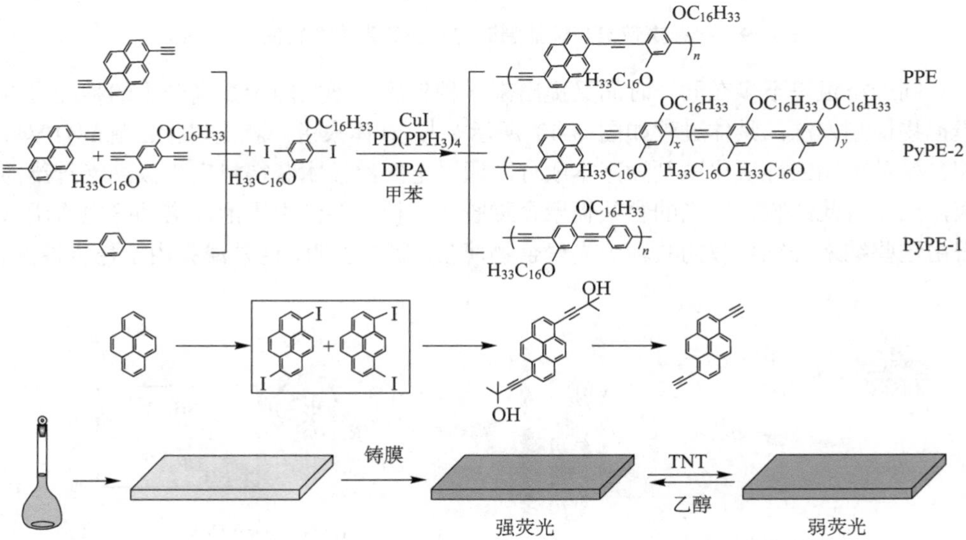

图 3-38　聚合物 PyPE-1、PyPE-2 和 PPE 的合成及相应传感薄膜的制备过程

Kim 团队[113]又将这类物理薄膜用于空气中臭氧的磷光测定。实验发现薄膜磷光强度因空气或水中臭氧浓度的增加而线性猝灭，由此可以方便地实现对水体和大气中臭氧水平的检测。与传统的电导测定法相比较，这种方法具有操作简便、灵敏度高等一系列的优点。

共轭荧光聚合物薄膜还可以用于神经毒剂的检测。2014 年，Lee 及其合作者[114]设计合成了如图 3-39 所示携带大量侧链的共轭荧光高分子，将其涂覆于滤纸上，获得了一种对神经毒剂模拟物(二乙基磷酰氯，DCP)十分敏感的薄膜材料，该薄膜经由氢氧化钠溶液处理可以再生。更为有意思的是，不同于已经报道的共轭高分子，该化合物包含两个不同的发色结构，对应于两个不同波长的荧光发射，因而薄膜或溶液荧光可因环境气氛或酸碱度的不同而表现出不同的荧光，以此可以实现对环境气氛酸碱性的检测。

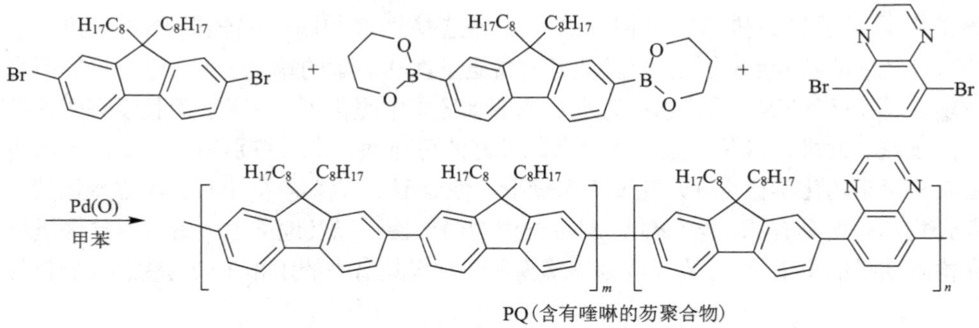

Pd(O) 甲苯

PQ（含有喹啉的芴聚合物）

图 3-39 一种携带饱和烷基侧链的共轭荧光聚合物的合成路线

同一小组差不多在同一时间又提出来一种新的基于共轭荧光高分子的神经毒剂模拟物检测方法，具体过程如图 3-40 所示[115]。具体来讲，就是以聚乙烯醇(PVA)和含氨基末端的硅烷化试剂为基本成分，通过电纺丝技术获得衬底担载纳米纤维薄膜，然后将此薄膜在适当的含共轭聚合物胶体颗粒的溶液中浸泡，借助静电作用获得由这些纳米纤维负载的共轭荧光聚合物薄膜。研究表明，这种薄膜由于稳定性好、

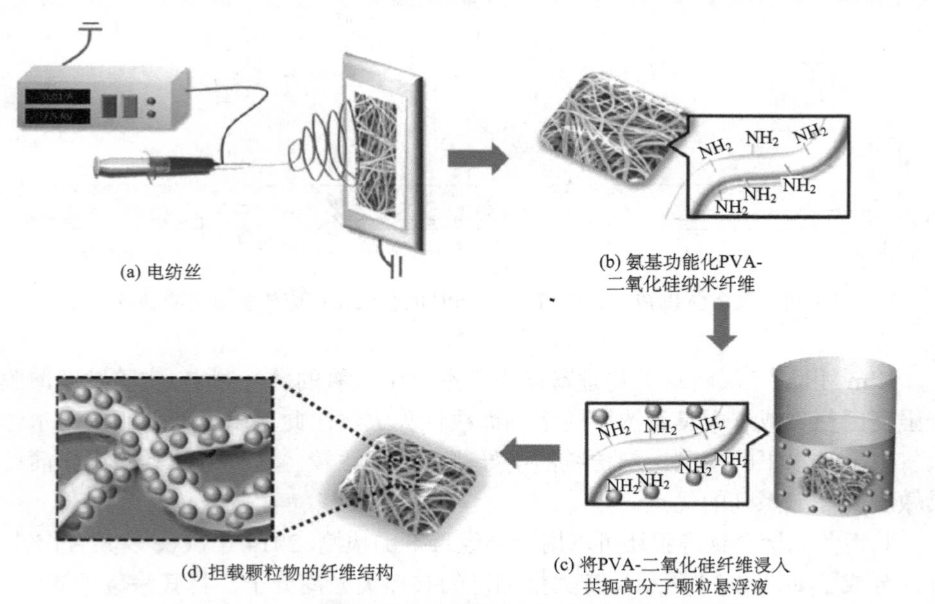

图 3-40 PVA 纤维担载共轭聚合物纳米颗粒薄膜制备策略

适应性强，在诸多方面可以获得应用。特别是因聚合物微球被负载于纤维结构表面，暴露面积大，荧光强度高，为传感应用奠定了很好的基础，因此形成了一种具有一定普适性的共轭聚合物薄膜制备策略。就所制备的薄膜而言，其对神经毒气模拟物DCP表现出很高的传感响应灵敏度和速度，水相最低检出浓度可在微摩尔级。

2019年，笔者小组与美国犹他大学Stang小组[116]合作将经过结构改造的芘引入含四配位铂的环状结构中，得到如图3-41所示的一组荧光化合物。实验表明，环结构的形成确实抑制了分子内芘激基缔合物的形成，而且分子间堆积情况也因环大小的不同而不同，由此实现了对该类化合物溶液发光行为的大范围调控。有意思的是，芘的光敏性也由于环状结构的引入而显著降低，从而为其应用奠定了基础。在这些结果基础上，将该类荧光化合物担载于硅胶板表面，得到的荧光薄膜对苯胺、邻甲苯胺气体表现出很好的传感响应性。进一步的研究还发现脂肪胺虽然也会引起薄膜荧光的改变，但表现与芳香胺完全不同。芳香胺影响的只是薄膜荧光的强度，而脂肪胺引起的不仅仅是强度的变化，还包括薄膜发光颜色的变化。其机理被归结于衬底担载荧光化合物聚集结构的变化。此外，实验还表明，只有环状结构化合物形成的薄膜才表现出理想的传感响应可逆性。

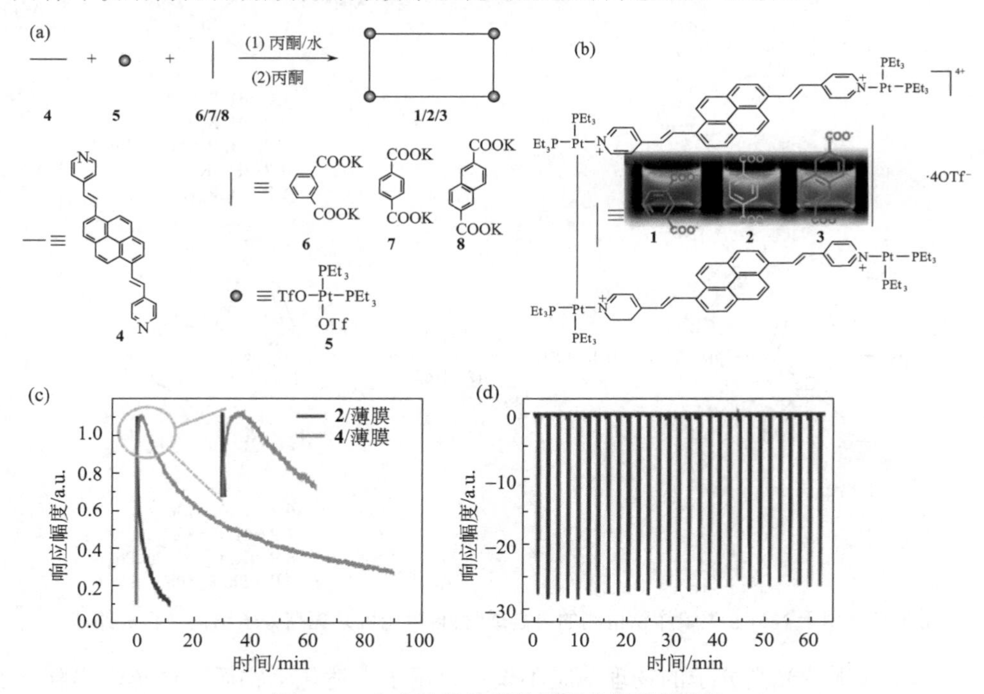

图3-41 含芘结构片段的四配位铂环状结构

(a)因芳香二酸的不同而得到具有不同大小的环状结构；(b)一种典型的环状结构；(c)以二乙胺为模型有机胺，相比于简单的芘衍生物薄膜，乙二胺更易从环状结构化合物薄膜上解吸；(d)环状化合物**2**薄膜对苯胺饱和蒸气的传感可逆性多年前，Lippard 等[117]将邻菲咯啉、三联吡啶、8-氨基喹啉等螯合剂引入到共轭荧光高分子中，铜离子的结合导致高分子荧光猝灭，然而 NO 的引入可以使得体系荧光得以部分恢复，以此实现了对这一氮氧化物的检测。薄膜对 NO 的检测灵敏度与所采用的共轭片段结构关系极为密切。Trogler 等[118]将如图 3-42 所示含硅或含硅-锗的无机共轭高分子制膜，并将其用于隐藏爆炸物的探测，取得了很好的效果。与有机共轭高分子不同，在薄膜态，这类高分子的荧光光谱与在稀溶液中相同，即薄膜态不存在高分子链聚集导致荧光猝灭，也不存在因聚合物密度大而引起激基缔合物荧光等问题，这些特点使其在传感应用方面具备了一系列有机共轭高分子所没有的优点。基于此，Trogler 及其合作者[119]又设计合成了一些以硅烯交替结构为特征的共轭荧光高分子(图 3-43)，发现聚硅代芴乙烯具有很好的成膜性，而且几乎对所有的 NACs 类爆炸物都表现出特别高的传感灵敏度。

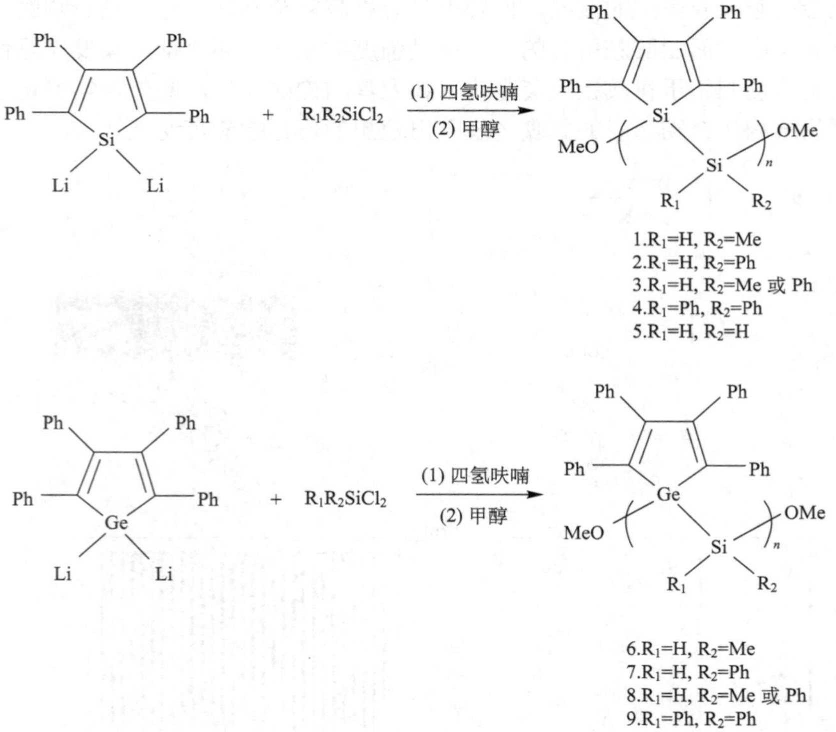

$R_1R_2SiCl_2$ (1) 四氢呋喃 (2) 甲醇

1.R_1=H, R_2=Me
2.R_1=H, R_2=Ph
3.R_1=H, R_2=Me 或 Ph
4.R_1=Ph, R_2=Ph
5.R_1=H, R_2=H

$R_1R_2SiCl_2$ (1) 四氢呋喃 (2) 甲醇

6.R_1=H, R_2=Me
7.R_1=H, R_2=Ph
8.R_1=H, R_2=Me 或 Ph
9.R_1=Ph, R_2=Ph

图 3-42 用于 NACs 类爆炸物检测的含硅或含硅-锗无机共轭高分子结构与合成路线

基于共轭荧光高分子的物理薄膜不仅可以用于上述化学物质的传感，实际上类似黏度等溶液物理性质的测定往往也可以经由这类薄膜进行。例如，几年前 Fujiki 及其合作者[120]就以分子内包含π结构的多孔高分子薄膜实现了对介质黏度的荧光测定。

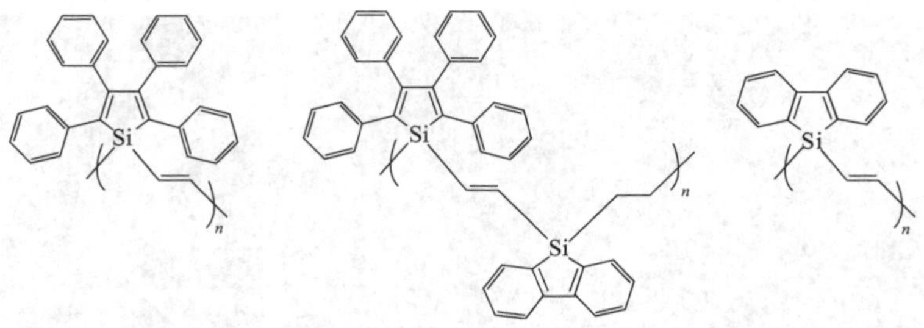

图 3-43 以硅烯交替结构为特征的部分共轭高分子的结构

除了上述常见的物理制膜方法之外，近年来人们一直在试图发展新的制膜技术，以期实现对待测物的高灵敏快速检测，或对固体衬底材料表面的高效功能化。例如，江雷及其合作者[121]依据在超亲润和亲润性调控研究方面的多年积累，试图发展以有机光电功能分子为主要成分的表面图案化普适方法，这些努力已经初步获得成功。就成熟程度和在传感领域的应用广泛性而言，静电纺丝无疑是其中最为典型的一种。

众所周知，静电纺丝纤维具有超高的比表面积和较好的连通性等特点，作为传感材料具有独特的优势。Wang 等[122]率先将聚丙烯酸与芘甲醇(PAA-PM)混合物经由静电纺丝制成复合纳米纤维膜，以芘单元作为报告基团，实现了对 DNT 和金属离子(Fe^{3+}、Hg^{2+})的灵敏检测(图 3-44)。研究表明，这些物质会显著猝灭该膜的荧光发射，相应的猝灭过程符合 Stern-Volmer 机理，说明猝灭过程具有动态性和双分子作用特征。猝灭过程的动态性反映了薄膜结构的多孔性和良好的通透性，这无疑得益于薄膜所拥有大比表面积。这种大比表面积使得待测物与荧光基团拥有很高的接触碰撞机会，从而显示出极高的猝灭效率。

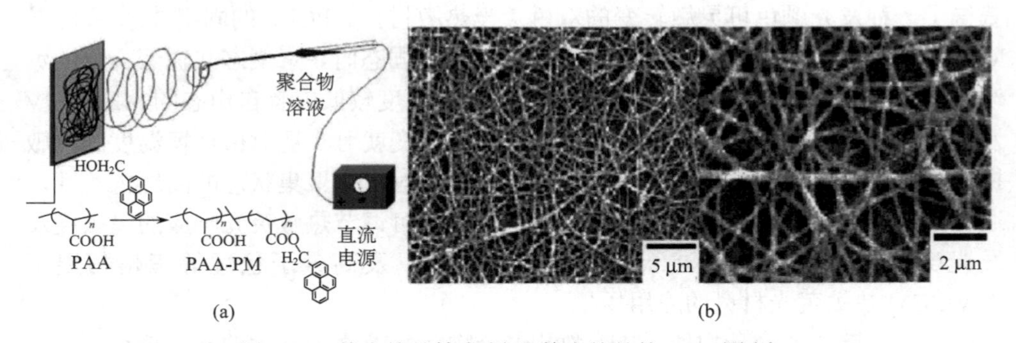

图 3-44 静电纺丝技术(a)及静电纺丝的 SEM 图(b)

在后来的研究中，该小组又将静电纺丝技术与 LBL 技术结合[123]，得到了一种对溶液中细胞色素 C 和甲基紫罗碱具有灵敏响应的荧光传感薄膜(图 3-45)。实验发现，当细胞色素 C 的浓度达到 0.119 μmol/L 时，薄膜荧光发射已经被显著猝灭，这种超强的猝灭效应主要得益于薄膜大的比表面积。

图 3-45 静电纺丝的 SEM 图

(a)放大 2000 倍；(b)放大 5000 倍；(c)放大 10000 倍

Kim 等[124]制备了三种全疏水骨架的聚苯撑(PPE)介孔薄膜，并研究了薄膜孔隙率对 TNT 气体传感性能的影响。研究发现 PPE 侧链结构的亲疏水性以及环境湿度显著影响薄膜的形貌、孔隙率以及润湿性。通过调节薄膜孔隙率和比表面积，可调节荧光传感单元与 TNT 分子的碰撞概率，进而大幅提升对 TNT 气体的传感性能。

实际上，共轭荧光高分子不仅可以用来检测气相或溶液中的 NACs、金属离子和某些有机小分子化合物，其在氨基酸、蛋白质、单糖、多糖、寡聚核苷酸、核糖核酸、磷脂和其他生命活性物质检测方面也获得了日益广泛的应用，对此，Wang 及其合作者[125]进行了详尽的评述。

此外，共轭荧光高分子还可以用来监测环境质量的改变，如温度、pH 以及湿度等。Roscini 及其合作者[126]将共轭聚合物 MEH-PPV 溶解在相变材料 PCM 中，获得了一种发光颜色可灵敏转变的双色荧光热敏材料。PCM 的固-液相变会触发 MEH-PPV 颜色发生可逆变化，例如，当 PCM 为固态时，聚集态共轭聚合物的荧光发射处在低能区域；当 PCM 转变为液态时，聚集度较低或者自由态的 MEH-PPV 发射谱带则位于高能区域，仅通过发光颜色的改变就可实现对微环境温度的灵敏探测。值得一提的是，基于共轭聚合物发光性质对自身聚集状态的高度依赖性，通过简单调节共轭聚合物浓度和 PCM 种类，即可调节热敏荧光响应的灵敏度及发光颜色。他们还通过滤纸衬底担载、印刷以及高分子包埋等策略拓展了 PPV/PCM 热敏荧光材料的应用场景。

除了单链共轭聚合物外，共轭微孔聚合物(CMP)由于其大的π-共轭体系、稳定的微孔结构以及大的比表面积，被广泛应用于化学传感领域。Li 等[127]设计合成了以四苯基乙烯为核心单元、咔唑结构为电化学活性基团的树枝状聚合物 TPETCz，利用电化学聚合方法制备了比表面积大(比表面积 1042.5 m^2/g)、厚度可控、薄膜结构可调且发光效率高的 CMP 薄膜，与 TPETCz 单体的旋涂薄膜组成阵列，实现了对 18 种 VOCs 气体的超灵敏检测(图 3-46)。此外，该课题组[128]

为了克服固态荧光分子的光漂白问题和传感对象分子的膜内传质问题，以具有推-拉电子效应的荧光化合物 TCz 和 TCzP 为聚合单体，通过电化学聚合制备了两种厚度可精准控制的 TCz-CMP 和 TCzP-CMP 薄膜。两种薄膜的孔大小分别为 0.71～0.74 nm 和 0.81～1.0 nm，其中，TCzP-CMP 薄膜具有更大的比表面积（407 m^2/g）和孔体积（1.29 cm^3/g）。鉴于 CMP 薄膜优异的传感性，构建了基于 TCzP-CMP 的薄膜基荧光传感器，实现了对神经毒剂模拟物 DCP 的高灵敏快速检测，TCz-CMP 和 TCzP-CMP 薄膜对 DCP 的检测限分别为 21 ppt 和 2.5 ppt，实现了对 DCP 气体的远程无线检测，检出限低至 1.7 ppt。此外，该微孔膜还可以用来吸附 DCP 气体，吸附量为 936 mg/g，为活性炭吸附能力的 3 倍。

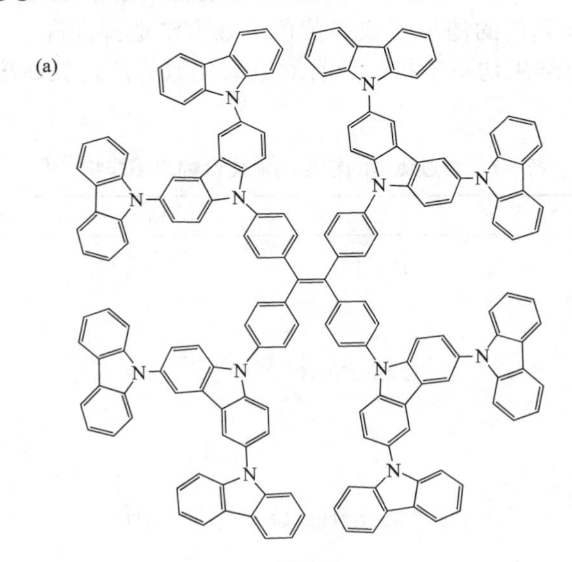

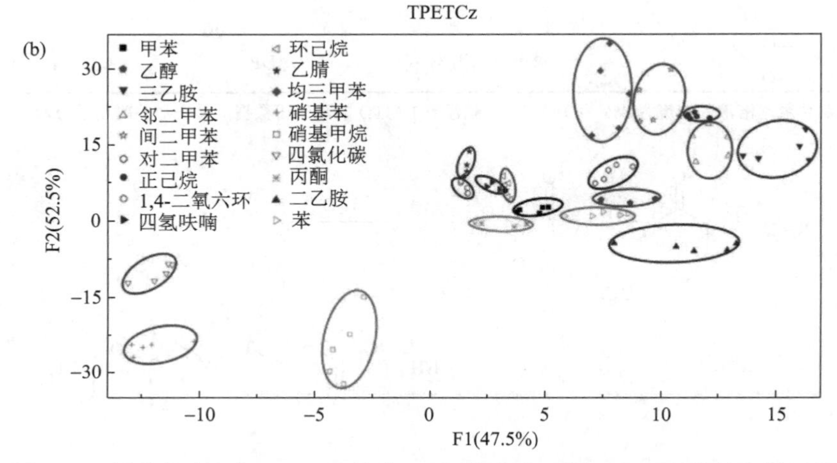

图 3-46　树枝状聚合物 TPETCz 及其 CMP 薄膜对 18 种 VOCs 气体的高效区分

3.5 其他无序荧光薄膜

众所周知，过氧化氢是制造简易爆炸物“撒旦之母”（三过氧化三丙酮、二过氧化二丙酮）的关键成分，也是多种过氧化物类爆炸物（表 3-1）分解时要释放的重要中间产物，因此过氧化氢的灵敏快速测定对于反恐防恐具有重要的意义[129]。在现有的测定过氧化氢的方法中，荧光法，特别是基于薄膜的荧光法因灵敏、快速、仪器要求相对简单等特点而独具优势。就薄膜传感而言，Zang 及其合作者，以及 Cheng、He 及其合作者都开展了具有特色的工作。例如，早在 2011 年，Zang 及其合作者[131]就将如图 3-47 所示结构的钛酸酯担载于普通滤纸表面，过氧化氢的存在可使得原本无色的滤纸变成亮黄色。该方法选择性高，水、常见气体、有机溶剂等对测定结果均不干扰，而且对过氧化氢的测定灵敏度可达 ppm 量级以下。

表 3-1 含过氧键的常见高能化合物或爆炸物[130]

结构	名称	缩写	蒸气压/torr（25℃）
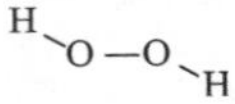	过氧化氢	H_2O_2	2.05×10^{-1} a
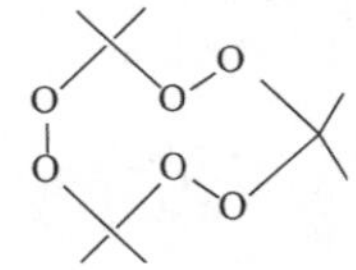	三过氧化三丙酮	TATP	4.65×10^{-2}
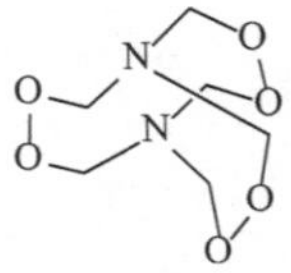	六次甲基三过氧化二胺	HMTD	b
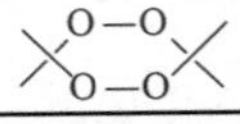	二过氧化二丙酮	DADP	1.33×10^{-1}

a. 过氧化氢水溶液的浓度为 3%～60%；b. 文献没有 HMTD 的蒸气压数据，其在加热时易于分解

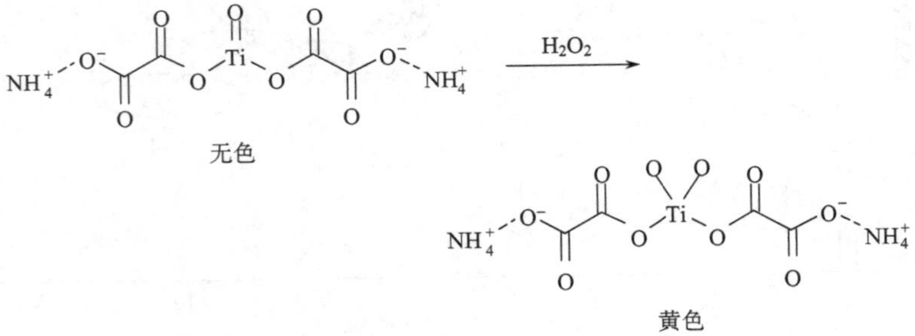

H_2O_2

无色

黄色

图 3-47 钛酸酯对过氧化氢的传感机理

2014 年，Zang 等[132]又发展了一种如图 3-48 所示新的检测气相过氧化氢的策略。在该方法中，试剂 DAT-B 与过氧化氢作用分解为 DAT-N。幸运的是，后者是一种典型的推-拉电子型荧光物质，其荧光发射位置较前者显著红移，而且恰好与前者构成了很好的能量转移供体-受体对。此外，Zang 等还发现，有机碱的存在会大大加速上述反应过程。基于这些发现，他们建立了气相过氧化氢的快速灵敏荧光检测方法，最低检出限可达 1 ppm，响应时间不足 0.5 s。

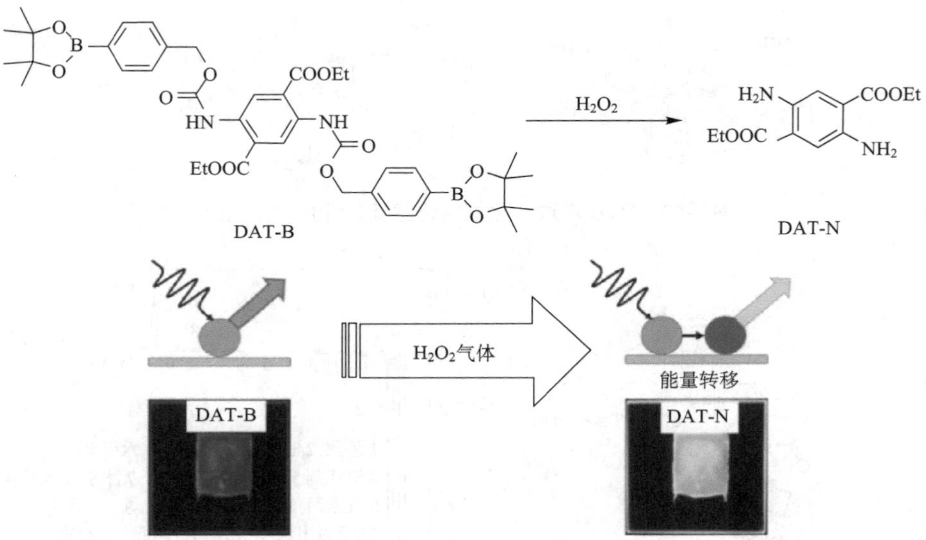

DAT-B　H_2O_2　DAT-N

H_2O_2气体　能量转移

DAT-B　DAT-N

图 3-48　过氧化氢荧光薄膜探测新策略

2016 年，Cheng、He、Fu 及其合作者[133]报道了一种新的含硼酸酯结构的荧光试剂 OTB，发现以其涂膜可以实现对过氧化氢的气相检测。然而，薄膜响应速度很慢，随后他们将该薄膜以适当有机胺处理，获得含席夫碱结构的荧光化合物 OTBXA，这种经过有机胺处理的薄膜对过氧化氢的响应速度显著加快，传感灵敏度极大提高(图 3-49)。据报道，传感响应几乎瞬间发生，猝灭平衡可在 2 min 内完成，对过氧化氢检测灵敏度可高达 ppt 级。

相比于间接检测三过氧化三丙酮(TAPA)的分解产物(丙酮或者过氧化氢)，实现对三过氧化三丙酮的灵敏、快速在线检测对于维护公共安全尤为重要。2019 年，笔者团队[134]报道了一种萘酰亚胺的环丁胺衍生物，基于该荧光探针的薄膜基荧光传感器可实现对气相三过氧化三丙酮和丙酮的灵敏、可逆检测(图 3-50)。该荧光传感器对三过氧化三丙酮的检出限为 0.5 μg/mL，响应线性区间为 0.5～8.0 μg/mL，并且所测试的常见 VOCs 气体、日用品对检测不产生干扰。

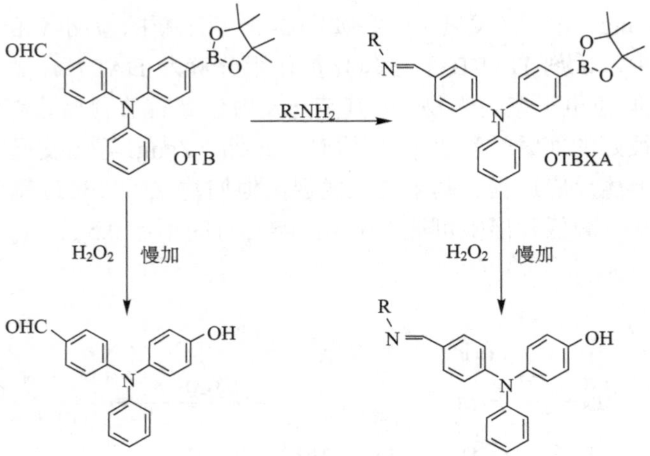

图 3-49　OTB 对过氧化氢的传感及其催化加速传感

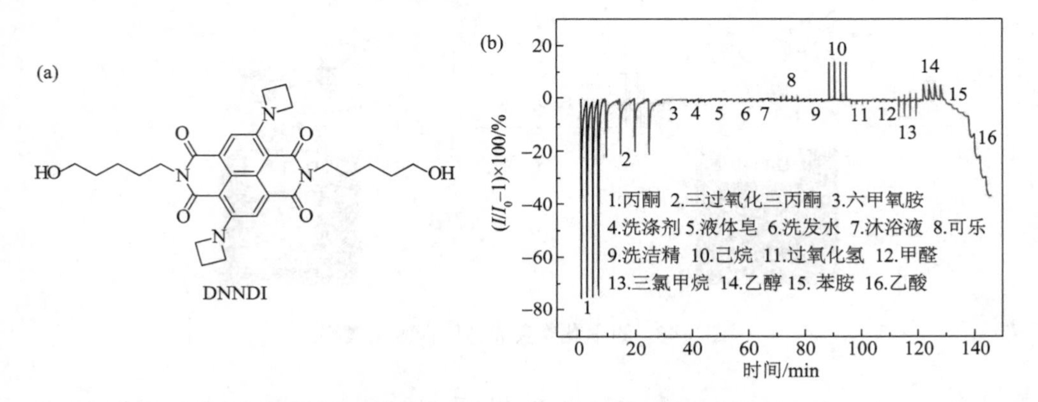

图 3-50　DNNDI 的分子结构式(a)及对 TAPA 和丙酮的高选择性传感(b)

吸食毒品或成瘾药物已经成为影响公共安全、危害家庭幸福的一个重大社会问题，引起了社会各界日益广泛的关注。根据《2023 年世界毒品问题报告》，2021 年全世界毒品使用者超过 2.96 亿，吸毒人数比前十年增加了 23%。报告还强调了社会和经济不平等与毒品危机之间的相互驱动关系、非法药物经济造成的环境破坏和人权侵犯，以及合成毒品的主导地位不断上升等事实。中国政府已多年连续发布年度中国毒情形势报告。《2021 年中国毒情形势报告》显示，禁毒部门围绕“清源断流”战略，持续加大打击整治力度，毒品滥用规模日趋缩小。值得注意的是，当前毒品贩运问题网上和网下交织更为紧密，人物分离交易模式和“互联网＋物流寄递”非接触式贩毒手法增多，运送毒品由“大宗走物流、小宗走寄递”向大宗毒品交由专业团队组织运输、小量毒品交由未严格执行实名制要求的寄递公司代送演变。《2022年中国毒情形势报告》显示，贩毒分子不断改变运毒通道、藏毒手法、贩毒方式。具体表现为非接触式贩毒模式突出，交货采取雇佣专业运毒组织、物流货车代送，或通过邮包寄递、同城快递、“埋雷”等方式寄送，交易两头不见人。因此，建立灵敏、快速(如10 min内)、可靠(误报率低)的检测方法，研制能够实施移动检测、快速筛查的技术和装备，对毒品案件侦查和打击毒品犯罪具有非常重要的现实意义。

到目前为止，全世界范围内能够用于隐藏毒品探测的技术手段主要是气相色谱-质谱、离子迁移谱、表面增强拉曼光谱以及专业嗅毒犬等，这些方法或技术虽然各有优点，但均难以满足实时、在线、快速、灵敏探测的要求，无疑为发展新的探测技术留下了巨大的空间。就毒品荧光探测而言，主要还是停留在基础研究或实验室研究阶段。就荧光探测仪器研制而言，除了源自笔者实验室的、深圳砺剑防卫技术有限公司生产的Sred系列毒品荧光探测仪之外，到目前为止，在国内外尚未见到已经商品化的毒品荧光探测仪器。

Kim、Shin及其合作者[135]以聚乙烯亚胺包覆银纳米粒子，利用表面增强拉曼光谱或金属增强荧光光谱测定了极其微量的表面结合态阴离子型有机染料。类似地，以聚苯乙烯磺酸盐处理该薄膜，使薄膜携带负电荷，再利用相似的方法可以测定携带正电荷的有机染料。相信所建立的方法对于一些荷电毒品或成瘾药物的灵敏检测也会有效。

2013年，Cheng、He及其合作者[136]设计合成了如图3-51所示小分子化合物FBT和高分子化合物PFT，将其分别涂膜得到对冰毒具有良好响应性的两种荧光薄膜材料。实验发现，两种化合物的荧光发射均对冰毒蒸气敏感，前者的最低检出限可达2 ppm以下，后者则在7 ppm以下。此外，其他有机胺的存在对检测影响不大，表明所创制的两种薄膜对冰毒蒸气传感均具有比较好的选择性。

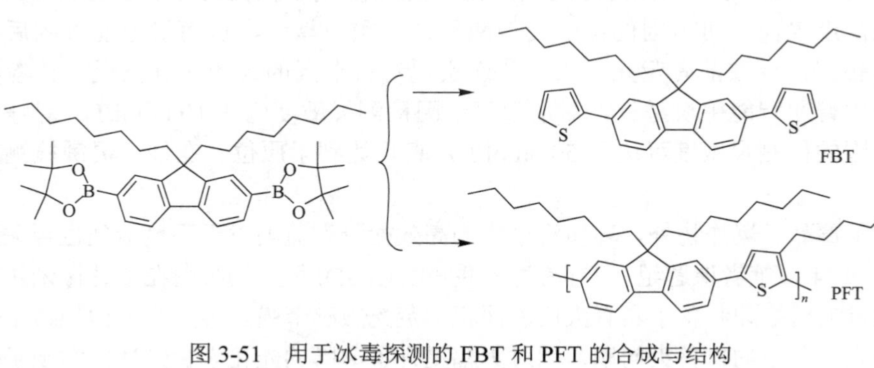

FBT

PFT

图3-51 用于冰毒探测的FBT和PFT的合成与结构

实际上，毒品或成瘾药物的检测往往要在唾液或者尿液中进行，去除其中的干扰物质比较困难。荷电高分子在此就会派上用场。2015 年，Iyer 及其合作者[137]合成了一种侧链携带正电荷的高分子(图 3-52)，将其成功用于唾液、尿液，甚至海水中阴离子型表面活性剂的脱除，得到了前所未有的效果。以十二烷基磺酸钠和十二烷基苯磺酸钠为例，其脱除水平可达几十 ppb。而且这种脱除过程不受溶液 pH 或盐分等因素的干扰，以此为这些复杂液体中药物，特别是违禁药物、毒品等的测定奠定了良好的基础。

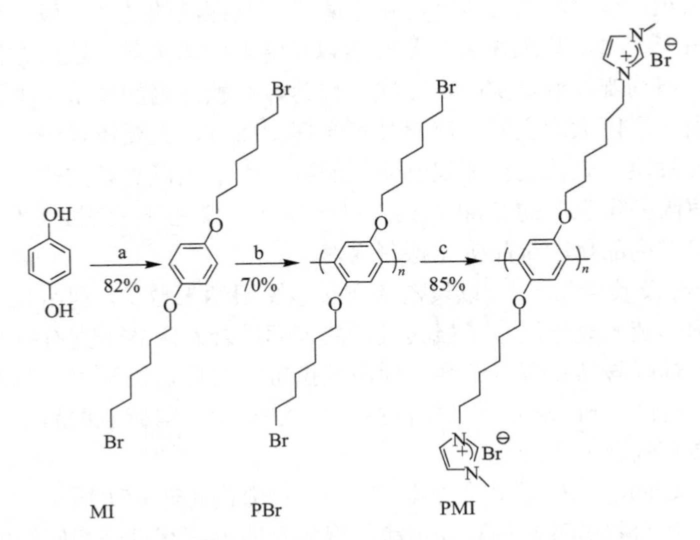

图 3-52 侧链携带正电荷的聚苯衍生物合成与结构

a. K_2CO_3，干燥丙酮，1,6-二溴己烷，70℃；b. $FeCl_3$，硝基苯，室温，36 h；c. 1-甲基咪唑，回流 24 h

2016 年，Liu 等[138]将上转换纳米颗粒和结合金纳米颗粒的可卡因适配体固定于普通滤纸表面，可卡因的出现使得两种纳米颗粒靠近，从而引起前者到后者的能量转移，导致前者荧光猝灭，从而实现对可卡因的检测。据报道，该检测可以经由普通智能手机进行，对水中可卡因检测灵敏度可达 10 nmol/L，对唾液中可卡因的检测灵敏度可达到 50 nmol/L，真正达到了原位、在线、灵敏检测的目的。

除了毒品、爆炸物外，环境污染物的高效检测和监测对于环境治理也至关重要。2019 年，笔者课题组[139]将硝基苯并呋咱(NBD)衍生物吸附在多孔微米颗粒上，通过喷墨打印制备了具有大比表面积的荧光敏感薄膜。该策略不但规避了薄膜态荧光小分子的自猝灭问题，同时大幅提升了薄膜的光化学稳定性，实现了对乙二胺气体的高灵敏、高选择性、可逆传感，对乙二胺的检出限达到 0.3 ppm 以下，远低于美国工业卫生学会规定的乙二胺的允许浓度(5 ppm)。三乙胺、甲胺、苯胺等气体在60倍浓度下对NBD的荧光影响甚微。此外，由于NBD修饰的微米颗粒可被打印成各种不同的几何图案，薄膜还有望被用于高级信息加密。

利用同一荧光传感单元的不同组装结构区分识别分析物不仅可以提高传感效率，还可以大幅降低荧光分子的设计和制备难度。2022年，笔者课题组[140]设计了苝双酰亚胺二聚体(HDPP-PBI)，通过调节分子内氢键作用调控二聚体的堆积结构，进而大幅调节二聚体的传感性质(图3-53)。分子内氢键的束缚和分子间PBI的堆积促进了HDPP-PBI的二聚化，形成了具有H型结构的PBI四重堆积，三氟乙酸可以破坏分子内氢键导致HDPP-PBI单体发光效率显著增强。基于上述发现，将二聚体或单体HDPP-PBI滴涂于基底上制备了两种不同的荧光薄膜。基于PBI四重堆叠的薄膜荧光发射较弱，显示出对丙酮蒸气的荧光增强响应，而基于HDPP-PBI单体的薄膜荧光发射较强，表现出对三乙胺蒸气的猝灭型响应。基于这一发现，实现了同一荧光传感单元不同组装结构对丙酮和三乙胺的快速、灵敏、可逆传感。

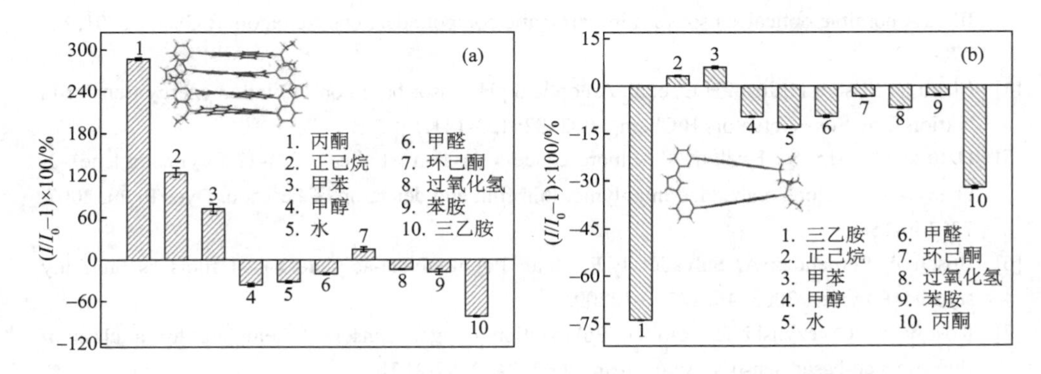

图3-53　HDPP-PBI的四聚体(a)和二聚体(b)的荧光传感性质

3.6　无序荧光薄膜传感应用的局限性与解决策略

总体来讲，旋涂、滴涂、流延、喷涂、LBL等物理制膜方法确实具有简单、高效、适应性强等突出优点，在传感应用领域获得了广泛的应用。但这些方法也存在比表面积小、通透性不够等问题，由此导致薄膜背景荧光强，传感响应速度慢，传感响应可逆性不好，以及易于发生荧光自猝灭等问题。为此，人们发展了静电纺丝制膜技术，显著扩大了薄膜比表面积，抑制了膜内荧光分子簇集，缓解了薄膜荧光自猝灭，显著改善了薄膜的传感性能。但是，物理薄膜普遍存在的传感活性物质泄漏问题依然存在，与之而来的薄膜可重复制备问题尚未引起足够的重视。可以说从实际应用的角度看，无论是哪一种已经述及的物理制膜方法，都存在一定的问题。换言之，荧光敏感薄膜创新制备和应用研究到目前为止还在路上，可以说没有最好，只有更好。事实上，就荧光敏感薄膜的创新制备研究而言，后来的工作确实是围绕如何更好地形成膜内分子通道，如何更好地减少背景荧光干扰，如何更好地增加薄膜制备的可设计性而开展的，这些内容将在后面章节中陆续介绍。

参考文献

[1] 宁光辉, 吕九如, 房喻, 等. 介质极性敏感膜的制备和性能研究. 高等学校化学学报, 2000, 21: 1196-1199.

[2] Akhil Kumar M M, Biju V M. A cost-effective chitosan-oxine based thin film for a volatile acid vapour sensing application. New J Chem, 2020, 44: 8044-8054.

[3] Patra D, Mishra A K. Fluorescence quenching of benzo[*k*]fluoranthene in poly (vinyl alcohol) film: A possible optical sensor for nitro aromatic compounds. Sens Actuators B Chem, 2001, 80: 278-282.

[4] Misra V, Mishra H, Joshi H C, et al. An optical pH sensor based on excitation energy transfer in Nafion film. Sens Actuators B Chem, 2002, 82: 133-141.

[5] Ozturk G, Alp S, Ertekin K. Fluorescence emission studies of 4-(2-furylmethylene)-2-phenyl-5-oxazolone embedded in polymer thin film and detection of Fe^{3+} ion. Dyes Pigm, 2007, 72: 150-156.

[6] Bosch P, Fernandez A, Salvador E F, et al. Polyurethane-acrylate based films as humidity sensors. Polymer, 2005, 46: 12200-12209.

[7] Kostov Y, Gryczynski Z, Rao G. Polarization oxygen sensor: A template for a class of fluorescence-based sensors. Anal Chem, 2002, 74: 2167-2171.

[8] Amao Y, Asai K, Miyashita T, et al. Novel optical oxygen sensing material: Platinum porphyrin-luoropolymer film. Polym Adv Technol, 2000, 11: 705-709.

[9] Florescu M, Katerkamp A. Optimisation of a polymer membrane used in optical oxygen sensing. Sens Actuators B Chem, 2004, 97: 39-44.

[10] Schoenfisch M H, Zhang H P, Frost M C, et al. Nitric oxide-releasing fluorescence-based oxygen sensing polymeric films. Anal Chem, 2002, 74: 5937-5941.

[11] Wang G, Chang X M, Peng J X, et al. Towards a new FRET system *via* combination of pyrene and perylene bisimide: Synthesis, self-assembly and fluorescence behavior. Phys Chem Chem Phys, 2015, 17: 5441-5449.

[12] Wang G, Shang C D, Wang L, et al. Can the excited state energy of pyrenyl unit be directly transferred to perylene bisimide moiety? J Phys Chem B, 2016, 120: 11961-11969.

[13] Wang G, Wang W N, Miao R, et al. A perylene bisimide derivative with pyrene and cholesterol as modifying structures: Synthesis and fluorescence behavior. Phys Chem Chem Phys, 2016, 18: 12221-12230.

[14] Santoro F, Barone V, Improta R. Influence of base stacking on excited-state behavior of polyadenine in water, based on time-dependent density function calculation. Proc Natl Acad Sci USA, 2007, 104: 9931-9936.

[15] Xavier M P, Garcia-Fresnadillo D, Moreno-Bondi M C, et al. Oxygen sensing in nonaqueous media using porous glass with covalently bound luminescent Ru(Ⅱ) complexes. Anal Chem, 1998, 70: 5184-5189.

[16] Nam Y S, Yoo I, Yarimaga O, et al. Photochromic spiropyran-embedded PDMS for highly sensitive and tunable optochemical gas sensing. Chem Commun, 2014, 50: 4251-4254.

[17] Genovese M E, Athanassiou A, Fragouli D. Photoactivated acidochromic elastomeric films for on demand acidic vapor sensing. J Mater Chem A, 2015, 3: 22441-22447.

[18] Guo J, Wei X, Fang X, et al. A rapid acid vapor detector based on spiropyran-polymer composite. Sens Actuators B Chem, 2021, 347: 130623.

[19] Zheng Y, Gattas-Asfura K M, Li C, et al. Design of membrane fluorescent sensor based on photo-cross-linked PEG hydrogel. J Phys Chem B, 2003, 107: 483-488.

[20] Tsuneda S, Endo T, Saito K, et al. Fluorescence study on the conformation change of amino group-containing polymer chain grafted on to a polyethylene microfiltration membrane. Macromolecules, 1998, 31: 366-370.

[21] Fang Y, Ning G, Hu D, et al. Synthesis and solvent-sensitive fluorescence properties of a novel surface-functionalized chitosan film: Potential materials for reversible information storage. J Photochem Photobiol, 2000, 135: 141-145.

[22] Ding L, Fang Y, Jiang L, et al. Twisted intra-molecular electron transfer phenomenon of dansyl immobilized on chitosan film and its sensing property to the composition of ethanol-water mixture. Thin Solid Films, 2005, 478: 318-325.

[23] Tian Y, Shumway B R, Meldrum D R. A new cross-linkable oxygen sensor covalently bonded into poly(2-hydroxyethyl methacrylate)-*co*-polyacrylamide thin film for dissolved oxygen sensing. Chem Mater, 2010, 22: 2069-2078.

[24] Guo Z, Zhu W, Tian H. Hydrophilic copolymer bearing dicyanomethylene-4*H*-pyran moiety as fluorescent film sensor for Cu^+ and pyrophosphate anion. Macromolecules, 2010, 43: 739-744.

[25] Bronson R T, Michaelis D J, Lamb R D, et al. Efficient immobilization of a cadmium chemosensor in a thin film: Generation of a cadmium sensor prototype. Org Lett, 2005, 7: 1105-1108.

[26] Zarei A R, Ghazanchayi B. Design and fabrication of optical chemical sensor for detection of nitroaromatic explosives based on fluorescence quenching of phenol red immobilized polyvinyl alcohol membrane. Talanta, 2016, 150: 162-168.

[27] Hande P E, Samui A B, Kulkarni P S. Selective nanomolar detection of mercury using coumarin based fluorescent Hg(Ⅱ)-ion imprinted polymer. Sens Actuators B Chem, 2017, 246: 597-605.

[28] Zhu Y, Cui M, Ma J, et al. Fluorescence detection of D-aspartic acid based on thiol-ene cross-linked molecularly imprinted optical fiber probe. Sens Actuators B Chem, 2020, 305: 127323.

[29] 陈曦, 钟振明, 李真, 等. 基于荧光猝灭的磷酸盐光化学溶胶-凝胶传感膜. 分析测试学报, 2002, 21: 11-15.

[30] 陈曦, 李真, 蒋亚琪, 等. 钌(II)配合物有机改性溶胶-凝胶氧传感膜荧光行为的研究. 光谱学与光谱分析, 2002, 22: 796-799.

[31] Jorge P A S, Caldas P, Rosa C C, et al. Optical fiber probes for fluorescence based oxygen sensing. Sens Actuators B Chem, 2004, 103: 290-299.

[32] 朱辉, 马於光, 樊玉国, 等. 含长链不饱和酯基的三官能度溶胶-凝胶薄膜制备及发光氧气传感的研究. 高等学校化学学报, 2002, 23: 682-684.

[33] Zheng L, Reid W R, Brennan J D. Measurement of fluorescence from tryptophan to probe the environment and reaction kinetics within protein-doped sol-gel-derived glass monoliths. Anal Chem, 1997, 69: 3940-3949.

[34] Dunbar R A, Jordan J D, Bright F V. Development of chemical sensing platforms based on sol-gel-derived thin films: Origin of film age *vs* performance trade-offs. Anal Chem, 1996, 68: 604-610.

[35] Chang X, Wang G, Yu C, et al. Studies on the photochemical stabilities of some fluorescent films based on pyrene and pyrenyl derivatives. J Photochem Photobiol A, 2015, 298: 9-16.

[36] Fu Y, Collinson M M, Higgins D A. Single-molecule spectroscopy studies of microenvironmental acidity in silicate thin films. J Am Chem Soc, 2004, 126: 13838-13844.

[37] Williams A K, Hupp J T. Sol-gel-encapsulated alcohol dehydrogenase as a versatile, environmentally stabilized sensor for alcohols and aldehydes. J Am Chem Soc, 1998, 120: 4366-4371.

[38] Fireman-Shoresh S, Popov I, Avnir D, et al. Enantioselective, chirally template sol-gel thin films. J Am Chem Soc, 2005, 127: 2650-2655.

[39] Shi Y, Seliskar C J. Optically transparent polyelectrolyte-silica composite materials preparation, characterization and application in optical chemical sensing. Chem Mater, 1997, 9: 821-829.

[40] Graham A L, Carlson C A, Edmiston P L. Development and characterization of molecularly imprinted sol-gel materials for the selective detection of DDT. Anal Chem, 2002, 74: 458-467.

[41] Rei A, Hungerford G, Ferreira M I C. Probing local effects in silica sol-gel media by fluorescence spectroscopy of *p*-DASPMI. J Phys Chem B, 2008, 112: 8832-8839.

[42] Dansby-Sparks R N, Sampathkumaran U, Xue Z L, et al. Fluorescent-dye-doped sol-gel sensor for sensitive carbon dioxide gas detection below atmospheric concentrations. Anal Chem, 2010, 82: 593-600.

[43] Baleizão C, Nag S, Wolfbeis O S, et al. Dual fluorescence sensor for trace oxygen and temperature with unmatched range and sensitivity. Anal Chem, 2008, 80: 6449-6457.

[44] Hiruta Y, Yoshizawa N, Suzuki K, et al. Highly durable double sol-gel layer ratiometric fluorescent pH optode based on the combination of two types of quantum dots absorbing pH indicators. Anal Chem, 2012, 84: 10650-10656.

[45] Duong H D, Shin Y, Rhee J I. Development of fluorescent pH sensors based on a sol-gel matrix for acidic and neutral pH ranges in a microtiter plate. Microchem J, 2019, 147: 286-295.

[46] Sousa R P C L, Figueira R B, Gomes B R, et al. Organic-inorganic hybrid sol-gel materials doped with a fluorescent triarylimidazole derivative. RSC Adv, 2021, 11: 24613-24623.

[47] Ramos G, del Monte F, Levy D, et al. Luminescent properties of sodium salicylate films prepared by the sol-gel method. Langmuir, 2002, 18: 984-986.

[48] Monton M R N, Forsberg E M, Brennan J D. Tailoring sol-gel-derived silica materials for optical biosensing. Chem Mater, 2012, 24: 796-811.

[49] Sun X, Xie J, Xu J, et al. Single-molecule studies of acidity distributions in mesoporous aluminosilicate thin films. Langmuir, 2015, 31: 5667-5675.

[50] Min J Y, Kim H J. Sol-gel-based fluorescent sensor for measuring pH values in acidic environments. Bull Korean Chem Soc, 2020, 41: 691-696.

[51] Pipattanawarothai A, Trakulsujaritchok T. Hybrid polymeric chemosensor bearing rhodamine derivative prepared by sol-gel technique for selective detection of Fe^{3+} ion. Dyes Pigm, 2020, 173: 107946.

[52] Lee S H, Kumar J, Tripathy S K. Thin film optical sensors employing polyelectrolyte assembly. Langmuir, 2000, 16: 10482-10489.

[53] Constantine C A, Mello S V, Leblanc R M, et al. Layer-by-layer self-assembled chitosan/poly(thiophene-3-acetic acid) and organophosphorus hydrolase multilayers. J Am Chem Soc, 2003, 125: 1805-1809.

[54] Baussard J F, Habib-Jiwan J L, Laschewsky A. Enhanced Förster resonance energy transfer in electrostatically self-assembled multilayer films made from new fluorescently labeled polycations. Langmuir, 2003, 19: 7963-7969.

[55] Yang Y, Yang X, Yu R Q, et al. Optical sensor for lithocholic acid based on multilayered assemblies from polyelectrolyte and cyclodextrin. J Photochem Photobiol A, 2005, 171: 137-144.

[56] Shi W, Ji X, Wei M, et al. Fluorescence chemosensory ultrathin films for Cd^{2+} based on the assembly of benzothiazole and layered double hydroxide. J Phys Chem C, 2011, 115: 20433-20441.

[57] Liu W, Liang R, Wei M, et al. Layer-by-layer assembly of carbon dots-based ultrathin films with enhanced quantum yield and temperature sensing performance. Chem Mater, 2016, 28: 5426-5431.

[58] Qin Y, Lu J, Li S, et al. Phosphorescent sensor based on iridium complex/poly(vinylcarbazole) orderly assembled with layered double hydroxide nanosheets: Two-dimensional Förster resonance energy transfer and reversible luminescence response for VOCs. J Phys Chem C, 2014, 118: 20538-20544.

[59] Egawa Y, Hayashida R, Anzai J I. pH-induced interconversion between J-aggregates and H-aggregates of 5,10,15,20-tetrakis(4-sulfonatophenyl)porphyrin in polyelectrolyte multilayer films. Langmuir, 2007, 23: 13146-13150.

[60] Dochter A, Garnier T, Schaaf P, et al. Film self-assembly of oppositely charged macromolecules triggered by electrochemistry through a morphogenic approach. Langmuir, 2015, 31: 10208-10214.

[61] Manna U, Patil S. Encapsulation of uncharged water-insoluble organic substance in polymeric membrane capsules via layer-by-layer approach. J Phys Chem B, 2008, 112: 13258-13262.

[62] Boranna R, Nataraj C T, Nanjunda S B, et al. Fluorescence signal enhancement by a spray-assisted layer-by-layer technique on aluminum tape devices for biosensing applications. Langmuir, 2022, 38: 3149-3157.

[63] Wang X, Sun H, Lu Y, et al. Facile preparation of fluorescent non-conjugated polymer films with tunable multicolor photoluminescence via layer-by-layer assembly. Mater Chem Front, 2023, 7: 442-450.

[64] Ulman A. An Introduction to Ultrathin Organic Films. New York: Academic Press, 1991.

[65] Yamazaki I, Tamai N, Yamazaki T. Picosecond fluorescence spectroscopy on excimer formation and excitation energy transfer of pyrene in Langmuir-Blodgett monolayer films. J Phys Chem, 1987, 91: 3572-3577.

[66] Zheng Y, Orbulescu J, Leblanc R M, et al. Development of fluorescent film sensors for the detection of divalent copper. J Am Chem Soc, 2003, 125: 2680-2686.

[67] Mello S V, Mabrouki M, Leblanc R M, et al. Langmuir and Langmuir-Blodgett films of organophosphorus acid anhydrolase. Biomacromolecules, 2003, 4: 968-973.

[68] Aleksandrova A, Matyushenkova V, Shokurov A, et al. Subnanomolar detection of mercury cations in water by an interfacial fluorescent sensor achieved by ultrathin film structure optimization. Langmuir, 2022, 38: 9239-9246.

[69] Murray D J, Kim J H, Grzincic E M, et al. Uniform, large-area, highly ordered peptoid monolayer and bilayer films for sensing applications. Langmuir, 2019, 35: 13671-13680.

[70] Rodrigues R R, Caseli L, Péres L O. Langmuir and Langmuir-Blodgett films of poly [(9,9-dioctylfluorene)-*co*-(3-hexylthiophene)] for immobilization of phytase: Possible application as a phytic acid sensor. Langmuir, 2020, 36: 10587-10596.

[71] Ma R, Tian Z, Hu Y, et al. Amphiphilic CdTe quantum dots@layered double hydroxides/arachidate nanocomposite Langmuir-Blodgett ultrathin films: its assembly and response mechanism as VOC fluorescence sensors. Langmuir, 2018, 34: 11354-11363.

[72] Yamazaki I, Tamai N, Fujita Y, et al. Sequential excitation energy transport in stacking multilayers: A comparative study between photosynthetic antenna and Langmuir-Blodgett multilayers. J Phys Chem C, 1988, 92: 5035-5044.

[73] Yao K, Xu M. Smart Materials: New Materials of 21st Century. Tianjin: Tianjin University Press, 1996.

[74] Ohmori S, Ito S, Yamamoto M. Excimer formation and energy trapping in Langmuir-Blodgett films of poly(vinyl octal) containing pyrene chromophore. Macromolecules, 1990, 23: 4047-4053.

[75] Matsui J, Mitsuishi M, Miyashita T. A study on fluorescence behavior of pyrene at the interface of polymer Langmuir-Blodgett films. J Phys Chem B, 2002, 106: 2468-2473.

[76] Hisada K, Ito S, Yamamoto M. Triplet energy transfer from carbazole to bromonaphthalene in a two-dimensional chromophore plane prepared by poly(octadecyl methacrylate) Langmuir-Blodgett films. Langmuir, 1995, 11: 996-1000.

[77] Mabuchi M, Kobata S, Ito S, et al. Preparation and characterization of the Langmuir- Blodgett film made of hairy-rod polyglutamates bearing various chromophores in the side chain.

Langmuir, 1998, 14: 7260-7266.

[78] Mabuchi M, Ito S, Yamamoto M, et al. Nanostructure and thermal stability of the polyglutamate Langmuir-Blodgett films probed by interlayer energy transfer method. Macromolecules, 1998, 31: 8802-8808.

[79] Aoki A, Nakaya M, Miyashita T. Photopatterning using a cross-linkable polymer Langmuir-Blodgett film. Macromolecules, 1998, 31: 7321-7327.

[80] Aoki A, Miyashita T. Photopatterning of a fluorescent polymer Langmuir-Blodgett film by crosslinking reaction. Polymer, 2001, 42: 7307-7311.

[81] Habibagahi A, Mébarki Y, Crutchley R J, et al. Water-based oxygen-sensor films. ACS Appl Mater Interfaces, 2009, 1: 1785-1792.

[82] 王珊, 房喻, 张颖, 等. 壳聚糖-CdS 复合膜制备及其对吡啶的传感特性. 物理化学学报, 2003, 19: 514-519.

[83] de Luca G, Pollicino G, Romeo A, et al. Sensing behavior of tetrakis(4-sulfonatophenyl) porphyrin thin films. Chem Chem, 2006, 18: 2005-2007.

[84] Zhang J, Shi Z, Liu K, et al. Fast and selective luminescent sensing by Langmuir-Schaeffer films based on controlled assembly of perylene bisimide modified with a cyclometalated Au(III) complex. Angew Chem Int Ed, 2023, 62: e202314996.

[85] McQuade D T, Pullen A E, Swager T M. Conjugated polymer-based chemical sensors. Chem Rev, 2000, 100: 2537-2574.

[86] Thomas S W, Joly G D, Swager T M. Chemical sensors based on amplifying fluorescent conjugated polymers. Chem Rev, 2007, 107: 1339-1386.

[87] Basabe-Desmonts L, Reinhoudt D N, Crego-Calama M. Design of fluorescent materials for chemical sensing. Chem Soc Rev, 2007, 36: 993-1017.

[88] Diamond D, Coyle S, Scarmagnani S, et al. Wireless sensor networks and chemo-/biosensing. Chem Rev, 2008, 108: 652-679.

[89] Fan L J, Zhang Y, Murphy C B, et al. Fluorescent conjugated polymer molecular wire chemosensors for transition metal ion recognition and signaling. Coord Chem Rev, 2009, 253: 410-422.

[90] Feng X, Wang S, Zhu D, et al. Water-soluble fluorescent conjugated polymers and their interactions with biomacromolecules for sensitive biosensors. Chem Soc Rev, 2010, 39: 2411-2419.

[91] Alvarez A, Costa-Fernandez J M, Pereiro R, et al. Fluorescent conjugated polymers for chemical and biochemical sensing. TrAC-Trends Anal Chem, 2011, 30: 1513-1525.

[92] Zhu C, Liu L, Wang S, et al. Water soluble conjugated polymers for imaging, diagnosis, and therapy. Chem Rev, 2012, 112: 4687-4735.

[93] Fegley M E A, Pinnock S S, Malele C N, et al. Metal-containing conjugated polymers as fluorescent chemosensors in the detection of toxicants. Inorg Chim Acta, 2012, 381: 78-84.

[94] Zhou Q, Swager T M. Method for enhancing the sensitivity of fluorescent chemosensors: Energy migration in conjugated polymers. J Am Chem Soc, 1995, 117: 7017-7018.

[95] Jiang B, Zhang Y, Sahay S, et al. Conjugated polymers containing pendant terpyridine

receptors: Highly efficient sensory materials for transition-metal ions. SPIE Proceedings, 1999, 3856: 212-223.

[96] Swager T M. The molecular wire approach to sensory signal amplification. Acc Chem Res, 1998, 31(5): 201-207.

[97] Fan C, Plaxco K W, Heeger A J. High-efficiency fluorescence quenching of conjugated polymers by protein. J Am Chem Soc, 2002, 124: 5642-5643.

[98] Yang J S, Swager T M. Fluorescent porous polymer films as TNT chemosensors: Electronic and structural effects. J Am Chem Soc, 1998, 120: 11864-11873.

[99] Chen L, McBranch D W, Whitten D G, et al. Highly sensitive biological and chemical sensors based on reversible fluorescence quenching in a conjugated polymer. Proc Natl Acad Sci USA, 1999, 96: 12287-12292.

[100] Nesterov E E, Zhu Z, Swager T M. Conjugation enhancement of intramolecular exciton migration in poly(*p*-phenylene ethynylene)s. J Am Chem Soc, 2005, 127: 10083-10088.

[101] Rose A, Zhu Z, Swager T M, et al. Sensitivity gains in chemosensing by lasing action in organic polymers. Nature, 2005, 434: 876-879.

[102] Zhao D, Swager T M. Sensory responses in solution *vs* solid state: A fluorescence quenching study of poly(iptycenebutadiynylene)s. Macromolecules, 2005, 38: 9377-9384.

[103] Kim Y, Whitten J E, Swager T M. High ionization potential conjugated polymers. J Am Chem Soc, 2005, 127: 12122-12130.

[104] Liu Y, Mills R C, Schanze K S, et al. Fluorescent polyacetylene thin film sensor for nitroaromatics. Langmuir, 2001, 17: 7452-7455.

[105] Wang H, Lin T, Bai F, et al. A Fluorescence Quenching Behavior of Hyperbranched Polymer to the Nitro-compounds. Proceedings of the NATO Advanced Study Institute on Nanoengineered Nanofibrous Materials. Dordrecht: Kluwer Academic Publishers, 2004: 459-468.

[106] Chang C P, Chao C Y, Hsieh B R, et al. Fluorescent conjugated polymer films as TNT chemosensors. Synth Met, 2004, 144: 297-301.

[107] Saxena A, Fujiki M, Rai R, et al. Fluoroalkylated polysilane film as a chemosensor for explosive nitroaromatic compounds. Chem Mater, 2005, 17: 2181-2185.

[108] Naddo T, Che Y, Zang L, et al. Detection of explosives with a fluorescent nanofibril film. J Am Chem Soc, 2007, 129: 6978-6979.

[109] Liu G, Abdurahman A, Zhang Z, et al. New three-component conjugated polymers and their application as super rapid-response fluorescent probe to DNT vapor. Sens Actuators B Chem, 2019, 296: 126592.

[110] Peng X, Liu H, Liu A, et al. Ultrasensitive and direct fluorescence detection of RDX explosive vapor via side-chain terminal functionalization of a polyfluorene probe. Anal Methods, 2018, 10: 1695-1702.

[111] Wang Z H, Wang Z Y, Ma J J, et al. Effect of film thickness, blending and undercoating on optical detection of nitroaromatics using fluorescent polymer films. Polymer, 2010, 51: 842-847.

[112] He G, Yan N, Fang Y, et al. Pyrene-containing conjugated polymer-based fluorescent films for highly sensitive and selective sensing of TNT in aqueous medium. Macromolecules, 2011, 44: 4759-4766.

[113] Lee D, Jung J, Kim J, et al. A novel optical ozone sensor based on purely organic phosphor. ACS Appl Mater Interfaces, 2015, 7: 2993-2997.

[114] Jo S, Kim D, Lee T K, et al. Conjugated poly (fluorine-quinoxaline) for fluorescence imaging and chemical detection of nerve agents with its paper-based strip. ACS Appl Mater Interfaces, 2014, 6: 1330-1336.

[115] Jo S, Kim J, Lee T K, et al. Conjugated polymer dots-on-electrospun fibers as a fluorescent nanofibrous sensor for nerve gas stimulant. ACS Appl Mater Interfaces, 2014, 6: 22884-22893.

[116] Chang X M, Zhou Z X, Shang C D, et al. Coordination-driven self-assembled metallacycles incorporating pyrene: Fluorescence mutability, tunability, and aromatic amine sensing. J Am Chem Soc, 2019, 141: 1757-1765.

[117] Smith R C, Tennyson A G, Lippard S J, et al. Conjugated metallopolymers for fluorescent turn on detection of nitric oxide. Inorg Chem, 2006, 45: 9367-9373.

[118] Sohn H, Sailor M, Trogler W C, et al. Detection of nitroaromatic explosives based on photoluminescent polymers containing metalloles. J Am Chem Soc, 2003, 125: 3821-3830.

[119] Sanchea J C, DiPasquale A G, Trogler W C, et al. Synthesis, luminescence properties, and explosives sensing with 1,1-tetraphenylsilole- and 1,1-silafluorene-vinylene polymers. Chem Mater, 2007, 19: 6459-6470.

[120] Lee W E, Lee C L, Fujiki M, et al. Fluorescent viscosity sensor film of molecular-scale porous polymer with intramolecular π-stack structure. Macromolecules, 2011, 44: 432-436.

[121] 蔡东海, 汪前彬, 赵天艺, 等. 具有特殊浸润性的各向异性微纳米分级结构表面构筑的研究进展. 化学通报, 2014, 77: 743-751.

[122] Wang X, Drew C, Lee S H, et al. Electrospun nanofibrous membranes for highly sensitive optical sensors. Nano Lett, 2002, 2: 1273-1275.

[123] Wang X, Kim Y G, Samuelson L A, et al. Electrostatic assembly of conjugated polymer thin layers on electrospun nanofibrous membranes for biosensors. Nano Lett, 2004, 4: 331-334.

[124] Kim D, Hahm D, Kwon S, et al. Controlled phase separation in poly (*p*-phenyleneethynylene) thin films and its relationship to vapor-sensing properties. Langmuir, 2019, 35: 4011-4019.

[125] Lü F, Qiu T, Wang S, et al. Recent advances in conjugated polymer materials for disease diagnosis. Small, 2016, 12: 696-705.

[126] Bellacanzone C, Otaegui J R, Hernando J, et al. Tunable thermofluorochromic sensors based on conjugated polymers. Adv Opt Mater, 2022, 10: 2102423.

[127] Liu H, Wang Y, Mo W, et al. Dendrimer-based, high-luminescence conjugated microporous polymer films for highly sensitive and selective volatile organic compound sensor arrays. Adv Funct Mater, 2020, 30: 1910275.

[128] Mo W, Zhu Z, Kong F, et al. Controllable synthesis of conjugated microporous polymer films for ultrasensitive detection of chemical warfare agents. Nat Commun, 2022, 13: 5189.

[129] Garreffi B P, Guo M, Cady N C, et al. Highly sensitive and selective fluorescence sensor based on nanoporous silicon-quinoline composite for trace detection of hydrogen peroxide vapors. Sens Actuators B Chem, 2018, 276: 466-471.

[130] Östmark H, Wallin S, Ang H G. Vapor pressure of explosives: A critical review. Propell Explos Pyrotech, 2012, 37: 12-23.

[131] Xu M, Bunes B R, Zang L. Paper-based vapor detection of hydrogen peroxide: Colorimetric sensing with tunable interface. ACS Appl Mater Interfaces, 2011, 3: 642-647.

[132] Xu M, Han J M, Zang L, et al. Fluorescence ratiometric sensor for trace vapor detection of hydrogen peroxide. ACS Appl Mater Interfaces, 2014, 6: 8708-8714.

[133] Fu Y, Yao J, Cheng J, et al. Schiff base substituent-triggered efficient deboration reaction and its application in highly sensitive hydrogen peroxide vapor detection. Anal Chem, 2016, 88: 5507-5512.

[134] An Y, Xu X, Liu K, et al. Fast, sensitive, selective and reversible fluorescence monitoring of TATP in a vapor phase. Chem Commun, 2019, 55, 941-944.

[135] Kim K, Lee J W, Shin K S. Polyethylenimine-capped Ag nanoparticle film as a platform for detecting charged dye molecules by surface-enhanced Raman scattering and metal-enhanced fluorescence. ACS Appl Mater Interfaces, 2012, 4: 5498-5504.

[136] Fu Y, He Q, Cheng J, et al. Fluorene-thiophene-based thin-film fluorescent chemosensor for methamphetamine vapor by thiophene-amine interaction. Sens Actuators B Chem, 2013, 180: 2-7.

[137] Hussain S, Malik A H, Iyer P K. Highly precise detection, discrimination, and removal of anionic surfactants over the full pH range via cationic conjugated polymer: An efficient strategy to facilitate illicit drug analysis. ACS Appl Mater Interfaces, 2015, 7: 3189-3198.

[138] He M, Li Zhen, Liu Z, et al. Portable upconversion nanoparticles-based paper device for field testing of drug abuse. Anal Chem, 2016, 88: 1530-1534.

[139] Li M, Liu J, Shang C, et al. Porous particle-based inkjet printing of flexible fluorescent films: enhanced sensing performance and advanced encryption. Adv Mater Technol, 2019, 1900109.

[140] Gou X, Wang Z, Shi Q, et al. One fluorophore-two sensing films: Hydrogen-bond directed formation of a quadruple perylene bisimide stack. Chem Eur J, 2022, 28: e202201974.

第4章

荧光化学组装膜的特点与传感应用

结构明确、稳定性好，且几乎没有传质阻力的化学组装膜只能来自固-液界面的可控反应。然而，此类薄膜的大面积均匀制备并非易事，传感单元面密度严格受限也是其难以规避的问题。

荧光传感以灵敏度高、可采集信号丰富及使用方便等特点而备受关注，近年来得到了迅速发展[1-3]。荧光传感主要分为两类，即仅可用于溶液样品检测的均相荧光传感和既可用于液相检测又可用于气相检测的薄膜基荧光传感。前者通常以单分子形式发挥作用。在结构上，这类荧光分子一般包含三个部分：一是待分析物感知或接受单元(acceptor)，该单元的主要功能是特异性识别或捕获待检测物种；二是荧光报告单元(fluorescent reporter)，其主要功能是发出信号指示外来物种的存在；三是连接臂(linker 或 spacer)，其主要作用是将接受单元和报告单元连为一体，形成互动。与之不同，用于传感的荧光薄膜则根据制备策略的不同，具有不同的结构特点。例如，基于固-液界面化学反应制备的荧光化学组装膜，主要由衬底(substrate)、荧光活性基团，以及将两者连接起来的连接臂组成。在此，连接臂往往兼有识别，甚至结合待检测物种，乃至屏蔽干扰物质的功能(图 4-1)。

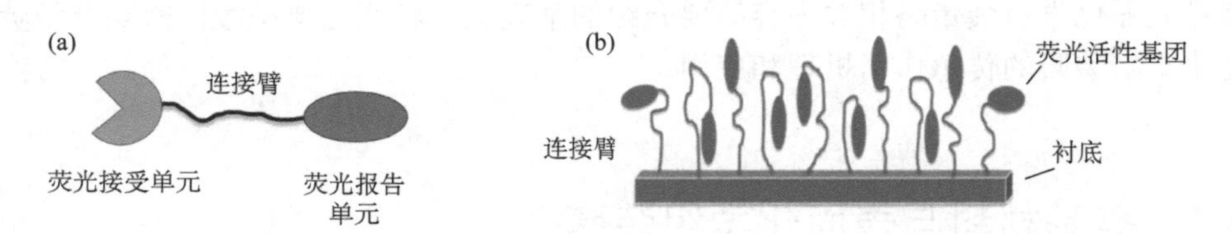

图 4-1　单分子荧光传感(a)与薄膜基荧光传感(b)结构示意

已有研究表明，尽管均相传感具有灵敏度高、选择性好，且在金属离子、阴离子和中性分子检测等方面已经获得了广泛的应用等优点[4,5]，但这类传感存在污染待检测体系、无法重复使用和难以器件化等缺点。与之相反，薄膜传感在基本保留了均相传感优点的同时，在理论上几乎可以全面解决均相传感所面临的所有问题。因此，薄膜传感研究受到了人们的特别关注[6-8]，对此，已有为数不少的综述发表[9-11]。

然而就已经报道的荧光敏感薄膜而言，多是如第 3 章所介绍，将作为传感单元的荧光活性物质，以旋涂、流延、物理包埋等方式固定于衬底表面制备得到。这类薄膜的最大劣势是结构无序，或者微观结构难以控制，用于传感时，存在待测物质分子膜内扩散困难，液相中使用时荧光物质易于泄漏等问题，从而使其性能大受影响[12-14]。为此，人们通过诸如在薄膜中引入致孔剂、给荧光活性高分子引入大侧链等方式，以期解决这些问题来改善此类薄膜的传感性能，但问题远没有得到彻底解决。

针对薄膜基荧光传感面临的这些关键问题，多年前，笔者团队提出以衬底表面化学单层组装多环芳烃的超分子行为对环境条件变化的敏感性为基础，设计制备传感薄膜材料的思想[15]。该想法的基本出发点是：在固定化密度适当时，经由柔性连接臂固定的多环芳烃及其衍生物将在衬底表面有限区域内形成特定的超分子结构(单体以及具有不同聚集方式和聚集程度的超分子聚集体等)，这些结构必然对应于特定的荧光发射波长、荧光光谱形状、荧光发射强度，以及相关时间分辨荧光性质等。可以预期，环境因素的改变必然引起这种结构的变化，进而导致相关荧光光谱和时间分辨荧光性质的改变，于是，通过对有关荧光信号的检测就可以对环境条件的变化做出判断。

基于上述思想，笔者实验室通过改变衬底类型、调节连接臂长度和亚结构、变换传感单元，甚至引入侧链等途径，设计制备了一大批荧光薄膜材料，实现了对水体中亚硝酸盐、硝基甲烷、吡啶、硝基苯、二元羧酸、有机铜盐、水醇混合物的组成及水综合品质等项目的选择性检测。与此同时，还实现了对甲醛、HCl、制式和非制式爆炸物的溶液相或气相超灵敏检测。与之相应，在同一时期，国内外其他学者也利用类似的策略发展了一系列重要的荧光敏感薄膜材料。本章在对常见表面化学组装策略相关内容简要介绍的基础上，将通过典型案例重点介绍荧光化学组装膜的传感作用机理和应用。

4.1 硅基材料与表面化学组装膜

衬底表面化学组装膜的制备至少涉及合成化学、表面工程及纳米技术等多个领域，相关研究具有显著的跨领域、跨学科特征。一般而言，这种薄膜的制备可以经由自上而下(top-down)的刻蚀、印刷等技术实现，也可经由自下而上(bottom-up)的超分子化学自组装技术实现。然而，在实际工作中使用的几乎都是化学组装技术，这是因为只有利用化学组装策略，薄膜的微观结构才能够得到有效控制，薄膜结构和功能的理性设计才能够得到切实落实。经过多年努力，表面化学组装技术已经在包括分子逻辑门、信息储存、分子电子学、薄膜太阳能电池和薄膜传感等领域得到了越来越广泛的应用[16-26]。

以荧光化学组装膜制备为例，图 4-2 给出了制备这类化学组装膜的主要过程及薄膜的基本结构。可以看出，衬底活化、表面反应及末端功能化是此类薄膜制备的基本过程。当然，也可以预先将表面反应性试剂的末端功能化，然后再将这种末端携带功能性单元的表面反应试剂化学键合于衬底表面。在实际工作中，要根据衬底类型、反应本质，以及拟采用功能单元前驱体的反应性等因素确定具体采取的修饰策略。不过一般而言，将功能单元最后引入衬底表面这种途径具有未被化学结合的前驱体易于脱除、薄膜清洗方便等优势，条件允许时，多采用这种方法制备表面化学组装膜。当然，这种方法也存在明显的不足，即难以保证功能单元的接入密度和分子水平上功能单元的衬底表面分布均匀性。

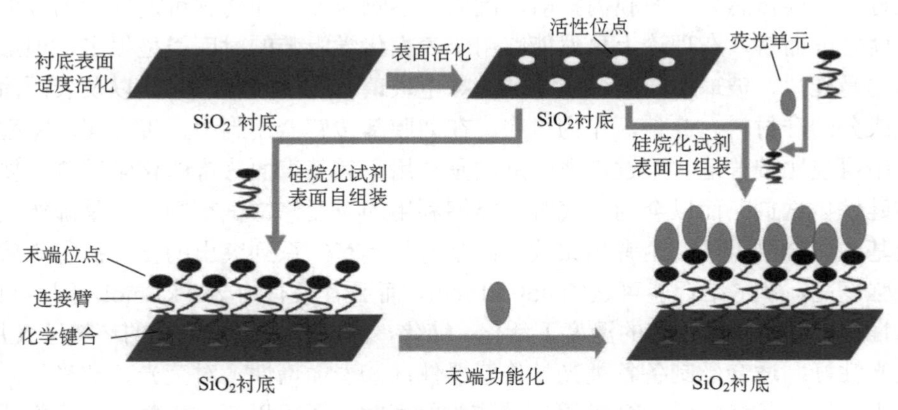

图 4-2　表面化学组装膜的制备过程及薄膜结构示意图

在本质上，这种技术就是文献所讲的自组装单层(self-assembled monolayers，SAMs)技术。SAMs 技术是一种经化学反应而对材料表面进行改性的技术。从过程来看，SAMs 是一种从微观到宏观，从无序到有序，从低级到高级的自下而上的有序薄膜构建技术，是热力学自发过程。这种技术虽然是在 20 世纪 80 年代以后才逐渐发展起来并得到普遍应用的，但实际上，早在 1946 年 Zisman 等[27]就利用清洁金属表面吸附表面活性剂分子制备了单分子膜，并报道了自组装现象。1980 年，Sagiv[28]对十八烷基三氯硅烷分子在玻璃表面形成 SAMs 的研究引起了人们的广泛关注。此后有关SAMs膜的研究得到了迅猛发展，特别是利用有机硅衍生物修饰羟基表面也逐渐成为玻璃等无机物表面功能化的最有效的方法之一。

SAMs膜是通过表面活性剂的头基与衬底表面之间产生化学吸附，在界面上自发形成的有序单分子膜，其通常由三部分组成：与衬底连接的头基、暴露于膜外的表面端基及连接头基与端基的连接臂。由于SAMs膜制备方法简单、成膜效果好、稳定性高、膜层厚度及性质可通过改变成膜分子链长和尾基活性基团灵活控制，同时这类薄膜又是原位自发形成、排列有序、缺陷少、结合力强、呈“结晶态”，而且其还能够自愈合，因此SAMs在传感技术、微电子技术等领域有着广阔的发展前景。

就传感应用而言，表面化学组装技术的出现最早可追溯到1988年Rubinstein及其合作者[29]的开创性工作。在该工作中，他们以单层化学技术修饰金电极，实现了对铜离子的选择性电化学测定。据报道，基于这类表面组装材料的传感比均相传感优势明显[30]，主要表现在：①材料表面结构有序、活性物质面密度大、对待分析物结合专一，且传感响应速度快；②稳定性好，传感介质适应性强；③信号放大效应突出，传感灵敏度可达微摩尔级，甚至纳摩尔级；④传感过程可逆，传感材料可重复使用。此外，与直接涂膜不同，在理论上，基于表面组装膜的传感过程不需要传感分子的膜内扩散，因而传感响应速度和传感可逆性大为改善。

就衬底而言，在理论上虽然能够用于表面化学组装的衬底类型很多，但最为常用的是硅片、玻璃、石英、多孔硅、导电玻璃(ITO涂覆玻璃)，以及表面涂覆其他成分的硅材料。此外，作为衬底，在薄膜基传感器创制中，贵金属，特别是金使用得也比较普遍。不过需要注意的是，用于硅基表面修饰的化学试剂主要是各类硅烷化试剂，而以金为衬底时，能够利用的表面修饰试剂则主要是硫醇类或含巯基的化合物[31-33]。两者相比较，硅基材料具有一系列突出的优点：①敏感层结合强度高，摩尔结合能可达约450 kJ/mol，而后者只有约250 kJ/mol，因而材料稳定性好，可以在比较高的温度下活化、纯化，也可以在比较苛刻的环境下使用；②透光性好，适合于制备各类光学传感器件；③表面惰性，对荧光、磷光信号没有猝灭作用。此外，以ITO涂覆玻璃作为衬底时，还可以通过电学、电化学或电致发光测量实现传感检测。正是基于这些原因，以往的薄膜基表面单层化学传感研究主要围绕硅基材料开展。

在实际工作中，根据拟完成传感任务的需要，可以选用不同本性的化学物质作为表面荧光传感单元。一般来讲，这些传感单元主要包括，以多环芳烃为代表的小分子荧光物质，共轭或寡聚荧光高分子，荧光活性配合物，以及半导体纳米颗粒等。就使用的普遍性而言，主要是前三者。在实际测量中，观测或检测的荧光信号主要包括特定波长下的薄膜荧光强度、荧光发射波长、荧光寿命以及荧光各向异性等。当然，对于指纹图谱的测定，可能会同时监测多个荧光信号或参数，或者是不同波长处的荧光强度、荧光寿命、荧光各向异性等，借此可以获得相互印证、相互补充及更为可靠的体系信息。对于相关传感机理研究，也可能涉及时间分辨荧光光谱、荧光寿命、瞬态吸收，甚至时间分辨荧光各向异性测量等。

4.2 小分子基荧光化学组装膜

以多环芳烃为代表的小分子是最为常见、数量最为庞大的荧光活性物质。与后续将要讨论的共轭或寡聚荧光高分子、配合物、半导体纳米颗粒等不同，这类小分子荧光物质具有可设计、易合成、性质能调控等优势，用于荧光化学组装膜制备时，还具有引入方便、易于增加面密度等特点，而且可以通过不同结构和性质的连接臂在衬底表面固定化，这些特点使得小分子荧光物质在荧光化学组装膜创制中获得了广泛的应用。

Reinhoudt 等[34]最早提出了以 SiO_2 为衬底，利用 SAMs 技术设计制备荧光敏感薄膜的思想。他们将小分子荧光物质丹磺酰共价结合到玻璃表面，得到了能够识别 *β*-环糊精的传感薄膜(图 4-3)。此后，又利用杯[4]芳烃与芘的主客体关系，将两者同时共价结合于玻璃表面，得到了能够选择性识别 Na^+离子的传感薄膜(图 4-4)[35]。通过改变连接臂亚结构，他们还设计制备了可以特异识别水相中 Pb^{2+} 和 HSO_4^- 的传感薄膜[36]。

类似地，Bronson 等[37]在以硅烷化试剂修饰的玻璃衬底表面引入携带大量活性基团的高分子，再在其上结合传感元素，以此大幅度增加传感元素分子的固定化密度，制备了超灵敏 Cd^{2+}薄膜基荧光传感器，且碱金属离子的存在不干扰测定。该薄膜基荧光传感器在生物样品的检测方面也获得了应用。

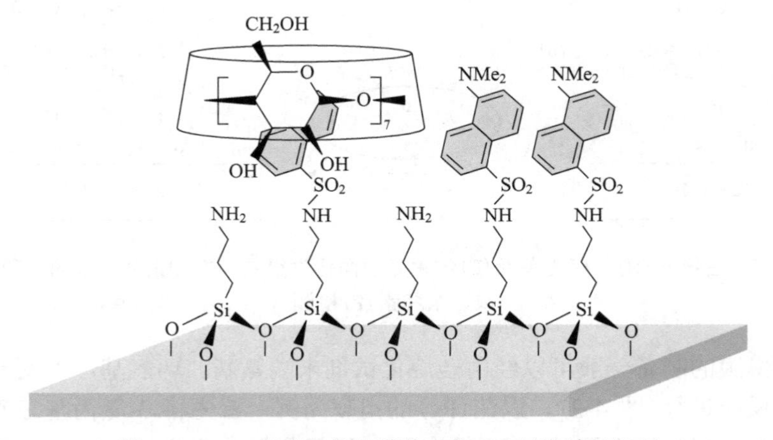

图 4-3　SiO_2 表面担载丹磺酰及其对*β*-环糊精的识别

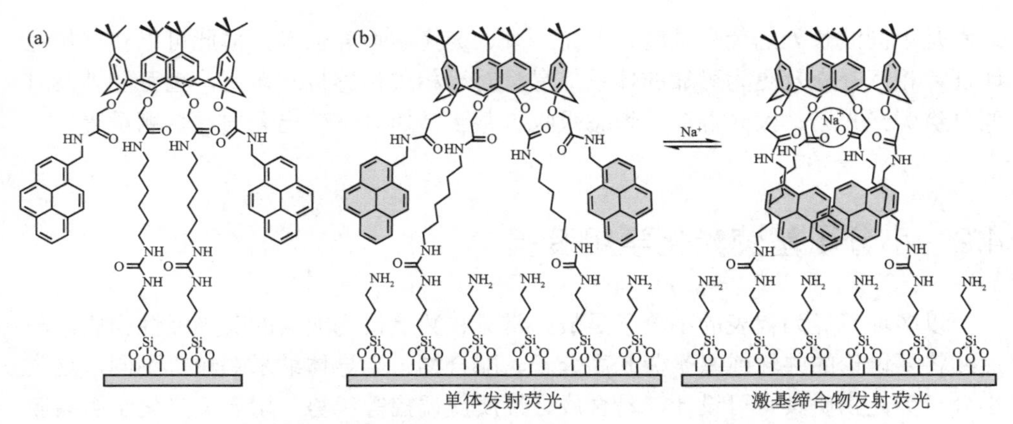

图 4-4 玻璃表面担载芘功能化杯[4]芳烃(a)及其对 Na^+的识别传感(b)

Yu 等[38,39]分别将香豆素衍生物和 *N*-乙烯基缩二氨基脲(VCZ)以共价方式键合于石英玻片表面，制备了对呋喃西林和秋水仙碱有特异响应的传感薄膜材料。Lopez 等[40]将可特异性结合亲和素或链亲和素的配体生物素与荧光物质同时固定于石英衬底表面，亲和素或链亲和素的存在可以猝灭薄膜荧光，依此性质研究了亲和素与配体之间的相互作用。在连接臂中引入寡聚核苷酸，将荧光素衍生物组装于石英表面，利用倏逝波诱导产生的荧光各向异性的变化也可以检测蛋白质，检出限可达 10^{-18} mol/L(图 4-5)。此外，Blanchard 等[41-45]围绕固体表面结合态多环芳烃的光物理行为，开展了一系列卓有成效的工作，为基于 SAMs 技术的荧光敏感薄膜设计和制备奠定了良好的光物理基础。

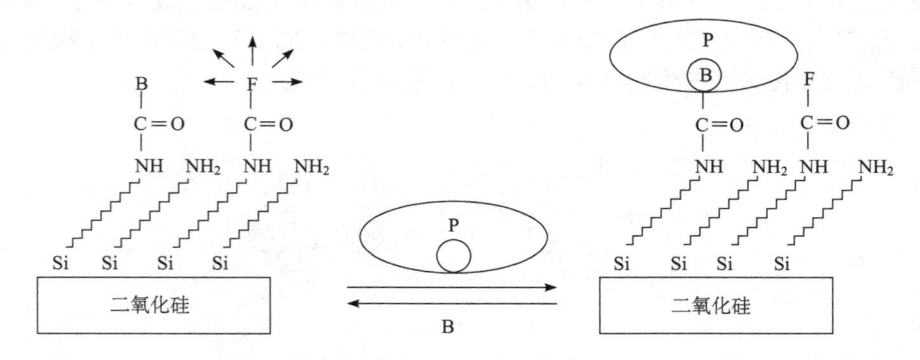

图 4-5 生物素(B)与荧光单元(F)的衬底表面化学组装和生物素介导下的亲和素或链亲和素(P)检测

这类薄膜的制备一般可以经由硅烷化试剂末端氨基、环氧基，以及氯代或溴代基团的反应进行(图 4-2)。以芘(Py)的担载为例，首先将 3-氨丙基三乙氧基硅烷(APTES)与经过表面预处理(一般在 30%过氧化氢水溶液与 98%的浓硫酸混合液中且微沸条件下处理 1 h，然后冲洗得到，该混合液被称为 Piranha 溶液。**需要注意的是，这一过程涉及强氧化、高腐蚀试剂的使用，在实验操作上需要特别小心！**）的石英片或玻璃片反应，得到表面带有氨基的反应活性玻片（即末端氨基化 SAMs 膜），然后使其与芘磺酰氯反应，得到短臂连接的 Py 功能化荧光薄膜[46]。传感性能研究表明，该膜对水体中亚硝酸盐具有特异响应，响应机理为衬底表面剩余氨基缔合亚硝酸根，使其在薄膜表面富集，从而引起薄膜荧光猝灭。Meldal 等研究发现，尽管气相反应也能实现硅烷化试剂对衬底表面的改性，但液相反应能提供更加稳定的功能化表面[47]。

与这一薄膜制备类似，以 3-缩水甘油丙醚基三甲氧基硅烷（GPTS）在活化的玻璃衬底表面形成 SAMs 膜，得到表面有环氧基的反应活性衬底，然后再使其与末端携带游离氨基的芘磺酰氯二胺衍生物反应，得到 4 种由不同长度柔性长臂连接的 Py 功能化荧光薄膜材料[48-51]，该薄膜制备过程如图 4-6 所示。

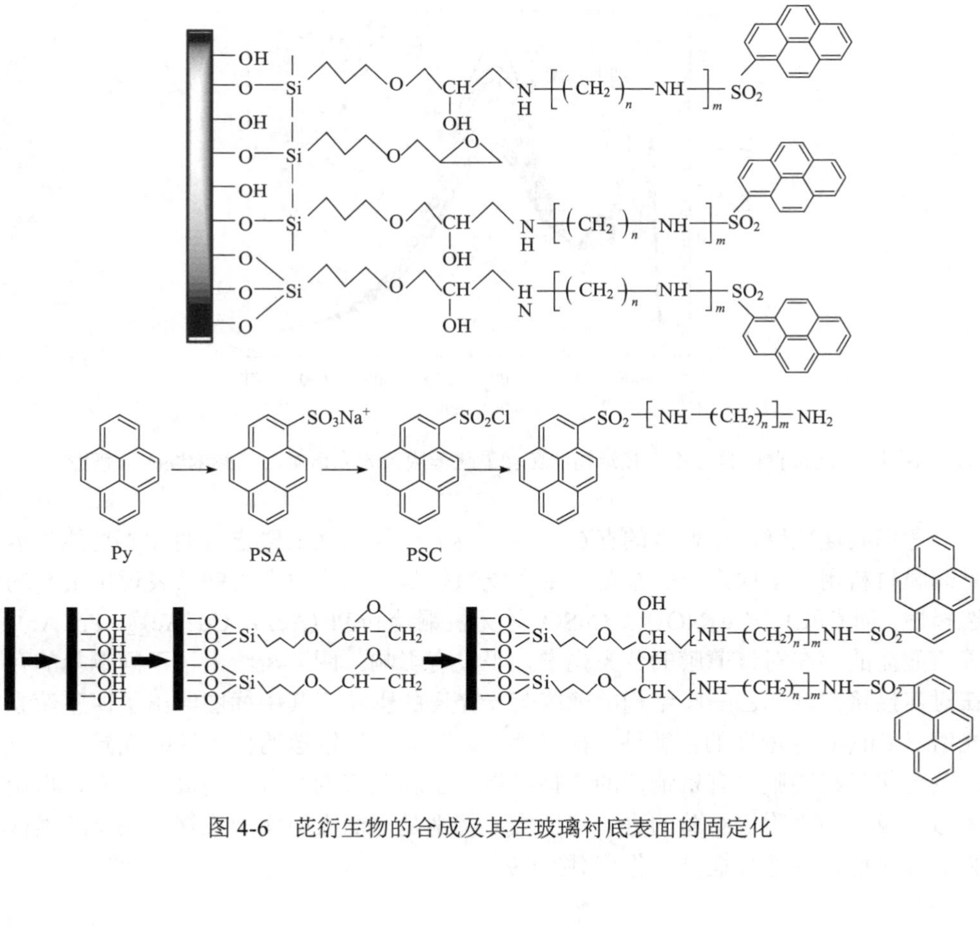

图 4-6　芘衍生物的合成及其在玻璃衬底表面的固定化

在此类薄膜设计中，特意在连接臂中引入可与羧羟基形成氢键的亚氨基，使其可以与有机羧酸结合，从而使二元羧酸选择性插入邻近的连接臂之间，改变传感单元在膜表面的分布，影响其荧光光谱的形状，因此，有可能实现对二元羧酸的选择性识别。图 4-7 所示为连接臂内含二乙三胺结构的薄膜荧光光谱对乙二酸浓度的依赖性[51]。很显然，该薄膜对乙二酸具有比较好的传感性。研究表明，连接臂的长度及连接臂的亚结构对薄膜的传感特性都有显著影响。仅就连接臂的长度而言，含乙二胺、丙二胺、丁二胺及二乙三胺结构的荧光薄膜对乙二酸的响应时间分别为 210 min、160 min、10 min 和 50 min。引起激基缔合物荧光强度与单体荧光强度比值 10%变化的乙二酸浓度分别为 14 mmol/L、50 mmol/L、0.05 mmol/L 和 2 mmol/L。有意思的是，单元羧酸的存在对薄膜荧光光谱，特别是光谱形状的影响几乎可以忽略不计。此外，薄膜荧光(包括光谱形状)可通过简单(纯净水)冲洗获得再生。

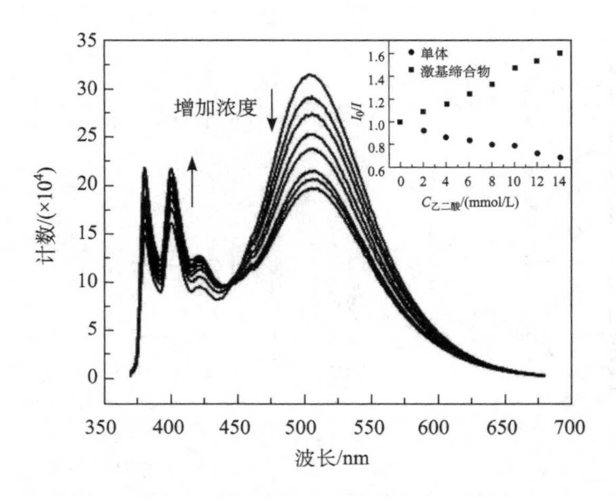

图 4-7 连接臂内含二乙三胺结构的芘功能化薄膜荧光光谱对乙二酸浓度的依赖性

考虑到连接臂内亚氨基的存在，尝试将上述经柔性长臂连接的 Py 功能化荧光薄膜材料用于金属离子的检测。令人吃惊的是，该膜对有机铜盐表现出很高的选择性，而 $CuCl_2$、$Cu(NO_3)_2$、$CuSO_4$ 等无机铜盐和 $Pb(Ac)_2$、$Cd(Ac)_2$、$Zn(Ac)_2$ 等乙酸盐的存在对该薄膜的荧光光谱几乎没有影响。图 4-8 给出了不同铜盐的存在对连接臂内含二乙三胺结构的薄膜荧光光谱的影响，其中插图给出了薄膜荧光光谱对 $Cu(Ac)_2$ 浓度的依赖性，很显然，该膜对有机铜盐的传感性能优异[51]。这种荧光化学组装膜对有机铜盐的选择性得到了相关溶剂效应、阴离子效应、理论模拟以及表面吸附等实验的进一步证实，特别是表面吸附实验直接证明了此类薄膜对有机铜盐的选择性结合作用(图 4-9)。

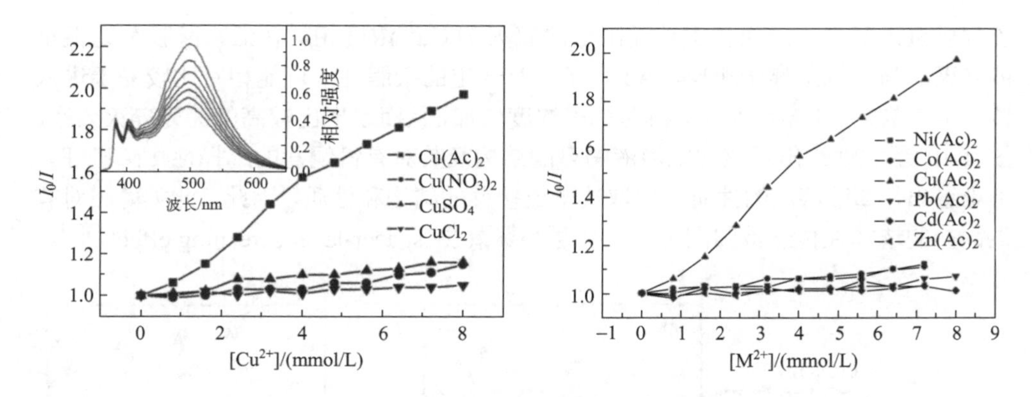

图4-8　二乙三胺介导芘功能化薄膜对不同铜盐的选择性传感

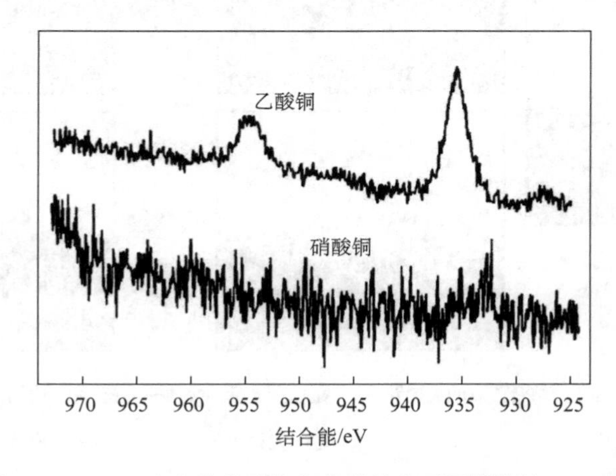

图4-9　二乙三胺介导芘功能化薄膜结合不同铜盐的XPS表征

具体过程是，将具有相同结构的上述荧光化学组装膜分别置于具有相同浓度的硝酸铜水溶液和乙酸铜水溶液中，浸泡处理若干小时，然后取出，以纯净水平行冲洗十余次，干燥后进行XPS测量，发现以乙酸铜溶液处理过的薄膜表面具有明显的铜离子信号，而硝酸铜处理过的薄膜则没有任何铜离子存在的信息。由此证明了这一薄膜确实对有机铜盐具有表面富集作用。

在上述发现的基础上，结合对薄膜光物理行为的深入研究，笔者提出了“二维溶液”模型(two-dimensional solution model)，用于理解和解释这一特殊的薄膜基荧光传感行为。该模型认为，连接传感单元和衬底的连接臂、传感元素自身及其中的溶剂分子共同构成了既不同于衬底又不同于本体相溶液的中间过渡相——特殊软物质相。而且相对于膜的长宽尺寸，该过渡相的厚度微乎其微，因此将其形象地称为“二维溶液相”。很明显，此类薄膜的二维溶液相相对疏水，无机阴离子难以进入其中，因而传感单元附近的猝灭剂 Cu^{2+}浓度相对较低，薄膜荧光很难被猝灭。与无机阴离子相反，Ac^-离子具有一定的亲脂性，可能相对比较易于进入该二维溶液，由于电荷平衡，相内 Cu^{2+}浓度增加，从而表现出较高的荧光猝灭效率。图 4-10 示意性给出了该二维溶液的可能结构及其对有机铜盐的选择性传感机理。不难看出，二维溶液的性质主要取决于连接臂的结构和性质。因此，此类薄膜对有机铜盐的选择性传感被归因于连接臂层屏蔽效应(spacer-layer screening effect) [52]。

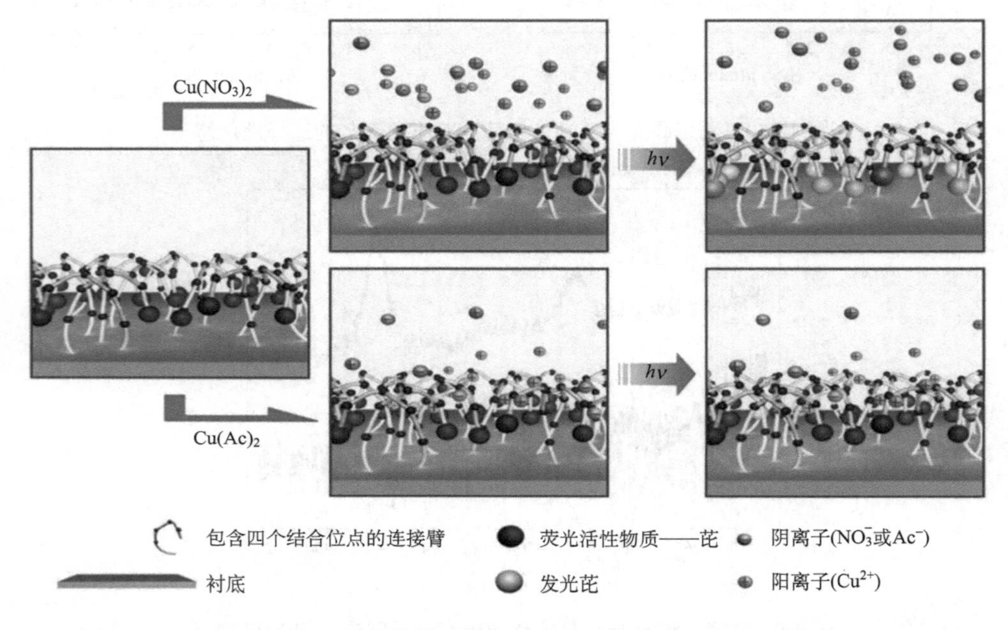

图 4-10　二维溶液模型示意图及薄膜对有机铜盐的选择性传感机理(见书末彩图)

二维溶液相的存在得到了分子动力学模拟(molecular dynamic simulation)结果的支持。采用 Material Studio 软件，选用 COMPASS 力场 NVT 系统，对温度 300 K 下固定化 Py 在有限区域内的存在状态进行模拟，发现向平衡体系内加入水分子后，Py 分子间的距离及其法向量与 z 轴的夹角均发生了明显的变化，而且从模拟结果中还可直观地看出，水分子很难进入二维溶液相。蒙特卡罗模拟结果也支持这一结论[53-55]。毋庸置疑，了解二维溶液相组成和结构对薄膜光物理性质及其传感特性的影响规律，必将大大拓宽薄膜的设计思路。为此，在理论模拟研究的基础上，笔者与美国密歇根州立大学 Blanchard 教授就衬底表面化学结合态多环芳烃光物理行为的微环境效应开展合作研究。结果表明，疏水大基团的引入可以显著改变二维溶液层结构，使其中的多环芳烃更加无序，更加难以与本体溶液接触[56]。

二维溶液模型的提出不仅有助于理解已经发现的化学单层组装膜荧光传感的特异选择性，也为针对特定分析检测对象，设计制备新的、具有优异性能的薄膜基荧光传感器奠定了基础。

考虑到上述发现的重要性及连接臂层屏蔽效应的潜在应用，通过精心设计连接臂结构，以引入更多的络合位点，同时变换传感单元种类(丹磺酰、蒽等)，制备得到的薄膜确实表现出所预期的连接臂层屏蔽效应，其同样也可用于有机铜盐的选择性检测[56-58]。

就已经报道的传感薄膜而言，磺酰基具有较强的拉电子能力，导致与其邻近亚氨基上的孤对电子失去了同 Cu^{2+}络合的能力。因此，在进行薄膜结构设计时须有意地将磺酰基用亚甲基替代，将 Py 经由包含二乙三胺结构的连接臂键合到玻璃衬底表面。与报道过的薄膜[52]相比，该膜对有机铜盐的检测灵敏度提高了至少 60 倍[57]。当以三乙四胺替代该膜连接臂中的二乙三胺后，所得薄膜对有机铜盐的检测灵敏度进一步提高；但与此同时，连接臂的亲脂性降低，导致屏蔽效应弱化，薄膜对有机铜盐的选择性也随之下降。同预期的一样，相关猝灭过程均不影响薄膜荧光寿命，表明有机铜盐对此类薄膜荧光的猝灭在本质上均属于静态猝灭，即络合作用引起的非荧光活性表面配合物的形成是所观察到的猝灭作用发生的根本原因。

将传感单元蒽经“Y”型连接臂共价单层组装于玻璃衬底表面，研究人员制备了结构如图 4-11(a)所示的传感薄膜。与已报道的薄膜相同[52]，该膜对有机铜

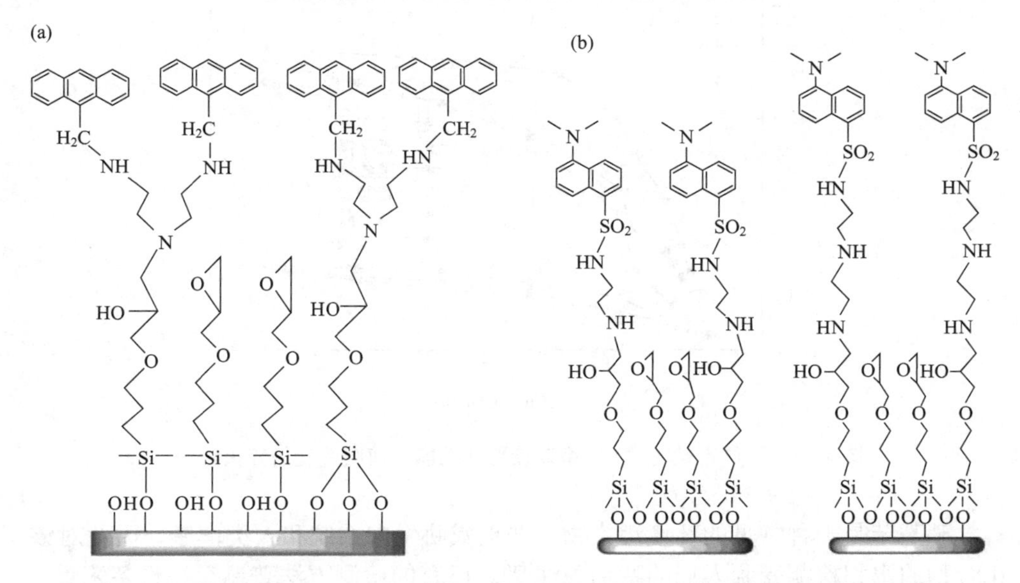

图 4-11 “Y”型连接臂蒽功能化传感薄膜结构示意图(a)和水相硝基苯检测用传感薄膜结构示意图(b)

盐的响应也表现出很好的选择性，而且也有较高的检测灵敏度[59]。实验发现，薄膜传感性能不但与连接臂的长度和结构有关，而且受传感单元固定化密度的影响。与前述经由线型连接臂化学单层组装的荧光敏感薄膜不同，有机铜盐对经由“Y”型连接臂化学单层组装的薄膜的荧光表现为向下弯曲的复合型猝灭特点。这一结果被认为是源于传感单元蒽在衬底表面存在形式的复杂性。

不难想象，连接在同一“Y”型连接臂的两个蒽结构，虽然具有规避本体水相的共同趋势，但由于空间位阻，很难同时进入连接臂层，其中一个很可能暴露在二维溶液相外部，即更加靠近本体水相，这样，本体相 Cu^{2+}就比较容易接近，并猝灭其荧光发射。而对处在二维溶液相内的传感单元而言，猝灭作用的发生要困难得多。换言之，此类薄膜中的荧光单元至少具有两类不同的微环境，因而猝灭作用机理要复杂得多。这种荧光单元在薄膜表面存在的不均一性得到了实验结果的证明。从图 4-12 所示猝灭曲线中可以看出，I_0/I 对猝灭剂乙酸铜及其他有机铜盐浓度作图，得到的是一条明显的向下弯曲的曲线。这种猝灭曲线只有在荧光单元微环境不均一时才会出现[59]。无机铜盐引起的猝灭作用可以大致用直线表示，原因就是其大概只可以猝灭那些暴露在薄膜表面，或者说能够进入水相的荧光单元。由此进一步证明了一部分荧光单元确实暴露在敏感薄膜表面。

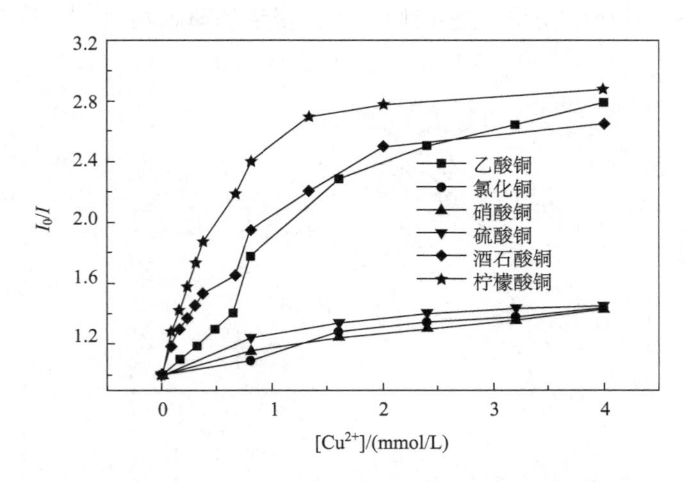

图 4-12　不同铜盐对“Y”型连接臂蒽功能化薄膜荧光的猝灭作用

硝基苯是一种常见的环境污染物，严重威胁生态系统和人类健康，因此对该化合物的水相检测受到人们的特别关注[60]。已有的检测方法普遍存在设备笨重、价格昂贵、检测灵敏度不高、需消耗试剂等缺点，更为重要的是易于造成环境二次污染。基于二维溶液模型，针对硝基苯的疏水性和缺电子特性，巧妙设计连接臂，选择传感单元，就很可能实现对硝基苯的无污染、高效、选择性、灵敏检测。为此，以丹磺酰为传感单元，将其经由相对疏水的柔性长臂化学单层组装于玻璃衬底表面，得到结构如图 4-11(b)所示的荧光薄膜，该膜已经成功地用于水体中硝基苯的选择性检测[61]。进一步增长连接臂，增大其疏水性，可以进一步改善此类薄膜对硝基苯的检测性能[62,63]。

不难预期，将二维溶液模型与荧光共振能量转移等荧光技术结合，通过精心设计连接臂结构、巧妙选择荧光单元类型，可以设计制备更多的高性能水体疏水性有机污染物的荧光敏感薄膜材料。

微痕量爆炸物的准确、快速检测对于反恐、刑事案件侦破、非金属地雷探测、环境质量评价等都具有十分重要的意义。荧光方法在微痕量硝基芳烃类爆炸物检测中扮演着十分重要的角色。硝基芳烃的缺电子本性决定了其对具有富电子特征的多环芳烃类化合物荧光有很高的猝灭效率。实验表明，柔性长臂连接的 Py 功能化薄膜荧光因硝基芳烃类化合物微痕量蒸气的存在而急剧猝灭，且响应速度也很快。连接臂长度效应研究发现，以丙二胺介导的 Py 薄膜表现出比以其他二胺和二乙三胺介导的薄膜更为优异的传感性能。实验还表明，降低传感元素分子固定化密度有助于提高薄膜的传感响应性[63]。图 4-13 给出以丙二胺介导的 Py 功能化薄膜暴露在饱和 TNT 蒸气中时，薄膜荧光随时间的变化。实验还发现，Py 的激基缔合物发射峰比单体峰对硝基芳烃类化合物蒸气的存在更为敏感，这一结果与分子动力学模拟结果相一致。分子动力学模拟表明，硝基芳烃分子倾向于插入 Py 激基缔合物之间，与其中的一个 Py 分子形成非荧光活性复合物，导致 Py 激基缔合物荧光的猝灭[53]。

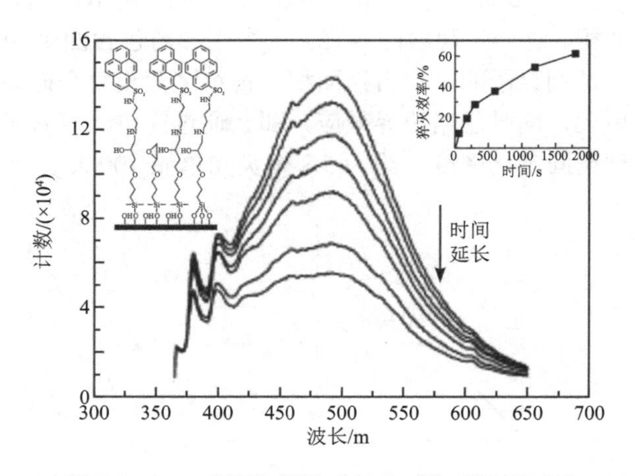

图 4-13　Py 功能化薄膜对 TNT 蒸气的传感响应

将多环芳烃等荧光活性化合物以化学单层组装方式固定于惰性衬底表面，是设计制备性能优异的新型传感薄膜材料的有效途径。已有的研究表明，除了可以通过改变衬底类型、变换传感元素种类设计制备新型传感薄膜材料之外，精心设计连接臂的结构，对于改善薄膜的传感性能、拓展薄膜的传感应用也具有至关重要的作用。特别是二维溶液模型的提出和膜上高效电子转移、能量传递体系的建立有助于进一步拓宽薄膜的设计思路，创制更多性能优异的荧光敏感薄膜材料。可以预期，此类荧光敏感薄膜将以其结构稳定、不污染待检测体系、易于器件化、可以反复使用等特点而在实际分析检测中获得越来越多的应用。

不过要特别注意，不同荧光敏感薄膜的最佳传感性能对应于不同的表面荧光单元固定化(面)密度。因此，在对薄膜结构进行表征时，荧光单元的固定化(面)密度测量显得很有必要。实际上，这一参数的获得还有助于理解表面荧光单元的存在状态，指导优化薄膜制备条件，控制薄膜制备质量。这一点对于付诸商业应用的敏感薄膜的规范化制备显得特别重要。然而，这一结构参数的测定实际上并不容易，为了解决这一问题，笔者实验室以原子级平整二氧化硅表面上的硅烷化试剂SAMs膜为典型体系，通过建模建立了该参数的基本测定策略[52]。

为了简单起见，在建模过程中不考虑硅烷化试剂之间的缩合反应，同时假定一个硅烷化试剂分子的三个 Si—O—Si 键均在其所含硅原子与衬底表面硅原子之间形成。这样一来，硅烷化试剂在玻璃衬底表面反应后将形成如图 4-14 所示的四面体结构。由于硅原子的 sp^3 杂化，O—Si—O 的键角将接近 109°28′，Si—O 键长将是 1.623 Å，这样就可以计算出相邻氧原子间的距离(2.65 Å)。由于衬底原子级平整、结构无缺陷，且反应后硅烷化试剂单层全覆盖衬底表面，这样硅烷化试剂中的 Si 原子与衬底表面 O 原子的分布将呈现如图 4-15 所示形式。据此，可以计算图中所示矩形面积。进一步观察图 4-15，一个矩形内包含四个 Si 原子，由此可以获得每个硅烷化试剂分子的平均占据面积。再继续假设每个硅烷化试剂分子均能键合一个荧光单元，同时忽略边界效应，那么通过简单计算就可以知道荧光单元在衬底表面的理论固定化密度，约为 5.8 个荧光单元/100 $Å^2$。

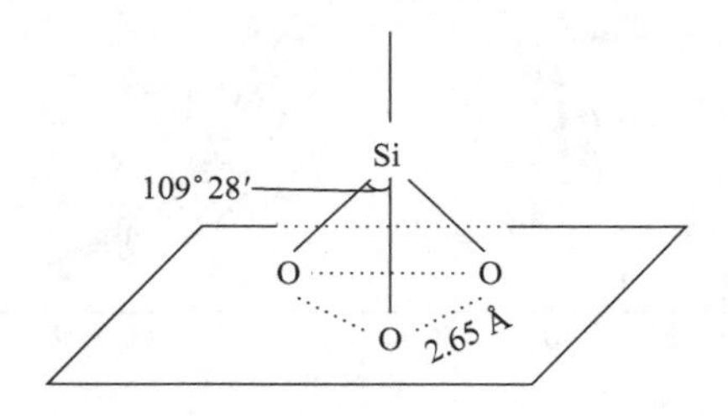

图 4-14　3-缩水甘油丙醚基三甲氧基硅烷(GPTS)在 SiO_2 衬底表面组装结构示意图

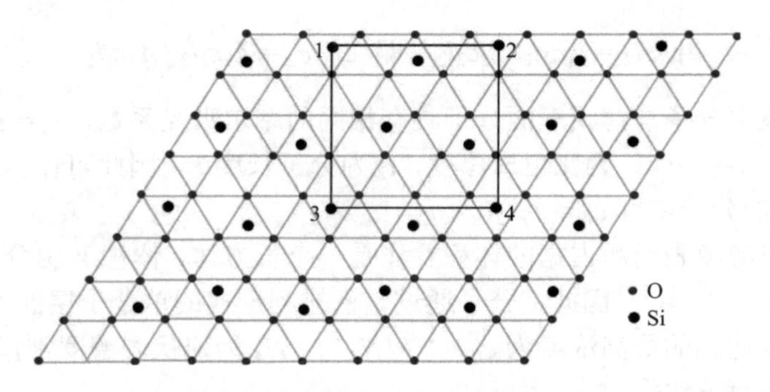

图 4-15　经硅烷化试剂功能化的 SiO_2 衬底表面原子分布示意图

基于上述结果，结合比尔-朗伯(Beer-Lambert)定律($A = \varepsilon cl$，式中，A 表示吸光度，ε表示摩尔吸光系数，c 表示溶液浓度，l 表示光程)可以估算出衬底表面荧光分子的固定化百分比。由于无法将固体表面分子与溶液中分子的吸光度进行直接比较，这里将薄膜表面看作“二维溶液”，“溶液”总体积由分子长度 L 和衬底面积决定(图 4-16)。通过引入“二维溶液”模型可将固定化百分比的测量变换为测量“二维溶液”的分子浓度。具体实验和计算过程如下。

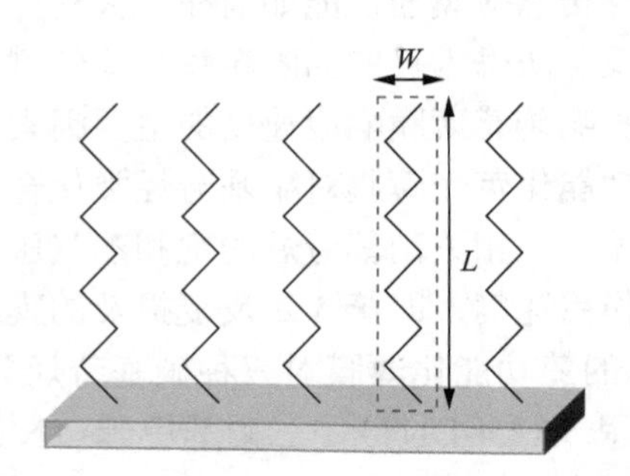

图 4-16　固定化百分比计算的薄膜示意图

首先通过紫外-可见吸收光谱法测定已知浓度的荧光小分子在适当溶剂中的吸光度：

$$A_1 = \varepsilon_1 c_1 l_1 \tag{4-1}$$

在保持完全相同的设备测试参数(主要是为了保证光斑面积不变)条件下，测定薄膜的吸光度：

$$A_2 = \varepsilon_2 c_2 l_2 \tag{4-2}$$

将式(4-1)与式(4-2)相比较可得

$$A_1 / A_2 = \varepsilon_1 c_1 l_1 / \varepsilon_2 c_2 l_2，\text{即}\ c_1 / c_2 = A_1 \varepsilon_2 l_2 / A_2 \varepsilon_1 l_1 \tag{4-3}$$

由于溶液中分子与薄膜表面分子具有相同的摩尔吸光系数，$\varepsilon_1 = \varepsilon_2$。$c_1$、$A_1$、$A_2$为已知项，$l_1 = 1$ cm，为比色皿厚度，l_2为分子长度L，因此可以得出薄膜表面“二维溶液”的分子浓度$c_2 = c_1 A_2 l_1 / A_1 l_2$。

将分子在薄膜表面所占据的体积看作是一个长方体，体积V由分子长度L和宽度W决定，$V = LW^2$。因此，分子通过紧密排列形成的单分子层的“二维溶液”在理论上可以达到的最高浓度为$c_0 = 1 / (N_A V)$，N_A为阿伏伽德罗常量。由此可得到薄膜固定化百分比。

$$R = c_2 / c_0 \tag{4-4}$$

在实际测量中，为了减少因使用“二维溶液”这个前提假设所导致式(4-2)中的非线性误差，建议调整溶液浓度c_1，使得溶液与薄膜具有相同的吸光度值，即使得$A_1 = A_2$(假设$L = 1$ nm，$W = 0.1$ nm，R取值范围为1%～100%，计算下来实验所需溶液浓度应该在10^{-5}～10^{-6} mol/L 的量级范围)。对于比较理想的基于小分子荧光物质的单层组装膜，固定化百分率为30%～70%[52,64]。

在实际工作中，一种传感薄膜的性能如何在很大程度上取决于薄膜对待检测物质的响应速度。就以反恐防恐为目的的隐藏爆炸物侦测而言，这一点显得尤为重要。因此，深入了解影响传感薄膜响应速度的主要因素对于改善薄膜传感性能具有重要的意义。就芘功能化荧光薄膜对硝基芳烃类化合物的传感而言，影响薄膜响应速度的主要因素无非是相关硝基芳烃的饱和蒸气压，以及到达薄膜表面的硝基芳烃与传感单元的作用速度，即第3章反复提及的膜内扩散速率。

以面密度约为48%的芘功能化薄膜对三种硝基芳烃类化合物(NACs)——硝基苯(NB)、2,4-二硝基甲苯(2,4-DNT)、三硝基甲苯(TNT)的传感为例，薄膜对三种NACs的传感响应速度截然不同(图4-17)[64]。可以看出，三种NACs对同一薄膜的猝灭能力、猝灭速度均不同，就猝灭达到平衡的快慢而言，NB最快，2,4-DNT次之，TNT 最慢。这与三者的饱和蒸气压大小次序刚好一致(25 ℃下依次为2.70×10^{-1} mmHg、1.74×10^{-4} mmHg和8.02×10^{-6} mmHg)。可以认为，较慢的响应速度很可能是由于相应的NACs的挥发速率较慢。

为了证明这一点，对NB进行了相应的验证实验，具体操作是预先向具塞比色皿通入NB饱和蒸气，然后将相应敏感薄膜快速插入比色皿中，立即扫描薄膜的荧光光谱，得到如图4-17所示结果。很明显，响应瞬间发生，猝灭效率最终可达92%以上。由此可以断定，该薄膜对硝基芳烃的响应平衡时间主要取决于NACs的挥发速率。根据这一判断，推导相应的猝灭动力学积分方程可得式(4-5)[64]。

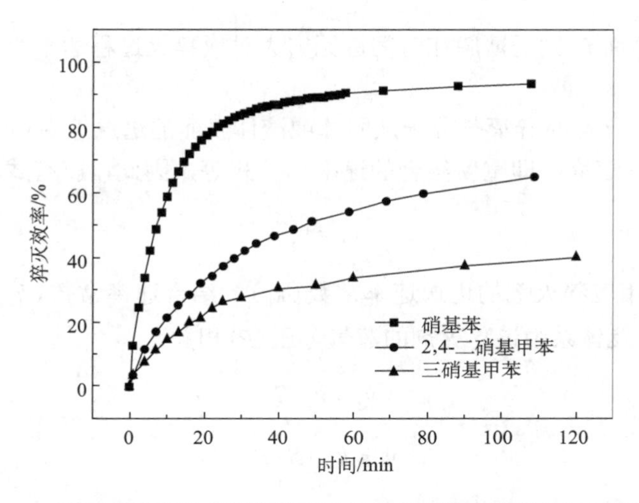

图 4-17　不同硝基芳烃对所研究荧光活性薄膜猝灭效率的时间依赖性

$$\ln\frac{I}{I-I_\infty}=\frac{I_0\cdot R\cdot T\cdot S}{I_\infty\cdot V\cdot P_0^2}\times\frac{k_1}{K}\times t \tag{4-5}$$

式中，I、I_0、I_∞、R、T、V、S、k_1、K 和 t 分别为在确定条件和波长下的荧光强度、初始荧光强度、平衡荧光强度、理想气体常量、温度、实验体系体积、NACs 的挥发面积、NACs 的逃逸速率常数、NACs 达到挥发结合平衡的平衡常数和时间。

式(4-5)的推导过程如下：首先假设荧光猝灭是由于形成了荧光惰性的复合物，即芘-猝灭剂复合物(Py-Q)，也就是说相应的荧光猝灭符合静态猝灭机理。这样就有式(4-6)成立。

$$\mathrm{Py}+\mathrm{Q}\xrightleftharpoons{K}\mathrm{Py\text{-}Q} \tag{4-6}$$

由于猝灭符合静态机理，因此式(4-7)成立。

$$\frac{I_0}{I}=1+K\left[\mathrm{Q}\right]=1+KP\left(t\right) \tag{4-7}$$

达到平衡时，式(4-7)转化为式(4-8)。

$$\frac{I_0}{I_\infty}=1+KP_0 \tag{4-8}$$

式中，[Q]为猝灭剂的浓度，对气体猝灭剂而言，实际上就是猝灭剂的分压 $P(t)$，它是时间的函数，与猝灭剂的挥发速率相关。相应的 P_0 则是猝灭剂的平衡蒸气压，即饱和蒸气压。而I_∞则是薄膜在时间达无穷大时或猝灭过程达平衡时的薄膜荧光发射强度。

毫无疑问，平衡时猝灭剂分子从固体或液体表面的逃逸速率（v_d）与其返回固体或液体表面的速率，即重新结合的速率（v_c）相等，因此，就有式(4-9)成立。

$$v_d = v_c \tag{4-9}$$

而这两者又与相应猝灭剂的逃逸速率常数（k_1）、结合速率常数（k_{-1}）、猝灭剂的挥发面积(S)以及体系中该猝灭剂的蒸气分压(P)相关。

$$v_d = k_1 \cdot S \tag{4-10}$$

$$v_c = k_{-1} \cdot S \cdot P \tag{4-11}$$

很显然，平衡时，必有式(4-12)成立。

$$P = P_0 \tag{4-12}$$

P_0是猝灭剂的平衡蒸气压，因此有

$$P_0 = \frac{k_1}{k_{-1}} \tag{4-13}$$

这样，可以写出在有限时间内进入密闭容器(猝灭反应研究体系)内的猝灭剂分子的总数，其可以表示为

$$dN_t = (v_d - v_c)dt = (k_1 \cdot S - k_{-1} \cdot S \cdot P)dt = (P_0 - P)k_{-1} \cdot Sdt$$

这样，令

$$K' = k_{-1} \cdot S$$

则有

$$dN_t = (P_0 - P) \cdot K'dt \tag{4-14}$$

这样在时间t内进入气相的猝灭剂分子个数可用式(4-15)表示。

$$\int_0^t dN_t = \int_0^t (P_0 - P) \cdot K'dt \tag{4-15}$$

假设在气相中猝灭剂符合理想气体行为，则其气态方程可以写为

$$P(t)\cdot V = N_t \cdot R \cdot T \tag{4-16}$$

将式(4-15)与式(4-16)合并，可以得到式(4-17)。

$$\int_0^P \frac{1}{P_0 - P}\mathrm{d}P = \frac{K'\cdot R\cdot T}{V}\int_0^t \mathrm{d}t \tag{4-17}$$

为了求解这一积分方程，首先令

$$C = \frac{K'\cdot R\cdot T}{V} \tag{4-18}$$

则式(4-17)可简化为式(4-19)。

$$\int_0^P \frac{1}{P_0 - P}\mathrm{d}P = C\int_0^t \mathrm{d}t \tag{4-19}$$

以纯数学方法求解，可以得到两个结果。

当 $0 < P_0 < P$ 时，

$$C_t = -\lim_{\varepsilon\to 0}\left[\int_0^{P_0-\varepsilon}\frac{1}{P_0 - P}\mathrm{d}(P_0 - P) + \int_{P_0+\varepsilon}^{P}\frac{1}{P_0 - P}\mathrm{d}(P_0 - P)\right]$$

进一步求解，得到结果一，即式(4-20)。

$$P = P_0 + P_0\mathrm{e}^{-C_t} \tag{4-20}$$

这个结果显然没有意义，原因是在实验条件下，$P_0 < P$ 假设不成立。

当 $P_0 \geqslant P$ 时，式(4-19)可以转化为

$$C_t = -\lim_{\varepsilon\to 0}\left[\int_0^{P_0-\varepsilon}\frac{1}{P_0 - P}\mathrm{d}(P_0 - P)\right]$$

对其求解，可以得到结果二，即式(4-21)。

$$P = P_0 - P_0\mathrm{e}^{-C_t} \tag{4-21}$$

如果进一步假设，在猝灭实验过程中，猝灭剂的挥发面积始终保持恒定，这样合并式(4-7)、式(4-8)、式(4-18)和式(4-21)就可得到式(4-5)。这样一来，考虑到 I_0、I_∞、R、T、V、S、k_1、K 等均可视为常数，以 $\ln\frac{I}{I - I_\infty}$ 对 t 作图应该得到直线。于是以此处理图 4-17 所给出的数据，得到如图 4-18 所示结果。

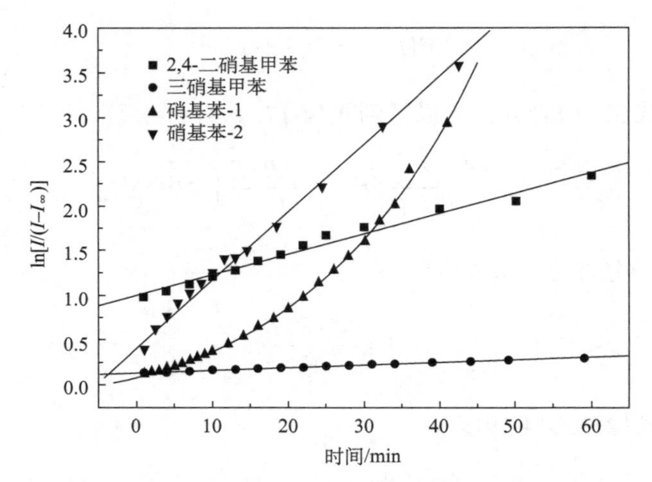

图 4-18 NACs 挥发速率对芘功能化薄膜传感行为的影响

观察图 4-18，可以看出 2,4-DNT 和 TNT 确实同预期的一样，所有数据都在相应的直线上，然而硝基苯-1 情况大不相同，数据落在了十分有规律的一条曲线之上。出现这一情况的原因是硝基苯在常温下是液体，一般实验条件下，猝灭过程中硝基苯的挥发面积很难保持不变，也就是说 S 不会是常数，因而相应结果不是直线也就在情理之中了。为了检验这种猜测的合理性，专门安排了另一组实验。

在附加实验中，将硝基苯置于核磁管中，借以保证在猝灭实验过程中，硝基苯仅可以从核磁管中的液面挥发，这样就可以基本保持硝基苯挥发面积在实验过程中的恒定。将所得结果再次用式(4-5)处理，得到图中硝基苯-2 所示结果。同预期的一样，整个实验数据近乎完美地落在了一条直线上，由此进一步证明了所建立的模型和对猝灭过程理解的合理性。需要指出的是，利用式(4-5)还可以获得相关难挥发性有机化合物的基本物性参数，如实验条件下的饱和蒸气压、表面挥发速率常数等。

通过采用不同表面修饰和组装方法，人们获得了多种可对硝基芳烃类爆炸物进行灵敏检测的荧光小分子组装膜。Dong 等利用重氮基的光分解活性，通过自组装的方法将共轭的 4-(4-氨基苯乙炔)苯修饰在带有负电荷的石英基片上制备了单分子膜，再进一步利用单分子膜末端 NH_2 的反应活性，通过酰胺化反应或静电组装的方式将发色团芘修饰在单分子膜上，构筑了两种芘修饰的荧光功能膜(图 4-19)[65]。两种修饰方式得到的芘功能化薄膜都具有较好的发光性能，最大发射波长为 480 nm。该薄膜能够与电子受体硝基苯胺相互作用形成电荷转移络合物而使其荧光猝灭，并且该薄膜对硝基苯胺同分异构体的荧光猝灭响应有明显的差异，其中 *p*-硝基苯胺对功能薄膜的猝灭效应最为明显，其次是 *o*-硝基苯胺和 *m*-硝基苯胺，且具有明显的浓度依赖性。因此，该荧光薄膜有望发展成为能够区分检测硝基苯胺同分异构体的传感材料。

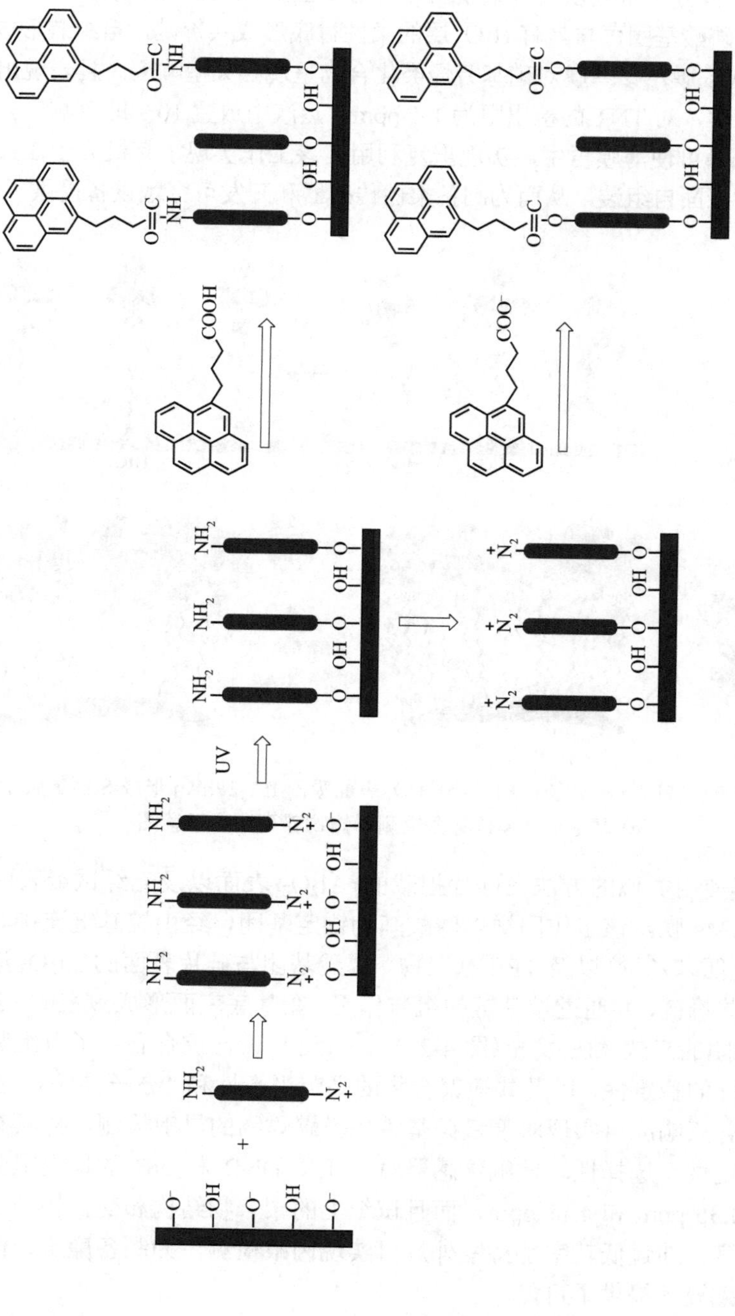

图4-19　分步组装法制备芘修饰的荧光SAMs膜示意图

Guo 等报道了一种柔性自组装 SAMs 膜制备方法，并应用到对痕量爆炸物的灵敏检测中[66]。该方法使用一种以磷酸为 SAMs 膜锚定基团的新型组装分子 PA-2PhAn(图 4-20)，分子末端以具有聚集诱导发射增强(AIE)性质的 9,10-二苯基蒽为荧光团。分子中磷酸基团可与具有 HfO_2 层的柔性衬底形成共价键，自组装形成致密、强荧光的 SAMs 膜。该薄膜对硝基芳烃类化合物呈现猝灭型响应，且表现出高敏感性和快速响应性，对 TNT 的检出限为 1.4 ppm，蒸汽中放置 10 s 即可响应。通过乙醇溶液浸泡洗涤可使薄膜再生，实现重复利用。该工作实现了有机分子在柔性衬底表面上的化学表面自组装，从而为制备柔性传感器和开发可穿戴设备提供了借鉴。

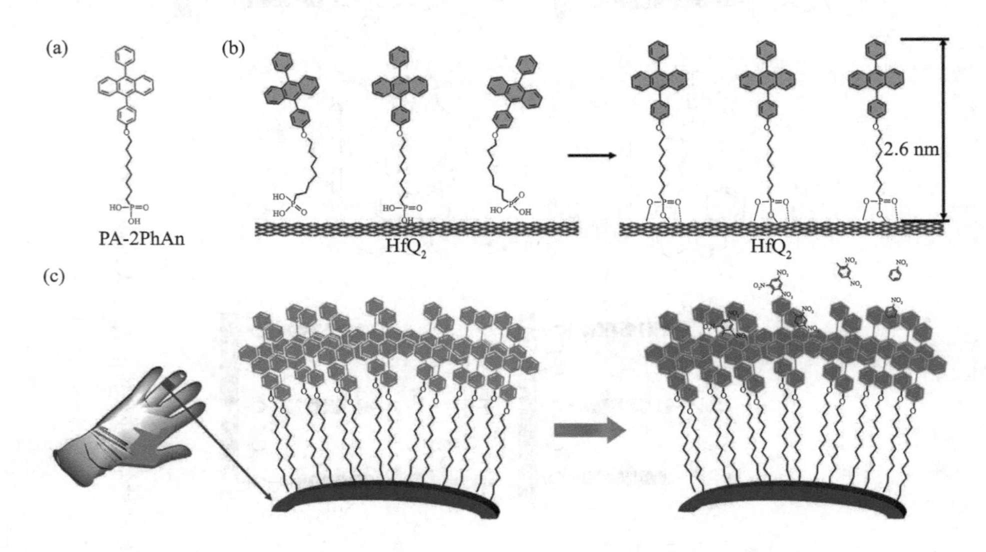

图 4-20 (a) PA-2PhAn 的分子结构；(b) HfO_2 表面吸附 PA-2PhAn 形成 SAMs 膜示意图；(c) 柔性 SAMs 传感器检测爆炸物猝灭响应示意图

Tang 等使用类似的方法在硅片担载的 Al_2O_3 表面以及光纤试纸表面制备了 AIE 活性 SAMs 膜。该工作同样以磷酸基为锚定基团，经由烷基链连接具有 AIE 活性的 TPE(四苯乙烯)以及 TPE 寡聚物。磷酸基团与硅片表面的 Al_2O_3 涂层可以形成稳定的共价键，并通过烷基链的组装作用，在基底表面形成致密的 SAMs 膜，实现 TPE 基团的高效 AIE 发光(图 4-21) [67]。这种设计综合利用了自组装膜的高灵敏度和良好的稳定性，以及共轭聚合物的高荧光活性和“分子导线效应”。该薄膜通过荧光猝灭响应可实现对痕量硝基芳烃类爆炸物的灵敏检测，并具有良好的可逆性、稳定性、选择性。试纸传感器对 TNT、DNB 和 NB 的检测限分别低至 0.07 ppm、0.35 ppm 和 4.11 ppm，而且试纸上的聚合物结构和交错构型进一步增强了荧光强度，通过低功率手持紫外灯可实现肉眼检测，为制备廉价、简便的传感器和可穿戴设备提供了可能。

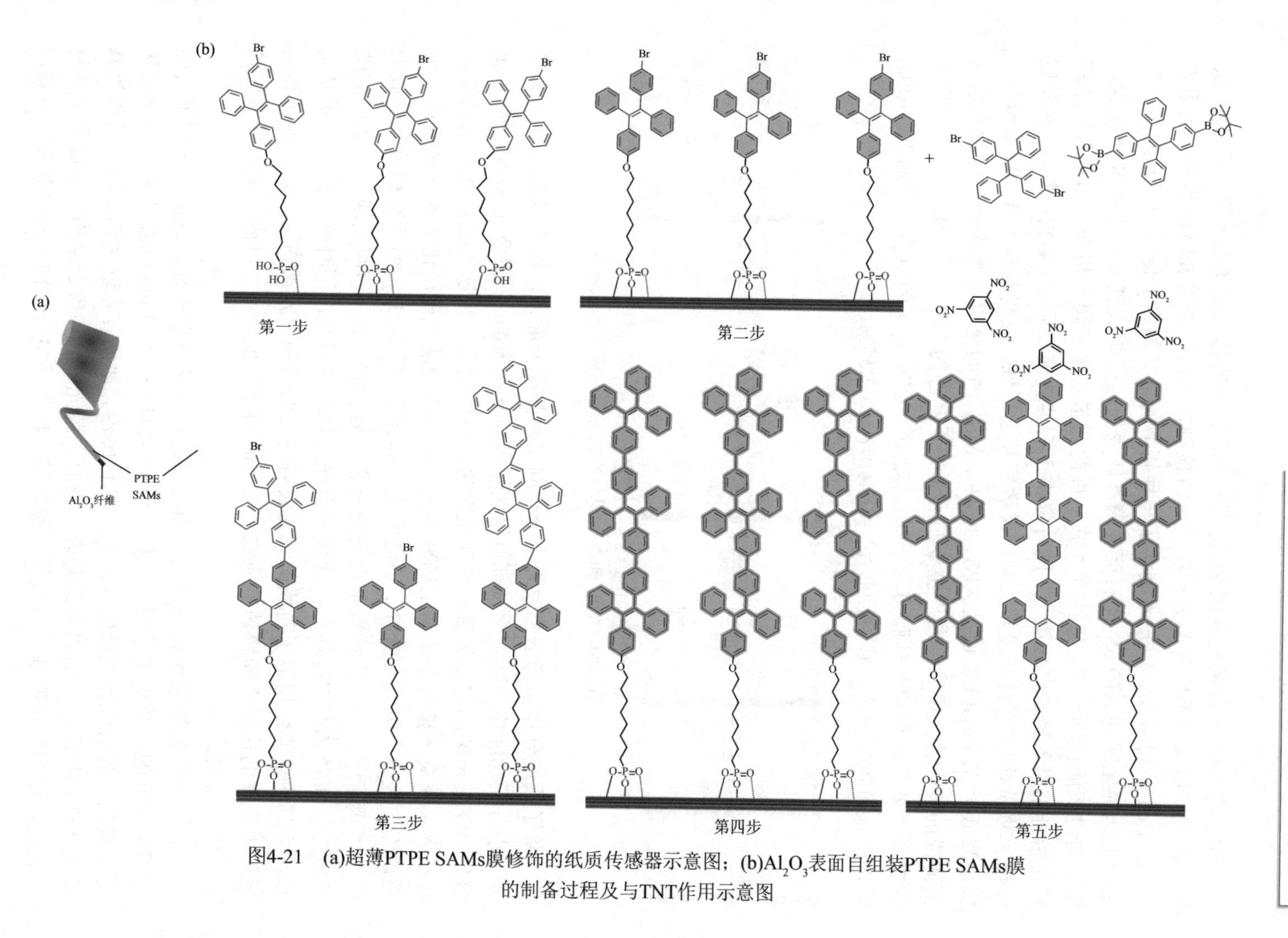

图4-21　(a)超薄PTPE SAMs膜修饰的纸质传感器示意图；(b)Al_2O_3表面自组装PTPE SAMs膜的制备过程及与TNT作用示意图

除了将小分子基荧光自组装膜广泛应用于对硝基芳烃类爆炸物的灵敏检测外，还应拓展其对不同种类分析物的灵敏检测，这也是荧光 SAMs 膜发展的重要方向。Ren 等利用 SAMs 技术制备了一种新型的可对铀离子传感的荧光薄膜。首先利用硅烷化试剂 APTES 在石英玻璃基质表面自组装成氨基末端的 SAMs 膜，然后通过表面化学反应，将具有 AIE 活性的四苯乙烯基团和螯合基团氨基甲酰基氧化膦分别引入到 SAMs 膜上，同时修饰于石英玻璃表面(图 4-22) [68]。研究发现该传感薄膜对 UO_2^{2+}具有优异的响应灵敏度和选择性，检测范围为 0～0.5 μmol/L，检出限低至 32 nmol/L。通过 XPS、NMR、MS、时间分辨荧光光谱和吸收光谱考察薄膜的荧光猝灭机制，发现主要归因于处于基态的 TPE 分子周围的 UO_2^{2+}离子的重原子效应。该荧光薄膜可用于对自来水中 UO_2^{2+}离子的检测，且通过 H_3PO_4 溶液洗涤可重复使用，检测回收率为 98.40%～102.55%。

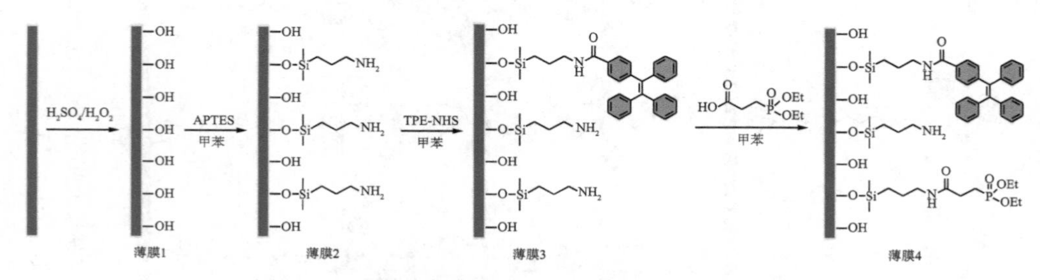

图 4-22 TPE 和氧化磷共修饰 SAMs 膜制备示意图

除了通过分步修饰法将荧光小分子固定到基质表面外，还可以通过一步法将荧光小分子功能化的硅烷化试剂自组装于固体基质表面，获得荧光 SAMs 膜。Kim 等先将氰基末端的三乙氧基硅烷化试剂进行功能衍生，依次与三乙胺和水杨醛反应引入金属离子螯合基团和水杨醛基团，然后将功能化硅烷化试剂在羟基化石英玻璃表面进行自组装，获得了功能荧光 SAMs 膜(图 4-23)，用于检测甲醇溶液中的 Zn^{2+}离子[69]。由于连接臂螯合基团与金属离子的络合，该膜展现了对 Zn^{2+}的敏感响应，随着 Zn^{2+}浓度增加，薄膜的荧光发射显著增强，同时峰位置发生明显蓝移，而其他过渡金属离子对膜的荧光没有明显的增强或猝灭作用。该薄膜对锌盐表现出良好的选择性和快速响应性，响应时间缩短至 2 min 以内，灵敏度可达到 1.7×10^{-5} mol/L。

将不同荧光敏感薄膜联用是提高传感选择性的重要途径，这就是阵列型传感器得以发展的一个重要原因。例如，Crego-Calama 和 Reinhoudt[36]利用组合化学方法得到了具有优异性能的阵列型荧光传感器。他们首先以 SAMs 技术获得氨基功能化玻璃衬底，然后以其为基础，将有关荧光单元和螯合结构化学键合于该衬底表面，得到包含氨基、酰胺基、脲基等三种不同螯合结构与丹磺酰和香豆素两种不同荧光单元的阵列型荧光化学组装膜。实验表明，利用该薄膜可以实现对 Pb^{2+} 离子的选择性识别。实验还表明，薄膜的传感性能取决于相关螯合结构和荧光单元性质的组合。

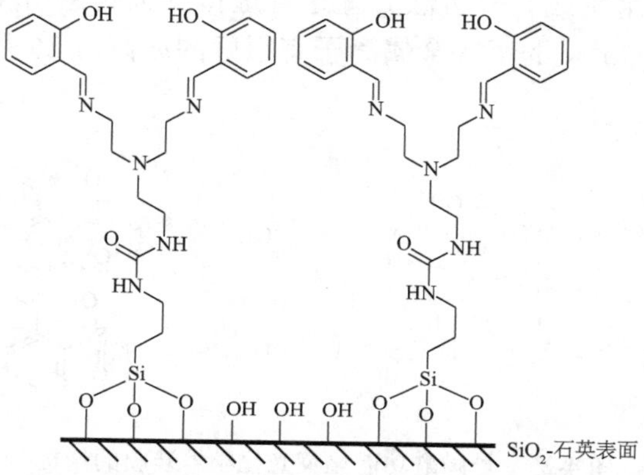

图 4-23　由功能化硅烷化试剂一步法修饰制备 SAMs 膜

受组合型阳离子传感器研究的启发，Reinhoudt 等[70]又制备了多种用于检测阴离子的荧光敏感薄膜材料。例如，在常见无机酸根阴离子传感器研究中，Reinhoudt 等以具有不同发射波长的两种罗丹明衍生物为荧光单元，将它们与如图 4-24(a) 中所示的受体基团组合制备了 10 种传感薄膜，将这些薄膜置于不同阴离子溶液中，测定其荧光强度的变化，结果示于图 4-24(b)。从图中可以看出，TM 系列薄膜对阴离子的传感效率高于 L 系列薄膜，传感性能的差异可能源于两种荧光物种在衬底表面形成了不同的化学键，一种是硫脲键，另一种则是磺酰胺键。很显然，TM 系列薄膜更适合于对阴离子的传感。

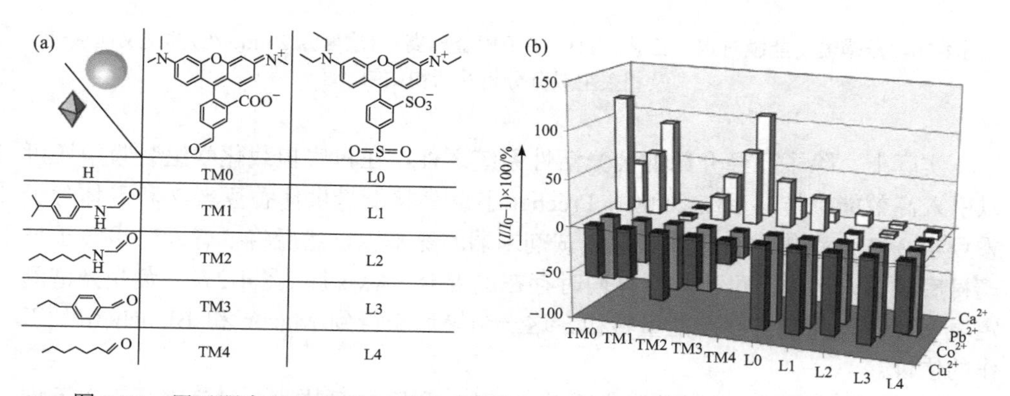

图 4-24　用于阴离子传感的 10 种传感薄膜 (a) 及各薄膜暴露于不同阳离子溶液中的相对荧光强度 (b)

笔者团队[71]利用 SAMs 技术，将丹磺酰经由末端氨基化的寡聚乙二醇化学结合到玻璃衬底表面，获得了如图 4-25 所示的荧光化学组装膜。将该膜用于水、乙腈、THF 中金属离子的检测，发现其在不同溶剂中对不同金属离子表现出不同的传感能力，利用主成分分析法处理这种虚拟阵列传感所得结果，发现该薄膜对 Cu^{2+}、Hg^{2+}、Co^{2+}、Ni^{2+}等金属离子有很好的如图 4-26 所示的选择性识别能力。

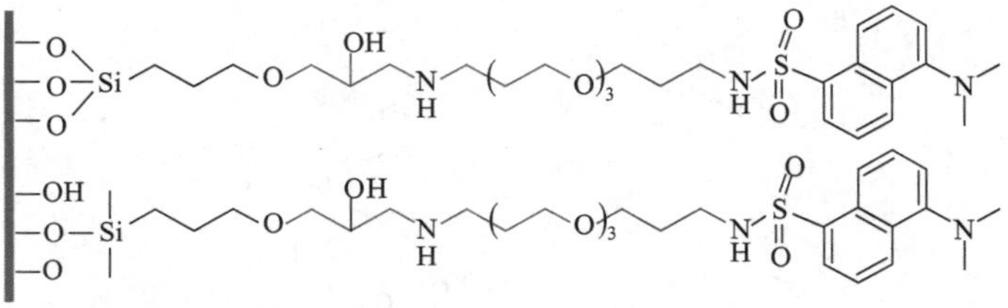

图 4-25 丹磺酰功能化荧光化学组装膜的结构

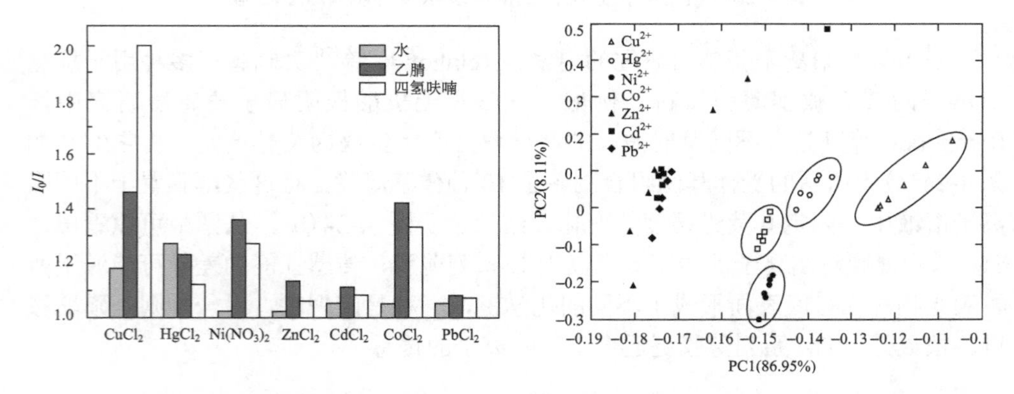

图 4-26 丹磺酰功能膜对水、乙腈、THF 中不同金属离子(浓度为 2 μmol/L)的交叉响应性及相关主成分分析法所得结果

实际上，除了已经介绍的荧光活性系统之外，在衬底担载化学组装膜中还可以引入高效能量转移系统。例如，Fréchet 小组[72]将能量供体香豆素-2 和受体分子香豆素-343 分别化学结合到硅烷化试剂末端的氨基上，然后将二者同时组装于玻璃衬底表面，形成了供体与受体同时存在的混合 SAMs 膜(图 4-27)。荧光光谱测定表明二者之间确实存在能量转移。这一结果后来得到 Mazur 和 Blanchard[73]工作的佐证。

Mazur 和 Blanchard 以苝为表面荧光探针，利用自组装法在衬底表面引入不同性质的基团，制备得到了 3 种不同的荧光薄膜。第一种是在苝周围引入长链疏水基团硬脂酸(stearic acid)，第二种是引入与芘光谱有重叠且能发生能量转移的苝，第三种是引入可以猝灭芘荧光的电子供体二茂铁(ferrocene)。后来，Blanchard 和 Fang 等[74]合作以萘和丹磺酰为能量转移对，进一步研究了表面限域条件下两者之间的能量转移行为。研究发现，当荧光探针单元与相关作用单元靠近时，膜内功能分子之间的相互作用不可避免，而且这种作用可以通过荧光光谱定量表征。

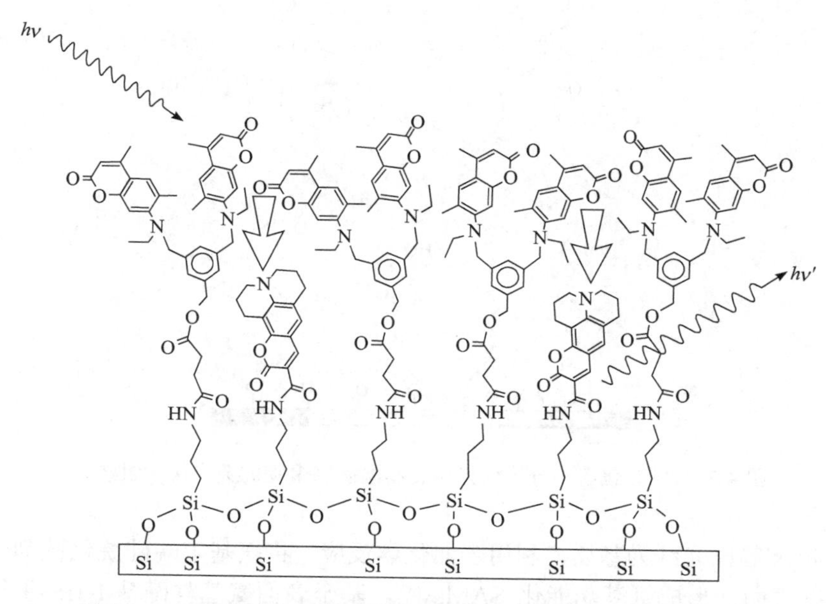

图 4-27　能量供体和受体通过自组装单层膜在衬底表面的固定化

在后来的合作中，笔者团队与 Blanchard 等[75]将温敏性的寡聚 *N*-异丙基丙烯酰胺(oligo-NIPAM)引入到传感单元芘周围，为该荧光单元提供了一个可以原位调控的微环境(图 4-28)。接触角测定表明衬底表面键合的 oligo-NIPAM 仍保持其温度敏感特性，在 25 ℃以下由于 oligo-NIPAM 的亲水性，薄膜的连接臂层屏蔽效应弱化，无机铜盐对薄膜荧光表现出明显的猝灭效应。而 35 ℃时因 oligo-NIPAM 构象的变化，薄膜表面相对疏水，无机铜盐难以靠近荧光单元，因此猝灭效率降低。由此可见，改变荧光单元的微环境可以看作改善薄膜基荧光传感性能的又一条有效途径。

Mas-Torrent 及其合作者以 ITO 为基质，经硅烷化试剂与表面羟基反应，在其表面引入环氧基末端的 SAMs 膜，并进一步通过烷氧基和氨基的化学反应，在 ITO 表面引入芘荧光团[76]。通过芘基团与多环芳烃的π-π相互作用，可以实现对平面多碳分子和非平面多碳分子的区分。当多环芳烃等平面分子接触 ITO 表面的 SAMs 膜时，由于与 SAMs 膜中的芘基团有较强的π-π相互作用，会引起传感器电阻信号的明显变化，而非平面分子由于与表面芘基团的分子间相互作用较弱，引起的电阻信号变化较小。相比之下，相同结构的芘与表面芘的π-π相互作用最强，该荧光薄膜实现了对水溶液中芘的超灵敏检测，检出限低至 1.75 ppt。

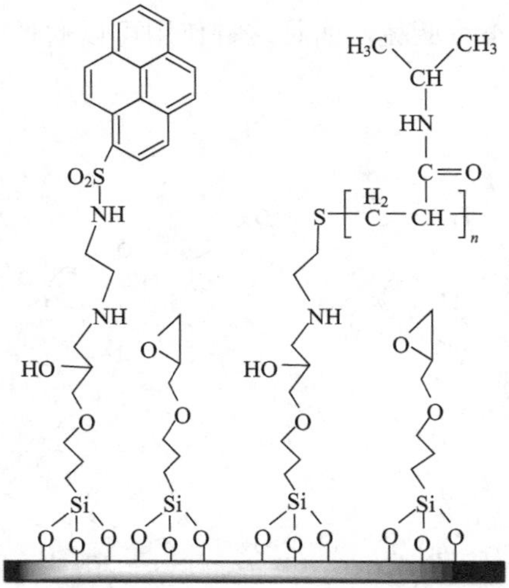

图 4-28 同时包含小分子荧光单元和温敏寡聚物的荧光化学组装膜

Goldys 等以光纤为基质，利用表面化学反应，将氨基末端硅烷化试剂化学组装在光纤表面，形成氨基功能化 SAMs 膜，基于表面氨基与磺基-NHS-生物素的反应，将生物素固定于光纤表面，然后进一步通过生物素和链霉亲和素的特异结合作用，先后将链霉亲和素和标记有抗体的抗生素固定于光纤表面，从而制成可对血清样品中白细胞介素 6(IL-6)灵敏检测的传感材料(图 4-29)[77]。该薄膜传感材料在捕获 IL-6 后，进一步结合抗体修饰的荧光磁性纳米粒子，通过检测所结合荧光纳米粒子的信号变化感知所检测样品中 IL-6 的浓度。该光纤传感材料对 IL-6 的检出限低至 0.1 pg/mL。

需要注意的是，在化学单层膜组装中，除了硅基材料外，金衬底也得到了比较普遍的使用。如在第 2 章已经述及，巯基化合物在金表面的排列比硅基表面的硅烷化试剂更加有序。为了达到密堆积，饱和烷烃链与金表面总有一个确定的夹角，巯基类型也可有多种形式(图 4-30)。这种特殊的密堆积结构使得金衬底表面化学组装膜末端功能基团总是暴露于介质中，因而传感响应速度一般都比较快。

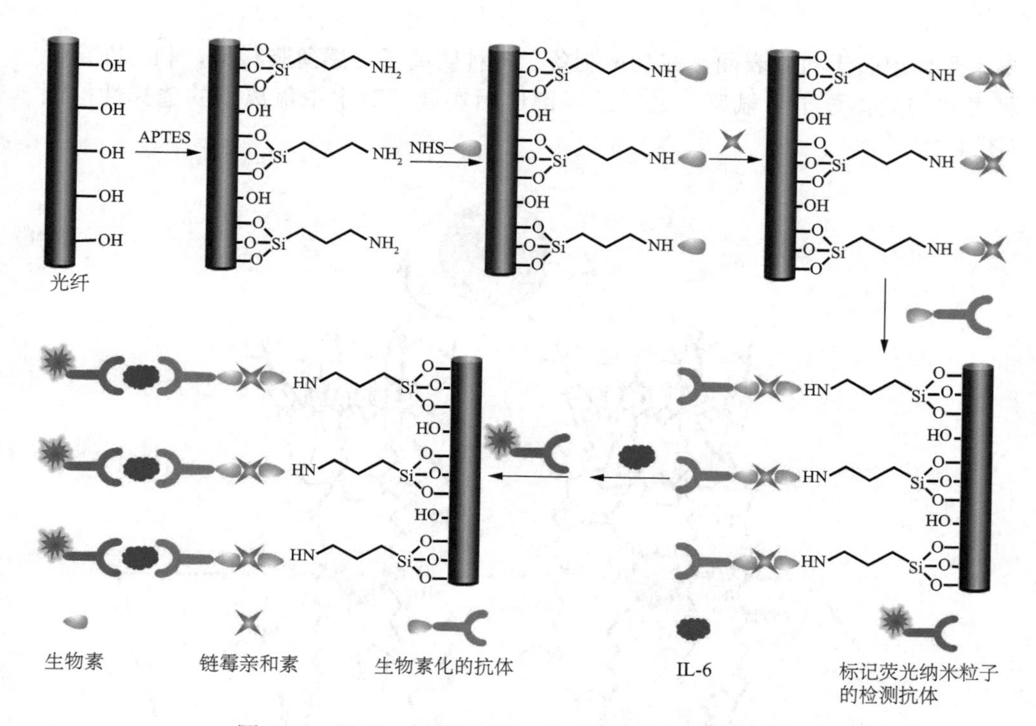

图 4-29　用于 IL-6 检测的光纤免疫传感器制备示意图

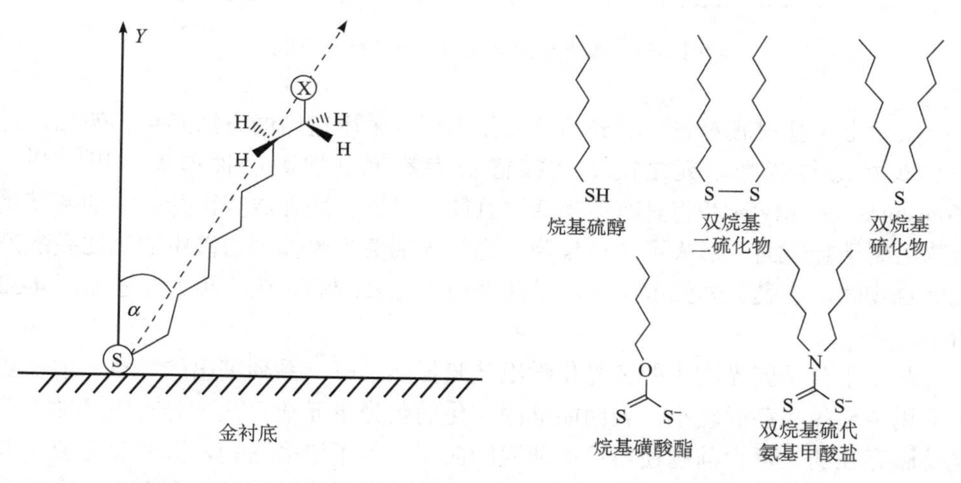

图 4-30　金衬底表面担载硫醇结构示意图和部分巯基化合物的结构

不过，对于金衬底担载薄膜的传感应用而言，由于其对荧光的猝灭作用，电化学方法、石英晶体微天平技术、循环伏安谱法及交流阻抗谱法成为最常见的信号采集方式。例如，Zhang 等[78]以交流阻抗谱作为信号传输方式，将非还原性阴离子受体组装于衬底表面，成功地制备了多种阴离子传感薄膜材料，利用固定于膜表面的受体分子与氟离子之间的氢键作用实现了对水中氟离子的选择性检测（图 4-31）。

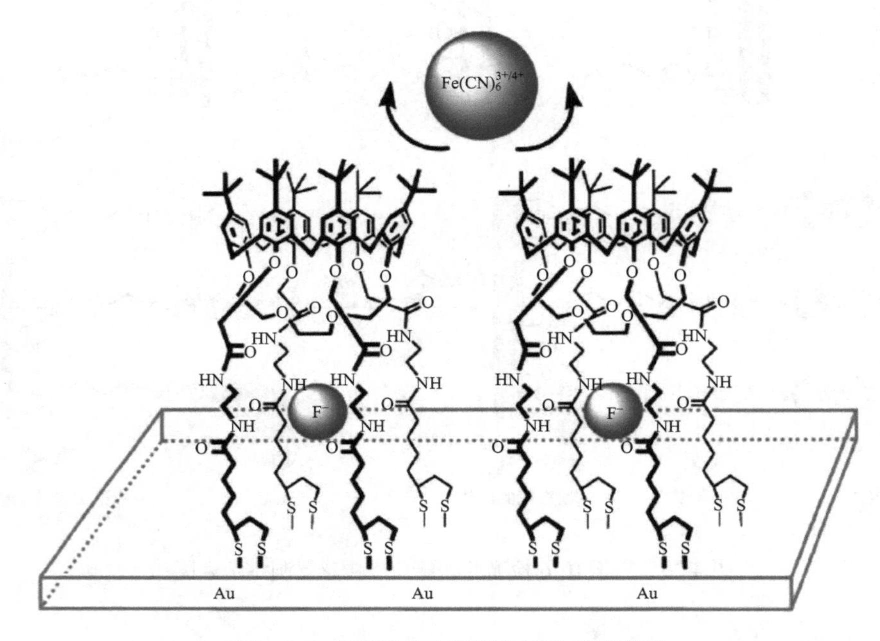

图 4-31　氟离子的交流阻抗谱传感示意图

实际上，金衬底对表面荧光的猝灭作用可以采用适当的方法避免。例如，适当加长衬底与荧光单元之间的连接臂长度就可以规避这种猝灭作用[79-81]。Motesharei 和 Myles[82]将具有荧光活性且能与巴比妥酸形成氢键缔合物的巯基化合物组装于金表面，形成了 SAMs 膜。当膜末端荧光受体与溶液中的巴比妥酸形成缔合物时，该膜荧光强度降低，以此表明巴比妥酸的存在，相关过程如图 4-32 所示。

基于小分子荧光物质的荧光化学组装膜虽然具有一系列突出的优点，但在实际应用中光吸收截面较小，表面能够固定化的荧光单元数目又十分有限，加之荧光薄膜存在的光漂白问题使得这类薄膜的应用受到了诸多限制，因此有必要引入新的思路，进一步改善荧光化学组装膜的性能。考虑到共轭荧光聚合物的一系列优点和化学组装膜的结构独特性，预期将二者结合有可能获得一些性能更加独特的新的荧光薄膜材料。事实上，在过去的十多年里，人们在这一方面已经做了一些努力，并取得了令人鼓舞的结果。

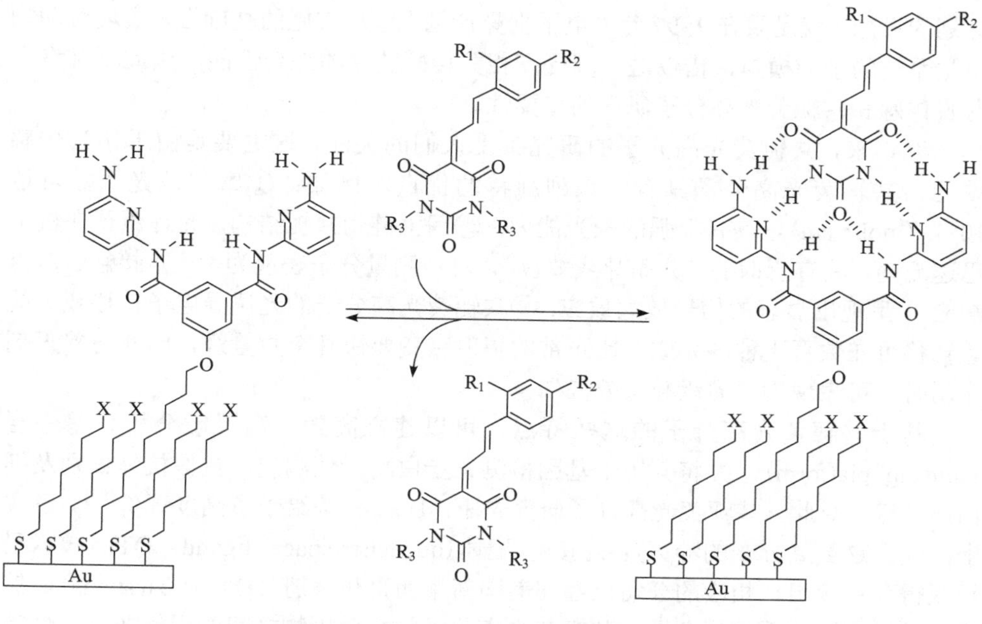

图 4-32　基于氢键作用的荧光 SAMs 膜对巴比妥酸衍生物的分子识别

4.3　共轭高分子基荧光化学组装膜

众所周知，多年前美国科学家 Axel 和 Buck 领导的小组分别发现了人类嗅觉系统的结构，揭示了人类如何辨认和记忆多达 1 万种气味分子的秘密，并因此获得了 2004 年度诺贝尔生理学或医学奖。

据报道，人类的味觉系统与嗅觉系统具有相似的结构。对人类嗅觉系统和味觉系统结构和工作原理的认识刺激了人们对薄膜传感器的研究。特别是近年来，随反恐、反化学生物武器、非金属地雷探测、环境质量监测等需求的增加，世界各国对各类高性能薄膜传感器的研究越来越重视。“电子鼻”(E-nose)的研究已被纳入多个国家的科学研究计划。例如，从 20 世纪 90 年代后期开始，Nomadics 公司承担了美国国防部高级研究计划局(DARPA)资助的“电子狗鼻计划”(Electronic Dog's Nose Program)，成功地设计制作了一种灵敏度高、结构紧凑、成本相对低廉的微痕量爆炸物探测装置并已经上市使用。这套装置的核心是薄膜传感器件，而器件的基础则是麻省理工学院(MIT)的 Swager 教授等研制的基于共轭荧光高分子的荧光敏感薄膜，这实际上是对动物嗅觉系统的简单模拟。

2007 年，DARPA 又启动了著名的“真鼻计划”(Real Nose Program)。按该

计划的设想，就是要在 1997 年“电子狗鼻计划”成功实施的基础上，实现对动物嗅觉系统的全面模拟，借以进一步提高相关传感装置的综合性能。由此不难看出薄膜传感和共轭荧光高分子研究的重要性。

近年来，共轭荧光高分子的研究备受人们的关注，这主要是由于作为传感单元，共轭荧光高分子具有一系列独特的优点，例如：①摩尔消光系数可达 10^6 L/(mol·cm)，具有很强的采光能力；②因主链为共轭结构，允许激子在链上迅速流动，具有所谓的“分子导线效应”，对被测量分子表现为“一点接触、多点响应”，呈现出显著的信号放大效应；③共轭荧光高分子的光诱导电子转移或者能量转移可在数百飞秒内完成，比正常的辐射衰变要快几个数量级，因此与猝灭剂作用时，可表现为“超级猝灭效应”。

基于共轭荧光高分子的这些特点，可以建立高效、高灵敏分析传感平台(sensing platform)，并将其用于基因检测、蛋白酶活性测定、抗原抗体识别及细菌测定等。对此，共轭荧光高分子研究先驱，Heeger 等给予了高度评价[83]。事实上，基于这类高分子的猝灭剂-连接臂-配体(quencher-spacer-ligand，QTL)技术已经获得商业应用，相应的公司已经在美国新墨西哥州注册(QTL Biosystems)。然而，基于实际体系的复杂性、共轭荧光高分子与待分析物之间作用的非专一性等原因，多数基于共轭荧光高分子的传感器还难以进入实际应用。因此，如何将生物分子的结合专一性与共轭荧光高分子的超级灵敏性结合起来，形成新的、富有创意的传感器设计策略还需要不懈的努力。为此，Fan、Plaxco 和 Heeger 对此做了专门评述[84]。

需要指出的是，基于共轭高分子的荧光传感器不但在分子态(分子器件)表现出突出的传感性能，一些已经转移或固定到固体表面的共轭荧光高分子也表现出优异的传感性能。例如，MIT 的 Swager 小组[85]的工作就表明，利用共轭高分子薄膜可以实现对硝基芳烃类爆炸物的超灵敏荧光检测。随后该小组[86]通过在共轭荧光高分子侧链引入强拉电子基团将富电子共轭荧光高分子改造为缺电子共轭高分子，又实现了对气相中酚类和吲哚类富电子化合物的检测。由此可见，基于共轭高分子的荧光传感无论是在溶液检测还是在气相检测，无论是以单分子形式(均相传感)使用，还是以固体衬底担载使用都表现出突出的发展潜力和应用前景。

毋庸置疑，将共轭高分子固定于衬底表面，实现传感器薄膜化或者颗粒化是解决其重复使用、阵列化、芯片化的关键所在，这也构成了共轭高分子荧光传感应用的一个重要研究方向。然而，就共轭荧光高分子的衬底表面固定化来讲，文献报道的主要是通过第 3 章所介绍的旋涂、LBL 组装以及 LB 膜等物理方法获得，以共价键结合的研究文献报道的甚少。

考虑到稳定性和通透性对薄膜传感的重要性，笔者提出将多环芳烃类荧光小分子化学单层组装于固体衬底表面，借以得到传感单元直接暴露于待检测体系的传感薄膜材料。利用这一思想很好地解决了传感薄膜研究中的这两个突出问题，实现了对一系列溶液成分和气相组分的无试剂、无污染检测。其他学者的工作也进一步证实了这一策略的有效性。

很显然，将共轭荧光高分子化学单层组装于衬底表面是实现薄膜、颗粒荧光传感器超灵敏化，解决物理结合固体荧光传感器稳定性和通透性的有效途径，同时，也必将有助于共轭高分子荧光传感器的阵列化和芯片化。

理论上，共轭高分子或其寡聚物在衬底表面的固定化和荧光小分子应该大同小异。然而，相对于荧光小分子，共轭高分子体积大，待检测物质分子在共轭高分子链所形成的薄膜中的扩散相对困难，因而要获得高质量的表面修饰材料就需要更加仔细地选择固定化策略。事实上，至少有所谓的接入(graft to)和生长(graft from)两种策略可供选择。前者是指利用有机反应在拟固定共轭高分子或寡聚物的一端引入反应性基团，然后再将其按某种特定反应方式嫁接到预先活化的衬底表面。后者则是首先将适当的引发剂化学键合到衬底表面，然后在单体溶液中引发聚合反应，最后经过抽提等后续处理得到表面修饰单层膜(图 4-33)。在拟固定化共轭高分子或寡聚物分子量比较大时，后一种方法显得更加有效。这主要是因为单体分子体积小，扩散相对容易，反应易在表面上进行，有利于得到高(面)密度修饰材料。实际上，还可以利用共轭高分子或其寡聚物的侧链或者侧位活性基团实现固定化，得到 SAMs 膜。

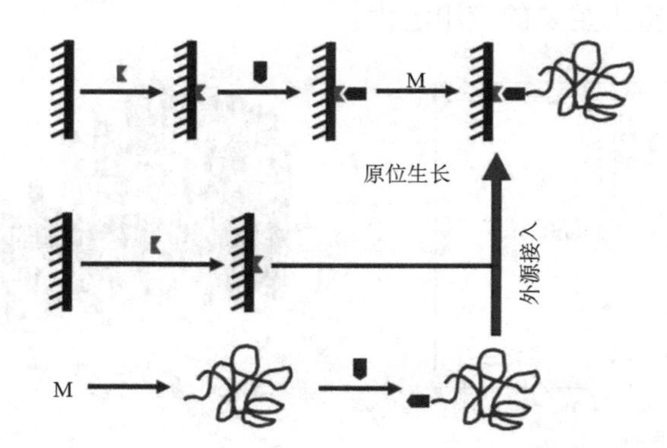

图 4-33　高分子基 SAMs 膜接入和生长制备方式示意图

几年前，笔者团队[87]将无机共轭寡聚物寡聚二苯基硅烷通过“graft to”的办法嫁接到玻璃衬底表面，由此获得了 SAMs 薄膜(图 4-34)。实验表明，该薄膜的荧光发射在气相对各种 NACs 的存在极其敏感。就 TNT 而言，7 s 内猝灭效率就可达到 70%以上[图 4-35(a)]。其他常见有机溶剂、果汁和臭氧等的存在对传感过程几乎没有影响[图 4-35(b)]。此外，传感过程完全可逆。总体性能比基于小分子荧光物质的敏感薄膜要优越得多。

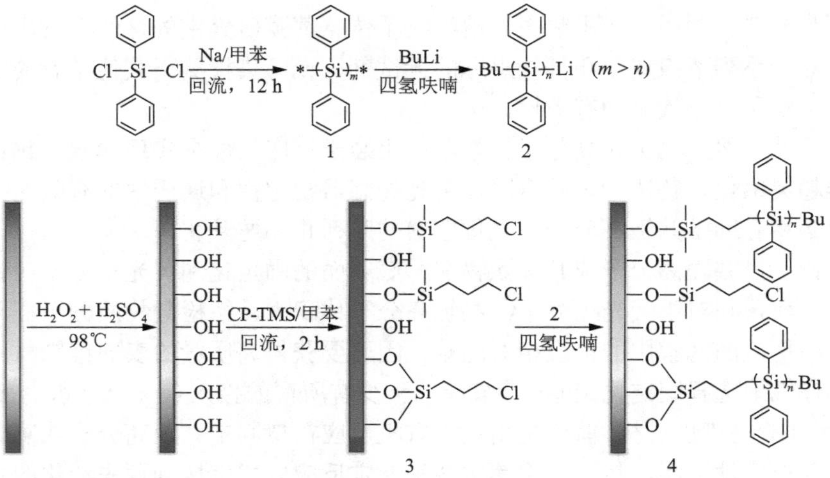

Cl—Si—Cl —Na/甲苯，回流，12 h→ *—(Si)$_m$—* —BuLi，四氢呋喃→ Bu—(Si)$_n$—Li ($m > n$)

1 2

—OH —OH —OH —OH —OH —OH —OH

$H_2O_2 + H_2SO_4$，98℃

CP-TMS/甲苯，回流，2 h

—O—Si—Cl —OH —O—Si—Cl —OH —O—Si—Cl

3

2，四氢呋喃

—O—Si—(Si)$_n$—Bu —OH —O—Si—Cl —OH —O—Si—(Si)$_n$—Bu

4

图 4-34 寡聚二苯基硅烷 SAMs 膜结构及其“graft to”制备过程示意图

后来的研究还表明[88]，该薄膜还可用于水相硝基苯的高选择性、高灵敏度可逆检测。其他 NACs、苯、甲苯、乙醇、甲醇等有机溶剂的存在几乎不干扰整个测定过程。薄膜对硝基苯的检出限可达 1.5×10^{-10} mol/L，是当时报道的所有方法中最好的结果。考虑到硝基苯是重要的化学工业原料，对水体的污染时有发生，因此这一方法有着极为重要的应用潜力。

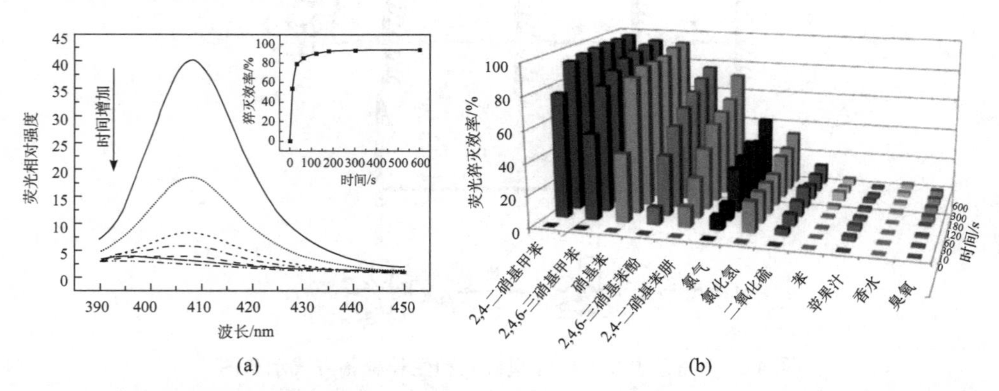

图 4-35 寡聚二苯基硅烷膜对 TNT 的传感(a)及其对其他常见 NACs 和干扰物的荧光响应时间依赖性(b)

Wang 等利用类似的方法制备了共轭聚合物修饰的荧光 SAMs 膜，并应用于对硝基芳烃类化合物的检测[89]。该工作同样使用 3-氯丙基三甲氧基硅烷对活化硅片进行预处理，形成氯末端反应性 SAMs 膜，进一步通过叠氮化钠饱和溶液处理，得到表面带有叠氮基团的反应活性硅片，然后再与末端携带炔基和 I 基的聚合单体反应，制得共轭聚合物修饰的荧光 SAMs 膜(图 4-36)。与自旋涂层膜相比，该膜对 2,4-二硝基甲苯、2,4,6-三硝基甲苯和苦味酸等硝基芳烃类化合物具有更灵敏的猝灭响应，检测限可分别达至 6.9 ng/g、9.1 ng/g 和 20.6 ng/g。

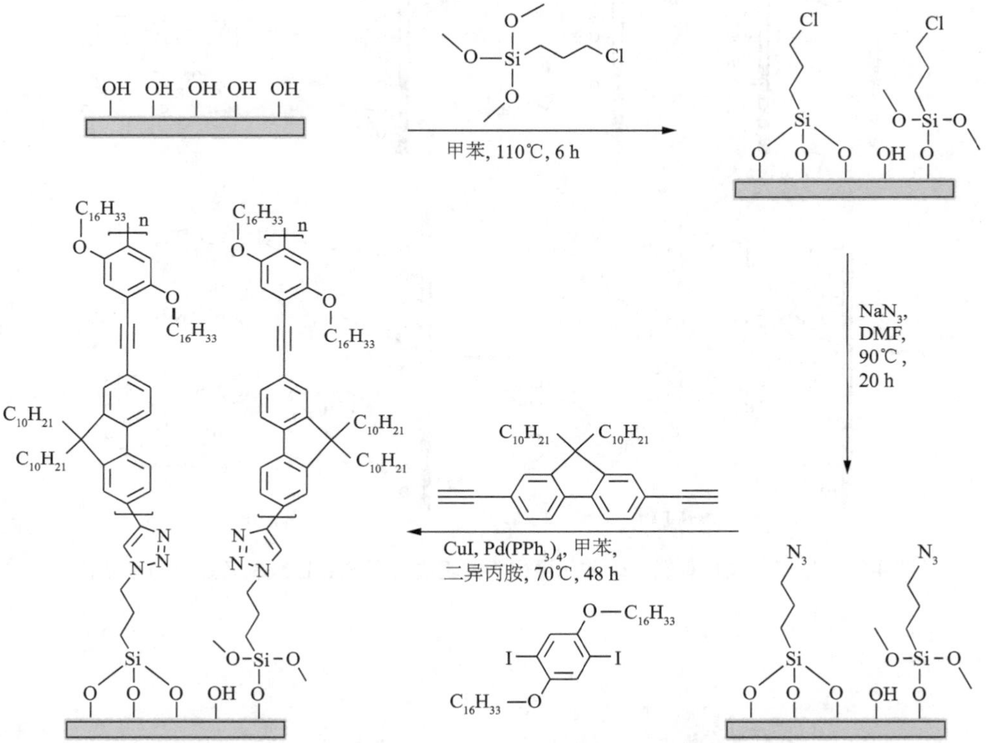

图 4-36　经点击反应制备共轭聚合物修饰的 SAMs 膜示意图

Wang 和 Tong 及其合作者[90]以"graft to"的方式制备了如图 4-37 所示的两种具有不同亲疏水性的聚戊类高分子 SAMs 膜，研究了这两种薄膜在 THF 和水相中的荧光行为及其对金属离子的传感。实验发现薄膜荧光行为与相应共轭高分子在溶液态时的行为几乎无异。但无论是在有机相还是在水相，薄膜荧光都对 Fe^{3+}的存在十分敏感，在 THF 中的检出限可达 8.4 ppb，在水相则达 0.14 ppm，而且通过氨水洗涤就会使薄膜荧光性能得到完全恢复[图 4-38(a)]，由此可以实现薄膜的重复使用。此外，其他常见金属离子的存在几乎不干扰这一传感过程。更为有意思的是，与物理旋涂膜相比较，化学组装膜对 Fe^{3+}的传感速度更快，传感灵敏度至少可以高出 1 个数量级，再次说明了化学组装膜在传感上的突出优势。

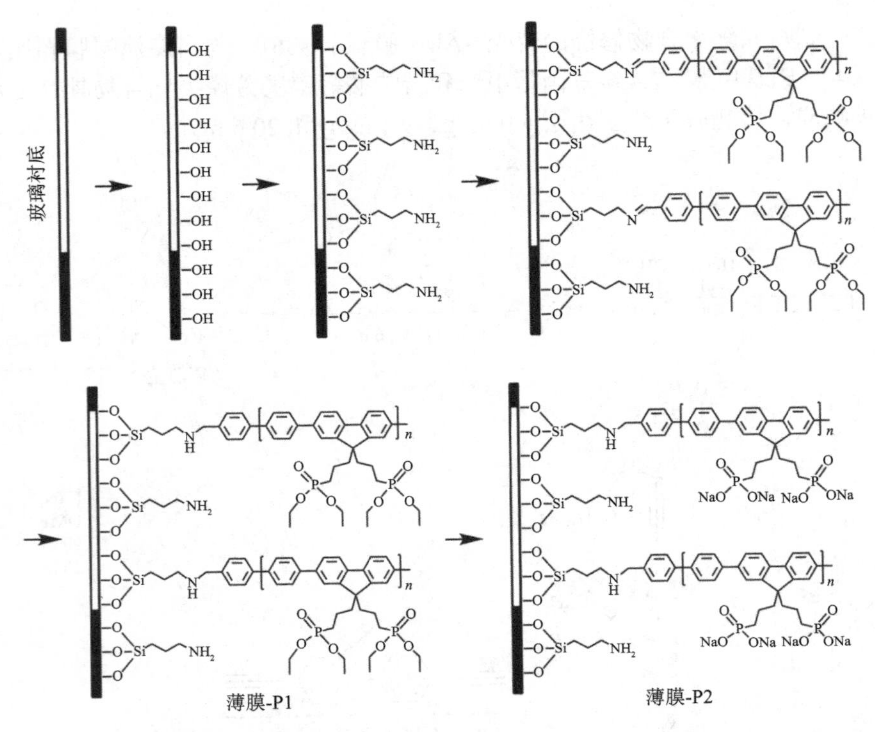

图 4-37　玻璃衬底担载侧链磷酸化聚戊类共轭高分子 SAMs 膜制备过程与膜结构

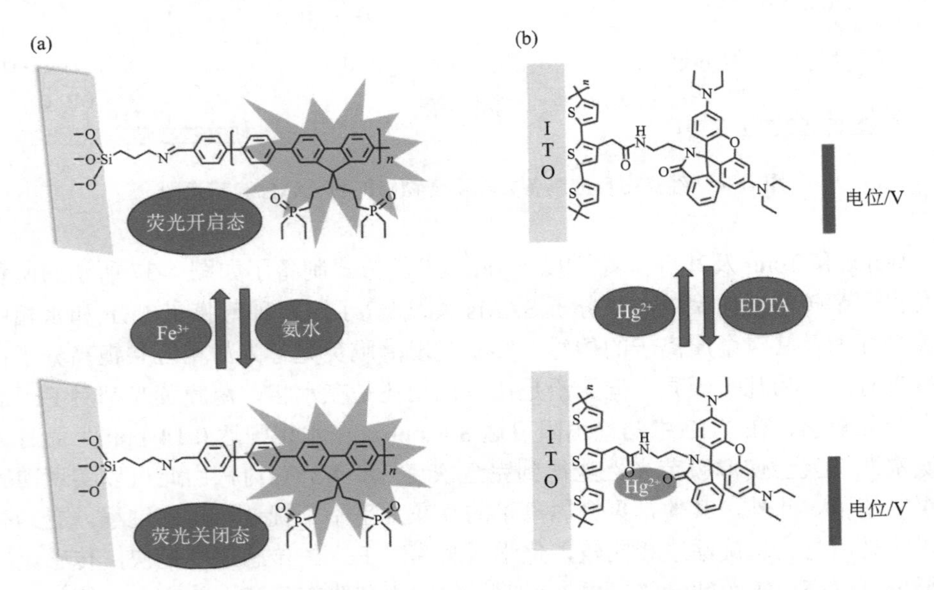

图 4-38　(a) 玻璃担载的聚戊类共轭高分子 SAMs 膜对 Fe^{3+}的可逆传感；(b) ITO 玻璃担载侧链功能化聚噻吩薄膜及其对 Hg^{2+}的可逆传感

类似的策略也被用于电化学分析。例如，Kaewtong 及其合作者[91]将罗丹明化学结合于聚噻吩的侧位，然后将聚噻吩固定于 ITO 玻璃表面获得了一种电化学活性电极材料[图 4-38(b)]，实现了对水相 Hg^{2+}的选择性灵敏测定，最低检出限达到 0.10 μmol/L，薄膜响应时间只有 30 s。经 EDTA 简单洗涤就可使薄膜获得再生，从而实现了薄膜的重复利用。遗憾的是，Kaewtong 等只是考察了薄膜的电化学行为，并未对这一薄膜的荧光行为及其荧光信号随金属离子的结合而发生的变化进行研究。相信相关过程必然伴随薄膜荧光信号的变化。

多年前，Kim 和 Ahn 及其合作者[92]以图案化表面醛基修饰玻璃为衬底，将可聚合间二炔衍生物 PCDA-EDEA 和 PCDA-EDA(图 4-39)的 1∶1 混合物在水相形成的囊泡组装于该衬底表面，经过辐照聚合，得到如图 4-40 所示的共轭聚合物阵列。有趣的是，该阵列可因加热或者与环糊精的主客体作用而产生荧光(图 4-41)。笔者预期这种与现有微印刷技术完全兼容的图案化材料将应用于化学传感等领域。

Wang 及其合作者[93]利用 SAMs 技术将一种聚戊衍生物化学单层组装于玻璃衬底表面，获得了一种荧光化学组装膜。与此同时，Wang 等还结合微印刷技术，以类似的策略获得了阵列型荧光化学组装膜。传感研究表明，相比于溶液态，两种薄膜对 Cu^{2+}表现出更高的传感灵敏度和选择性，而且经由 EDTA 等络合剂洗涤，薄膜可以得到再生，从而实现了薄膜的重复使用。

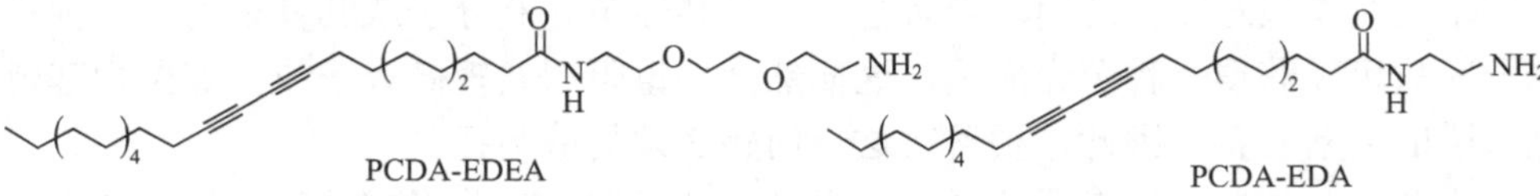

PCDA-EDEA　　PCDA-EDA

图 4-39　可聚合间二炔衍生物 PCDA-EDEA 和 PCDA-EDA 的结构

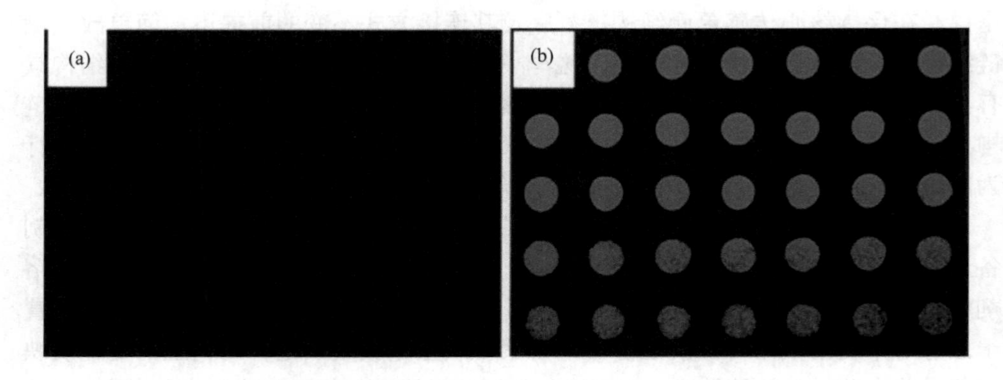

图 4-40　玻璃衬底表面化学组装囊泡阵列结构(a)及其热致荧光行为(b)

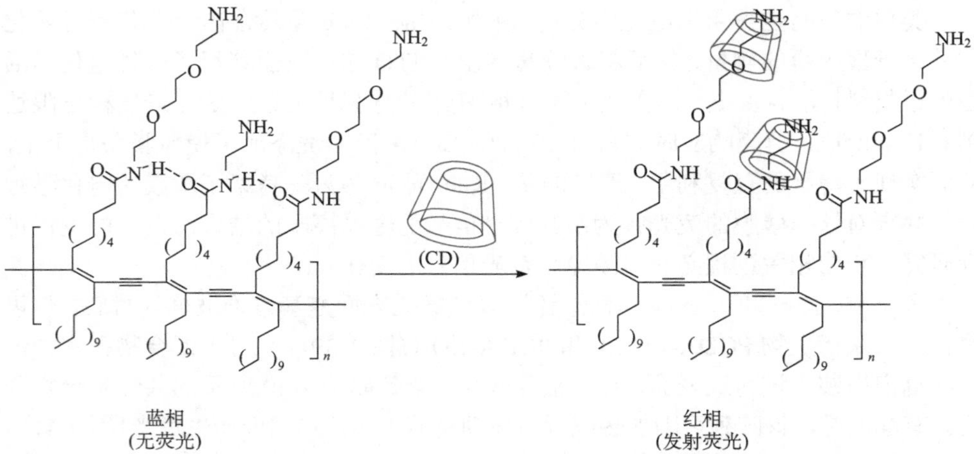

蓝相
(无荧光)

红相
(发射荧光)

图 4-41　聚合态 PCDA-EDEA 的环糊精(CD)诱导荧光发射的可能机理

需要注意的是，当以共轭高分子或其寡聚物作为表面修饰单元时，其刚性结构和制备时的无水无氧要求决定了将其用于 SAMs 膜制备时将出现一些小分子基 SAMs 膜制备中所不曾遇到的困难。例如，在小分子基 SAMs 膜制备中经常用到的通过改变连接臂结构获得新的荧光薄膜的策略在以共轭高分子或其寡聚物作为传感单元时将很难获得应用。换言之，一种共轭荧光高分子或其寡聚物与一种衬底一般只可以获得一种荧光薄膜，这显然会严重阻碍共轭高分子或其寡聚物基荧光薄膜的创新制备。因此，要解决这一问题必须另辟蹊径。

为此，几年前，笔者团队提出并尝试在共轭荧光高分子或其寡聚物侧链引入相关结构，利用其结构和性质对微环境的依赖性获得不同的荧光敏感薄膜。也就是说，在保持核心传感单元结构、衬底及其连接方式不变的前提下，简单改变侧链结构就可以获得新的荧光薄膜，这与小分子基薄膜中改变连接臂获得新结构具有异曲同工之妙。例如，笔者团队[94]在聚苯炔侧链引入柔性疏水长链，这些长链构象的变化必然会引起衬底表面固定化聚合物聚集结构的变化，从而导致荧光行为的改变，由此可以判断薄膜表面微环境的变化。

图 4-42 示意出了衬底表面化学单层组装侧链携带长链烷烃的聚苯炔膜的制备过程及其侧链结构对微环境的响应性。可以想象，当将此膜置于 THF 等良好溶剂中时，侧链烷烃必然呈现舒展构象，相邻聚苯炔主链相互“远离”；反之将其置于乙醇等不良溶剂中时，烷烃链收缩，聚苯炔主链簇集。这种结构上的变化反映在薄膜荧光发射上就是长波无结构峰包与短波锐锋发射相对强度的变化(图 4-43)。利用这种侧链构象变化对薄膜荧光光谱的影响可以设计制备大气环境中有机溶剂污染检测用荧光传感薄膜。不难理解，这种材料用于大气环境 VOCs 检测时应该

具有很好的敏感可逆性，对水相疏水性有机污染物也将具有独特的富集作用和传感响应的敏感性。

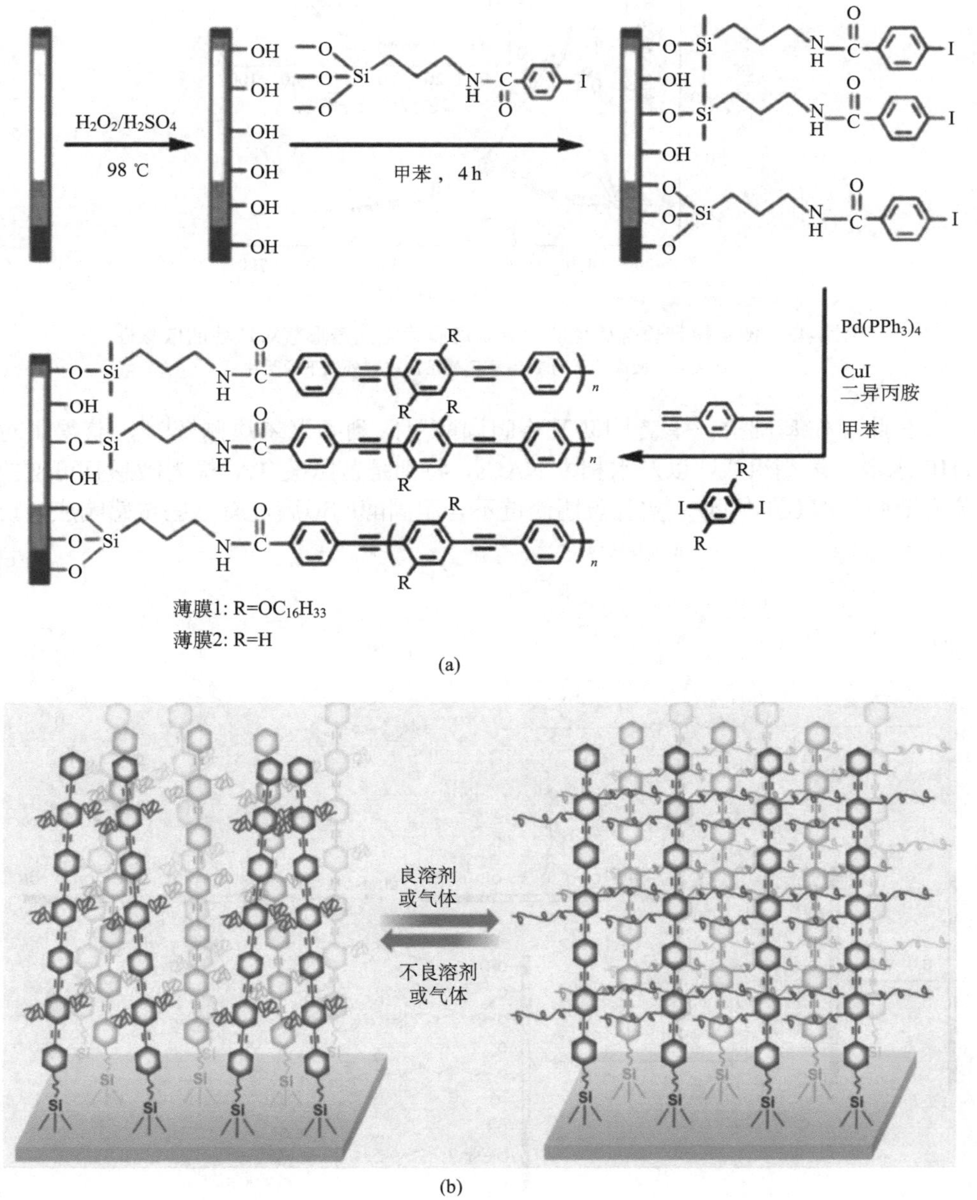

H_2O_2/H_2SO_4

98 ℃

甲苯，4 h

$Pd(PPh_3)_4$

CuI

二异丙胺

甲苯

薄膜1: $R=OC_{16}H_{33}$

薄膜2: R=H

(a)

良溶剂

或气体

不良溶剂

或气体

(b)

图 4-42　衬底表面化学单层组装侧链携带长链烷烃的聚苯炔膜的制备过程(a)及其侧链结构对微环境的响应性(b)

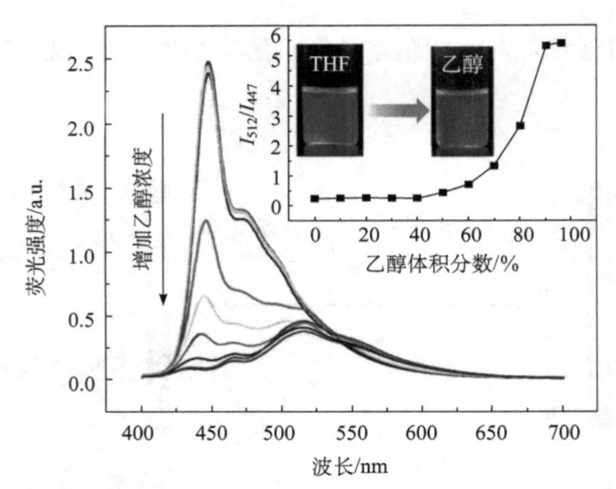

图 4-43 侧链携带长链烷烃的聚苯炔薄膜荧光光谱形貌对环境的依赖性

插图为相应高分子的 THF 和乙醇溶液在紫外光下的照片

在此工作基础上，笔者团队又将胆固醇引入到寡聚苯炔侧链[95]，获得了对 THF-水混合溶剂组成，以及水相中 NACs，特别是苦味酸(PA)极为敏感且可逆的荧光薄膜材料(图 4-44)。实验表明侧链不含胆固醇的薄膜没有这些传感响应，说

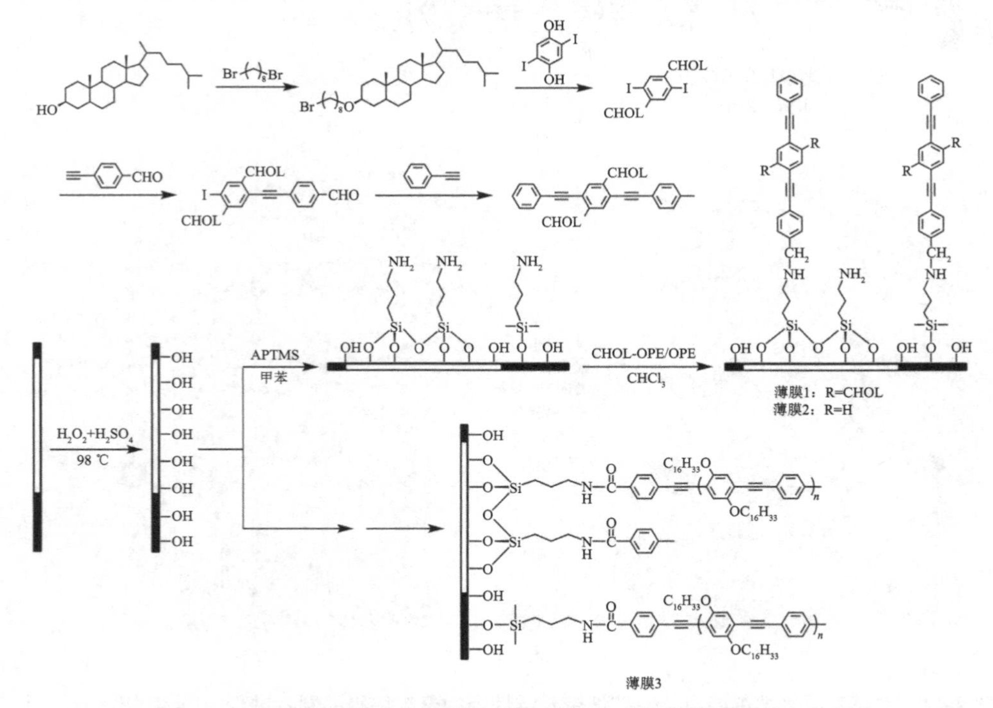

图 4-44 侧链胆固醇修饰聚苯炔薄膜及两种对照薄膜的制备与结构

CHOL 表示胆固醇；OPE 表示二苯炔

明了胆固醇存在的重要性。薄膜对 PA 的特异响应性被归因于寡聚苯炔与衬底表面亚氨基的存在，其与 PA 羧基的质子转移有可能使得 PA 能够富集于薄膜层，因而表现出特别的传感灵敏度。薄膜再生通过稀氨水洗涤实现。薄膜对铜盐等无机盐猝灭剂的传感惰性被归因于薄膜在水相时的压缩疏水结构(图 4-45)，这种结构屏蔽了极性猝灭剂，使其无法接近荧光单元，因而不能猝灭薄膜荧光，再次证明了连接臂层屏蔽效应的存在。

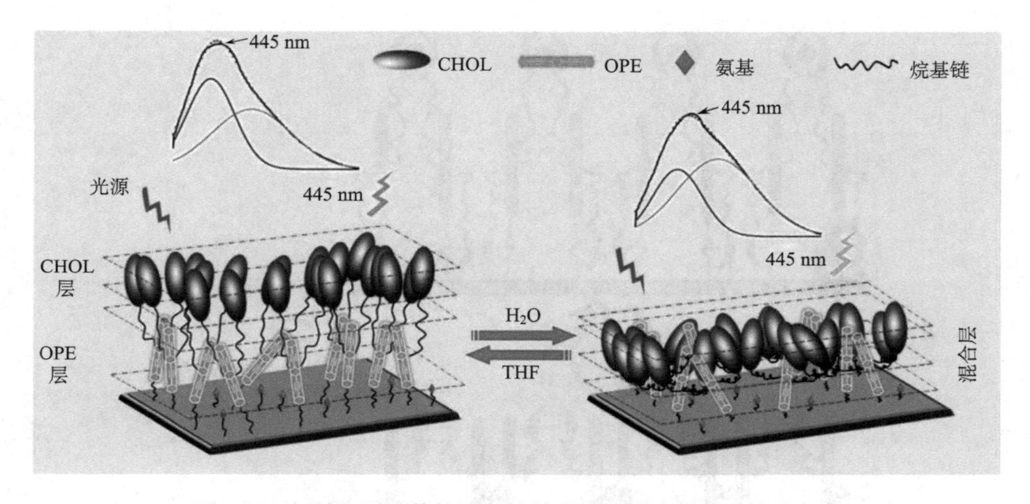

图 4-45　侧链胆固醇修饰聚苯炔薄膜结构的溶剂响应性示意图

随后，笔者团队又将具有亲水α面和疏水β面的胆酸引入寡聚苯炔侧位，以类似的方法获得一种荧光薄膜材料(图 4-46)[96]。实验发现，该薄膜在水相和丙酮中呈现完全不同的荧光及对无机酸和有机羧酸不同的传感行为。具体来讲，在水相

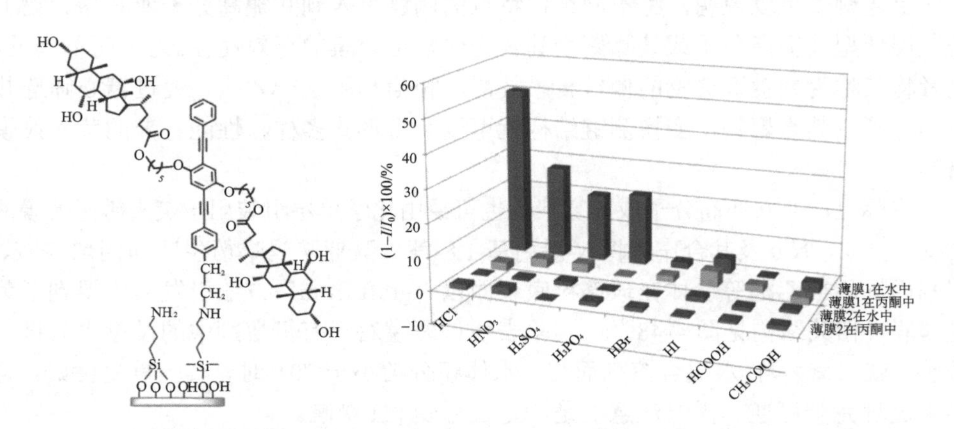

图 4-46　侧链胆酸修饰聚苯炔薄膜的结构及其在不同溶剂对不同酸的传感结果

时薄膜荧光完全不受所考察无机酸和有机羧酸的影响，然而在丙酮中时，无机酸，特别是 HCl 对薄膜荧光有显著的猝灭作用，而有机羧酸则没有任何响应。这一结果被归因于有机羧酸与本体溶剂良好的相容性，而无机酸因与有机溶剂的不相容性而在薄膜表面富集，加之侧链胆酸α面二聚形成的极性微区可能与 HCl 有比较匹配的几何结构，最终使得薄膜荧光对 HCl 表现出特别的响应性（图 4-47）。此外，实验表明不含这种侧链结构的对照薄膜没有传感特性。

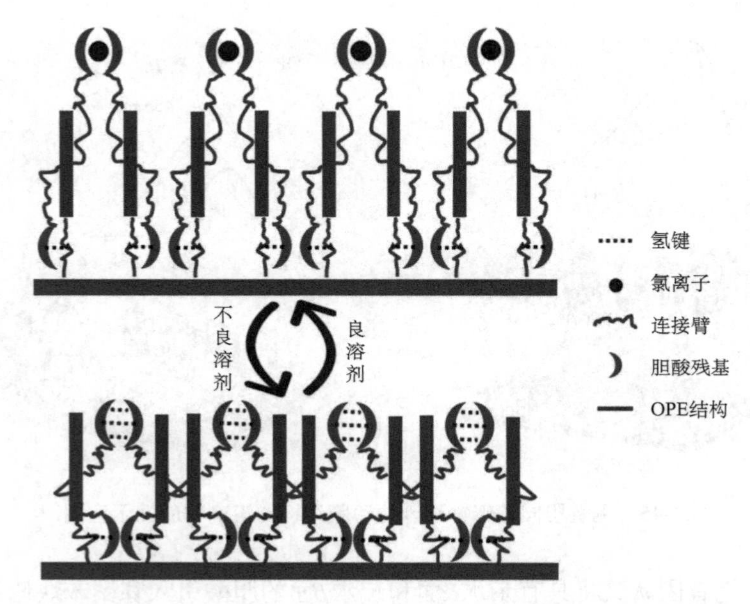

图 4-47 侧链胆酸修饰聚苯炔薄膜对丙酮中 HCl 选择性传感的可能机理

上述例子足以说明，将不同结构特点的侧链引入到共轭高分子或其寡聚物上是发展新型共轭高分子或其寡聚物基荧光化学组装膜的有效途径。为了简单起见，笔者将其称为共轭寡聚物的侧链构象效应。相信利用这一效应，经过精心筛选共轭高分子或其寡聚物，变换侧链结构就可以获得形式多样、性能各异的荧光薄膜材料。

实际上，非共轭高分子或其寡聚物也可经由化学单层组装用于荧光敏感薄膜的创制。例如，Niu 及其合作者将 *N*-烯丙基-1,8-萘二酰亚胺吗啉衍生物与丙烯酰胺、甲基丙烯酸羟乙酯等单体在玻璃衬底表面以“graft from”方法引发共聚得到了荧光薄膜，相关结构见图 4-48[97]。实验表明该薄膜对于有机溶剂中的微量水分极其敏感。就二氧六环-水混合溶剂而言，水体积分数小于 70%时，实验重复性好，且测定过程完全可逆。需要注意的是测定过程受 pH 影响。

Melucci 等[98]利用表面分子工程和微波辐射技术，将吡啶封端三聚噻吩组装于石英或单晶硅表面，得到末端功能化荧光敏感薄膜(图 4-49)。研究发现，通过末端吡啶质子化可以调制薄膜的荧光性质。具体来讲，在中性水中以 360 nm 激发薄膜，可以得到最大发射波长位于 480 nm 的荧光光谱，当溶液 pH 降至 5 时，其最大荧光发射峰红移至 510 nm，进一步降低 pH 至 1，最大荧光发射峰可以红移至 580 nm，变化过程可由肉眼观察。经三乙胺处理，薄膜荧光可恢复至初态，依此可实现对介质 pH 的快速、灵敏、可逆检测。更为有意思的是，将吡啶封端三聚噻吩溶于水相，通过改变体系酸度，可以实现可见光范围的全程发光，甚至获得白光。这一结果打破了只能由多个发色团联合使用才能获得白光材料的传统设计。

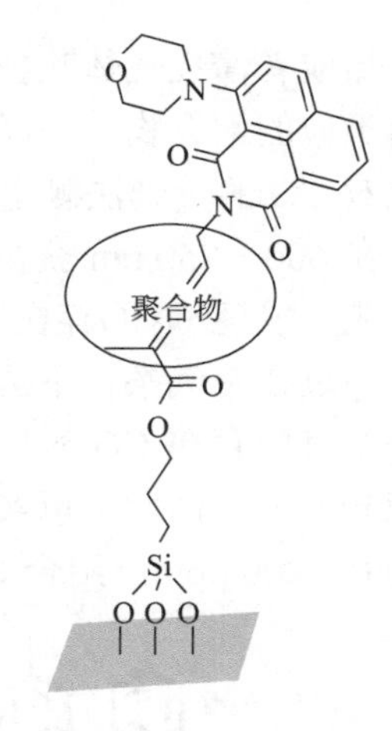

图 4-48　高分子介导 *N*-烯丙基-1,8-萘二酰亚胺吗啉衍生物的玻璃衬底表面化学组装

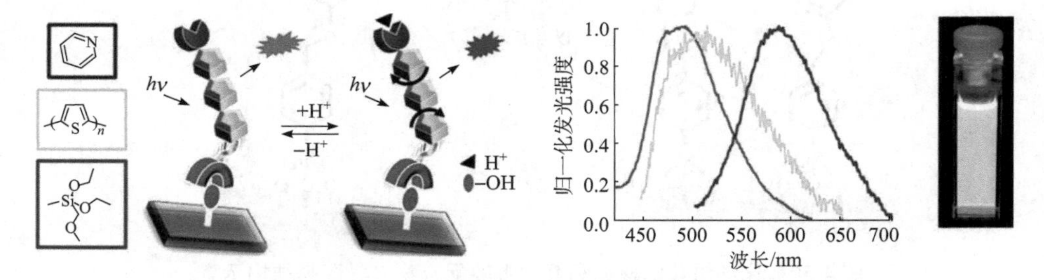

图 4-49　吡啶封端三聚噻吩单层组装荧光敏感薄膜示意图、光谱及其白光照片

4.4　配合物基荧光化学组装膜

实际上，在基于 SAMs 技术制备的化学组装荧光敏感薄膜中，配位化合物也是一类十分重要的荧光传感单元。例如，Gulino 等[99]将双核铑配合物化学单层组装于玻璃衬底表面[图 4-50(a)]，通过紫外-可见吸收光谱实现了对 CO 的测定。这种传感的基础在于 CO 的结合导致配合物紫外-可见吸收光谱中 300 nm 处[对应配体到金属离子电荷转移(LMCT)]吸收的增强，与此同时在 560 nm 处出现一个涉及金属-CO 强作用的弱吸收带。这一传感薄膜对 CO 高度敏感，N_2、N_2O、O_2、NO_x、CO_2、CH_4、Ar、H_2 等以及它们的混合物对测定过程无干扰。此外，该传感

器稍经加热或者惰性气体吹扫就可实现再生。

利用类似的配合物——钌联吡啶配合物功能化的化学组装膜[图 4-50(b)]，还可以实现对 CO 的荧光法测定[100]。这一测定的基础是，以 480 nm 波长的光激发薄膜可以在 600～850 nm 获得一系列光致发光信号。考察此薄膜荧光发射对不同气体的响应，发现 N_2 的存在不影响薄膜的荧光行为，而 O_2 的存在会明显猝灭薄膜荧光。不过在空气条件下测定，薄膜基荧光传感可以不考虑后者的影响，这时发现只有空气中存在 CO 时，薄膜荧光才会被猝灭，而其他气体的存在几乎不干扰薄膜荧光发射，由此可以实现对 CO 的测定。实验表明该薄膜对 CO 的有效测定浓度为 0～200 ppm，结合 CO 后的薄膜可通过加热获得再生。

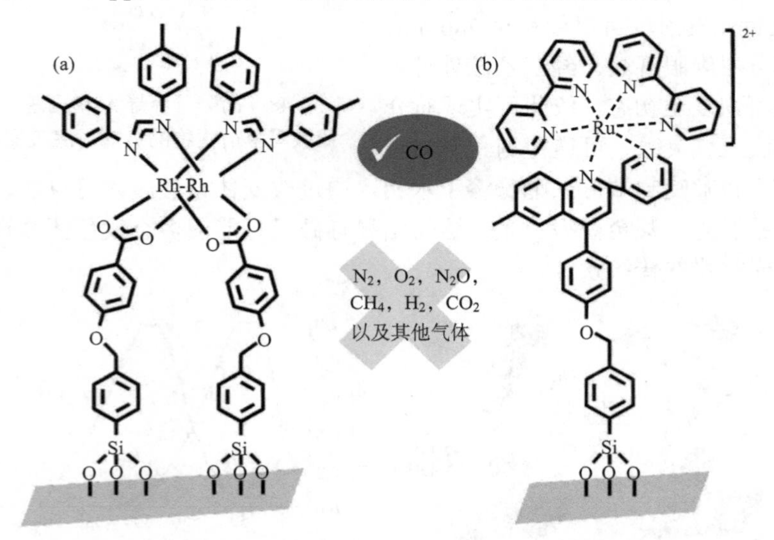

图 4-50　化学组装双核铑和钌联吡啶配合物光学薄膜结构示意

Gulino 等[101]以类似的策略还实现了对氧气的测定。在这一工作中，Gulino 等将如图 4-51 所示的卟啉衍生物化学单层组装于石英衬底表面，发现在 N_2 气氛中薄膜荧光因氧气的存在而猝灭，而且在氧气浓度不超过 2.5%时，荧光猝灭效率正比于氧气浓度，这一方法的检出限约为 0.2%，N_2 吹扫可实现薄膜荧光的完全再生。薄膜的荧光猝灭机理被归因于结合氧气前后卟啉结构的改变。

差不多在同一时期，Chu 和 Yam[102]将钌多聚吡啶配合物化学组装于玻璃衬底表面或以 LB 膜技术转移至玻璃衬底表面，获得了如图 4-52 所示的对氧气十分敏感的荧光薄膜材料。以不同比例的 N_2-O_2 混合气体处理薄膜时，发现随氧气比例的提高，薄膜荧光变弱；反之，薄膜荧光增强，薄膜响应速度加快。根据氧气浓度范围的不同，薄膜的猝灭荧光可部分或完全恢复。此外，实验还发现，共价结合化学组装膜的传感性能比 LB 单层膜更好。

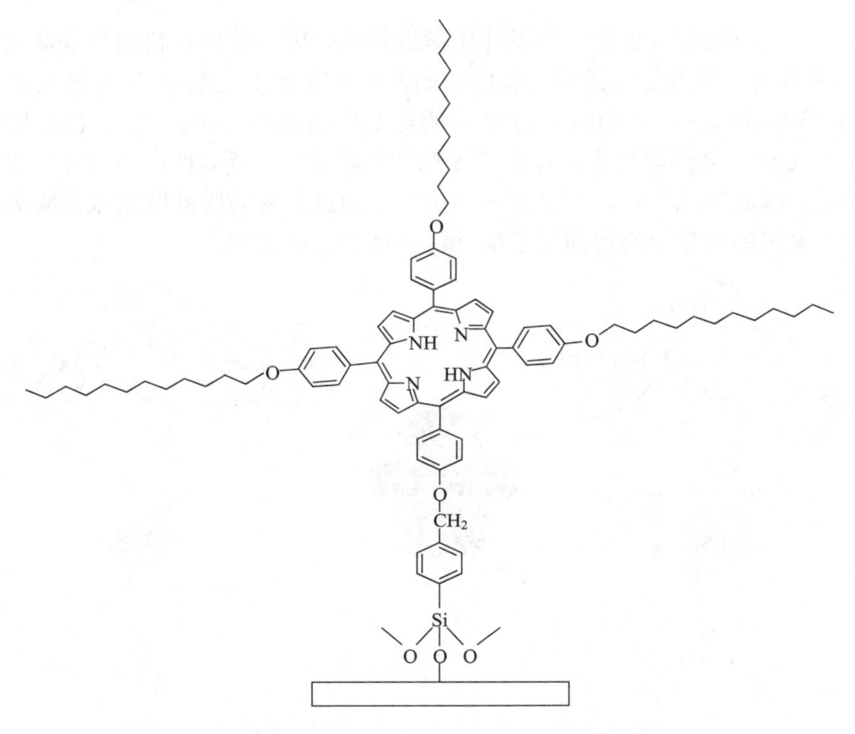

图 4-51　卟啉衍生物的石英衬底表面化学单层组装结构示意

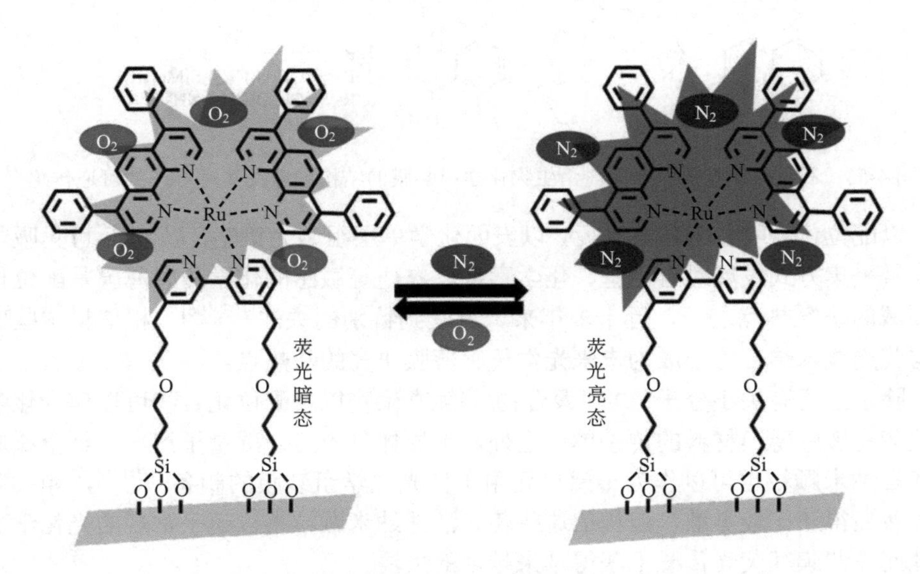

图 4-52　玻璃担载钌多聚吡啶配合物化学组装膜结构示意

配合物的原位形成也是一种设计化学组装荧光敏感薄膜材料的有效策略。例如，将携带荧光结构的三种不同氮杂冠醚衍生物化学组装于石英衬底表面，Bronson 等[37]获得了 3 种如图 4-53 所示的对 Cd^{2+}敏感的"点亮"型荧光敏感薄膜，Na^{+}、K^{+}、Ca^{2+}、Zn^{2+}等离子的存在不干扰相关测定。然而，Cu^{2+}的存在严重猝灭薄膜荧光，因此干扰测定，不过这一干扰可以通过三种薄膜的联用或者阵列化予以排除，薄膜的重复使用可通过乙酸钠缓冲液的洗涤实现。

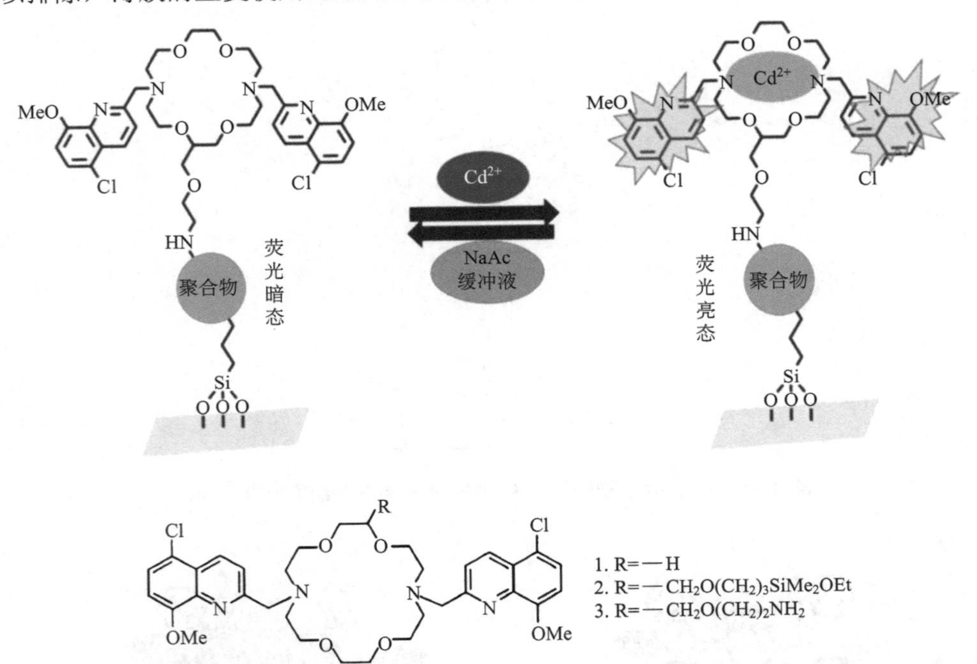

图 4-53 石英衬底担载氮杂冠醚衍生物化学组装膜的结构示意及其对 Cd^{2+}的可逆传感

以配位化合物作为传感单元，以表面化学单层组装为策略，以紫外-可见吸收为信号采集方式发展对自由基、化学毒剂、农药等敏感的化学传感薄膜是配位化学领域的研究热点之一，近十多年来一直受到特别的关注[103-106]，相信将这些研究与荧光技术结合将会成为未来光学传感薄膜研究的新热点。

除了上述有关小分子、共轭聚合物/共轭寡聚物以及配位化合物可以作为化学组装荧光敏感薄膜材料的传感单元之外，半导体量子点、碳量子点，甚至金属原子簇等纳米颗粒也可以作为传感单元用于荧光化学组装膜的制备[107-110]，相关研究虽然显得还比较零散，但相信这些荧光活性纳米颗粒将以超乎常规的光化学稳定性而在薄膜基荧光传感中获得越来越多的关注。

将荧光活性物质化学单层组装于衬底表面是实现材料表面功能化的有效途径，特别是超分子化学概念的引入，"二维溶液模型""连接臂层富集/屏蔽效应""侧链构象效应”等的提出极大地提高了此类材料创新制备的可设计性，可以说实现了荧光表界面材料制备技术的实质性跨越。然而更加深入的基础研究还有待进一步增强，因为只有在影响薄膜传感特性的重要表界面科学问题解决之后，荧光敏感薄膜材料创制才能从“必然王国”走向“自由王国”。对此，美国人有着更为深刻的认识。多年前美国国家能源局资助召开了“反恐所需基础研究讨论会”，会议形成了一份极具影响的报告，该报告明确指出：要提高现有传感器的灵敏度，开发具有优异性能的新型传感器，就必须开展界面科学、分析/分离及材料合成与加工等领域的基础研究工作[111,112]。这充分说明表界面科学研究对传感薄膜材料研究的重要性。

实际上，深入的基础研究有时还会为荧光传感获得一些意想不到的结果。例如，多年前，笔者实验室在研究三聚噻吩和四聚噻吩功能化单层化学组装膜光化学稳定性时，意外发现经由长时间光照几乎完全光化学漂白的薄膜，在甲醛气氛中又产生了新的荧光[113,114]。深入研究发现，这一新产生的荧光并不同于原有的薄膜荧光，其很可能源自甲醛与部分降解的寡聚噻吩结构形成的缔合物。这种荧光活性缔合物具有显著的超分子结构特征，如突出的动态性。基于这一认识，通过吹扫就可以实现薄膜再生。由此我们发展了两种具有很高灵敏度的“点亮”型甲醛荧光敏感薄膜材料(图 4-54)。最近，Tang 等基于和图 4-54 十分相似的传感机理，报道了一种三噻吩修饰 SAMs 膜用于对痕量甲醛检测的柔性传感膜[115]。

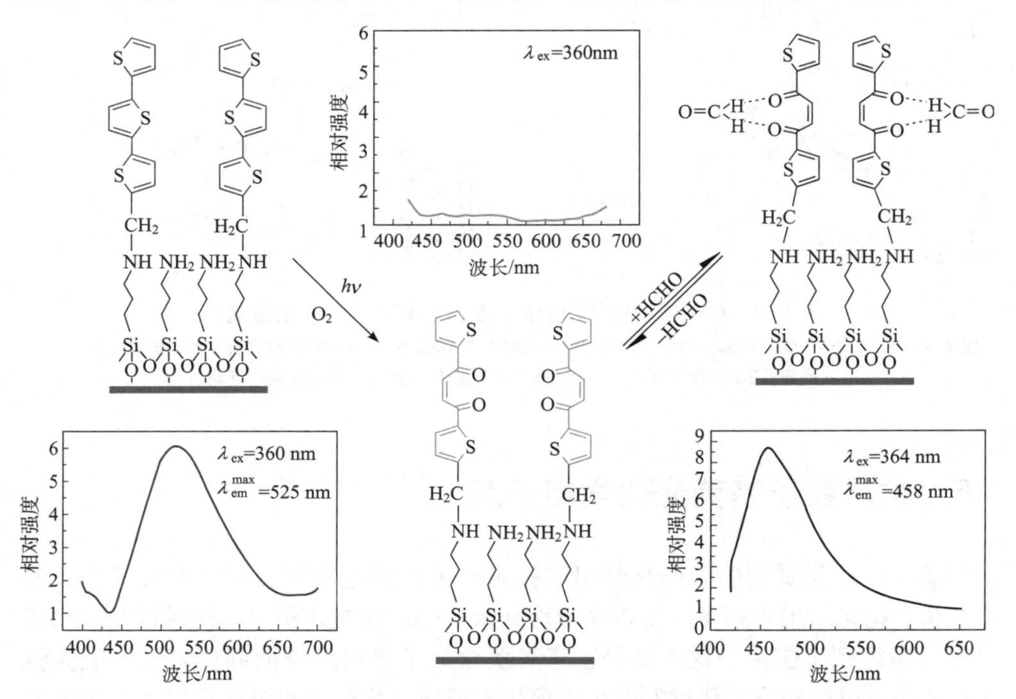

图 4-54　寡聚噻吩功能化单层化学组装膜结构、光化学漂白及其对甲醛的传感响应

Gooding 和 Gaus 小组[116]将经由化学组装膜技术发展的荧光标记薄膜用于细胞表面黏附研究，解决了长期未能解决的细胞黏附机理问题(图 4-55)。利用界面组成和结构控制解决表界面科学关键问题得到了 Giuseppone[117,118]的支持。他在评述化学梯度薄膜构建策略时，特别强调了化学组装技术的重要性，认为通过使用化学组装膜技术控制表界面的组成和结构可以帮助人们从分子水平上理解润湿、黏附、摩擦、腐蚀防护以及生物相容性等重要界面现象和过程。由此可见，可控组装、有序组装等界面结构控制制备在表界面科学研究中具有普遍的意义。

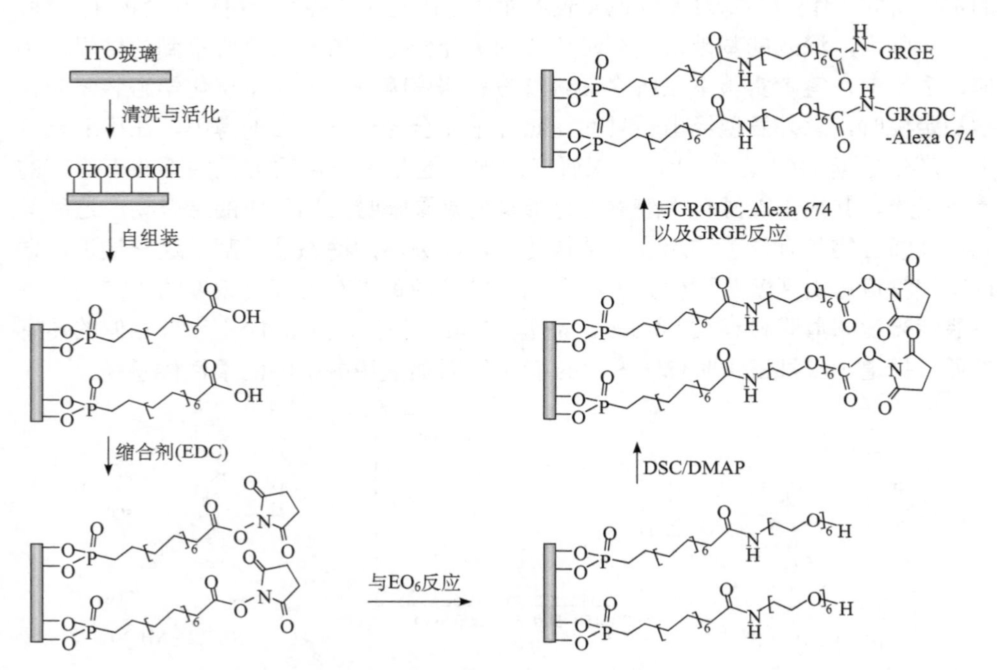

图 4-55 ITO 玻璃化学功能化：荧光标记单元的面密度调控

细胞惰性六聚乙二醇(EO_6)介导的多肽连接荧光染料(GRGDC-Alexa 647，RGD)在衬底表面的化学固定化过程；衬底表面 RGD 面密度可经由功能化和未功能化六聚乙二醇的比例进行调节

4.5 纳米粒子基荧光化学组装膜

基于硅烷化试剂的表面化学组装技术也被广泛地应用于硅纳米粒子的表面修饰和功能化，用以制备获得荧光活性纳米粒子，并在化学生物传感以及生物成像等方面得到了应用。这主要是由于各类含硅纳米材料表面同样可以产生大量 OH 基团，可以和硅烷化试剂发生表面缩合反应，实现有机硅烷化试剂在纳米粒

子表面的化学修饰。利用这一原理，Liu 等采用 Cl 末端的硅烷化试剂(CPTES)修饰于介孔二氧化硅 SBA-15 型纳米粒子表面，进一步与氨基衍生的芘基团反应，将芘荧光团修饰于纳米粒子表面(图 4-56) [119]。该介孔纳米粒子表面的 N 原子与 Cu^{2+}有着良好的亲和力，配位得到有机-无机杂化体系 PyH-SBA-15-Cu^{2+}，并使纳米粒子荧光猝灭。H_2S 的加入可以竞争结合 Cu^{2+}，恢复纳米粒子的荧光，实现对 H_2S 的高选择性、高灵敏度响应，该工作可进一步应用于 XNOR 逻辑门。笔者团队将异氰酸酯基末端的硅烷化试剂修饰于介孔二氧化硅纳米粒子表面，进而与修饰有哌嗪的吡罗红荧光团反应，将吡罗红化学修饰于纳米粒子表面[120]。该荧光纳米粒子因吡罗红与 H_2S 的选择性迈克尔加成反应，实现了对 H_2S 的选择性猝灭响应。二氧化硅纳米粒子表面未反应的羟基存在去质子化现象，因此体系中引入阳离子表面活性剂 CTAB，中和了表面负电荷，进而促进了阴离子硫化物在纳米粒子表面的吸附，对 H_2S 的猝灭响应显著增强，对 H_2S 的检出限低至 0.1 μmol/L。

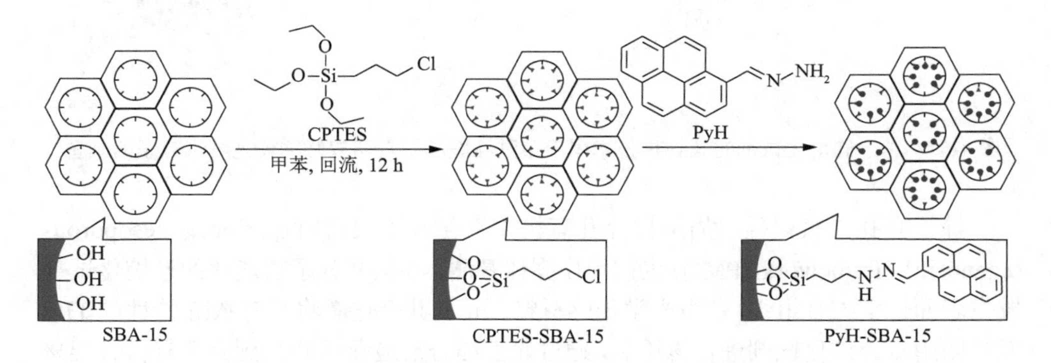

图 4-56　基于硅烷化试剂的 SAMs 技术用于荧光纳米粒子的制备

除了采用分步修饰策略外，还可以同薄膜制备一样，先将荧光团用硅烷化试剂衍生，然后通过一步法将修饰有荧光团的硅烷化试剂在纳米粒子表面进行化学组装。利用这一思路，笔者团队将萘酰亚胺和罗丹明两个发色团先用氨基末端的硅烷化试剂 APTES 进行功能衍生，然后将二者共同修饰于介孔二氧化硅纳米粒子表面，制备得到了具有双发色团修饰的荧光纳米粒子(图 4-57) [121]。其中萘酰亚胺经由哌嗪连有 2,4-二硝基苯磺酸基团，可在生物硫醇作用下发生离去反应，从而恢复萘酰亚胺的荧光发射。另外，纳米粒子浓度不同，其发光行为也不同。该工作采用两种不同浓度的纳米粒子作为传感单元构建了两单元微阵列，利用萘酰亚胺和罗丹明在不同生物硫醇引入后的光谱变化不同，实现了对水溶液和人血清中 4 种生物硫醇[H_2S、Cys、Hcy(同型半胱氨酸)、GSH]的四信号指纹图谱识别和区分。

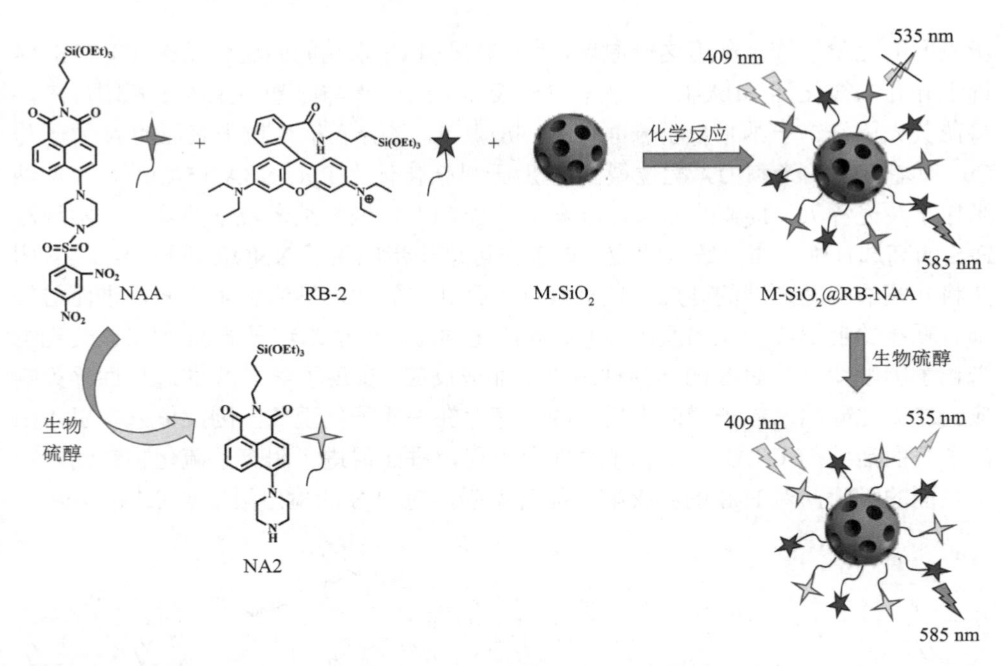

图 4-57 基于硅烷化试剂的 SAMs 技术用于萘酰亚胺和罗丹明双修饰荧光纳米粒子的制备

除了介孔二氧化硅，周期性介孔有机二氧化硅骨架材料(periodic mesoporous organosilica framework，PMO)也被用作固体基质，与荧光分子功能化的硅烷化试剂发生表面化学缩合组装，获得光学传感材料。Yu 及其合作者将具有 AIE 特性的 TPE 发色团用双硅烷化试剂进行修饰后，通过表面缩合反应化学修饰到介孔有机骨架材料上，并以所获得的 AIE-PMO 作为主体来封装具有 ACQ 效应的罗丹明发色团，获得了兼具 AIE 和 ACQ 发色团相融合的介孔 PMO 材料(ACQ@AIE-PMO)，实现了在固态和薄膜态整个可见光范围内的发射精细调控[122]。值得一提的是，可以获得 CIE 坐标为(0.32, 0.33)的高质量白光，且量子产率高达 49.6%。由于其高稳定性和溶液态可加工性，ACQ@AIE-PMO 可应用于固态照明和生物成像。这种设计理念为通过结合多种 AIE 和 ACQ 发色团开发高性能发光材料开辟了新的途径。

利用相似的方法，Kong 等将 TPE 荧光团用四种硅烷化试剂衍生，获得具有 AIE 特征的有机硅前驱体，然后通过共缩聚方法共价连接到 PMO 骨架中(图 4-58) [123]。有序多孔材料的三维空间提供了丰富的反应位点，允许对分析物进行快速和敏感监测。该工作通过静电纺丝技术将 TPE 修饰的 PMO 纳米微球分散于混合纤维上制得柔性薄膜，并通过 TPE 的发射变化实现了对氨气和 HCl 蒸气的肉眼可视化检测。

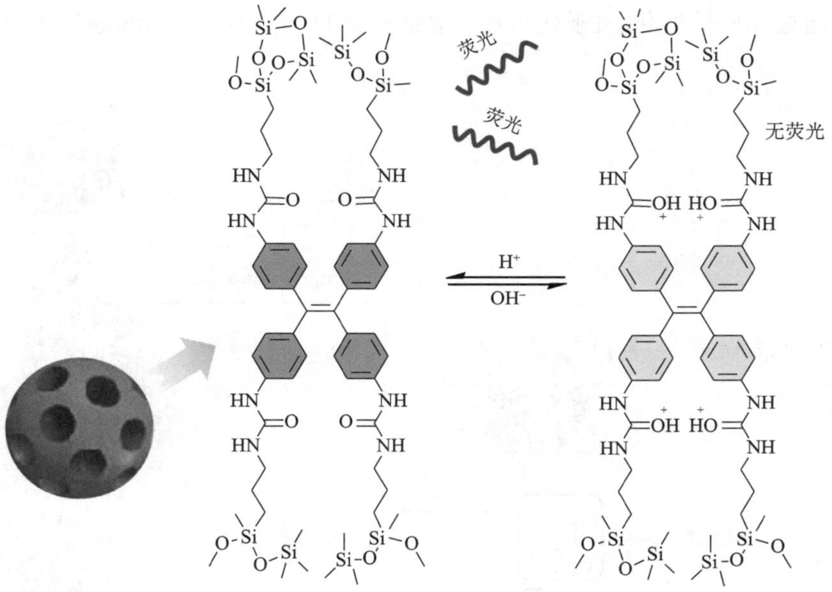

图 4-58　TPEPMO 对酸碱响应的机理图

Yu 等采用后修饰方法，将氨基末端的硅烷化试剂 APTES 先行修饰于介孔硅纳米粒子上，然后与单 Br 修饰的 TPE 以及双 Br 修饰的 TPE 衍生物(BTPE-1、BTPE-2)进行表面化学反应，获得具有 AIE 发光特性的介孔纳米粒子材料 FMSNs[124]，在紫外照射下发出强蓝色荧光。两种荧光材料不但对硝基芳烃类爆炸物 PA 和 DNP 表现出快速灵敏的荧光猝灭反应，还对抗生素呋喃唑酮和呋喃西林表现出较好的检测能力，检出限分别为 3.8 μmol/L 和 7.2 μmol/L。FMSNs 对四种分析物的高效传感能力可归因于从 AIEgens 到分析物的荧光共振能量转移效应。

由于硅烷化试剂在含硅纳米粒子材料表面良好的化学修饰和组装性能，基于 SAMs 技术制得的荧光纳米粒子在对神经毒剂以及真菌毒素检测方面也获得了重要应用。Zhang 等合成了硅烷化试剂修饰的萘酰亚胺衍生物 NIPy，然后通过一步接枝法将其化学修饰到二氧化硅纳米粒子上，成功制备了萘酰亚胺-吡啶功能化的有机-无机杂化二氧化硅纳米粒子($NIPy\text{-}SiO_2$)，再将其制成荧光薄膜材料，可同时对有机磷神经制剂模拟物(DCP 和 DCNP)的溶液和蒸气进行荧光检测[125]。该传感材料二氧化硅表面富含 OH 基团，可以清除挥发性酸从而排除假阳性现象(图 4-59)。当检测有机磷神经毒剂模拟物时，$NIPy\text{-}SiO_2$ 吡啶环中的 N 原子将首先攻击分析物的膦酰基，形成不稳定的吡啶-磷酸盐，该不稳定的中间体一旦受到空气中的 H_2O 蒸气等弱的亲核试剂攻击，就会迅速分解成盐酸盐化合物，通过完成磷酸化-质子化过程，增强探针的 ICT 特性，最终导致荧光点亮。

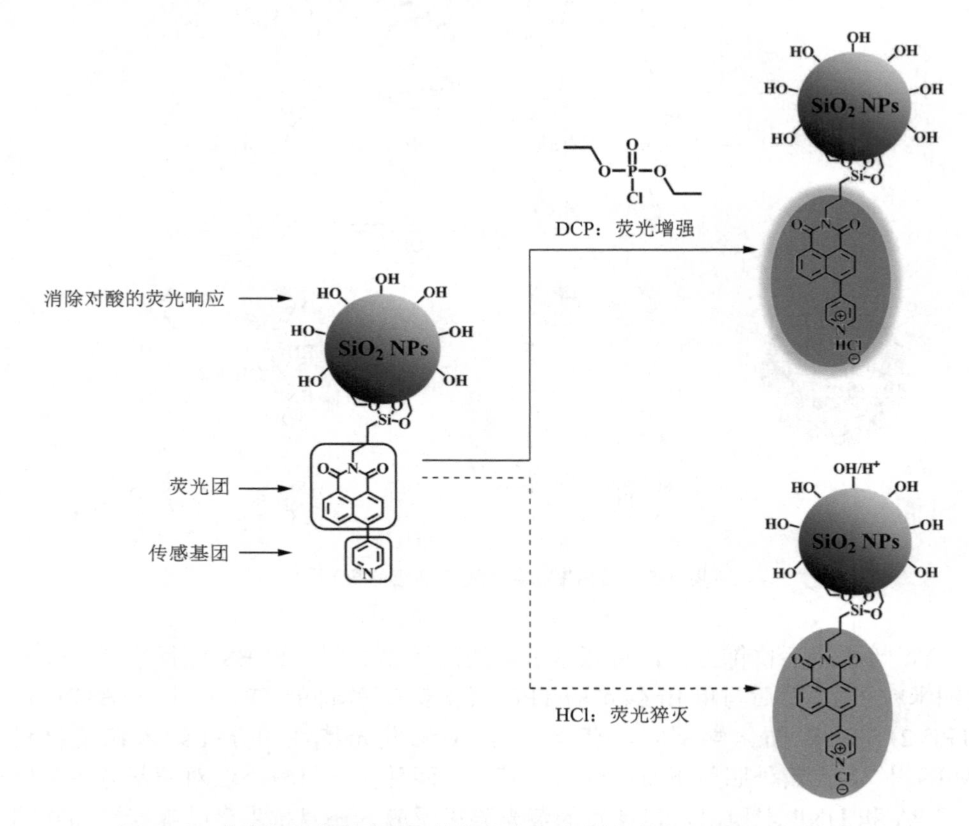

图 4-59 吡啶衍生的萘酰亚胺修饰的荧光纳米粒子对 DCP 的选择性检测

Deniz Yilmaz 及其合作者利用硅烷化试剂的表面化学组装制备了能够对赭曲霉毒素 A(OTA) 灵敏检测的荧光纳米粒子[126]。该小组用氨基末端硅烷化试剂 APTES 修饰介孔二氧化硅纳米粒子后，利用表面 NH_2 基团与 EDTA 反应将该六配位配体共价连接到纳米粒子表面，表面的 EDTA 基团可进一步与 Tb^{3+}形成稳定络合物，使 Tb^{3+}富集于纳米粒子表面。OTA 可与纳米粒子表面的 Tb^{3+}粒子结合，使得能量从作为敏化剂的 OTA 转移到 Tb^{3+}中心，导致 Tb^{3+}配合物发光(天线效应)(图 4-60)。该纳米粒子对 OTA 的传感具有高灵敏、高选择等特点，检测限可达 20 ppb。

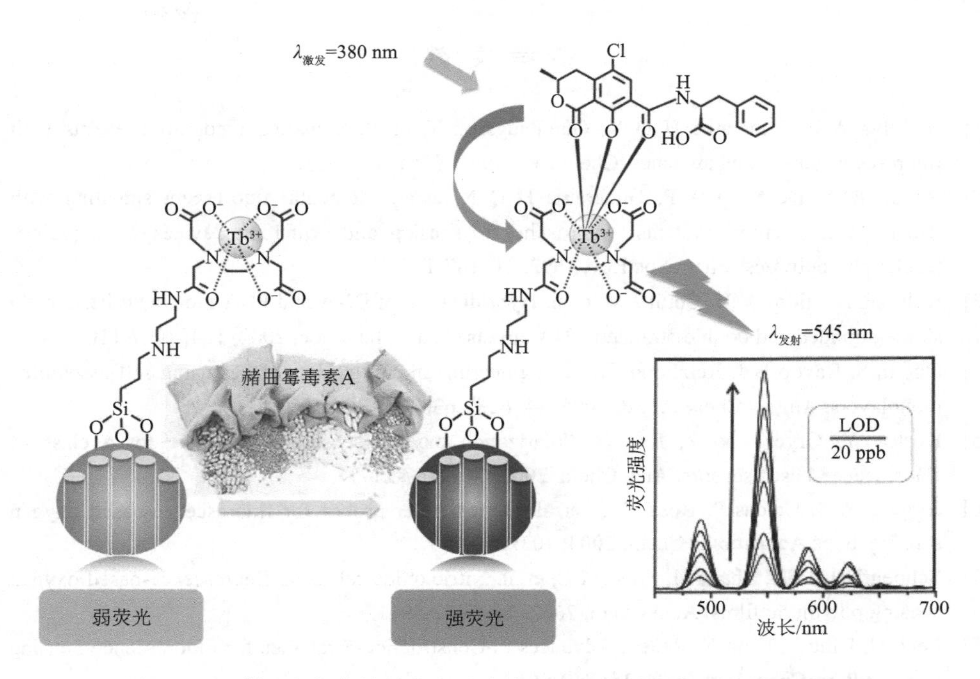

图 4-60　Tb^{3+}配合物修饰的荧光纳米粒子对赭曲霉毒素 A 的响应示意图

4.6　化学组装膜传感应用的局限性与解决策略

单分子层化学技术虽然已经取得了巨大的成就，但是还有一系列问题需要深入研究和解决。例如，①SAMs 膜的大面积可控制备；②SAMs 膜表面功能化程度和功能单元分布的精确控制；③SAMs 膜组成和结构的可靠表征；④其他衬底担载荧光单层膜制备。这些问题的解决有赖于合成化学技术、超分子化学原理、化学反应动力学、先进表界面表征手段的完美结合，更有赖于对相关过程两个关键科学问题，即表界面反应动力学和表界面反应效率的精细(精确)调控的深入研究和解决。当然，作为光学传感薄膜材料，荧光单元必须暴露于传感介质之中，因此为提高薄膜光化学稳定性及避免薄膜被污染都需要进行深入细致的研究工作，否则，传感性能再好的薄膜也难以获得实际应用。从这一角度讲，相比于用于其他目的，可以完全封装的一般光学薄膜，用于传感的荧光薄膜和薄膜器件研究显得更加困难，需要特别的薄膜设计、薄膜封装以及特别的采样系统结构等。相关研究尚未有穷期，任务仍艰巨。

参 考 文 献

[1] de Silva A P, Gunaratne H Q N, Gunnlaugsson T, et al. Signaling recognition events with fluorescent sensors and switches. Chem Rev, 1997, 97: 1515-1566.

[2] Bissell R A, De Silva A P, Gunaratne H Q N, et al. Molecular fluorescent signaling with 'fluor-spacer-receptor' systems: Approaches to sensing and switching devices via supramolecular photophysics. Chem Soc Rev, 1992, 21: 187-195.

[3] Kuhn H, Demidov V V, Coull J M, et al. Hybridization of DNA and PNA molecular beacons to single-stranded and double-stranded DNA targets. J Am Chem Soc, 2002, 124: 1097-1103.

[4] Onclin S, Ravoo B J, Reinhoudt D N. Engineering silicon oxide surfaces using self-assembled monolayers. Angew Chem Int Ed, 2005, 44: 6282-6304.

[5] Kostov Y, Gryczynski Z, Rao G. Polarization oxygen sensor: A template for a class of fluorescence-based sensors. Anal Chem, 2002, 74: 2167-2171.

[6] Jorge P A S, Caldas P, Rosa C C, et al. Optical fiber probes for fluorescence-based oxygen sensing. Sens Actuators B Chem, 2004, 103: 290-299.

[7] Schoenfisch M H, Zhang H, Frost M C, et al. Nitric oxide-releasing fluorescence-based oxygen sensing polymeric films. Anal Chem, 2002, 74: 5937-5941.

[8] Peng H, Ding L, Fang Y. Recent Advances in Construction Strategies for Fluorescence Sensing Films. J Phys Chem Lett, 2024, 15: 849-862.

[9] Davis F, Higson S P J. Structured thin films as functional components within biosensors. Biosens Bioelectron, 2005, 21: 1-20.

[10] Cooper M A. Advances in membrane receptor screening and analysis. J Mol Recognit, 2004, 17: 286-315.

[11] 高莉宁, 吕凤婷, 胡静, 等. 薄膜基荧光传感器研究进展. 物理化学学报, 2007, 23: 274-284.

[12] Zheng Y, Orbulescu J, Ji X, et al. Development of fluorescent film sensors for the detection of divalent copper. J Am Chem Soc, 2003, 125: 2680-2686.

[13] Horak E, Babić D, Vianello R, et al. Photophysical properties and immobilisation of fluorescent pH responsive aminated benzimidazo [1,2-*a*] quinoline-6-carbonitriles. Spectrochim Acta A, 2020, 227: 117588.

[14] Liu Y, Mills R C, Boncella J M, et al. Fluorescent polyacetylene thin film sensor for nitroaromatics. Langmuir, 2001, 17: 7452-7455.

[15] Ding L, Fang Y. Chemically assembled monolayers of fluorophores as chemical sensing materials. Chem Soc Rev, 2010, 39: 4258-4273.

[16] Claridge S A, Liao W S, Thomas J C, et al. From the bottom up: Dimensional control and characterization in molecular monolayers. Chem Soc Rev, 2013, 42: 2725-2745.

[17] Haensch C, Hoeppener S, Schubert U S. Chemical modification of self-assembled silane-based monolayers by surface reactions. Chem Soc Rev, 2010, 39: 2323-2334.

[18] de Ruiter G, van der Boom M E. Surface-confined assemblies and polymers for molecular logic. Acc Chem Res, 2011, 44: 563-573.

[19] de Ruiter G, van der Boom M E. Orthogonal addressable monolayers for integrating molecular

logic. Angew Chem Int Ed, 2012, 51: 8598-8601.
[20] Roth K M, Lindsey J S, Bocian D F, et al. Characterization of charge storage in redox-active self-assembled monolayers. Langmuir, 2002, 18: 4030-4040.
[21] Liu Z, Yasseri A A, Lindsey J S, et al. Molecular memories that survive silicon device processing and real-world operation. Science, 2003, 302: 1543-1545.
[22] Li Q, Mathur G, Gowda S, et al. Multibit memory using self-assembly of mixed ferrocene/porphyrin monolayers on silicon. Adv Mater, 2004, 16: 133-137.
[23] Chhatwal M, Kumar A, Awasthi S K, et al. An electroactive metallo-polypyrene film as a molecular scaffold for multi-state volatile memory devices. J Phys Chem C, 2016, 120: 2335-2342.
[24] Grave C, Risko C, Shaporenko A, et al. Charge transport through oligoarylene self-assembled monolayers: Interplay of molecular organization, metal-molecule interactions, and electronic structure. Adv Funct Mater, 2007, 17: 3816-3828.
[25] Fan F R F, Yang J, Cai L, et al. Charge transport through self-assembled monolayers of compounds of interest in molecular electronics. J Am Chem Soc, 2002, 124: 5550-5560.
[26] Joachim C, Gimzewski J, Aviram A. Electronics using hybrid-molecular and mono-molecular devices. Nature, 2000, 408: 541-548.
[27] Bigelow W C, Pickett D L, Zisman W A. Oleophobic monolayers. Ⅰ. Films adsorbed from solution in non-polar liquids. J Colloid Interface Sci, 1946, 1: 513-538.
[28] Sagiv J. Organized monolayers by adsorption. Ⅰ. Formation and structure of oleophobic mixed monolayers on solid surfaces. J Am Chem Soc, 1980, 102: 92-98.
[29] Rubinstein I, Steinberg S, Tor Y, et al. Ionic recognition and selective response in self-assembling monolayer membranes on electrodes. Nature, 1988, 332: 426-429.
[30] Chechik V, Crooks R M, Stirling C J M. Reactions and reactivity in self-assembled monolayers. Adv Mater, 2000, 12: 1161-1171.
[31] Love J C, Estroff L A, Kriebel J K, et al. Self-assembled monolayers of thiolates on metals as a form of nanotechnology. Chem Rev, 2005, 105: 1103-1170.
[32] Vericat C, Vela M E, Benitez G, et al. Self-assembled monolayers of thiols and dithiols on gold: New challenges for a well-known system. Chem Soc Rev, 2010, 39: 1805-1834.
[33] Tao Y T. Structural comparison of self-assembled monolayers of *n*-alkanoic acids on the surfaces of silver, copper, and aluminum. J Am Chem Soc, 1993, 115: 4350-4358.
[34] Flink S, van Veggel F C J M, Reinhoudt D N. A self-assembled monolayer of a fluorescent guest for the screening of host molecules. Chem Commun, 1999: 2229-2230.
[35] van der Veen N J, Flink S, Deij M A, et al. Monolayer of a Na^+-selective fluoroionophore on glass: Connecting the fields of monolayers and optical detection of metal ions. J Am Chem Soc, 2000, 122: 6112-6113.
[36] Crego-Calama M, Reinhoudt D N. New materials for metal ion sensing by self-assembled monolayers on glass. Adv Mater, 2001, 13: 1171-1174.
[37] Bronson R T, Michaelis D J, Lamb R D, et al. Efficient immobilization of a cadmium chemosensor in a thin film: Generation of a cadmium sensor prototype. Org Lett, 2005, 7:

1105-1108.

[38] Jiao C X, Niu C G, Chen L, et al. A coumarin derivative covalently immobilized on sensing membrane as a fluorescent carrier for nitrofurazone. Anal Bioanal Chem, 2003, 376: 392-398.

[39] Yang X, Xie J W, Shen G, et al. An optical-fiber sensor for colchicine using photo-polymerized *N*-vinylcarbazole. Microchim Acta, 2003, 142: 225-230.

[40] Sekar M M A, Hampton P D, Buranda T, et al. Multifunctional monolayer assemblies for reversible direct fluorescence transduction of protein-ligand interactions at surfaces. J Am Chem Soc, 1999, 121: 5135-5141.

[41] Mazur M, Blanchard G J. Photochemical and electrochemical oxidation reactions of surface-bound polycyclic aromatic hydrocarbons. J Phys Chem B, 2004, 108: 1038-1045.

[42] Oberts B P, Blanchard G J. Formation of air-stable supported lipid monolayers and bilayers. Langmuir, 2009, 25: 2962-2970.

[43] Dominska M, Jackowska K, Krysiński P, et al. Probing interfacial organization in surface monolayers using tethered pyrene. 1. Structural mediation of electron and proton access to adsorbates. J Phys Chem B, 2005, 109: 15812-15821.

[44] Dominska M, Krysiński P, Blanchard G J. Probing interfacial organization in surface monolayers using tethered pyrene. 2. Spectroscopy and motional freedom of the adsorbates. J Phys Chem B, 2005, 109: 15822-15827.

[45] Karpovich D S, Blanchard G J. Dynamics of a tethered chromophore imbedded in a self-assembled monolayer. Langmuir, 1996, 12: 5522-5524.

[46] Wang H, Fang Y, Cui Y, et al. Fluorescence properties of immobilized pyrene on quartz surface. Mater Chem Phys, 2002, 77: 185-191.

[47] Vutti S, Buch-Månson N, Schoffelen S, et al. Covalent and stable CuAAC modification of silicon surfaces for control of cell adhesion. ChemBioChem, 2015, 16: 782-791.

[48] Gao L, Fang Y, Wen X, et al. Monomolecular layers of pyrene as a sensor to dicarboxylic acids. J Phys Chem B, 2004, 108: 1207-1213.

[49] Gao L, Fang Y, Lü F, et al. Immobilization of pyrene on quartz plate surface via a flexible long spacer and its sensing properties to dicarboxylic acids. Sci China B, 2004, 47: 240-250.

[50] Lü F, Fang Y, Gao L, et al. Selectivity via insertion: Detection of dicarboxylic acids in water by a new film chemosensor with enhanced properties. J Photochem Photobiol A, 2005, 175: 207-213.

[51] Gao L, Fang Y, Lü F, et al. Immobilization of pyrene via diethylenetriamine on quartz plate surface for recognition of dicarboxylic acids. Appl Surf Sci, 2006, 252: 3884-3893.

[52] Lü F, Fang Y, Gao L, et al. Spacer layer screening effect: A novel fluorescent film sensor for organic copper(Ⅱ) salts. Langmuir, 2006, 22: 841-845.

[53] Liu J, Fang Y, Chen Z L. Computer simulation study on the structural-optical related properties of a pyrene-functionalized fluorescent film. Langmuir, 2008, 24: 1853-1857.

[54] 王渭娜, 房喻, 张政朴, 等. 表面单层组装多环芳烃荧光行为的 Monte Carlo 模拟. 化学物理学报, 2004, 17: 51-55.

[55] 王渭娜, 房喻, 张政朴, 等. 表面单层组装多环芳烃荧光行为的 Monte Carlo 模拟(Ⅱ)——柔性连接臂长度效应. 计算机与应用化学, 2004, 21: 533-537.

[56] Ding L, Fang Y, Blanchard G J. Probing the effects of cholesterol on pyrene-functionalized interfacial adlayers. Langmuir, 2007, 23: 11042-11050.

[57] Ding L, Cui X, Han Y, et al. Sensing performance enhancement *via* chelating effect: A novel fluorescent film chemosensor for copper ions. J Photochem Photobiol A, 2007, 186: 143-150.

[58] Hu J, Lü F, Ding L, et al. A novel pyrene-based film: Preparation, optical properties and sensitive detection of organic copper(Ⅱ) salts. J Photochem Photobiol A, 2007, 188: 351-357.

[59] Lü F, Gao L, Li H, et al. Molecular engineered silica surfaces with an assembled anthracene monolayer as a fluorescent sensor for organic copper(Ⅱ) salts. Appl Surf Sci, 2007, 253: 4123-4131.

[60] Cronin M T D, Gregory B W, Schultz T W. Quantitative structure-activity analyses of nitrobenzene toxicity to tetrahymena pyriformis. Chem Res Toxicol, 1998, 11: 902-908.

[61] Ding L, Kang J, Lü F, et al. Fluorescence behaviors of 5-dimethylamino-1-naphthalene-sulfonylfunctionalized self-assembled monolayer on glass wafer surface and its sensing properties for nitrobenzene. Thin Solid Films, 2007, 515: 3112-3119.

[62] Kang J, Ding L, Lü F, et al. Dansyl-based fluorescent film sensor for nitroaromatics in aqueous solution. J Phys D Appl Phys, 2006, 39: 5097-5102.

[63] Li H, Kang J, Ding L, et al. A dansyl-based fluorescent film: Preparation and sensitive detection of nitroaromatics in aqueous phase. J Photochem Photobiol A, 2008, 197: 226-231.

[64] Zhang S, Lü F, Gao L, et al. Fluorescent sensors for nitroaromatic compounds based on monolayer assembly of polycyclic aromatics. Langmuir, 2007, 23: 1584-1590.

[65] 胡金婷, 刘暘, 杨凯, 等. 基于苯炔苯及荧光探针芘自组装单分子膜的制备及苯胺检测. 化学学报, 2012, 70: 1987-1992.

[66] Li M, Chen H, Li S, et al. Active self-assembled monolayer sensors for trace explosive detection. Langmuir, 2020, 36: 1462-1466.

[67] Li M, Xie K, Wang G, et al. An AIE-active ultrathin polymeric self-assembled monolayer sensor for trace volatile explosive detection. Macromol Rapid Commun, 2021, 42: 2100551.

[68] Lin N, Tao R, Chen Z, et al. Design and fabrication of a new fluorescent film sensor towards uranyl ion via self-assembled monolayer. J Luminescence, 2022, 242: 118562.

[69] Kim D W, Kim K K, Lee E B, et al. Film sensor for Zn^{2+} ion via self-assembled monolayer of receptor on quartz plate surfaces. J Photochem Photobiol A Chem, 2012, 250: 33-39.

[70] Basabe-Desmonts L, Beld J, Zimmerman R S, et al. A simple approach to sensor discovery and fabrication on self-assembled monolayers on glass. J Am Chem Soc, 2004, 126: 7293-7299.

[71] Cao Y, Ding L, Wang S, et al. Detection and identification of Cu^{2+} and Hg^{2+} based on the crossreactive fluorescence responses of a dansyl-functionalized film in different solvents. ACS Appl Mater Interfaces, 2013, 6: 49-56.

[72] Chrisstoffels L A J, Adronov A, Fréchet J M J. Surface-confined light harvesting, energy transfer, and amplification of fluorescence emission in chromophore-labeled self-assembled monolayers. Angew Chem Int Ed, 2000, 39: 2163-2167.

[73] Mazur M, Blanchard G J. Probing intermolecular communication with surface-attached pyrene. J Phys Chem B, 2005, 109: 4076-4083.

[74] Lü F, Fang Y, Blanchard G J. Surface-confined energy transfer in mixed self-assembled monolayers. Langmuir, 2008, 24: 8752-8759.

[75] Lü F, Fang Y, Blanchard G J. Probing the microenvironment of surface-attached pyrene formed by a thermo-responsive oligomer. Spectrochim Acta A, 2009, 74: 991-999.

[76] MuÇoz J, Crivillers N, Mas-Torrent M. Carbon-rich monolayers on ITO as highly sensitive platforms for detecting polycyclic aromatic hydrocarbons in water: The case of pyrene. Chem Eur J, 2017, 23: 15289-15293.

[77] Zhang K, Liu G, Goldys E M. Robust immunosensing system based on biotin-streptavidin coupling for spatially localized femtogram mL^{-1} level detection of interleukin-6. Biosens Bioelectr, 2018, 102: 80-86.

[78] Zhang S, Palkar A, Echegoyen L. Selective anion sensing based on tetra-amide calix[6]arene derivatives in solution and immobilized on gold surfaces via self-assembled monolayers. Langmuir, 2006, 22: 10732-10738.

[79] Waldeck D H, Alivisatos A P, Harris C B. Nonradiative damping of molecular electronic excited states by metal surfaces. Surf Sci, 1985, 158: 103-125.

[80] Kittredge K W, Fox M A, Whitesell J K. Effect of alkyl chain length on the fluorescence of 9-alkylfluorenyl thiols as self-assembled monolayers on gold. J Phys Chem B, 2001, 105: 10594-10599.

[81] Fox M A. Fundamentals in the design of molecular electronic devices: Long-range charge carrier transport and electronic coupling. Acc Chem Res, 1999, 32: 201-207.

[82] Motesharei K, Myles D C. Molecular recognition on functionalized self-assembled monolayers of alkanethiols on gold. J Am Chem Soc, 1998, 120: 7328-7336.

[83] Heeger P S, Heeger A J. Making sense of polymer-based biosensors. Proc Natl Acad Sci USA, 1999, 96: 12219-12221.

[84] Fan C, Plaxco K W, Heeger A J. Biosensors based on binding-modulated donor-acceptor distances. Trends Biotechnol, 2005, 23: 186-192.

[85] Rose A, Zhu Z, Madigan C F, et al. Sensitivity gains in chemosensing by lasing action in organic polymers. Nature, 2005, 434: 876-879.

[86] Kim Y, Whitten J E, Swager T M. High ionization potential conjugated polymers. J Am Chem Soc, 2005, 127: 12122-12130.

[87] He G, Zhang G, Lü F, et al. Fluorescent film sensor for vapor-phase nitroaromatic explosives via monolayer assembly of oligo（diphenylsilane）on glass plate surfaces. Chem Mater, 2009, 21: 1494-1499.

[88] Zhang Y, He G, Liu T, et al. Sensing performances of oligosilane functionalized fluorescent film to nitrobenzene in aqueous solution. Sens Lett, 2009, 7: 1141-1146.

[89] Liu X, Fan G, Zhao C, et al. Determination of vaporized nitroaromatics in soil by a self-assembled monolayer film. Anal Lett, 2016, 49: 1681-1695.

[90] Wu X, Xu B, Tong H, et al. Phosphonate-functionalized polyfluorene film sensors for sensitive detection of iron（III）in both organic and aqueous media. Macromolecules, 2010, 43: 8917-8923.

[91] Kaewtong C, Niamsa N, Pulpoka B, et al. Reversible sensing of aqueous mercury using a rhodamine-appended polyterthiophene network on indium tin oxide substrates. RSC Adv, 2014, 4: 52235-52240.

[92] Kim J M, Lee Y B, Yang D H, et al. A poly-diacetylene-based fluorescent sensor chip. J Am Chem Soc, 2005, 127: 17580-17581.

[93] Lü F, Feng X, Tang H, et al. Development of film sensors based on conjugated polymers for copper(Ⅱ) ion detection. Adv Funct Mater, 2011, 21: 845-850.

[94] He G, Yan N, Kong H, et al. A new strategy for designing conjugated polymer-based fluorescence sensing films via introduction of conformation controllable side chains. Macromolecules, 2011, 44: 703-710.

[95] Wang H, He G, Chen X, et al. Cholesterol modified OPE functionalized film: Fabrication, fluorescence behavior and sensing performance. J Mater Chem, 2012, 22: 7529-7536.

[96] Cui H, He G, Wang H, et al. Fabrication of a novel cholic acid modified OPE-based fluorescent film and its sensing performances to inorganic acids in acetone. ACS Appl Mater Interfaces, 2012, 4: 6935-6941.

[97] Niu C G, Qin P Z, Zeng G M, et al. Fluorescence sensor for water in organic solvents prepared from covalent immobilization of 4-morpholinyl-1,8-naphthalimide. Anal Bioanal Chem, 2007, 387: 1067-1074.

[98] Melucci M, Zambianchi M, Favaretto L, et al. Multicolor, large-area fluorescence sensing through oligo-thiophene-self-assembled monolayers. Chem Commun, 2011, 47: 1689-1691.

[99] Gulino A, Gupta T, Altman M, et al. Selective monitoring of parts per million levels of CO by covalently immobilized metal complexes on glass. Chem Commun, 2008: 2900-2902.

[100] Lupo F, Fragalà M E, Gupta T, et al. Luminescence of a ruthenium complex monolayer, covalently assembled on silica substrates, upon CO exposure. J Phys Chem C, 2010, 114: 13459-13464.

[101] Gulino A, Giuffrida S, Mineo P, et al. Photoluminescence of a covalent assembled porphyrin-based monolayer: Optical behavior in the presence of O_2. J Phys Chem B, 2006, 110: 16781-16786.

[102] Chu B W K, Yam V W W. Sensitive single-layered oxygen-sensing systems: Polypyridyl ruthenium(Ⅱ) complexes covalently attached or deposited as Langmuir-Blodgett monolayer on glass surfaces. Langmuir, 2006, 22: 7437-7443.

[103] de Ruiter G, Gupta T, van der Boom M E. Selective optical recognition and quantification of parts per million levels of Cr^{6+} in aqueous and organic media by immobilized polypyridyl complexes on glass. J Am Chem Soc, 2008, 130: 2744-2745.

[104] Gupta T, van der Boom M E. Monolayer-based selective optical recognition and quantification of $FeCl_3$ via electron transfer. J Am Chem Soc, 2007, 129: 12296-12303.

[105] Gupta T, Cohen R, Evmenenko G, et al. Reversible redox-based optical sensing of parts per million levels of nitrosyl cation in organic solvents by osmium chromophore-based monolayers. J Phys Chem C, 2007, 111: 4655-4660.

[106] Singh V, Mondal P C, Singh A K, et al. Molecular sensors confined on SiO_x substrates. Coord

Chem Rev, 2017, 330: 144-163.
[107] Xu T, Zach M P, Xiao Z L, et al. Self-assembled monolayer-enhanced hydrogen sensing with ultrathin palladium films. Appl Phys Lett, 2005, 86: 203104.
[108] Climent E, Martí A, Royo S, et al. Chromogenic detection of nerve agent mimics by mass transport control at the surface of bifunctionalized silica nanoparticles. Angew Chem Int Ed, 2010, 49: 5945-5948.
[109] Gun J, Schöning M J, Abouzar M H, et al. Field-effect nanoparticle-based glucose sensor on a chip: Amplification effect of co-immobilized redox species. Electroanalysis, 2008, 20: 1748-1753.
[110] Sharma A, Sumana G, Sapra S, et al. Quantum dots self-assembly based interface for blood cancer detection. Langmuir, 2013, 29: 8753-8762.
[111] Ho C K, Itamura M T, Kelley M, et al. Review of Chemical Sensors for *in-situ* Monitoring of Volatile Contaminants. Sandia Report: SAND 2001-0643, 2001.
[112] Michalske T, Edelstein N, Trewhella J, et al. Workshop Report: Basic Research Needs for Countering Terrorism. Department of Energy, 2002.
[113] Liu T, He G, Yang M, et al. Monomolecular-layer assembly of oligothiophene on glass wafer surface and its fluorescence sensitization by formaldehyde vapor. J Photochem Photobio A, 2009, 202: 178-184.
[114] 刘太宏，聂云霞，何刚，等. 四聚噻吩的单层组装及其对气相甲醛的传感性能. 高等学校化学学报, 2010, 31: 524-529.
[115] Li M, Xie K, Wang G, et al. A formaldehyde sensor based on self-assembled monolayers of oxidized thiophene derivatives. Langmuir, 2021, 37: 5916-5922.
[116] Lu X, Nicovich P R, Zhao M, et al. Monolayer surface chemistry enables 2-colour single molecule localisation microscopy of adhesive ligands and adhesion proteins. Nat Commun, 2018, 9: 3320.
[117] Moulin E, Cormos G, Giuseppone N. Dynamic combinatorial chemistry as a tool for the design of functional materials and devices. Chem Soc Rev, 2012, 41: 1031-1049.
[118] Giuseppone N. Toward self-constructing materials: A systems chemistry approach. Acc Chem Res, 2012, 45: 2178-2188.
[119] Liu H, Liang Y, Liang J, et al. Pyrene derivative-functionalized mesoporous silica-Cu^{2+} hybrid ensemble for fluorescence “turn-on” detection of H_2S and logic gate application in aqueous media. Anal Bioanal Chem, 2020, 412: 905-913.
[120] Gao Z, Qiao M, Tan M, et al. Surface functionalization of mesoporous silica nanoparticles with pyronine derivative for selective detection of hydrogen sulfide in aqueous solution. Colloid Surf A, 2020, 586: 124194.
[121] Gao Z, Wang Z, Qiao M, et al. Mesoporous silica nanoparticles-based fluorescent mini sensor array with dual emission for discrimination of biothiols. Colloids Surf A, 2020, 606: 125433.
[122] Li D, Zhang Y, Fan Z, et al. Coupling of chromophores with exactly opposite luminescence behaviours in mesostructured organosilicas for high-efficiency multicolour emission. Chem Sci, 2015, 6: 6097-6101.

[123] Gao M, Xu G, Zhang R, et al. Electrospinning superassembled mesoporous AIEgen-organosilica frameworks featuring diversified forms and superstability for wearable and washable solid-state fluorescence smart sensors. Anal Chem, 2021, 93: 2367-2376.

[124] Wang C, Li Q, Wang B, et al. Fluorescent sensors based on AIEgen-functionalised mesoporous silica nanoparticles for the detection of explosives and antibiotics. Inorg Chem Front, 2018, 5: 2183-2188.

[125] Zhang Y, Mu H, Zheng P, et al. Highly efficient nerve agents fluorescent film probe based on organic/inorganic hybrid silica nanoparticles. Sens Actuators B Chem, 2021, 343: 130140.

[126] Altunbas O, Ozdas A, Deniz Yilmaz M. Luminescent detection of Ochratoxin A using terbium chelated mesoporous silica nanoparticles. J Hazard Mater, 2020, 382: 121049.

第5章

多孔荧光物理膜的特点与传感应用

经由分子凝胶和非平面分子结构设计等策略得到的多孔荧光物理薄膜在传感应用中具备以下几个特点：①结构创新空间大；②通透性可调控；③有序度高，甚至可以接近晶态；④传感响应速度快、可逆性好。不过，一般而言，此类薄膜并不适合溶液相传感。

在传感薄膜中构建多孔结构，有助于提高对目标物分子的通透性，同时赋予薄膜额外的对目标物分子的体积选择性。因此，设计制备具有多孔结构，特别是微纳尺度的多孔结构的传感薄膜，是发展高性能薄膜基荧光传感器的重要途径。然而，传统的制备方法往往只是简单地将多孔材料用作荧光活性物质的载体，难以实现对传感活性分子负载量及其在膜内分布的精确控制，加之荧光分子与基体的结合强度难以精细调控，因而就会导致传感单元局部聚集或者过度分散的情况发生，这些情况的出现均会影响薄膜的传感性能。

作为包含胶凝剂三维网络结构的软物质材料，凝胶为设计制备高通透性多孔荧光薄膜提供了新的可能。这是由于通过设计含有荧光片段的小分子胶凝剂，然后利用凝胶的形成和溶剂分子的脱除，就有可能得到多孔荧光薄膜材料。另一种有效策略是从分子设计出发，构筑非平面荧光分子，通过非平面刚性结构抑制荧光分子的聚集，从而形成有利于待检测物分子传质的分子通道，进而实现薄膜荧光探测性能的改善。在本章，我们将阐述分子凝胶基荧光敏感薄膜和非平面分子结构基荧光薄膜的构建。与此同时讨论相关薄膜传感应用的优势和局限性。

5.1 凝胶

在现实生活中，凝胶(gel)随处可见，肥皂、牙膏、果冻、凉粉和某些化妆品等都是典型的凝胶。虽然凝胶常见也容易识别，但要准确定义却很不容易。早在20世纪20年代，Lloyd[1]就指出“凝胶，一种胶体状态，容易识别却难以定义”，这与更早期Gradham提出的观点相一致。然而人们对凝胶的这些认识均是建立在对凝胶的宏观观察之上的，真正具有科学意义的凝胶定义则由Flory[2]在20世纪70年代提出。Flory认为，作为凝胶，体系必须在一定时间范围内具有宏观尺寸的连续结构，体系具有类似固体的流变学特性，只有同时满足这两个条件的体系才可以称为凝胶。实际上，这一定义也不尽然，就科学界所关注的凝胶而言，它是由少量称为胶凝剂(gelator)的固体物质与大量液体或气体组成的兼具固体的非流动性和液体的可变形性的黏弹性物质，是典型的软物质(soft matter)或软材料(soft material)。这一认识已明显“落伍”，现代凝胶在力学性能上不一定很软，也可以很硬；在柔韧性上，可以从很小到很大，如钢铁般的超硬凝胶、橡胶样的超韧凝胶时有文献报道[3]。

在组成上，凝胶一般是由少量(约2%, *w/v*)被称为胶凝剂的固体物质与大量溶剂复合而成。在结构上，胶凝剂分子通过化学键合或物理作用(超分子作用)形成遍布体系的三维网络结构，而体系中的溶剂分子通过界面浸润、毛细作用和表面张力等使其失去流动性，从而形成能够保型的类固体物质——凝胶。需要注意的是，凝胶中溶剂分子性质因与胶凝剂网络作用强度的不同而呈现不同的性质，粗略可以区分为结合态(binding state)、半结合态(semi-binding state)和自由态(free state)，只有自由态的溶剂分子才与常态溶剂分子性质相同，结合态的溶剂分子由于与凝胶网络的作用而具有一定的取向性，运动自由度较低，沸点较高，这与多孔材料中所包含溶剂的状况极为相似[4]。

作为一种重要的物质形态，凝胶有多种分类方式(图5-1)。

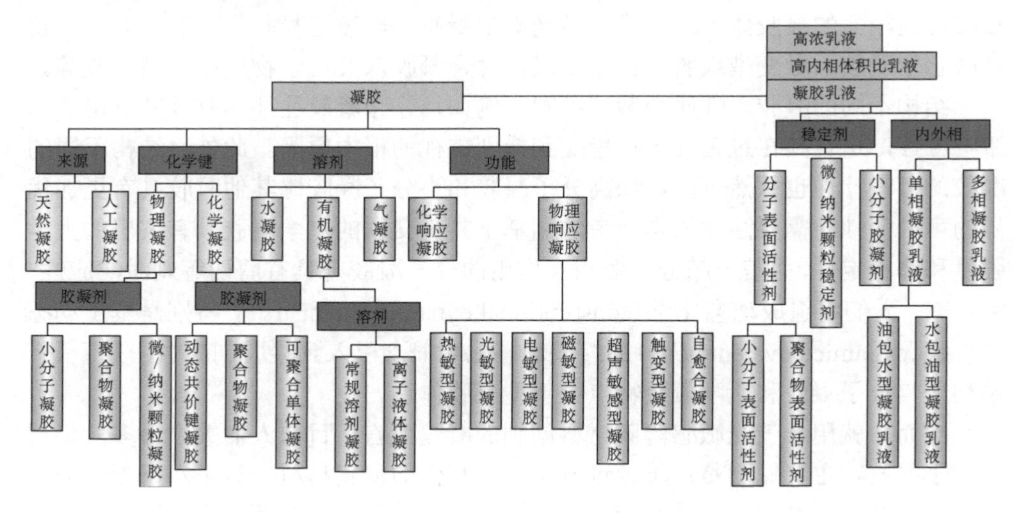

图5-1　凝胶的分类

首先按照凝胶网络结构的形成本性，凝胶可划分为化学凝胶(chemical gel)、物理凝胶(physical gel)、动态共价键凝胶(dynamic covalent bonding gel)等三类。化学凝胶是由可聚合单体与交联剂分子通过化学交联而形成的，其三维网络结构具有明显的共价键特性，一旦被破坏便无法恢复。而物理凝胶的三维网络结构则由胶凝剂间的超分子相互作用(氢键、π-π堆积、范德瓦耳斯作用、静电相互作用、疏水相互作用、主客体相互作用等)形成，其破坏与重构通常是可逆的。因而，物理凝胶又称超分子凝胶(supramolecular gel)。用于制备物理凝胶的胶凝剂主要包括线型高分子、无机微纳米颗粒以及小分子有机化合物。而动态共价键凝胶是一种动态共价键参与构建三维网络结构的凝胶体系。动态共价键在受到某种外界刺激(温度、光照等)时可形成或断裂，由此形成的凝胶整体表现出兼具化学凝胶的稳定性与物理凝胶的可逆性。当该类凝胶网络结构的交联点均为可逆共价键时，该凝胶属于化学凝胶的范畴；当可逆共价键仅参与一维结构的形成并协同一维结构间超分子相互作用共同构建凝胶三维网络结构时，该凝胶属于物理凝胶的范畴。

其次，按胶凝溶剂的种类，凝胶可划分为水凝胶(hydrogel)、有机凝胶(organogel)、气凝胶 (aerogel) 与凝胶乳液(gel emulsion)，其胶凝溶剂分别是水、有机溶剂、气体及互不相溶的混合溶剂。其中，凝胶乳液是指胶凝剂(或稳定剂)在互不相溶的溶剂中形成具有乳液结构的高内相比凝胶体系。

最后，按照凝胶刺激响应特性，凝胶可分为常规凝胶与智能凝胶两大类。常规凝胶(conventional gel)通常指热敏型凝胶，即当温度变化时，凝胶可发生溶胶-凝胶可逆相变。智能凝胶(smart gel)，也称刺激响应型凝胶(stimulus-responsive gel)，是指在光照、电场、磁场、超声、剪切作用或化学物质刺激下可发生溶胶-凝胶可逆相变的凝胶体系，一般包括光敏型凝胶、电敏型凝胶、磁敏型凝胶、超声敏感型凝胶、触变型凝胶、自修复或自愈合凝胶以及化学物质敏感型凝胶等。

结构不同的凝胶，性质会截然不同。例如，分子凝胶往往具有极其突出的刺激响应性，这是其在过去几十年里受到特别重视的根本原因。此外，结构不同的凝胶的可设计性也截然不同，如高分子凝胶和小分子凝胶比其他凝胶具有更加优异的可设计性。需要注意的是，考虑到基于共价交联的化学凝胶具有突出的力学强度和热稳定性，而基于超分子弱相互作用的分子凝胶则具有剪切等刺激响应性，近年来，人们将组成动态化学(constitutional dynamic chemistry)，特别是基于动态共价键(dynamic covalent bond)的组成动态化学概念引入到凝胶创制中，获得了一系列兼具分子凝胶和化学凝胶特点的新型凝胶体系。

然而，就用于荧光敏感薄膜材料创制的凝胶而言，目前人们关注最多的仍然是分子凝胶，主要原因是：①通过分子凝胶制作的薄膜材料在分子水平上一般都具有丰富的多孔结构，在传感应用中，这些多孔结构可以发挥分子通道作用，从而为薄膜的快速响应、可逆响应打下基础；②在通过分子凝胶制作的薄膜材料中，作为胶凝剂重要结构片段的荧光单元将以更加有序的形式存在，而且当胶凝剂分子结构设计恰当时，可以实现这些荧光单元在空间上的物理隔离，从而为薄膜光化学稳定性的提高打下基础。

5.2 荧光传感与光漂白

光漂白(photo-bleaching)现象普遍存在于有机光电材料中，已经成为制约这类材料实际应用的主要障碍。需要注意的是，物质光漂白的速度和程度除了取决于其化学本性外，还与光照波长、强度以及荧光物质所处微环境相关[5-8]。就小分子荧光物质而言，溶液态时的光化学稳定性比薄膜态要好得多。因此，除了荧光成像之外，溶液态荧光研究一般并不太在意光漂白问题。然而，以薄膜为基础的“光子鼻”和“光子舌”检测则对薄膜或器件的光化学稳定性有着几近苛刻的要求。这是因为只有薄膜或器件具备了足够高的光化学稳定性，“光子鼻”和“光子舌”的长期重复使用才会成为可能[9,10]。因此，研究荧光物质光漂白机理，探索荧光物质光漂白缓解策略具有重要的意义。

就荧光成像和薄膜基荧光传感而言，文献报道的大量成像质量或传感性能优异的试剂或体系难以获得应用的原因几乎都可归结于光漂白。为了解决这一问题，人们围绕光漂白机理和光漂白作用缓解开展了大量的工作[11-14]。例如 Krebs 小组系统研究了具有不同结构特点的聚噻吩衍生物的光漂白问题[8]。研究发现：①自由基反应是光漂白的主要原因；②降解首先发生在末端噻吩单元；③聚噻吩链越长，光化学稳定性越差，而立体规整度越高，光化学稳定性则越好；④适度热处理有助于改善材料的光化学稳定性。

结合以芘为传感单元的荧光敏感薄膜研究，笔者小组[11]系统考察了芘及其一系列衍生物在薄膜态的光化学稳定性，发现在紫外光照条件下，开环和芳环相邻饱和碳原子氧化是此类化合物光漂白的主要途径。在温和光照条件下，薄膜光漂白既可通过有氧通道发生，也可通过无氧通道发生，其中以有氧光解为主要途径。在研究荧光成像重要试剂、可逆荧光蛋白光漂白机理时，Bourgeois 及其合作者[12]发现这类荧光蛋白也有两种光漂白机理。一是在弱光条件下，荧光蛋白因含硫结构的氧化而使蛋白质失去发光能力，这一过程需要分子氧参加；二是在强光照射下，蛋白质的谷氨酸残基脱羧，导致蛋白质的结构被破坏，从而使其失去荧光活性，这一过程不需要氧分子的参与。

Singer 教授及其合作者[13]搭建了环境气氛、试验温度、光源强度和波长均可调整的光漂白研究平台，借此深入研究了信息储存用荧光物质的光漂白机理。他们发现温度是影响该类物质光化学稳定性的最重要因素。除此之外，荧光分子间的相互作用也是影响其稳定性的重要原因。因此，他们建议在制备光信息储存材料时，要尽可能使荧光物质以单分子形式存在于介质中，以此提高储存材料的光化学稳定性。为了深入了解荧光蛋白的光漂白作用本质，Chapagain 等[14]利用分子动力学模拟研究了氧分子在蛋白质内部的扩散及其分布，借以认识真正导致蛋白质结构破坏的分子机理，以期为蛋白质光化学稳定性的提高提出新的思路。

除了机理研究之外，人们围绕如何抑制乃至消除光漂白也开展了大量的研究工作。例如，为了促进荧光显微成像技术发展，Sanches 及其合作者[15]建立了描述相应光漂白过程的微分方程，通过数学矫正弥补光漂白对成像质量造成的影响，借此提高了仪器的成像质量。同样，Anderson 等[16]建立了基于算法的自适应性光学系统，企图借此解决光漂白导致的荧光成像质量不理想问题。

当然，光漂白问题的根本解决还须依赖光化学稳定荧光物质的创制[17]。为此，国内外学者相继开展了大量研究工作，报道了一系列光化学稳定性良好的荧光物质。例如，Lavis 及其合作者[18]以氮杂环丁烷取代二甲氨基显著提高了罗丹明类荧光物质的光化学稳定性，发展了一类代号为 Janelia Fluor 的荧光物质。最近，Yamaguchi 等[19]报道了如图 5-2 所示的一类含磷羰基结构的光化学稳定荧光化合物。据报道，将该类化合物用于以激光为光源的 STED（受激辐射损耗）成像，在强光照射下化合物仍然可以长时间保持稳定，从而为需要持续跟踪、不间断成像的生命科学研究奠定了基础。

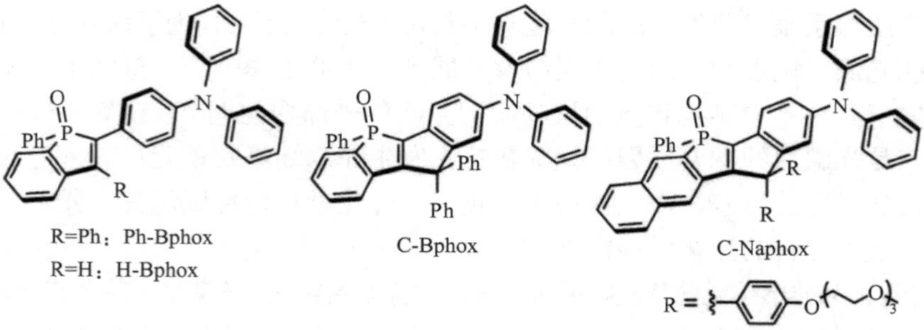

R=Ph：Ph-Bphox
R=H：H-Bphox
C-Bphox
C-Naphox

图 5-2　几种具有超常光化学稳定性的含磷小分子荧光化合物

与上述有机化合物不同，某些贵金属纳米簇不但荧光量子产率高，而且光化学稳定性特别好[20-25]，需要在荧光传感研究中引起关注。当然，这些材料也存在自身的不足，如在结构上难以修饰、其他功能结构难以引入等。此外，某些硅、碳纳米颗粒，以及含硼化合物也是光化学稳定性良好的荧光材料[26,27]。

最近的研究表明，与有机共轭聚合物和小分子多环芳烃相比较，以 σ-σ 共轭为特点的聚硅烷等无机共轭聚合物往往具有较高的光化学稳定性[28-33]，对此，日本学者 Tanaka 及其合作者[27]进行了比较详尽的理论研究。与以 π-π 共轭为特点的有机共轭聚合物不同，无机共轭聚合物的 σ-σ 共轭特点使得定向制备的薄膜具有突出的光学各向异性。据此，可以通过定向膜制备和偏振检测提高信噪比，在弱光激发下获得较高质量的荧光信号，从而缓解薄膜光漂白。不过，需要指出的是，这类无机共轭聚合物的溶解性一般都比较差，加工也比较困难，这些都严重制约着其应用。为此，近年来，人们试图制备有机-无机杂化共轭聚合物，以期在保证良好光物理光化学性能的同时，改善聚合物的溶解性[34,35]。为此，在策略上除了将两者直接连接之外，还可以在两种结构之间引入柔性链以进一步改善这类杂化共轭聚合物的可加工性能。应该说，这些努力都不同程度地缓解了相关光电材料的光漂白或加工性能差问题。

针对寡聚噻吩的光漂白问题，人们在对其机理深入研究的同时，先后发展了经由末端引入多环芳烃或其他结构的办法来改善其光化学稳定性，收到了异乎寻常的效果[36-39]。

水相中的荧光分子光漂白作用缓解，可以通过引入表面活性剂改善其光化学稳定性，也可以将荧光分子衍生为表面活性剂，使其在溶液中自主形成胶束或囊泡等聚集结构，以此也可以抑制光漂白作用的发生[40-44]。

然而，到目前为止，人们对光漂白作用机理、光漂白作用缓解或抑制研究还仅限于少数荧光物质或材料。在缓解或抑制策略上也仅限于少数荧光物质的结构改造或荧光信号强度衰减的数学补偿，具有普遍意义的抑制策略研究十分缺乏，因此，研究光漂白作用发生机理，寻求新的光漂白作用缓解策略，发展光化学稳定性好的新型荧光材料依然是化学工作者面临的严峻挑战。

5.3　分子凝胶的结构与应用

就荧光敏感薄膜材料的实际应用而言，除了对薄膜的光化学稳定性、所选用传感单元的传感性能有要求之外，对薄膜结构也有着特殊的要求。这就是为什么在前几章反复强调，要实现快速可逆传感，薄膜必须满足：①待检测物质分子在膜内可以高效扩散；②待检测物质分子易于靠近传感单元；③薄膜易于清洗（吹扫）、能够再生。也就是说薄膜要稳定，要富含分子通道，只有这样，才有可能实现灵敏、快速、可逆传感。

因此，不难理解，在结构上理想荧光敏感薄膜应该具有热力学上的“亚稳态”或者非平衡态热力学上的“耗散结构”（远离热力学平衡态的动态有序稳定结构）特点。在实践中，这类薄膜只能通过动力学控制来制备[45-48]。

考虑到理想传感薄膜所要求的结构与分子凝胶中胶凝剂分子三维网络结构的相似性，预期利用分子凝胶构建策略，极有可能得到兼有良好传感性能和光化学稳定性的荧光敏感薄膜材料。这是由于此类薄膜因其所固有的三维网络结构而对传感物质分子应该拥有良好的通透性。至于为什么期望光化学稳定性能够得到改善，则是与其所拥有的特殊结构有关。

毫无争议，相对于常规薄膜，溶解态的荧光物质光化学稳定性要高得多，这与 Singer 教授通过实验研究所揭示的孤立态荧光分子或单元比聚集态时光化学稳定性高这一结论相一致[13]，也与绿色植物和藻类微生物中光合作用系统中色素单元相对隔离，长期工作而不发生光漂白这一事实相一致[49,50]。这就是说，以分子凝胶介导制备荧光薄膜有可能获得额外的光化学稳定性，这种稳定性很可能来源于薄膜中荧光单元的物理隔离。

如前所述，分子凝胶是小分子胶凝剂借助分子间的弱相互作用形成遍布体系的三维网络结构，再经由表面张力、毛细作用等使体系失去流动性而形成的兼具固体与液体性质的软物质。从物理化学的观点看，胶凝剂网络结构的形成是溶剂化驱动溶质溶解与溶质分子聚集导致溶质析出两个过程竞争的结果。因此，在结构上这类基于小分子胶凝剂的凝胶网络具有形成可逆、结构动态和织构有序或部分有序等特点。这就是分子凝胶往往具有灵敏的刺激响应性和相变可逆性，并因此而获得广泛应用的原因。

实际上，对给定溶剂在进行胶凝剂分子设计时必须同时考虑引入促进聚集和溶解作用发生的结构因素，借以调控胶凝剂分子之间以及胶凝剂分子与溶剂分子之间的相互作用，从而达到溶解-聚集平衡。例如，2008 年，Schanze 小组[51]设计合成了一种具有共轭结构的铂配合物，利用分子凝胶介导得到了包含荧光单元的网状有序聚集结构(图 5-3)。

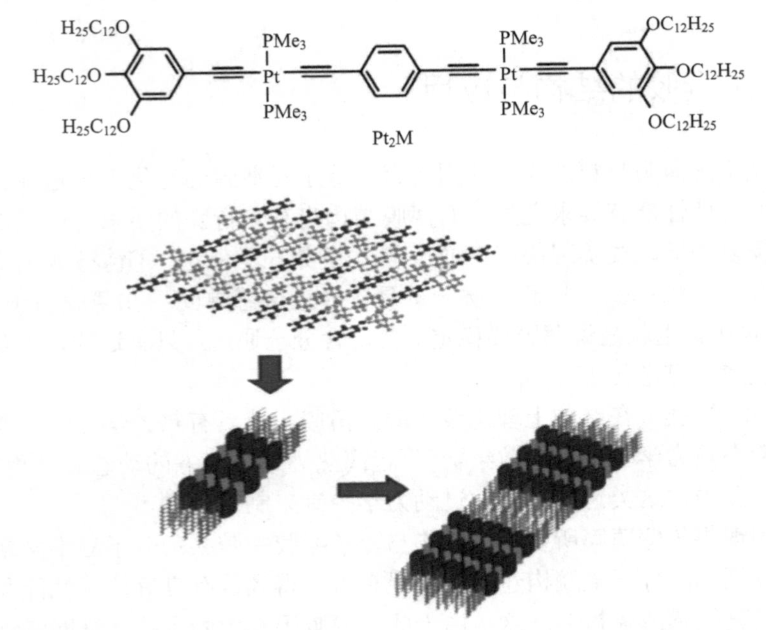

图 5-3　一种含铂金属共轭荧光胶凝剂的分子结构及其在分子凝胶中的聚集结构

与普通固体粉末不同，该结构表现出很好的光化学稳定性和荧光性能，说明在聚集体中荧光单元虽然相互靠近，但彼此应该相对隔离，否则，体系荧光将因内滤效应而猝灭。需要指出的是，正是这种趋向结晶的胶凝剂分子聚集所形成的有序或者部分有序结构才使得分子凝胶可以在更大尺度上保持材料的纳米特性。也就是基于这个原因，分子凝胶也被看作“软纳米材料”（soft nanomaterial）。

图 5-4 给出了一种典型的小分子荧光胶凝剂 P7 及其在乙腈凝胶中的聚集结构[52,53]。在该凝胶中，两个 P7 分子经由氢键作用形成一个堆积单元，使得与溶剂具有较好相容性的芘单元外置，借以降低体系自由能，获得比较稳定的结构。需要注意的是，相对于溶液态，凝胶态芘激基缔合物的形成效率相对较低（图 5-5）。

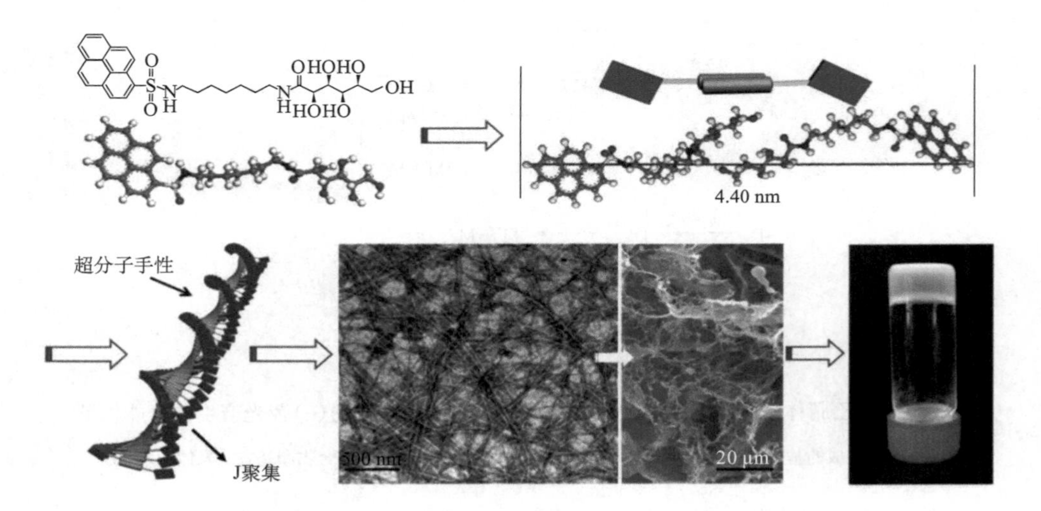

图 5-4　芘葡萄糖酸衍生物 P7 在乙腈凝胶中可能的聚集机理

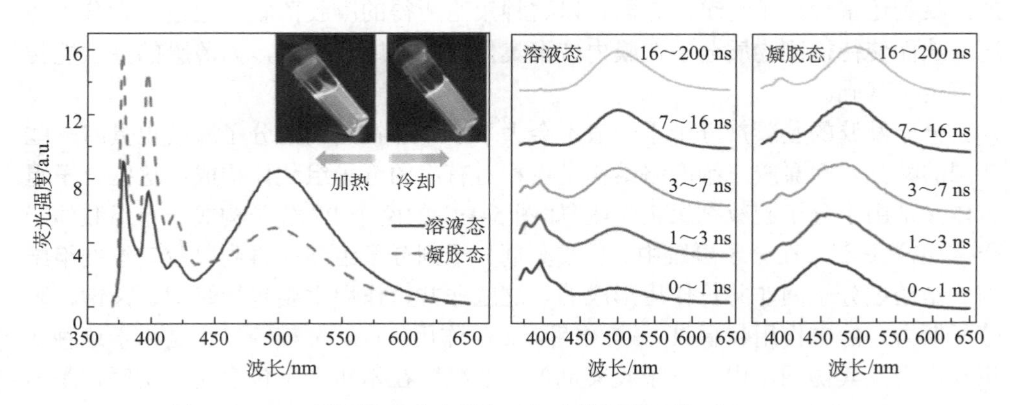

图 5-5　P7-乙腈凝胶荧光光谱和时间分辨荧光光谱（λ_{ex}=350 nm）

除此差异之外，TRES 研究还表明，溶液态激基缔合物荧光主要源自第 1 章所介绍的 Birks 机理，而在凝胶态，预先形成机理占据了主导地位。不过，即便是在凝胶中，芘单元也具有一定的自由度，同 TRES 光谱中所反映的，在后期时间门单体荧光出现，激基缔合物荧光光谱也相对红移，这就表明在芘激发态寿命范围内，即便是已经形成的二聚体依然可以解离，重新形成单体态芘。由此说明，在凝胶态芘单元的运动从未停止，荧光单元具有相对独立性，相关过程可以用图 5-6 概括。

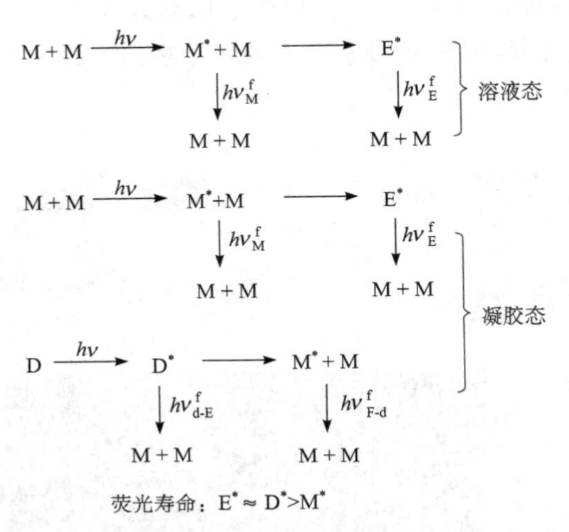

图 5-6　P7-乙腈体系溶液态和凝胶态芘单元(M)和激基缔合物(E)荧光产生的可能机理

D 为 M 形成的基态二聚体，M^*、E^*和 D^*分别为单体激发态、激基缔合物和基态二聚体激发态

凝胶态，作为胶凝剂组成单元的荧光片段除了具有类似于溶液态的自由度之外，凝胶还富含分子通道。亦即，以这种策略所得的凝胶薄膜一定也富含分子通道，从而使待检测物质分子在膜内或聚集体内能够顺利扩散，为薄膜的高性能传感奠定了基础。

分子凝胶的胶凝剂分子量一般不会大于 3000，在结构上分子凝胶也具有一些共同的特征，即凝胶三维网络结构是由相对有序的分子组装体构成，这些分子组装体又是由小分子胶凝剂聚集而成(如图 5-4 中的两个 P7 分子构成一个组装体一样)。也就是说，在分子凝胶中，从胶凝剂分子到分子组装体再到凝胶三维网络结构都是通过分子间非共价作用形成的。这些非共价作用主要包括氢键、卤键、范德瓦斯力、静电作用、偶极-偶极作用、π-π 作用、n-π 堆积等。正是由于这种弱相互作用及其协同，由小分子胶凝剂形成的凝胶在本质上不包含化学交联，是一类特殊的物理凝胶，即超分子凝胶。

在本质上，分子凝胶的形成过程实际上就是凝胶中胶凝剂分子的有序聚集过程，这种聚集过程可以用 Weiss 及其合作者[54]提出的模型描述(图 5-7)。即，胶凝剂首先通过缔合形成聚集体，聚集体再进一步形成有序度比较高的微晶结构，微晶再聚集形成纤维等比较高级的聚集结构，这种相对高级的聚集结构堆积成网，构成凝胶三维网络结构，从而促使凝胶的形成。由此可见，分子凝胶的形成过程是一个典型的胶凝剂分子的多级组装过程。

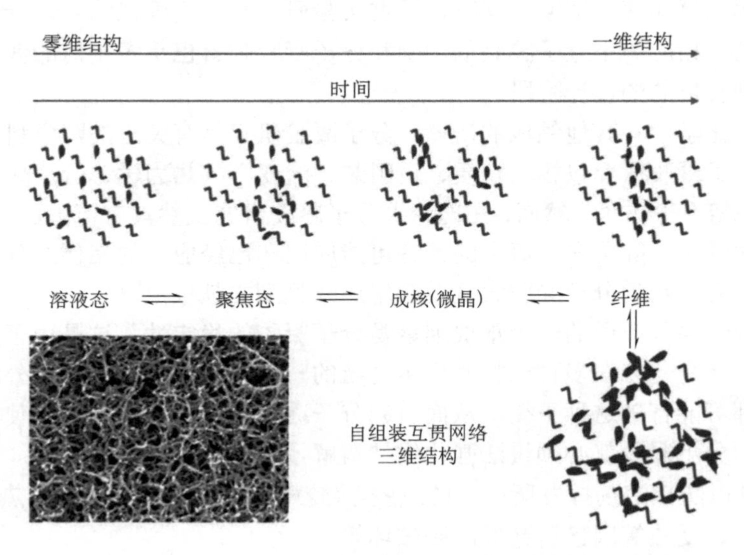

图 5-7　分子凝胶中胶凝剂三维网络结构形成过程示意图

主要过程包括：零维分子自组装成一维纤维，一维纤维再自组装成三维网络结构

由于分子凝胶中的三维网络结构是通过分子间的弱相互作用维持的，这种作用本质决定了分子凝胶的形成和破坏具有可逆性，并且分子凝胶中的胶凝剂浓度可小至＜1%(*w/v*)，甚至＜0.1%(*w/v*)(超级胶凝剂)，也就是说分子凝胶中的胶凝剂网络具有极高的孔隙率。此外，分子凝胶的超分子性质决定了其除了具有热可逆性，还有可能表现出对光、声、电、pH、剪切力以及化学物质的多重刺激响应性[55-62]，因而在诸多领域有着巨大的潜在应用价值[63-66]。

经过几十年广泛而又深入的研究，人们认识到小分子胶凝剂种类繁多，结构各异，一般来讲，小分子胶凝剂主要包括以下几类：①脂肪酸类衍生物；②氨基酸衍生物；③胺类衍生物；④胆甾类衍生物；⑤金属配合物；⑥多组分胶凝剂；⑦其他小分子胶凝剂。在这些胶凝剂中，胆甾类衍生物，特别是胆固醇类化合物显得尤为重要。众所周知，胆固醇是一种重要的生物活性分子，在生命过程中扮演着极为重要的角色。在分子凝胶研究中，胆固醇经常被用作小分子胶凝剂的结构片段，其原因可归结于：①胆固醇廉价易得；②胆固醇结构刚性且含多个手性碳原子，易于聚集形成螺旋结构；③胆固醇的 C_3 构型容易转化[67]；④甾体骨架是多种生物激素的主体结构，研究甾体衍生物的超分子自组装行为有助于理解生命奥秘，研究药物作用机理[68]。

分子凝胶研究持续发展，迄今为止见诸报道的小分子胶凝剂已经成千上万[69,70]。特别是随着超分子化学和纳米科技的飞速发展，人们对分子凝胶的研究视角日益多样，理解也更加深入透彻。同时，通过实验研究和理论模拟结合，分子胶凝理论逐渐成型，相应的小分子胶凝剂创制和分子凝胶制备也从多年前的偶然性发现逐渐过渡到有目的的设计阶段。

不同于化学学科其他领域的研究，分子凝胶研究具有突出的跨学科性质。一般而言，分子凝胶研究包含软物质、自组装、流变学、热力学、合成化学、理论计算和模拟等几个方面。然而，在理论上分子凝胶研究虽然具有巨大的应用潜力，但令人遗憾的是，除了在军事上的某些可能应用和已经应用的案例之外，迄今为止公开的、有影响的分子凝胶大规模应用还未见到文献报道[71]。

影响分子凝胶应用的一个重要因素是分子凝胶的稳定性。这是由于分子凝胶的形成和存在是建立在多种弱相互作用之上的一种溶解-聚集平衡态，外界任何微小的刺激都可能打破这种平衡，从而引起分子凝胶的融化相变。这就使得要获得长期稳定的分子凝胶就必须设法强化维持溶解-聚集平衡的因素。例如，采用高沸点液体，借以防止溶剂挥发所引起的凝胶-溶胶相变。通过封装实现隔热减震，从而克服振动、受热等因素引起的凝胶破坏等。

推进分子凝胶实际应用的另外一种思路是将其作为一种介质，构建结构特殊、性能优异的特别材料，从而彰显分子凝胶的应用价值。正是按照这一思路，笔者小组成功地将分子凝胶应用于荧光敏感薄膜材料、凝胶乳液和以凝胶乳液为模板的低密度多孔材料的制备，获得了一系列性能优异的功能表界面材料，甚至工业产品，展示了分子凝胶的研究意义和应用价值[72-74]，图 5-8 示意出了几个典型应用研究案例及制备策略。

作为一类传统化学合成技术和现代超分子化学组装技术综合运用所创造的重要物质形态，分子凝胶与传统化学凝胶在受到外场作用时会表现出完全不同的性质。在搅拌、泵送、晃动等剪切作用下，两类凝胶虽然都可由于其中网络结构的破坏而发生相分离或相转变，但就化学凝胶而言，这种破坏一旦发生就不能逆转，而分子凝胶则可能因剪切作用的去除而发生相态逆转。正是分子凝胶所具有的这种刺激响应性使其在模板合成、控制释放、组织培养、温和分离、信息储存与感知等方面具备了巨大的应用潜力。

除了刺激响应性之外，分子凝胶还具有胶凝剂含量低等特点。这就使得以其为介质，研究分子识别、化学转化，发展分子材料，实现结晶纯化具有其他介质无法比拟的优势。从这个观点来看，将分子凝胶研究拓展至高性能荧光敏感薄膜制备、凝胶乳液制备和低密度多孔材料的模板合成只是分子凝胶研究的初步拓展。相信未来的研究领域将会更加广阔，研究的内容将会更加丰富。就目前可以预期的深化研究而言，在以下几个方面值得进一步尝试：

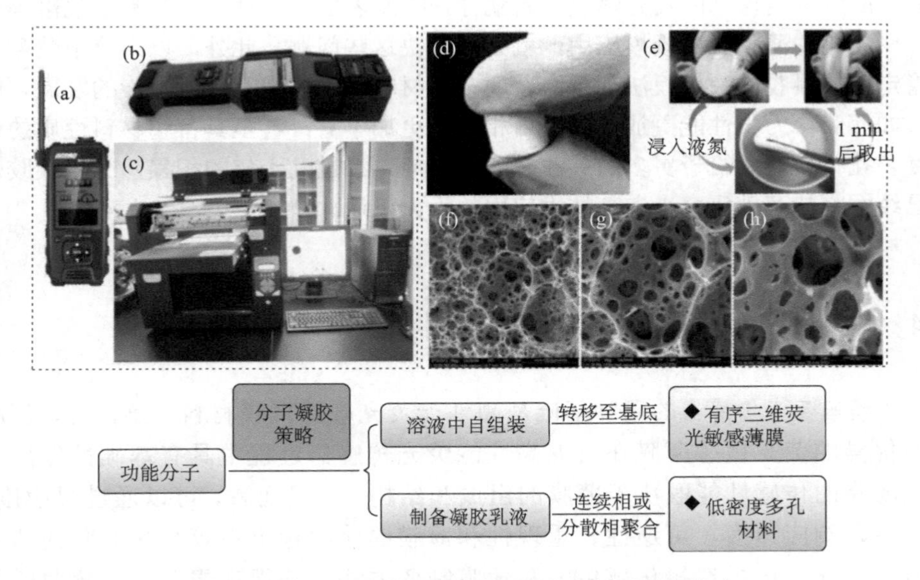

图 5-8　笔者小组分子凝胶应用研究案例及制备策略

(a, b) 以分子凝胶基荧光敏感薄膜为核心部件的两款不同型号的便携式爆炸物探测仪；(c) 薄膜打印制备设备；(d, e) 利用分子凝胶模板法所得柔性和耐低温低密度多孔材料以及 (f, g, h) 材料内相的显微结构。下图所示为利用分子凝胶技术制备有序三维网状荧光敏感薄膜和低密度多孔材料的基本策略

(1) 液-液萃取技术的革新。将分子凝胶引入传统液-液萃取将极大地促进液-液萃取技术的发展，这是由于分子凝胶一般都具有剪切刺激相变性质，这就使得由凝胶-液体构成的萃取体系在振荡下会以液-液形式工作，表现出与普通液-液萃取一样的效率，而在静置后，体系转化为凝胶-液体体系，原来的液-液分离转化为固-液分离。由此可见，基于分子凝胶的液-液萃取将有可能兼有液-液萃取的高效性和固-液分离的方便性。

(2) 高品质晶体的获得。溶剂是分子凝胶的主体成分，且分子凝胶可因需要而转化为液体。这种特性使得以分子凝胶为结晶介质时，在不妨碍晶体的分离收集条件下，可以有效防止器壁对晶体生长的不利影响，因而有望在高品质晶体制备中获得应用。

(3) 固-液悬浮体系的稳定化。固-液混合体系的储存固态化、使用流动化是众多工业过程的现实需求，分子凝胶策略的运用有可能很好地满足这两个看似相互矛盾的要求，从而解决与之相关的一系列问题。

当然，已经获得的分子凝胶应用也存在将研究工作继续深化的问题。例如，以分子凝胶策略得到的荧光薄膜材料就存在衬底表面黏附性不高、易于脱落等问题，要使相关薄膜获得规模应用，就必须解决这些问题。此外，以小分子胶凝剂为稳定剂的凝胶乳液模板法制备低密度多孔材料的工作也有待进一步的发展。例如，如何获得力学性能更加优异，内相结构更加丰富，甚至具备超材料性质的低密度多孔材料需要给予更多的关注。毫无疑问，经过几十年的积累，分子凝胶研究已经面临从基础研究走向高技术应用的巨大机遇。

5.4 凝胶基荧光膜及其传感应用

薄膜基荧光传感器的研制基础是高性能荧光敏感薄膜材料。换言之，创制性能优异的荧光敏感薄膜在发展高性能荧光传感器过程中具有基础性作用。荧光薄膜的传感性能取决于薄膜的组成和结构。一般而言，可以通过灵敏度、选择性、响应速度、可逆性、重现性和薄膜的化学稳定性等衡量薄膜的传感性能。因此，恰当选择传感单元和薄膜制备方法是获得理想荧光敏感薄膜的根本，提高单位面积中有效传感位点数目是构建性能优异荧光敏感薄膜的主要途径。

众所周知，组成分子凝胶的主要成分是溶剂，通过胶凝剂分子聚集形成的凝胶网状结构的质量体积比仅有 2%左右。因此，以恰当方式除去溶剂所得到的干凝胶(xerogel)应该具有多孔网状结构特征。这种分子水平上的良好通透性对于提高薄膜传感的响应速度、改善薄膜传感的可逆性乃至薄膜中荧光活性单元的光化学稳定性都具有十分重要的意义。此外，良好的分子凝胶往往还具有剪切触变性，这就为通过喷涂、旋涂获得均匀薄膜提供了方便。基于这些考虑，人们提出将荧光活性单元引入小分子胶凝剂中，通过分子凝胶策略，获得荧光活性分子凝胶，再以其为介质构建具有三维网状结构特点的荧光薄膜材料，借以改善传统荧光薄膜的传感性能和制备过程的可重复性[71-73]。

与普通物理膜和化学单层膜相比较，基于分子凝胶策略得到的薄膜在本质上虽依然属于物理膜，但其在结构上具有化学薄膜的有序性或部分有序性。这就使得这类薄膜不但具有常规物理薄膜所具有的制备方便、易于放大、衬底易于再生而重复使用等优点，而且也拥有化学单层膜所具有的结构均匀、传质阻力小、薄膜响应速度快、可逆性好等特点。与此同时，规避了化学单层膜荧光单元面密度小、制备困难、难以放大制备等问题，为荧光敏感薄膜材料的稳定高效制备奠定了基础。基于这些考虑，在过去的几年里，笔者小组制备了一系列分子凝胶基荧光薄膜材料，实现了对氨气、氯化氢、苯胺、苯酚、化学毒剂、毒品等的高灵敏和选择性检测[74-81]。

合适的胶凝剂分子是构建分子凝胶基荧光薄膜材料的基础，因此荧光胶凝剂分子的设计至关重要。作为荧光胶凝剂，一般而言其分子结构应该满足两个基本要求：一是所包含荧光单元对待检测物具有响应能力。目前见诸文献报道的荧光化合物种类繁多，结构和荧光行为各异，对不同对象表现出不同的响应能力。例如，多数苝酰亚胺衍生物属于缺电子化合物，在条件适当时，荧光可被一些能级匹配的富电子化合物猝灭；芘单体态荧光和激基缔合物荧光截然不同，环境因素的变化会引起两种结构之间的转化，依此可以监测环境因素的改变；7-硝基苯并-2-氧杂-1,3-二唑(NBD)衍生物因与氨类化合物作用而发生荧光猝灭，由此可以设计氨类化合物荧光传感分子或材料。二是分子中应该包含有利于凝胶形成的结构片段。经过几十年的发展，人们已经发现长链烷烃、胆甾类、脲基、糖类、氨基酸及多肽、脂肪酸等结构的引入有助于分子凝胶的形成。因此，在设计荧光胶凝剂时，要根据薄膜的使用要求，引入特定的结构片段，借以得到有助于形成理想薄膜的分子凝胶。

近年来，笔者小组将三联噻吩、苝酰亚胺、芘、NBD等荧光单元与葡萄糖、胆固醇、氨基酸等小分子胶凝剂结构片段组合，获得了一系列能够形成凝胶的荧光分子。通过研究所获得的荧光化合物在不同溶剂中的胶凝行为和流变学性质，选择合适的凝胶体系进行旋涂、滴涂、喷涂、转移等，制备得到了一系列具有良好通透性的荧光薄膜材料[75-82]。在此基础上，研究所获薄膜的结构、光物理行为和传感应用，筛选能够满足实际工作要求的薄膜，再进行器件化，最终获得概念性荧光传感器。相关研究不仅拓宽了分子凝胶的应用，而且为高性能荧光敏感薄膜的创制开辟了一条新的路径。

胺类(包括氨和有机胺)化合物具有重要的工业应用，同时也是重要的环境污染物。包括毒品在内的许多禁用药品的主要成分也是有机胺类物质或其类似物[83]。因此，开发高灵敏、高选择性氨和有机胺类化合物敏感薄膜材料具有重要的意义。苝酰亚胺是一种化学稳定性高、量子产率高、光电性能优越的荧光活性化合物，其衍生物在液晶和有机光电材料制备、特殊超分子结构搭建等方面获得了广泛应用[84-86]。

值得关注的是，通过辅助基团的引入可以大幅度改变苝酰亚胺的最高占据轨道和最低未占轨道能级，从而使其与特定胺类化合物的能级相匹配，实现对胺类的特异性检测[87]。此外，胆固醇具有强烈的形成超分子有序结构的趋势[66,67,74]，将其与苝酰亚胺结合，有望获得新型荧光活性小分子胶凝剂，从而为有序三维网状荧光敏感薄膜的制备打下基础。

基于上述考虑，笔者小组[75,77]将两者以不同策略结合获得了一系列如图 5-9 所示的苝二酰亚胺胆固醇衍生物，实现了对有机胺类化合物的高灵敏、高选择性检测。图 5-10 给出了对冰毒和冰毒类似物的检测结果。由图 5-10(a)可以看出，室温下将相应凝胶薄膜在冰毒类似物(MPEA)饱和蒸气中放置 50 s，薄膜荧光猝灭 90%以上，而且从薄膜荧光强度随时间的变化可以看出，猝灭响应几乎瞬间发生，而且瞬间达到平衡。此外，对真实冰毒样品的检测发现，薄膜表现出类似的响应行为，且检出限可低至 5.5 ppb。可喜的是，经过简单吹扫就可以实现薄膜的再生和重复使用。

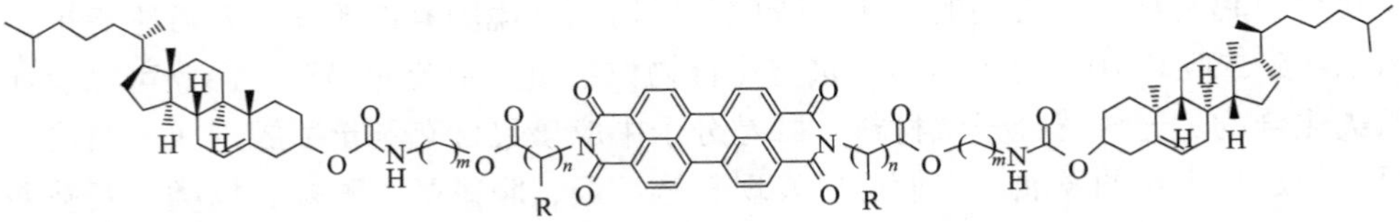

图 5-9 苝二酰亚胺胆固醇衍生物的分子结构

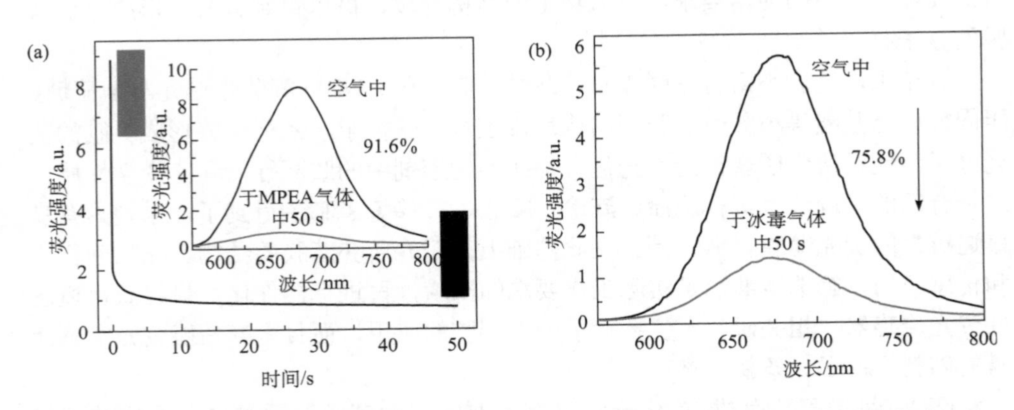

图 5-10 图 5-9 中某种苝二酰亚胺胆固醇衍生物凝胶薄膜对冰毒和冰毒类似物的传感性能

(a)在冰毒类似物(MPEA)饱和蒸气中薄膜荧光强度对时间的依赖性。其中插图表明薄膜在冰毒类似物饱和蒸气中 50 s 后其荧光猝灭 90%以上；(b)薄膜在真实冰毒样品饱和蒸气中 50 s 后其荧光猝灭 75%以上

实验中，将相同的苝二酰亚胺胆固醇衍生物以普通物理旋涂方法制膜，发现薄膜的荧光传感性能极差，说明凝胶网络结构的存在对传感性能改善具有重要作用。需要进一步说明的是：一是某些化合物的薄膜对芳香胺的存在十分敏感；二

是变换化合物中连接臂的结构可以改变相应薄膜的敏感对象；三是此类化合物凝胶薄膜均拥有理想的光化学稳定性。

最近，笔者小组[76,88]有意识地将芘引入图 5-9 所示苝二酰亚胺胆固醇衍生物结构中，得到了如图 5-11 所示结构的前两种化合物，以期通过能量转移体系的建立获得更好的分子凝胶基荧光薄膜，从而进一步拓展薄膜功能或改善薄膜的传感性能。研究表明，同预期的一样，相关化合物在极稀溶液中依然具有很高的能量转移效率，前者的能量转移被归结于电子交换机理（Dexter mechanism），后者则是通过偶极-偶极作用实现能量由芘向苝二酰亚胺的转移（Förster mechanism）。

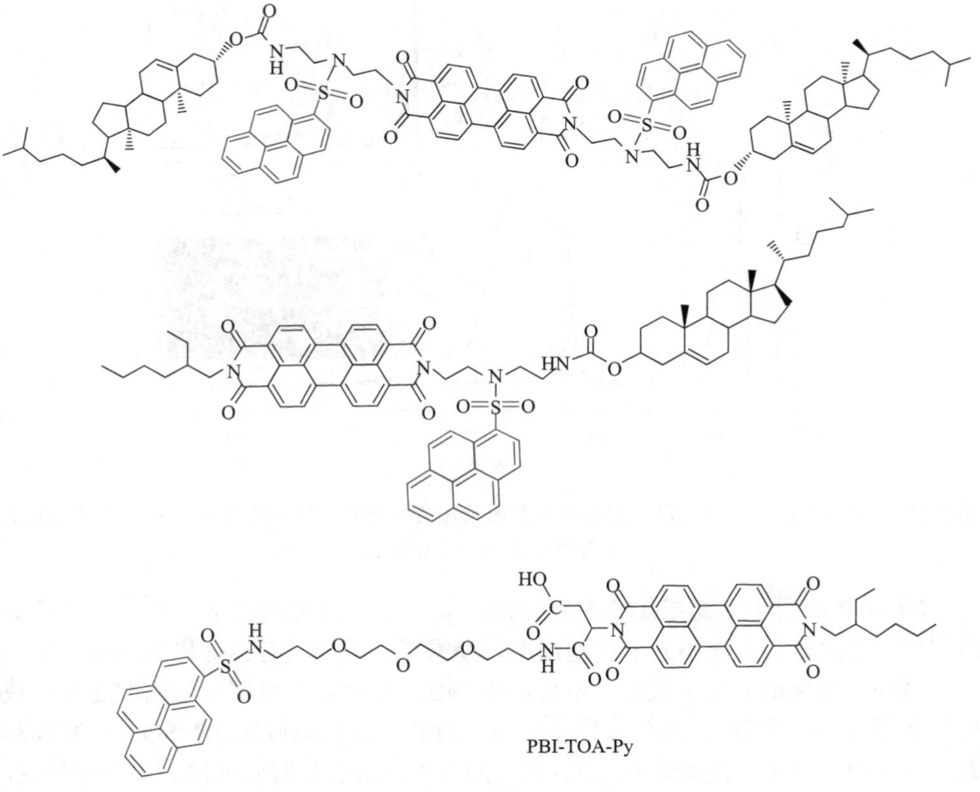

PBI-TOA-Py

图 5-11　三种典型苝酰亚胺-芘胆固醇衍生物的结构

实验还发现两个体系中，芘到苝二酰亚胺的能量转移都是经由芘激基缔合物的形成而进行的。对于第二个化合物而言，分子的二聚是有效能量转移的前提。为了进一步说明这一推测的合理性，后来又设计合成了如图 5-11 所示结构的第三种化合物 PBI-TOA-Py。在这一结构中，芘单元与苝酐单元相互远离，可能的分子内能量转移几乎被完全抑制，然而通过实验依然发现了高效率的从芘到花酐的能量转移，这一转移被证明确实直接依赖于分子二聚体的形成和形成效率。虽然这些包含两个荧光单元的化合物不是有效的小分子胶凝剂，但利用这种设计确实可以实现对溶剂的区分和鉴别。

图 5-12 示例给出了第三种化合物在部分溶剂中的荧光光谱和相关溶液在紫外光照(365 nm)条件下的照片。可以看出，该化合物在不同溶剂中的荧光光谱形貌和强度均不相同，表明能量转移效率的溶剂依赖性，这正是其溶致变色的根本原因。

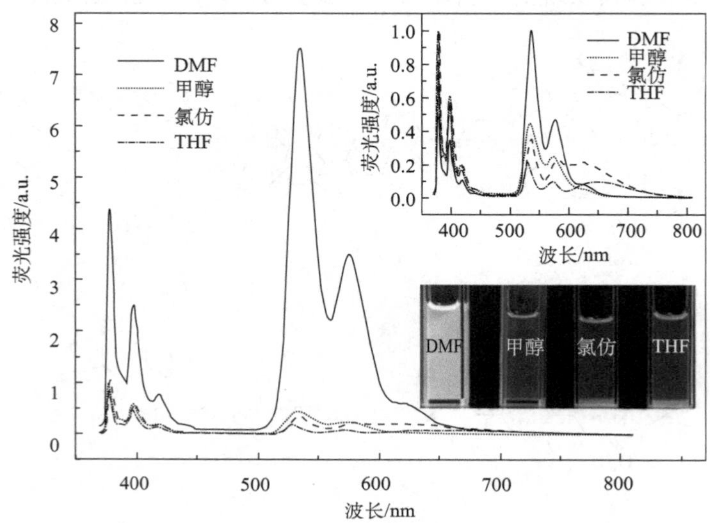

图 5-12 PBI-TOA-Py 在不同溶剂中的荧光光谱及在紫外光照条件下的溶液照片，插图为荧光强度最大处的归一化光谱

NBD 常被用于生物成像和生物检测，具有很高的荧光量子产率[87]。笔者小组[78,89,90]首次将其引入小分子胶凝剂中，获得了一系列具有良好机械强度、自愈合性质和传感性能的分子凝胶。例如，将 NBD 经由苯丙氨酸与胆固醇连接，获得了如图 5-13 所示结构的化合物[78]，该化合物可以高效胶凝 DMSO，该凝胶对氨气表现出很好的可逆刺激响应性：氨气的引入能够引起凝胶向溶胶的快速转变，并伴随体系荧光的猝灭；通入氮气或空气去除氨气后，溶胶又瞬间转变为凝胶态，体系荧光也随之恢复(图 5-14)。

有意思的是，该凝胶网络的结构可以通过胶凝剂的浓度来调节。具体来讲，随着胶凝剂浓度增大，胶凝剂聚集结构逐渐由松散、相对无序的纤维转变为有序的纤维阵列，为构建高性能传感薄膜奠定了基础(图 5-13)。据此可以制备分子凝胶基氨气敏感荧光薄膜，经由器件化，可以获得氨气荧光化学传感器(图 5-14)。

这一工作系统展示了经由分子凝胶构建高性能荧光敏感薄膜、薄膜器件，乃至传感器的可行性。

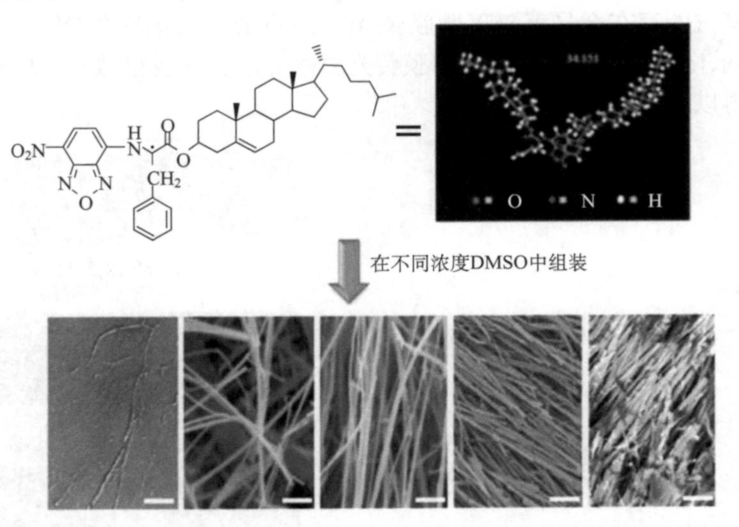

图 5-13　NBD 胆固醇衍生物分子结构及其在不同浓度 DMSO 凝胶中的不同聚集体结构

图中标尺为 3 μm

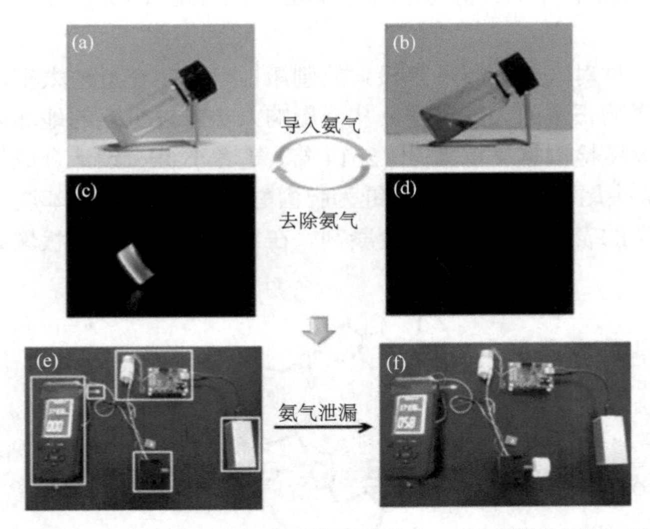

图 5-14　NBD 胆固醇衍生物凝胶对氨气的可逆响应性(a～d)及薄膜器件化后所搭建荧光传感器和概念样机的工作情况(e,f)(见书末彩图)

(e)没有氨气时仪器显示数字为零，且指示灯亮；(f)氨气污染的瓶盖靠近传感器采样口时，仪器显示数据“58”，且指示灯灭，表明氨气存在类似地，笔者小组[90]还设计合成了胆固醇-双 NBD 衍生物(Chol-2NBD，图 5-15)，实验表明该化合物是 THF-苯或吡啶-苯的高效胶凝剂。以此凝胶制膜，同样发现氨气的存在会显著猝灭薄膜荧光，薄膜荧光可因空气吹扫而恢复。与图 5-13 所示化合物不同的是，该薄膜荧光对水分的存在也很敏感，同样干燥后，薄膜荧光得以迅速恢复。

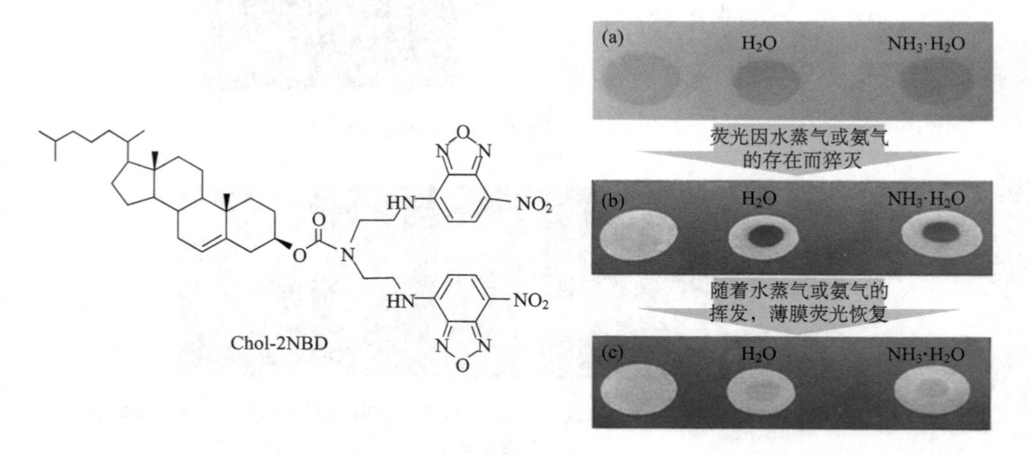

图 5-15　胆固醇-双 NBD 衍生物结构及其在薄膜态对氨气和水的可逆传感特性

氯化氢是一种对人类健康危害极大的刺激性气体。在近地太空，氯化氢的存在还会极大地影响正常的大气过程，从而影响人类赖以生存的地球环境，因此，气相氯化氢的灵敏检测意义重大[91]。2014 年，笔者小组[79]设计合成了一种具有双极性结构特点，头尾均为葡萄糖，侧链为胆固醇的 1,4-双(取代苯炔)苯(图 5-16)，该化合物是典型的表面活性小分子胶凝剂。在氯仿中，其以球状聚集体存在，转

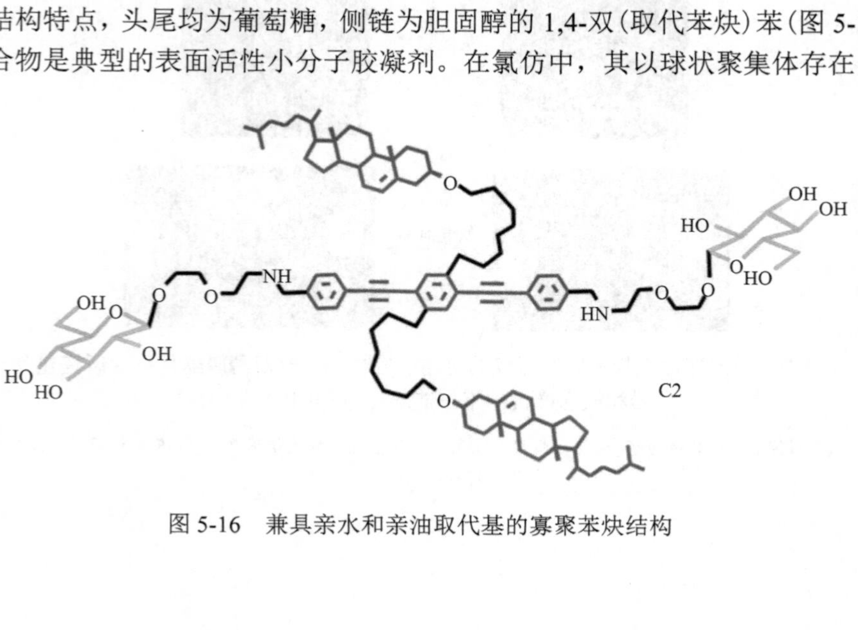

图 5-16　兼具亲水和亲油取代基的寡聚苯炔结构

移至玻璃衬底表面可得到宏观均匀的荧光薄膜[79]。薄膜表面的亲疏水性可通过不同的干燥方式控制：在空气中快速干燥得到疏水薄膜，缓慢干燥则得到亲水薄膜（图 5-17）。两种薄膜具有完全不同的微观形貌，其中一种由直径为 1～3 μm 的球状颗粒组成；另一种则由直径约为 10 μm 的囊泡组成。

传感实验表明，两种薄膜对气相氯化氢响应差别极大，以微球聚集而成的薄膜对氯化氢十分敏感，且响应可逆，最低检出限可达约 0.4 ppb，而另一种薄膜对氯化氢很不敏感，高浓度氯化氢导致的荧光猝灭最多不超过 30%。这一研究表明可以通过引入不同性质的辅助基团调节荧光基团的组装行为和性能。此外，两种不同微观形貌薄膜对氯化氢气体传感性能的巨大差异证明了聚集结构对薄膜传感性能的巨大作用，也说明了超分子组装技术在传感薄膜创制中所扮演的重要角色。

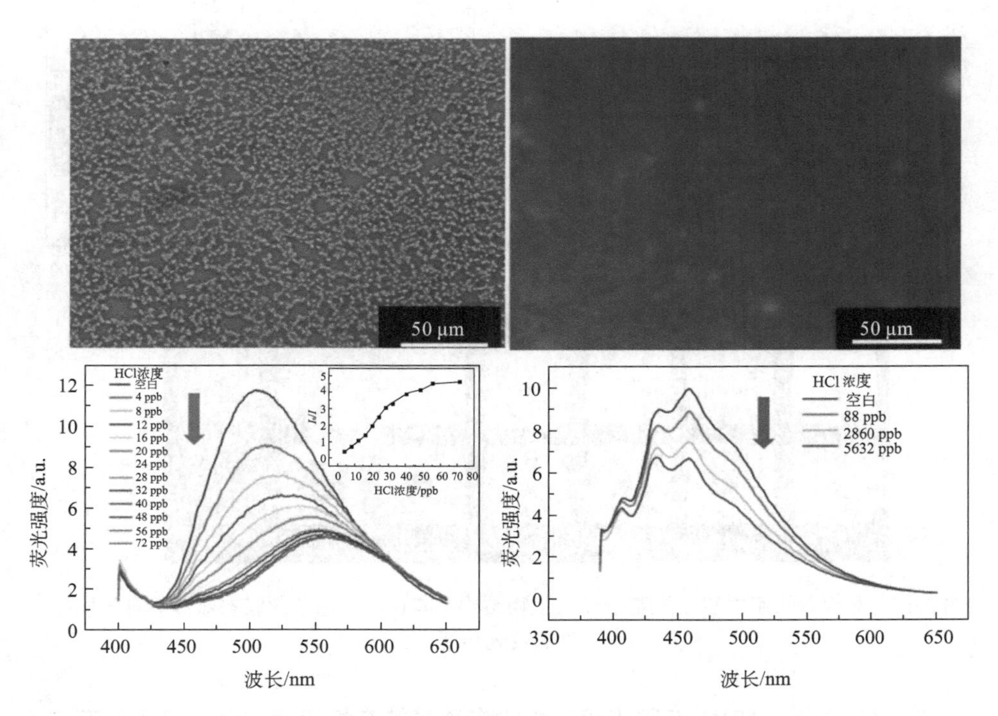

图 5-17　基于 C2 的两种荧光薄膜的荧光光谱及其对 HCl 的传感响应性

水体污染一直是困扰人类的一大难题，发展水体有毒有害化学品便捷、可靠检测方法具有重要的意义，几年来，笔者小组[80-82]设计合成了一系列具有自组装性能的荧光小分子化合物，利用分子凝胶策略制备了一系列有序网状荧光薄膜。通过光物理性质和传感性能研究，实现了对神经毒素、有机磷农药、甲醛等的可视化检测。此外，这些方法多数不但灵敏度高，选择性也很好，有些甚至可以进行器件化，实现重复使用。

图 5-18 给出了 2016 年笔者小组[80]设计合成的一种具有胶凝能力的寡聚苯炔胆固醇 8-羟基喹啉衍生物结构及其在水相和薄膜态对沙林毒气模拟物 DCP 的传感和可视化检测结果。可以看出，无论是在气相还是在水相，沙林毒气模拟物的存在都会显著猝灭该化合物的荧光。实验表明在水相该化合物对沙林毒气的检出限可达 0.1 ppb，其他含磷农药等类似物的存在不干扰测定。此外，测定还可以在自来水、海水等自然水体中进行，说明水体中矿物质、微生物等的存在也不干扰测定。特别有意思的是，以普通滤纸担载该化合物所得到的薄膜可以用于沙林毒气模拟物的快速、灵敏、可视化检测，检测灵敏度可达皮克级以下。

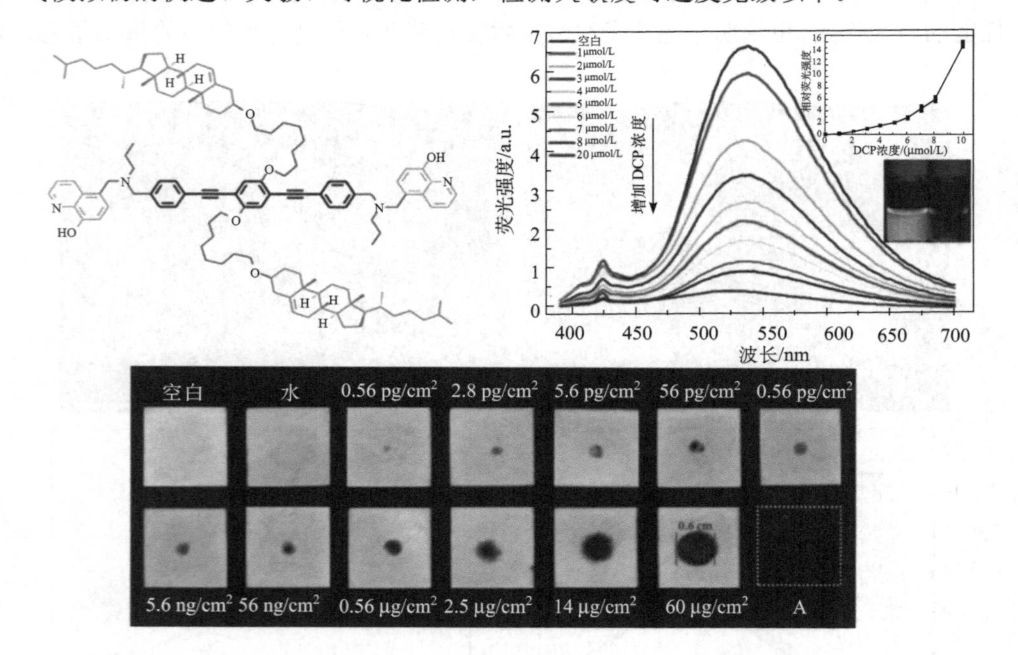

图 5-18　寡聚苯炔胆固醇 8-羟基喹啉衍生物结构及其在溶液态和薄膜态对沙林毒气模拟物的荧光传感

图 5-19 显示，NBD 双胆固醇衍生物在乙醇等有机溶剂中对汞离子的存在十分敏感。除了亚铁离子和铜离子外，其他常见金属离子的存在不干扰检测。至于亚铁离子和铜离子的干扰，则可通过简单的氧化还原试剂的引入来排除[81]。实验表明，该方法对汞离子的检出限可达 0.8 μmol/L。此外，可以将该化合物的汞离子配合物用作有机磷农药的点亮型传感平台，对已知的 5 种含磷农药的检出限均在 0.1 μg/mL 以下。进一步的研究表明，以适当的方式将该化合物及其汞离子配合物担载于硅胶板或其他材质的粗糙表面，可以实现对上述污染物的可视化检测，

这一结果为水体、土壤中汞离子、有机磷农药等污染的快速排查奠定了基础。

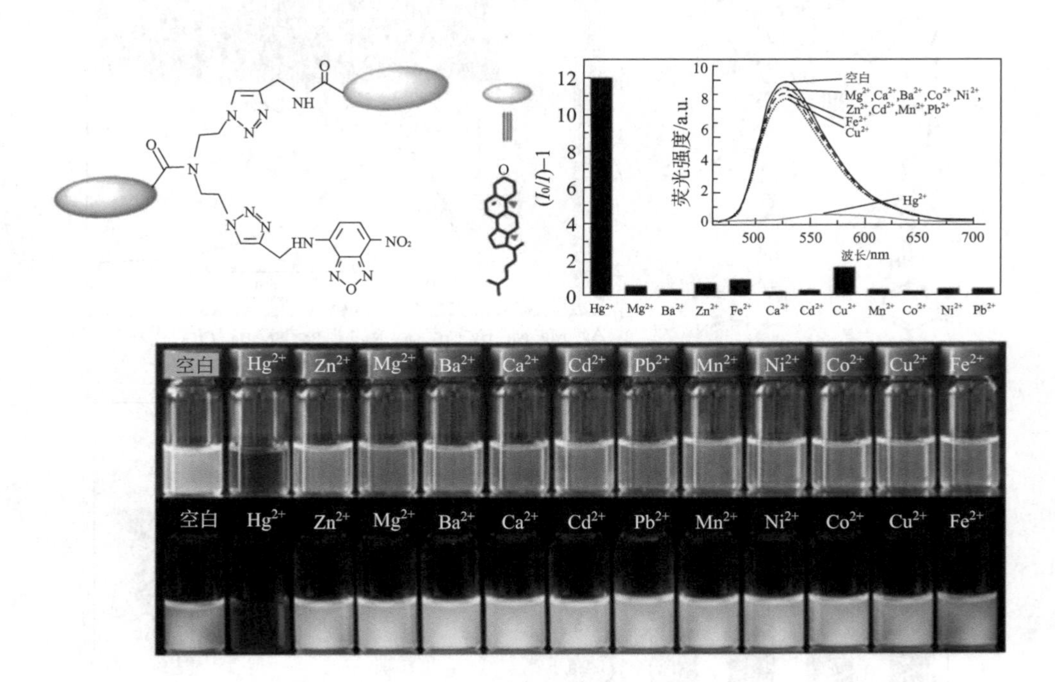

图 5-19　含金属离子螯合结构的 NBD 双胆固醇衍生物结构及其对汞离子的选择性响应

以类似的策略还可以实现对阴离子和甲醛的双功能检测[82]。图 5-20 给出了另一种具有螯合结构的 NBD 修饰的杯芳烃衍生物及其对银离子的选择性响应。实验发现在 THF-水混合溶剂中，该化合物可以选择性结合银离子，形成具有不同颜色的荧光活性银配合物，依此可以实现对有机溶剂中银离子的选择性灵敏检测。此外，利用甲醛对银离子的还原作用，还可以将该配合物用作甲醛检测试剂，实现对甲醛的选择性快速检测。在溶液相，相关检测可以可视化方式交替进行多次，各自的检出限分别为 6.2×10^{-7} mol/L 和 6.6×10^{-7} mol/L。

最近，笔者团队[92]以萘二酰亚胺为基本结构单元，将其与苯炔偶联得到一种新的荧光活性寡聚共轭结构，再通过引入多条长碳链调整化合物的溶解-聚集平衡，由此得到了一种能够胶凝苯系溶剂的小分子荧光胶凝剂。以此化合物凝胶制膜，可以得到具有如图 5-21 所示精美结构的荧光薄膜。传感行为研究表明苯胺、邻甲苯胺等芳香胺的存在可以显著快速猝灭薄膜荧光，采用空气吹扫，薄膜荧光很快且完全恢复，其他常见胺类等化合物蒸气的存在几乎不干扰相关测定。进而以薄膜器件组装可得到性能颇为理想的概念性芳胺荧光传感器。需要说明的是，此凝胶薄膜表现出极高的光化学稳定性。

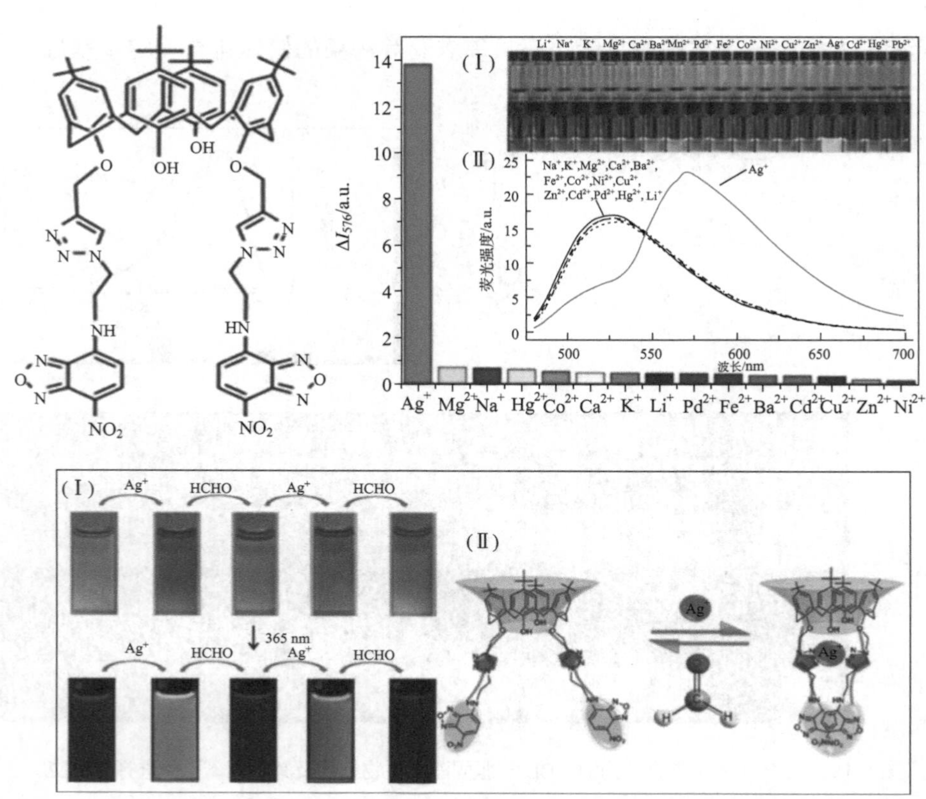

图 5-20 含螯合结构的 NBD 修饰的杯芳烃衍生物及其对银离子的选择性响应(见书末彩图)

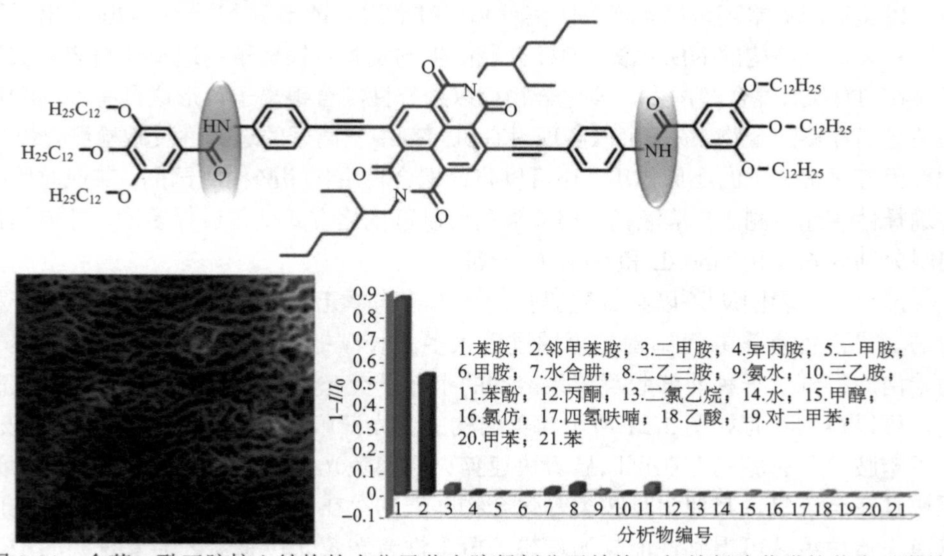

图 5-21 含萘二酰亚胺核心结构的小分子荧光胶凝剂分子结构、相关凝胶薄膜的荧光显微结构，以及薄膜对芳香胺类化合物的选择性传感性能

同样利用分子凝胶介导，笔者团队[93]设计合成了一种新的苝酰亚胺胆固醇衍生物，并将其在氯仿-正丙醇混合溶剂中的组装结构转移至石英衬底表面，得到了一种富含孔道结构的荧光薄膜。实验发现该薄膜结构均匀，光化学稳定性良好，荧光发射对苯胺以及邻甲苯胺存在十分敏感，其他常见有机胺、氨气和有机溶剂蒸气的存在基本不干扰相关测定。更为重要的是，该薄膜对苯胺响应不仅灵敏，而且具有快速、可逆的特点，呈现出良好的应用潜力。图 5-22 给出了相关化合物的分子结构、薄膜显微结构，以及该薄膜对气相苯胺的响应特性。

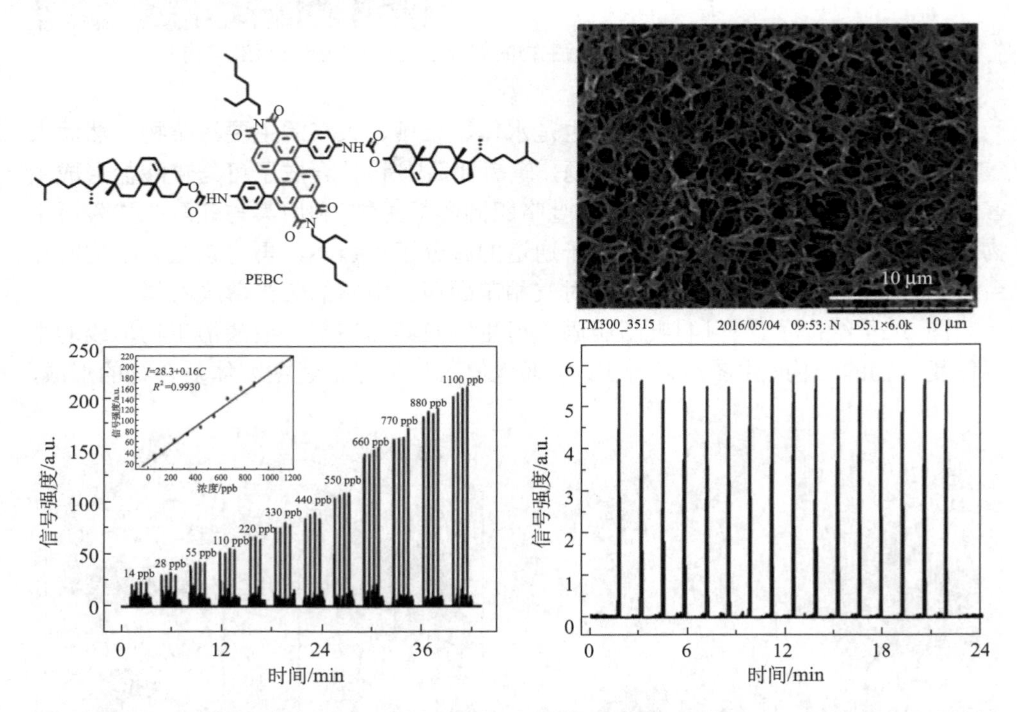

图 5-22　一种苝酰亚胺胆固醇衍生物及其氯仿-正丙醇凝胶薄膜结构，以及该薄膜对苯胺的传感响应性能(灵敏度、可逆性、响应速度等)

①相关检测在自行搭建的系统上进行；②激发和检测波长分别为 467 nm 和 730 nm；③响应速度和可逆性实验所用苯胺浓度为 400 ppb

基于相同的结构片段，几年前笔者实验室将苝酰亚胺胆固醇高分子化，得到了一种微观结构精美的荧光薄膜(图 5-23)[94]。传感研究表明，该薄膜对冰毒模拟物、苯胺、邻甲苯胺气体的存在十分敏感，且薄膜结构稳定，无论是干态使用还是溶液态使用，荧光性能均不受影响。

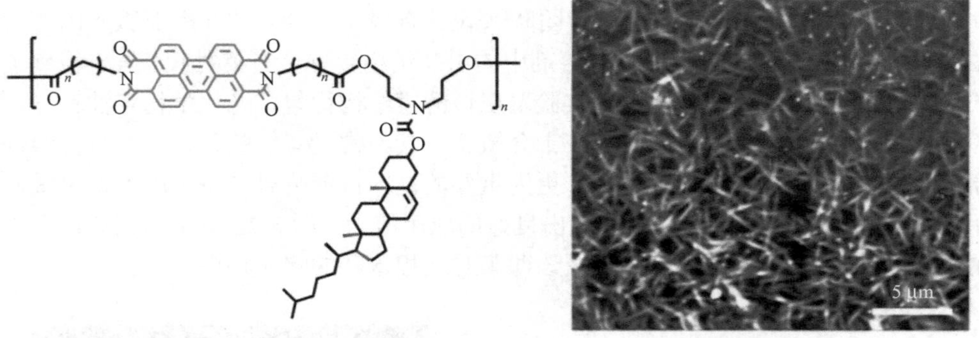

图 5-23 苝酰亚胺胆固醇衍生物的高分子化及其薄膜态组装结构

苯酚是重要的化学工业原料，也是水体、土壤、大气的主要污染物，然而大气中的苯酚极难测定。针对这一难题，笔者团队[95]设计合成了可与羧酸盐形成主客体复合物的新型主体化合物杯[4]吡咯胆固醇衍生物。利用其与苝酐二羧酸衍生物的主客体作用搭建了具有丰富分子通道的超分子组装体，再将该组装结构转移至适当衬底表面，依此发展了一种对气相苯酚极其敏感的荧光薄膜材料。

图 5-24 给出了该杯[4]吡咯胆固醇衍生物及其与苝酐二羧酸衍生物形成的主客体复合物的结构。由图可以看出：①通入氨气可促进上述主客体复合物的形成，

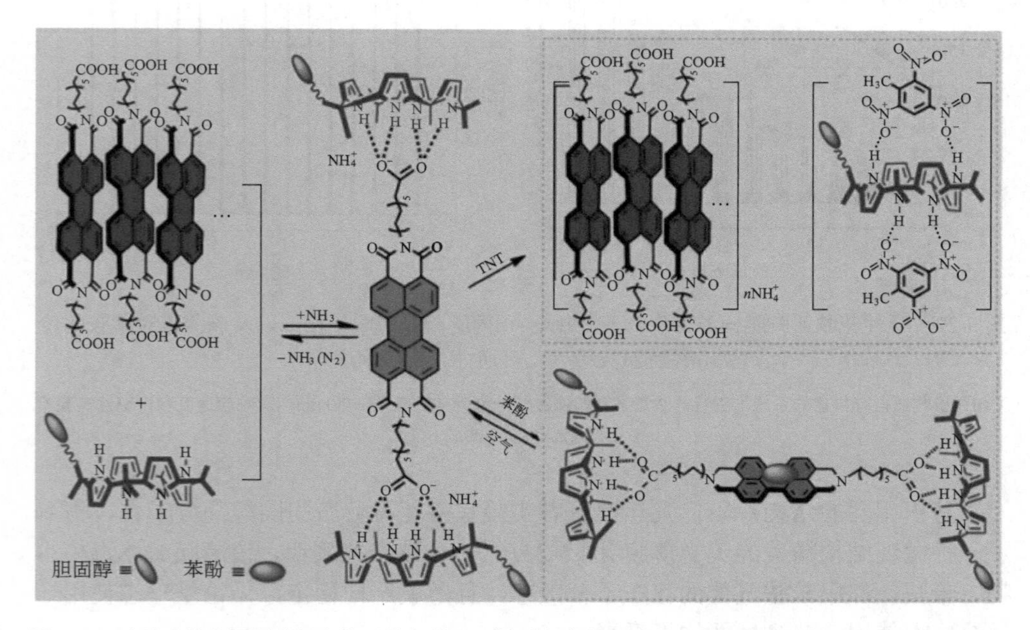

图 5-24 杯[4]吡咯胆固醇衍生物及其与苝酐二羧酸衍生物形成的主客体复合物的结构(见书末彩图)

①复合物形成可逆；②溶液态遇 TNT 解离；③干态对苯酚蒸气响应可逆

而该复合物的形成又促进了苝酐聚集体的解离，相应苝酐荧光被点亮，氮气吹扫可使该主客体复合物解离，荧光因之而猝灭；②TNT 蒸气的存在会导致主客体复合物结构的破坏，这种破坏不可逆；③不同于 TNT，虽然苯酚的存在也会引起该主客体复合物荧光的猝灭，但猝灭的机理不同，该过程不涉及超分子结构的破坏，只是由于苯酚分子与单体态苝酐复合所致，通过简单的空气吹扫就可以除去结合态苯酚，薄膜荧光因而得以恢复。他们利用该薄膜荧光对苯酚的这种可逆传感特性搭建了如图 5-25 中插图所示概念性荧光传感装置，实现了对气相苯酚的连续、灵敏和可逆性检测。

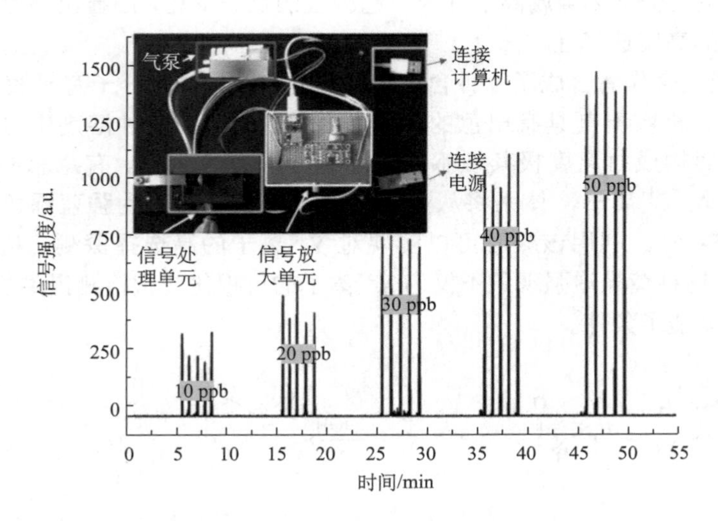

图 5-25　基于杯[4]吡咯胆固醇衍生物与苝酐二羧酸衍生物主客体复合物的概念性薄膜基荧光传感器及其对苯酚的气相传感性能测试

类似地，印度学者 Ajayaghosh 等也利用分子凝胶策略，制备了一种滤纸担载的荧光薄膜，实现了对硝基芳烃高达 10^{-18} mol 量级的可视化传感[96]。

5.5　可视化传感凝胶

作为刺激响应性材料，荧光小分子凝胶在传感领域的应用已经引起了人们广泛的关注。荧光小分子凝胶的独特之处在于其网络结构经由多重且遍布体系的超分子弱相互作用而形成，因此，在受到化学、光照、温度、压力等外部刺激时均可能表现出灵敏而显著的荧光信号改变，由此实现对环境变化的感知。近年来，基于荧光小分子凝胶的传感研究取得了长足发展，实现了对金属离子、有机小分子以及环境参数(如温度、压力、pH 等)的高灵敏、高选择识别和探测。本章仅就一些典型案例进行介绍。

Zali-Boeini 及其合作者设计并合成了含苯并咪唑和长烷基链的喹啉基小分子胶凝剂[97]，该凝胶对 Hg^{2+}和 Cu^{2+}离子呈现出十分敏感的选择性响应。具体而言，当 Hg^{2+}离子存在时，凝胶迅速转化为溶胶，并伴随着荧光的猝灭。这一现象为 Hg^{2+}离子的高灵敏可视化检测奠定了基础。相比之下，Cu^{2+}离子的存在则会导致凝胶颜色由原本的白色转变为暗粉色，同时荧光强度显著降低。值得注意的是，在相同条件下其他常见金属离子并未引起凝胶的显著变化，凸显出该凝胶对 Hg^{2+}和 Cu^{2+}离子的高度选择性。

Zhao 及其合作者合成了一种含有水杨醛酰腙结构的小分子有机胶凝剂[98]。这种小分子有机胶凝剂具有出色的自组装能力，能够在多种溶剂中自发形成纳米纤维，进而构成对温度极其敏感的可逆超分子有机凝胶。有意思的是，一旦在凝胶中引入 Y^{3+}离子，体系将从无荧光的黄色凝胶转变为强蓝绿色荧光的金属凝胶(图 5-26)。利用该凝胶可以实现对 Y^{3+}离子的高选择探测，检出限可达 1.0 μmol/L。这种荧光增强现象不仅为 Y^{3+}离子的可视化灵敏检测提供了可能，也为机理研究创造了条件。

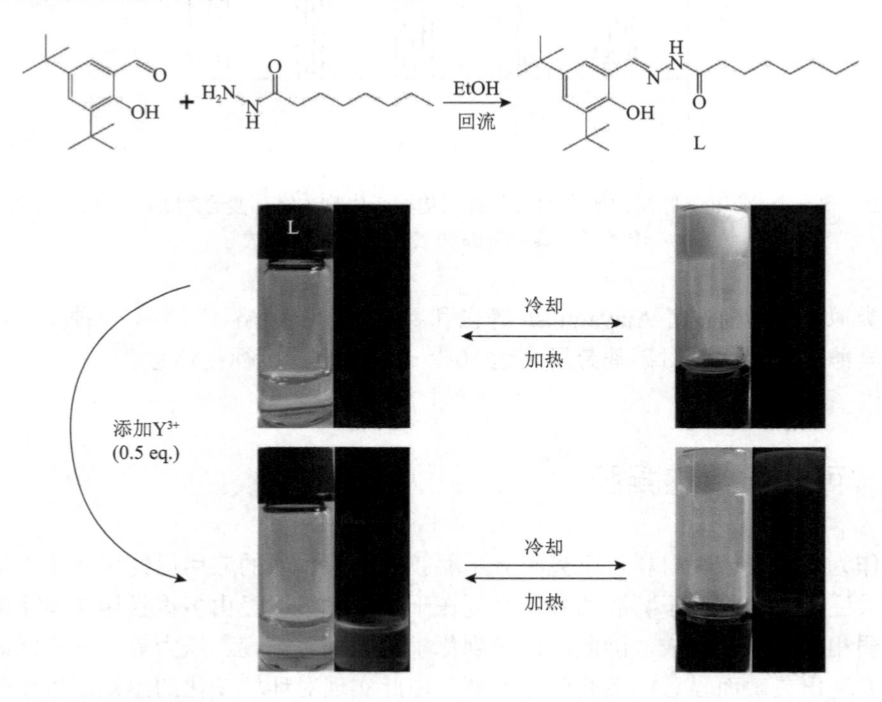

图 5-26 水杨醛酰腙衍生物的合成、凝胶-溶胶转变及对 Y^{3+}的响应(彩图见封底二维码)

Wang 及其合作者合成了一种以三胺胍基为中心、三苯胺基修饰的三足小分子新型荧光胶凝剂[99]。该凝胶对三乙胺、三氟乙酸以及 Cu^{2+}离子的检测限分别达到了 8.24×10^{-10} mol/L、9.75×10^{-10} mol/L 和 5.39×10^{-10} mol/L。Ihara 及其合作者发现在谷氨酰胺连接的三联吡啶形成的分子凝胶中引入金属离子可以改变三联吡啶结构的配位结构，从而增强凝胶的二级手性[100]。进一步的研究发现，当向凝胶中加入 Cu^{2+}、Zn^{2+}和 Ru^{2+}等离子后，配位作用导致三联吡啶基团从原本的非平面结构转变为平面结构，由此引起聚集体间 π-π 堆积的增强及与其相关圆二色吸收和圆偏振荧光信号的出现。

Pal 及其合作者合成了一种基于三唑改性的亚苯基亚乙烯衍生物。这种化合物可以形成具有高透明和蓝色发光性质的导电凝胶[101]。得益于凝胶网络中具有相互交织的纤维结构和局部柱状六边形结构，该凝胶在环境温度下呈现出 10^{-3} $cm^2/(V\cdot s)$的空穴迁移率。更为重要的是，该凝胶对 ppb 水平的 Fe^{2+}离子具有超灵敏的响应能力。通过 ^1H NMR 滴定研究，他们发现 Fe^{2+}离子能够与三唑单元中的氢原子发生相互作用，由此猝灭了凝胶的蓝色荧光，为 Fe^{2+}离子的可视化高灵敏检测提供了一种简单而又可靠的方法。

此外，更值得关注的是，在溶液中小分子能够自由移动和旋转。然而，当聚集后，自由度会显著降低，由此体系可能会出现自由态下不具备的荧光，这就是所谓的聚集诱导发光(AIE)效应。利用 AIE 效应，可以设计具有传感能力的凝胶，因为这些胶凝剂在与某些物质作用时形成凝胶而展现出 AIE 荧光，从而让人们获得相关信息。当然，也可以通过 AIE 荧光的消失实现可视化传感。

Cao 及其合作者设计合成了一种基于双吡啶衍生物的 AIE 化合物[102]。这种化合物的一个显著特点是其对 Hg^{2+}离子具有高度的选择性响应，原因在于吡啶结构与 Hg^{2+}离子之间的配位作用。当向该凝胶中加入微量 Hg^{2+}离子时，凝胶迅速转变为溶胶，随之而来的是体系荧光的猝灭。核磁滴定证实了这一推测。

Mukhopadhyay 及其合作者制备了一种携带腈基的 1,3,5-三甲酰胺基胶凝剂。实验发现该化合物可以快速胶凝水和 DMF 混合溶剂，并产生强烈 AIE 荧光[103]。引入 Co^{2+}离子，可以使该凝胶转变为金属凝胶。值得注意的是，这种金属凝胶对 L-色氨酸具有高度的选择性响应，检出限可达 2.4×10^{-8} mol/L。

Jiang 及其合作者合成了一种 V 型氰二苯乙烯基分子，这种分子展现出优异的胶凝能力。所形成的凝胶不仅具有 AIE 荧光，还表现出对多种外部刺激的响应行为[104]。在热、光和氟离子等外部刺激作用下，该凝胶能够发生可逆的凝胶-溶胶转变，并伴随着 AIE 荧光的猝灭。进一步的研究发现，该凝胶的刺激响应性源自分子中二甲基苯胺基团(作为供体)和氰基(作为受体)之间主客体作用。正是二甲基苯胺基团的质子化导致分子内电荷转移效应的消失，由此引起了凝胶-溶胶的转变和所伴随的黄光发射向蓝光发射的转变。

发芽的马铃薯、木薯、苹果籽和苦杏仁等食品对人体健康构成潜在威胁。这类食品会产生微量的CN^-离子，可作为检测标志物。因此，若能快速、便捷地检测出以上食品中的CN^-离子含量，对于保障食品安全具有重要意义。Singh 及其合作者利用苯甲酸和吡啶衍生物合成了一种具有三重对称性的小分子胶凝剂[105]。该化合物可以胶凝 DMSO 和水的混合溶剂，同时表现出 AIE 荧光。实验发现，当向凝胶中引入CN^-离子时，原本白色的凝胶会迅速溶解，转变为黄色溶液。这一变化过程不仅显著，而且具有高度的选择性，使得该凝胶成为检测CN^-离子的有效工具。由此实现了对发芽马铃薯、木薯、苹果籽和苦杏仁的早期快速识别。核磁滴定实验证实了CN^-离子与胶凝剂分子中的酰腙结构之间的结合作用。

Lu 及其合作者合成了一系列叔丁基咔唑修饰的β-二酮二氟硼配合物[106]。基于该化合物的有机凝胶和干凝胶都展现出很强的 AIE 红色荧光发射。这种特殊的 AIE 荧光对苯胺十分敏感，表现出选择性的荧光猝灭，检测限可低至 2.0 ppb。此外，该化合物还具有力致荧光变色特性。通过简单物理研磨，可以破坏化合物的聚集状态，诱导荧光颜色发生变化。例如，原本在紫外灯下发红光的化合物，经过研磨后荧光发射颜色变为深紫色。最后，使用CH_2Cl_2气体熏研磨后的粉末，可以使其荧光发射恢复到初始状态(图 5-27)。

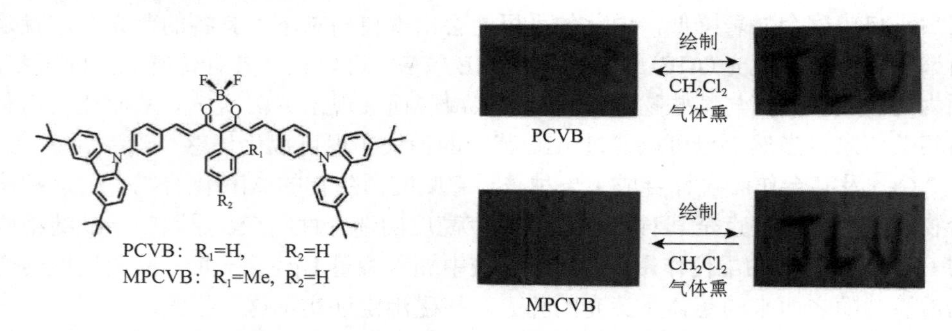

图 5-27　β-二酮二氟硼衍生物及其称量纸担载薄膜的可视化传感

Yu 及其合作者以萘酰亚胺丁酯为原料合成了一种新型小分子胶凝剂。该胶凝剂可与多种有机溶剂形成稳定凝胶。有意思的是，在含有氟离子的溶胶中通入CO_2气体，可以实现溶胶到凝胶的相转变。这一过程不仅伴随着显著的物理形态的变化，还表现出荧光增强现象。这一发现为CO_2传感提供了一种新颖的可视化技术手段[107]。

Liu 及其合作者在聚氧乙烯水溶液中将 1-丁基-3-乙烯基咪唑四氟硼酸酯与丙烯酸共聚，得到了具有半互贯网络结构的导电水凝胶[108]。由于半互贯网络结构的存在，该水凝胶呈现出优异的抗疲劳性和形变能力。断裂伸长率可达 300%，压缩形变可达 85%，且在外力释放后可迅速恢复到原始状态。基于这些独特性质，该水凝胶作为高耐变形性离子导体在容阻式离子传感器中成功获得应用。研究表明，在电容模式下，压力响应范围为 0～8 kPa，循环稳定性可超过 500 次。在电阻模式下，压力测量灵敏度高，线性范围宽，且响应时间只有 80 ms。这些优异的性能使得该传感器能够用于准确监测包括说话和关节弯曲等在内的复杂人体动作，呈现出巨大的应用潜力(图 5-28)。

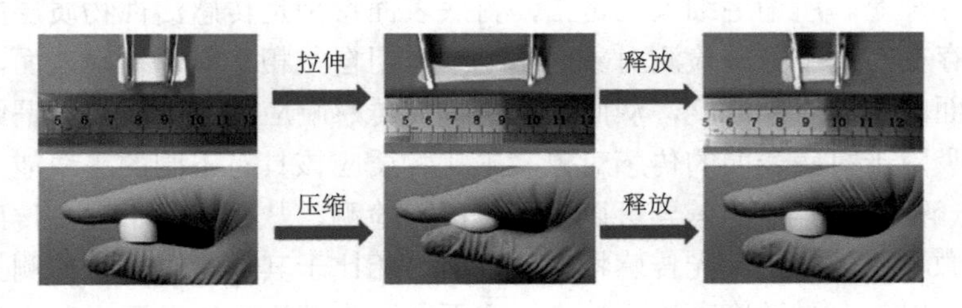

图 5-28　可穿戴半互贯网络导电水凝胶的可逆拉伸和压缩

Yu 及其合作者设计合成了具有两亲性的三联吡啶衍生物胶凝剂[109]。通过光或热刺激可以在该胶凝剂的水凝胶诱导产生稳定的三吡啶基自由基，随之而来的是凝胶颜色从白色转变为深紫色，以及突出自愈性、可拉伸性和自支撑性的获得。此外，该水凝胶还表现出对氨的选择性响应，以及拉伸时颜色的可逆变化。这些性质的存在使得该水凝胶可以在应力应变的可视化传感中获得应用。

由此可见，湿凝胶对外界刺激的高度敏感性使其在荧光传感应用中独树一帜。与干凝胶不同，将湿凝胶对外场的独特敏感性与荧光技术融合，可以催生一类能够将外部刺激精准转化为可视化信号的智能传感材料。毫无疑问，可视化为不依赖于仪器设备的原位、在线、快速传感的实现提供了可能。当然，湿凝胶的保存、转移和具体使用还存在诸多问题，但其对外界刺激的极端敏感性还是为实际应用提供了无限可能和机遇。我们有理由相信，荧光小分子凝胶体系将会在环境质量监测、生物医学诊断、食品质量控制等多领域获得重要应用。

5.6　基于非平面分子结构的多孔荧光膜

上述案例展示充分说明，作为荧光传感薄膜材料制备的一种新策略，分子凝胶法确实具有本章导言部分所述及的包括通透性可控等一系列突出的优点，这主要归功于凝胶中存在的胶凝剂三维网络结构。可以说分子凝胶法在保持传统物理薄膜易于制备等优点的同时，比较理想地解决了其存在的突出缺点。

不过，在实际工作中，发现同样的传感分子，同样的制膜策略，不同的衬底依然可以给出性能完全不同的敏感薄膜，这就是所谓的衬底效应。特别是伴随衬底表面微结构的毛细效应有助于气态传感对象的表面富集，从而有助于提高传感响应灵敏度。此外，利用这一效应还可以将表面吸附态分子的解吸动力学差异用于对传感对象的区分检测，从而提高传感过程的选择性。基于这些认识，笔者团队提出了“毛细效应+解吸动力学+微环境效应”这一新的荧光敏感薄膜制备策略，即组合设计思想。所谓毛细效应是指，衬底表面特别是传感活性物质层的微纳多孔结构的存在有助于分析检测对象经由毛细作用自气相富集于衬底表面，显著增加薄膜表面的检测对象浓度，从而有助于提高传感响应的灵敏度。所谓解吸动力学是指，吸附于衬底表面的传感对象、干扰物质应该具有不同的逃逸能力，这一逃逸能力(解吸动力学)的差异可以被用于区分检测，从而有助于提高传感过程的选择性。微环境效应是荧光传感特有的性质。相比于其他常见分析检测技术，荧光传感之所以具有灵敏度高这一特点，主要是因为荧光传感着眼于荧光活性分子激发态的观测，而处于激发态的分子对环境变化自然要比基态敏感得多，这就在本质上决定了荧光传感的固有灵敏度。很显然，将上述几个效应结合必将有助于发展新的、性能更加优异的荧光敏感薄膜材料。

另外，还要指出的是，用于重大疾病诊断的呼气检测、体味检测等，往往会涉及一些饱和烷烃等的光电惰性、化学反应惰性的小分子化合物的检测，这就使得过往的敏感薄膜设计思想难以奏效，必须发展新的敏感薄膜设计思想，上述“毛细效应+解吸动力学+微环境效应”就不失为一种可供借鉴的思想，因为相关设计并不要求检测对象分子与传感单元之间存在特定的能量关系，或者化学作用关系。

因此，除了分子凝胶之外，在构建多孔荧光传感薄膜方面，笔者团队提出将具有非平面结构的荧光小分子化合物用于构建富含分子水平孔洞结构的敏感薄膜。此类结构的引入为“毛细效应+解吸动力学+微环境效应”的综合应用提供了新的可能。具体来讲，先后将四配位有机硼化合物、邻碳硼烷衍生物、具有立体结构特点的自组装金属大环化合物和蝶烯衍生物等作为结构要素引入到传感单元中，以此获得了一系列性能优异的荧光敏感薄膜材料和薄膜基荧光传感器。现择要介绍几种具有代表性的，基于非平面结构荧光分子构建的多孔荧光敏感薄膜材料和器件。

胃癌重要标识物正戊烷的气相传感[110]：为能够感知此类检测对象，笔者团队首先设计制备了四种包含相同硼四面体结构的荧光高分子(图 5-29)，然后将其溶解于适当溶剂，再将由此所获得的溶液滴涂于玻璃或硅胶板表面，由此获得了八种包含丰富分子通道的荧光薄膜。实验研究表明，荧光活性物质结构的改变或者衬底本性的改变，均会对薄膜的传感性能产生巨大的影响。此外，通过八种薄膜的联合使用，可以很好地实现从结构类似物和相关干扰物质中区分检测正戊烷(图 5-30)，由此实现对其可逆、快速和灵敏测量。

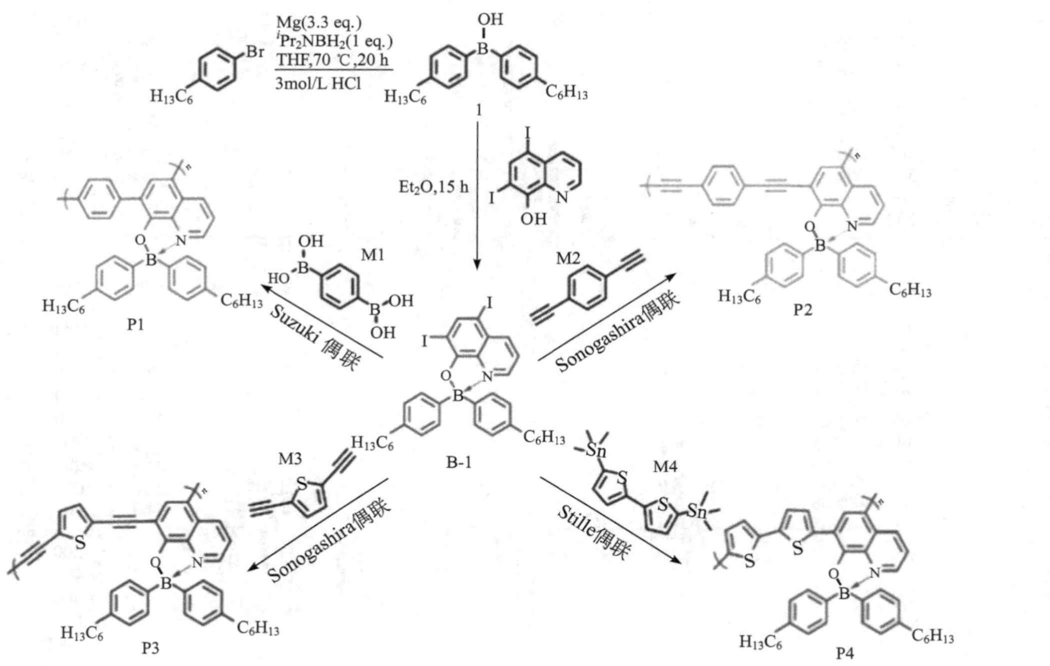

图 5-29　四种含硼四面体结构荧光聚合物的合成路径

针对不同合成单体，采取的缩合策略不同

很显然，对正戊烷这样的光电惰性、化学惰性物质的荧光灵敏探测，大概也只能通过上述几个效应的结合才可以实现。

考虑到在实际工作中，使用如此多的荧光物质和敏感薄膜是一件很困难的事情，因此，在后来的工作中，笔者团队特意将动力学信息引入，由此可以在不弱化系统区分检测能力的条件下，显著减少所使用敏感薄膜或薄膜器件的个数。例如，最近笔者团队将此策略用于冰毒、摇头丸、K 粉、麻古、咖啡因、巴比妥等常见毒品的非接触式探测，取得了很好的效果[111]。

图 5-31 给出了实验中所使用荧光活性物质的结构。可以看出，碳硼烷的引入使得整个分子不再是简单的平面结构，这样就可以保证其在衬底表面聚集时，始终会有分子水平上的微纳孔道或空隙存在，由此促进毛细作用的发生。将此种特别设计的荧光活性物质的恰当溶液滴涂于塑料板、玻璃板和硅胶板，可以方便地得到三种行为完全不同的荧光敏感薄膜。经由阵列化，在自主搭建的传感平台上联合使用三种器件(传感器阵列)，可以获得丰富的响应信息(图 5-32)。与此同时，将分析对象和可能的干扰物质的解吸动力学引入，通过简单的逻辑门技术就可以实现对所关心六种毒品的灵敏探测。

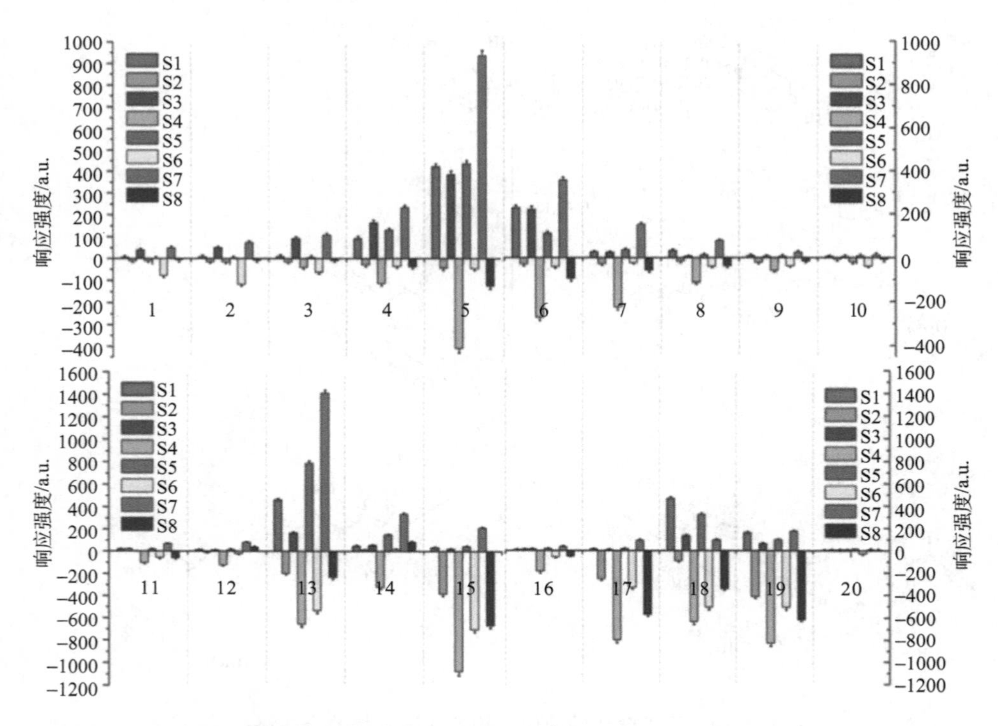

图 5-30 八种含四配位硼结构的荧光敏感薄膜对相关饱和烷烃、有机溶剂蒸气和可能的干扰气体的区分检测(见书末彩图)

1. 甲烷；2. 乙烷；3. 丙烷；4. 正丁烷；5. 正戊烷；6. 正己烷；7. 正庚烷；8. 正辛烷；9. 正壬烷；10. 正癸烷；11. 甲醇；12. 甲苯；13. 乙醚；14. 苯；15. 丙酮；16. 乙醇；17. 四氢呋喃；18. 二氯甲烷；19. 三氯甲烷；20. 水。每一种检测对象都有来自八个薄膜的响应信号，由此构成了一个独特的响应模式。相关结果来自三次平行测量

观察图 5-32，可以看出，在抽气检测时，三种薄膜器件对相关毒品和潜在的干扰物质表现出完全不同，或者说是相互补充的响应模式，这就为区分检测奠定了坚实的基础。实际上，就所研究的体系而言，仅靠所示响应模式的不同，还无法对所有样品实现全面区分。为此，特意采集了不同样品在不同器件条件下的响应动力学信息，发现不同样品与不同薄膜器件的搭配确实可以表现出不同的响应动力学，由此可以进一步对检测样品实现区分。相关结果和分析过程的细节可参考文献[111]。

采用类似的策略，笔者团队实现了对水体中乙醇含量的非接触式测量(图 5-33)[112]，令人高兴的是，相关方法还可以用于商品白酒的乙醇含量测量。特别震撼的是，按照这种策略，通过简单的阵列化，甚至还可以实现对典型爆炸物、毒品和易挥发性有机气体的同时探测，而且探测可以在模拟工况条件下进行[113]。此外，利用类似的阵列化策略，甚至还可以区分烟草和电子烟中的尼古丁。

在液相条件下，纳克级尼古丁的检测已经实现[114]。由此可见，基于碳硼烷结构构建的非平面分子在传感应用中表现出巨大潜力。

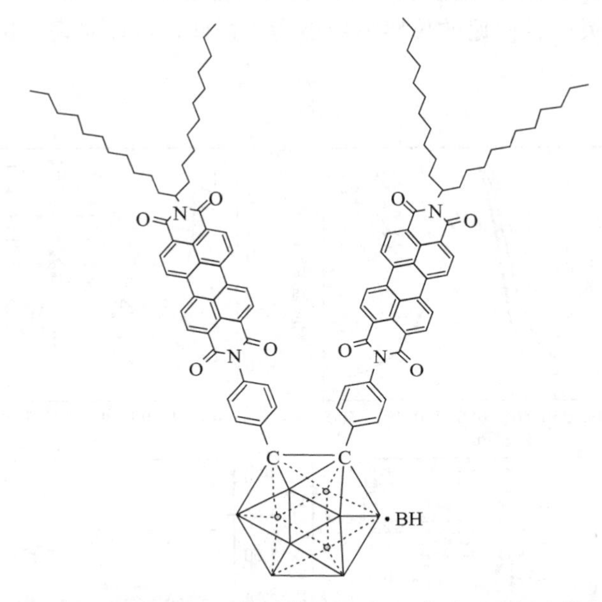

图 5-31　实验所使用荧光活性物质碳硼烷双苝酰亚胺衍生物的结构

几年前，笔者团队设计了一种非平面苝单亚胺衍生物(PMI-CB)[115]，这种分子由于其独特的立体空间结构，在溶剂和薄膜状态下均展现出强烈的荧光发射(图 5-34)。在进一步的研究中，发现 PMI-CB 薄膜对 BTX(苯、甲苯、二甲苯)气体表现出显著的荧光增强效应。相比之下，对于乙醇、三乙胺和丙酮等其他常见化合物，PMI-CB 薄膜则表现出明显的荧光猝灭现象。这表明基于 PMI-CB 的传感器对 BTX 具有很高的选择性检测能力，能够在复杂环境中准确识别 BTX 气体。灵敏度试验结果表明，PMI-CB 薄膜能够检测到低至 3.3 mg/m³ 浓度的苯蒸气。此外，在 3.3～425.9 mg/m³ 的浓度范围内，PMI-CB 薄膜的荧光强度与苯蒸气浓度之间呈现出良好的线性关系。这意味着基于该薄膜材料有可能发展出能够定量的高性能 BTX 传感器。

基于氮杂环丁烷封端的邻碳硼烷联苯衍生物(BZPCarb)(图 5-35)的薄膜具备 AIE 和 ICT 多重荧光性质[116]。AIE 性质的存在避免了传统荧光材料存在的聚集猝灭效应，确保了薄膜态的荧光亮态。而 ICT 性质则使得薄膜能够感知微环境极性、酸碱性等的改变，从而实现对特定分析物的高灵敏检测。正因为这些独特性质的存在，BZPCarb 薄膜能够对空气中极低浓度的苯酚、邻甲酚、间甲酚和对甲酚等酚类化合物展现出前所未有的区分传感性能，检出限分别低至 0.4 ppt、0.3 ppt、

10 ppt 和 0.8 ppt。此外，通过结合两个 PBI 单元和一个刚性邻碳硼烷连接，笔者团队合成了一种新的 PBI 衍生物(PCB-EpE)[117]。研究发现，具有基于具有开放 Z 型结构的 PCB-EpE 的荧光薄膜对肉类新鲜度重要标示物——挥发性碱性氮(VBN)，表现出灵敏且快速的传感响应能力。据此，可以实现对肉类新鲜度的快速实时监测。

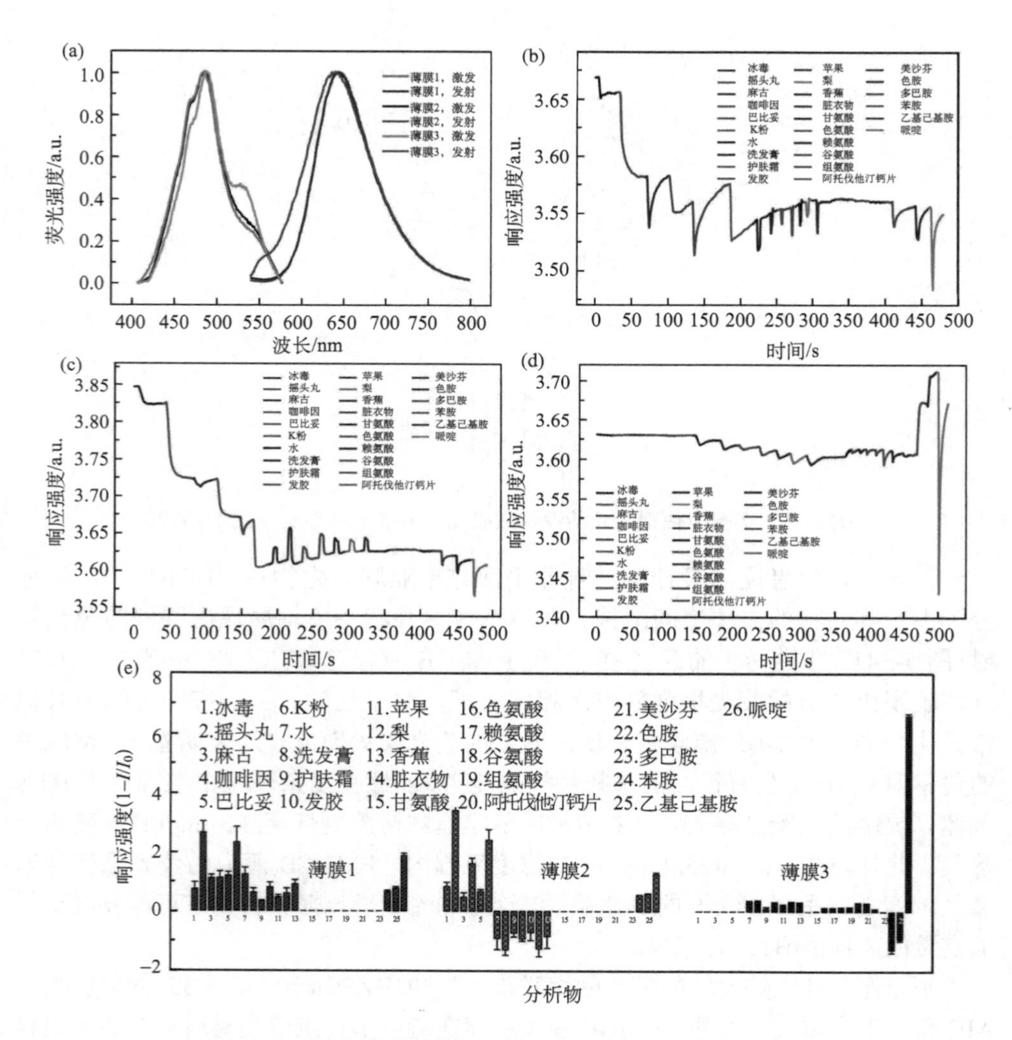

图 5-32 相关化合物荧光光谱与传感性质(见书末彩图)

(a)三种薄膜的荧光激发和发射光谱，激发和检测波长分别为 480 nm 和 650 nm；(b～d)暴露在不同检测对象和可能的干扰物质气氛中的薄膜 1、薄膜 2 以及薄膜 3 荧光强度随时间的变化，激发和检测波长分别为 480 nm 和 650 nm；(e)三种薄膜对检测对象和可能的干扰物质五次平行测定结果的集中呈现，其中 15～26 均为含氨基有机化合物

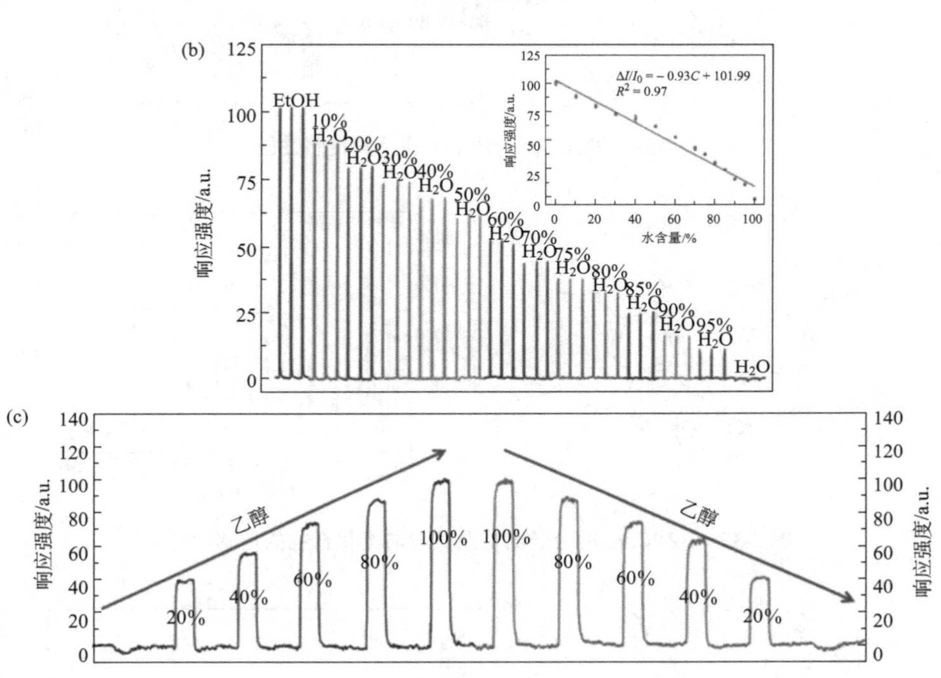

图 5-33 对水体中乙醇含量进行薄膜基荧光测量的传感活性物质结构与传感性能

(a)非平面结构碳硼烷衍生物 ZPCarb；(b)薄膜荧光强度对水体中乙醇含量的线性关联；(c)传感响应可逆性。值得一提的是：①水体中乙醇含量的测量无须将薄膜器件浸入水体，只需将其上方气体泵入传感器样品室，也就是说，测定在非接触式条件下完成；②水体中乙醇与甲醇的区分可经由解吸动力学的差异实现[115]

如前所述，饱和烷烃具有极高的化学稳定性和光电惰性，实现对其灵敏、快速、选择检测极为困难。为了解决这一难题，笔者团队创新性地将供体和受体分子分别键合到碳硼烷的邻位上，获得了 CB-AN-PBI 分子(图 5-36)。幸运的是，CB-AN-PBI 表现出独特的跨空间电荷转移(TSCT)性质。因此，当介于供体和受体片段之间的气氛改变时，分子体系的电荷转移效率必然随之改变，由此可以实现对分析物的感知[118]。基于 CB-AN-PBI 的荧光薄膜对正戊烷检测灵敏度达到了前所未有的 10 ppm，且响应时间不超过 5 s，展示了碳硼烷基荧光材料在烷烃气体

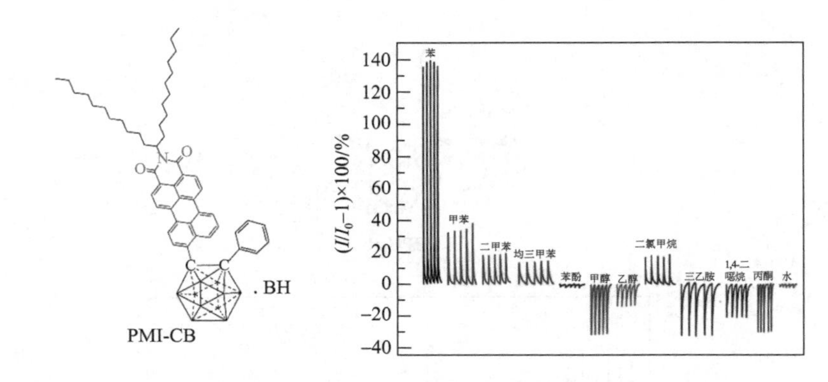

图 5-34 PMI-CB 的分子结构及其传感性能

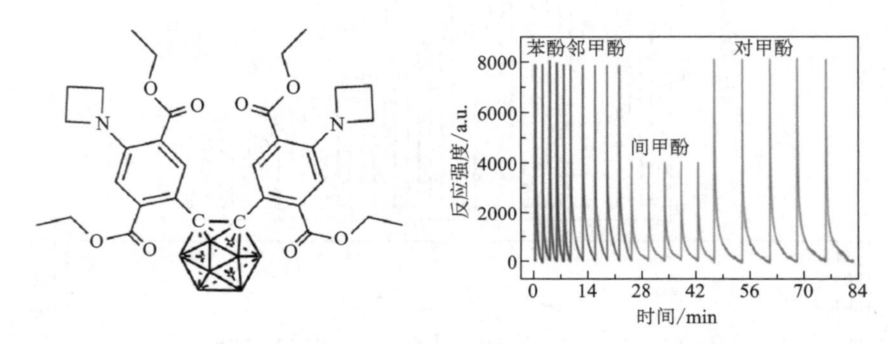

图 5-35 BZPCarb 的分子结构及其对酚类化合物的传感性能

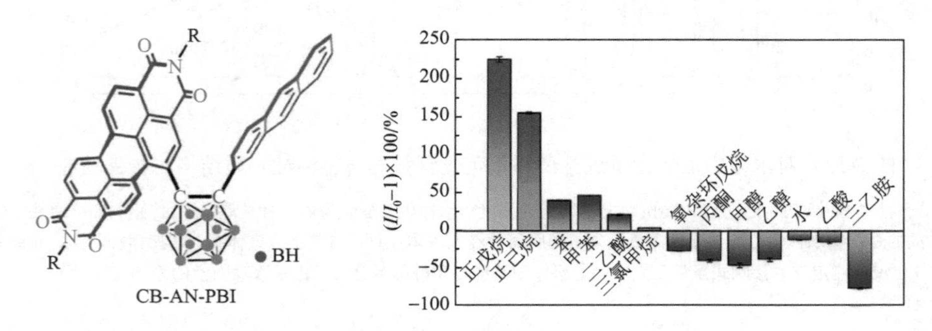

图 5-36 CB-AN-PBI 的化学结构及其传感性能

检测中的巨大应用潜力。采用类似的思路，笔者团队还设计合成了碳硼烷苝单亚胺衍生物 PDCB，实现了对丙酮的灵敏传感[119]。而利用芘基邻碳硼烷衍生物(CB-PY)的 AIE 效应则可以甄别 92#、95#和 98#汽油[120]。这些研究不仅为烷烃气体的快速、灵敏和选择性检测提供了新的解决方案，也展示了碳硼烷基荧光材料在传感领域的广泛应用前景。

功能基团或特异识别位点的引入无疑有助于提高传感器对目标物质的选择性和灵敏度。以典型化学战剂(CWAs)的探测为例，笔者团队设计合成了具有激发态分子内质子转移(ESIPT)和 AIE 效应的碳硼烷功能化苯并噻唑衍生物 PCBO 和 HCBO(图 5-37)[121]。基于这些化合物的薄膜展现出对 CWAs 模拟物的突出敏感性。具体而言，对三光气的检出限达到 1.0 mg/m^3，对氯乙基乙基硫醚的检出限达到 6.0 mg/m^3，而对氯磷酸二乙酯的检出限更是低至 0.2 mg/m^3。除了灵敏度外，该传感薄膜还表现出极高的可重复使用性(>100 次循环)和极快的响应速度(<0.5 s)。这些优异的传感性能主要归功于荧光单元对微环境的敏感性、薄膜的多孔结构，以及荧光团与被分析物的特异性结合能力。为了进一步验证薄膜的实际应用效果，团队组建了以该敏感薄膜为关键部件的便携式荧光 CWA 传感器，并通过了对典型 CWA 样品(沙林)的检测验证。这一成果再次表明了薄膜基荧光传感器在有害化学物质现场、实时检测中的巨大应用潜力。

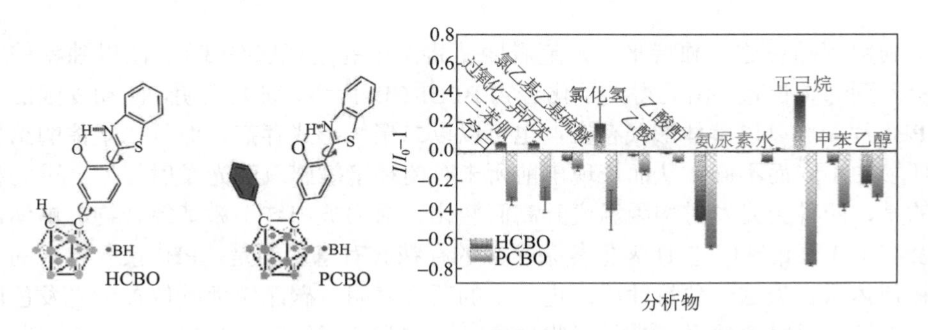

图 5-37　HCBO 和 PCBO 的化学结构及其传感性能

荧光传感技术的核心在于利用分子激发态实现对待检测物及微环境变化的感知。为了实现高性能传感，激发态过程调控至关重要。最近，笔者团队设计了三种邻碳硼烷衍生物：NaCBO、PaCBO 和 PyCBO(图 5-38)。在这些化合物中，以具有 ESIPT 特性的 2-(2′-羟基苯基)-苯并噻唑作为电子受体单元，以萘基(Na)、菲蒽基(Pa)和芘基(Py)为电子供体单元，经由邻碳硼烷将两者以面对面方式连接，从而实现以激发态分子内电荷转移(ESICT)调控 ESIPT 过程[122]。研究表明，供电子单元的供电子能力和溶剂的极性均可影响 ESIPT/ESICT 的能量学和动力学平衡，从而导致不同的荧光发射。特别是，基于 NaCBO、PaCBO 和 PyCBO 的薄膜荧光颜色由绿色到黄色，再到橙红色。由此构建的阵列型薄膜基荧光传感器实现了对芥子气模拟物 2-氯乙基乙基硫醚的高选择、高灵敏和快速传感。检测限达到 50 ppb，响应时间仅为 5 s。

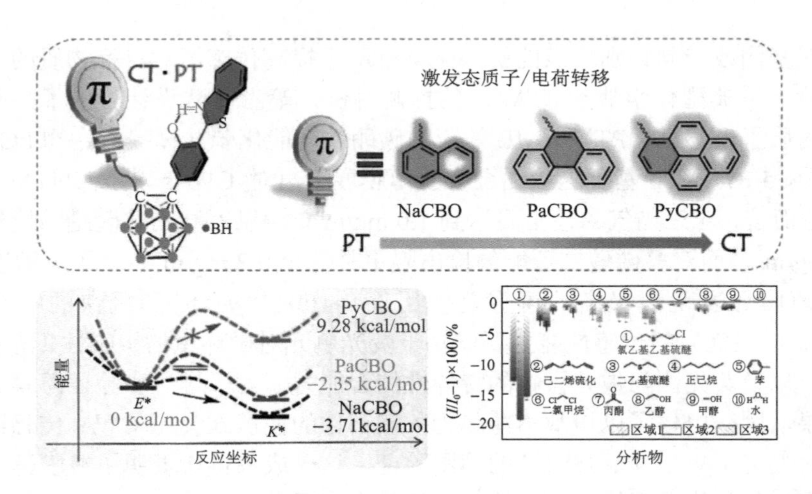

图 5-38　NaCBO、PaCBO 和 PyCBO 的化学结构、ESIPT 过程势能曲线和传感性能

利用碳硼烷这一独特平台，笔者团队将两个苝酰亚胺(PBI)基团以独特的方式引入到邻碳位置，由此得到了化合物 BPBI-CB-1[123]。研究表明，活动受限的两个 PBI 片段可以以单体形式存在，也可以以二聚体形式存在，而且二聚体的结构因环境的不同而不同，从而表现出前所未有的环境敏感双荧光发射行为。更为特殊的是，两种荧光发射均因温度升高而敏化。原因被归结于激基缔合物、单体，以及亮态 J 聚集和暗态 H 聚集复杂平衡的存在。有意思的是，PBI 接入方式的改变将使体系丧失这一独特性质。进一步的研究表明，碳硼烷邻碳位置荧光发色团的引入还可以赋予体系双光子吸收性质[124]。这类分子同时也为研究分子内电荷转移机制，探究激发态对称性破缺，了解自由基生成等复杂过程，开拓新的应用提供了物质基础[125,126]。

在非平面分子构筑研究中，笔者团队不仅关注碳硼烷结构，也在积极探索蝶烯、配位大环等非平面结构。将非平面蝶烯与 PBI 按 1∶1 结合可以得到 P-PBI。利用该化合物薄膜，笔者团队实现了对 BTEX(苯、甲苯、乙基苯、二甲基苯)的气相高灵敏部分区分荧光检测(图 5-39)[127]。将非平面蝶烯与 PBI 按 2∶1 结合得到了哑铃状 P-PBI-P，由其实现了对有机液体中微量水分的测定，以及对空气湿度的大范围、可逆、快速测量[128]。实际上，将荧光片段引入配位大环不仅可以精确调控片段间的激子相互作用，更可以将主客体作用引入传感体系。据此，笔者团队实现了对同一芘衍生物片段荧光颜色的调控，以及对 C_{60}、C_{70} 的选择性结合[129,130]。这些研究不仅丰富了荧光传感材料的创新制备策略，也拓展了薄膜基荧光传感技术的应用范围。

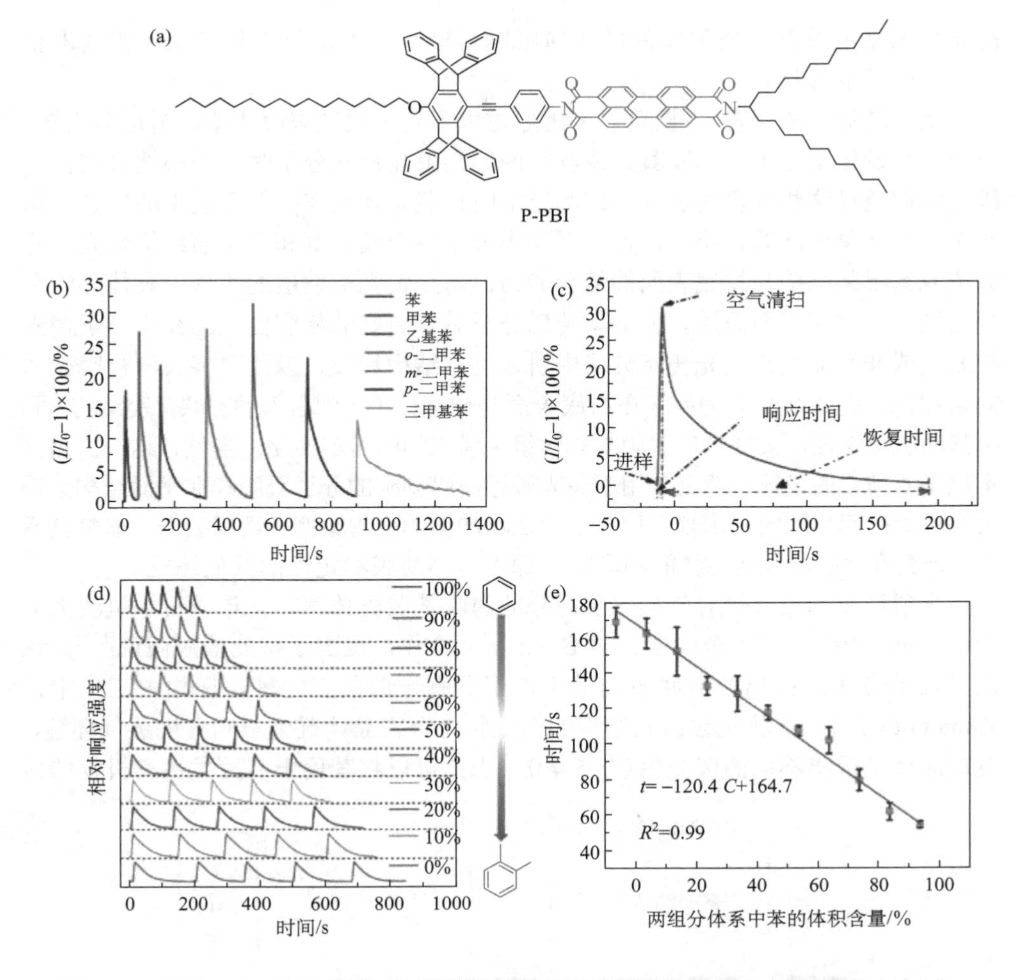

图 5-39 用于BTEX薄膜基荧光测量的传感活性物质结构与传感动力学(见书末彩图)

(a)非平面结构苝酰亚胺衍生物；(b, c)脉冲采样条件下，苯系衍生物传感恢复(解吸)动力学和相关响应时间、恢复时间等参数的含义；(d)不同比例苯与邻二甲苯混合物的薄膜解吸动力学五次平行测量结果；(e)相关测量结果的定量处理

5.7 多孔荧光膜传感应用的局限性与解决策略

正如前文所述，无论是凝胶基多孔荧光薄膜还是非平面结构分子多孔荧光薄膜，在本质上，两者均属于物理薄膜范畴。在实际使用中，两者均存在传感物质在衬底表面担载稳定性不高的问题。特别是当将此类薄膜用于溶液相传感时，荧光单元的泄漏不仅会污染待检测体系，还会严重影响敏感薄膜的使用寿命。为此，

需要提出新的思路，发展新的敏感薄膜制备策略，以期薄膜基荧光传感技术获得更加广泛的应用。

就目前的认知而言，主要可以考虑通过以下几个途径来解决或缓解这些问题。第一，在设计小分子荧光胶凝剂或非平面结构荧光传感分子时，精心选择结构片段，以期通过这些片段的引入，抑制乃至阻止荧光单元在有关溶剂中的溶解，从而避免荧光单元泄漏。第二，设法提高小分子荧光胶凝剂和非平面结构荧光传感分子或其组装结构与衬底表面的结合能力，防止荧光活性层的脱落。具体办法至少包括：①衬底表面改性，使其与传感分子具有更好的相容性；②在小分子荧光胶凝剂或非平面结构荧光传感分子中引入特定结构片段，以此改善其与衬底表面的亲和性，提高结合能力；③在衬底表面与传感分子之间引入动态共价键结构，利用其动态可逆性，实现物理薄膜与化学组装膜之间的可逆转化。当然，这一思路的实现需要精心的设计。总之，用于荧光敏感薄膜创制的分子凝胶和非平面结构策略研究还处在起步阶段，未来工作除了设法增加新的应用案例，还需要着力研究其本质，研究在改善薄膜传感性能的同时，探索提高薄膜稳定性的其他途径。

需要注意的是，针对气相化学组分的薄膜基荧光传感，几年前日本筑波大学 Yamamoto 团队与德国海德堡大学 Bunz 团队合作，提出了微孔效应假说[131]。该假说与笔者团队提出的衬底表面毛细作用具有异曲同工之妙。在相关工作中，Yamamoto 和 Bunz 将包含微孔结构的树枝状化合物晶体置于不同有机蒸气环境，发现晶体呈现出不同的荧光色(图 5-40)，由此可以将其用于易挥发性有机物的检

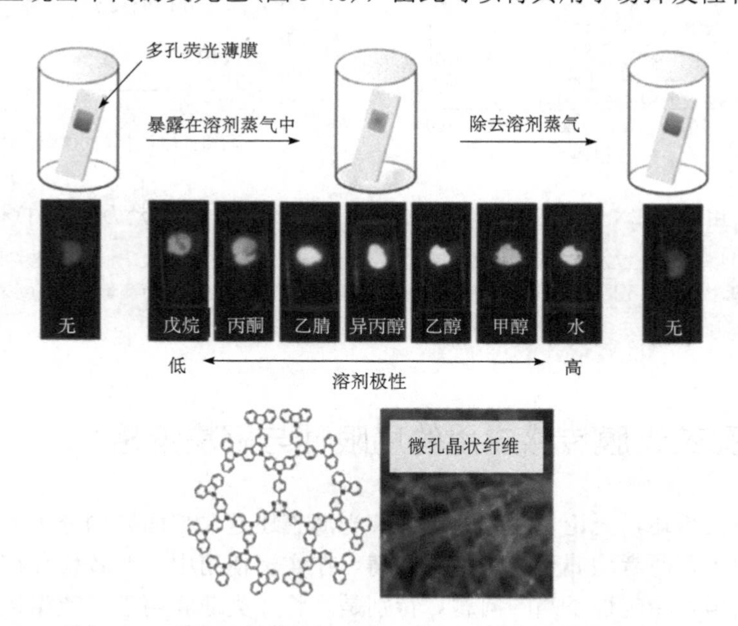

图 5-40 荧光活性树枝状化合物在微晶态对溶剂的敏感性

测。检测机理被归结于气体分子的进入改变了相关化合物的微环境，因而引起晶体荧光颜色的变化，依此实现传感。有理由相信，随着对衬底效应的深入研究，对表界面物质迁移过程的深入理解，“毛细效应+解吸动力学+微环境效应”相关荧光敏感薄膜设计思想在未来，特别是在体味学(volatolomics)和暴露组学(exposome)研究中将会发挥更大的作用。

参 考 文 献

[1] Lloyd D J. The problem of gel structure//Alexander J. Colloid Chemistry. Vol 1. New York: Chemical Catalogue Company, 1926: 767-782.

[2] Flory P J. Introductory lecture. Faraday Discuss Soc Chem, 1974, 57: 7-18.

[3] Peak C, Wilker I, Schmidt G. A review on tough and sticky hydrogels. Colloid Polym Sci, 2013, 291: 2031-2047.

[4] Silletta E V, Velasco M I, Gomez C G, et al. Enhanced surface interaction of water confined in hierarchical porous polymers induced by hydrogen bonding. Langmuir, 2016, 32: 7427-7434.

[5] Zheng Q, Blanchard S C. Single Molecular Bleaching in Encyclopedia of Biophysics. Berlin, Heidelberg: Springer, 2013: 2324-2326.

[6] Zhang C, Yan L, Zhao Y, et al. From molecular design and materials construction to organic nanophotonic devices. Acc Chem Res, 2014, 47: 3448-3458.

[7] Lee J H, Chang T, An H S, et al. A protective layer approach to solvatochromic sensors. Nat Commun, 2013, 4: 2461.

[8] Madsen M V, Tromholt T, Böttiger A, et al. Influence of processing and intrinsic polymer parameters on photochemical stability of polythiophene thin films. Polym Degrad Stab, 2012, 97: 2412-2417.

[9] Jokic T, Borisov S M, Saf R, et al. Highly photostable near-infrared fluorescent pH indicators and sensors based on BF_2-chelated tetraarylazadi-pyrromethene dyes. Anal Chem, 2012, 84: 6723-6730.

[10] Widengren J, Chmyrov A, Eggeling C, et al. Strategies to improve photostabilities in ultrasensitive fluorescence spectroscopy. J Phys Chem A, 2007, 111: 429-440.

[11] Chang X, Wang G, Yu C, et al. Studies on the photochemical stabilities of some fluorescent films based on pyrene and pyrenyl derivatives. J Photochem Photobiol A Chemistry, 2015, 298: 9-16.

[12] Duan C, Adam V, Byrdin M, et al. Structural evidence for a two-regime photobleaching mechanism in a reversibly switchable fluorescent protein. J Am Chem Soc, 2013, 135: 15841-15850.

[13] Singer K. Photobleaching of Fluorescent Dyes in Polymer Films. Grant 0423914, 2013.

[14] Regmi C K, Bhandari Y R, Gerstman B S, et al. Exploring the diffusion of molecular oxygen in the red fluorescent protein mCherry using explicit oxygen molecular dynamics simulations. J Phys Chem B, 2013, 117: 2247.

[15] Sanches J M, Rodrigues I. Photobleaching/photoblinking differential equation model for fluorescence microscopy imaging. Microsc Microanal, 2013, 19: 1110-1121.

[16] McGhee E J, Wright A J, Anderson K I. Strategies to overcome photobleaching in algorithm-based adaptive optics for nonlinear *in-vivo* imaging. J Biomed Opt, 2014, 19: 016021-016032.

[17] Marx V. Probes: Paths to photostability. Nat Methods, 2015, 12: 187-190.

[18] Grimm J B, English B P, Chen J, et al. A general method to improve fluorophores for live-cell and single-molecule microscopy. Nat Methods, 2015, 12: 244-250.

[19] Wang C, Fukazawa, A, Taki M, et al. A phosphole oxide based fluorescent dye with exceptional resistance to photobleaching: A practical tool for continuous imaging in STED microscopy. Angew Chem Int Ed, 2015, 127: 15428-15432.

[20] Cui M, Zhao Y, Song Q. Mode locking and instability in a voltage thresholded spark source. Anal Chem, 2014, 57: 73-75.

[21] Parker J, Fields-Zinna C A, Murray R W. The story of a monodisperse gold nanoparticle: $Au_{25}L_{18}$. Acc Chem Res, 2010, 43: 1289-1296.

[22] Qian H, Zhu M, Wu Z, et al. Quantum sized gold nanoclusters with atomic precision. Acc Chem Res, 2012, 45: 1470-1479.

[23] Yu Y, Luo Z, Chevrier D M, et al. Identification of a highly luminescent $Au_{22}(SG)_{18}$ nanocluster. J Am Chem Soc, 2014, 136: 1246-1249.

[24] Udayabhaskararao T, Pradeep T. New protocols for the synthesis of stable Ag and Au nanocluster molecules. J Phys Chem Lett, 2013, 4: 1553-1564.

[25] Copp S M, Schultz D, Swasey S, et al. Magic numbers in DNA-stabilized fluorescent silver clusters lead to magic colors. J Phys Chem Lett, 2014, 5: 959-963.

[26] Peng F, Su Y, Zhong Y, et al. Silicon nanomaterials platform for bioimaging, biosensing, and cancer therapy. Acc Chem Res, 2014, 47: 612-623.

[27] Yoshii R, Hirose A, Tanaka K, et al. Functionalization of boron diiminates with unique optical properties: Multicolor tuning of crystallization-induced emission and introduction into the main chain of conjugated polymers. J Am Chem Soc, 2014, 136: 18131-18139.

[28] Sacarescu L, Cojocaru C, Sacarescu G, et al. Polysilane high polymers. Chem Rev, 1989, 89: 1359-1410.

[29] Mizuno T, Akasaka Y, Tachibana H. Photovoltaic properties of solar cells based on poly(methyl phenyl silane) and C_{60}. Jpn J Appl Phys, 2012, 51: 10NE31-(1-5).

[30] Fa W, Zeng X. Polygermanes: Bandgap engineering via tensile strain and side-chain substitution. Chem Commun, 2014, 50: 9126-9129.

[31] Huo Y S, Berry D H. Synthesis and properties of hybrid organic-inorganic materials containing covalently bonded luminescent polygermanes. Chem Mater, 2005, 17: 157-163.

[32] Tanigaki N, Kyotani H, Wada M, et al. Oriented thin films of conjugated polymers: Polysilanes and polyphenylenes. Thin Solid Films, 1998, 331: 229-238.

[33] Tanigaki N, Iwase Y, Kaito A Y, et al. Oriented thin films of poly(diphenylsilane). Mol Cryst Liq Cryst, 2001, 370: 219-222.

[34] Bousquet A, Awada H, Hiorns R C C, et al. Conjugated-polymer grafting on inorganic and organic substrates: A new trend in organic electronic materials. Prog Polym Sci, 2014, 39: 1847-1877.

[35] He M, Qiu F, Lin Z. Toward High-performance organic-inorganic hybrid solar cells: Bringing conjugated polymers and inorganic nanocrystals in close contact. J Phys Chem Lett, 2013, 4: 1788-1796.

[36] Zhang L, Colella N S, Cherniawski B P, et al. Oligothiophene semiconductors: Synthesis, characterization, and applications for organic devices. ACS Appl Mater Interfaces, 2014, 6: 5327-5343.

[37] Wuerthner F, Vollmer M S, Effenberger F, et al. Synthesis and energy transfer properties of terminally substituted oligothiophenes. J Am Chem Soc, 1995, 117: 8090-8099.

[38] Tian H, Shi J, He B, et al. Naphthyl and thionaphthyl end-capped oligothiophenes as organic semiconductors: Effect of chain length and end-capping groups. Adv Funct Mater, 2007, 17: 1940-1951.

[39] Liu T, Zhao K, Liu K, et al. Synthesis, optical properties and explosive sensing performances of a series of novel π-conjugated aromatic end-capped oligothiophenes. J Harza Mater, 2013, 246-247: 52-60.

[40] Okazawa Y, Kondo K, Akita M, et al. Polyaromatic nanocapsules displaying aggregation-induced enhanced emissions in water. J Am Chem Soc, 2015, 137: 98-101.

[41] Kondo K, Suzuki A, Akita M, et al. Micelle-like molecular capsules with anthracene shells as photoactive hosts. Angew Chem Int Ed, 2013, 52: 2308-2312.

[42] Suzuki A, Kondo K, Akita M, et al. Atroposelective self-assembly of a molecular capsule from amphiphilic anthracene trimers. Angew Chem Int Ed, 2013, 52: 8120-8123.

[43] Krause M R, Regen S L. The structural role of cholesterol in cell membranes: From condensed bilayers to lipid rafts. Acc Chem Res, 2014, 47: 3512-3521.

[44] Wang C, Wang Z, Zhang X. Amphiphilic building blocks for self-assembly: From amphiphiles to supra-amphiphiles. Acc Chem Res, 2012, 45: 608-618.

[45] Gentili D, Valle F, Albonetti C, et al. Self-organization of functional materials in confinement. Acc Chem Res, 2014, 47: 2692-2699.

[46] Korevaar P A, George S J, Markvoort A J, et al. Pathway complexity in supramolecular polymerization. Nature, 2012, 481: 492-496.

[47] Wang Y W, He J T, Liu C C, et al. Thermodynamics versus kinetics in nanosynthesis. Angew Chem Int Ed, 2015, 53: 2022-2051.

[48] Korevaar P A, de Greef T F A, Meijer E W. Pathway complexity in π-conjugated materials. Chem Mater, 2014, 26: 576-586.

[49] Blankenship R E. Molecular Mechanisms of Photosynthesis. 2nd ed. New York: Wiley, 2014.

[50] 翁羽翔. 光合细菌分子自组装捕光天线相干激子态传能机制的人工模拟. 物理, 2016, 45: 108-112.

[51] Cardolaccia T, Li Y, Schanze K S. Phosphorescent platinum acetylide organogelators. J Am Chem Soc, 2008, 130: 2535-2545.

[52] Yan N, Xu Zh, Diehn K, et al. Pyrenyl-linker-glucono gelators. Correlations of gel properties with gelator structures and characterization of solvent effects. Langmuir, 2013, 29: 793-805.

[53] 杨美妮，晏妮，何刚，等. 一种含芘葡萄糖衍生物的合成及其胶凝行为. 物理化学学报，2009, 25: 1040-1046.

[54] Lin Y C, Kachar B, Weiss R G. Liquid-crystalline solvents as mechanistic probes. Part 37. Novel family of gelators of organic fluids and the structure of their gels. J Am Chem Soc, 1989, 111: 5542-5551.

[55] Naota T, Koori H. Molecules that assemble by sound: An application to the instant gelation of stable organic fluids. J Am Chem Soc, 2005, 127: 9324- 9325.

[56] Aggeli A, Bell M, Boden N, et al. Responsive gels formed by the spontaneous self-assembly of peptides into polymeric β-sheet tapes. Nature, 1997, 386: 259-262.

[57] Engelkamp H, Middelbeek S, Nolte R J M. Self-assembly of disk-shaped molecules to coiled-coil aggregates with tunable helicity. Science, 1999, 284: 785-788.

[58] Ihara H, Sakurai T, Yamada T, et al. Chirality control of self-assembling organogels from a lipophilic L-glutamide derivative with metal chlorides. Langmuir, 2002, 18: 7120-7123.

[59] Wang C, Robertson A, Weiss R G. “Latent” trialkylphosphine and trialkyl-phosphine oxide organogelators activated by brnsted and lewis acids. Langmuir, 2003, 19: 1036-1046.

[60] Kawano S I, Fujita N, Shinkai S. A coordination gelator that shows a reversible chromatic change and sol-gel phase-transition behavior upon oxidative/reductive stimuli. J Am Chem Soc, 2004, 126: 8592-8593.

[61] Wang C, Zhang D, Zhu D. A low-molecular-mass gelator with an electr-oactive tetrathiafulvalene group: Tuning the gel formation by charge-transfer interaction and oxidation. J Am Chem Soc, 2005, 127: 16372-16373.

[62] Abdallah D J, Weiss R G. Organogels and low molecular mass organic gelators. Adv Mater, 2000, 12: 1237-1247.

[63] Gronwald O, Snip E, Shinkai S. Gelators for organic liquids based on self-assembly: A new facet of supramolecular and combinatorial chemistry. Curr Opin Colloid Interface Sci, 2002, 7: 148-156.

[64] Holtz J H, Asher S A. Polymerized colloidal crystal hydrogel films as intelligent chemical sensing materials. Nature, 1997, 389: 829-832.

[65] McQuade D T, Pullen A E, Swager T M. Conjugated polymer-based chemical sensors. Chem Rev, 2000, 100: 2537-2574.

[66] Shinkai S, Murata K. Choleserol-based functional tectons as versatile building-blocks for liquid crystals, organic gels and monolays. J Mater Chem, 1998: 485-495.

[67] 周维善，庄治平. 甾体化学进展. 北京：科学出版社, 2002.

[68] Caran K L, Lee D-C, Weiss R G. Molecular gels and their fibrillar networks//Liu X Y, Li J L. Soft Fibrillar Materials: Fabrication and Applications. Weinheim: Wiley-VCH Verlag GmbH & Co KGaA, 2013: 3-74.

[69] Weiss R G. The past, present, and future of molecular gels. What is the status of the field, and where is it going? J Am Chem Soc, 2014, 136: 7519-7530.

[70] Liu K, He P, Fang Y. Progress in the studies of low-molecular mass gelators with unusual properties. Sci China Chem, 2011, 54: 575-586.
[71] Miao R, Peng J, Fang Y. Recent advances in fluorescent film sensing from the perspective of both molecular design and film engineering. Mol Syst Des Eng, 2016, 1: 242-257.
[72] 苗荣, 房喻. 分子凝胶的拓展研究: 有序三维荧光传感薄膜和低密度多孔材料的创新制备. 科学通报, 2017, 62: 532-545.
[73] Hirst A R, Escuder B, Miravet J F, et al. High-tech applications of self-assembling supramolecular nanostructured gel-phase materials: From regenerative medicine to electronic devices. Angew Chem Int Ed, 2008, 47: 8002-8018.
[74] Liu J, He P, Yan J, et al. An organometallic super-gelator with multiple-stimulus responsive properties. Adv Mater, 2008, 20: 2508-2511.
[75] Peng H, Ding L, Liu T, et al. An ultrasensitive fluorescent sensing nanofilm for organic amines based on cholesterol-modified perylene bisimide. Chem Asian J, 2012, 7: 1576-1582.
[76] Wang G, Chang X, Peng J, et al. Towards a new FRET system via combination of pyrene and perylene bisimide: Synthesis, self-assembly and fluorescence behavior. Phys Chem Chem Phys, 2015, 17: 5441-5449.
[77] He M, Peng H, Wang G, et al. Fabrication of a new fluorescent film and its superior sensing performance to *N*-methamphetamine in vapor phase. Sens Actuators B Chem, 2016, 227: 255-262.
[78] Yu H, Lü Y, Chen X, et al. Functionality-oriented molecular gels: Synthesis and properties of nitrobenzoxadiazole (NBD) -containing low-molecular mass gelators. Soft Matter, 2014, 10: 9159-9166.
[79] Sun X, Qi Y, Liu H, et al. “Yin and Yang” tuned fluorescence sensing behavior of branched 1, 4-bis (phenylethynyl) benzene. ACS Appl Mater Interfaces, 2014, 6: 20016-20024.
[80] Qi Y, Sun X, Chang X, et al. A new fluorescent derivative of 1,4-bis (phenylethynyl) benzene with 8-hydroxyquinoline as a capturing unit and cholesterol as an auxiliary structure: Optical behavior and sensing applications. Acta Phys Chim Sin, 2016, 32: 373-379.
[81] Lü Y, Sun Q, Hu B, et al. Synthesis and sensing applications of a new fluorescent derivative of cholesterol. New J Chem, 2016, 40: 1817-1824.
[82] Zhang S, Yang H, Ma Y, et al. A fluorescent bis-NBD derivative of calix[4]arene: Switchable response to Ag^+ and HCHO in solution phase. Sens Actuators B Chem, 2016, 227: 271-276.
[83] Jiang B, Guo D, Liu Y. Self-assembly of amphiphilic perylene-cyclodextrin conjugate and vapor sensing for organic amines. J Org Chem, 2010, 75: 7258-7264.
[84] Görl D, Zhang X, Stepanenko V V, et al. Supramolecular block copolymers by kinetically controlled co-self-assembly of planar and core-twisted perylene bisimides. Nat Commun, 2015, 6: 7009.
[85] Soh N, Ueda T. Perylene bisimide as a versatile fluorescent tool for environmental and biological analysis: A review. Talanta, 2011, 85: 1233-1237.
[86] Würthner F, Saha-Möller C R, Fimmel B, et al. Perylene bisimide dye assemblies as archetype functional supramolecular materials. Chem Rev, 2016, 116: 962-1052.

[87] Zhou G, Wang H, Ma Y, et al. An NBD fluorophore-based colorimetric and fluorescent chemosensor for hydrogen sulfide and its application for bioimaging. Tetrahedron, 2013, 69: 867-870.

[88] Wang G, Wang W N, Miao R, et al. A perylene bisimide derivative with pyrene and cholesterol as modifying structures: Synthesis and fluorescence behavior. Phys Chem Chem Phys, 2016, 18: 12221-12230.

[89] Xu Z, Peng J, Yan N, et al. Simple design but marvelous performances: Molecular gels of superior strength and self-healing properties. Soft Matter, 2013, 9: 1091-1099.

[90] Hu B, Liu K, Chen X, et al. Preparation of a scorpion-shaped di-NBD derivative of cholesterol and its thixotropic property. Sci China Chem, 2014, 57: 1544-1551.

[91] Jeon H, Lee J, Kim M H, et al. Polydiacetylene-based electrospun fibers for detection of HCl gas. Macromol Rapid Commun, 2012, 33: 972-976.

[92] Fan J, Chang X, He M, et al. Functionality-oriented derivatization of naphthalene diimide: A molecular gel strategy-based fluorescent film for aniline vapor detection. ACS Appl Mater Interfaces, 2016, 8: 18584-18592.

[93] Shang C, Wang G, He M, et al. A high performance fluorescent arylamine sensor toward lung cancer sniffing. Sensor Actuat B Chem, 2017, 241: 1316-1323.

[94] Zhang J, Liu K, Wang G, et al. Detection of gaseous amines with a fluorescent film based on a perylene bisimide-functionalized copolymer. New J Chem, 2018, 42: 12737-12744.

[95] Sun Q, Lü Y, Liu L, et al. Experimental studies on a new fluorescent ensemble of calix[4]pyrrole and its sensing performance in the film state. ACS Appl Mater Interfaces, 2016, 8: 29128-29135.

[96] Kartha K K, Babu S S, Srinivasan S, et al. Attogram sensing of trinitrotoluene with a self-assembled molecular gelator. J Am Chem Soc, 2012, 134: 4834-4841.

[97] Mandegani F, Zali-Boeini H, Khayat Z, et al. Low-molecular-weight gelators as dual-responsive chemosensors for the naked-eye detection of mercury(Ⅱ) and copper(Ⅱ) ions and molecular logic gates. Chem Select, 2020, 5: 886-893.

[98] Zang L, Luan C, Tang X, et al. A simple low-molecular-mass organic gelator based on salicylaldehyde acylhydrazone: Gelation behavior and selective fluorescence sensing of Y^{3+}. Dyes Pigments, 2021, 196: 109751.

[99] Xu J, Wang B. A tripodal stimuli responsive self-assembly system and its application for detecting of organic amines, acids and Cu^{2+} ions aqueous solution. Dyes Pigments, 2021, 194: 109643.

[100] Takafuji M, Kawahara T, Sultana N, et al. Extreme enhancement of secondary chirality through coordination-driven steric changes of terpyridyl ligand in glutamide-based molecular gels. RSC Adv, 2020, 10: 29627-29632.

[101] De J, Devi M, Shah A, et al. Luminescent conductive columnar π-gelators for Fe(Ⅱ) sensing and bio-imaging applications. J Phys Chem B, 2020, 124: 10257-10265.

[102] Gao A, Han Q, Wang Q, et al. Bis-pyridine-based organogel with AIE effect and sensing performance towards Hg^{2+}. Gels, 2022, 8: 464.

[103] Malviya N, Sonkar C, Ganguly R, et al. Cobalt metallogel interface for selectively sensing L-tryptophan among essential amino acids. Inorg Chem, 2019, 58: 7324-7334.

[104] Wang X, Ding Z, Ma Y, et al. Multi-stimuli responsive supramolecular gels based on a D-π-A structural cyanostilbene derivative with aggregation induced emission properties. Soft Matter, 2019, 15: 1658-1665.

[105] Sharma S, Kumari M, Singh N. A C_3-symmetrical tripodal acylhydrazone organogelator for the selective recognition of cyanide ions in the gel and solution phases: Practical applications in food samples. Soft Matter, 2020, 16: 6532-6538.

[106] Zhai L, Sun M, Liu M, et al. β-Diketone difluoroboron complexes-based luminescent π-gelators and mechanofluorochromic dyes with low-lying excited states. Dyes Pigments, 2019, 160: 467-475.

[107] Zhang X, Song Y, Liu M, et al. Visual sensing of CO_2 in air with a 3-position modified naphthalimide-derived organogelator based on a fluoride ion-induced strategy. Dyes Pigments, 2019, 160: 799-805.

[108] Wang A, Wang Y, Zhang B, et al. Hydrogen-bonded network enables semi-interpenetrating ionic conductive hydrogels with high stretchability and excellent fatigue resistance for capacitive/resistive bimodal sensors. Chem Eng J, 2021, 411: 128506.

[109] Wang Y, Yu X, Li Y, et al. Hydrogelation landscape engineering and a novel strategy to design radically induced healable and stimuli-responsive hydrogels. ACS Appl Mater Interfaces, 2019, 11: 19605-19612.

[110] Qi Y, Xu W, Kang R, et al. Discrimination of saturated alkanes and relevant volatile compounds via the utilization of a conceptual fluorescent sensor array based on organoboron-containing polymers. Chem Sci, 2018, 9: 1892-1901.

[111] Liu K, Shang C, Wang Z, et al. Non-contact identification and differentiation of illicit drugs using fluorescent films. Nat Commun, 2018, 9: 1695.

[112] Huang R, Liu K, Liu H, et al. Film-based fluorescent sensor for monitoring ethanol-water-mixture composition via vapor sampling. Anal Chem, 2018, 90: 14088-14093.

[113] Liu K, Wang Z, Shang C, et al. Unambiguous discrimination and detection of controlled chemical vapors by a film-based fluorescent sensor array. Adv Mater Tech, 2019, 4: 1800644.

[114] Liu K, Zhang J, Xu L, et al. Film-based fluorescence sensing: A “chemical nose” for nicotine. Chem Commun, 2019, 55: 12679.

[115] Zhang M, Ding N, Lai F, et al. Nonplanar perylene monoamide-based fluorescent film for wnhanced BTX sensing. Chin J Chem, 2021, 39: 2088-2094.

[116] Huang R, Liu H, Liu K, et al. Marriage of aggregation-induced emission and intramolecular charge transfer toward high performance film-based sensing of phenolic compounds in the air. Anal Chem, 2019, 91: 14451-14457.

[117] Jiang Q, Wang Z, Wang G, et al. A configurationally tunable perylene bisimide derivative-based fluorescent film sensor for the reliable detection of volatile basic nitrogen towards fish freshness evaluation. Chin J Chem, 2022, 40: 201-208.

[118] Wang Z, Gou X, Shi Q et al. Through-space charge transfer: A new way to develop a high-

performance fluorescence sensing film towards opto-electronically Inert alkanes. Angew Chem Int Ed, 2022, 61: e202207619.

[119] Ding N, Liao Y, Wang G, et al. Bi-ortho-carborane unit-riveted perylene monoimides: Structure-tuned optical switches for electron transfer and robust thin film-based fluorescence sensors. CCS Chem, 2023, 5: 2922-2932.

[120] Fang W, Liu K, Wang G, et al. Dual-phase emission AIEgen with ICT properties for VOC chromic sensing. Anal Chem, 2021, 93: 8501-8507.

[121] Liu K, Qin M, Shi Q, et al. Fast and selective detection of trace chemical warfare agents enabled by an ESIPT-based fluorescent film sensor. Anal Chem, 2022, 94: 11151-11158.

[122] Liu K, Zhang J, Shi Q, et al. Precise manipulation of excited-State intramolecular proton transfer via incorporating charge transfer toward high-performance film-based fluorescence sensing. J Am Chem Soc, 2023, 145: 7408-7415.

[123] Shang C, Wang G, Wei Y, et al. Excimer formation of perylene bisimide dyes within stacking-restrained folda-dimers: Insight into anomalous temperature responsive dual fluorescence. CCS Chem, 2022, 4: 1949-1960.

[124] Feng W, Liu K, Zang J, et al. Flexible and transparent oligothiophene-*o*-carborane-containing hybrid films for nonlinear optical limiting based on efficient two-photon absorption. ACS Appl Mater Interfaces, 2021, 13: 28985-28995.

[125] Xu W, Hu D, Wang Z, et al. Insight into the clustering-triggered emission and aggregation-induced emission exhibited by an adamantane-based molecular system. J Phys Chem Lett, 2022, 13: 5358-5364.

[126] Feng W, Jiang Q, Wang Z, et al. Rigid bay-conjugated perylene bisimide rotors: Solvent-induced excited-state symmetry breaking and resonance-enhanced two-photon absorption. J Phys Chem B, 2022, 126: 4939-4947.

[127] Wang Z, Liu K, Chang X, et al. Highly sensitive and discriminative detection of BTEX in the vapor phase: A film-based fluorescent approach. ACS Appl Mater Interfaces, 2018, 10: 35647-35655.

[128] Wang Z, Wang G, Chang X, et al. A perylene bisimide-contained molecular dyad with high-efficient charge separation: Switchability, tunability, and applicability in moisture detection. Adv Funct Mater, 2019, 29: 1905295.

[129] Chang X, Zhou Z, Shang C, et al. Coordination-driven self-assembled metallacycles incorporating pyrene: Fluorescence mutability, tunability, and aromatic amine sensing. J Am Chem Soc, 2019, 141: 1757-1765.

[130] Chang X, Lin S, Wang G, et al. Self-assembled perylene bisimide-cored trigonal prism as an electron-deficient host for C_{60} and C_{70} driven by 'like dissolves like'. J Am Chem Soc, 2020, 142: 15950-15960.

[131] Nakajima S, Albrecht K, Kushida S, et al. A fluorescent microporous crystalline dendrimer discriminates vapour molecules. Chem Commun, 2018, 54: 2534-2537.

第6章

荧光纳米膜特点与传感应用

以界面限域动态聚合得到的荧光纳米膜一般具备以下特点：①传感单元周期性物理隔离；②通透性高；③柔性、自支撑、无缺陷，且厚度精准可调；④衬底适应性好；⑤既可用于气相传感，也可用于液相传感；⑥具备其他功能应用潜力。然而，时至今日，荧光纳米膜的传感应用主要还是局限于有机小分子，因此，需要进一步努力丰富感知对象，深入探究传感作用机制。

薄膜基荧光传感器(film-based fluorescent sensors，FFSs)的性能主要取决于敏感薄膜材料的结构和性能[1-3]。在早期的敏感薄膜材料创制中，多以荧光活性小分子、大分子，以及荧光活性纳米材料的物理涂覆获得敏感薄膜。此类薄膜具有种类繁多、传感单元面密度高、易于放大制备等诸多优势，但也存在荧光涂层或活性层(adlayer)结构难以精准调控、表面易污染、清洗再生困难、不能自支撑等问题。用于液相传感时，还存在传感单元泄漏风险。与之相反，化学键合膜因稳定性突出，既可用于气相传感，也可用于液相传感，传感单元泄漏问题几乎可完全规避。不过，化学键合膜存在传感单元面密度低，活性层结构调控方式单一，放大制备、重复制备极度困难，膜结构一致性难以保证等突出问题。因此，发展兼具物理涂覆膜和化学键合膜优势的新的荧光敏感薄膜制备策略具有深远的意义。

共价有机骨架(covalent-organic frameworks，COFs)是进入新世纪后逐渐发展起来的一类新型多孔材料[4,5]。COFs 是由携带多个反应位点的有机前体之间相互反应形成的二维或三维结构。大多数情况下，COFs 通过共价键键合，具有稳定、多孔和晶状结构。在传感领域，COFs 的结构具有诸多优势，如高通透性和高比表面积等。高通透性有利于快速和可逆响应，而高比表面积有利于提高传感单元的利用率和改善信噪比。然而，到目前为止，COFs 材料的精确制备主要局限于化学组成和孔洞大小的控制，而在均匀制备和放大制备方面 COFs 膜仍然存在挑战。此外，目前还难以实现自支撑、无缺陷和厚度严格可控的 COFs 膜的制备。在将 COFs 用作 FFSs 敏感材料时，薄膜硬度和结构晶态并不重要。重要的是，用于 FFSs 的敏感薄膜需要具有高度通透性和大比表面积，以实现良好的传质和高传感单元利用率。只有这样，才能实现高效、可逆和灵敏的传感。因此，如果能够开发一种同时具备 COFs 的高度可设计性、高度通透性和传统物理薄膜的易于放大制备等优势的材料，无疑将对 FFSs 技术的重大进步起到推动作用。

几年前，笔者团队将界面(特别是气-液界面)限域动态缩合/聚合(interfacially-confined dynamic condensation/polymerization)用于 FFSs 敏感薄膜材料的制备，获得一系列柔性、自支撑、无缺陷、厚度精准可控的纳米薄膜材料，实现了对包括甲酸、甲胺、甲醇、三甲胺、HCl、NH_3、ClO_2 等多种有机小分子的高选择、高灵敏、可逆快速传感[6]。除此之外，该类薄膜还在应力应变传感、分子分离、可视化脱除、可视化检测，以及光限幅、紫外光探测等方面获得了应用。本章将从以下几个方面概述荧光纳米膜传感的最新发展和应用。

6.1 纳米膜的界面限域制备

与 COFs 类似，利用界面限域动态聚合技术制备纳米膜材料的基础是构筑基元(building blocks)的设计合成。也就是说首先要根据动态共价化学(dynamic covalent chemistry，DCC)原理，选取恰当的可逆共价键，由此再设计合成反应性构筑基元。常见的动态共价反应(dynamic covalent reaction)主要分为两种类型。一种是交换反应，即同一体系的不同组分通过交换，最终形成具有相同类型共价键的产物；另一种是成键反应，即不同组分通过化学反应形成新的动态共价键(dynamic covalent bonds, DCB)。在纳米膜材料控制制备中，后者是主体。

根据成键类型，目前见诸报道的动态共价键主要包括：亚胺键(C═N)、酰腙键(C═N—NH—)、硼酸酯键(B—O—C)、烷氧胺键(C—ON)、二硫键(S—S)以及基于 Diels-Alder 与逆 Diels-Alder 反应而形成的动态共价键等[7-9]。

亚胺键是由羰基化合物和有机伯胺通过缩合反应，亦即席夫碱反应得到。酸对亚胺键的形成具有催化作用，但过多质子的存在会阻碍初始亲核反应的发生，从而抑制亚胺键的形成。在结构上，酰腙键也包含 C═N 双键。含羰基的化合物与酰肼基或肼基发生反应可以生成酰腙键或腙键。这一反应具有突出的动态性和可逆性。与亚胺键一样，酸也可以促进酰腙键的形成。不过，除了酸催化之外，亲核试剂苯胺等的存在也可以促进酰腙键的形成。需要注意，酰腙键和肟键比亚胺键更加稳定。主要原因在于携带孤对电子的电负性原子与 C═N 直接相连，使得酰腙键和肟键中的 C═N 双键更加稳定。酰腙键的稳定性和可逆形成特性使其在 pH 刺激响应和自愈合材料的开发中得到了广泛的应用。

与酰腙键类似，由硼酸和二元醇缩合形成的硼酸酯键也具有突出的动态共价键特征。例如，顺式-1,2-二醇和 1,3-二醇可分别与硼酸形成稳定的五元环和六元环，这就是为什么这两种二元醇通常被用来构筑含有硼酸酯键的动态体系。糖分子通常包含多个可与硼酸作用的位点，因此常被用于构建交联网络结构。与酰腙键不同，硼酸酯键的形成不需要催化剂，室温下即可在水溶液中形成。因此，硼酸酯键被大量应用于动态聚合物材料的设计制备。

烷氧胺键中的 C—ON 可经由键断裂产生稳定自由基片段。当氮原子携带两个大体积取代基时，C—ON 键断裂所形成的氮氧自由基即使在高温下也保持稳定。事实上，自 20 世纪 90 年代，这种稳定的氮氧自由基就开始被广泛用作引发剂，借以控制聚合物分子量的分布。此类聚合反应被称为硝基氧介导聚合(NMP)。在硝基氧介导聚合中，最常见的引发剂为 2,2,6,6-四甲基吡啶-1-氧(TEMPO，图 6-1)。这种引发剂能够控制聚合物分子量分布，主要原因在于所形成的稳定自由基 TEMPO 与瞬时自由基作用形成新的烷氧胺键，从而可以避免聚合体系中反应性自由基的过度累积，由此实现对聚合反应链增长的调控。随着温度升高至某一阈值，这种烷氧胺键断裂，释放出此前的瞬时自由基，再次启动聚合，由此可以实现对聚合物分子量分布的控制。很显然，烷氧胺键的这种可控形成-断裂行为是典型的动态共价键性质。这种性质无疑为其在动态材料设计合成中的应用奠定了基础。

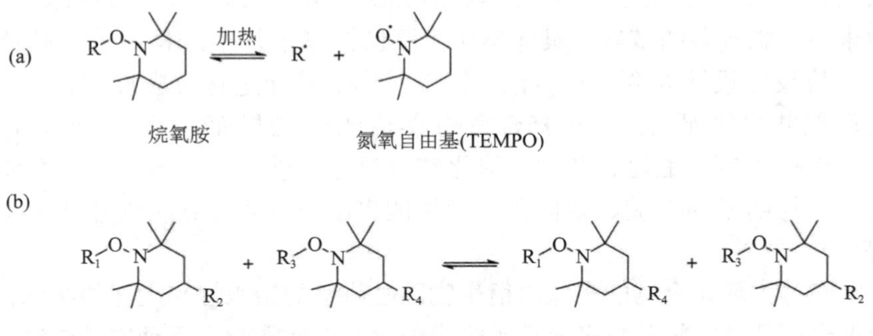

(a) 加热 烷氧胺 氮氧自由基(TEMPO)

(b)

图 6-1　(a)氮氧自由基的形成；(b)烷氧胺键的交换反应

二硫键的交换反应普遍存在于生物体内。这种交换反应的本质是硫醇阴离子对二硫化物的亲核进攻，由此导致新的二硫化物的生成，以及新的硫醇阴离子的释放。毫无疑问，二硫键的交换反应对 pH 敏感，通常反应只能在温和的碱性条件下进行。催化量的二硫苏糖醇(DTT)等还原剂的存在会促进二硫键交换反应的发生。此外，二硫键还可因光、热和机械力断裂，因此二硫键的交换反应在催化和生命科学领域获得了广泛的应用。

Diels-Alder 反应是共轭双烯与亲双烯体之间形成六元环己烯的[4+2]环加成反应，其中一些可逆的环分解反应被称为逆 Diels-Alder 反应(图 6-2)。Diels-Alder 反应的优点是启动反应无须引入其他原子，也不需要催化剂的参与。其中，富电子双烯与缺电子亲双烯体作用还能够加快反应。由于 Diels-Alder 反应是将两个 π 键转化为两个 σ 键，因此反应体系放热，而逆 Diels-Alder 过程是吸热反应，通常需要升高温度才能发生。目前，Diels-Alder 反应在形状记忆和自愈合材料设计合成中已经获得了重要应用。

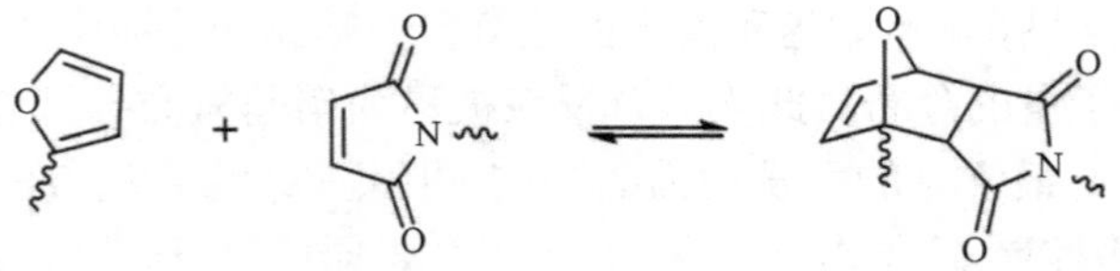

图 6-2 可逆的 Diels-Alder 反应

实际上，动态共价键不局限于上述几类，早期发现的酯/硫酯、缩醛/硫缩醛和原酸酯的交换反应，以及 Friedel-Crafts 反应、Strecker 反应、卡宾耦合反应等也具有突出的动态共价键特征。近年来，诸如二硫缩醛交换、Se—N 键、Se—Se 键等新的动态共价键也逐渐被人们发现[9,10]。

很显然，将选定的动态共价反应限域在液-液或气-液界面进行是获得纳米膜、实现纳米膜控制制备的基础。具体操作主要包括以下几个过程：①根据所选定的动态共价反应设计并合成反应砌块；②对构筑基元进行反应性测试，获得恰当的交联剂并优化配比；③选择合适的液-液或气-液界面；④在界面限域条件下，优化包括温度、配比、助剂、催化剂等反应条件；⑤制备纳米膜并实现无损伤转移；⑥纳米膜形貌、结构和力学性能等的离线表征；⑦性能研究与应用探索等。

杯吡咯等大环化合物的多酰肼衍生物因酰肼基的亲水性和大环的疏水性而具有一定的表面活性，将其与多元芳香醛搭配就有可能得到基于动态酰腙键的三维网状结构。利用这一动态反应特性和砌块的表面活性就有可能在界面限域条件下制备得到所需要的准二维纳米膜材料。基于这一考虑，几年前笔者团队设计合成了四酰肼基功能化的杯[4]吡咯衍生物，将其作为核心构筑砌块，通过搭配不同多元芳香醛、优化界面反应条件，经由高湿度气-液界面限域聚合制备了大面积(>100 cm^2)的杯[4]吡咯纳米薄膜(图 6-3)[11]。

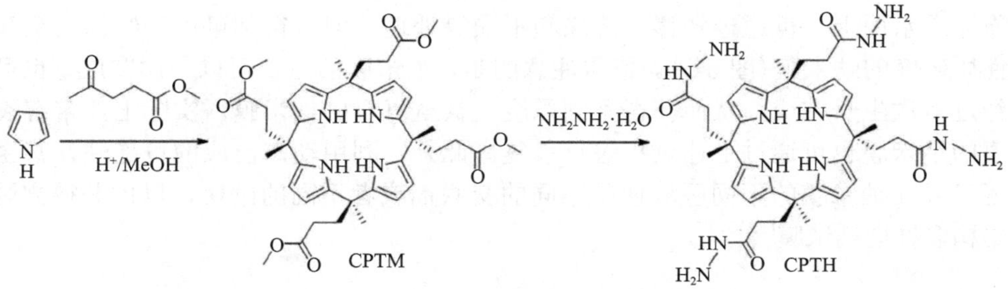

图 6-3 杯[4]吡咯四酰肼衍生物(CPTH)的结构与合成

研究表明，均苯三甲醛(TFB)是 CPTH 的良好交联剂，两者在 DMSO-水汽界面易于富集，发生交联反应，形成厚度可调控的纳米膜材料。实际上，一些其他多元芳香醛(例如 TFPA、TPFB)也可以作为交联剂使用，得到化学组成有所不同的纳米膜材料。具体反应参见图 6-4[11,12]。

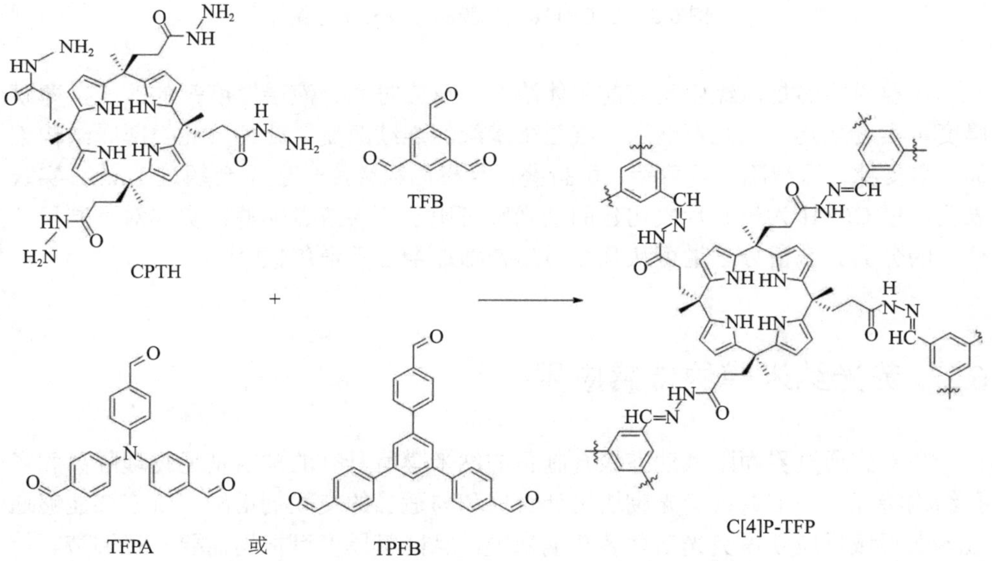

图 6-4 CPTH 纳米薄膜形成的化学本质

具体操作为：按照计量比例在玻璃容器中称取一定量的 CPTH 和选用的多元芳香醛，加入适量 DMSO，然后加热至固体完全溶解，随后冷却至室温。将少量上述溶液滴加在经过充分清洗的玻璃板表面，使溶液均匀分布，然后在恒温恒湿箱中进行反应。反应过程中，注意观察液体表面是否有致密透明的纳米膜形成。在纳米膜形成后，将玻璃衬底小心放入二次水中，纳米膜将自动脱落并漂浮在水面上。再通过转移、洗涤和干燥等处理，即可得到可用于结构表征和性质研究的纳米膜(图 6-5)。值得注意的是，纳米膜的生长可以一次完成，也可经过多次生长完成，从而获得不同厚度，甚至复合的纳米膜。实际上，带有裂痕的纳米膜也可通过上述过程进行修复。此外，利用动态反应的可逆性，甚至还可以在纳米膜的不同区域使用不同的交联剂或者不同的砌块，以此获得微区结构多样性纳米膜[11,13]。

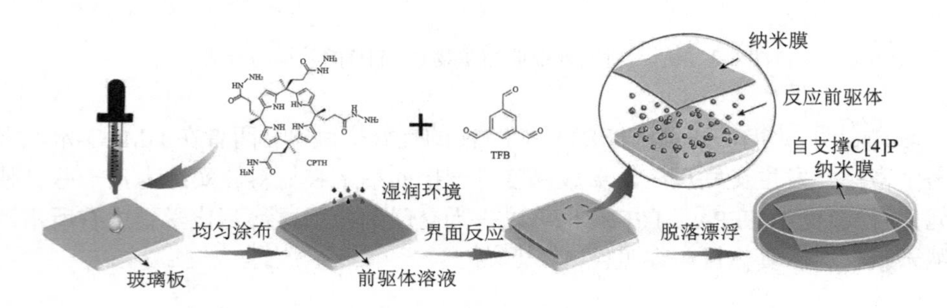

图 6-5　含 CPTH 纳米膜制备过程示意图

需要说明的是，经由反应前驱体浓度、反应时间、液层厚度等的改变，薄膜厚度可实现从几十到几百纳米，甚至微米级的连续改变。此外，此类薄膜结构柔韧、自支撑、无缺陷、可剪裁、可折叠，且表面粗糙度一般不会超过 1 nm。实践表明，以 CPTH 为核心片段构建的纳米膜可用于正渗或者纳滤，实现对不同尺寸分子的分离。截留分子量可从几百道尔顿增加至上千道尔顿[12]。

6.2　荧光纳米膜的传感应用

考虑到通过界面限域动态聚合制备的纳米膜所具有的构筑基元物理隔离和多孔结构特征，相信通过荧光砌块设计合成和与适当的交联剂搭配，就应该能够通过界面限域反应获得荧光活性多孔纳米膜，且薄膜厚度可根据需要进行调节。特别重要的是，将这种荧光纳米膜用于传感时，很可能获得一般荧光薄膜所缺乏的快速响应、可逆响应、尺寸选择，以及优越的光化学稳定等性能。

基于这些考虑，最近几年，笔者团队设计制备了一系列荧光砌块，系统考察了这些砌块的界面反应性、成膜性，以及所形成纳米膜的结构、光物理性质和传感应用[14-17]。图 6-6 给出了几种典型的荧光纳米膜构筑砌块结构，图 6-7 给出了与之相应的交联剂结构。

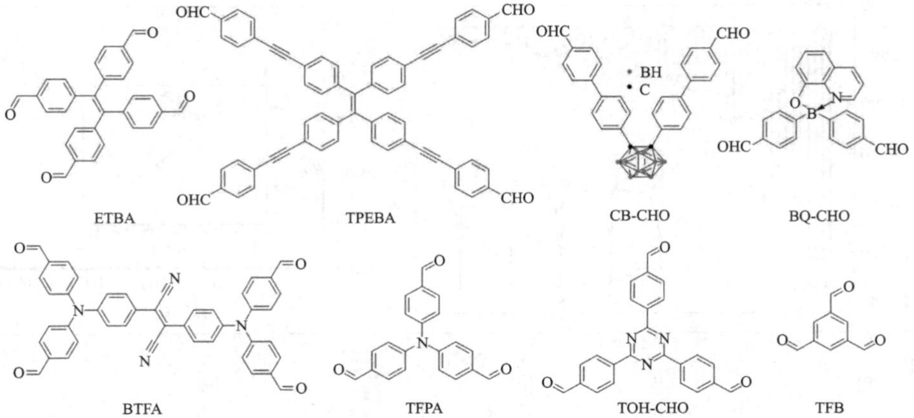

图 6-6 几种典型的荧光纳米膜构筑砌块

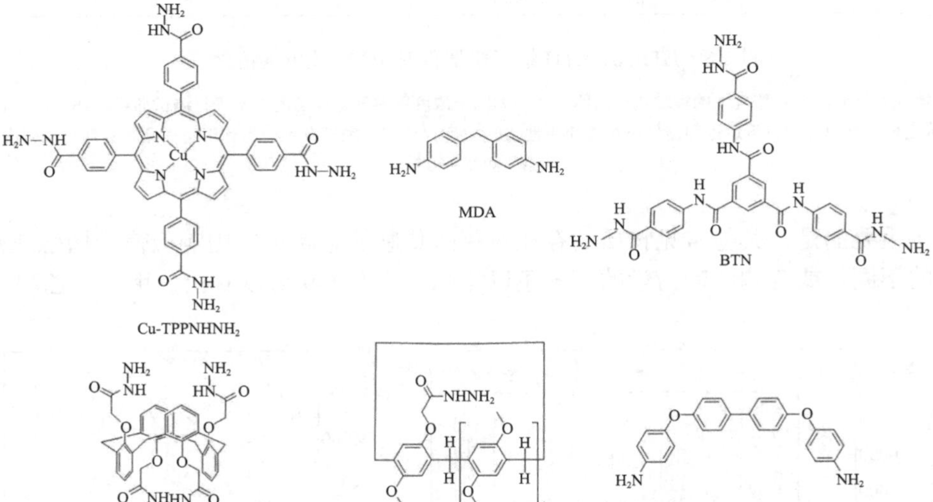

图 6-7 几种典型的携带芳香胺或酰肼基团的交联剂

考虑到杯芳烃疏水、易于制备、易于修饰，且构象具有从锥式、半锥式到 1,2-交叉，再到 1,3-交叉的多变性，笔者团队设计制备了杯[4]芳烃四酰肼(CATH)交联剂。将 CATH 与多醛 ETBA 搭配，通过界面限域动态聚合得到了一种力学性能极为优异的荧光纳米膜[18]。研究表明，薄膜器件对甲酸气体的存在特别敏感，且传感响应完全可逆，连续 150 次循环测试，薄膜性能没有任何可以观察到的衰减(图 6-8)。

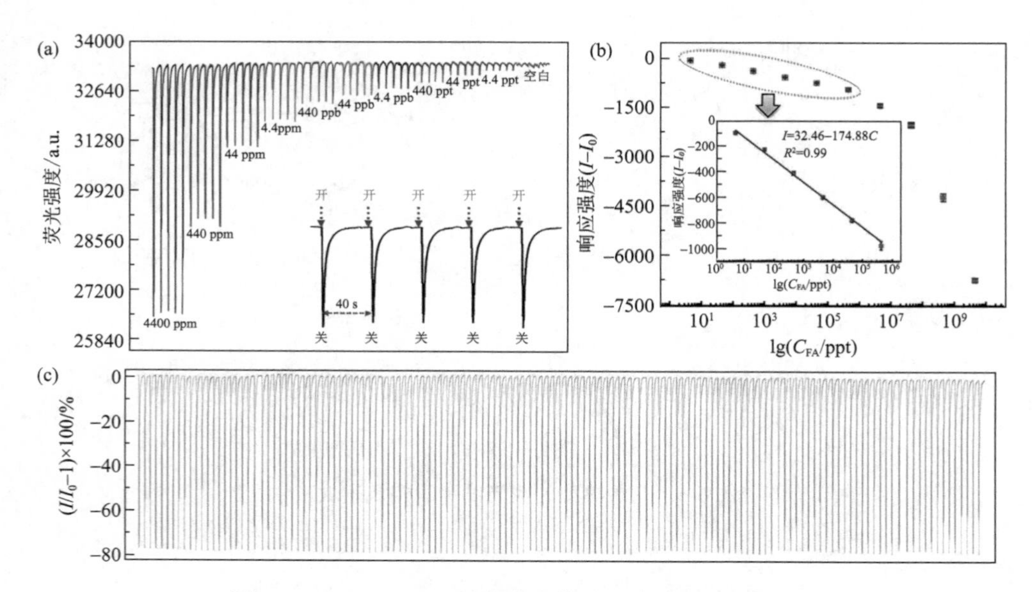

图 6-8 ETBA/CATH 纳米膜器件对甲酸气体的响应行为

(a) 器件对不同浓度甲酸气体的实时响应曲线，插图为同一浓度甲酸气体样品的 5 次平行测试曲线；(b) 响应强度对浓度依赖性；(c) 响应可逆性和器件可重复使用性，其中 I_0 和 I 分别代表没有甲酸和有甲酸样品时器件响应强度，循环测试 150 次

重要的是，其他常见物质的存在对甲酸传感的影响可经由响应信号增强或减弱的不同，或者响应动力学的不同予以排除。由图 6-9 可以看出，甲醇、乙醇、

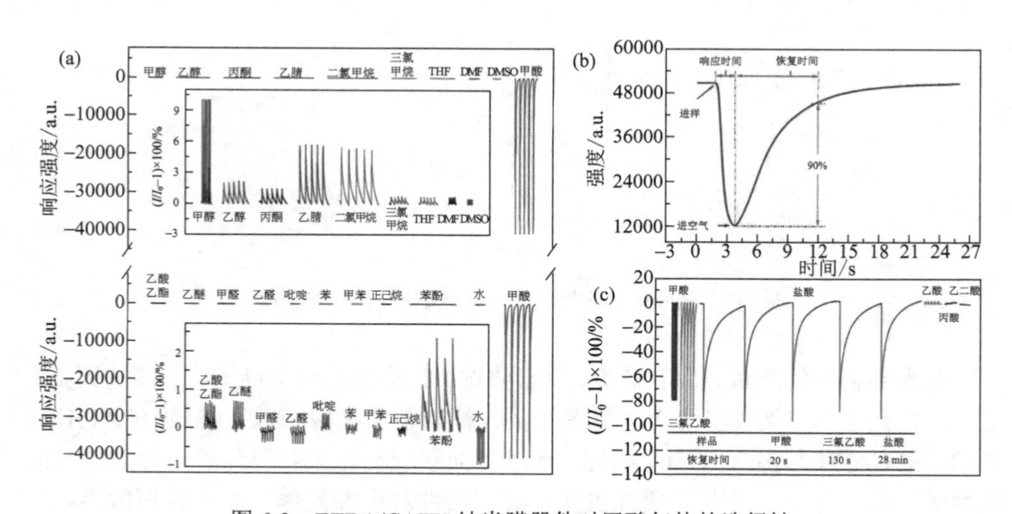

图 6-9 ETBA/CATH 纳米膜器件对甲酸气体的选择性

(a) 纳米膜器件对甲酸气体、水蒸气和常见有机溶剂气体的传感响应性，插图为放大信号；(b) 纳米膜器件对甲酸气体的典型响应动力学曲线；(c) 纳米膜器件对甲酸、三氟乙酸和 HCl 气体的响应动力学

丙酮、乙腈、二氯甲烷、三氯甲烷、DMF、DMSO、THF、乙酸乙酯、乙醚、吡啶、苯酚等气体的存在仅引起幅度不大的器件信号增强(敏化)。甲醛、乙醛、水蒸气的存在可使器件信号减弱，但幅度很小，对检测基本不产生影响。三氟乙酸和 HCl 的存在确实可以导致器件信号急剧减弱，但信号恢复过程要慢得多，特别是 HCl 响应后的信号恢复需要几十分钟。很显然，依据器件信号恢复动力学，也很容易实现对三种不同化学物质的区分。

最近，笔者团队将 CATH 与 CB-CHO 结合，利用类似的界面限域动态聚合得到了一种新的光化学稳定性优异的荧光纳米膜，实现了对绿色消杀试剂 ClO_2 的气相灵敏、可逆、原位探测，实验检出限可达 5 mg/L 以下(图 6-10)[19]。类似地，将 CPTH 与 TBEBA 结合，利用界面限域动态聚合制备得到了厚度可由 12 nm 到 58 nm 连续调整，表面平整柔韧的荧光纳米膜材料[20]。利用该材料实现了对三甲胺、二甲胺等生物胺的灵敏可逆探测，对三甲胺的检出限可达 1.7 ppm 以下，完全可以满足实际检测需要。利用该薄膜器件搭建了一台便携式鱼肉新鲜度检测仪，可以明显区分不同保存方式对鱼肉新鲜度的影响。

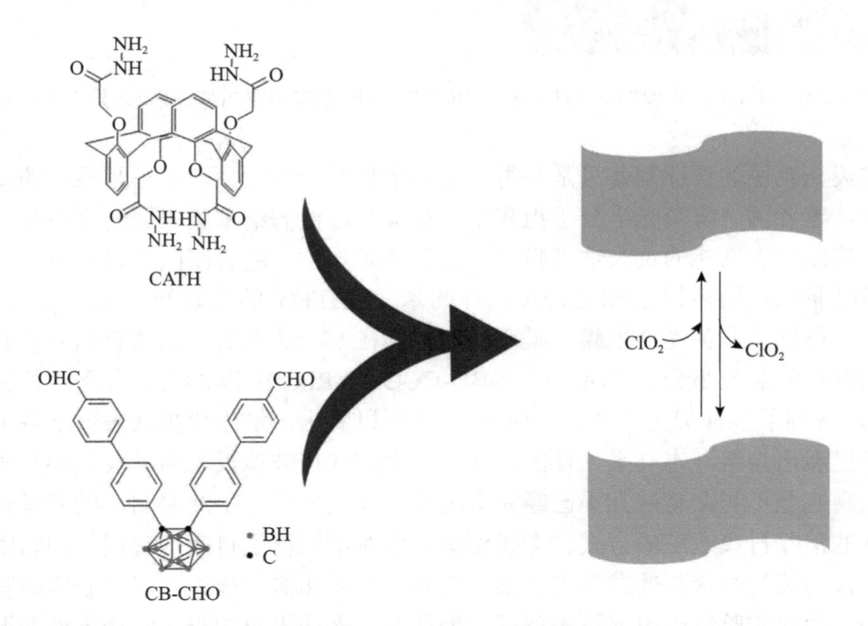

图 6-10　CATH/CB-CHO 荧光纳米膜对 ClO_2 的可逆传感

近期，笔者团队将 CB-CHO 与 BTN 搭配，利用类似的界面限域动态聚合得到了厚度约为 160 nm 的荧光纳米膜，实现了对甲醇、乙醇的区分探测[17]。水等的存在对探测几乎没有影响。进一步的研究表明，利用该薄膜基荧光传感器还可以测定工业乙醇中甲醇的含量，并确定医用乙醇中微痕量甲醇的存在。笔者团队进而将 BQ-CHO 与 BTH(均苯三酰肼)结合，制备了一种自支撑、无缺陷、表面均匀平整的荧光纳米薄膜(图 6-11)。薄膜厚度可在数十到数百纳米范围内严格控制。薄膜孔道结构极其丰富，可以很好地满足高性能传感所要求的高效传质和传感单元高效利用。在自主搭建的传感测试平台对所组装的概念性薄膜基荧光传感器性能进行测试，结果表明，相对于没有纳米化的构筑基元涂覆膜，该纳米膜对胺类气体，尤其是甲胺具有更高的响应灵敏度和选择性，实验检出限低于 2.82 mg/m^3，而且传感响应完全可逆。

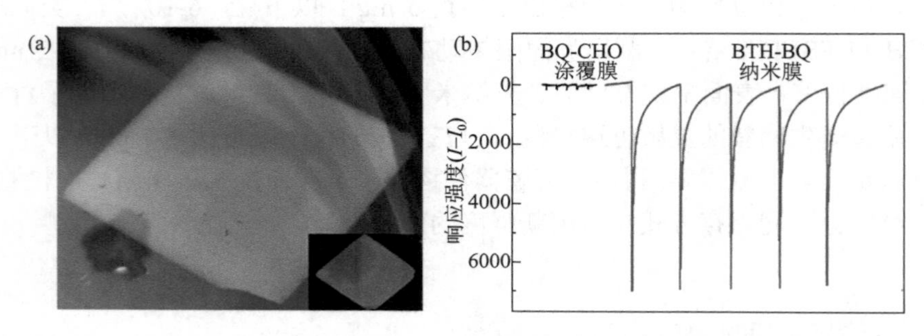

图 6-11 BQ-CHO/BTH 荧光纳米膜(a)及其与BQ-CHO物理涂覆薄膜对甲胺气体传感响应性的对比(b)

通过荧光砌块的设计制备只是获得荧光纳米膜的一种途径，但不是唯一的途径。最近，笔者团队将荧光小分子担载于没有荧光活性的纳米膜表面同样获得了具有良好传感响应性能的荧光纳米膜[21]。在此项工作中，笔者团队将具有主体性质且携带酰肼结构的杯芳烃 BHCP5A 用作间苯三醛(TFB)的交联剂，通过界面限域动态聚合得到了非荧光纳米膜，膜厚度可控制在 60 nm 左右。以该膜担载具有不同结构特点的荧光小分子(NA-Ch、NBD-COOH、RhodB 和 ABT，分子结构见图 6-12)，得到了多种荧光纳米膜。由图 6-13 可以看出，纳米膜担载条件下各荧光小分子呈现出与溶液态几乎一样的荧光色，而担载在玻璃板表面的荧光小分子荧光行为则完全不同，有些几乎已经完全没有了荧光发射。由此表明，纳米膜是一种很好的消除衬底效应的方式。考虑到纳米膜对不同材质衬底均有很好的黏附性，可以认为荧光纳米膜的发展也为柔性传感、可视化原位传感奠定了坚实的基础。此外，由此实验结果也就不难理解，为什么荧光纳米膜的光化学稳定性普遍优于物理旋涂膜和化学结合膜。这主要是因为在纳米膜中，荧光单元的环境类似于溶液态，正是溶液态时荧光分子的多重平动振动转动自由度使得激发态能量能够较为方便地释放出来，避免化学键的断裂或者与环境物种(特别是氧气分子)的反应，从而表现出较好的光化学稳定性。

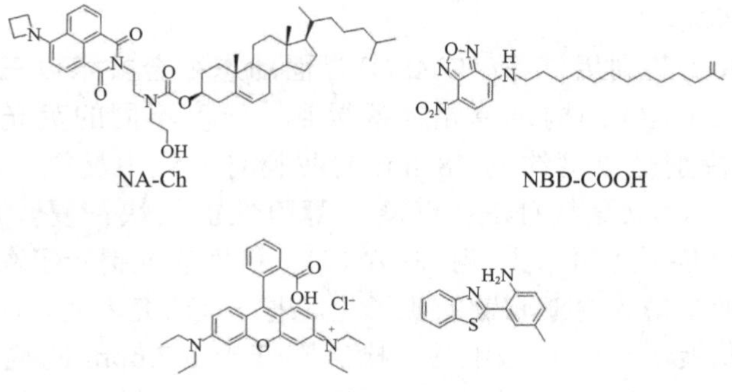

NA-Ch
NBD-COOH
RhodB
ABT

图 6-12 BHCP5A/TFB 纳米膜担载的荧光小分子

RhodB
NBD-COOH
NA-Ch
ABT
溶液
纳米膜
玻璃板

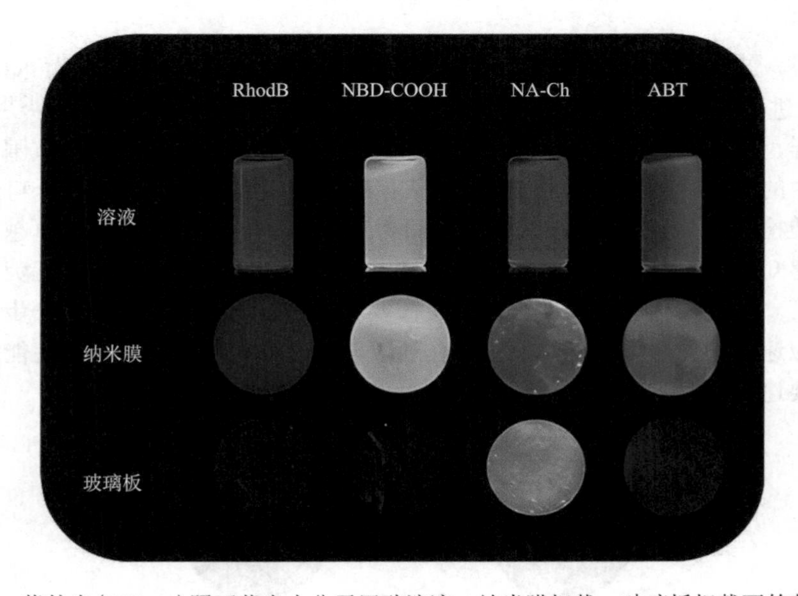

图 6-13 紫外光(365 nm)照下荧光小分子甲醇溶液、纳米膜担载、玻璃板担载下的荧光颜色
(彩图见封底二维码)

笔者团队将 ETBA 与 DAPODP 结合，通过气-液界面限域动态聚合可以得到一种综合性能极好的荧光纳米膜[14]。实验发现，该薄膜对气相中 HCl 表现出极强的专一性不可逆吸附作用，且薄膜荧光随之由绿色转变为红色，氨气熏蒸可以使薄膜荧光再由红色转变为绿色。这一过程可以重复多次，薄膜性能几乎没有改变。多次使用后，可以通过水洗除去反应生成的 NH_4Cl，薄膜得以完全再生。利用该薄膜，不仅实现了分离检测一体化，而且实现了相关过程的可视化。图 6-14 示意出了 ETBA/DAPODP 纳米膜在 HCl 和 NH_3 脱除

检测中的应用情况。

最近，笔者团队利用气-液(DMSO)界面动态缩合技术以三(4-氨苯基)胺(TAPA)与 TOH-CHO 为构筑单元制备得到了厚度不同的荧光纳米膜[22]，发现该类薄膜，特别是厚度约为 78 nm 的薄膜对大气中臭氧(O_3)具有优异的选择性富集能力，以氨气(NH_3)熏蒸，薄膜性能很快恢复，此过程经数十次重复，薄膜性能几乎不受影响(图 6-15)。机理研究揭示了高灵敏度和去除性能可能源自纳米薄膜内亚胺键的质子化。进一步研究表明，这种传感具有高选择性。由此发展了一种秒级响应，检测限低于 0.7 ppm 的臭氧薄膜基荧光传感器，实现了对打印店、紫外灯消毒房间等真实场景中臭氧的测量。需要说明的是，利用该膜优异的衬底黏附性和结合臭氧后的颜色改变性质，还可以发展可贴附环境臭氧水平指示条，实现了在真实场景中对臭氧的可视化检测[22]。

最近，笔者团队通过特殊设计的荧光砌块(一种新的硼配位化合物 NI-CHO)与 BTH 进行界面限制的动态反应，制备了四种荧光纳米薄膜(图 6-16)[23]。同预期的一样，所制备的纳米膜均匀、柔韧，厚度可在 40～1500 nm 的大范围调节。基于其中的一种纳米膜制备的 FFS 表现出对 NH_3 的高度选择性和完全可逆的响应，实验检出限小于 0.1 ppm，响应时间约为 0.2 s。该纳米膜的这一卓越性能被归因于感知单元与分析分子之间形成了激发态复合物，从而使感知单元荧光发生特定猝灭。多孔结构的存在使得传感所需要的高效传质得以进行，进一步提高了传感响应速度和传感可逆性。此项工作还表明，厚度优化也是获得高性能敏感薄膜的重要途径。

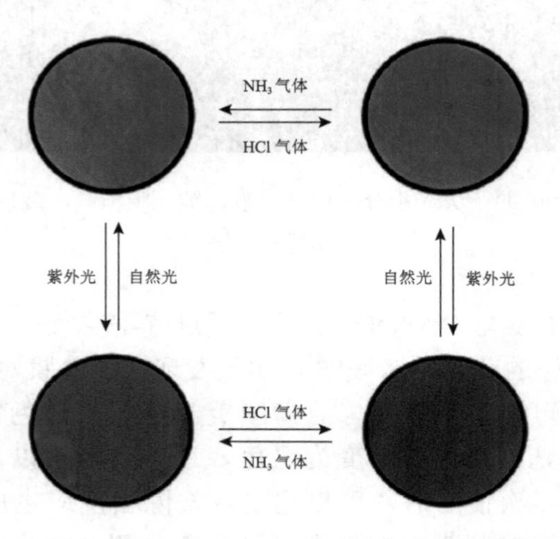

图 6-14 ETBA/DAPODP 纳米膜在 HCl 和 NH_3 脱除过程中的颜色改变(彩图见封底二维码)

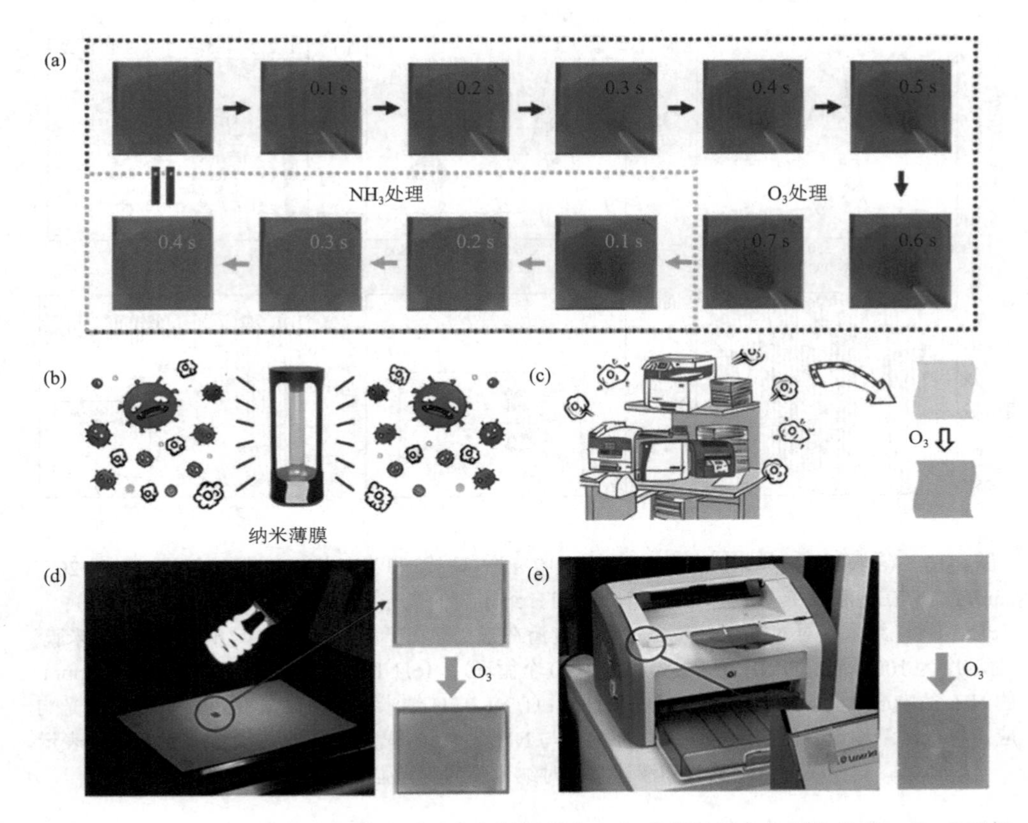

图 6-15 (a) TAPA/TOH-CHO 纳米膜对臭氧的脱除与氨气熏蒸过程中的颜色改变；(b, d)纳米薄膜在紫外灯消毒过程中对臭氧检测的示意图和实际展示图；(c, e)纳米薄膜对打印机产生的臭氧的响应示意图和实际图片(见书末彩图)

乙烯利(ETH)通过释放乙烯在植物体内发挥作用，加速作物的成熟、脱落和衰老。然而，最大限度地发挥 ETH 的效益取决于适当的剂量和使用时间，不当使用可能导致作物毒性富集和过量残留，从而对食品安全和环境健康构成威胁。因此，ETH 的现场实时可靠检测受到了广泛关注。然而，ETH 由于无色、极性大、挥发性弱，现场实时检测难以实现。最近，笔者实验室利用纳米膜发展了一种独特的，可满足实时原位在线使用需要的 ETH 概念性薄膜基荧光传感器[24]。对 ETH 检测限可达 0.2 ppb，响应时间小于 10 s，且几乎不受任何环境因素干扰。同样，该传感器不同寻常的传感性能被归因于纳米膜与 ETH 的特殊结合及其所具有的丰富孔隙结构。有意思的是，利用该纳米膜还可以实现对 ETH 的可视化定性感知。图 6-17 给出了薄膜的结构、制备和传感响应等基本信息。

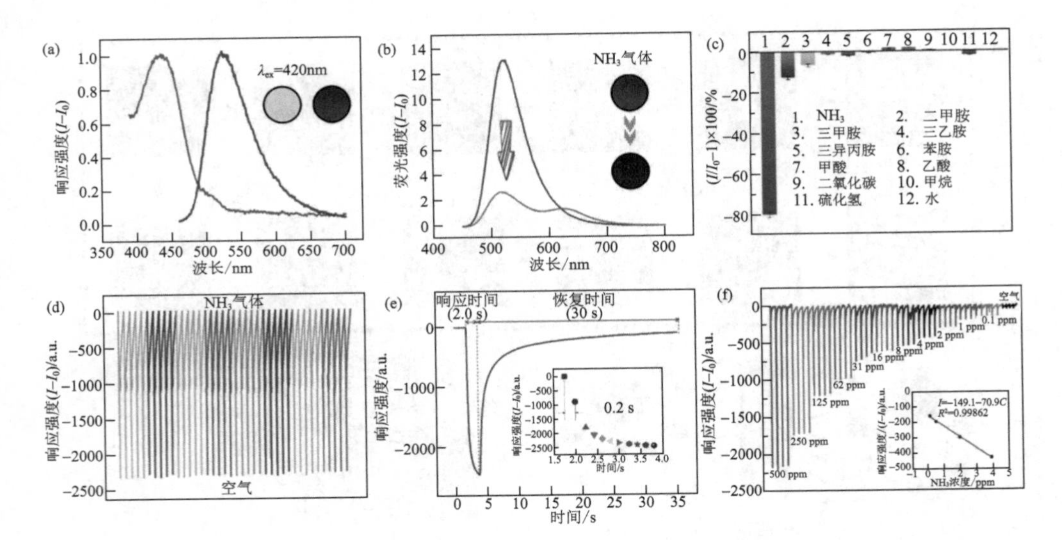

图 6-16 (a) NI-BTH 纳米膜的紫外-可见吸收光谱(蓝线)和荧光发射光谱(粉红线)(λ_{ex}=420 nm);(b)在饱和 NH_3 蒸气暴露前后,NI-BTH 纳米膜的荧光发射光谱和图像(λ_{ex}=420 nm);(c) NI-BTH 纳米膜对 NH_3 蒸气及在饱和浓度潜在干扰存在下的荧光响应;(d) NI-BTH 纳米膜对浓度为 1000 ppm 的 NH_3 的响应可逆性(40 个循环);(e) NI-BTH 纳米膜对浓度为 1000 ppm 的 NH_3 的响应动力学(响应时间和恢复时间);(f) NI-BTH 纳米膜对不同浓度 NH_3 蒸气的荧光响应,每次测量均重复四次,插图是响应强度与 NH_3 蒸气浓度之间的关系。注:I 和 I_0 分别表示存在分析物蒸气和清洁空气时纳米膜的荧光强度(见书末彩图)

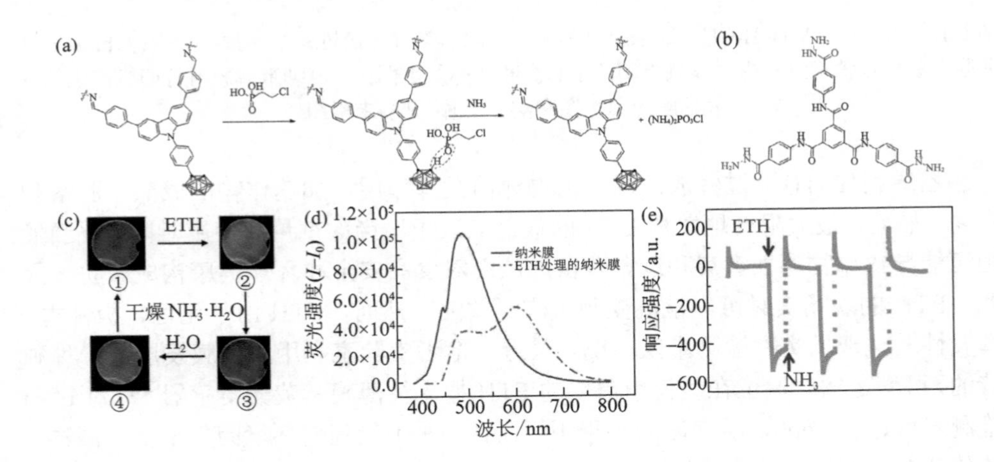

图 6-17 (a)纳米膜荧光硼块对 ETH 的特异结合和氨气存在下的释放;(b)纳米膜制备所用交联剂结构;(c)可视化检测:纳米膜对 ETH 响应,以及氨气熏蒸、水洗后的恢复使用性能;(d)纳米膜荧光光谱和结合 ETH 后的荧光光谱(λ_{ex}=360 nm);(e)纳米膜对 ETH 检测和氨气处理再生动力学扫描(彩图见封底二维码)

6.3 纳米膜的其他应用

以界面限域聚合得到的纳米膜不仅可以在化学物质检测方面获得应用，还可以拓展到其他领域。几年前，笔者团队将 CPTH 与 TFB 结合，得到了自支撑、无缺陷、柔韧性极好，具有不同厚度的多种纳米膜，以图 6-18(a)所示纳滤技术实现了对水体中多种有机染料、抗生素，以及某些氨基酸的高效脱除[图 6-18(b)和(c)]，且薄膜表现出突出的抗污性能[12]。用于水相分离时，截留分子量约为 800 Da。对氨基酸的脱除则主要是通过杯[4]吡咯的包结作用实现。

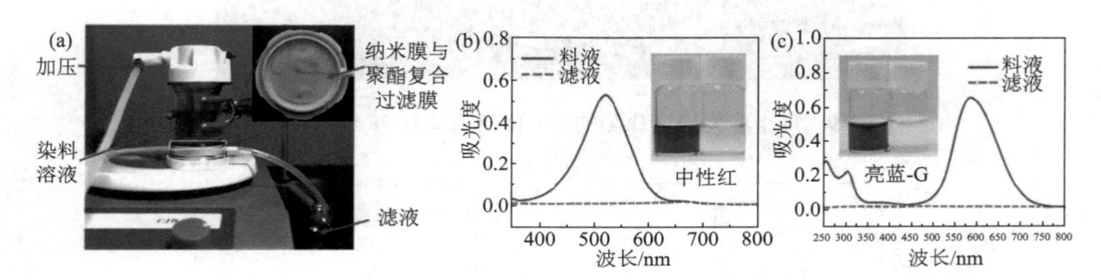

图 6-18 (a)用于纳滤的装置；(b)对水体中性红的纳滤分离效果；(c)对水体亮蓝-G 的纳滤分离效果。注意：(1)为了增强过滤膜的力学强度，实际使用时将纳米膜置于多孔 PET 膜上方，以此复合薄膜进行纳滤；(2)(b)和(c)的插图照片为分离前后溶液颜色。从溶液颜色和吸收光谱可以看出，分离程度几乎达到了 100%

以界面限域动态聚合所得到的纳米膜多数具有无缺陷、自支撑、柔韧、可切割、可折叠等重要性质，因此，经由适当处理和器件化，完全可能用于应力-应变测量。最近，笔者团队设计制备了两种新的纳米膜构筑砌块 Cu-TPPNHNH$_2$ 和 TFA，将两种砌块在气-液界面控制反应，得到了一种力学性能优异的纳米膜(图 6-19)，进而以单质碘处理薄膜，得到了具有半导体特性的纳米膜[25]。利用该薄膜搭建的应力-应变传感器实现了微弱力的测量，实际测量灵敏度可达 0.1 kPa 以下，远远优于常规微机电系统(micro-electro-mechanical system，MEMS)应力探测灵敏度。应用该应力-应变传感器还可以轻而易举地实现对人正常呼气、说话、咳嗽、歌唱，以及肢体不同运动的区分。此外，该薄膜传感器使用性能几乎不受环境温度、湿度的影响。

通过将合适的光活性片段引入构筑基元，利用所得到的纳米膜还有可能发展精准可调的光限幅材料。为此，笔者团队将包含强拉电子基团氰基的 BTFA 与 MDA 结合，利用界面限域动态聚合得到了具有饱和吸收性质的厚度约为 35 nm 的光学活性膜[15]。研究表明，以 8 层折叠得到的薄膜饱和吸收性能最好(图 6-20)。此类薄膜因自身的独特柔韧性、可折叠性等呈现出前所未有的优势，为从分子水平设计制备高性能有机光限幅材料打下了基础。

图 6-19 用于应力应变探测的 Cu-TPPNHNH$_2$/TFA 纳米膜材料

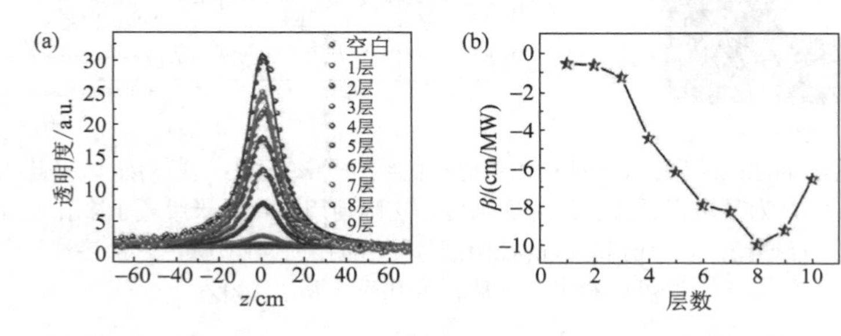

图 6-20 (a) 以 800 nm 飞秒激光对不同厚度(层数)纳米膜进行 z 扫描得到的归一化曲线，其中激光脉冲强度为 105.8 GW/cm^2，脉冲宽度为 200 fs；(b) 非线性饱和吸收系数(β)对纳米膜层数的依赖性(彩图见封底二维码)

不难想象，如果将纳米膜用于担载催化剂，就有可能在最接近“单原子”条件下实现对某些反应的高效催化。为了证实这一设想，笔者团队将 TPPNHNH$_2$ 的铜、钴、锌、锰等离子配合物与诸如 TOB、TFA、TEB 等不同多醛结合，通过界面限域动态聚合得到了一系列包含卟啉金属中心的纳米膜，利用包含钴卟啉的纳米膜同时实现了对析氧反应(OER)和氧还原反应(ORR)的高效催化，利用该膜组装的锌空电池表现出优异的充放电性能[26]。同样，以该膜组装的全固态锌空电池也表现出突出的柔韧性，任意折叠几乎都不对电池的充放电性能产生显著影响，表现出巨大的应用潜力。

本章所介绍纳米膜的无缺陷、高通透特点还可以使其在薄膜担载纳米颗粒的模板制备等方面获得应用。最近，笔者团队利用纳米膜分隔 U 形管，在 U 形管两侧分别加入能够相互反应的两种不同溶液(如硼氢化钠溶液和硝酸银溶液)，由于传质受控，银离子的还原只能发生在纳米膜上。通过优化反应液浓度、反应时间、反应温度，以及更新反应液的次数等条件，获得了银纳米颗粒大小、间距均可精细调控的膜担载纳米银复合薄膜材料。同时，该膜依然柔韧、无缺陷，且保留了很好的衬底贴附性（图 6-21）。进而将这种特殊的膜担载纳米银用于拉曼测量。不出所料，该膜表现出优异的拉曼增强效应。由此获得的高性能拉曼增强衬底（surface-enhanced raman scattering，SERS）实现了对真实样品表面残留农药的原位快速测量[13]。

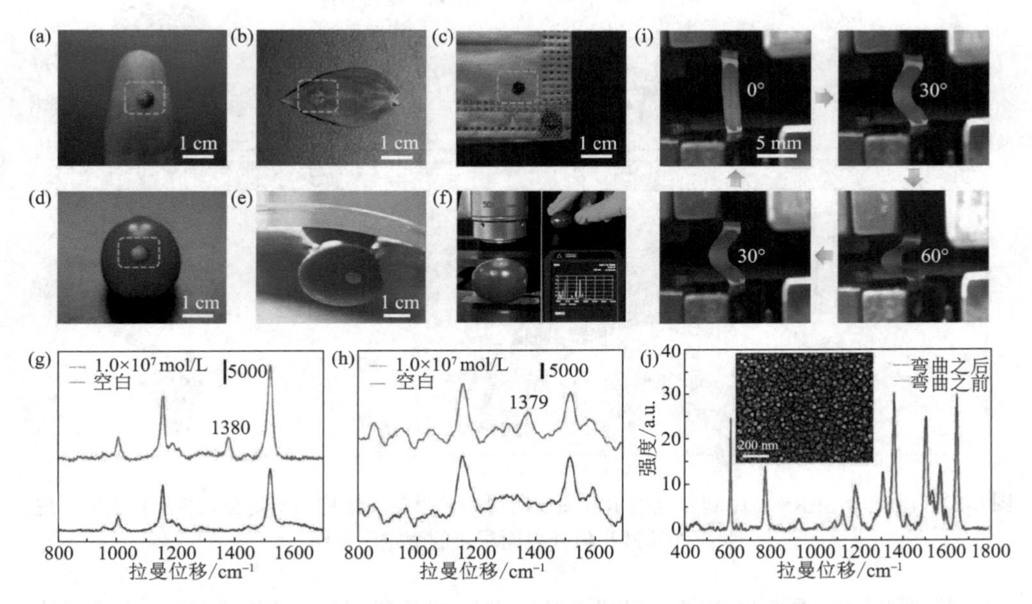

图 6-21 (a～d) SERS 衬底（AgNPs/纳米膜）对不同表面的良好贴附性；(e) 将贴附有 SERS 衬底的西红柿置于水中并未发生脱落问题；(f～h) 农药福美双污染（1.0×10^{-7} mol/L）和非污染西红柿表面的台式和手持式拉曼光谱仪测量照片和测量结果；(i, j) SERS 衬底弯曲检验和 500 次 60° 弯曲前后的罗丹明 6G（R6G）的增强拉曼光谱（见书末彩图）

在此基础上，笔者团队通过将银纳米颗粒（AgNPs）沉积到生长在预制纳米膜表面的硫化镉纳米线（CdSNWs）上，制备了一种柔软、均匀、超薄、透明且多孔的 SERS 衬底（银纳米颗粒/硫化镉纳米线/纳米膜）[27]。与文献报道的可穿戴 SERS 衬底不同，由此方法得到的 SERS 衬底可以黏附到各种表面，简化了结构，提高了舒适度并改善了性能。值得注意的是，新开发的 SERS 衬底稳定性突出，可以经由再生，实现多次重复使用。人工样品测试表明，该衬底增强因子（EF）高达 4.2×10^7，对罗丹明 6G 检测限达 1.0×10^{-14} mol/L，创造了目前文献报道的可穿戴 SERS 衬底最好结果。此外，利用该 SERS 衬底还可实现对人体汗液和植物树叶表面尿素水平的实时原位可靠监测，表现出巨大的应用潜力（图 6-22）。

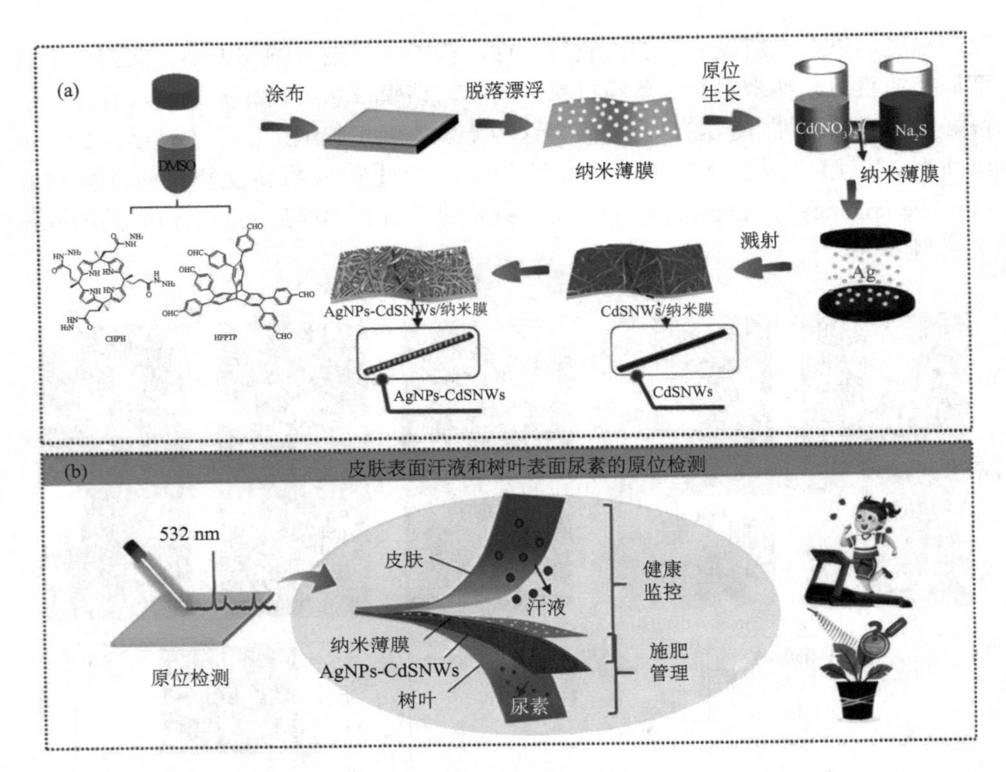

图 6-22 (a)复合 SERS 衬底制备过程示意图及所用纳米膜砌块结构；(b)复合 SERS 衬底用于皮肤表面汗液和树叶表面尿素的测定示意图

紫外光敏感柔性材料在可穿戴设备、自适应传感器和光驱动制动器等领域的应用引起了人们的广泛关注。在这一背景下，笔者团队发展了一类对紫外光具有灵敏、快速、可逆响应性的纳米薄膜。以此膜为基础，搭建了一种基于跟踪薄膜受光驱动形变程度而测量紫外光强度的新概念紫外测量系统[28]。该系统对 375 nm 紫外光响应尤为灵敏，且响应和恢复时间均小于 0.3 s。探测光强范围至少可从 2.85 $\mu W/cm^2$ 到 8.30 mW/cm^2。此外，通过纳米膜结构调整，紫外光波长敏感范围还可在一定范围内调控。通过器件设计，该纳米膜还可用于构建紫外响应驱动器，实现太阳能驱动的人造花朵及开关的打开和关闭。此类纳米膜的紫外光响应性质被归因于酰肼键的光致顺反异构和惰性衬底膜的弹性储能性质的耦合(图 6-23)。需要说明的是，与文献报道的光驱动双键顺反异构或开环-关环不同，此类复合膜的光驱运动仅需一种光的刺激，亦即光照复合膜形变，撤除光刺激，膜形状恢复。这一独特性质为其实际应用可以带来诸如简化结构、小体积、低功耗等诸多优点。相信，此类复合膜不仅仅可以用于紫外光测量，也必将在柔性机器人、电子舌、电子鼻等的创建中获得应用。

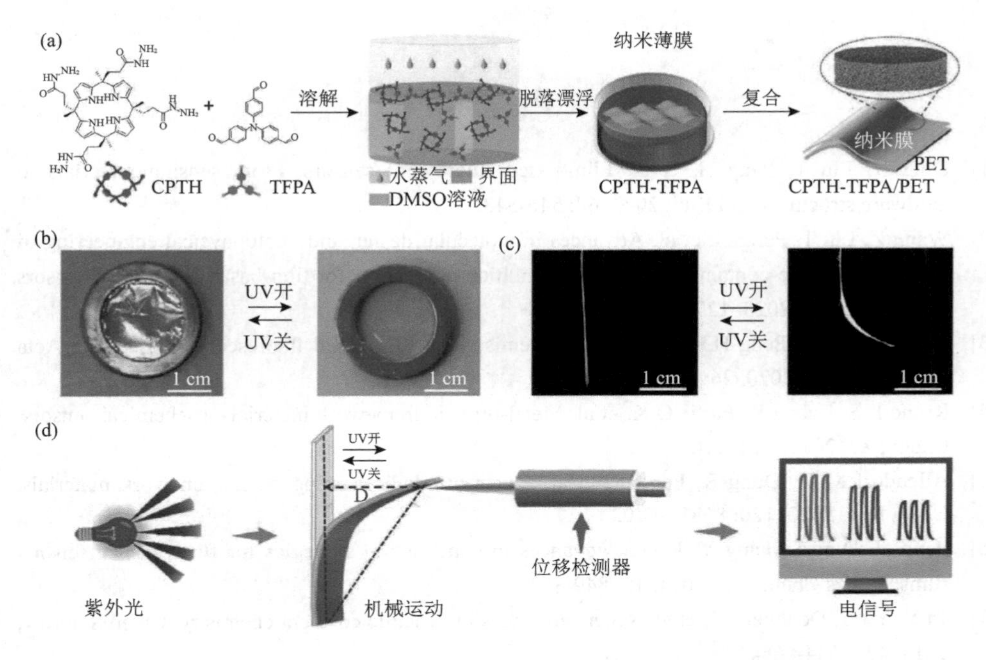

图 6-23 纳米膜的制备及其在紫外光检测中的应用示意图

(a) 砌块分子结构，以及 CPTH-TFPA/PET 膜制备过程示意图；(b) 用 375 nm 波长的紫外光照射以铜环担载的纳米薄膜，可以看到纳米膜尺寸的显著改变，此即 CPTH-TFPA 纳米膜的紫外光可逆响应行为；(c) 类似地，将 CPTH-TFPA 与 PET 衬底膜复合，可以得到紫外光响应复合膜；(d) 基于 CPTH-TFPA/PET 复合膜可以实现对紫外光的新概念检测（示意图）

6.4 荧光纳米膜传感应用的局限性与解决策略

经由界面限域制备的荧光纳米膜在传感应用中尽管表现出一系列突出的优点，但作为有机结构，依然存在使用环境必须相对温和、使用过程易于污染、器件一致性实现困难等问题。因此，在传感应用基础研究取得突破的基础上，如何推进纳米膜器件的实际应用还需要开展更加深入细致的工作。亦即，传感器全链条研究中的工程化研究需要极大加强。此外，纳米膜的模板效应研究也要加强。例如，借助纳米膜的衬底广泛适应性、网状结构，以及突出的厚度均匀性和可调控性，可以考虑将纳米膜用于平整、不平整二维或者准二维材料的控制制备。具体来讲，就是将纳米膜贴附于具有不同表面形貌、不同化学本性的反应衬底表面，抑制衬底表面反应液体因咖啡环等效应而引起的不均匀分布，然后启动反应获得厚度均匀且可控的二维、准二维材料。相信，这将是将纳米膜从荧光传感应用拓展至更多传感应用，也是获得新形态、新化学本性敏感材料的重要途径，创新空间巨大。

参考文献

[1] Ding N, Liu T, Peng H, et al. Film-based fluorescent sensors: From sensing materials to hardware structures. Sci Bull, 2023, 68: 546-548.

[2] Wang Z, Liu T, Peng H, et al. Advances in molecular design and photophysical engineering of perylene bisimide-containing polyads and multichromophores for film-based fluorescent sensors. J Phys Chem B, 2023, 127: 828-837.

[3] Liu T, Miao R, Peng H, et al. Adlayer chemistry on film-based fluorescent gas sensors. Acta Phys Chim Sin, 2020, 36: 1908025.

[4] Kreno L E, Leong K, Farha O K, et al. Metal-organic framework materials as chemical sensors. Chem Rev, 2012, 112: 1105-1125.

[5] Allendorf M D, Dong R, Feng X, et al. Electronic devices using open framework materials. Chem Rev, 2020, 120: 8581-8640.

[6] Peng H, Ding L, Fang Y, Recent advances in construction strategies for fluorescence sensing films. J Phys Chem Lett, 2024, 15: 849-862.

[7] Jin Y, Yu C, Denman R J, et al. Recent advances in dynamic covalent chemistry. Chem Soc Rev, 2013, 42: 6634-6654.

[8] Zheng N, Xu Y, Zhao Q, et al. Dynamic covalent polymer networks: A molecular platform for designing functions beyond chemical recycling and self-healing. Chem Rev, 2021, 121: 1716-1745.

[9] Black S P, Sanders J K M, Stefankiewicz A R. Disulfide exchange: Exposing supramolecular reactivity through dynamic covalent chemistry. Chem Soc Rev, 2014, 43: 1861-1872.

[10] Ji S, Cao W, Yu Y, et al. Dynamic diselenide bonds: Exchange reaction induced by visible light without catalysis. Angew Chem Int Ed, 2014, 53: 6781-6785.

[11] Yang J, Liu X, Tang J, et al. Robust and large-area calix[4]pyrrole-based nanofilms enabled by air/DMSO interfacial self-assembly-confined synthesis. ACS Appl Mater Interfaces, 2021, 13: 3336-3348.

[12] Liu X, Tang J, Yang J, et al. Conformationally tunable calix[4]pyrrole-based nanofilms for efficient molecular separation. J Colloid Interface Sci, 2022, 610: 368-375.

[13] Zhai B, Tang J, Liu J, et al. Towards a scalable and controllable preparation of highly-uniform surface-enhanced raman scattering substrates: Defect-free nanofilms as templates. J Colloid Interface Sci, 2023, 647: 23-31.

[14] Li M, Tang J, Luo Y, et al. Imine bond-based fluorescent nanofilms toward high-performance detection and efficient removal of HCl and NH_3. Anal Chem, 2023, 95: 2094-2101.

[15] Luo Y, Li M, Tang J, et al. Interfacially confined preparation of fumaronitrile-based nanofilms exhibiting broadband saturable absorption properties. J Colloid Interface Sci, 2022, 627: 569-577.

[16] Li M, Luo Y, Yang J, et al. A mono-boron complex-based fluorescent nanofilm with enhanced sensing performance for methylamine in vapor phase. Adv Mater Technol, 2022, 7: 2101703.

[17] Han T, Yang J, Miao R, et al. Direct distinguishing of methanol over ethanol with a nanofilm-based fluorescent sensor. Adv Mater Technol, 2021, 6: 2000933.

[18] Wu Y, Hua C, Liu Z, et al. High-performance sensing of formic acid vapor enabled by a newly developed nanofilm-based fluorescent sensor. Anal Chem, 2023, 93: 7094-7101.

[19] Wu Y, Han T, Wang G, et al. A highly reusable fluorescent nanofilm sensor enables high-performance detection of ClO_2. Sens Actuators B Chem, 2023, 374: 132739.

[20] Lai F, Yang J, Huang R, et al. Nondestructive evaluation of fish freshness through nanometer-thick fluorescence-based amine-sensing films. ACS Appl Nano Mater, 2021, 4: 2575-2582.

[21] Zhai B, Huang R, Tang J, et al. Film nanoarchitectonics of pillar[5]arene for high-performance fluorescent sensing: A proof-of-concept study. ACS Appl Mater Interfaces, 2021, 13: 54561-54569.

[22] Li M, Tang J, Luo Y, et al. Controllable preparation of imine-based nanofilms towards ozone detection and removal. Sens Actuators B Chem, 2023, 390: 133947.

[23] Liang J, Hu D, Xu W, et al. Interfacially confined dynamic reaction resulted to fluorescent nanofilms depicting high-performance ammonia sensing. Anal Chem, 2024, 96: 2152-2157.

[24] Liu Q, Huang R, Tang J, et al. A nanofilm-based fluorescent sensor toward highly efficient detection of ethephon. Anal Chem, 2024, 96: 2559-2566.

[25] Tang J, Zhai B, Liu X, et al. Interfacially confined preparation of copper porphyrin-contained nanofilms towards high-performance strain-pressure monitoring. J Colloid Interface Sci, 2022, 612: 516-524.

[26] Tang J, Liang Z, Qin H, et al. Large-area free-standing metalloporphyrin-based covalent organic framework films by liquid-air interfacial polymerization for oxygen electrocatalysis. Angew Chem Int Ed, 2023, 62: e202214449.

[27] Luo Y, Zhai B, Li M, et al. Self-adhesive, surface adaptive, regenerable SERS substrates for in-situ detection of urea on bio-surfaces. J Colloid Interface Sci, 2024, 660: 513-521.

[28] Liu X, Hu J, Yang J, et al. Fully reversible and super-fast photo-induced morphological transformation of nanofilms for high-performance UV detection and light-driven actuators. Adv Sci, 2024: e2307165.

第7章

薄膜器件化与薄膜基荧光传感器

器件化是荧光敏感薄膜走向实际应用的前提。器件化的方式取决于传感器的结构，器件化方式的创新需要关注光学工程、电子学、微电子学以及微机电系统（MEMS）等学科或领域的发展与技术进步。

“物联网”（Internet of Things，IoT）被称为继计算机、互联网和无线通信网之后世界信息产业的第三次浪潮，亦是新兴国家调整产业结构、实现跨越发展的难得机遇。在此背景下，为做好“十四五”时期我国物联网新型基础设施建设发展，工业和信息化部、中央网络安全和信息化委员会办公室、科学技术部等八部门于2021年9月联合发布《物联网新型基础设施建设三年行动计划（2021—2023年）》文件，加速推进全面感知、泛在连接、安全可信的物联网新型基础设施建设，加快技术创新，推动物联网全面发展。

物联网是指把传感器、传感器网络等感知技术，通信网、互联网等传输技术与智能运算、智能处理技术融为一体的连接物理世界的网络。在本质上，物联网就是传感网。因此，在技术上，其发展的程度和水平取决于“感知”的能力和水平。

素有“传感器之父”称号、国际著名的MEMS专家Janusz Bryzek博士于2012年10月发起成立Tsensors（trillion sensors，兆级传感器）联盟。该联盟旨在联络全美乃至全世界传感器专家、企业家，通过开展相关活动，促进传感器技术和产业发展。该组织在美国斯坦福大学、加州大学伯克利分校、加州大学圣迭戈分校、德国慕尼黑大学、日本东京大学等地先后举办了多次兆级传感器高峰论坛，形成了多份重要的足以影响世界各国政府决策、引领行业发展的报告。特别是美国通用电气（GE）公司提交的报告认为，未来发达国家生产生活的方方面面，包括居住、交通、租赁、建筑维护、环境管理、工农业生产、公共安全、公共服务等各行各业都将建立在传感器的广泛使用基础之上。因此，通用电气公司将着力发展这些传感器技术，计划到 2025 年，每年将以“卷到卷”(roll-to-roll)印刷技术生产多达十兆级化学和生物传感器。由此可见，对于后发展国家和地区，物联网的出现既是机遇，更是挑战。

传感器具有类型多、研发成本高、研发周期长、技术密集等特点，是反映一个国家或地区科技创新能力与发展水平的重要标志。我国虽然是全世界唯一拥有联合国产业分类中所列全部工业门类的国家，但传感器技术，尤其是智能传感器技术还处于初级发展阶段。我们的“感知”能力和水平还不高，物联网发展因此受到极大制约。2020 年 9 月发布的《中国传感器(技术、产业)发展蓝皮书》披露，我国传感器产业现状是国产中低端传感器泛滥、同质化竞争严重，传感器芯片等核心技术高度缺乏，高端传感器核心制造装备主要依靠进口。与全世界范围内超过 3.5 万种传感器品种相比，我国仅能生产其中的约 1/3，高端传感器市场仍被美国、日本、德国等西方发达国家垄断。另外，近年来国内传感器企业实力虽然显著增强，但国产传感器仍以走量、客单价低的中低端传感器为主，导致市场份额较小，与巨大的出货量形成鲜明对比。同时，部分国产传感器产品的可靠性、一致性和稳定性不理想仍是我国传感器产业发展面临的不争事实。

从传感器市场看，近年来我国整体传感器市场规模保持稳定较快增长，2021 年高达 2950 亿元，增速达 17.6%。预计 2026 年市场规模将超过 7000 亿元。在支持政策方面，我国政府高度重视智能传感器产业发展，强化顶层设计，聚焦重点领域，培育产业生态，建设创新平台，努力推动产业高质量发展。工业和信息化部于 2021 年 1 月发布《基础电子元器件产业发展行动计划(2021—2023 年)》，提出实施重点产品高端提升行动，突破制约行业发展的专利、技术壁垒，补足电子元器件发展短板，保障产业链供应链安全稳定。特别是面向传感类元器件重点产品，重点发展小型化、低功耗、集成化、高灵敏度的敏感元件，温度、气体、位移、速度、光电、生化等类别的高端传感器，新型 MEMS 传感器和智能传感器，微型化、智能化的电声器件，为传感器国产替代带来良好的发展机遇。

传感器技术的发展水平关键取决于以下两个方面，一是新型传感技术与传感原理的基础研究水平；二是相关原理和技术的器件化能力。经过改革开放四十余年的积累和发展，我国学者在传感相关基础研究领域的学术贡献和能力已经不容小觑，但是在需要多学科合作和广泛技术集成的器件化研究方面，我国与西方发达国家相比要落后得多。为此，要改变目前这种现状，需要切实加强跨学科研究。

而在国际上情况则完全不同，美国国防部高级研究计划局(DARPA)继成功实施 1997 年提出的“电子狗鼻计划”(Electronic Dog’s Nose Program)之后，于 2007 年又启动了更具挑战的“真鼻计划”(Real Nose Program)。在同一年，美国国土安全部(DHS)还启动了自己的“感知一切”(Cell-All)计划。这些计划实际上是传感器研究计划，而且着重器件化研究。特别是 Cell-All 计划，其目的就是发展性能好、体积小、功耗低、可集成的危险化学品阵列型传感器，最终目的是将其嵌入手机，借以帮助手机携带者及时发现危险，保护自己。同时，利用手机网络，对手机所在区域的危险有害化学品进行全覆盖安全监控。Cell-All 计划设想，一旦手机携带者发现类似于沙林、芥子气等化学毒剂，系统可以自动和有关部门接通，报告危险发生的地点和时间，以便相关部门在第一时间采取措施。Cell-All 计划负责人 Stephen Dennis 讲到，他要让此类传感器进入每一部手机，进入每一个人的口袋。可以说，在本质上，Cell-All 计划实际上就是一个国家主导的有害化学品监测物联网计划。

需要特别强调的是，2013 年 DARPA 启动了 Sigma 计划，旨在应对美国国土所面临的核与辐射威胁。通过数次基于现实场景的评价试验，2017 年该项目完成了阶段性验收。面对日益严峻且复杂多样的化学、生物、放射性、核(CBRN)威胁，DARPA 又于 2018 年将 Sigma 计划升级为 Sigma+计划，探测对象也拓宽至化学、生物和爆炸物威胁等，谋求建立针对 CBRN 威胁的全谱、实时、持久、早期探测系统。Sigma+计划主要通过物理感测、大数据分析和先进建模，构建对所有化学、生物、放射性、核及高当量爆炸物(CBRNE)等威胁进行早期侦测的变革性、实用性系统。2020 年 8 月，Sigma+项目组在印第安纳波利斯地区进行了数次模拟测试，收集了超过 250 h 的城市日常生活大气数据，以期帮助训练算法，更好地发现化学和生物威胁。随着 Sigma+项目的实施，美国防御 CBRN 威胁的能力全面提升。值得特别说明的是，这些计划的成功实施在很大程度上依赖于传感器技术的发展和传感器的小型化、微型化。

我国政府在“十一五”至“十四五”期间也相继启动了有关研究计划，旨在推动高端传感技术发展，但总体来讲，器件化能力和水平还有待提高。可喜的是，为落实“十四五”国家科技创新部署安排，国家重点研发计划“智能传感器”专项于 2021 年正式启动。相信随着这些计划的实施，我国传感器技术发展将进入快车道，被动局面将逐步得到扭转。

基于上述考虑，本章将简要介绍敏感薄膜器件化相关知识，在此基础上，择要介绍几种重要的荧光传感器。

7.1 传感器与传感技术

传感器(sensor)和执行器(actuator)是换能器(transducer)的两种不同形式，各自发挥不同的功能。传感器是指能够探知环境或系统某种物理性质、化学组成或某种组分含量的装置或器件，而执行器则是向系统施加某种作用，使系统获得某种运动的装置或器件。两者的共同之处都是实现不同能量形式之间的转换，这种被转换的能量和转化后的能量可以隶属同一类型(机械能、电能、化学能、磁能、光能和热能等)。

作为传感器，不应对探知环境或系统的性质产生明显的影响。在此需要特别指出的是，在较多文献中，学者们往往将传感器概念泛化，甚至具有传感或分析功能的分子都被称为传感器，这种说法是不恰当的，也与国际纯粹与应用化学联合会(IUPAC)对传感器的定义相悖。根据 IUPAC 定义[1]，无论是物理传感器还是化学传感器，首先都必须是一种器件，是分析仪器的重要组成部分。对此，著名学者 Wolfbeis 专门撰文进行了澄清[2]。根据我国国家标准 GB 7665—2005，传感器定义为能感受被测量并按照一定的规律转换成可用输出信号的器件或装置，通常由敏感元件和转换元件组成[3]。另外，传感器还应兼有微型化、数字化、智能化、多功能化、系统化、网络化等特点。2020 年，国家邮政局颁布实施了《邮政行业基于荧光聚合物传感技术的手持式痕量炸药探测仪技术要求》(YZ/T 0176—2020)，规定了邮政行业基于荧光聚合物传感技术的手持式痕量炸药探测仪的技术要求、试验方法、检验规则、标志、包装、随机技术文件、运输及储存[4]。

根据功能的不同，可将传感器分为机械传感器、热传感器、电磁或光学传感器、化学传感器等(图 7-1)。机械传感器主要包括位移传感器、应力传感器、转速传感器、加速度传感器、压力传感器、扭矩传感器、扭力传感器、质量传感器以及流速传感器等；热传感器主要包括温度传感器和热量传感器；电磁或光学传感器主要包括电压传感器、电流传感器、相位(频谱)传感器、成像传感器、光学传感器、磁性传感器等；化学传感器主要包括化学物质传感器、湿度传感器和 pH 传感器等。

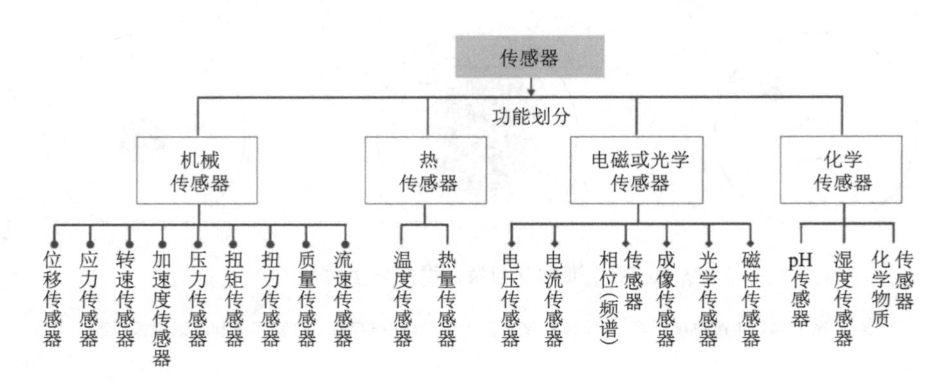

图 7-1　传感器功能作用及分类

一种传感器的性能如何，主要通过准确度(accuracy)、分辨率(resolution)、灵敏度(sensitivity)和精密度(precision)等几个关键指标衡量。其中准确度是指测定值与真值之间的偏差；分辨率是指对测量结果可以感知的最小变化；灵敏度是指输出信号变化与引起这一变化的输入信号变化的比值，亦即输出信号对输入信号作图的斜率；在本质上，精密度就是对一个样本的实际可重复测定性，亦即针对同一输入信号，系统能够给出同一输出信号的能力。可见，精密度反映了传感器的使用稳定性，分辨率和灵敏度反映了传感器对分析对象变化的敏感程度，而准确度反映了分析结果可信的程度。

其中准确度和分辨率的关系可用图 7-2 表示，可以看出分辨率高低与准确度没有必然的联系，也就是说分辨率高并不意味着准确度就高。同样，精密度高也并不意味着准确度就高，具体来讲，两者之间的关系可以分为三种(图 7-3)：一是精密度高，但准确度不高；二是精密度不高，但准确度较高；三是精密度和准确度都很高。很显然，第一种情况反映了传感器存在系统误差，需要校准，第二种情况反映了传感器的性能需要进一步的提高，第三种情况则是比较理想的情况。

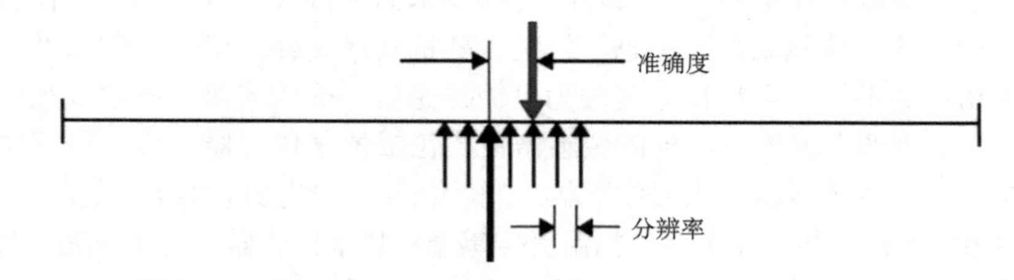

图 7-2 准确度、分辨率与测量值和真值之间的关系

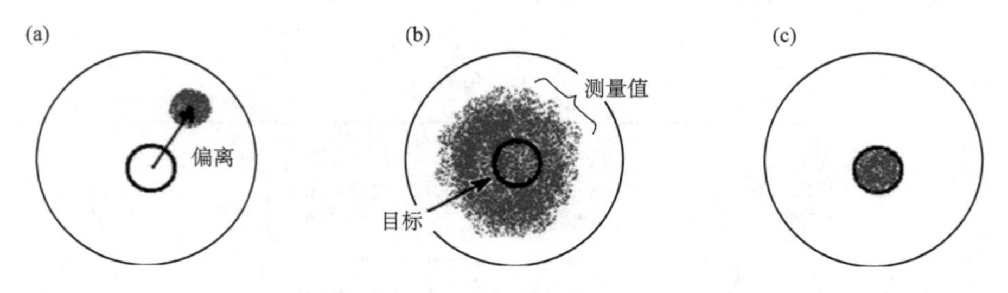

图 7-3 准确度与精密度关系示意图

(a)精密度高，但准确度不高；(b)精密度不高，但准确度较高；(c)精密度和准确度都很高

与之相应，衡量一种传感器的分析传感性能还要考虑动态范围(dynamic range)、线性程度(linearity)、转变函数(transfer-function)、带宽(bandwidth)、噪声(noise)等因素。具体来讲，动态范围是指最大可测输入量与最小可测输入量的比值(类似于分析化学通常讲的线性范围，亦即最低检出限与最高检出限)，一般以 D.R.= 20 × lg(最大可测输入量/最小可测输入量)表示；线性程度则是指在给定

输入-输出数据范围内，实验测定结果偏离输出输入线性拟合的程度；转变函数也称频率响应(frequency response)，是指输入信号与输出信号之间的关系，这一关系在某种程度上反映了传感器的本征性能；噪声是指输入信号的随机无序变化所引起的输出信号的随机无序涨落。

除了上述内容之外，传感器还有一系列其他属性，这些性能如何，对传感器的实际使用也会产生很大影响。例如，传感器的运行可以基于光电、电磁、压电等不同原理；传感器涉及的变量可以是一维、二维、三维，甚至多维；传感器的大小；数据的采集和输出可以以连续、间断等不同形式进行，也可以以模拟信号或数字信号两种不同形式呈现；传感器的智能程度也可大不相同，这主要反映在数据在线处理和决策能力的不同；传感器还可分为仅仅是接收信号，还是在接收信号之后还要输出加工后的结果；传感器的安装使用方式，以及传感器的鲁棒性(robustness)，亦即抵御外界影响的能力也可以很不相同。因此，对传感器的性能评价可以从不同角度，以不同侧重面进行。总之，要根据实际需要，进行综合评价。

除了这些评价之外，对于传感器，特别是化学和生物传感器，分析化学常常讲到的 3S+1R(sensitivity, selectivity，speed，reversibility)性能对于传感器也很关键。亦即，在实际使用中，传感器表现出的传感灵敏度、选择性、响应速度，以及传感器的重复使用性能都决定着一种新发展的传感器能否获得实际应用。

7.2　薄膜基荧光传感器的制作

荧光传感器是一类重要的光学传感器，基于激发态分子与待分析对象相互作用引起的相关荧光性质变化，实现灵敏感知[5]。因激发态响应本性所带来的固有高灵敏度使得荧光传感器在高端传感器中占有重要的地位。近年来，随着经济社会发展对反恐、禁毒以及环境质量监测技术要求的不断提高，荧光传感技术，特别是薄膜基荧光传感技术得到了迅猛的发展，已发展成为继离子迁移谱之后业界公认的最具发展潜力的微痕量物质探测技术。笔者团队提出并长期坚持的薄膜基荧光传感器(film-based fluorescent sensors，FFSs)入选 IUPAC 2022 年度化学十大新兴技术[6]。与之相应，薄膜器件化研究也受到人们的日益重视。薄膜基荧光传感器的制备过程可以用图 7-4 来表示。

由图 7-4 可以看出，一般而言，薄膜基荧光传感器的制备主要由衬底(substrate)选取、清洗、活化、传感元素固定化等十余个过程构成。其中敏感薄膜切割之前属于敏感薄膜制备过程，而之后的所有步骤则属于薄膜器件化过程。敏感薄膜制备必须植根于深入细致的基础研究，而薄膜器件化过程则具有一定的普适性，需要搭建专门平台，形成标准，按照规范实施，以此才有可能保证传感器性能的一致性和可靠性。以下择要介绍相关过程。

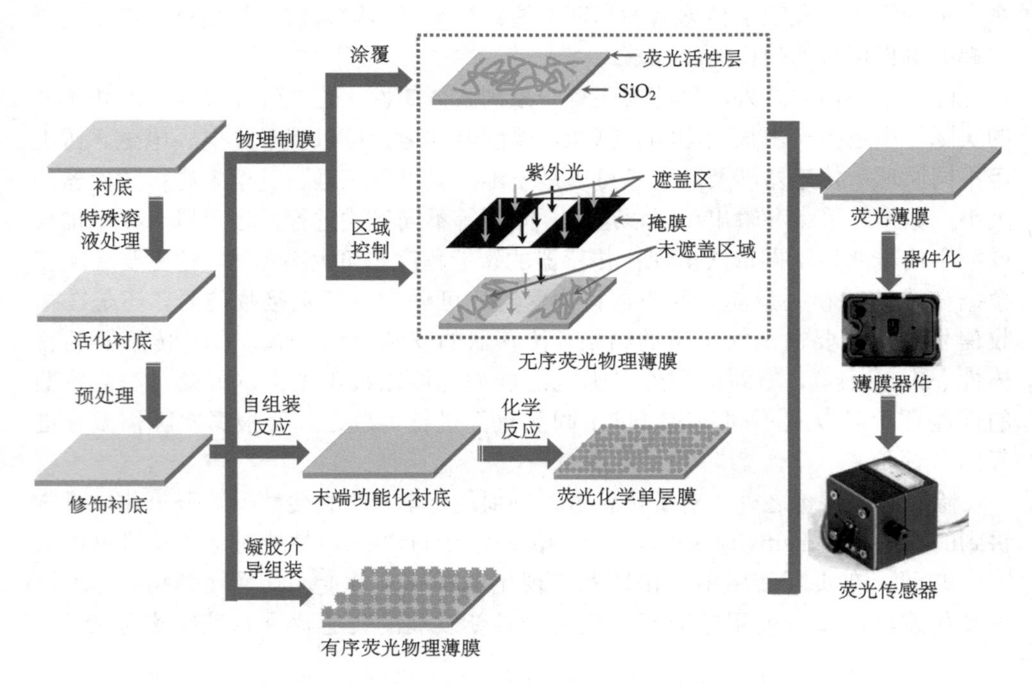

图 7-4 薄膜基荧光传感器的一般制备过程(见书末彩图)

7.2.1 衬底选择

就荧光传感而言，一般多选用石英玻片作为衬底。原因主要在于：①石英具有惰性，一般不会猝灭活性物质产生的荧光信号；②石英透明，对可见光乃至经常涉及的紫外光透过率高，不用担心衬底对激发光源和所产生荧光造成的吸收耗散；③石英易于切割，可以保证不同结构形式器件化策略的实施；④石英易于活化，活化后的石英衬底表面富含羟基，可为表面化学功能修饰打下基础；⑤石英表面密实光滑，不易被待检测物质、溶剂或环境其他成分污染，即便污染，也易于通过洗涤、吹扫得到再生。因此，在荧光敏感薄膜研究中，石英玻片常常作为衬底使用。不过，也需要注意，石英表面缺乏微结构，这一特点也限制了其在一些特定化学和生物物质传感中的应用。原因主要在于毛细凝结作用因微结构的缺失而弱化，这就影响了易挥发性有机物质在薄膜表面的富集，从而影响传感灵敏度。此外，这种表面微结构的缺失也会引起色谱分离效应的弱化，后者对于区分传感也具有重要的意义。因此，实际研究工作中的衬底类型丰富得多，要根据传感对象的不同而灵活选取或制备。

7.2.2　衬底活化

以石英衬底活化为例，衬底在活化之前，首先要充分洗涤，确保表面油污等杂质去除干净。之后，通过 Piranha 溶液处理进行活化，使其表面富含羟基。具体处理过程是，将经过清洗处理的干燥石英衬底置于 Piranha 溶液[体积比为 7∶3 的过氧化氢水溶液(30%)与浓硫酸(98%)混合溶液]中，将溶液加热至 98℃并保温 1 h，然后取出衬底，以大量去离子水清洗，最后在无尘烘箱中干燥 1 h，冷却后妥善保存备用[7,8]。注意，使用之前，活化衬底需要进行接触角测量，以确保活化过程有效。就表面化学修饰所用石英衬底而言，希望衬底接触角降至 10°左右。此外，还要提醒的是，上述 Piranha 溶液极具腐蚀性和氧化性，配制和使用时都要万分小心。

7.2.3　传感元素固定化

传感元素固定化是获得敏感薄膜的基础，一般而言，传感元素多为荧光小分子衍生物或者共轭荧光聚合物，这些敏感物质可以经由物理方法或者化学方法固定化于衬底表面。物理方法可以是旋涂、流延、浸涂以及气相沉积等，化学方法仅适用于小分子荧光物质。化学固定化主要是通过表面化学反应实现，就石英衬底而言，多以硅烷化试剂实现。具体实施时，可以分为“graft from”(生长)和“graft to”(接入)两种策略：graft from 策略是先将硅烷化试剂经由表面化学反应结合于衬底表面，然后使其末端功能基团与荧光物质反应获得荧光敏感薄膜；graft to 策略是首先将荧光物质化学结合于硅烷化试剂末端，然后再启动硅烷化试剂的衬底表面反应，由此获得荧光敏感薄膜。两种策略各有优缺点，实际工作中要基于具体体系进行比较，然后确定何种策略更加有效。需要指出的是化学固定化方法虽然具有一系列突出的优点，但其放大制备困难，薄膜重复制备性差，性能一致性也不容易实现。因此，要实现工业应用，就必须对相关工艺过程进行严格控制。

除了上述常见传感元素固定化方法之外，LB 膜法也要予以重视。LB 膜法的最大特点在于几乎可以以定量的方式将荧光传感元素或物质层层转移到衬底表面，从而可以以简单的湿化学法严格控制薄膜的厚度，控制荧光活性物质的面密度，为薄膜传感性能最优化提供新的途径。如图 7-4 所示，笔者团队将具有一定表面活性的荧光活性物质[图 7-5(a)]通过 LB 膜仪制膜，然后利用 Schaefer 平拉转移法，可以得到如图 7-5(c)所示的平整荧光薄膜。该膜厚度可以经由增加单层膜的转移次数而持续增加。图 7-5(d)给出了膜荧光强度随转移次数的变化。制膜过程和分析等具体内容，文献[9]已有详细描述，感兴趣的读者可以参阅。

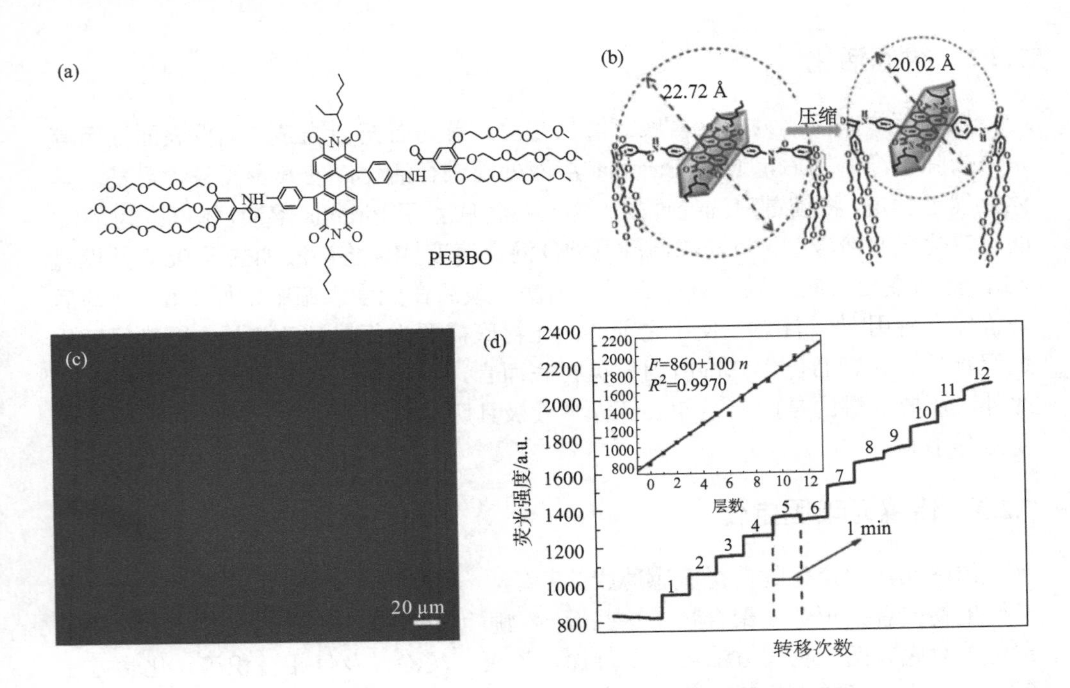

图 7-5 荧光薄膜的 LB 膜法控制制备(见书末彩图)

(a) 拉膜所用表面活性荧光化合物；(b) 根据对 LB 膜 π-a 曲线定量分析所推想的膜内分子可能构象(π为膜的表面压，a 为每个成膜分子的平均占有面积)；(c) 以 Schaefer 平拉转移法所获荧光薄膜的显微照片；(d) 膜荧光强度的转移次数依赖性

7.2.4 薄膜性能评价

传感薄膜性能评价一般包含两个方面的内容，一是外观检验与微观结构表征；二是荧光性质与传感性能检验。前者主要是通过检验，查看薄膜色泽、物理外观是否正常，显微结构是否与实验室研究结果一致；后者则要进一步考察其荧光性质是否与实验室研究结果一致，是否存在区域差异，然后再看对有关分析检测对象的响应情况，确保所制备的薄膜结构与性能达到预期目标，以及不同批次所得薄膜结构和性能的一致性。

7.2.5 膜片封装

需要注意的是，膜片封装策略必须与相关光学系统、采样系统以及信号放大单元等后续集成通盘考虑，不同集成策略对应于不同的传感器结构。从目前的技术发展看，就光学系统结构而言，荧光传感器可有光源与检测在同侧的传统结构，光源与检测分置膜片两侧的叠层结构，以及波导管结构之分，相关内容将在后续相关节介绍。

制定膜片封装方案时，需要特别注意的事项主要包括：①样品室形状要合理，大小要适当，尽可能防止死角，防止样品流体(气体或液体)滞留样品室；②样品流体要与薄膜敏感层充分接触，但又不能产生强的冲刷作用，以此保证接触充分，但又要防止薄膜的物理损伤；③封装结构与采样管路连接平滑，依此尽可能减少样品残留，污染传感器，影响传感器的重复使用性和传感器的使用寿命；④封装结构易于更换。总之，膜片封装策略的确对于荧光传感器的性能具有至关重要的作用，从工程应用上讲，是荧光传感器最具技术含量的部分。

7.2.6　工装检验

获得薄膜器件后，首先要做的不是与相关系统的集成，而是在相关工装检验平台上进行的薄膜质量和性能检验，只有检验合格的薄膜器件才可进入集成组装环节。工装检验平台实际上就是一个能够方便地对器件进行夹持，然后在接近实际仪器系统条件下对器件相关性能进行测量的工业平台。搭建这一平台对于提高工作效率、获取第一手器件性能资料具有切实的意义。

7.2.7　性能终检

性能终验是指将薄膜器件与相关光学系统、采样系统、信号处理单元等集成之后所得到的传感器按照相关标准进行的最后一次全方位结构和性能检验，只有各项指标均合格的才可进入编码工段。

一般而言，性能终检主要包含两个环节：

一是初步检验，在这一阶段主要包括两方面内容：①查看传感器外观是否完好，表面是否平整光滑，色泽是否均匀，有无裂纹、褪色、污渍和锈蚀，有无明显变形和划痕，薄膜器件更换是否方便等；②传感器的结构是否足够稳定，是否能够抵御规定强度的机械振动、冲击和自由跌落等试验。

二是通过这些初步检验后的传感器将进入性能检验阶段，在这一阶段，按照相关标准主要考察传感器的工作性能。主要包括：

(1) 传感器的稳定性。这一稳定性取决于多种因素，包括但不限于薄膜器件的光化学稳定性、光源稳定性、光敏器件稳定性、电路稳定性以及结构稳定性等。

(2) 传感器的电器性能测试(主要包括抗电磁干扰能力、耐受电压波动性、防水性能)。

(3) 传感器的启动性能。主要考察传感器启动时间(亦即开启至稳定信号输出所需要的时间)以及关机后再启动的运行情况。

(4) 传感器的检测性能。这是传感器的最为重要也最为基础的性能，对传感器测试性能的考察按照相关标准，以标准测试样品，按照标准规定的方法进行。测试结果可按完全合格、基本合格和不合格分级。在工业实践中，只有完全合格的传感器才可进入流通环节，不合格传感器必须拆解，只有经过严格复检，符合要求的部件才可进入重新利用环节。对于基本合格的传感器要进行调试，只有在其性能达到最佳、完全符合合格要求后才可进入流通环节。

需要定量考察的传感器测试性能主要包括：①灵敏度、选择性、响应速度和响应可逆性等，以及在此基础上传感器恢复进入再使用状态的性能；②可耐受环境温度、湿度范围，以及在强紫外线照射下的使用性能等。

7.3 敏感薄膜器件制作示例

下面以氨气敏感薄膜的制备与检验为例说明敏感薄膜器件的一般制备方法与性能检验策略。在该案例中，以D-苯丙氨酸为连接臂的NBD胆固醇衍生物(NDC)为荧光传感物质(图5-13)，气态氨为检测对象，薄膜制备策略为分子凝胶法[10]。

同第5章所介绍，以分子凝胶法制备薄膜的最大好处在于：一是薄膜厚度和微观结构易于调控；二是薄膜通透性好；三是薄膜可以大面积重复制备。此外，在分子凝胶法制备的敏感薄膜中，荧光单元以近乎有序的结构形式存在，探测对象分子的进入必然会影响荧光单元之间的空间关系，由此改变荧光单元的微环境，从而引起薄膜荧光性质的改变，实现对检测对象的识别和传感。分子凝胶法的局限性主要是敏感层与衬底表面的结合强度问题。结合强度低时，薄膜的长期使用稳定性就可能会受到影响。

NDC之所以能够用于氨气的灵敏可逆测定，主要是因为其二甲亚砜(DMSO)凝胶能够表现出不同寻常的氨气刺激敏感性。在凝胶态时，NDC/DMSO体系在紫外灯照射下发出明亮的绿色荧光，但通入氨气后，荧光瞬间猝灭。伴随荧光的变化，体系相态发生转变，即凝胶态到溶液态的转变。十分有意思的是氨气逃逸或被空气赶出后，体系相态和荧光均完全恢复，而且该刺激响应过程可以反复进行(图5-14)。

7.3.1 衬底的选择

(1)在薄膜基荧光传感研究中，作为敏感材料载体的部件称为“衬底”或“基板”，在实践中，多采用几何完美和光学均质的石英玻璃作为衬底。

(2)衬底一般为圆形，厚度约为1.0 mm，350～700 nm透光率≥85%。

7.3.2 衬底清洗与活化

(1)将选好的玻璃衬底置于铬酸溶液或已经述及的Piranha溶液中浸泡3天以

除去表面的污渍。

(2) 将该衬底从上述处理液中取出，以大量二次水冲洗，吹干后备用。若表面仍有污渍或有划痕，则丢弃，不再进入下述制备环节。

7.3.3　溶液配制

(1) 凝胶(溶液)母液制备①：精确称取 0.25 g 荧光活性物质 NDC，将其置于适当容器中，加热搅拌下逐步加入 10 mL 光谱纯 DMSO，得到 NDC/DMSO 溶液，浓度为 0.025 g/mL。随着温度降低，体系逐渐从溶液态转变为凝胶态。实验表明，该体系的临界胶凝浓度(CGC)约为 0.003 g/mL，胶凝剂浓度为 0.025 g/mL 时，体系的临界胶凝温度(T_{gel})约为 70℃。

(2) 标准液配制②：以加热条件下制备的 0.01 g/mL NDC/DMSO 溶液为母液，母液制备完成后量取上述母液 2.0 mL，加光谱纯 DMSO 稀释至 5.0 mL，得到标准旋涂液，浓度为 0.01 g/mL。

7.3.4　薄膜制备

(1) 在温度调至 50℃的超净工作台上，选取操作 7.3.2 节中清洗干净的衬底，将其放置于经过精准水平调节的旋涂仪上，夹持牢靠。

(2) 用微量移液器量取 30 μL 标准旋涂液，滴至衬底表面，低速旋涂，使溶液展开并布满整个衬底表面。

(3) 将由此得到的薄膜放置于培养皿中，避免灰尘污染，避光晾干。

7.3.5　薄膜结构检验

以扫描电镜观察上述薄膜的表面织构，可以发现，正常情况下薄膜以微纳米纤维堆积而成(图 5-13)，溶液浓度不同时，纤维堆积的密实程度不同。这种结构无疑具有大的比表面积和通透性，因而有助于薄膜获得高的传感灵敏度、传感速度和可逆性。

7.3.6　荧光测定

(1) 薄膜荧光强度测定：相同条件下在薄膜测试平台上(图 7-6)测定薄膜荧光强度，在仪器最佳膜值强度±20%之内的薄膜为准合格薄膜，超出此范围的薄膜则剔除。

---

① 以此方法得到的 NDC/DMSO 溶液密封后可在 25℃和避光条件下保存 1 个月。

② 配制好的标准旋涂液密封后在 25℃和避光条件下可保存 1 周。

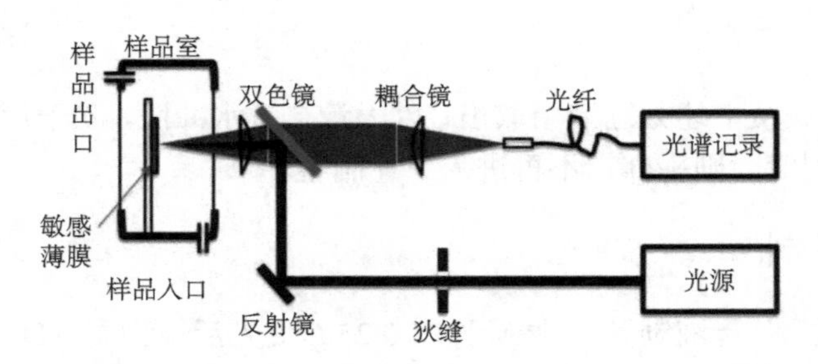

图 7-6　包含样品室的薄膜器件荧光性能测试平台结构示意图

(2) 薄膜使用寿命检验：将准合格薄膜随机取样(5%)装于概念性氨气荧光探测仪(图 7-7)中，探测仪连续采样(十万倍稀释后的饱和氨气)50 次，薄膜仍能保持性能良好，即为合格敏感薄膜产品，否则判定为不合格，剔除。

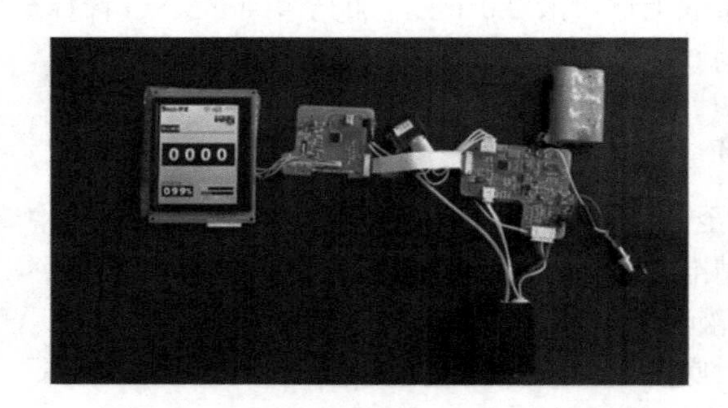

图 7-7　一种概念性氨气荧光探测仪

需要说明的是，薄膜性能评价既可以在静态配气系统条件下进行，也可以在动态配气系统条件下进行。图 7-8 和图 7-9 分别给出了两种配气系统真实照片。显然，无论是就结构还是就使用来说，静态配气系统都要简单得多，这也说明了为什么静态配气系统使用得更为普遍。

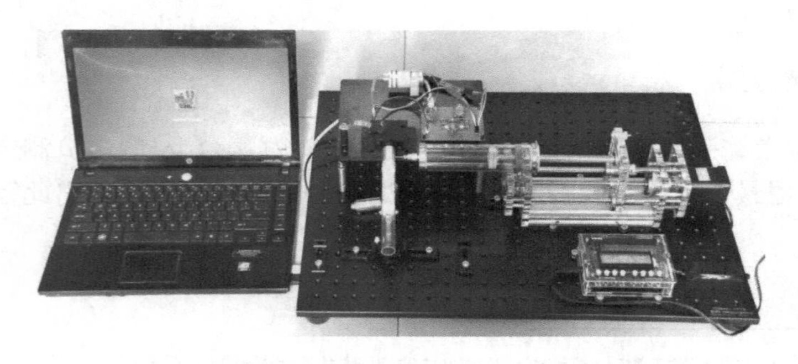

图 7-8　一种典型的静态配气系统

图 7-9　一种真实动态配气系统

(3) 薄膜荧光光谱测定：将合格薄膜产品随机取样(1%)在商品 Edinburgh Instruments FLS920/980 时间分辨单光子计数荧光仪上测定，得到薄膜完整荧光图谱，编号存档。

此外，测试需要在洁净环境中进行。具体来讲，不仅要防止环境杂质(化学物质、颗粒物等)对测试的干扰，还要防止被测物质分子在系统的驻留。这些残留物质要么会影响同一分析物的前后测定，要么会对不同测试对象产生交叉污染，从而影响测试结果。具体操作中，需要用洁净空气吹扫残留气体。图 7-10 为笔者实验室搭建的相互隔离、温湿度可控、微负压测试间实景。

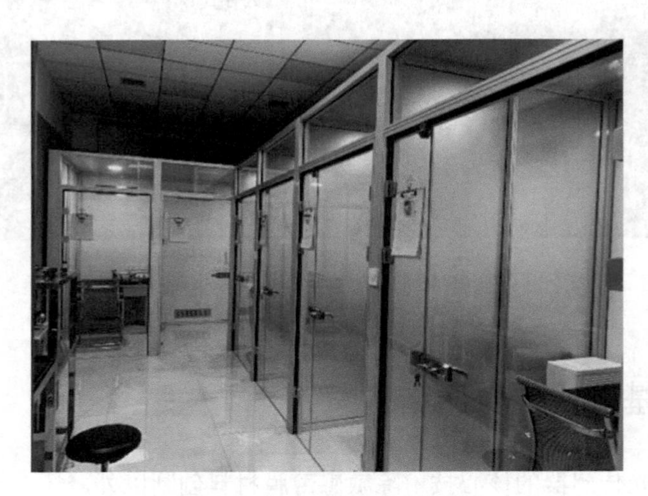

图 7-10　薄膜基荧光传感器性能测试间实景图

7.3.7　薄膜的包装储运

(1) 包装标志：将经过检验合格的薄膜首先按特定传感器要求，制作成薄膜器件，然后将薄膜器件真空包装于深色避光袋中。外包装袋应注明产品序列号、质检员、数量、制造日期、制造单位名称、地址等信息。同一批次的薄膜器件外包装箱内应附有衬底出厂检验报告、荧光敏感物质检验图谱、薄膜荧光强度、薄膜完整荧光图谱等资料，此外，还要按照标准提供产品检验报告等技术文件。

(2) 包装：在超净工作室中对薄膜进行封装(得到薄膜器件)和密封包装。

(3) 储存及运输：产品存放环境温度应介于 20～40℃，相对湿度介于 30%～80%。存放和输运环境中不应有腐蚀性气体、易燃易爆等有害化学物品。产品运输过程中应防止强烈冲击、雨淋、暴晒和机械损伤。

需要说明的是，在相关薄膜基荧光传感器生产企业，上述衬底清洗活化、传感物质涂布、薄膜后处理以及合格性检验等已经全部实现了自动化。相比于人工操作制膜，敏感薄膜材料的一致性大幅度提高，合格率也提高了至少一倍。图 7-11 给出了相关设备的全景图片。

图 7-11　全自动衬底活化与荧光敏感薄膜制备系统

7.4　薄膜基荧光传感器结构

薄膜基荧光传感器的核心技术除敏感薄膜材料创制以外，还应包含传感器硬件结构设计。前者主要依赖于化学及材料相关专业利用“合成+组装”的手段创造新物质，进而拓展薄膜检测对象和提升传感性能。而后者则更依赖光学工程、电子电路、工业仿真模拟及工业设计等专业相关知识的发展。一般而言，薄膜基荧光传感器主要由光学系统、采样系统和前置信号放大系统等构成。其中，光学系统是薄膜基荧光传感器的核心组件，在形式上这一核心组件可分为常规结构、波导管结构和叠层结构等。

7.4.1 常规结构

薄膜基荧光传感器光学系统常规结构如图 7-12 所示。可以看出，在该结构中，激发光源和光敏器件一般置于薄膜器件的同侧。根据需要，通过调节入射光(激发光)与出射光(荧光)的夹角，可以优化器件的信噪比(S/N)。在理论上，入射光与出射光也可置于薄膜器件的两侧。这些特点使得基于常规结构的薄膜基荧光传感器可以有诸多不同的设计。不过也需要指出，此类结构的参数优化不易进行，传感器的结构稳定性也因内置光学器件的不易固定而不容易实现。因此，这种结构虽然常见，但并不见得是最优。

需要注意，在这种常规结构中，薄膜器件通常以平面形式呈现。此外，Alfaro 等[11]利用二向色反射镜，对上述常规结构进行了改造，得到如图 7-13 所示的光学系统结构。与常规光学系统相比较，这一系统的稳定性有显著提升。商品化的溶解氧荧光(磷光)测定仪光学系统就采用类似结构。在这一结构中，发光二极管(LED)照射并激发敏感物质发出荧光或磷光，氧分子的存在会猝灭该物质发出的荧光或磷光[12]。与 LED 同步的光源作为参比，测量激发光与参比光之间的相位差，并与内部标定值比对，就可以计算出样品中氧气浓度。经过温度和气压补偿输出结果。该方法的优点在于不需要进行标定，这样就可以大大减少仪器使用中的维护工作量。

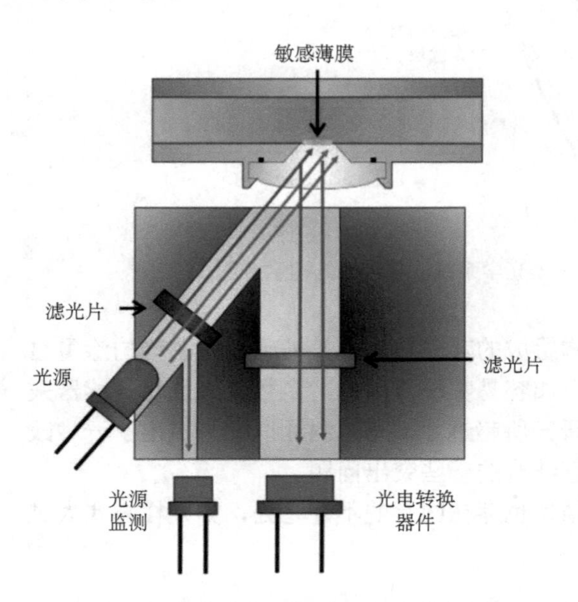

图 7-12　薄膜基荧光传感器光学系统常规结构示意图

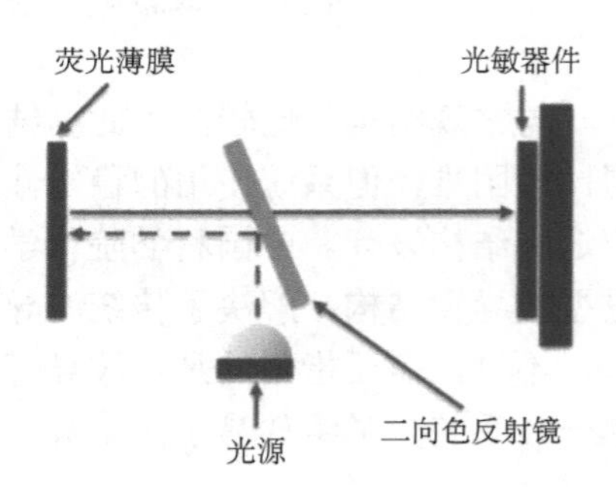

图 7-13　包含二向色反射镜的薄膜基荧光传感器光学系统常规结构示意图

7.4.2 波导管结构

除了上述平面型薄膜器件之外，也可以将荧光敏感物质涂覆于玻璃管内表面，形成所谓的波导管，实现对相关化学物质，特别是气态化学物质的荧光探测。波导管技术由美国麻省理工学院的Swager教授团队和Nomadics Inc.公司(现为FLIR系统公司)发明。他们已经就该结构在全世界主要国家做了专利布局。

波导管装置的基本结构如图7-14所示。可以看出，置于玻璃管侧面的光源激发管子内壁的荧光物质，使其产生荧光，荧光经过全内反射(所谓的波导)到达光敏器件，从而转化为电信号输出。为了提高信噪比，刻意在光敏器件之前加装滤光片，以避免激发光进入光敏器件，干扰荧光信号的检测。可以想象，当采样系统工作时，待检测物质在管内必然会与荧光物质发生作用，从而影响其荧光性质，以此报告待检测对象的存在。

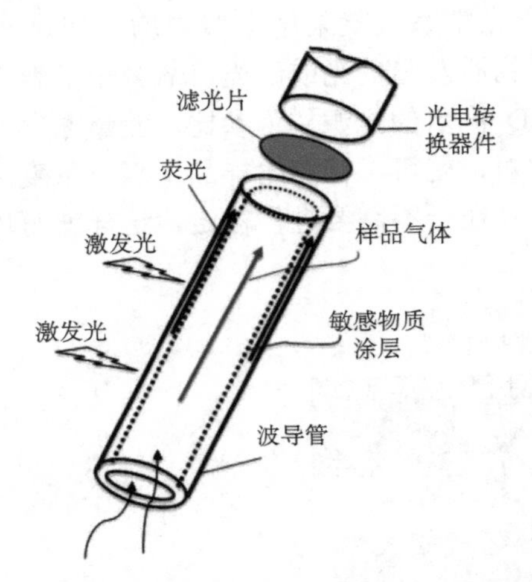

图7-14 薄膜基荧光传感器光学系统波导管式结构示意图

与常规结构相比较，以此类结构组成的荧光传感器，敏感物质的均匀涂覆显得比较困难，但系统使用的稳定性更加容易实现，因此，多数荧光气相传感器采取这种结构设计。中国科学院化学研究所赵进才、车延科团队[13,14]提出了一种改进型波导管结构，解决了传统波导管结构的一些突出问题。

不过，需要指出的是，波导管结构也存在固有的不足之处，如采样方式太过单一，系统光学组件易于污染等。

7.4.3 光纤传感器结构

近年来，光纤光学器件和光纤荧光传感器新结构不断涌现。普通光纤由于受到纤芯尺寸和接收角的限制，荧光收集率较低。作为光纤光学与纳米技术的完美结合，微纳光纤因具备表面倏逝场较强、信号传输稳定性高、结构轻巧等优点，已经发展为光纤传感领域研究者偏爱的波导结构。相比于传统光学传感器，光纤光学传感器除了信号传输稳定这一优点之外，还拥有高灵敏、可远程监控、耐高温、耐腐蚀、抗电磁干扰和能在危险环境下使用等优点。此外，光纤光学传感器小型化、微型化相对容易，发展前景巨大。

光纤荧光传感器可选用固体激光器作为激励光源，激励光首先经过连续衰减片调控激光功率，而后经过非球面透镜进行空间聚焦，由此可将激励光耦合进光纤的纤芯中。当激励光在纤芯中传输时，纤芯周围就会产生较强的倏逝场，此倏逝场会与纤芯周围的待检测物质相互作用而产生检测信号。纤芯的截面代表了待测物质与纤芯周围光场相互作用的面积。在光纤输出端使用物镜准直拟收集荧光信号，之后再通过长通滤波片进行激发光滤除，最后耦合进入光谱仪进行测量和分析。通过改进光纤结构和材料，可以大幅度增加光场与待检测物质的相互作用，进而提升微纳光纤的检测灵敏度。图 7-15 给出了三种常见光纤光学传感器探头结构图。

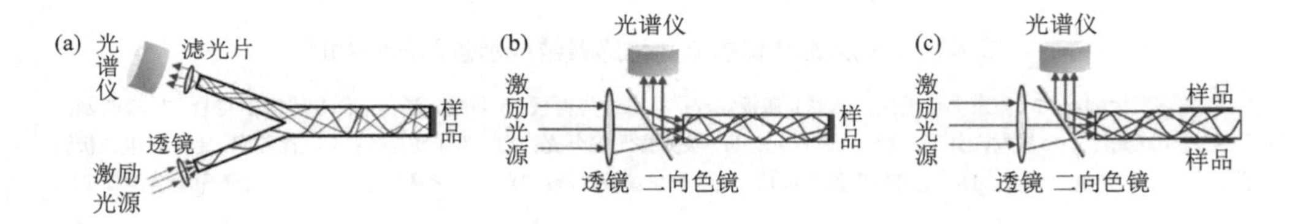

图 7-15　光纤光学传感器探头结构示意图

(a) 分叉光纤荧光探头；(b) 末端(锥形)截面荧光探头；(c) 侧剖面倏逝波形荧光探头

7.4.4　叠层结构

考虑到常规结构和波导管结构的局限性，以及波导管结构已经得到专利保护，笔者团队[15-17]发明了荧光传感器的新型结构，即叠层结构，并将其用于实际荧光传感器的制造。这一结构创新为荧光传感器的小型化、低功耗、阵列化以及长期稳定使用奠定了坚实的基础。

叠层式荧光传感器结构如图 7-16 所示。可以看出，在这一结构中，光源与光敏单元分置薄膜器件的两侧，且光源、窄带滤光片、样品室、传感单元、宽带滤光片组和光信号收集单元等关键器件同轴叠加。小体积光信号收集单元的采用取代了传统大体积大功耗高灵敏度传感器，同时保证了仪器检测灵敏度和准确度。光信号收集单元和信号处理系统相连，传感器外壳上还开设有进气口和抽气口，进气口通过进气通道和样品室相连通，样品室通过抽气通道和抽气口相连通，样品室根据需要可以置于光源一侧，也可置于光敏一侧，还可将薄膜器件包含其中。

由此就不难理解为什么这种结构更加易于装配，使用稳定性更高。图 7-17 示意出了笔者团队研制的系列叠层式薄膜基荧光传感器实物图。

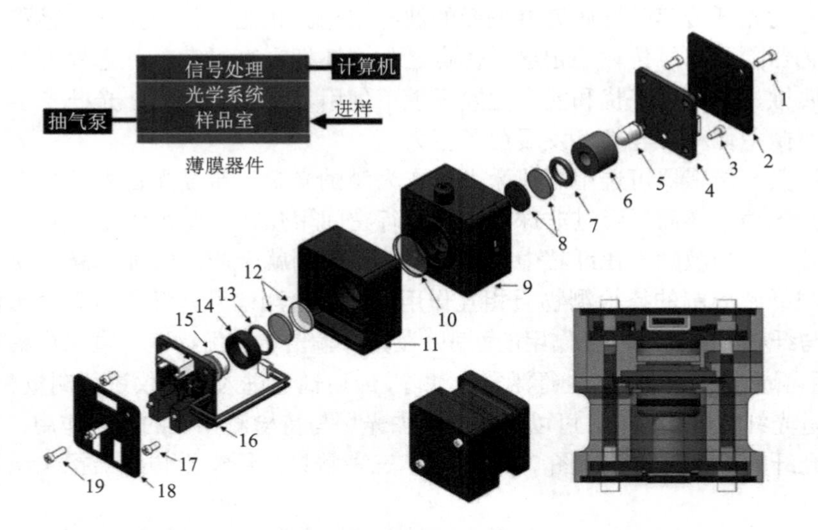

图 7-16 叠层式薄膜基荧光传感器结构示意图与实物图

1. 激发端盖板螺丝；2. 激发端盖板；3. 激发光源板螺丝；4. 激发光源板；5.激发光源；6. 激发光源固定套；7. 橡胶圈；8. 激发光滤光片；9. 激发端外壳；10. 传感单元；11. 荧光探测端外壳；12. 荧光滤光片；13. 橡胶圈；14. 光电二极管固定架；15. 光电二极管；16. 光信号采集板；17. 光信号采集板螺丝；18. 荧光探测端盖板；19. 荧光探测端盖板螺丝

图 7-17 笔者团队研制的系列叠层式薄膜基荧光传感器

叠层结构最大的问题在于激发光对检测信号的干扰，亦即信噪比可能会居高不下。然而，实践表明，只要衬底选择得当，敏感层涂覆得当，系统结构和器件选择优化到位，信噪比完全可以满足探测需要。当然为了提高选择性和区分度，也可以将其扩展为双通道或多通道结构，由此实现阵列型传感[18,19]。若敏感物质激发波长相同或相近，系统还可以共用激发光源。若敏感物质激发波长差别较大，则可以将激发光路分开设计。同理，监测端也有共用和分别监测之别，具体操作时可以使用交替激发实现对不同敏感器件的信号采集。图 7-18 为双通道设计示意图，两路共用 350 nm 的同一激发光源，监测端分别由两类光敏二极管构成，分别监测 530 nm 和 430 nm 处的荧光信号变化。

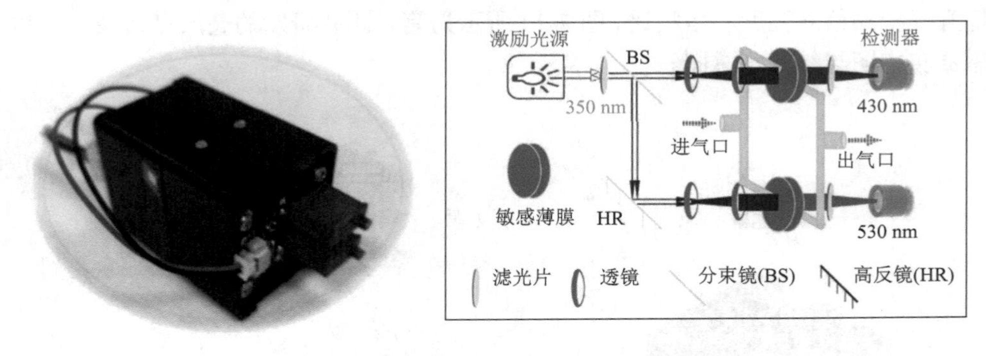

图 7-18　双通道薄膜基荧光传感器实物图与结构示意图

考虑到气室体积、待检测物质气体流场分布等问题，可将荧光敏感物质涂覆于石英玻璃管内表面制得荧光传感管，再将荧光传感管组装于叠层结构荧光传感器的光源和光敏夹层之间，由此研制的升级版管式荧光传感器结构集信噪比高、体积小、灵敏度高、气体流场更加合理、稳定性好等优点为一身[20,21]。具体将荧光传感材料装嵌在透明石英管中，管两端自然形成进气口和出气口，管内部即为传感气腔，不用设计专门的气室；也不用额外密封就能达到良好气密性，大幅度提高传感检测的有效性。若进一步优化选用透明管直径，一方面可以增大待测物与荧光材料的有效接触面积，另一方面可以很大程度上减小传感器的实际体积，为便携式测试设备的研制做好铺垫。图 7-19 所示为笔者团队研发的一种叠层管式荧光传感器实物图与结构示意图。

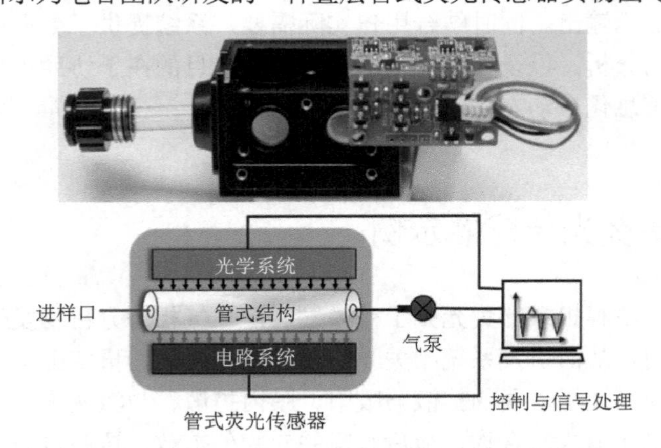

图 7-19　叠层管式荧光传感器实物图与结构示意图

近年来，笔者团队研制了升级版叠层传感器，也就是叠层穿透型荧光传感器。与过往结构不同之处在于，采样口和尾气排放口分置薄膜器件两侧。工作时，检测对象气体从薄膜器件一侧进入，利用泵吸负压与传感薄膜强制碰撞，然后再从敏感薄膜另一侧离开系统，由此可以大大增加传感单元与分析对象的碰撞概率，提升了检测信号强度和信噪比。图 7-20 所示为笔者团队研发的叠层穿透型荧光传感器实物图与结构示意图。

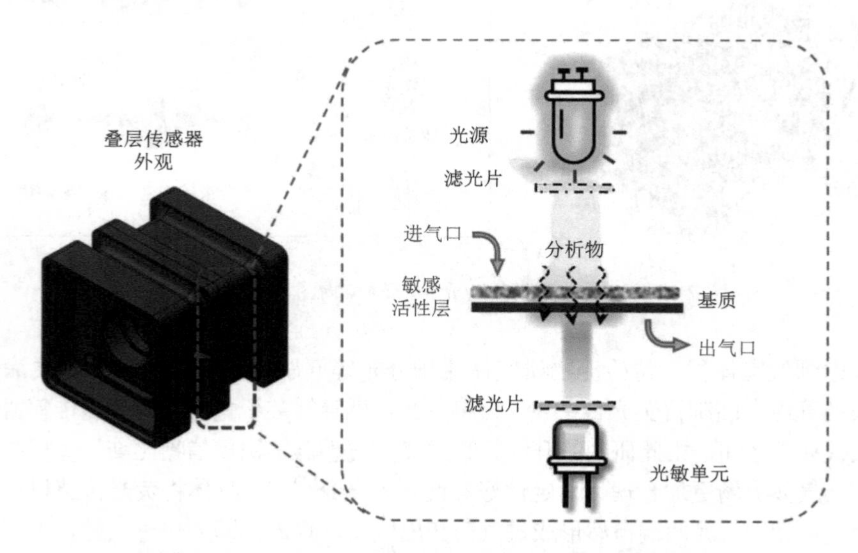

图 7-20 叠层穿透型荧光传感器实物图与结构示意图

为了更好地管理叠层式荧光传感器测试数据，并进行高质量的信号分析，笔者团队开发了专用软件管理应用程序，实现了传感器静态和动态响应信息的准确、直观和多层次显示输出。同时结合用户实际需要，系统提供了数据查询、信息统计、多角度空间分析，以及无线传输组网等功能，目的在于协助用户实现对传感器测试数据的信息化、动态化管理。

7.5 薄膜基荧光传感器示例

在传感中，薄膜担载的荧光分子被激发后，与气相待分析物发生碰撞传能、特异结合等作用，从而引发系统相关光物理参量的变化。事实上，传感需要经由待分析物在薄膜活性层表面的扩散与吸附、膜内扩散、与激发态传感单元相互作用或者与传感单元形成复合物，最后脱附并向膜外扩散。这些过程能否高效进行在理论上决定着薄膜基荧光传感器的传感性能。根据经验，可以经由以下几个途径优化敏感薄膜传感性能：①传感分子的理性设计与合成，因为传感分子决定了传感过程能否发生，通过理性设计可以实现对特定待分析物的选择性传感；②薄膜活性层(adlayer)微观结构调控，主要是由于薄膜微结构决定着待分析物在活性层中的传质效率，且决定着传感响应速度和传感可逆性；③薄膜衬底的化学本性，原因在于合适的衬底有助于富集待分析物，屏蔽干扰物质，提高系统的灵敏度和选择性[22]。

在薄膜基荧光传感器研制过程中，需要特别注意，对于进入荧光传感器研制阶段的荧光敏感薄膜，要求其至少满足以下七个条件：一是薄膜光化学稳定性要足够高；二是薄膜荧光斯托克斯位移(Stokes shift)要足够大；三是薄膜要能够重复制备；四是薄膜机械强度良好；五是薄膜传感性能优异；六是传感对象重要；七是能够填补技术空白或促进已有技术进步[23]。总之，技术可行，经济合算，才可进入传感器研制阶段。在此，以毒品的荧光气相探测为例，简要介绍薄膜基荧光传感器的发展情况。

众所周知，制毒、贩毒、吸毒等涉毒问题严重危害社会安定和公共安全，引起了社会各界日益广泛的关注。根据《2023 年世界毒品问题报告》，2021 年度全世界毒品使用者超过 2.96 亿人，吸毒人数比前十年增加了 23%。报告还强调了社会和经济不平等与毒品危机之间的相互驱动关系、非法药物经济造成的环境破坏和人权侵犯，以及合成毒品的主导地位不断上升。中国政府也连续多年发布年度中国毒情形势报告。《2021 年中国毒情形势报告》显示，禁毒部门围绕“清源断流”战略，持续加大打击整治力度，我国毒品滥用规模日趋缩小。值得注意的是，当前毒品贩运问题网上和网下交织更为紧密，人物分离交易模式和“互联网＋物流寄递”非接触式贩毒手法增多，运送毒品由“大宗走物流、小宗走寄递”向大宗毒品交由专业团队组织运输、小量毒品交由未严格执行实名制要求的寄递公司代送演变。《2022 年中国毒情形势报告》显示，贩毒分子不断改变运毒通道、藏毒手法、贩卖方式。具体表现为非接触式贩毒模式突出，交货采取雇佣专业运毒组织、物流货车代送，或通过邮包寄递、同城快递、“埋雷”等方式寄送，交易两头不见人。因此建立灵敏、快速、可靠的检测方法，研制能够实施移动检测、快速筛查的技术和装备，对毒品案件侦查和打击毒品犯罪具有极其重要的意义。

毒品种类繁多、性质差别大是毒品可靠探测面临的最大挑战。按照流行时间，毒品可分为第一代传统毒品、第二代合成毒品以及第三代新精神活性物质(NPSs)。与此同时，毒品制剂形式日益多样化，伪装性更强，潜在危害更大。在当前，全世界范围内能够用于隐藏毒品探测的技术手段主要包括化学显色法、胶体金法、气-质联用(GC/MS)、液-质联用(HPLC-MS)、离子迁移谱(IMS)、表面增强拉曼光谱(SERS)，以及专业嗅毒犬等技术或方法。这些方法或手段各有千秋。

化学显色法可用于快速定性分析，但易受主观色彩感知误导，区分能力和灵敏度也难以满足实际使用要求。胶体金检测试剂盒虽方便快捷，但易出现假阳性。GC/MS 或 HPLC-MS 联用法灵敏度高，能定性定量检测毒品，但耗时费力，且需要大型仪器设备和专业操作人员，难以适应原位在线检测需要。实际上，直至今日毒品现场侦测主要还是依赖富有经验的缉毒警察、训练有素的缉毒犬以及卧底人员举报等。针对这些问题，2019 年 1 月国家邮政局批准成立了邮政业智能安检系统联合技术研发中心，重点研发安全可靠、便携式检测设备，以期解决包括毒品在内的有毒有害化学品的现场快速识别检测问题。限于主题，本节仅简要介绍国内几个小组在相关领域的几个工作，在此基础上对相关仪器的研制情况也做简要介绍。

针对毒品探测，中国科学院上海微系统与信息技术研究所程建功等[24-26]设计合成了系列含芴衍生结构的缺电子聚合物，通过旋涂、滴涂等物理方式将其加工成膜。在此基础上，研究了这些薄膜对冰毒蒸气的传感响应性，发现含苯并噻二唑的聚合物(聚合物 1)薄膜表现尤为突出，对该毒品检出限可达 180 ppb。在另外一工作中，该小组[27]将荧光猝灭剂四苯基卟啉金属配合物与荧光活性芴类聚合物复合，经过物理方法获得荧光惰性复合薄膜，通过有机胺类化合物与金属卟啉配合物的轴向配位，阻断了其对芴类化合物荧光的猝灭作用，从而使得芴类荧光得以恢复，依此实现了对毒品的荧光敏化探测(图 7-21)。随后，程建功小组[28]在芴二倍体结构中引入苄醇基团得到一类新型荧光衍生物，将其物理成膜，研究发现该薄膜荧光对氯胺酮和冰毒的存在十分敏感，可视化检出限可达 50 pg/cm^2。最近，该小组[29]又通过紫外臭氧清洗衬底，增强衬底的湿润度和表面能，从而提高敏感活性物质在衬底上的结合能力及规整度，由此将膜对冰毒类似物——甲基苯乙胺的检出限从 2.59 ppm 降低至 0.25 ppm，性能提高 10 倍以上。该结果也说明了衬底作用的重要性。

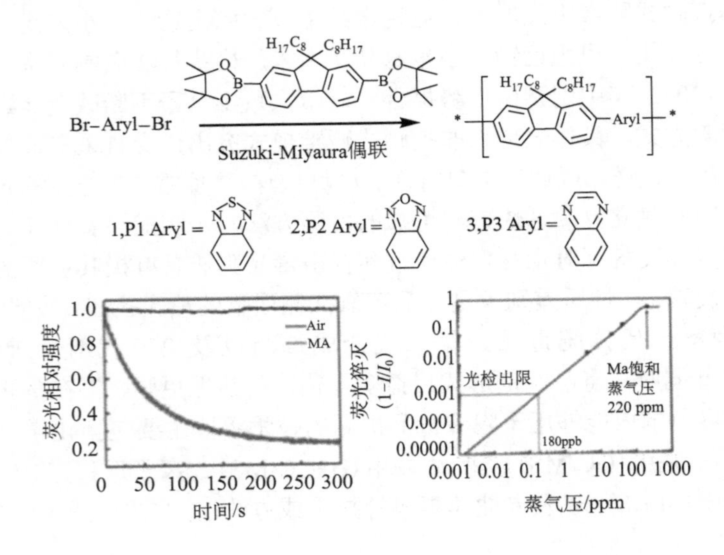

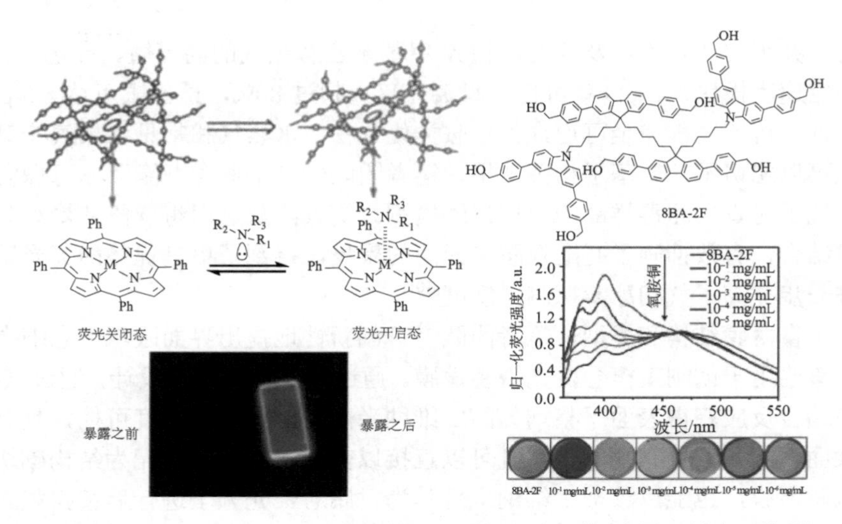

图 7-21　程建功研究组在毒品荧光检测方面的部分工作（彩图见封底二维码）

笔者团队长期从事易爆、有毒和有害化学品的薄膜基荧光传感技术研究[30-37]。在敏感单元结构设计、敏感薄膜创新制备，以及概念型传感器和探测装备研制等方面均做出了努力。其中，SRED 系列隐藏爆炸物、毒品气相探测设备实现了产业化。图 7-22 示意出了笔者团队在相关领域开展工作的情况及所做出的贡献。

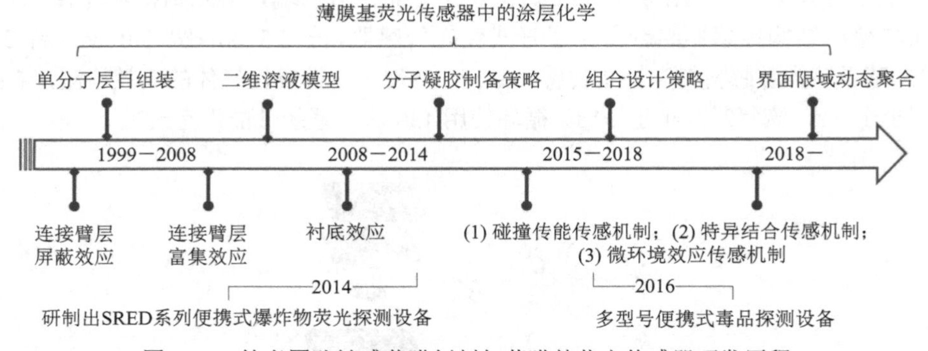

图 7-22　笔者团队敏感薄膜创制与薄膜基荧光传感器研发历程

举例来讲，与常规策略不同，笔者团队将分子凝胶技术引入荧光敏感薄膜材料创制，以期通过凝胶网状有序结构的构建和转移创制富含分子通道的荧光薄膜材料，大幅改善荧光敏感薄膜的传感响应速度和可逆性。以此策略创制了具有精美纤维网络结构的萘二酰亚胺衍生物薄膜，实现了对有机胺类化合物的快速、灵敏、可逆探测[38]。在此基础上，设计合成了一种苝酰亚胺胆固醇衍生物 PDC，制备得到了具有纤维网络结构的传感薄膜[39]。进一步的研究表明，该薄膜具有良好的光化学稳定性，并可实现对冰毒及其类似物 *N*-甲基苯乙胺蒸气的高灵敏、高选择检测。器件响应速度极快，1 s 内就可使薄膜荧光猝灭超过 80%，检出限可达 5.5 ppb 以下。此外，传感过程完全可逆，其他胺类化合物、水蒸气和常见水果气味对检测的干扰可以忽略不计。基于相关结果，笔者团队研制了概念型隐藏冰毒探测仪样机，实现了对真实冰毒样品的原位快速检测。笔者团队进而将嵌段共聚和分子凝胶技术结合，有效抑制了苝酰亚胺单元间的聚集，得到了更具优势的荧光敏感薄膜，进一步提高了气相冰毒探测灵敏度[40]。

为丰富薄膜结构和类型，笔者团队[41-45]创新性地提出界面限域动态缩合的纳米薄膜策略用于创制新概念荧光敏感薄膜。通过分子砌块理性设计，通过气-液界面动态缩合反应获得表面平整均匀的二维纳米薄膜。该薄膜厚度可控，具有柔性且可大面积制备。更有趣的是，既可以直接以荧光活性传感单元为结构砌块获得荧光敏感薄膜，也能以该类二维纳米薄膜为衬底对荧光分子进行后续担载。通过该方式制备得到的荧光纳米敏感薄膜已经实现了对毒品相关胺类气体的高灵敏探测。形成该薄膜的结构砌块形式多样，也为设计制备性能更加优异的荧光敏感薄膜提供了无限的潜力。

在新型传感器硬件结构研制方面，笔者团队将柔性可旋转、化学稳定性好、具有平面结构特点的环金属炔基金(Ⅲ)结构引入苝二酰亚胺衍生物的酐位，制备得到了具有较大表观斯托克斯位移的金(Ⅲ)-苝二酰亚胺衍生物(图 7-23)[20,21]。将其沿轴向装嵌在透明管中，再用玻璃纤维或者金属海绵拦截两端，由此制得荧光传感管，进而与叠层结构传感器结合得到了管式荧光传感器(长 2.5 cm×宽 3.0 cm×高 3.1 cm)。基于该类敏感材料和管式传感器结构，实现了对挥发性气体的高效检测，响应时间小于 5 s，恢复时间小于 20 s。循环使用 130 次，系统性能没有衰减。

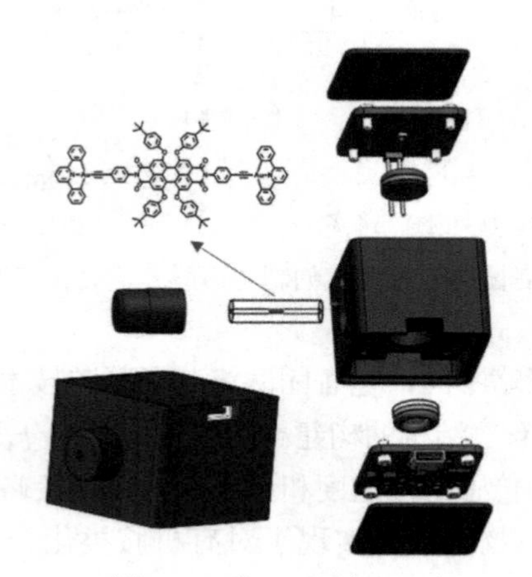

图 7-23　金(Ⅲ)-苝二酰亚胺衍生物结构及高性能叠层管式荧光传感器

此外，国外一些研究组也在毒品的荧光探测领域开展工作。例如，Reviriego等[46,47]创造性地发展了一种可作为苯丙胺类毒品受体的传感单元，并将其应用于液相毒品检测。Dalcanale 等[48]制备了一种芘功能化的纳米二氧化硅荧光传感器，并实现了对水相摇头丸的传感。Rouhani 和 Haghgoo[49]、Torroba[50]及 Rodríguez-Nuévalos[51]等所领导的小组也在毒品的荧光检测方面开展了一些有意义的工作。近期，Burn 和 Shaw 等[52]综述了毒品的光学检测机理，强调了光学传感薄膜相较于溶液传感，更加适合于研发便携式检测设备和现场检测；并提出了毒品气体与传感薄膜的作用机制分析及实现特定毒品的高选择性识别仍是该领域面临的巨大挑战。

以上可以看出，薄膜器件化和传感器研制具有突出的跨学科、跨领域特征，然而高性能传感器研制必须建立在高性能敏感物质（材料）的创新制备之上。也就是说，以创造新物质、发现新功能、实现新应用为己任的化学科学工作者在传感器，特别是在涉及化学物质、生命活性物质和放射性物质检测，监测用传感器的研制过程中无疑扮演着核心角色。科学技术发展到今天，关键材料、关键技术、关键设备的研究与开发必须立足于多学科交叉与合作，作为涉及功能表界面材料、光学工程、信号处理、软件工程、结构设计与加工等多个学科或领域的高性能毒品荧光探测设备的研制更是这样。一般而言，毒品荧光探测设备的研制主要包含四个方面的任务：①高性能荧光敏感薄膜的创制与薄膜器件化；②传感器结构设计与性能优化；③信号采集与处理平台搭建；④真实样品检测与现场使用考核（field test）等。

围绕这些任务，多年来，笔者团队首先谋求在敏感薄膜创制方面取得突破，通过共轭聚合物技术、化学单层膜技术、新型功能分子设计和分子凝胶策略等综合运用，以及对衬底效应的系统考察，获得了多种灵敏度、选择性、可逆性和光化学稳定性等综合传感性能优异的毒品敏感薄膜材料，为薄膜器件化，毒品荧光传感器和检测仪器的研制打下了坚实的基础。

在传感器的光学系统搭建方面，笔者团队系统考察了前表面反射、串层结构、波导管、全内反射等在内的光学结构，比较各自在剔除光源信号、收集荧光信号等方面的差异，与此同时，不断优化采样系统特别是气体流路设计，优化相关元器件性能参数和薄膜器件结构等，构建了令人满意的高性能毒品荧光传感器，以此确保了荧光探测仪器核心部件的高性能。在信号采集、分析、利用和仪器结构等方面，通过跨领域合作以及硬件与软件技术互动等举措，最大限度地抽提有用信息、提高信噪比、改善稳定性、增加便携性。

几年前，笔者团队结合毛细凝结所带来的富集作用与分子激发态性质对微环境变化的敏感性，精心设计合成了多种苝酰亚胺衍生物并制备得到了纤维网状荧光薄膜（图 7-24）[53]。通过阵列化、逻辑门运算以及传感响应动力学信息的挖掘[54]，在自主搭建系统上，实现了冰毒、摇头丸、麻古、咖啡因、巴比妥等多种毒品的超灵敏、高选择、快速检测，且检测过程完全可逆，样品无需任何前处理，实现了毒品探测技术的重大突破，呈现出巨大的应用潜力。

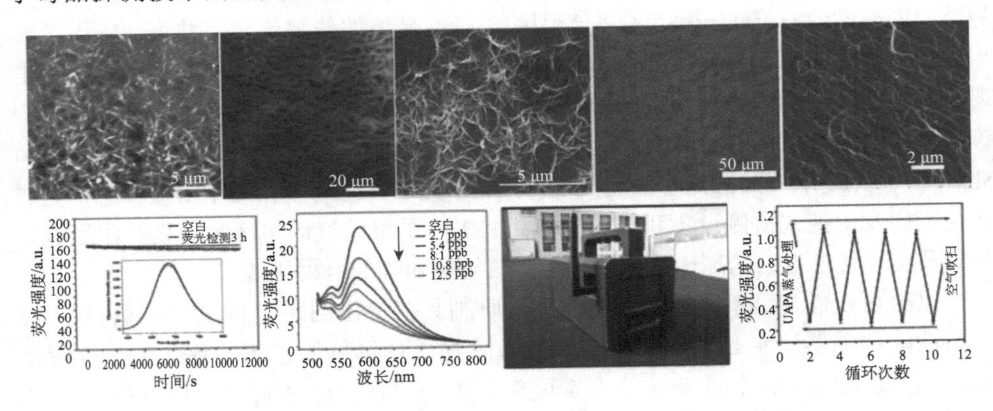

图 7-24 笔者团队在毒品荧光探测研究方面的部分工作

最近，笔者团队[55]将具有立体结构特征的邻碳硼烷苝酰亚胺衍生物用于气相和液相冰毒探测，进一步提升了系统性能。气相检出限可达 1.4 ppb，且响应时间小于 2 s，水相冰毒探测灵敏度可达 1.0 μg/mL 以下。在此基础上，与产业界合作，研制了世界首台便携式微痕量毒品荧光气相探测仪（图 7-25），实现了对冰毒、摇头丸、吗啡、麻古、芬太尼等多种常见毒品的纳克级探测，系统无需预热，清洗时间小于 20 s，质量不足 500 g。此外，设备续航能力可达 8 h 以上，支持数据 USB 和 WiFi 组网传输。

图 7-25 SRED 系列便携式隐藏毒品荧光探测仪和机器人担载隐藏爆炸物/毒品探测设备

以薄膜基荧光传感为基础，通过阵列化有望解决复杂样品中多组分的探测问题。在策略上，既可以经由部分传感器单元的开通实现对一种或几种组分的探测，也可以通过传感器单元的同时工作，实现对多组分的探测。Cai 及其合作者[56]就是利用这一思想，将氧气敏感染料（PtOEP）和专一性氧化酶作为传感单元，以阵列型有机发光二极管（OLED）（多像素）为光源，以阵列型硅二极管为光敏器件，构建了大小只有 1.5 cm×1.5 cm 的小型传感器阵列，在概念上实现了上述设想。利用类似的想法，Shinar 及其合作者[57]也搭建了包含三个传感器单元的阵列型传感器，而且采用柔性材料作为衬底，为实际应用开辟了更大的空间。

多年来，笔者团队一直致力于荧光敏感薄膜创新制备、薄膜器件阵列化组装等研究工作，研发了多种荧光敏感薄膜材料。需要说明的是，基于仅担载一种荧光传感单元的薄膜也有可能实现阵列型传感，主要策略是，因电子跃迁而产生的荧光光谱，实际上也可能出现涉及不同振动能级的精细结构。除此之外，荧光单元的聚集结构的存在还会引起聚集体发光，这样，仅含单一荧光单元的敏感薄膜荧光光谱就会复杂化，同时呈现含有精细结构的单体发光，以及不包含精细结构的聚集体发光。不同传感对象与薄膜作用的不同就有可能引起薄膜荧光光谱精细结构，以及聚集体与单体相对发光强度的改变，由此就可以通过多个波长下荧光强度的同时采集，实现阵列型传感，从而提高薄膜对检测对象的区分检测能力。最近，笔者团队[58]设计合成了环金属化炔基金(Ⅲ)修饰的苝二酰亚胺衍生物，采用 Langmuir 单分子膜技术在空气-水界面实现了对传感单元的可控组装，再经由 Langmuir-Schaeffer 水平转移得到了具有不同活性层结构的荧光薄膜。研究表明，利用该薄膜可以实现对新精神活性物质——苯乙胺(PEA)的检测，但器件性能强烈依赖于传感分子在薄膜态的堆积结构。灰色关联分析(GRA)表明，薄膜厚度和孔隙率是影响传感性能的最重要因素。具体来讲，膜压为 5 mN/m 时得到的堆积松散、分子平展排列的薄膜传感性能最为突出，对 PEA 检出限低至 4 ppb，响应时间小于 1 s，恢复时间小于 5 s，且常见物品和毒品对检测几乎没有干扰(图 7-26)。

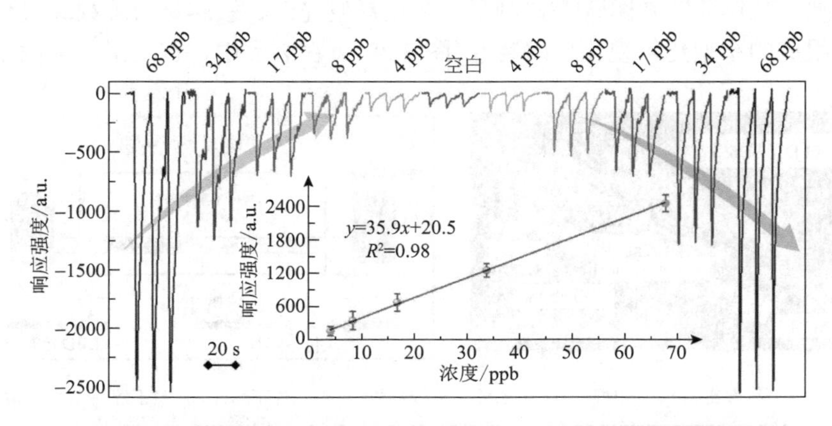

图 7-26　控制组装膜对新精神活性物质——苯乙胺的荧光传感性能

此外，通过精巧的功能分子设计也有可能实现对器件结构的简化、微型化，从而满足传感器研制的小体积、小质量、小功耗和低成本的要求。可以设想，如果敏感薄膜能够表现出激发波长依赖的多色发光性质，则可以通过不同时刻使用不同激发波长，从而在不同时刻得到不同的检测信号，这样就可以通过时间换空间，实现单一物理器件的阵列化，从而可以在保留系统强大功能的同时，实现系统结构的简化和体积的缩小。几年前，笔者团队[59]设计了以邻碳硼烷为吸电子片段和具有供体-π-受体(D-π-A)结构特征的分子体系，利用体系 D-π 和 π-A 两个旋转角(α 与 β)的改变赋予分子构象多样性。与此同时，通过改变结晶条件，获得了一系列包含不同分子构象的晶体。研究发现那些包含两种构象的晶体均表现出激发波长依赖多色发光性质。其中一种晶体的荧光色可因激发波长的改变由蓝绿色逐渐变化至橘红色，波长范围宽达 230 nm(图 7-27)。毫无疑问，这一发现为发展基于单一敏感单元的传感阵列奠定了坚实的基础。

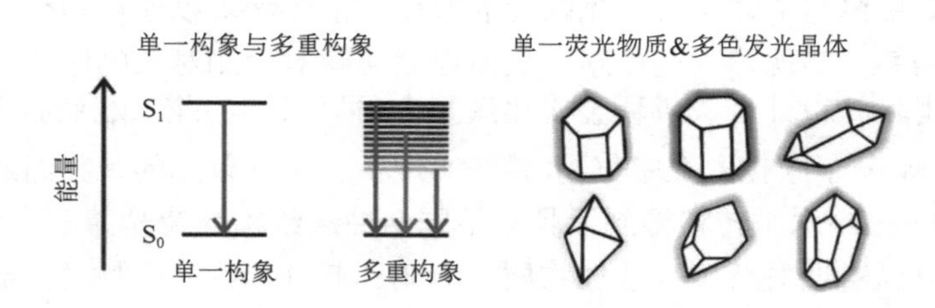

图 7-27　具有激发波长依赖特性的多色发光材料的普适性设计策略

研究表明，同样的敏感材料以不同方式使用时可以表现出完全不同的传感性能，这就从另外一个角度表明了传感器硬件结构创新的极端重要性。针对可视化传感需要，几年前笔者团队[60]研制了一种由激发光源、敏感材料阵列和气泵等核心部件组成的小型化可视化传感装置(图 7-28)。在装置中，首次采用发散角大于

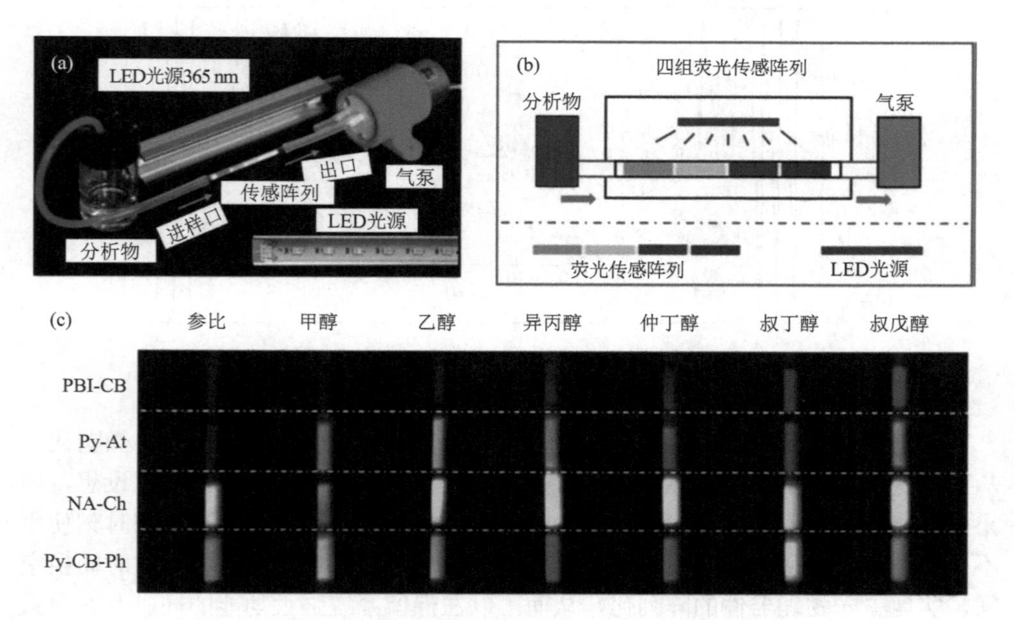

图 7-28　可视化传感阵列构建策略和典型测试结果(见书末彩图)

120°的贴片 LED 作为激发光源，由此压缩了光源体积，降低了系统功耗，实现了大范围条带激发。装置搭建中，将不同敏感物质以硅胶担载，再依次填充到玻璃管中，由此使得待检测气体在从进气口流向出气口的过程中能够很好地与各敏感材料模块接触，从而提高了传感效率，实现了对多种被测物的同步检测。

总体来说，一种概念性传感器是否足够成熟，是否具备了进一步进行工业开发的条件，都需要通过严格的实验检验来判定。为了使读者对此有一个直观的认识，图 7-29 给出了一张工作人员对所研制的概念性传感器进行技术检验的照片。

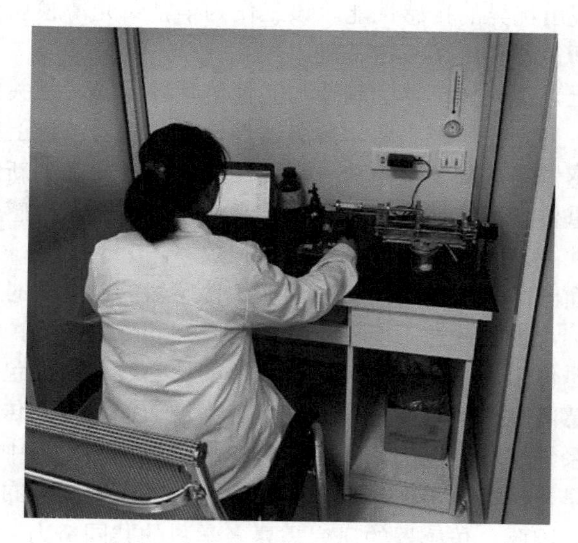

图 7-29　薄膜基荧光传感器性能检验工序实景图

7.6　薄膜器件与荧光传感器研究建议

在核心技术上，薄膜基荧光传感器的原创工作主要集中在敏感材料创新制备方面。就目前的发展而言，人们多关注与公共安全、环境污染、身体健康等相关的有机成分的选择性探测。与以往关注的 NO_x、SO_x 等不同，有机成分的检测往往需要通过特殊的有机结构来实现，因此就必须考虑[61]：①如何设计合成高性能敏感单元(sensing unit)？②如何实现理想结构涂层或活性层的控制制备？③如何避免或延缓活性层的光化学漂白(photo-bleaching)？④如何采集并高效利用薄膜器件输出信号？这些内容是薄膜基荧光传感器在未来相当长一段时间内研究的重点。

其中，荧光敏感单元的光漂白或光降解已经成为制约薄膜基荧光传感器发展的瓶颈。荧光分子在激发态发生化学反应而减少发光物质的量或改变荧光物质本性，这种现象与激发态光物理过程相竞争。近年来，人们提出了一些抑制光漂白的策略，如脱氧策略、单重态策略、三重态策略等间接方式，通过增加共轭程度或共轭一些结构片段也可以提高本征物质的光化学稳定性。从实际研究看，发展光化学稳定性优异的荧光体系仍是薄膜基荧光传感研究面临的一大挑战。最近，笔者团队[62]克服了传统固态荧光薄膜中荧光传感单元易光降解等缺陷，首次提出利用两亲性荧光分子的表面富集特性构筑微阵列化气-液界面单分子层荧光薄膜，该荧光薄膜不仅表现出良好的光化学稳定性，同时对神经毒气模拟物氯磷酸二乙酯(DCP)等也表现出优异的传感性能。该工作为丰富荧光薄膜设计思路、建立光化学稳定性改善新策略奠定了一定基础。

在工程技术上，荧光传感器的制造与其他传感器无异，相关的信号处理策略也无需特别强调，只是在薄膜制备、薄膜器件化和传感器结构上有其特殊性。因此，未来荧光传感器的研制要突出自身特点，既要注重薄膜创新制备、注重薄膜器件化方式、注重传感器结构创新，也要注意借鉴其他类型传感器的研究成果，以此提高新型高性能薄膜基荧光传感器的研制效率。

此外，作为面向高科技应用的研究领域，传感器的研制要时时处处注意专利和专有技术的保护，也要注意不能侵犯他人的专利和专有技术，借以规避产业化时遭遇的尴尬。总体来讲，薄膜基荧光传感器的核心技术主要包括两个方面，一是众所周知的敏感薄膜材料制备技术；二是容易被人们忽视的传感器结构，特别是传感器的光学系统结构。例如，在隐藏爆炸物荧光探测设备中比较容易见到的波导管结构已经早被美国公司在包括我国在内的世界主要国家布局，稍有不慎就会引起专利纠纷。因此，传感器的研究需要多学科的共同努力，只有这样才会获得真正具有完全自主知识产权的成果。

另外，针对可穿戴、原位、在线、即时检测需要，传感器的大小、形状、性状、工作模式等也将面临更多的挑战。其中，富集、分离、检测一体化将变得日益重要。而根据不同终端用户的使用要求，需要进一步丰富设备类型，例如发展适合于车载、无人机携带、机器人担载等的危害化学品探测装备，引入态势感知理念以使高科技技术在更大范围、更高效地服务国家建设和公共安全保障。

与基于电学测量的微机电系统(MEMS)传感器不同，薄膜基荧光传感器一般难以微型化，因此集成困难，这可能是未来制约薄膜基荧光传感器发展的又一个关键问题。如何解决，事关薄膜基荧光传感器的长远发展，也事关薄膜基荧光传感器对一些更具挑战性的样品的区分检测。叠层式传感器结构的问世，贴片光源、贴片光敏器件的出现，单一荧光传感单元多信号的采集，以及先进信号处理方法的采用等无疑为解决或部分解决这一问题提供了可能。

总体来讲，传感器的硬件结构研究、信号采集与处理方法研究以及薄膜创新制备研究需要总体安排，协同推进。此外，考虑到以有机结构为特点的薄膜光化学稳定性对薄膜基荧光传感器长期使用性能的影响，非常需要从理论与实验两个方面共同推进相关研究。相信这些突破对于活性有机结构的功能化应用具有普遍性意义。

参考文献

[1] Yang Y, Gao W. Wearable and flexible electronics for continuous molecular monitoring. Chem Soc Rev, 2019, 48: 1465-1491.

[2] Wolfbeis O S. Probes, sensors, and labels: Why is real progress slow? Angew Chem Int Ed, 2013, 52: 9864-9865.

[3] 中华人民共和国国家质量监督检验检疫总局, 中国国家标准化管理委员会. 传感器通用术语: GB/T 7665—2005. 北京: 中国标准出版社, 2005.

[4] 国家邮政局. 邮政行业基于荧光聚合物传感技术的手持式衡量炸药探测仪技术要求: YZ/T 0176—2020. 北京: 人民交通出版社, 2020.

[5] Chu H, Yang L, Yu L, et al. Fluorescent probes in public health and public safety. Coordin Chem Rev, 2021, 449: 214208.

[6] IUPAC Announces the 2022 Top Ten Emerging Technologies In Chemistry. https://iupac.org/iupac-2022-top-ten. 2022-10-17.

[7] Liu T, Ding L, He G, et al. Photochemical stabilization of terthiophene and its utilization as a new sensing element in the fabrication of monolayer-chemistry-based fluorescent sensing films. ACS Appl Mater Interfaces, 2011, 3: 1245-1253.

[8] 吕凤婷, 房喻. 基质表面多环芳烃的化学单层组装及其荧光传感特性. 化学通报, 2008, 12: 883-890.

[9] Shang C, Wang L, An Y, et al. Langmuir-Blodgett films of perylene bisimide derivatives and fluorescent recognition of diamines. Phys Chem Chem Phys, 2017, 19: 23898-23904.

[10] Yu H, Lü Y, Chen X, et al. Functionality-oriented molecular gels: Synthesis and properties of nitrobenzoxadiazole (NBD) -containing low-molecular mass gelators. Soft Matter, 2014, 10: 9159-9166.

[11] Alfaro M, Paez G, Strojnik M. Bidimensional fluorescence analysis and thermal design of europium thenoyltrifluoroacetonate based thermal-to-visible converter. Appl Opt, 2012, 51: 780-788.

[12] Demas J N, DeGraff B A, Coleman P B. Peer reviewed: Oxygen sensors based on luminescence quenching. Anal Chem, 1999, 71: 793A-800A.

[13] Xiong W, Zhu Q, Gong Y, et al. Interpenetrated binary supramolecular nanofibers for sensitive fluorescence detection of six classes of explosives. Anal Chem, 2018, 90: 4273-4276.

[14] Zhu Q, Xiong W, Gong Y, et al. Discrimination of five classes of explosives by a fluorescence array sensor composed of two tricarbazone-nanostructures. Anal Chem, 2017, 89: 11908-11912.

[15] 房喻, 文瑞娟. 一种叠层结构荧光传感器. 中国: ZL2017203458383. 2017-12-12.

[16] Fang Y, Wen R. Laminated fluorescent sensor comprising a sealable sensor housing and an optical sensing system. 美国: US11255787B2. 2022-02-22.

[17] Liu K, Wang Z, Shang C, et al. Unambiguous discrimination and detection of controlled chemical vapors by a film-based fluorescent sensor array. Adv Mater Technol, 2019, 4: 1800644.

[18] Liu K, Wang G, Ding N, et al. High-performance trichloroacetic acid sensor based on the intramolecular hydrogen bond formation and disruption of a specially designed fluorescent *o*-carborane derivative in the film state. ACS Appl Mater Interfaces, 2021, 13: 19342-19350.

[19] Liu K, Zhang J, Shi Q, et al. Precise manipulation of excited-state intramolecular proton transfer via incorporating charge transfer toward high-performance film-based fluorescence sensing. J Am Chem Soc, 2023, 145: 7408-7415.

[20] Zhang J, Liu K, Liu Z, et al. High-performance ketone sensing in vapor phase enabled by *o*-carborane-modified cyclometalated alkynyl-gold(III) complex based fluorescent films. ACS Appl Mater Interfaces, 2021, 13: 5625-5633.

[21] Zhang J, Liu K, Wang G, et al. A high-performance formaldehyde luminescent tubular sensor enabled by a cyclometalated alkynyl-gold(III) complex-contained perylene bisimide derivative. Sens Actuators B Chem, 2022, 372: 132681.

[22] Wang Z, Liu T, Peng H, et al. Advances in molecular design and photophysical engineering of perylene bisimide-containing polyads and multichromophores for film-based fluorescent sensors. J Phys Chem B, 2023, 127: 828-837.

[23] Ding N, Liu T, Peng H, et al. Film-based fluorescent sensors: From sensing materials to hardware structures. Sci Bull, 2023, 68: 546-548.

[24] Wen D, Fu Y, Shi L, et al. Fine structural tuning of fluorescent copolymer sensors for methamphetamine vapor detection. Sens Actuators B Chem, 2012, 168: 283-288.

[25] Fu Y, Shi L, Zhu D, et al. Fluorene-thiophene-based thin-film fluorescent chemosensor for methamphetamine vapor by thiophene-amine interaction. Sens Actuators B Chem, 2013, 180: 2-7.

[26] 徐炜, 贺庆国, 程建功. 有机半导体荧光传感材料及危险化学品检测应用. 中国科学: 化学, 2020, 50: 92-107.

[27] He C, He Q, Deng C, et al. Turn on fluorescence sensing of vapor phase electron donating amines via tetraphenylporphyrin or metallophenylporphrin doped polyfluorene. Chem Commun, 2010, 46: 7536-7538.

[28] Fan T, Xu W, Yao Z, et al. Naked-eye visible solid illicit drug detection at picogram level via a multiple-anchored fluorescent probe. ACS Sens, 2016, 1: 312-317.

[29] Li B, Li K, Xu W, et al. Micro-interfaces modulation by UV-ozone substrate treatment for MPEA vapor fluorescence detection. Nano Res, 2023, 16: 4055-4060.

[30] Ding L, Fang Y. Chemically assembled monolayers of fluorophores as chemical sensing materials. Chem Soc Rev, 2010, 39: 4258-4273.

[31] Qi Y, Xu W, Kang R, et al. Discrimination of saturated alkanes and relevant volatile compounds via the utilization of a conceptual fluorescent sensor array based on

organoboron-containing polymers. Chem Sci, 2018, 9: 1892-1901.

[32] Wang Z, Liu K, Chang X, et al. Highly sensitive and discriminative detection of BTEX in the vapor phase: A film-based fluorescent approach. ACS Appl Mater Interfaces, 2018, 10: 35647-35655.

[33] Miao R, Peng J, Fang Y. Recent advances in fluorescent film sensing from the perspective of both molecular design and film engineering. Mol Syst Des Eng, 2016, 1: 242-257.

[34] Chang X, Zhou Z, Shang C, et al. Coordination-driven self-assembled metallacycles incorporating pyrene: Fluorescence mutability, tunability, and aromatic amine sensing. J Am Chem Soc, 2019, 141: 1757-1765.

[35] Liu Q, Liu T, Fang Y. Perylene bisimide derivatives-based fluorescent film sensors: From sensory materials to device fabrication. Langmuir, 2020, 36: 2155-2169.

[36] Peng H, Ding L, Fang Y. Recent advances in construction strategies for fluorescence sensing films. J Phys Chem Lett, 2024, 15: 849-862.

[37] 刘太宏，苗荣，彭浩南，等. 薄膜荧光气体传感器中的涂层化学. 物理化学学报，2020, 36: 1908025.

[38] Fan J, Chang X, He M, et al. Functionality-oriented derivatization of naphthalene diimide: A molecular gel strategy-based fluorescent film for aniline vapor detection. ACS Appl Mater Interfaces, 2016, 8: 18584-18592.

[39] He M, Peng H, Wang G, et al. Fabrication of a new fluorescent film and its superior sensing performance to *N*-methamphetamine in vapor phase. Sens Actuators B Chem, 2016, 227: 255-262.

[40] Zhang J, Liu K, Wang G, et al. Detection of gaseous amines with a fluorescent film based on a perylene bisimide-functionalized copolymer. New J Chem, 2018, 42, 12737-12744.

[41] Tang J, Liang Z, Qin H, et al. Large-area free-standing metalloporphyrin-based covalent organic framework films by liquid-air interfacial polymerization for oxygen electrocatalysis. Angew Chem Int Ed, 2023, 62: e202214449.

[42] Luo Y, Li M, Tang J, et al. Interfacially confined preparation of fumaronitrile-based nanofilms exhibiting broadband saturable absorption properties. J Colloid Interface Sci, 2022, 627: 569-577.

[43] Wu Y, Hua C, Liu Z, et al. High-performance sensing of formic acid vapor enabled by a newly developed nanofilm-based fluorescent sensor. Anal Chem, 2021, 93: 7094-7101.

[44] Zhai B, Huang R, Tang J, et al. Film nanoarchitectonics of pillar[5]arene for high performance fluorescent sensing: A proof-of-concept study. ACS Appl Mater Interfaces, 2021, 13: 54561-54569.

[45] Li M, Luo Y, Yang J, et al. A mono-boron complex-based fluorescent nanofilm with enhanced sensing performance for methylamine in vapor phase. Adv Mater Technol, 2022, 7: 2101703.

[46] Reviriego F, Rodríguez-Franco M I, Navarro P, et al. The sodium salt of diethyl 1*H*-pyrazole-3, 5-dicarboxylate as an efficient amphiphilic receptor for dopamine and amphetamines. Crystal structure and solution studies. J Am Chem Soc, 2006, 128: 16458-16459.

[47] Reviriego F, Navarro P, García-España E, et al. Diazatetraester 1*H*-pyrazole crowns as

fluorescent chemosensors for AMPH, METH, MDMA (ecstasy), and dopamine. Org Lett, 2008, 10: 5099-5102.

[48] Masseroni D, Biavardi E, Genovese D, et al. A fluorescent probe for ecstasy. Chem Commun, 2015, 51: 12799-12802.

[49] Rouhani S, Haghgoo S. A novel fluorescence nanosensor based on 1,8-naphthalimide-thiophene doped silica nanoparticles, and its application to the determination of methamphetamine. Sens Actuators B Chem, 2015, 209: 957-965.

[50] Moreno D, de Greñu B D, Garcí B, et al. A turn-on fluorogenic probe for detection of MDMA from ecstasy tablets. Chem Commun, 2012, 48: 2994-2996.

[51] Rodríguez-Nuévalos S, Costero A M, Parra M, et al. Colorimetric and fluorescent hydrazone-BODIPY probes for the detection of γ-hydroxybutyric acid (GHB) and cathinones. Dyes Pigm, 2022, 207:110757.

[52] Chen M, Burn P L, Shaw P E. Luminescence-based detection and identification of illicit drugs. Phys Chem Chem Phys, 2023, 25: 13244-13259.

[53] Liu K, Shang C, Wang Z, et al. Non-contact identification and differentiation of illicit drugs using fluorescent films. Nat Commun, 2018, 9: 1695.

[54] Campbell I A, Turnbull G A. A kinetic model of thin-film fluorescent sensors for strategies to enhance chemical selectivity. Phys Chem Chem Phys, 2021, 23: 10791-10798.

[55] Ding N, Liu K, Qi Y, et al. Methamphetamine detection enabled by a fluorescent carborane derivative of perylene monoimide in film state. Sens Actuators B Chem, 2021, 340: 129964.

[56] Cai Y, Shinar R, Zhou Z, et al. Multianalyte sensor array based on an organic light emitting diode platform. Sens Actuators B Chem, 2008, 134: 727-735.

[57] Shinar R, Ghosh D, Choudhury B, et al. Luminescence-based oxygen sensor structurally integrated with an organic light-emitting device excitation source and an amorphous Si-based photodetector. J Non Cryst Solids, 2006, 352: 1995-1998.

[58] Zhang J, Liu K, Shi Q, et al. Fast and selective luminescent sensing by Langmuir-Schaeffer films based on controlled assembly of perylene bisimide modified with a cyclometalated Au(III) complex. Angew Chem Int Ed, 2023, 62: e202314996.

[59] Huang R, Wang C, Tan D, et al. Single-fluorophore-based organic crystals with distinct conformers enabling wide-range excitation-dependent emissions. Angew Chem Int Ed, 2022, 61: e202211106.

[60] Li M, Liu K, Wang L, et al. Development of a column-shaped fluorometric sensor array and its application in visual discrimination of alcohols from vapor phase. Anal Chem, 2020, 92: 1068-1073.

[61] 房喻. 前言: 薄膜荧光传感专刊. 中国科学:化学, 2020, 50: 1-2.

[62] Lei H, Han H, Wang G, et al. Self-assembly of amphiphilic BODIPY derivatives on micropatterned ionic liquid surfaces for fluorescent films with excellent stability and sensing performance. ACS Appl Mater Interfaces, 2022, 14: 13962-13969.

第8章

薄膜基荧光传感器发展展望

薄膜基荧光传感器以第四名跻身2022年度IUPAC十大化学新兴技术，已经发展成为CBRN（化学、生物、放射性和核素）传感器家族的一个重要成员。此外，薄膜基荧光传感器有望在微小应力、微小应变、微小振动，以及光、电、磁等外场微小变化探测中获得应用，展现出巨大的发展潜力。

自21世纪初实现工业应用以来，薄膜基荧光传感已经逐步发展成为继离子迁移谱之后业界公认的一项最具发展潜力的微痕量物质探测技术。该技术的突出特点至少包括：①激发态对微环境变化的敏感性，使得这种以关注传感单元激发态的技术具有极高的灵敏度；②仪器体积小、功耗低、无放射性源，而且结构相对简单，易于实现便携以及组网，特别能满足实时原位探测需要；③敏感材料可设计性强、种类繁多，而且能够通过阵列化实现对复杂样品的区分检测和监测。

一般而言，薄膜基荧光传感器的核心技术主要包括两个方面，一是高性能敏感材料的制备技术；二是传感器的硬件结构，特别是传感器的光学系统结构。因此，在实践中，围绕薄膜基荧光传感器的原创性工作主要集中在这两个方面。实际上，薄膜基荧光传感器创新的主要途径是经由传感单元结构和界面工程进行的敏感材料创新制备。就目前领域的发展而言，人们关注的大多是与公共安全、食品安全、环境污染、疾病诊断、智慧农业等相关的气相有机成分的选择性超灵敏检测。与以往关注的NO_x、SO_x、CO等无机成分不同，此类化学物质的气相检测往往涉及更加复杂的界面过程，需要设计特殊的有机结构来实现。就薄膜基荧光传感器而言，在研制过程中，不可避免地面临以下几个突出的科学问题：①传感单元的基态结构和激发态过程到底如何影响薄膜器件的光化学稳定性和传感性能？②传感单元聚集结构，亦即活性层（adlayer）结构，到底如何影响薄膜器件的光化学稳定性和传感性能？③薄膜器件表面和活性层中的分析物的传质、传能，以及器件传感性能的原位在线表征如何实现？④传感单元物理隔离能够显著改善薄膜器件光化学稳定性的物理化学本质是什么？这些问题的研究和解决必然涉及更加深刻的从基态到激发态的传质、传能、电子转移等问题，涉及从分子到分子簇再到聚集体的多层次结构问题，还要涉及从静态到动态、从微观到宏观、从表界面到活性层的跨时空问题。毫无疑问，对这些问题的研究就构成了未来相当长一段时间内薄膜基荧光传感器研究的重点。

需要注意的是，传感器研制具有突出的学科跨界、领域跨界特征，因此化学学科范畴的表界面化学、有机合成化学、超分子化学、测量与结构表征化学、光物理光化学，乃至理论化学等不同领域的合作将成为必需，化学与光学工程、电子电路、信号处理、计算机控制、机械结构，乃至新近不断发展的人工智能等不同学科、不同领域的协同也同样重要。不过，需要特别强调的是，高性能传感器的研制必须建立在高性能敏感物质(材料)的创新制备之上。也就是说，以创造新物质、发现新功能、实现新应用为己任的化学学科在传感器，特别是在涉及化学物质、生命活性物质、放射性物质和核素检测、监测的 CBRN 传感器的研制过程中无疑扮演着核心的角色。

就薄膜基荧光传感器这一细分领域而言，在未来的研究中，需要特别关注以下几个方面的工作。

8.1 表面精准有机合成与分子组装方法研究

气味识别是专业嗅爆犬、缉毒犬和疾病诊断犬的基本工作模式，也是自然界各类动物，甚至植物感知外场变化、判断亲疏、评估安全与危险的主要方式。针对专业嗅爆犬饲养、训练和使用困难等问题，以及探雷、反恐等重大需求，早在 20 世纪末，美国国防部高级研究计划局(DARPA)就开始布局新概念传感技术研究[1-3]，先后启动了“电子狗鼻”(Electronic Dog’s Nose Program, 1997)、“真鼻”(Real Nose，2007)、“Sigma，2013”、“Sigma+，2018”等针对危险化学、生物、放射性物质以及核素(CBRN)探测的传感器研究计划。2007 年，美国国土安全局还启动了“感知一切”(Cell-All)阵列型化学传感器研究计划[4]，旨在发展可植入手机的传感器芯片，实现对危险有害化学物质的任意时间、任意地点的全天候、全时段监控。同样，呼气成分变化、人体体味变化均与个体身体健康状况密切相关，通过监测呼气成分和体味的变化进行疾病诊断具有原位在线、非接触、无损伤、避免交叉感染等一系列突出的优点，引起了国内外相关机构和人士的极大关注。据报道，以色列科学家利用研制的传感器阵列已经能够初步实现对肺癌的早期诊断。相信将气味、体味识别作为危险预判、重大疾病早期诊断策略进行研究必将引起安全防卫、疾病诊断技术的革命性变革。

气味识别能力取决于相关传感器技术的发展水平。传感器是现代工业和信息化的基础，是发展人工智能、实现大数据技术应用的必需。多年来，传感器研究一直受到业界的重视，成为世界各国竞相发展和竞争的关键技术。几年前，号称传感器之父的国际著名 MEMS 专家、美国 eXo 系统公司执行总裁 Janusz Bryzek 博士意识到人类社会未来生产和生活的方方面面将加速走向智能化，这将极大地依赖传感器，社会对传感器的需求将呈现井喷式增长。为此，他发起并成立了兆亿级传感器联盟(Tsensors)，目的在于加强全美，乃至全世界传感器研究领域专家，传感器生产领域企业家相互联系，通过定期、不定期地召开高峰论坛，形成共识，以此达到影响政府决策、引导技术和产业发展的目的。

不过，需要指出的是，传感器研发风险大、投入多、周期长。据报道，从实验室的基础研究到工业应用，传感器的研发周期一般要超过 15 年。因此，传感器研究需要前瞻布局，需要培养队伍，需要稳定支持，更需要坚持不懈。就气味识别传感器创制而言，最为关键的又是敏感薄膜材料的创制，这就需要化学家，特别是表界面物理化学家的加盟。不同于常规气敏传感器，能够满足重大疾病诊断、重要有害化学物质或生物制品在线快速超灵敏检测的高端气敏传感器往往需要衬底表面的有机化。固体表面有机结构的设计与精准制备将成为必需，这就需要发展与之相适应的固体表面精准有机合成和超分子组装新方法，以及与之配套的表征手段和策略。

众所周知，人类社会未来发展将突出表现为智能化。智慧城市、智慧工业、智慧农业、智慧交通、智慧安保、智慧家居、智慧医疗等将成为人类未来生产和生活的常态。智能化的前提是信息化，信息化需要不断发展种类繁多的物联网。而物联网的基础一是高性能网络，二是高性能传感器，前者已经不是关键，而后者问题依然多，挑战层出不穷。主要原因是针对不同物质的传感器类型可以不同，针对同一物质的传感器类型也可以不同。即便是针对同一物质的同一类传感器也可以有不同的设计、不同的性能。这就是说，发展物联网的两个关键因素之一，传感器决定着物联网的发展水平，进而决定着人类社会未来发展的智能化水平。因此，随着信息化社会的发展，对传感器品种和数量的需求将与日俱增。据报道[5,6]，在工业 4.0 推动下，我国传感器市场规模近年来持续增长，即便是疫情期间，市场规模也从 2019 年的 2188.8 亿元增长至 2022 年的 3096.9 亿元。预计 2024 年将超过 3700 亿元。

传感器研制不仅在经济上意义重大，而且事关公共安全、国家安全、军事现代化，具有重要的战略意义。高端传感器购买价格昂贵，而且存在禁运等问题。以在 DARPA“电子狗鼻计划”支持下完成的隐藏爆炸物荧光气相探测仪为例，该产品 2003 年完成野外试验(Field Test)并用于部队装备，2008 年可以民用，但直到 2013 年才被允许出口我国，当时一台质量不足 1 kg 的便携式仪器(Fido X3)售价高达 38 万元以上。

经过几十年的积累，我国化学学科基础研究能力空前提升，研究规模和水平可以与世界上任何国家或地区媲美，如果能够在敏感表界面材料，特别是衬底表面担载有机结构精准制备研究和原位表征方法建立方面取得突破，将极大地推动我国传感器，特别是 CBRN 传感器研制能力的提升，从而在这一发展空间巨大、极具战略意义的领域占得主动，为建设世界科技强国做出贡献。

8.2 薄膜光漂白机理研究

光漂白普遍存在于有机光电材料中，已经成为制约这类材料获得应用的主要障碍。需要注意的是物质光漂白的速度和程度除了取决于其化学本性外，还与光照波长、强度以及材料所处微环境密切相关。就小分子荧光物质而言，溶液态的光化学稳定性比薄膜态要好得多。因此，除了荧光成像之外，溶液态荧光研究一般较少考虑光漂白问题。然而，以荧光薄膜为基础的薄膜基荧光检测则对薄膜或器件的光化学稳定性有着几近苛刻的要求。这是因为只有薄膜或器件具备了足够高的光化学稳定性，传感器的长期使用才会成为可能。因此，研究荧光物质光漂白机理，探索荧光物质光漂白缓解策略具有重要的意义。

就荧光成像和薄膜基荧光传感而言，文献报道的大量成像质量或传感性能优异的试剂或体系难以获得应用的原因几乎都可归结于光漂白。为了解决这一问题，围绕光漂白机理和光漂白作用缓解，人们开展了大量的研究工作。例如，丹麦工业大学的 Krebs 小组[7]系统研究了具有不同结构特点的聚噻吩衍生物的光漂白问题。研究发现：①自由基反应是光漂白的主要原因；②降解首先发生在末端噻吩单元；③聚噻吩链越长，光化学稳定性越差，而立体规整度越高，光化学稳定性则越好；④适度热处理有助于改善材料的光化学稳定性。

结合以芘为传感单元的荧光传感薄膜研究，笔者团队[8]系统考察了芘及其一系列衍生物在薄膜态的光化学稳定性，发现紫外光照条件下，芳环开环和芳环相邻饱和碳原子氧化是此类化合物光漂白的主要途径。在温和光照条件下，薄膜光漂白既可通过有氧通道发生，也可通过无氧通道发生，其中以有氧光解为主要途径。在研究荧光成像重要试剂可逆荧光蛋白光漂白机理时，法国格勒诺布尔-阿尔卑斯大学的 Bourgeois 及其合作者[9]发现这类荧光蛋白也有两种光漂白机理：一是弱光条件下，荧光蛋白因含硫结构的氧化而使蛋白质失去发光能力，这一过程需要分子氧参加；二是在强光照射下，蛋白质的谷氨酸残基脱羧，导致蛋白质结构破坏，从而失去荧光活性。几年前，美国凯斯西储大学物理系的 Singer 教授及其合作者[10]搭建了环境气氛、试验温度、光源强度和波长均可调整的光漂白研究平台，借此深入研究了信息储存用荧光物质的光漂白机理。他们发现温度是影响该类物质光化学稳定性的最重要因素。除此之外，荧光分子间的相互作用也是影响其稳定性的最重要因素。因此，笔者建议在制备光信息储存材料时，要尽可能使荧光物质以单分子形式存在于介质中，以此提高储存材料的光化学稳定性。

除了机理研究之外，人们围绕如何抑制乃至消除光漂白也开展了大量的技术研究工作。例如，为了促进荧光显微成像技术发展，葡萄牙里斯本大学的 Sanches 及其合作者[11]建立了光漂白微分方程模型，以期通过数学补偿，提高仪器的成像质量。同样，英国诺丁汉大学的 Anderson 等[12]建立了基于算法的自适应性光学系统，企图借此解决光漂白导致的荧光成像质量不理想问题。当然，光漂白问题的根本解决还须依赖光化学稳定荧光物质的发展。为此，国内外学者相继开展了大量研究工作，报道了一系列光化学稳定性良好的荧光物质。例如，美国威斯康星大学麦迪逊分校的 Lavis 及其合作者[13]以氮杂环丁烷取代二甲氨基显著提高了罗丹明类荧光物质的光化学稳定性，发展了一类代号为 Janelia Fluor 的荧光物质。与这些有机物不同，某些贵金属纳米簇[14]不但荧光量子产率高，而且光化学稳定性特别好。当然，这些材料存在难以修饰、难以功能化等问题。

需要注意的是，某些硅、碳纳米颗粒，以及含硼化合物也是光化学稳定性良好的荧光材料。已有的研究表明，与有机共轭聚合物和小分子多环芳烃相比较，以 σ-σ 共轭为特点的聚硅烷等无机共轭聚合物往往具有较高的光化学稳定性。对此，日本学者 Tanaka 及其合作者进行了比较详尽的理论研究[15-19]。与以 π-π 共轭为特点的有机共轭聚合物不同，无机共轭聚合物的 σ-σ 共轭特点使得定向制备的薄膜具有突出的光学各向异性。据此，可以通过定向膜制备和偏振检测提高信噪比，以此可以在弱光激发下获得较高质量的荧光信号，从而缓解薄膜光漂白。不过，需要指出的是，此类无机共轭聚合物溶解性差，加工困难，严重制约着其应用。为此，近年来，人们试图制备有机-无机杂化共轭聚合物，以期在保证良好光物理光化学性能的同时，改善聚合物的溶解性。为此，在策略上除了将两者直接连接之外，还可以在两种结构之间引入柔性链以进一步改善这类杂化共轭聚合物的可加工性能。应该说，这些努力都不同程度地缓解了相关光电材料的光漂白或加工性能差等问题。

针对寡聚噻吩的光漂白问题，人们在对其机理深入研究的同时，先后发展了经由末端引入多环芳烃或其他结构的办法来改善其光化学稳定性，收到了异乎寻常的效果[20-22]。至于水相中的荧光分子光漂白缓解，可以通过引入表面活性剂改善其光化学稳定性，也可以将荧光分子衍生为表面活性剂，使其在溶液中自主形成胶束或囊泡等聚集结构，以此也可以抑制光漂白作用的发生[23]。然而，到目前为止，人们对光漂白作用机理、光漂白作用缓解或抑制研究还仅限于少数荧光物质或材料。在缓解或抑制策略上也仅限于少数荧光物质的结构改造或荧光信号强度衰减的数学补偿，具有普遍意义的抑制策略研究十分缺乏，因此，研究光漂白作用发生机理，寻求新的光漂白作用缓解策略，发展光化学稳定性好的新型荧光材料依然是化学工作者面临的严峻挑战。

就薄膜基荧光传感而言，除了对薄膜的光化学稳定性、所选用传感单元的传感性能有要求之外，对薄膜结构也有着特殊的要求。这是因为要实现快速、可逆传感，薄膜还必须满足：①待检测物质分子在膜内可以高效扩散；②待检测物质分子易于靠近传感单元；③薄膜易于清洗(吹扫)、能够再生。也就是说薄膜要稳定，富含分子通道(molecular channel)只有这样，才有可能实现灵敏、快速、可逆传感。因此，不难理解，在结构上理想荧光薄膜应该具有热力学上的“亚稳态”或者非平衡态热力学上的“耗散结构(动态有序稳定结构)”特点。在实践中，这类薄膜只能通过动力学控制来制备。

考虑到理想传感薄膜所要求的结构与分子凝胶中胶凝剂分子三维网络结构的相似性，近年来，笔者团队尝试将分子凝胶的构建策略用于创制荧光传感薄膜材料，收到了超乎想象的效果[24-26]。例如，部分薄膜不但传感性能良好，而且光化学稳定性显著改善。此类薄膜良好的传感性能可以归结于薄膜所固有的三维网络结构及其对传感物质分子良好的通透性。至于光化学稳定性改善或许可以通过下述实验事实来理解。众所周知，相对于常规薄膜，溶解态的荧光物质光化学稳定性往往要好得多，这与 Singer 教授[10]通过实验研究所揭示的孤立态荧光分子或单元比聚集态时光化学稳定性要好这一结论相一致，也与绿色植物和藻类微生物中光合作用系统中色素单元相对隔离，长期工作而不发生光漂白这一事实相一致[27]。这就是说，以分子凝胶介导所制备薄膜的额外光化学稳定性或许来源于此类薄膜中荧光单元的物理隔离。如果这一结论成立，那么将给抑制光漂白、改善光电材料光化学稳定性提供新的思路。

众所周知，分子凝胶是小分子胶凝剂借助分子间的弱相互作用形成遍布体系的三维网络结构，再经由表面张力和毛细作用使体系失去流动性而形成的兼具固体与液体性质的软物质。从物理化学的观点看，胶凝剂网络结构的形成是溶剂化驱动溶质溶解与溶质分子聚集导致溶质析出两个过程竞争的结果。因此，在结构上，这类基于小分子胶凝剂的凝胶网络具有形成可逆、结构动态和织构有序或部分有序等特点。这就是分子凝胶往往具有灵敏的刺激响应性和相变可逆性，并因此而获得广泛应用的原因。实际上，对给定溶剂在进行胶凝剂分子设计时必须同时考虑引入促进聚集和溶解作用发生的结构因素，借以调控胶凝剂分子之间以及胶凝剂分子与溶剂分子之间的相互作用，从而达到溶解-聚集平衡。例如，多年前，Schanze 小组[28]设计合成了一种具有共轭结构的铂配合物，利用分子凝胶介导得到了包含荧光单元的网状有序聚集结构(图 5-3)。与普通固体粉末不同，该结构表现出很好的光化学稳定性和荧光性能，说明在聚集体中荧光单元虽然相互靠近，但彼此应该相对隔离，否则，体系荧光将因内滤效应而猝灭。需要指出的是，正是这种趋向结晶的胶凝剂分子聚集所形成的有序或者部分有序结构才使得分子凝胶可以在更大尺度上保持材料的纳米特性。也就是基于这个原因，分子凝胶也被看作“软纳米材料”。

从已经报道的工作看，能够形成分子凝胶的荧光化合物往往同时包含荧光单元和辅助结构。这些辅助结构的存在和所选取的分子凝胶介导策略，使得在胶凝剂网络中，胶凝剂分子所包含的荧光单元很可能不是以普通晶体或固体粉末中的有序或无序密实聚集结构存在，而是以一种相对有序、比较松散的聚集结构存在。在这种结构中，荧光单元物理隔离，并拥有一定的自由度。这种推测已经部分得到时间分辨荧光光谱(TRES)研究结果的支持。此外，以这种策略所得薄膜还富含分子通道，使待检测物质分子在膜内或聚集体内顺利扩散成为可能，从而也为高性能传感奠定了基础。

至于这类聚集结构为什么具有比较高的光化学稳定性，似乎可以通过荧光分子在激发态时的多余能量散失途径来理解。众所周知，激发态时荧光分子的多余能量可以通过光辐射(荧光或磷光)、能量转移、散热和化学反应等形式而释放。在凝胶三维网络结构中，荧光单元的动态性(尽管范围受限)和物理隔离，使得其具有与溶解态相类似的环境，一旦受光激发，激发态能量除了可以经由光辐射途径释放外，还可以通过与邻近结构碰撞散热等物理过程释放，从而减少导致光漂白作用发生的化学反应概率，使体系光化学稳定性得到改善。相信，随着相关工作的深入开展，有可能发展一条能够有效抑制光漂白作用发生，可同时用于气相和液相传感的高性能荧光传感薄膜材料创制新策略，从而为更多高性能荧光敏感薄膜的创制打下基础。上述论述可用图 8-1 概括。

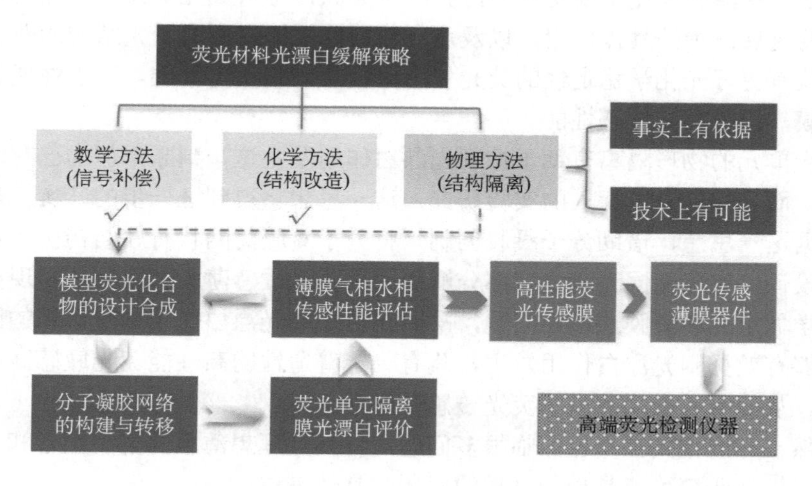

图 8-1　荧光材料光漂白缓解新策略：荧光单元的物理隔离

需要引起注意的是，荧光活性小分子胶凝剂的设计合成是开展相关工作的基础。得到相关荧光化合物后，就要按照分子凝胶研究方法系统考察模型化合物在不同溶剂中的溶解、聚集行为，以及聚集结构的可调控性，为后续理想聚集结构的控制制备打下基础。实验过程中，除了要考察溶剂效应、浓度效应，还要考察温度效应。与此同时，要充分利用激光粒度分析仪，原位在线流变学密闭测定系统，以及荧光光谱、紫外-可见吸收光谱、红外和光谱核磁共振光谱等手段跟踪模型化合物的溶液聚集过程，根据需要适时分离聚集体，观察其形貌，研究其内部结构。

有了这些基本行为资料之后，就要根据相关化合物的溶液行为和聚集体生长动力学，控制制备包含理想聚集体结构的分子凝胶。然后利用分子凝胶的剪切刺激相变性，将其以旋涂、喷涂、刮涂等方法转移到衬底表面，获得具有特定结构的荧光薄膜材料。当然，也可以根据需要利用溶剂受限挥发、溶剂控制交换、水滴模板等方法在衬底表面原位制备荧光薄膜材料。以 SEM、TEM、AFM 以及激光共聚焦荧光显微等手段研究薄膜结构，以及这种结构对环境温度、湿度变化和储存时间的稳定性。与此同时，还可以利用小角散射、X 射线衍射、分子动力学模拟、有限元模拟等技术和手段研究聚集体结构，利用紫外-可见吸收光谱、红外光谱和荧光光谱等了解膜内分子间的相互作用。综合运用模型化合物的溶液态和聚集态信息，建立分子水平上的聚集体结构模型。

在薄膜制备和微观结构表征基础上，系统考察所得聚集体在薄膜态时光化学稳定性对光照波长、强度、时间、温度以及环境气氛(空气或氩气)等的依赖性，考察薄膜后续处理(退火、熏蒸、自然光照等)对薄膜结构和荧光性能的影响。在此基础上，将薄膜光化学稳定性与薄膜结构关联，分析荧光单元物理隔离对薄膜光化学稳定性改善的具体作用，以及这一作用或规律对不同荧光结构的普适性，从而为具有更好光化学稳定性的荧光传感薄膜的创制奠定基础。对于性能优异的荧光薄膜，再考察其传感性能。

荧光单元的物理隔离有助于抑制光漂白作用发生这一判断不但为已有的事实所证明，而且相信通过深入的实验研究，这一思想将得到进一步的证实。毫无疑问，根据这一思想，借助分子凝胶创制，将分子凝胶的网状有序结构引入荧光传感薄膜设计，有可能同时解决或部分解决困扰荧光敏感薄膜创新制备和现实应用的光化学稳定性和薄膜通透性问题，从而在深化对光漂白作用本质认识的同时，发展能够有效抑制光漂白作用发生，具有一定普适性的高性能荧光敏感薄膜创制新策略，从而有力推动薄膜基荧光传感器研究。

当然，开展相关工作也面临很多问题，特别是理想薄膜的控制制备和光漂白作用发生机理研究可能是最具挑战的问题。具体来讲：

(1) 在理想薄膜控制制备方面，作为理想薄膜，除了要求荧光单元物理隔离，薄膜富含分子通道之外，还要求薄膜具有较好的稳定性和对衬底表面的高附着力。只有这样，才有可能满足既能抑制光漂白作用发生，又能拥有良好传感性能的要求。从分子凝胶的结构看，完全可能通过其介导实现荧光单元的物理隔离和薄膜结构的多孔化。问题是，如何将这些结构动态、形成可逆、以溶剂为介质的多孔网状聚集结构有效转移到衬底表面，且在溶剂脱除后能够形成具有足够强度的高黏附性多孔网状薄膜，这是一个巨大的挑战。要解决这一问题，就必须从模型化合物结构设计、凝胶介质选择、衬底表面预处理以及薄膜干燥策略等方面做出努力。也就是说，要从多个方面努力，提高胶凝剂聚集体在衬底表面的附着强度，弱化成胶介质和传感介质与胶凝剂聚集结构的作用强度，同时，保证聚集结构的稳定性。只有这样，上述胶凝剂分子的成膜性、薄膜结构的稳定性和衬底表面的黏附性问题才可以统筹解决。否则，溶剂的脱除将会导致胶凝剂网状结构的坍塌或畸变，影响荧光单元的物理隔离和分子通道的保持；此外，稳定性不好、黏附性不高也会影响薄膜的传感应用。由此可见，理想薄膜的控制制备对于开展相关研究具有至关重要的作用。

(2) 在光漂白作用发生机理研究方面，如前所述，光漂白在本质上是光活性物质在激发态发生化学反应的结果，但具体到特定化合物，光漂白到底发生在哪个片段？从哪个化学键开始？反应历程是什么？没有统一的答案。换言之，以一种策略解决所有光电材料光漂白问题是不现实的。即便是比较公认的通过结构改造改变化合物能级结构来提高其光化学稳定性这一策略也有局限性，因为其只在特定条件下有效。这就不难理解为什么光漂白研究历经几十年而不衰。因此，在为“荧光单元物理隔离有助于改善其光化学稳定性”这一认知积累更多案例支持时，也必须为理解其本质做出努力。亦即荧光单元聚集为什么会影响其光化学稳定性。只有这样，才能举一反三，为更多高性能荧光材料的创制打下基础。无疑，认识荧光单元聚集或隔离对其光化学稳定性的影响和影响本质对于发展高性能荧光敏感薄膜材料制备新策略也具有突出的意义。

如果在 Web of Science 输入检索词“photobleaching”，人们就会很快发现，自 20 世纪 80 年代以来，光漂白研究从没有间断过。特别是进入新世纪以后，光漂白研究文献数量持续增长，说明光漂白研究不但引起了人们的普遍重视，而且已经具备了比较好的基础。然而，通过更加深入的分析发现，到目前为止，人们对光漂白作用的缓解或者抑制研究始终局限于对个别荧光物质结构的改造，或者荧光信号强度衰减的技术补偿，具有普遍意义的抑制策略研究几乎没有。因此，可以说要开展建议的工作也面临巨大的挑战。不过，令人欣慰的是至少有三个方面的因素有助于做好工作：一是在自然界，光合作用赖以发生的光合系统Ⅰ和光合系统Ⅱ主要存在于类囊体膜中，与膜蛋白以非共价键形式连接，一条蛋白肽链可结合若干色素分子，这些色素分子在空间上距离和取向均固定，借以保障能量转移的高效性[29]；二是Singer[10]的工作表明，以镶嵌于高分子介质中的荧光物质为信息存储材料时，荧光分子的单分散(亦即物理隔离)有助于改善其光化学稳定性；三是笔者团队的工作表明，将薄膜态光化学稳定性很不理想的芘或其衍生物通过分子凝胶技术组装为网状结构，然后再使其成膜。实验发现，只要膜中芘单元确实相互隔离，薄膜的光化学稳定性就会得到显著改善[30-33]。

很显然，这些来自不同系统，不同主体的工作或发现都表明以恰当的策略将荧光单元物理隔离很可能是缓解或改善光电材料光漂白作用的有效途径。实际上，同一种荧光物质在溶解态比固态光化学稳定性更高，间接证明了荧光单元物理隔离有助于提高其光化学稳定性这一观点。由此看来，这一判断的提出具有坚实的实验基础。

至于如何在固态实现荧光单元的物理隔离，分子凝胶法无疑是一个智慧而现实的选择。以小分子化合物为胶凝剂的分子凝胶研究已经有二十多年的历史，人们对于分子凝胶的形成机理、分子凝胶中胶凝剂网络结构的特点都有了比较深入的认识，即在分子凝胶中，小分子胶凝剂聚集形成微纳米水平上相互贯通的多级孔结构。这一结构除了多孔和成网特点之外，还具有“有序”(或部分有序)和“均衡”(遍布体系)特点。这就使得如果将荧光单元作为一个片段恰当地引入到小分子胶凝剂设计中，就很有可能通过凝胶网络结构的搭建将其均匀分布于体系中，从而实现荧光单元的物理隔离或相对隔离。

至于上述讨论中提到的凝胶薄膜在衬底表面的黏附性问题，仔细考虑也有方法去解决。这是因为只要胶凝剂分子结构设计恰当，胶凝剂分子间呈现多重超分子相互作用，且作用强度足够高，加之以分子凝胶得到的薄膜足够薄、疏水性足够好，且衬底选择恰当或以适当方法进行预处理，则所得薄膜的强度、稳定性和黏附性就将足以满足后续性能评价和气液(水)相传感对黏附性的要求。

8.3 衬底效应研究

敏感薄膜创新制备和高性能化是薄膜基荧光传感器技术发展的基础。在过往的研究中，此类薄膜的创新制备和高性能化主要通过传感单元和敏感层结构创新实现，人们很少深度关注衬底对薄膜性能的影响。在最近的工作中，笔者团队[34,35]发现，同样的传感单元采用相同的薄膜制备策略，以不同衬底得到的薄膜表现出几乎完全不同甚至相反的传感性能。这一现象的发生被归结于衬底对敏感层结构的调控和衬底对传感对象分子的亲和性差异。问题是，调控如何发生？调控有无规律？调控的限度在哪里？调控是衬底/敏感层性质差异(界面能)推动的结果，还是其他原因？衬底如何参与传感过程？更为重要的是，可否预测衬底效应？毫无疑问，这些问题的解决对于荧光敏感薄膜材料的理性设计，对于高性能荧光敏感薄膜的创新制备无疑具有突出的意义。

荧光传感有均相和多相之分。均相荧光传感具有灵敏度高等优点，但传感试剂只能一次性使用，而且伴随传感过程的发生，待检测体系将被污染。多相荧光传感主要是指荧光物质以薄膜或颗粒形式实现对溶液相或气相待检测物质的识别，多相荧光传感以薄膜传感最为普遍。这是由于薄膜易于器件化，容易实现重复使用，而且薄膜基荧光传感没有试剂消耗，在理论上不污染待检测体系，因此备受重视[36,37]。在特定条件下使用时，颗粒传感也有优势。这种优势主要反映在野外条件下的可视化快速检测。除此之外，如有需要，荧光薄膜还可以以卷到卷(roll-to-roll)方式组织生产，以不同模式进行组合，以阵列形式实现使用，从而有望满足对更加复杂样品的检测需要。

根据检测信号的不同，薄膜传感器可分为薄膜电学传感器和薄膜光学传感器等。在薄膜光学传感器中又有红外、拉曼、荧光等之分，薄膜基荧光传感器无疑是其中最为重要的一类。特别是针对危险有毒有害化学品、生物制剂、放射性物质探测，在过去几十年里薄膜基荧光传感技术得到了迅猛发展，已经成为继离子迁移谱之后，具有灵敏度高、可设计性强、仪器结构相对简单、不含放射性源，公认的极具应用潜力的新一代气相和液相微痕量有害物质检测技术，薄膜基荧光传感也因此得到了日益广泛的关注。

不过就薄膜基荧光传感器研究而言，真正的进展实际上极为缓慢[38]，除了传感器研制周期长、投入大、风险高之外，另一个重要的原因就是缺乏真正能够满足器件化需要的高性能薄膜。就化学物质的气相荧光探测而言，要满足器件化需要，除了要求薄膜具备一般分析技术所要求的 3S+1R(灵敏度、选择性、速度，以及可逆性)性能之外，其光化学稳定性也要足够好。如果传感器的检测对象是爆炸物、毒品等，检测对象的复杂性更是对薄膜性能提出了前所未有的苛刻要求。也就是说，薄膜需要同时满足对传感对象多样性的普遍适应性和对干扰物质的高度选择性要求。因此，到目前为止，真正商品化的用于气体探测的荧光传感器只有氧气、温度、爆炸物和毒品等为数不多的几类。

薄膜基荧光传感主要通过薄膜基荧光传感器实现。在结构上，薄膜基荧光传感器主要由薄膜器件、光学系统、采样系统和信号预放大系统等几个部分组成。其中，薄膜器件是薄膜基荧光传感器的关键组成部分，而薄膜器件的核心技术又是荧光敏感薄膜的制备。一般而言，荧光敏感薄膜主要由膜衬底(substrate)、传感活性物质(sensing element)和介导物质(mediator)等三个部分组成。考虑到衬底多为惰性物质，传感活性物质与介导物质共同构成了所谓的敏感层或活性层。研究表明，敏感层的化学本性和物理结构对薄膜传感性能具有决定性影响。因此，在过去的工作中，研究者将主要精力用于合成新型传感活性物质，发展新型薄膜制备策略，构建新型敏感层结构，以期通过提高薄膜活性层与待检测对象相互作用的专一性、强度，减少传感对象分子在活性层内的扩散阻力，以及提高传感单元利用度等途径来丰富敏感薄膜类型，改善薄膜传感灵敏度和可逆性。对薄膜衬底的认识则基本停留在对敏感层的担载，以及衬底表面亲疏水性不同对薄膜传感性能的影响等方面，尚未开展更加深入的研究。

几年前，笔者团队[34,35]发现人们严重低估了衬底对荧光敏感薄膜传感性能的影响，而事实上，这种作用有时是决定性的。例如，我们在研究一种碳硼烷苝二酰亚胺衍生物在薄膜态对常见毒品和潜在干扰物质的传感性能时，发现相同的传感活性物质，同样的制膜策略，在不同衬底上得到的荧光薄膜表现出完全不同甚至截然相反的传感性能。具体来讲，以普通玻璃板和有机玻璃板为衬底时，膜荧光因毒品蒸气的存在而被猝灭，而以硅胶板为衬底时，薄膜荧光几乎不因毒品蒸气的存在而发生变化。与之相应，毒品侦测需要特别考虑的化妆品、洗剂用品、常见水果、脏旧衣物等物品气味的存在对三种薄膜荧光也表现出截然不同的作用。例如，有机玻璃担载薄膜荧光因这些干扰气体的存在而敏化，玻璃衬底和硅胶板衬底担载薄膜荧光则因它们的存在而猝灭。据此，可以经由简单的逻辑门技术实现对检测对象中是否包含毒品的快速判断。为了进一步了解这一现象发生的普遍性，又将检测对象扩展到与毒品相关的芳胺、脂肪胺、不同类型的氨基酸以及含氮药物等，发现硅胶板担载薄膜荧光因异辛胺和苄胺蒸气的存在而敏化，而其他两种薄膜荧光则因这两种有机胺气体的存在而被猝灭。由此说明这种现象不是偶然发生，而是具有一定的普遍性。

值得思考的是，导致这些现象发生的原因是什么？是传感活性物质聚集结构因衬底类型的不同而不同？是薄膜表面亲疏水性因衬底的改变而改变？还是衬底对传感对象分子的特异结合或排斥？初步的研究表明，情况要比我们想象的复杂得多！这就要求我们必须深入研究荧光敏感薄膜创新制备和传感应用中的衬底效应，这种研究对于新的高性能荧光敏感薄膜的理性设计和创新制备，对于荧光传感器技术的进步无疑具有重要的意义。

关于衬底对荧光敏感材料传感性能的重大影响也有文献报道[39-42]，例如，将金属有机骨架(MOFs)材料担载荧光物质用于传感时，因其多孔性和高比表面积会给传感带来诸多好处，说明衬底微结构对于衬底担载荧光物质的传感性能确有重大影响。同样，将纳米线、纳米颗粒用于担载荧光物质，也会给荧光传感带来若干效应，其中最常见到的就是传感表面的增加使得传感灵敏度提高。实际上，衬底效应的表现要比我们讲到的几个例子更加丰富、更加复杂。例如，有机分子的光化学稳定性因衬底的不同而大不相同，有机分子光物理性质也会因衬底的改变而改变。毫无疑问，摸清衬底效应发生的规律，揭示衬底效应发生的本质对于发展新的荧光敏感薄膜材料创制策略，拓展荧光敏感薄膜创新制备空间具有现实的意义。为此，聚焦荧光敏感薄膜创新制备和传感应用中的衬底效应，通过深入细致的研究，摸清规律、揭示本质、拓展应用，无疑可以拓展高性能荧光敏感薄膜的创新制备思路，进而促进高端荧光传感器的研制。为了开展相关研究，就需要聚焦衬底效应规律研究、衬底效应机理研究、衬底效应应用研究以及衬底效应深化研究等工作。

在衬底效应规律研究方面，可以考虑通过两条途径开展工作：一是选取典型的荧光活性物质作为传感单元，将其以自组装单层膜(self-assembled monolayers, SAMs)技术，经由相同的连接臂共价结合于不同衬底表面，获得传感单元、连接臂和化学键合方式完全相同，但衬底不同的多种荧光薄膜，考察这些薄膜对典型危险有毒有害化学品或生物制剂的传感性能，总结归纳薄膜传感性能对衬底化学本性和结构的依赖性；二是选取典型的荧光活性物质或者设计合成具有特定结构的荧光活性物质，将其作为传感单元或传感活性物质经由旋涂、流延、原位沉积、溶液生长+物理快速转移以及LB膜/LS膜技术等方法担载于不同衬底表面，获得敏感层组成与结构基本相同，但衬底不同的系列荧光薄膜，考察这些薄膜对危险有毒有害化学品或生物制剂的传感性能，总结归纳薄膜传感性能对衬底化学本性和结构的依赖性。开展这些工作无疑有助于将对衬底效应的偶然发现上升为对衬底效应的规律性认识，从而为更加深入的机理研究打下基础。

在衬底效应机理研究方面，考虑到衬底效应既然存在，而且有规律可循，那么衬底效应产生的本源到底是什么？规律由何而来？围绕这些问题开展工作无疑有助于深化认识，举一反三，减少荧光敏感薄膜创制的盲目性，为已知荧光敏感薄膜传感性能的提高提供更多的思路。为此，需要利用各种光谱技术，辅之以衍射、能谱和显微成像等手段，研究衬底对敏感层结构、敏感层中荧光单元旋转相关运动以及敏感层/衬底界面结构等的影响；研究传感条件下不同衬底、相同或相近敏感层结构荧光薄膜与传感对象分子的相互作用，揭示衬底效应产生的途径和原因。开展这些工作的主要目的在于明确衬底效应产生的主要原因，获得理性认识，为衬底效应的应用奠定基础。

在衬底效应应用研究方面，研究衬底效应的目的是减少荧光敏感薄膜材料创新制备的盲目性，丰富荧光敏感薄膜材料创新制备思路，提高荧光敏感薄膜材料创新制备效率。为此，在初步建立了对衬底效应的规律性认识，明确了衬底效应产生的本源之后，就有必要将其用于新的荧光敏感薄膜材料的创新制备，乃至新的荧光传感器的研制。据此，可以考虑选取或设计合成具有特定结构、光物理性质优异的荧光活性物质，按照衬底效应将其以不同方式担载于具有不同结构和化学本性特点的衬底表面，获得一系列新型荧光敏感薄膜材料，研究所获得薄膜的结构、光物理性质以及传感性能，检验并完善对衬底效应的认识。在此基础上，通过器件化将获得的高性能敏感薄膜转化为薄膜器件，再经过与适当的光学系统、采样系统、信号放大与处理系统的集成得到薄膜基荧光传感器。通过综合考察所获得传感器的使用性能，就可以得知衬底的实际效应。开展衬底效应应用研究可以达到以下几个目的：①以典型案例检验前期工作对衬底效应所产生的认识；②以典型案例彰显衬底效应研究工作的实际意义；③以典型案例证明如同传感单元创新、敏感层聚集结构创新，衬底创新也是荧光敏感薄膜创新制备的重要途径。

在衬底效应深化研究方面，可以考虑将基于平板结构的衬底效应拓展至柔性、网状、凸面、凹面等具有不同几何结构和性质特点的衬底类型，研究光-衬底相互作用更加复杂情况下衬底效应的表现形式和规律，探索荧光敏感薄膜创新制备新途径。需要注意的是，这些工作的开展需要结合传感器光学系统的改造。开展这些工作的目的主要是通过研究更加复杂几何结构和性质条件下的衬底效应，从而获得对衬底效应更加深刻的认识，由此可以进一步丰富衬底效应概念内涵，拓展荧光敏感薄膜材料的创新制备空间。

需要注意的是，衬底效应研究将会面临诸多挑战，最为突出的至少包括两方面，一是敏感层结构的控制制备与表征方法，二是敏感层中荧光单元的法向分布与运动性表征。

在敏感层结构的控制制备与表征方法方面，众所周知，敏感层结构是决定荧光薄膜传感性能的主要因素之一，是研究敏感薄膜创新制备和高性能化中衬底效应的基础，然而，在传感单元、介导物质、衬底确定之后，如何控制并大范围改变敏感层微相结构并非易事，同样，如何在静态和动态(传感应用)条件下观察和跟踪这些结构和结构演化也极具挑战性，这些都需要在研究中予以特别关注。

在敏感层中荧光单元的法向分布与运动性表征方面，如同已经反复讲到的，荧光传感的实现有赖于待检测分子与荧光单元的碰撞或结合，在薄膜传感中，这种碰撞和结合的前提是待检测分子的膜内扩散，这就对敏感层的通透性，敏感层中荧光单元的密度、分布，特别是法向分布，以及荧光单元的运动性提出了要求，因此，研究敏感层中荧光单元的法向分布和运动性及其影响因素意义突出，也需要特别关注。

要开展上述工作，就需要从衬底与传感活性物质的组合研究，薄膜制备研究，薄膜光物理性质与传感性能研究，衬底化学本性与几何结构对膜荧光性质、传感性能的影响规律研究，敏感层/衬底两相界面结构研究，敏感层荧光单元活动性研究，衬底结构、衬底化学本性与薄膜荧光性质、传感性能关联研究，基于衬底效应的高性能荧光敏感薄膜创制，衬底效应深化研究，典型荧光传感器研制等多个方面开展工作。当然，与之相关的衬底效应规律、衬底效应机理、衬底效应应用以及衬底效应的深化等研究也必须交替进行。因此，在具体研究中，可以考虑选取玻璃板、有机玻璃板、PDMS 板等表面平整材料和硅胶板、纤维素板、荧光惰性纸张等表面粗糙平面材料作为衬底，选用平面、非平面结构苝二酰亚胺衍生物，*N*-杂环丁烷单苯环芳烃衍生物，8-羟基喹啉硼衍生物，以及包含相关单元的共聚物等作为传感单元。

在薄膜构建上，为满足衬底效应研究对敏感层结构的一致性要求，除了特殊情况外，可以考虑衬底化学本性或结构不同，敏感层结构基本相同的物理薄膜作为研究模型。为此，需要深入研究相关荧光活性物质在溶液态的组装过程、组装结构，将所获得的组装结构以尽可能温和的方式转移至相关衬底表面，并使溶剂瞬间挥发，以此尽可能保持荧光活性物质聚集结构不因环境的剧烈改变而发生大的变化，从而得到所需要的敏感层结构相似甚至相同，而衬底不同的荧光薄膜。分子凝胶技术在这类薄膜制备中无疑具有巨大的应用潜力。

衬底不同也可能会影响所担载荧光活性层的光物理性质，为此，需要测试制备得到的荧光薄膜在适当溶剂和干态条件下的荧光激发光谱、荧光发射光谱、荧光量子产率、荧光寿命、荧光各向异性、时间分辨荧光各向异性、光化学稳定性等基本光物理性质。在此基础上，根据所研究薄膜敏感层包含荧光活性物质的本性，可以考虑选取适当的危险有毒有害化学物质、生物制剂等作为典型传感对象，考察薄膜的传感性能。在这些测试基础上，将薄膜光物理性质、传感性能与膜衬底化学本性、结构进行关联，总结衬底效应发生的规律，揭示衬底效应发生的机理，实现衬底效应的实际应用。

衬底不同还会影响与敏感层所形成的界面结构，为此需要利用冷冻断裂技术等获得拟研究薄膜断面，以各种显微成像，特别是共聚焦荧光显微成像技术观察断面织构，比较不同衬底荧光薄膜断面结构，获得感性认识；利用选择侵蚀技术考察界面结构，发现差异。具体来讲，就是选取恰当溶剂或化学试剂处理待研究断面，或通过程序升温改变断面结构，以此观察断面，特别是衬底与敏感层结合部分附近的结构变化，由此判断敏感层与衬底表面的相容性和结合强度。

至于敏感层荧光单元法向分布与活动性研究，则要选取恰当可耐受溶剂，以其润湿薄膜敏感层，以静态和时间分辨荧光，特别是共聚焦时间分辨荧光各向异性(confocal TRAMS)和共聚焦荧光寿命成像(confocal fluorescence lifetime imaging, CFLIM)等技术研究敏感层荧光单元的法向分布和活动性(运动受限程度)，由此可以揭示衬底本性和结构对荧光单元活动性的影响和影响规律。在敏感层可耐受溶剂中选取对衬底具有不同润湿性的溶剂，考察在这些溶剂气氛下，敏感层中荧光单元的活动性及其法向分布变化和变化规律，依此判断是否除了影响结合强度外，膜衬底还可以通过其他途径影响所担载敏感层中荧光单元的活动性和光物理性质，从而影响其传感性能。还可以在程序升温条件下，测量不同衬底担载相同或相近敏感层中荧光单元的活动性，研究薄膜光物理性质的变化和变化规律，依此进一步了解敏感层与衬底表面作用强度对薄膜荧光和荧光传感性能的影响和影响规律。

传感对象的存在也可能影响敏感层结构与薄膜性质。为此，可以选取合适的薄膜和传感对象，在传感对象存在下，以 XPS、小角 X 射线散射(SAXS)、原子荧光和各种显微成像技术等研究传感对象分子对敏感层组成、结构的影响，并将其与衬底本性和结构关联，揭示衬底在这一过程中发挥的作用。

衬底效应研究一定离不开理论模拟，相信分子动力学和有限元模拟会在其中发挥重要的作用。在全原子、粗粒化模型条件下，结合分子动力学和有限元方法对不同条件下衬底担载敏化层的分子堆积和微相结构进行模拟，并将模拟结果与实验结果关联，以此可以加深对相关薄膜、表面和界面结构及其对外部条件变化依赖性的认识，为衬底效应机理研究提供参考。在理论模拟研究中，需要特别注意实验条件下难以观察，但又会极大影响传感性能的微孔或微隙结构的存在。这些“孔”“道”结构在传感中往往会发挥分子通道(molecular channel)作用，方便传质，从而有助于传感响应速度的提高和传感响应可逆性的改善。此外，这种微隙结构的存在还会极大地提高传感单元的利用率，从而降低信噪比，提高传感响应灵敏度。估计在非平面结构衬底中这种微隙效应可能会更加突出，这就是为什么要关注这些非常规衬底。此外，还要注意，由于毛细作用的存在，这些微隙结构会极大地抑制吸附态分子的逃逸，促进气态分子的表面凝结，从而在传感过程中表现为薄膜对某些传感对象的富集作用，传感响应灵敏度因此而提高。当然，这种现象的存在也会影响薄膜荧光性能的恢复，甚至造成薄膜微结构的改变。这些都有待于进一步的观察和研究。

根据所揭示的衬底效应规律和所提出的衬底效应机理，可以理性设计合成新的荧光活性物质，研究其在有关溶液中的组装行为和组装结构，并将其转移至恰当的衬底表面，得到新的荧光薄膜材料。通过系统研究相关薄膜的光物理性质和传感性能，可以进一步完善所发现的衬底效应规律，检验所提出的衬底效应机理，切实提高高性能荧光敏感薄膜材料的设计性。

有了上述认识之后，就可以考虑对更加复杂衬底的研究。例如，可以将基于普通平面结构所发现的衬底效应拓展至凸面、凹面以及网状乃至柔性等具有不同几何结构特点和性质的衬底类型，在光-衬底相互作用更加复杂情况下，研究衬底效应的表现形式和规律，开辟荧光敏感薄膜创新制备新空间。与平面衬底不同，这类工作的开展需要结合传感器光学系统结构的改造。荧光活性物质的选取、薄膜制备策略的选择、薄膜光物理性质的研究以及薄膜传感性能的考察等均可参照平面衬底薄膜所采用的方式和方法进行。

8.4 传感器结构研究

除了敏感薄膜的制备之外，薄膜基荧光传感器的另一个核心技术是传感器的结构，因此，对于传感器的结构研究也要引起高度重视。2007 年美国国土安全局启动 Cell-All 计划的目的就是要赋予现代智能手机有害化学品报警功能。发展体积小、功耗低、可集成的高性能有害化学品传感器是该计划的核心任务。2011 年 10 月 Cell-All 项目团队展示了一款概念样机，利用该样机可以有效监控 CO 和 H_2 的泄漏。与之相似，美国国家航空航天局(NASA)针对太空舱内气体质量监测，发展了一种具有通信功能的综合监测设备。据报道，利用该设备可以同时监测太空舱内 O_2、H_2、CO、CO_2、肼、苯、甲苯等多种气体的浓度。

在易挥发性有机化合物(VOCs)检测方法中，荧光方法，特别是基于敏感薄膜的荧光方法具有灵敏度高、可逆性好、无放射性、不需要参比物质，也基本不受外场干扰等诸多优势。此外，伴随体积小、能耗低的发光二极管、光敏二极管等光电器件的高性能化，使得荧光检测仪器的微型化已经成为可能，这就为该类仪器的长时间野外使用和通过集成实现多功能化提供了可能。进入新世纪后，由美国麻省理工学院 Swager 教授团队研制的 Fido 系列、中国科学院上海微系统与信息技术研究所程建功研究员团队研制的 SIM 系列、笔者团队研制的 Sred 系列隐藏爆炸物气相探测仪，以及笔者团队研制的 Sred 毒品气相探测仪的市场应用就是荧光类仪器用于有害化学品高效检测的范例。

以具有重要环境质量安全监测和油田勘探意义的苯、甲苯、乙基苯和二甲苯(BTEX)等单环芳烃型 VOCs 类检测技术或仪器研制为例，可以看出在未来针对 VOCs 的检测技术研究中，荧光类方法和仪器将会受到人们越来越多的关注。BTEX 类单环芳烃易于挥发，极具扩散性，几乎存在于所有石油和石油制品中，常被作为标示物用于油田勘探，与此同时，BTEX 的严重致癌性和致畸性使其在生产、储存、输运和使用过程中的监控也变得异常重要，为此，针对 BTEX 的检测方法研究和检测设备研制受到了学术界和产业部门的高度重视，先后出现了配备加热脱附装置的气-质联用，配备离子阱的高压液相色谱等技术。然而由于这些仪器存在体积庞大、价格昂贵、操作复杂、检测速度慢等问题，近年来人们又以紫外或红外吸收为检测手段，通过对样品池的优化设计、预浓缩介质和方法的筛选，以及解吸技术的优化等研制了多款便携式 BTEX 检测设备，部分满足了实际工作的需要。例如，著名的 PetroSense 公司多年来一直从事气相石油基总碳氢化合物(TPH)和 BTEX 类监测设备的研制与销售，先后推出了多个牌号的相关设备，特别是在 2013 年推出的 FOCS™ 系统，号称代表了当今 BTEX 监测技术的最高水平[43]。也是在 2013 年，法国斯特拉斯堡大学科研人员也推出了自己的便携式 BTEX 探测设备[43]。需要特别提及的是，几年前在丹麦政府支持下，丹麦技术大学(DTU)动员校内多个学科力量，启动了一项“触摸传感(XSense)”重大研究计划[44]。项目主任 Kostesha1 及其合作者通过一系列高性能有害化学品传感器和传感器阵列的研制，利用卷对卷技术创制了可以监测二硝基甲苯、三过氧化三丙酮、奥克托今、黑索金等爆炸物和某些 VOCs 的仪器设备。不过，这些方法依然存在传感器结构复杂，检测可逆性不好，使用几小时后不得不长时间吹扫等问题。此外，由于需要通过增加吸收池的有效长度，增加预浓缩采样等附件来提高仪器的检测灵敏度，这就使得仪器的微型化、高性能化面临诸多困难。为此，人们又先后发展了石英晶体微天平、表面声波传感器、生物传感器以及金属氧化物传感器等技术，以期实现对空气中 BTEX 等有害化学品的连续快速测定[45]。然而，到目前为止，这些方法均难以区分结构相近的单环芳烃，方法的灵敏度、稳定性等也存在诸多问题，难以满足实际工作需要。围绕这些问题，最近日本学者 Furulawa 及其合作者[46]，新加坡国立大学的 Zhao 等[47]分别将有机金属骨架化合物和二维层状有机金属配合物晶体用于包含苯、甲苯和不同二甲苯的 VOCs 检测，利用荧光色彩差异实现了对目标有机物的灵敏区分。当然，将其真正发展成为成熟的检测方法和仪器还有很多工作要做，例如，传感响应的动力学、传感可逆性以及材料的光化学稳定性等都需要考虑。由此可见，发展 BTEX 的灵敏、区分检测方法和仪器仍然是科技工作者面临的一大挑战。

实际上，大气中的污染物不限于 BTEX，大气中的苯胺、丙酮等也是重要的环境污染物，而且对其灵敏测定还具有突出的疾病诊断、非制式爆炸物探测、制毒排查等意义，这是由于两者分别是肺癌、糖尿病患者的重要标示物，后者则是液体爆炸物的重要成分，也是某些毒品的制作原料。然而，针对苯胺、丙酮的气相快速灵敏测定，目前还没有能够满足使用要求的便携式专用或综合检测设备，因此，开展相关检测设备研制同样具有重要的意义。

早在二十多年前，美国 Sandia 国家实验室的 Hughes 及其同事[48]就曾经系统综述了 BTEX、氨、肼、偏二甲肼、苯胺、丙酮等 VOCs 类有害化学品检测技术与设备的研制情况。之后，美国伊利诺伊大学香槟分校的 Suslick 等[49]、法国斯特拉斯堡大学的 Allouch 等[43]、台湾清华大学的 Tang 等[50]丹麦技术大学的 Kostesha 等[51]、国内大连化学物理研究所的冯亮等[52]以及笔者团队[53]等分别对这些有害化学品检测用化学传感器、传感器阵列以及相关仪器设备的研究进展进行了各有侧重的综述。与此相关，Muji 及其合作者[54]还就检测仪器研制中的传感器阵列化、阵列布局优化、数据分析与影像再现等进行了全面评述。文献调研和专利查询表明，迄今为止除了用于隐藏爆炸物气相探测和极个别有害化学品液相探测便携式专用荧光检测设备之外，尚未见到针对 BTEX、NH_3、苯胺、丙酮及其他 VOCs 检测的便携式高性能荧光探测设备报道。不过，需要注意的是，国外一些研究机构或企业已经开始将注意力转向荧光技术在 VOCs 检测中的应用。例如，印度著名的高科技公司 Bigtec Labs 就是因推进 MEMS 和荧光检测技术产业化而成立。这家公司在成立之初本来是致力于高端检测技术在生物医学中的应用推广，最近也将注意力转向了环境 VOCs 检测，并因业绩卓著而得到了总统特别奖。即便是 Shelby Jones 这样的老牌环境有害气体监测/检测设备研制和生产企业也将注意力逐渐转向了高端荧光类检测仪器的研制和生产。不久前，美国政府环境保护局公开发布了由著名的 GEO 传感器公司(Geo Trans, Inc.)编制的《地下水中易挥发有机物跟踪监测传感器技术发展评述》报告，对荧光技术做了特别的介绍。最近，美国罗格斯大学的 Li 及其合作者[55]就 2011 年以来有机金属骨架化合物在 VOCs 荧光传感方面的应用研究进行了全面评述，认为有机金属化合物特有的规整孔道结构，以及开合(Turn-on)型传感模式使得其在 VOCs 的区分检测和灵敏检测方面拥有巨大的发展潜力，极有可能成为 MOFs 材料实际应用的一个重要方面。

不过，需要指出的是，气相 VOCs 的连续、可靠、灵敏荧光检测实现的关键是传感器技术的突破，而这类传感器研制的核心又是特异荧光敏感薄膜的创制。这是由于薄膜态时，材料更易于器件化，更易于通过厚度控制改善材料的响应速度和响应可逆性，而这些是传感器获得实际应用所必须具备的品质。因此，建立在表界面化学基础之上的荧光敏感表界面材料的创新制备在 VOCs 检测研究中受到特别的关注，已经发展成为荧光传感研究的一个特别领域，近年几乎每年都有综述文章发表。

实际上，建立在薄膜传感器基础之上的荧光技术在溶液态有害化学品检测中依然保留着气相传感时的灵敏度高、可逆性好、无放射性、不需要参比物质、基本不受外场干扰等突出优势。由此看来，面对有害化学品原位在线灵敏快速测定对高性能传感器和检测设备的迫切需求，提出与国外现有技术和设备，或者已经研究多年的技术和设备完全不同的解决方案，无疑为后来居上提供了可能。此外，这种另辟蹊径式的研发思路对于发展相对滞后的国家参与高技术领域国际竞争无疑具有战略性意义。为此，面向有害化学品荧光传感薄膜基础研究深化和拓展的迫切需要，可以考虑借鉴已经进入市场的隐藏爆炸物荧光气相探测仪所用传感器结构和研制经验，搭建薄膜器件化、器件阵列构建、器件性能评价与结构优化以及传感器研制的研发平台，以此为下游检测仪器研制提供具有自主知识产权的核心部件——薄膜基荧光传感器，从而推进我国传感器技术的进步和高端检测仪器设备研制能力的提高。

8.5　薄膜基荧光传感器研究建议

需要特别强调，传感器技术含量高，市场巨大，而且还处在快速发展之中。然而，到目前为止，我国生产的传感器主要还是量大面广、附加值比较低的普通传感器，高端传感器的研发和生产能力还亟待提高。此外，国内荧光传感技术研究人员大多关注的是荧光传感材料的创新，对材料性能的评价大多依赖商品仪器，这样就使得大多数研究停留在发表论文阶段，能够走向应用的极其稀少。如何能够通过拓展研究使这些材料走出实验室，转化为应用，需要学界做更多的努力。这种努力不仅事关基础研究的深化和拓展，更是事关科学界对创新驱动发展这一社会期盼的态度。根据以往的研发经验，此类工作的关键在于，高性能荧光传感器和配套微型化低功耗微弱荧光检测设备的研制。就前者而言，关键又是相关荧光敏感薄膜的创制。在这些薄膜创制时，可以借用高品质商用荧光光谱仪作为其荧光性能和传感性能评价手段。但真正要变成具有应用价值的传感器，就必须考虑，如何器件化？变成什么样的器件？器件性能如何优化？器件可否阵列化？只有在这些问题解决之后，高品质薄膜才可以转化为具有商业价值的高性能传感器或传感器阵列。为此，就需要特别设计的加工，特别是评价平台来对薄膜器件的光化学稳定性和传感性能进行评价，在此基础上，再对器件的结构(形式和尺寸)进行优化。

需要注意，薄膜器件只是传感器的一个组成部分，传感器的性能优劣还与很多别的因素有关，如传感器的样品室结构、气路(或液流)走向与气路(或液流)口径、光源强度、光斑大小，以及激发光路与检测光路的空间排布等。至于传感器的阵列化，情况还要复杂得多，例如，各传感器单元如何集成？样品(气体或液体)以什么样的方式进入并通过传感器？多重光源还是单一光源？多重光敏还是单一光敏？各传感器单元是交替工作还是并行工作？很显然，这些问题的解决和参数的获得对于传感器研制具有极其重要的意义。不难想象，商品荧光仪很难满足开展这些工作的需要。加之，荧光薄膜为光敏材料，难免存在光漂白问题，在可能的情况下，希望激发光强度越弱越好。也就是说，此类传感器的仪器化要求荧光检测尽可能在弱光激发下进行，这是以氙灯、氢灯、半导体激光器等为光源的商品荧光仪所无法满足的。因此，为了做好薄膜器件和以其为基础的传感器和传感器阵列的性能评价和结构优化工作，就需要搭建能够满足评价工作要求的微弱荧光测量系统。考虑到研制传感器的目的在于深化和拓展荧光敏感薄膜基础研究工作，发展与之相应的便携式高性能有害化学品专用或综合检测设备，这就要求所搭建的系统，不仅要满足器件性能评价和结构优化要求，还要为后续检测仪器研制打下基础。为此，笔者拟提出一些思路，供读者参考。

在系统的设计思想上，根据功能要求，该系统至少应该具备以下几个特点：①激发波长、检测波长均可调整；②光源强度、光源形状与结构、光斑大小也可调整；③除采用半导体激光器之外，也可采用小体积、低功耗发光二极管为光源；④同时具备光敏二极管和光电倍增管两种光敏器件；⑤入射光路与检测光路的空间关系可以大范围调整，甚至可以将两者置于薄膜器件同侧也可分置两侧；⑥采样泵功率可调，采样管道气压、流速、流量可测。此外，还应配备与此荧光检测系统配套的精密配气系统和气体浓度监测用气相色谱。通过精心整合，就可依托这几个部分构成一个完整的，能够直接服务于荧光敏感薄膜深化研究的薄膜器件化和荧光传感器研发平台。很显然，如果能够发明一系列工作原理相似、工作方式相近的荧光传感器，而且它们各自又对一组特定的有害化学品表现出不同的响应模式，则利用这些传感器就有可能组成一个传感器阵列(sensor array)甚至传感器群(sensor swarms)，通过深度解析各个传感器提供的特征信息和传感器阵列提供的交互信息，就有可能实现对多种有害化学品的区分检测。考虑到阵列所涉及传感器工作方式相近，这就为未来的多功能综合检测设备(detection plus)的小型化、低功耗提供了可能。

就荧光传感器和传感器阵列的研制而言，具体来讲，可以立足原理相近、工作方式相同的不同有害化学品的高性能荧光敏感薄膜的优化和创新制备、薄膜器件化、器件阵列构建、器件性能评价与结构优化、先进信号处理技术与先进光学系统引入以及系统集成等过程，创制高性能有害化学品专用及多用荧光传感器或传感器阵列。不难看出，传感器的水平主要取决于相关荧光敏感薄膜的性能，以及与光学系统、信号采集和处理系统的优化匹配。而后两者的优化和传感器的研制效率在很大程度上依赖于所立足的荧光敏感薄膜的创新制备能力和拟搭建系统对不同薄膜的适应能力。就荧光敏感薄膜创制而言，前述几章已经有了比较详尽的论述。至于光学系统及其信号采集与处理部分，在着眼传感器结构优化的前提下，可以借用商品荧光光度计的工作原理，通过解决其功耗太大、信噪比不理想等问题，搭建微弱荧光测量系统，使之能够满足薄膜器件化和相应荧光传感器研发要求。

实际上，在性能上高档荧光光谱仪完全可以满足可靠灵敏检测需要，但此类仪器体积庞大、价格昂贵、功耗很高，即便是研发的传感器与之配合可以实现优异的检测性能，也很难在实际工作中获得应用。因此，立足于商用荧光仪开展薄膜器件化和荧光传感器研发工作没有太多的实际意义，更别说这类仪器已经定型的结构、固定了的参数很难满足薄膜器件结构优化和传感器研制的多重要求。因此，研制既能满足性能要求，又能有效控制成本、降低功耗，微型化高性能荧光检测平台是开展薄膜器件化和高性能传感器研究工作的基础，也是将要研制的传感器走向市场的另一个关键所在。由此来看，如同有害化学品高性能荧光敏感薄膜创新制备一样，高性能微弱荧光检测平台的搭建也是薄膜器件化、高性能荧光传感器研发工作开展的前提，是工作的一项核心任务。解决与之相关的一系列基础科学和技术问题就显得特别重要。基于这样的认识，就需要围绕影响薄膜传感性能的表界面化学反应专一性、均一性、反应效率，以及高性能电路设计和微弱信号与交互信息提取、分离与分析等制约器件传感性能和检测平台整体水平的关键科学和技术问题开展工作。毫无疑问，该系统的搭建可以极大地促进有害化学品荧光传感薄膜创新制备工作的深化和拓展，切实加快基础研究成果向高技术应用的转化，体现基础研究也要面向国民经济建设主战场的思想。

很显然，高性能有害化学品荧光传感器的研制在本质上就是源自基础研究的高性能荧光敏感薄膜的深度工程化研究，这就要求搭建能够完成相关工程化的研发系统。为了支撑荧光敏感薄膜材料创新制备和放大制备、薄膜器件化、器件阵列构建、器件性能评价与传感器结构优化等薄膜应用相关核心研究任务的完成，这个系统至少要包括微弱荧光测量模块、精密配气模块、器件加工模块、人工环境模块等四个部分，其中又以微弱荧光测量模块为核心。

如果能够实现上述设想，那么所搭建的研发平台将能够对激发光源的波长、强度、成像光斑大小以及脉宽、重复频率等参数进行灵活调整，也能够对接收光信号进行波长匹配、信号同步以及有效的光电信号转换等。同时，还具有对多路传感信号进行同步信号采集与数据分析处理等功能。可以看出，该平台的搭建，一方面能够实现对荧光传感薄膜性能的有效、全面测定与评估，为荧光传感薄膜后续器件化的改进与功能完善指明方向；另一方面借助该平台的多路信号同步采集与数据分析处理能力，系统可从多路不同类型的传感薄膜的测试数据组中提取出不同类型危险品的特征信息，进而实现对危险化学品类型的识别，这一功能是传统单路检测设备所无法企及的。毫无疑问，这一研发平台对于荧光传感薄膜的器件化具有不可替代的支撑作用，可以极大地提高薄膜基荧光传感器的研发效率，推动相关高性能检测设备的研制工作。

当然，该系统的搭建需要在仔细论证的基础上，对相关部件、功能提出相互协调的定量化的指标，只有这样，系统才能有效工作，才能如同预期的一样发挥作用。例如，在低功耗、高性能微弱荧光测定模块研制方面，除了要求样品室结构具有多样性特征之外，所要研制的微弱荧光测定设备与普通荧光光度计没有本质区别，只是小型化或微型化后对仪器各部件的性能提出了更高的要求，对激励信号产生电路、信号调理电路、电源电路、其他控制电路，乃至仪器结构的合理性也提出了更高的要求。其中一个突出的问题是伴随仪器的小型化，散热问题将变得十分严重，因此，必须严格控制仪器的功耗。此外，伴随仪器的小型化，电磁干扰问题也会变得突出，因此需要采取措施，确保仪器的信噪比。相对于与单一传感器配套的微弱荧光检测模块，与阵列型传感器配套的检测模块拥有的部件更多，控制系统和测试电路更加复杂，研制肯定会面临更多的问题。因此，不难想象，研制低功耗、高性能微弱荧光检测模块是一项很有挑战性的工作。特别是在体积和功耗严格控制条件下，如何保障仪器的高性能需要智慧设计、精心加工、优选部件与器件、反复试制与比较才能完成。

仪器控制运行软件编制的关键在于提取和分离样品测试中所产生的微弱信号，并将其放大输出。在仪器以阵列形式工作时，采取合理的数据处理分析方法对于交互信息的提取分离和利用也很关键。为此，在微弱荧光检测模块中，要避免使用常规台式荧光光度计或荧光光谱仪中结构复杂、功耗大、发热严重的氙灯光源，最好以体积小、功耗低的发光二极管或半导体激光器替代。同样，也要避免使用结构复杂的激发单色系统和发射单色系统，而以窄带干涉滤光片替代。将这些构成要素整合于传感器，就有可能形成一个适合于荧光传感器的小型化高效光学系统。

就传感器的综合性能而言，除了光学系统结构、薄膜器件之外，传感器的其他设计也很重要。例如，对于气体样品，通常采取主动吸气和擦拭采样设计，对于液体样品同样也采取的是主动采样方式。为了保证性能，在结构上，一般将气泵或液体泵置于样品室后端，因为这一设计不但可以确保传感器结构的紧凑性，而且可以防止泵吸对器件的无谓污染。

信号处理策略对传感器性能也有极大的影响。专用传感器的信号处理相对简单，这是由于专用传感器只对特定化学物质响应，理论上其他化学物质的存在不干扰其工作，因此不需要识别算法。多功能传感器情况则不同，由于目标的多样性和干扰等问题，需要识别算法。传感器的阵列化无疑是为了解决复杂样品的区分检测问题，因此识别算法对于传感器阵列的信号处理显得特别重要。众所周知，通过传感器阵列，可以获取包含相关有害化学品特征的多维检测数据。利用这些数据，通过现代智能信息处理与模式识别技术，就有可能提取出不同化学物质的特征数据，形成各自的识别图案(recognition pattern)，构建出相关化学品特征图案库，进而实现对检测对象的可靠、快速和自动识别。

经典的分类与识别算法有线性判别法(LDA)、主成分分析法(PCA)、层次聚类分析法(HCA)、灰色关联度分析法(GRA)、人工神经网络(ANN)以及这些方法的改进算法等。对于不同的应用场景，这些算法的效果不尽相同。实际应用中，可以考虑通过两个步骤完成有害化学品的识别：一是将采集的数据在计算机上离线计算，分别采用多种方法进行分类与识别，通过比较各种方法的分类与识别效果，选择出最优的方法与特征，并将其作为模板，也即上述的识别图案，保存到特征数据库中；二是将特征数据库下载到检测设备，设备以该数据为参数与模板，对采集的数据进行实时分类与识别。

为了进一步提高系统对各类化学品的自适应识别能力，还需建立在线学习机制。在线学习机制的基本思想是，根据需要，可将设备的某次采集数据加入训练样本库，并通过上述的各种分类识别算法对样本库重新计算，得到新的特征模板库，从而实现对特征模板库的实时修正和补充。这样，设备的适应性、准确性与可靠性随着实际使用次数的增加而逐步提高，部分实现智能化。

在传感器研制过程中，系统技术集成显得特别重要。这是因为虽然高性能敏感薄膜创制、薄膜器件化、微弱荧光测量、传感器结构设计以及信号处理等都很重要，但要形成能够完成预设任务的高性能检测设备，需要对这些相对独立的系统在技术上进行集成。在此，集成不仅仅是分立系统的物理组合，而是要求各系统在组合后，在结构和性能上能够相互适应和支持，只有这样，检测设备的性能才能最优。因此，在传感器研制中，系统技术集成要引起足够重视。

此外，还要充分认识到商品化传感器的生产，首先要求敏感薄膜材料在放大制备后性能依然保持。这就要求对一些性能特别优异的薄膜需要开展优化和放大制备研究，以确保放大制备后薄膜性能的完整再现。从基础研究角度讲，主要是解决放大制备条件下，表面功能化过程中表界面化学反应专一性、反应均一性、反应效率和表界面化学反应动力学控制问题。例如，如何确保表界面反应的定位、定向和有序进行，如何实现对表界面反应的实时在线跟踪，如何在放大制备条件下完整再现实验室“烧瓶”过程等。因此，对于传感器的实际生产，成功实现敏感薄膜的放大制备是一个很关键的环节。同样，器件化过程中器件的内部结构和样品管路设计、样品流量控制，器件阵列构建中传感单元选取、传感单元优化组合等均对最终传感器或传感器阵列的结构、功耗和性能有重要影响。因此，必须利用器件性能评价平台上逐一优化相关结构，全面细致地评价相关敏感薄膜和薄膜组合，以期获得最佳效果。也就是说，一致性好、性能优异且稳定的传感器与传感器阵列研制并不是一个简单的技术问题，其中也有很多重要的基础科学问题需要研究。

微弱荧光测定模块是小型化荧光传感器的另一个关键单元。真正要满足该单元的小体积、低功耗、高灵敏、抗干扰要求，在技术上具有很大的挑战性，需要跨学科、跨领域的深度合作。此外，这一模块的设计合理性、功能强大的程度、对不同敏感薄膜的适应性以及整体质量决定着源自基础研究的敏感薄膜优异性能能否在最终传感器或传感器阵列上得到充分再现，也决定着未来以这些传感器或传感器阵列为核心面向不同用户要开发的检测仪器功耗、体积和性价比。因此，对于具有应用价值的荧光传感器，实现微弱荧光测定模块的高性能也是需要突破的一个关键技术环节。

最近几年才出现的将纳米膜用于传感应用的研究也要引起高度重视[56-63]。界面限域制备纳米膜具有一系列突出的优点，包括但不限于：①同小分子敏感物质一样，砌块结构设计性强，创新空间大；②厚度可从纳米级到微米级大范围调控；③贴附性好，几乎可以贴附于任何衬底；④传感单元物理隔离，光化学稳定性优异；⑤孔隙率高，通透性好；⑥可以放大制备。这些特点决定了纳米膜在薄膜基荧光传感研究中将获得重要应用。事实上，利用这类薄膜材料，笔者团队已经实现了对空气中甲酸、HCl、氨、ClO_2、乙烯利、甲醇、甲胺等重要化学物质的高灵敏可逆探测。此外，纳米膜的自修复、分阶段制备以及层层叠加特点，决定了可以以不同方式制备多色薄膜，从而将其用于构建传感器阵列。还要强调的是，这类膜的无缺陷、自支撑以及高度柔韧性使得其有可能在诸如微小应力、微小应变、微小振动的测量，以及光、电、磁等外场微小改变的监测中获得应用，从而有望将薄膜基荧光传感从对 CBRN 类的物质探测拓展至非物质量测量。当然，信号的收集也因之不再局限于光信号，直接的电信号获取可能会变得更加便捷。

总体来讲，以敏感材料和传感器结构为核心技术的薄膜基荧光传感是一个具有显著跨界特征的研究领域，该领域因经济社会，特别是信息化、物联网、人工智能的高度发展所提出的不断增长的需求而表现出愈来愈强劲的发展势头。考虑到可穿戴系统对薄膜的特殊要求，同时也考虑到性能测试和实际使用对接口灵活性的特殊要求，在某些领域传感器的柔韧性和适应性已经变得越来越重要。也就是说基于薄膜的具有柔韧性的荧光传感研究也要引起重视。事实上，在过去的十多年里，柔性传感(flexible sensing)已经逐渐发展成为当今最为热门的研究领域之一。我们相信，理解并学习人类与生俱来的通过耳朵、鼻子、眼睛、舌头、皮肤感知外界事物和变化将是人工智能进一步发展的基础。因此，提升传感器的性能、丰富传感器的类型是人工智能走向更广泛应用的必需。换言之，功能表界面化学在未来人工智能发展中也将发挥重要作用。

最近，著名荧光传感研究专家，美国 MIT 的 Swager 教授为 *Chemical Reviews* 组织编辑了化学传感器专辑[64]，旨在进一步推动相关领域的研究。其中，特别强调了荧光传感器的微型化、阵列化，以及与手机等电子设备的兼容研究。此外，相关评述也强调了引进新的算法、开展仪器研制的重要意义。在该专辑的前言中，Swager 系统展望了化学传感器研究的光明前景。相信，作为化学传感器家族最重要的成员之一，薄膜基荧光传感研究空间几无边界，前景同样光明。

参考文献

[1] Malakoff D. Pentagon agency thrives on in-your-face science. Science, 1999, 285: 1476-1479.

[2] Reardon S. The military-bioscience complex. Nature, 2015, 522: 142-144.

[3] Chandrasekar R, Lapin Z J, Nichols A S, et al. Photonic integrated circuits for department of defense-relevant chemical and biological sensing applications: State-of-the-art and future outlooks. Opt Eng, 2019, 58: 020901.

[4] Cell-All: Super smartphones sniff out suspicious substances. https://www.dhs.gov/science-and-technology/cell-all-super-smartphones-sniff-out-suspicious-substances. 2022-08-24.

[5] Moore D S. Recent advances in trace explosives detection instrumentation. Sense Imaging, 2007, 8: 9-38.

[6] LDRD (Laboratory Directed Research and Development). 2012 Annual Report. https://www.sandia. gov/. 2019-09-08.

[7] Madsen M V, Tromholt T, Böttiger A, et al. Influence of processing and intrinsic polymer parameters on photochemical stability of polythiophene thin films. Polym Degrad Stab, 2012, 97: 2412-2417.

[8] Chang X, Wang G, Yu C M, et al. Studies on the photochemical stabilities of some fluorescent

films based on pyrene and pyrenyl derivatives. J Photochem Photobiol A Chem, 2015, 298: 9-16.

[9] Duan C X, Adam V, Byrdin M, et al. Structural evidence for a two-regime photobleaching mechanism in a reversibly switchable fluorescent protein. J Am Chem Soc, 2013, 135: 15841-15850.

[10] Singer K. Photobleaching of fluorescent dyes in polymer films. A Research Report submitted to Senior Project Committee, Grant 0423914, 2013.

[11] Sanches1 J M, Rodrigues I. Photobleaching/photoblinking differential equation model for fluorescence microscopy imaging. Microsc Microanal, 2013, 19: 1110-1121.

[12] McGhee E J, Wright A J, Anderson K I. Strategies to overcome photobleaching in algorithm-based adaptive optics for nonlinear *in-vivo* imaging. J Biomed Opt, 2014, 19: 016021-1.

[13] Grimm J B, English B P, Chen J, et al. A general method to improve fluorophores for live-cell and single-molecule microscopy. Nat Methods, 2015, 12: 244.

[14] Murray R W, Parker J F, Fields-Zinna C A. The story of a monodisperse gold nanoparticle: $Au_{25}L_{18}$. Acc Chem Res, 2010, 43: 1289-1296.

[15] Miller R D, Michl J. Polysilane high polymers. Chem Rev, 1989, 89: 1359-1410.

[16] Fa W, Zeng X C. Polygermanes: Bandgap engineering via tensile strain and side-chain substitution. Chem Commun, 2014, 50: 9126-9129.

[17] Berry D H, Huo Y S. Synthesis and properties of hybrid organic-inorganic materials containing covalently bonded luminescent polygermanes. Chem Mater, 2005, 17: 157-164.

[18] Tanigaki N, Kyotani H, Wada M, et al. Oriented thin films of conjugated polymers: Polysilanes and polyphenylenes. Thin Solid Films, 1998, 331: 229-238.

[19] Tanigaki N, Iwase Y, Kaito A, et al. Effect of 3-dimensional stacking for silver nanoparticle multilayers. Mol Cryst Liq Cryst, 2001, 370: 219-225.

[20] Zhang L, Colella N S, Cherniawski B P, et al. Oligothiophene semiconductors: Synthesis, characterization, and applications for organic devices. ACS Appl Mater Interfaces, 2014, 6: 5327-5343.

[21] Wuerthner F, Vollmer M S, Effenberger F, et al. Synthesis and energy transfer properties of terminally substituted oligothiophenes. J Am Chem Soc, 1995, 117: 8090-8099.

[22] Tian H K, Shi J W, He B, et al. Naphthyl and thionaphthyl end-capped oligothiophenes as organic semiconductors: Effect of chain length and end-capping groups. Adv Func Mater, 2007, 17: 1940-1051.

[23] Okazawa Y, Kondo K, Akita M, et al. Polyaromatic nanocapsules displaying aggregation-induced enhanced emissions in water. J Am Chem Soc, 2015, 137: 98-101.

[24] Yan N, Xu Z, Diehn K K, et al. How do liquid mixtures solubilize insoluble gelators? Self-assembly properties of pyrenyl-linker-glucono gelators in tetrahydrofuran-water mixtures. J Am Chem Soc, 2013, 135: 8989-8999.

[25] Yu H, Lü Y, Chen X, et al. Functionality-oriented molecular gels: Synthesis and properties of nitrobenzoxadiazole（NBD）-containing low-molecular mass gelators. Soft Matter, 2014, 10: 9159-9166.

[26] Zhang S, Yang H, Ma Y, et al. A fluorescent bis-NBD derivative of calix[4]arene: Switchable response to Ag^{+} and HCHO in solution phase. Sens Actuators B, 2016, 227: 271-276.
[27] Blankenship R E. Molecular Mechanisms of Photosynthesis. 2nd ed. New York: Wiley, 2014.
[28] Cardolaccia T, Li Y J, Schanze K S. Phosphorescent platinum acetylide organogelators. J Am Chem Soc, 2008, 130: 2535-2545.
[29] 翁羽翔. 光合细菌分子自组装捕光天线相干激子态传能机制的人工模拟. 物理, 2016, 45: 108-112.
[30] Liu K, Liu T, Chen X, et al. Fluorescent films based on molecular-gel networks and their sensing performances. ACS Appl Mater Interfaces, 2013, 5: 9830-9836.
[31] Wang G, Chang X, Peng J, et al. Towards a new FRET system via combination of pyrene and perylene bisimide: Synthesis, self-assembly and fluorescence behavior. PCCP, 2015, 17: 5441-5449.
[32] Zhao K, Liu T, Wang G, et al. A butterfly-shaped pyrene derivative of cholesterol and its uses as a fluorescent probe. J Phys Chem B, 2012, 117: 5659-5667.
[33] Fan J, Chang X, He M, et al. Functionality-oriented derivatization of naphthalene diimide: A molecular gel strategy-based fluorescent film for aniline vapor detection. ACS Appl Mater Interfaces, 2016, 8: 18584-18592.
[34] Qi Y, Xu W, Kang R, et al. Discrimination of saturated alkanes and relevant volatile compounds via the utilization of a conceptual fluorescent sensor array based on organoboron-containing polymers. Chem Sci, 2018, 9: 1892-1901.
[35] Liu K, Shang C, Wang Z, et al. Non-contact identification and differentiation of illicit drugs using fluorescent films. Nat Commun, 2018, 9: 1695.
[36] Ding L P, Fang Y. Chemically assembled monolayers of fluorophores as chemical sensing materials. Chem Soc Rev, 2010, 39: 4258-4273.
[37] Kim H N, Guo Z Q, Zhu W H, et al. Recent progress on polymer-based fluorescent and colorimetric chemosensors. Chem Soc Rev, 2011, 40: 79-93.
[38] Wolfbeis O S. Probes, sensors, and labels: Why is real progress slow? Angew Chem Int Ed, 2013, 52: 9864-9865.
[39] Falcaro P, Okada K, Hara T, et al. Centimetre-scale micropore alignment in oriented polycrystalline metal-organic framework films via heteroepitaxial growth. Nat Mater, 2017, 6: 342.
[40] Wang S, Wang Q Y, Feng X, et al. Explosives in the cage: Metal-organic frameworks for high-energy materials sensing and desensitization. Adv Mater, 2017, 29: 1701898.
[41] Sage A T, Besant J D, Lam B, et al. Ultrasensitive electrochemical biomolecular detection using nanostructured microelectrodes. Acc Chem Res, 2014, 47: 2417-2425.
[42] Zhou Z C, Xiong W, Zhang Y F, et al. Internanofiber spacing adjustment in the bundled nanofibers for sensitive fluorescence detection of volatile organic compounds. Anal Chem, 2017, 89: 3814-3818.
[43] Allouch A, Calvéa S L, Serrab C A. Portable, miniature, fast and high sensitive real-time analyzers: BTEX detection. Sens Actuators B, 2013, 182: 446-452.

[44] Duarte K, Justino C I L, Freitas A C, et al. Direct-reading methods for analysis of volatile organic compounds and nanoparticles in workplace air. Trends Anal Chem, 2014, 53: 21-32.

[45] Maite de B, Marino N, Lucio A, et al. Automatic on-line monitoring of atmospheric volatile organic compounds: Gas chromatography-mass spectrometry and gas chromatography-flame ionization detection as complementary systems. Sci Total Environ, 2011, 409: 5459-5469.

[46] Takashima Y, Martínez V M, Furukawa S, et al. Molecular decoding using luminescence from an entangled porous framework. Nat Commun, 2010, 2: 168.

[47] Zhang M, Feng G X, Song Z G, et al. Two-dimensional metal-organic framework with wide channels and responsive turn-on fluorescence for the chemical sensing of volatile organic compounds. J Am Chem Soc, 2014, 136: 7241-7244.

[48] Ho C K, Itamura M T, Kelley M, et al. Review of chemical sensors for *in-situ* monitoring of volatile contaminants. Sandia Report, SAND2001-0643, 2001.

[49] Askim J, Mahmoudi M, Suslick K. Optical sensor arrays for chemical sensing: The optoelectronic nose. Chem Soc Rev, 2013, 42: 8649-8682.

[50] Chiu S W, Tang K T. Towards a chemiresistive sensor-integrated electronic nose: A review. Sensors, 2013, 13: 14214-14247.

[51] Kostesha N, Schmidt M S, Bosco F, et al. The Xsense project: The application of an intelligent sensor array for high sensitivity hand held explosives detectors. 2011 IEEE Sensors Applications Symposium, 2011.

[52] 贾明艳, 冯亮. 光化学比色传感器阵列的研究进展. 分析化学, 2013, 5: 795-802.

[53] 刘渊, 丁立平, 曹源, 等. 荧光传感器阵列. 化学进展, 2012, 24: 1915-1927.

[54] Muji S Z M, Rahim R A, Rahiman M H F, et al. Optical tomography: A review on sensor array, projection arrangement and image reconstruction algorithm. Int J ICIC, 2011, 7: 3839-3856.

[55] Hu Z C, Deibert B J, Li J. Luminescent metal-organic frameworks for chemical sensing and explosive detection. Chem Soc Rev, 2014, 43: 5815-5840.

[56] Tang J, Zhai B, Liu X, et al. Interfacially confined preparation of copper porphyrin-contained nanofilms towards high-performance strain-pressure monitoring. J Colloid Interface Sci, 2022, 612: 516-524.

[57] Tang J, Liang Z, Qin H, et al. Large-area free-standing metalloporphyrin-based covalent organic framework films by liquid-air interfacial polymerization for oxygen electrocatalysis. Angew Chem Int Ed, 2023, 62: e202214449.

[58] Luo Y, Zhai B, Li M, et al. Self-adhesive, surface adaptive, regenerable SERS substrates for in-situ detection of urea on bio-surfaces. J Colloid Interface Sci, 2024, 660: 513-521.

[59] Liu X, Hu J, Yang J, et al. Fully reversible and super-fast photo-induced morphological transformation of nanofilms for high-performance UV detection and light-driven actuators. Adv Sci, 2024: e2307165.

[60] Zhai B, Tang J, Liu J, et al. Towards a scalable and controllable preparation of highly-uniform surface-enhanced raman scattering substrates: Defect-free nanofilms as templates. J Colloid Interface Sci, 2023, 647: 23-31.

[61] Li M, Tang J, Luo Y, et al. Imine bond-based fluorescent nanofilms toward high-performance

detection and efficient removal of HCl and NH_3. Anal Chem, 2023, 95: 2094-2101.

[62] Luo Y, Li M, Tang J, et al. Interfacially confined preparation of fumaronitrile-based nanofilms exhibiting broadband saturable absorption properties. J Colloid Interface Sci, 2022, 627: 569-577.

[63] Li M, Luo Y, Yang J, et al. A mono-boron complex-based fluorescent nanofilm with enhanced sensing performance for methylamine in vapor phase. Adv Mater Technol, 2022, 7: 2101703.

[64] Swager T M, Mirica K A. Introduction: Chemical sensors. Chem Rev, 2019, 119: 1-2.

附　　录

附录 1　荧光技术发展历史中的部分重要事件

年份	事件
1656	Nicolas Monardes 报道以浸泡过某种木头的水处理肾结石可以得到一种在阳光照射下会发光的溶液，这可能是有记载的最早发现光致发光现象的报道
1845	J. Herschel 报道阳光照射下奎宁水溶液可以发光
1852	G. G. Stokes 观察到发光波长总是在激发光波长长波一方(Stokes 位移)
1856	W. H. Perkin 意图合成荧光素时，意外合成了荧光苯胺衍生物——MAUVE
1859	A. E. Becqurel 首次测定了磷光寿命
1871	A. V. Baeyer 人工合成荧光素
1877	历史上著名的多瑙河(Danube)-莱茵河(Rhine)地下连通实验验证。该实验在德国南部进行，以荧光素(多达 10 kg)为示踪物质，用铁的事实证明了多瑙河与莱茵河在地下确实相通
1887	K. Noack 出版了第一部按颜色排列，包含 660 种荧光化合物的著作
1895	首次观察到蒽蒸气的光致发光现象
1905	E. Nichlos 和 E. Merrit 首次获得了一种染料的激发光谱
1907	首次观察到液体苯的光致发光；发现镜像规则
1911～1913	O. Heimstaedt 和 H. Lehmann 发明了世界上首台荧光显微镜
1919	Stern 和 Volmer 推导得到了描述动态荧光猝灭的数学方程
1923	S. J. Vavilov 和 W. L. Levshin 最早开展了溶液中染料分子的荧光偏振现象
1923	脉冲取样荧光(磷光)寿命测量
1924	S. J. Vavilov 最早测定了溶液中染料的荧光量子产率
1925	F. Perrin 提出了荧光偏振理论(重点研究了黏度效应)
1925	W. L. Levshin 提出了荧光和磷光偏振理论
1925	J. Perrin 首次引入延迟荧光概念；预言存在长程能量转移
1925	J. Franck 首次提出电子跃迁概念
1925	E. Gaviola 首次测定了纳秒量级的荧光寿命(相位调制法)
1926	首次发现荧光光谱形状和位置不依赖于激发波长
1928	E. Jette 和 W. West 发展了首台光电子荧光仪器
1929	J. Perrin 首次提出荧光偏振可经由共振能量转移而减弱
1934	F. Perrin 首次提出荧光偏振理论

续表

年份	事件
1935	A. Jablonski 正式提出了描述基本光物理过程的 Jablonski 能级图
1941	A. Coons 率先以荧光素标记了抗体，标示着荧光免疫学的诞生
1944	Lewis 和 Kasha 在实验上发现了三重态
1948	T. Förster 发展了偶极-偶极相互作用的量子力学理论
1950	第一台光谱型荧光仪器问世
1961	L. M. Bollinger 和 G. E. Thomas 提出单光子计数(TCSPC)荧光寿命测定理论并发明了首台测量仪器
1962	Shimomura, Johnson 和 Saiga 发现荧光蛋白
1969	R. D. Spencer 和 G. Webber 推出了新的一代可测量亚纳秒量级荧光寿命的相调制荧光寿命测定仪
1978	首台商品型 TCSPC 型荧光寿命测量仪器问世

注：历史上至少有十位学者因荧光相关研究而获得诺贝尔奖，已故华人、著名学者钱永健就是其中的一位。

附录 2 芘荧光光谱第一锐锋与第三锐锋强度比值(I_1/I_3)的溶剂依赖性

芘极性探针*

编号	溶剂	I_1/I_3	编号	溶剂	I_1/I_3
0	气态	0.41	14	正辛酸	0.91
1	全氟萘烷	0.52	15	3,3-二甲基-2-丁醇	0.92
2	全氟甲基环己烷	0.52	16	正辛醇	0.92
3	全氟 2-丁基四氢呋喃	0.55	17	异丙醚	0.93
4	正己烷	0.58	18	1,1-二甲基丙醇	0.94
5	环己烷	0.58	19	对二甲苯	0.95
6	甲基环己烷	0.58	20	均三甲苯	0.97
7	十二烷	0.59	21	1,2,4-三氯苯	0.97
8	异辛烷	0.59	22	邻二甲苯	0.99
9	十六烷	0.60	23	间二甲苯	1.01
10	1-辛烯	0.66	24	邻二氯苯	1.02
11	1-苯基十五烷	0.78	25	2-甲基环己醇	1.02
12	2,6-二正丁基吡啶	0.80	26	正戊醇	1.02
13	正丁醚	0.84	27	2-甲基丙醇	1.02

续表

编号	溶剂	I_1/I_3	编号	溶剂	I_1/I_3
28	乙醚	1.02	62	片呐酮	1.43
29	1-甲基丙醇	1.03	63	1,4-丁二醇	1.45
30	甲苯	1.04	64	2-氯乙醇	1.45
31	苯	1.05	65	1,2-丙二醇	1.45
32	正丁醇	1.06	66	1,2-二氯乙烷	1.46
33	溴苯	1.07	67	环己酮	1.46
34	氯苯	1.08	68	环庚酮	1.47
35	二氢吡喃	1.08	69	*N*-甲基乙酰胺	1.48
36	1-甲基乙醇	1.09	70	乙酸甲酯	1.48
37	正丙醇	1.09	71	4-甲基-2-戊酮	1.48
38	环己醇	1.09	72	二甲氧基乙烷	1.48
39	邻甲基苯甲醚	1.11	73	二氧六环	1.50
40	2,6-二甲基吡啶	1.17	74	丙二酸二甲酯	1.50
41	丁酸	1.18	75	2-戊酮	1.50
42	乙醇	1.18	76	环戊酮	1.56
43	2-十一烷酮	1.23	77	甲酰胺	1.57
44	苯甲醚	1.24	78	三甘醇	1.57
45	苄醇	1.24	79	2-丁酮	1.58
46	氯仿	1.25	80	2-甲氧基乙醇	1.58
47	丙酸	1.28	81	双乙二醇二甲醚	1.60
48	2-甲基-1,4-戊二醇	1.28	82	甘油	1.60
49	3-辛酮	1.31	83	三乙二醇二甲醚	1.62
50	四氢呋喃	1.35	84	乙酸酐	1.63
51	二氯甲烷	1.35	85	丙酮	1.64
52	甲醇	1.35	86	乙二醇	1.64
53	乙酸正丁酯	1.35	87	丙腈	1.68
54	1,5-戊二醇	1.36	88	2,2,2-三氟乙醇	1.69
55	冰醋酸	1.37	89	甲酸	1.69
56	乙酸乙酯	1.37	90	*N,N*-二甲基乙酰胺	1.79
57	3-庚酮	1.39	91	乙腈	1.79
58	2-甲基环己酮	1.41	92	*N,N*-二甲基甲酰胺	1.81
59	2-庚酮	1.41	93	水	1.87
60	吡啶	1.42	94	二甲亚砜	1.95
61	2-乙氧基乙醇	1.43			

* Dong D C, Winnik M A. The Py scale of solvent polarities. Can J Chem, 1984, 62: 2560.

附录 3　电磁辐射谱

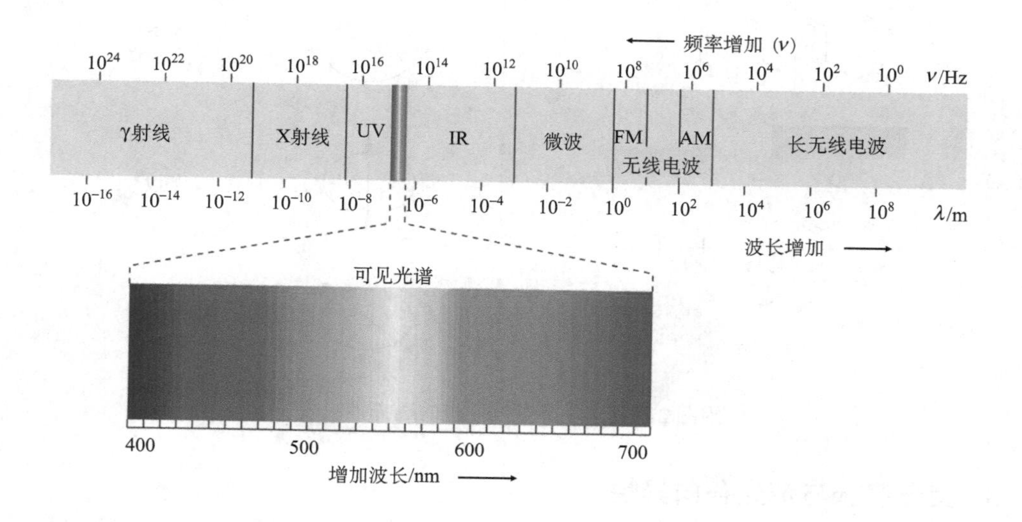

附录 4　荧光偏振与荧光各向异性

1. 光的本质与光传播

在本质上，光是一种电磁波，由沿光传播方向行进的电场和磁场两个分量(附图 1)构成。

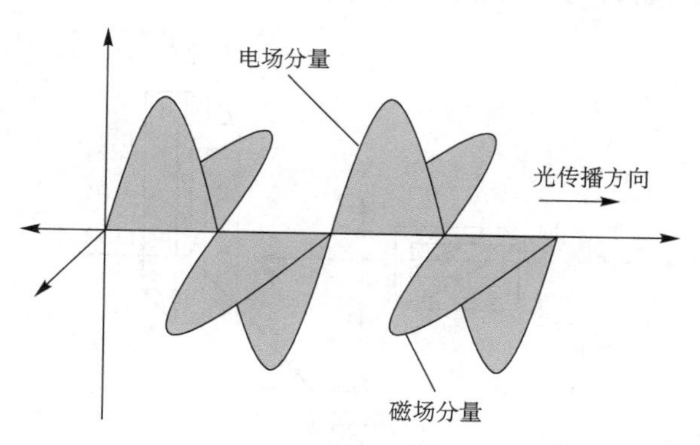

附图 1　光的本质与光传播

2. 光的选择吸收

跃迁矢量与线性偏振光偏振方向接近平行或反平行的那些荧光分子最容易吸

收这种偏振光，这一现象被称为光选择(photo-selection)，具体可用附图 2 表示。

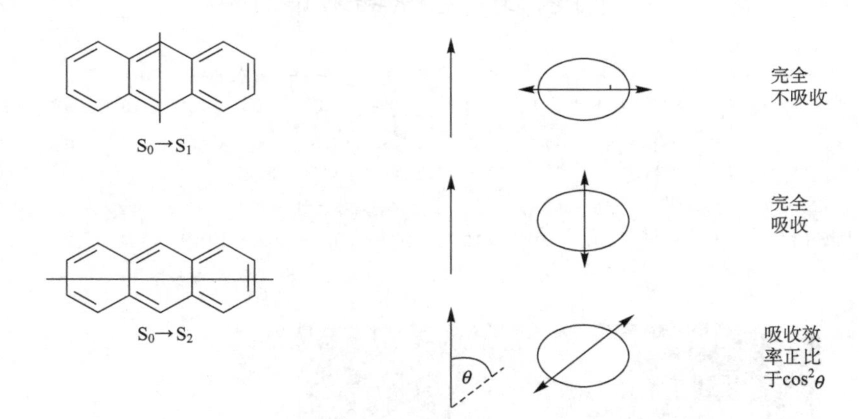

附图 2　荧光分子对偏振光的选择性吸收

3. 荧光偏振与荧光各向异性

溶液中的荧光分子选择性吸收线性偏振光，从而产生偏振荧光。然而，实际观察到的荧光信号往往已经部分或者完全去偏振。荧光去偏振程度取决于荧光分子的运动性，荧光分子运动性(主要是转动)越好，体系去偏振程度越大，只有固态时，才有可能获得完全偏振荧光信号。相关过程可以用附图 3 表示。荧光偏振的大小可以用荧光偏振或者荧光各向异性表示。引入荧光各向异性概念的主要目的是含时荧光偏振现象的数学描述更加简洁。

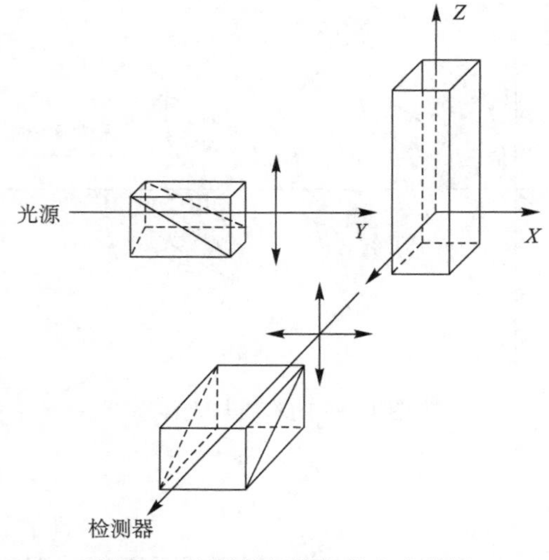

附图 3　光源的起偏与荧光去偏振

相关过程可以用式(附-1)和式(附-2)定量描述，其中 $I_{/\!/}$ 是指与激发偏振光平行方向荧光信号的强度，而 $I_{\perp}$ 则是指与激发偏振光垂直方向荧光信号的强度。荧光偏振(P)与荧光各向异性(r)存在式(附-3)所表示的关系。

$$P = \frac{I_{/\!/} - I_{\perp}}{I_{/\!/} + I_{\perp}} \tag{附-1}$$

$$r = \frac{I_{/\!/} - I_{\perp}}{I_{/\!/} + 2I_{\perp}} \tag{附-2}$$

$$r = \frac{2P}{3 - P} \tag{附-3}$$

很显然，在数学上，存在以下关系：

$$-1 \leqslant P \leqslant 1$$

$$-0.5 \leqslant r \leqslant 1$$

而且

$$r = \sum_i f_i r_i \tag{附-4}$$

实际上，在真实体系中，荧光偏振和荧光各向异性的赋值范围并不遵循上述数学规则，而是按附图 4 所示坐标系规定的范围取值。

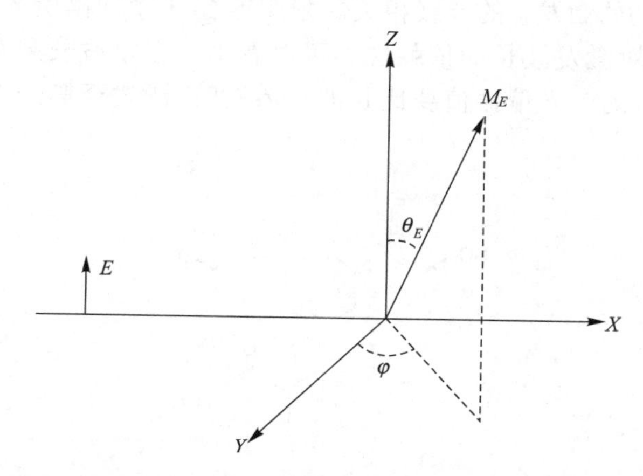

附图 4　激发光偏振方向与分子荧光辐射跃迁偶极取向的关系

假设有 N 个荧光分子在时间为 0 的时刻受一束方向在 Z 轴的偏振光($\boldsymbol{E}$)激发，一般而言，到 t 时刻时，由此激发而产生的偏振荧光(M_E)将部分去偏振，亦即偏离 Z 轴。体系的荧光各向异性与这种偏离的关系可以用式(附-5)描述。

$$r = \frac{I_{/\!/} - I_{\perp}}{I_{/\!/} + 2I_{\perp}} = \frac{3\cos^2\theta_E\left(t\right) - 1}{2} \tag{附-5}$$

由此可见，当荧光偏振方向与光源偏振方向完全一致(平行或反平行，对应于基态到第一单重激发态的吸收，亦即 $S_0 \rightarrow S_1$)时，体系荧光各向异性值最大，即 0.4，也就是说，在理论上，无论是什么体系，荧光各向异性的最大值只有 0.4。考虑到在实际体系中，分子运动是必然的，因此，实验测定值一定会小于此值。实际上，荧光也可来自基态到更高激发态的吸收，如 $S_0 \rightarrow S_2$ 的吸收。此时，体系的荧光各向异性可以用式(附-6)描述。这种情况下，荧光各向异性可能会出现负值，但该值不会小于–0.2。也就是说，一个正常的分子体系，荧光各向异性值应该大于等于–0.2，小于等于 0.4。

$$r_0 = \frac{3\cos^2\theta_A - 1}{2} \times \frac{3\cos^2\alpha - 1}{2} = \frac{2}{5} \times \frac{3\cos^2\alpha - 1}{2} \tag{附-6}$$

$$-0.2 \leqslant r \leqslant 0.4$$

其中，α为激发光偏振方向与荧光偏振方向的夹角。这一结果说明，一个体系的荧光各向异性与初始激发态的能级相关。附图 5 给出了四碘荧光素的荧光偏振值以及荧光强度对激发波长的依赖性。可以看出，在短波长激发时(相对于跃迁至较高激发态)的荧光偏振值要比长波长激发时(激发至第一电子激发态)小得多。

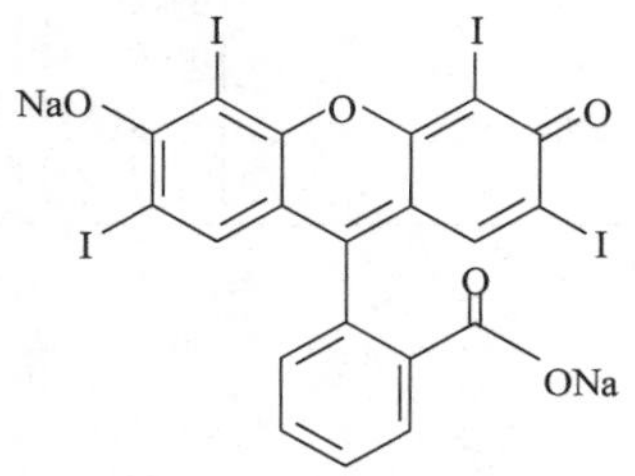

(a)

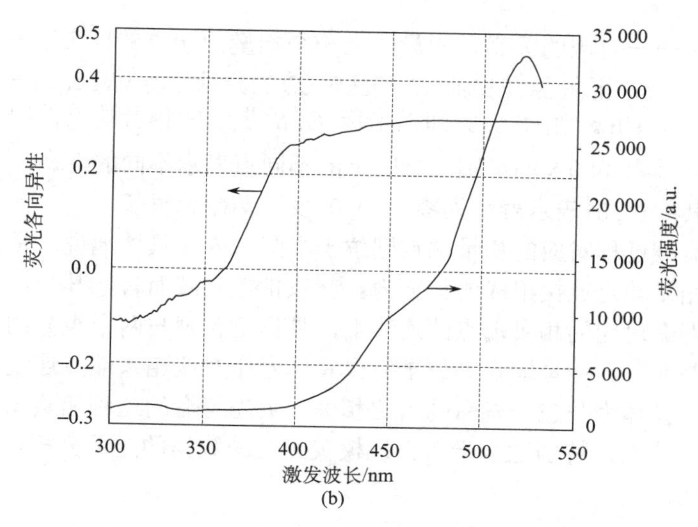

附图 5 四碘荧光素结构式(a)及其水溶液荧光各向异性值的激发波长依赖性(b)

附录 5 荧光寿命的直读半圆规分析技术*

直读半圆规技术(phasor plots)常用于荧光寿命成像显微镜(FLIM)，以实现对荧光寿命的快速分析乃至直读。荧光寿命的频域法测量采用周期调制的具有一定强度的连续光激发样品，检测荧光信号相对激发光的振幅和相位变化，由此来计算样品的荧光寿命。一般而言，激发光常采用正弦调制的连续光源，利用该激发光激发样品后，所检测到的荧光也是正弦调制的，且频率与激发光相同，但振幅会降低，相位也会延迟。如果荧光衰减符合单指数衰减规律，则荧光光强可描述为

$$I(t)=I(0)\left(1+\mathrm{MF}\sin(\omega t+\phi)\right)$$

其中，$I(0)$和$I(t)$分别表示起始时刻和t时刻的荧光强度；荧光的强度调制度$\mathrm{MF}=\frac{b}{B}$，b为荧光的振幅，B为荧光平均强度；ϕ为相位延迟或相移。通过测量相移ϕ和解调系数M($M=\mathrm{MF/ME}$)，即可计算出相应的荧光寿命。其中，$\mathrm{ME}=\frac{a}{A}$，a为光源的振幅，A为光源平均强度。利用单个像素点对应的解调系数M和相移ϕ可以构建一个相量，即以M作为该相量的模和ϕ作为该相量的辐角，则可以认为相

---

* Mannam V, Zhang Y, Yuan X, et al. Machine learning for faster and smarter fluorescence lifetime imaging microscopy. J Phys Photonics, 2020, 2: 042005

量与像素点是一一对应的关系。相量图上一个相量的端点就代表了一个像素点的全部荧光寿命信息。该相量在实轴(G)和虚轴(S)的分量可用 Weber 符号表示：$G = M\cos\phi$，$S = M\sin\phi$（附图 6）。即以坐标(G, S)表示的相量端点被约束在圆心位于(0.5, 0)处、半径为 0.5 的半圆。半圆上的不同点表示不同的寿命，寿命值从左到右递减，其中(1, 0)表示寿命为零，(0, 0)表示寿命无限长。

多指数衰减过程对应的相量端点则位于半圆以内，具体地说，是位于各单指数衰减组分相量端点连接组成的集合内。就双指数衰减而言，其寿命相量端点位于两个具体寿命对应的相量端点的连线上，具体位置则与两个组分的占比有关。就三指数衰减而言，相量端点则位于三个具体寿命对应相量端点连线的三角区域以内。同样，具体为与三个寿命的占比相关。荧光寿命的这种相量图分析法具有直观、快速等特点，特别适合于对大规模荧光衰减数据的定量分析，FLIM 应用就是一个范例。

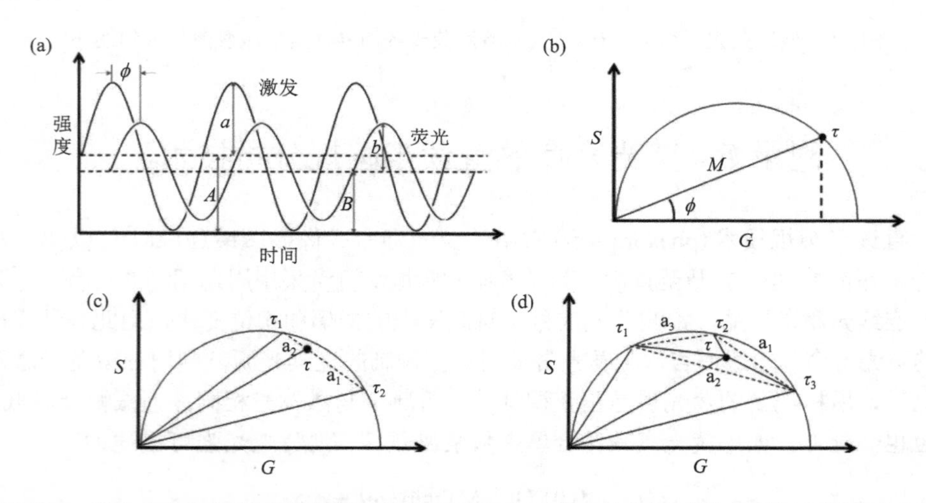

附图 6　荧光寿命的相调制/频域测量方法原理及荧光寿命的相量/直读半圆规分析法示意图
(a)荧光寿命测量原理图；(b)单指数衰减的寿命相量示例图；(c)双指数衰减的寿命相量示例图；(d)三指数衰减的寿命相量示例图。符号 a 代表相关组分对测量到的荧光信号的贡献占比；只有对单一组分体系，由相位计算的寿命才等于由强度计算得到的寿命(参见第 1 章荧光寿命测量部分内容)。

附录 6　常见爆炸物和毒品的结构式

1. 常见爆炸物(含液体爆炸物)

常见硝基芳烃、特屈儿、奥托克今(HMX)、黑索金(RDX)、硝酸酯类爆炸物结构式：

硝基甲苯

二硝基甲苯

三硝基甲苯

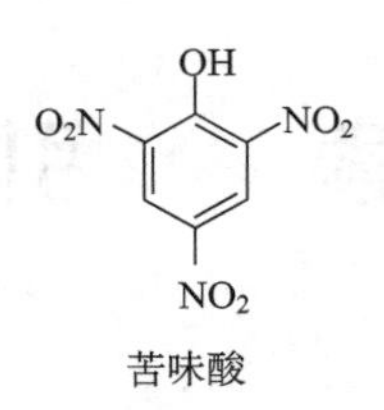
苦味酸

特屈儿

6#炸药

硝化甘油

太安

黑索金

奥克托今

TATP

HMTD

2. 常见毒品

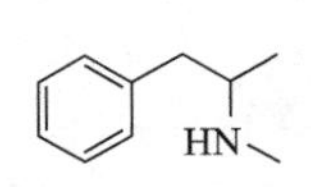
冰毒

摇头丸

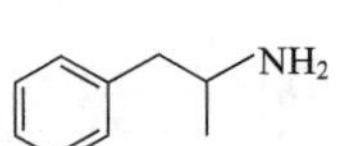
安非他命

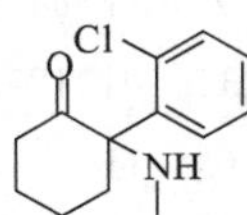
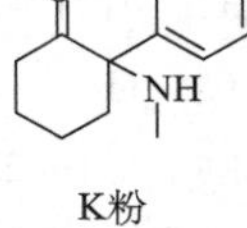
K粉

巴比妥

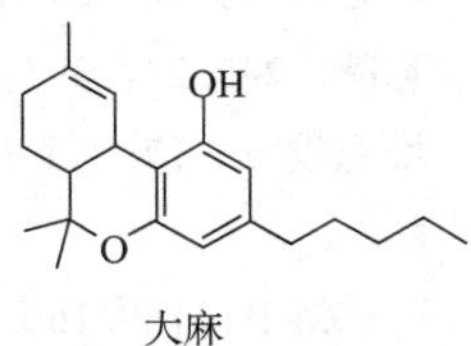
大麻

卡西酮

麻黄碱

咖啡因

芬太尼

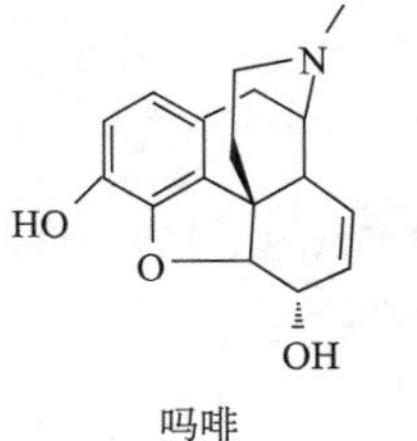
吗啡

海洛因

索　　引

彩　图

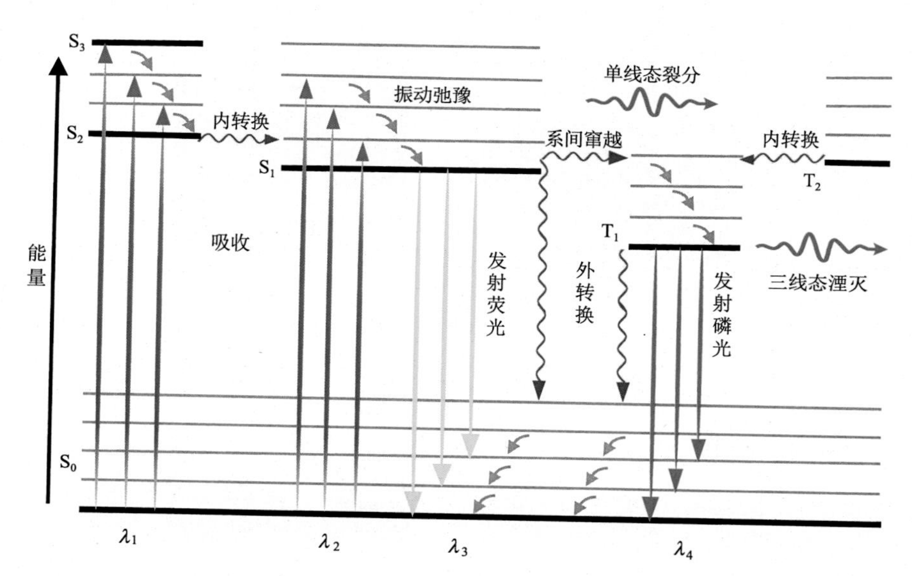

图 1-1　Jablonski 能级图和主要跃迁过程

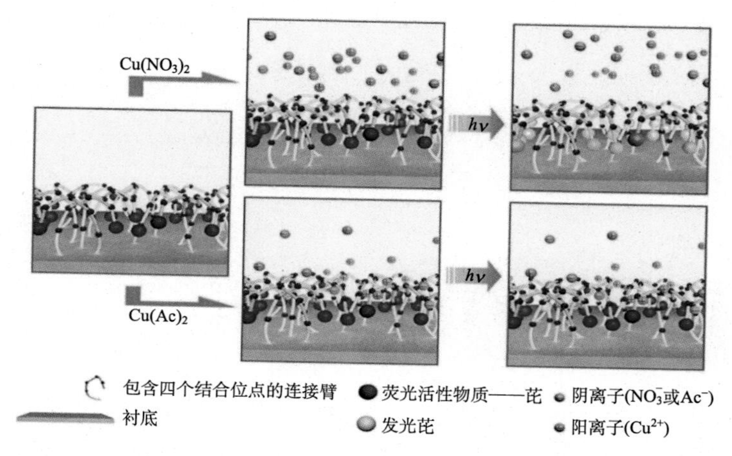

图 4-10　二维溶液模型示意图及薄膜对有机铜盐的选择性传感机理

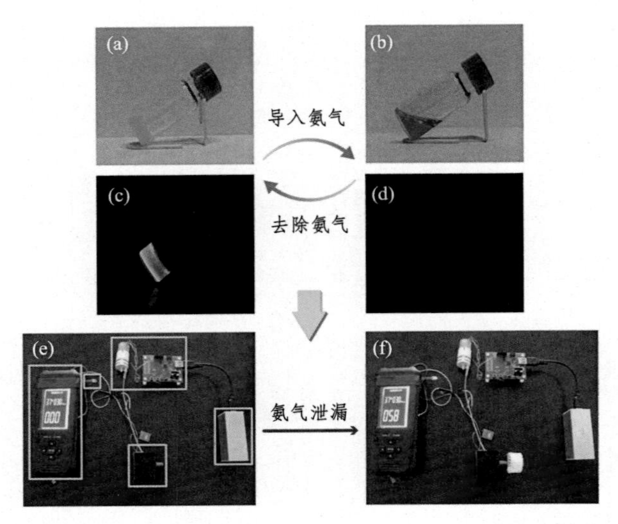

图 5-14　NBD 胆固醇衍生物凝胶对氨气的可逆响应性(a～d)及薄膜器件化后所搭建荧光传感器和概念样机的工作情况(e,f)

(e)没有氨气时仪器显示数字为零，且指示灯亮；(f)氨气污染的瓶盖靠近传感器采样口时，仪器显示数据“58”，且指示灯灭，表明氨气存在

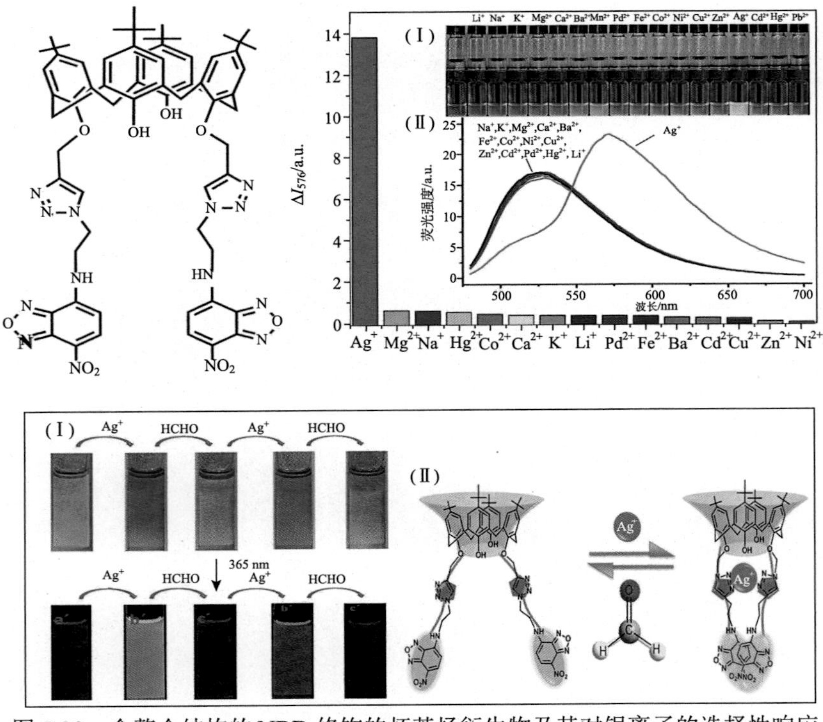

图 5-20　含螯合结构的 NBD 修饰的杯芳烃衍生物及其对银离子的选择性响应

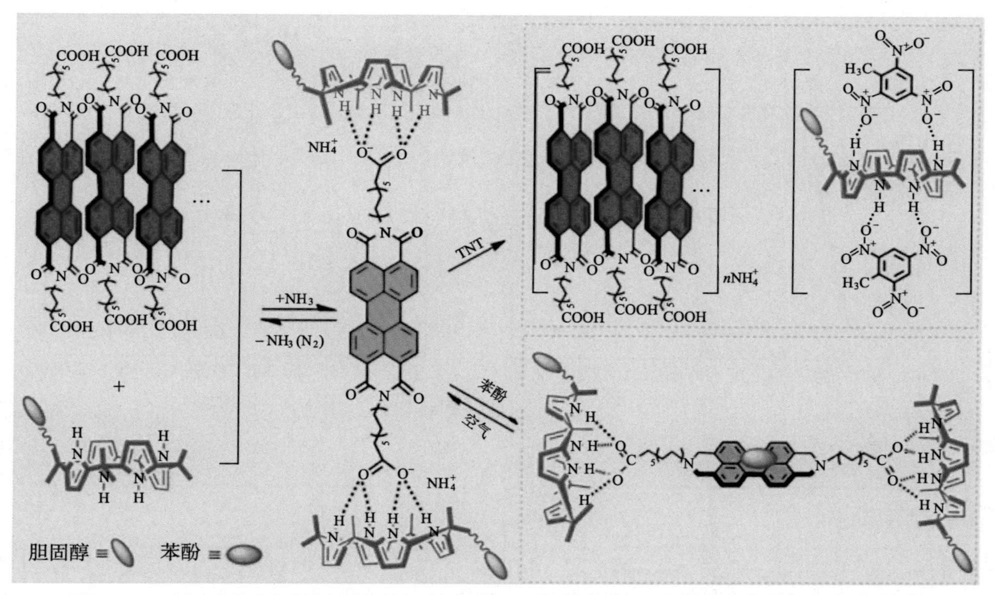

图 5-24　杯[4]吡咯胆固醇衍生物及其与苝酐二羧酸衍生物形成的主客体复合物的结构

①复合物形成可逆；②溶液态遇 TNT 解离；③干态对苯酚蒸气响应可逆

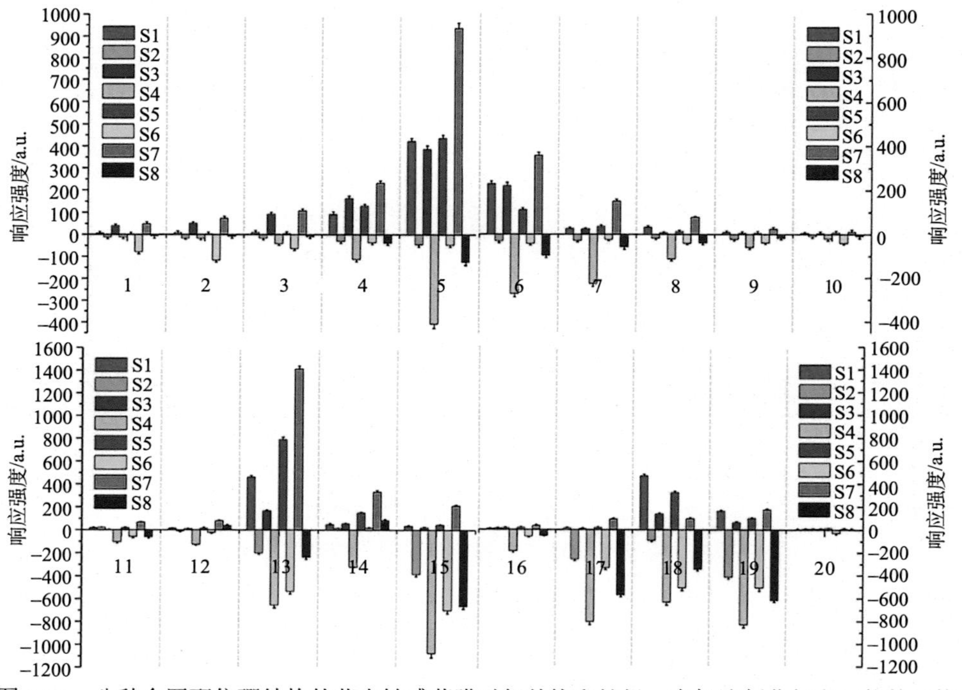

图 5-30　八种含四配位硼结构的荧光敏感薄膜对相关饱和烷烃、有机溶剂蒸气和可能的干扰气体的区分检测

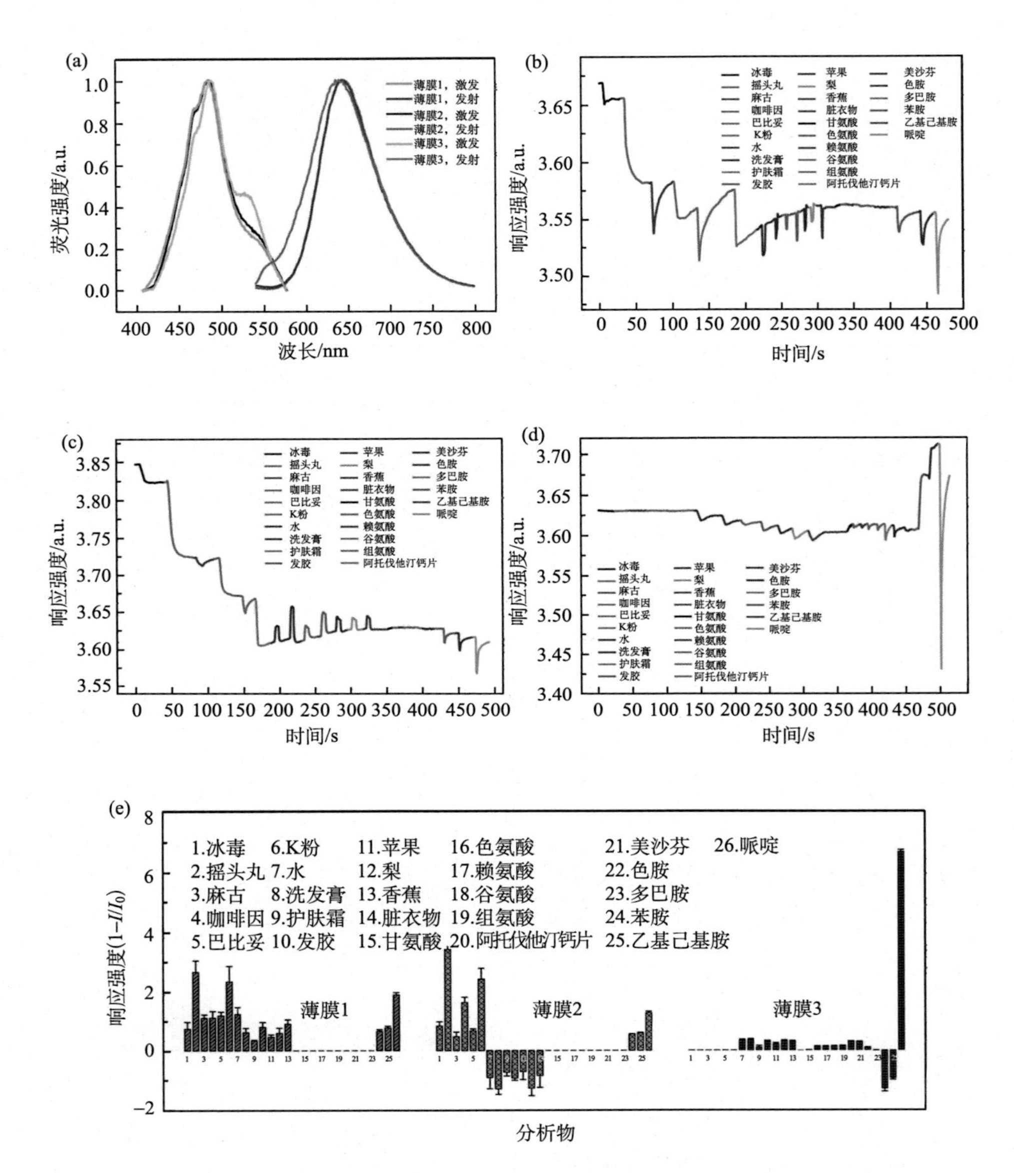

图 5-32 相关化合物荧光光谱与传感性质

(a)三种薄膜的荧光激发和发射光谱，激发和检测波长分别为 480 nm 和 650 nm；(b～d)暴露在不同检测对象和可能的干扰物质气氛中的薄膜 1、薄膜 2 以及薄膜 3 荧光强度随时间的变化，激发和检测波长分别为 480 nm 和 650 nm；(e)三种薄膜对检测对象和可能的干扰物质五次平行测定结果的集中呈现，其中 15～26 均为含氨基有机化合物

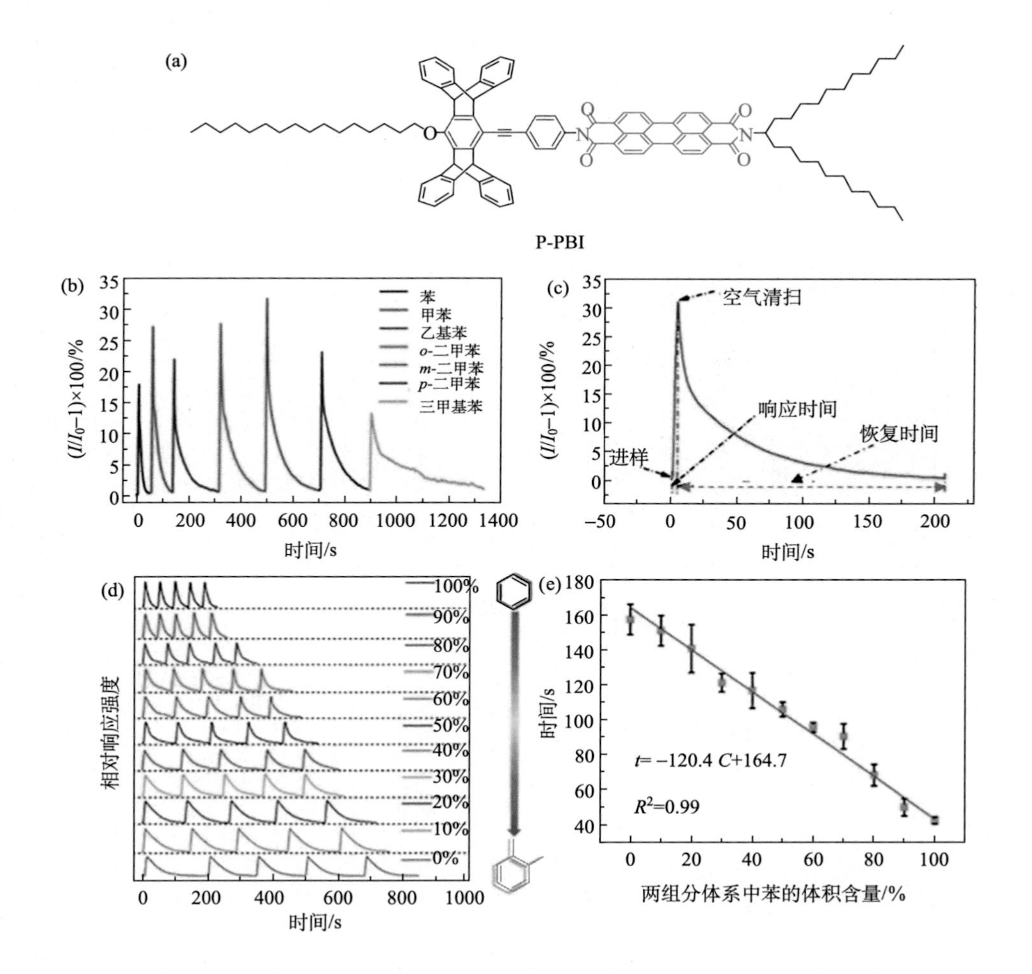

图 5-39　用于 BTEX 薄膜基荧光测量的传感活性物质结构与传感动力学

(a) 非平面结构苝酰亚胺衍生物；(b, c) 脉冲采样条件下，苯系衍生物传感恢复(解吸)动力学和相关响应时间、恢复时间等参数的含义；(d) 不同比例苯与邻二甲苯混合物的薄膜解吸动力学五次平行测量结果；(e) 相关测量结果的定量处理

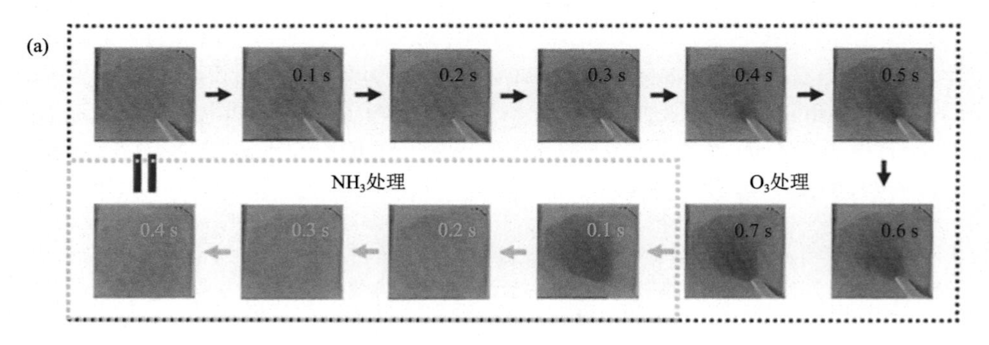

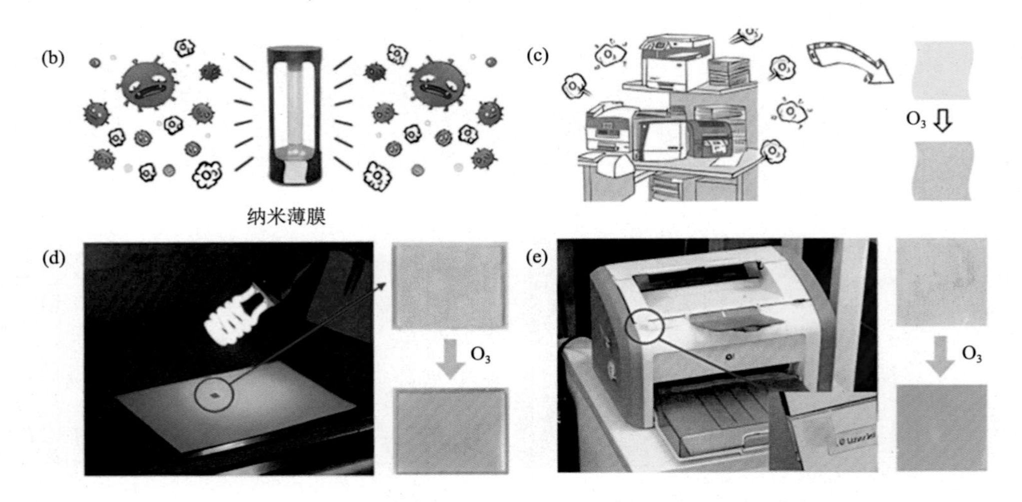

图 6-15 (a) TAPA/TOH-CHO 纳米膜对臭氧的脱除与氨气熏蒸过程中的颜色改变；(b, d) 纳米薄膜在紫外灯消毒过程中对臭氧检测的示意图和实际展示图；(c, e) 纳米薄膜对打印机产生的臭氧的响应示意图和实际图片

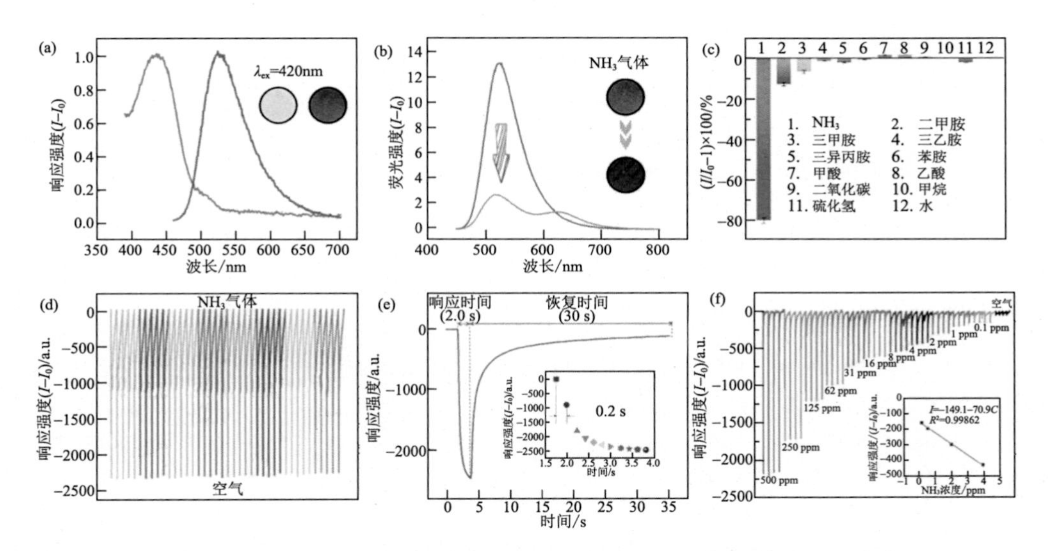

图 6-16 (a) NI-BTH 纳米膜的紫外-可见吸收光谱(蓝线)和荧光发射光谱(粉红线)(λ_{ex}=420 nm)；(b) 在饱和 NH_3 蒸气暴露前后，NI-BTH 纳米膜的荧光发射光谱和图像(λ_{ex}=420 nm)；(c) NI-BTH 纳米膜对 NH_3 蒸气及在饱和浓度潜在干扰存在下的荧光响应；(d) NI-BTH 纳米膜对浓度为 1000 ppm 的 NH_3 的响应可逆性(40 个循环)；(e) NI-BTH 纳米膜对浓度为 1000 ppm 的 NH_3 的响应动力学(响应时间和恢复时间)；(f) NI-BTH 纳米膜对不同浓度 NH_3 蒸气的荧光响应，每次测量均重复四次，插图是响应强度与 NH_3 蒸气浓度之间的关系。注：I 和 I_0 分别表示存在分析物蒸气和清洁空气时纳米膜的荧光强度

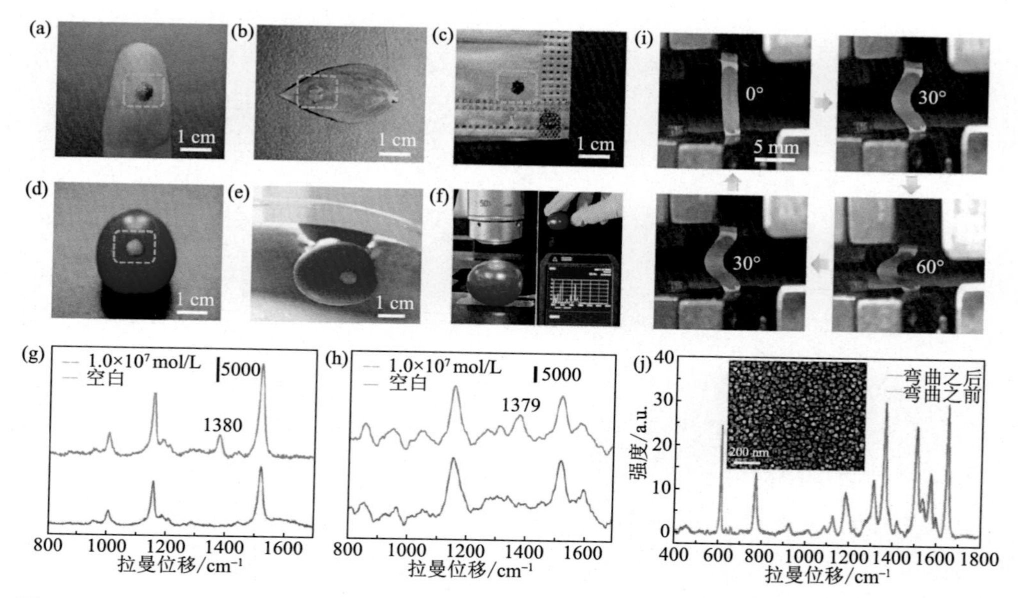

图 6-21 (a～d) SERS 衬底(AgNPs/纳米膜)对不同表面的良好贴附性；(e)将贴附有 SERS 衬底的西红柿置于水中并未发生脱落问题；(f～h)农药福美双污染(1.0×10^{-7} mol/L)和非污染西红柿表面的台式和手持式拉曼光谱仪测量照片和测量结果；(i, j) SERS 衬底弯曲检验和 500 次 60°弯曲前后的罗丹明 6G(R6G)的增强拉曼光谱

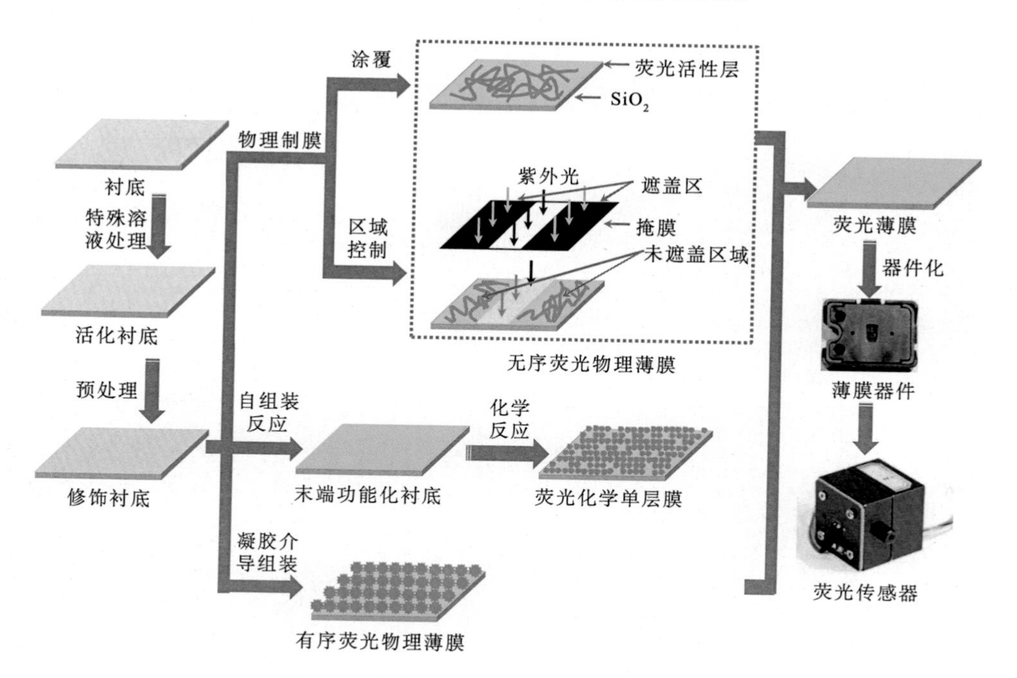

图 7-4 薄膜基荧光传感器的一般制备过程

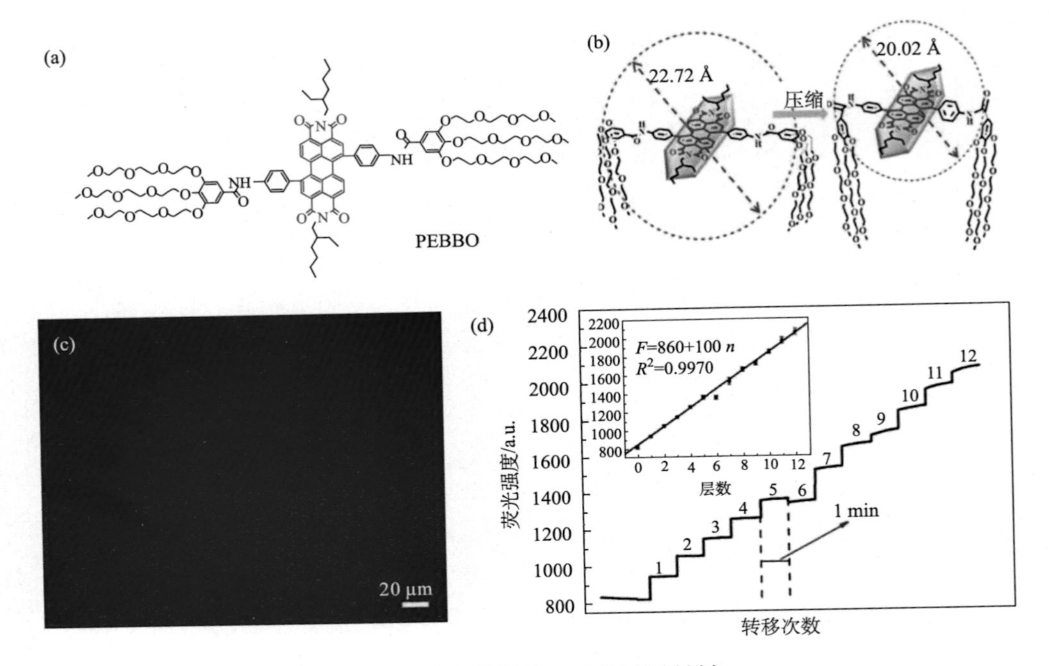

图 7-5 荧光薄膜的 LB 膜法控制制备

(a) 拉膜所用表面活性荧光化合物；(b) 根据对 LB 膜π-a 曲线定量分析所推想的膜内分子可能构象(π为膜的表面压，a 为每个成膜分子的平均占有面积)；(c) 以 Schaefer 平拉转移法所获荧光薄膜的显微照片；(d) 膜荧光强度的转移次数依赖性

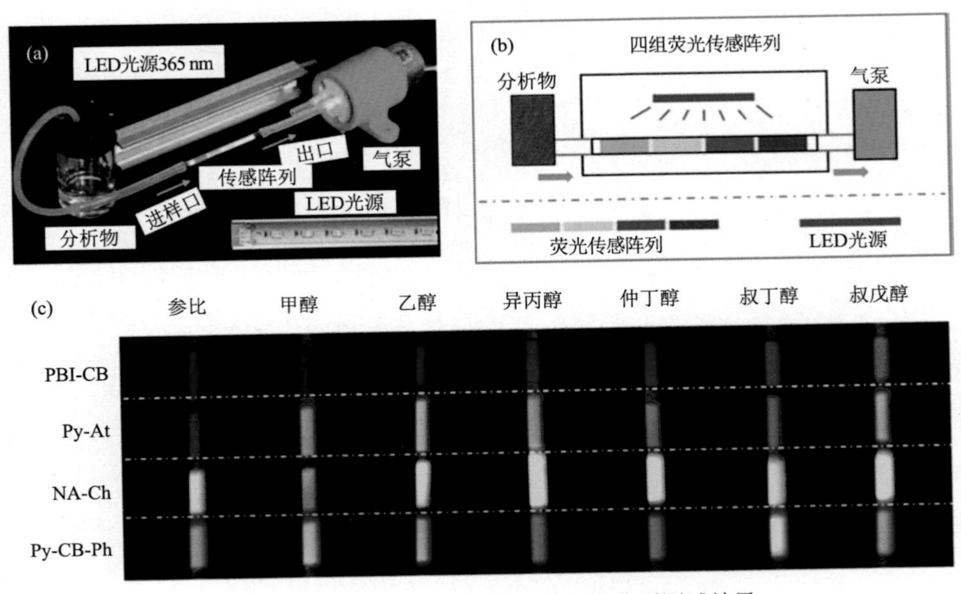

图 7-28 可视化传感阵列构建策略和典型测试结果